알기 쉬운 디지털 논리회로 설계

- 이론, 예제와 실습 -

조 준 동 지음

생능출판사
Life & Power Press

머/리/말

본 교재는 디지털 논리회로를 설계하기 위한 구성 요소 및 설계 방법을 포괄적으로 다룬다. 다시 말하면, 디지털 시스템을 설계하는 데 있어서 필요로 하는 논리 소자 및 회로에 대한 이해를 통하여 효과적인 디지털 회로 설계 기법을 다룬다. 논리회로 설계란 초고밀도 집적회로(VLSI : Very Large Scaled Integrated Circuit)를 구현하는데 있어서 논리기능을 구현하기 위한 간편한 표현 방식을 제공한다. 그러한 표현 방식을 이용하여, 논리회로 최적화 기법이 수행되어 면적을 최소화하고, 성능을 극대화하고, 전력소모를 줄일 수 있게 된다. 논리회로 설계가 어떤 일을 하는 것인지 이해를 돕기 위해 퍼즐 조각(또는 레고 블록)을 맞추어 원하는 퍼즐 모양을 완성해 나가는 과정에 비유해 보자. 디지털 논리회로를 구성하는 단위 소자(게이트(gate)라고 함)는 퍼즐 조각으로 비유할 수 있다. 본 과목에서는 이처럼 게이트와 같은 작은 소자를 적절히 효과적으로 구성하여 최적의 디지털 논리회로를 만들어 내는 과정을 공부하게 된다.

디지털 논리회로는 컴퓨터 설계(CPU, 버스, 주변 회로), 네트워킹 또는 통신 시스템(전화기, 모뎀, 라우터), 기타 내장형(Embedded) 제품들(자동차용, 의료기구, 장난감용, 가전제품용, 오락 및 교육용) 등 널리 알려진 응용 분야의 하드웨어 설계에 활용될 뿐만 아니라, 그 응용 분야는 아주 넓어서 인류의 삶의 질을 향상시키기 위한 창의적인 전자 제품에 모두 활용된다고 볼 수 있다.

이러한 디지털 논리회로 설계 과목은 대학의 전기전자공학 및 컴퓨터 공학 하드웨어 관련 과목의 필수과목으로 주로 사용된다. 논리회로가 필수과목으로 사용되는 이유는 다음과 같다.

첫째, 논리회로가 모든 현대 전기전자제품의 제어 및 컴퓨팅 도구의 구현을 위한 기초 수단으로 사용되기 때문이다. 논리회로는 시스템을 구현하기 위한 설계 표현 방식으로 '게이트' 라고 불리는 작은 논리 소자들을 사용하여 구성한다. 그러한 게이트들을 이용하여 사용자가 원하는 최적 설계(논리회로의 면적, 비용, 전력소모 및 신호전달 속도 등에 대한)를 제공하기 위한 기초적인 설계 모델 및 최적화 알고리즘을 익히게 하는 과목이 바로 논리회로 설계이다.

둘째, 논리회로란 '논리', 즉 사람의 생각 및 아이디어가 물리적인 하드웨어로 변환되기 직전까지의 추상적인 회로를 말한다. 따라서 엔지니어가 논리적인 사고 방식

PREFACE

PREFACE

을 갖도록 도움을 주는 기초 학문이라고 말할 수 있다.

마지막으로는 논리회로 설계를 공부함으로써 하드웨어가 소프트웨어와 어떻게 다른지를 이해할 수 있다. 하드웨어가 소프트웨어와 다른 점은 하드웨어는 내재적인 병렬처리가 가능하다는 것이다. 다시 말하면 하드웨어에서는 덧셈기, 곱셈기 등과 같은 컴퓨팅 연산자를 설계할 때 병렬처리를 이용하여 고속 처리가 가능하도록 설계할 수 있다. 최근의 디지털 시스템 설계는 소프트웨어와 하드웨어를 통합하여 설계하는 방법이 주를 이루고 있다. 이러한 설계방법을 소프트웨어 하드웨어 통합설계라고 부른다. 고속 수행이 필요한 핵심 코어들은 병렬처리를 위하여 하드웨어(특정 응용분야에 특화된 고정된 회로를 말함)로 설계하고, 나머지 제어부분은 설계가 편리하여 빠른 시간 내에 설계가 가능한 소프트웨어(병렬처리가 제한적인 프로그래밍이 가능한 범용 프로세서를 의미함)로 처리하는 것이 보통이다. 하드웨어 설계 시에는 병렬처리를 통해서 면적이 늘어나게 되는데, 면적이 너무 커지는 것을 방지하기 위하여, 면적 제약조건을 고려하여 병렬성을 극대화하는 것이 중요하게 된다

또한 C 또는 C++로 작성된 소프트웨어 프로그램을 하드웨어로 구현할 때는 병렬처리가 가능하므로, 그 점을 인식하여 소프트웨어 개발자는, 하드웨어 개발자와 긴밀히 협력하여, 병렬성을 고려한 소프트웨어 알고리즘을 개발하는 것도 중요한 요소가 된다.

논리회로를 설계할 때 설계하고자 하는 아이디어를 여러 가지 방법으로 표현하는 것이 가능할 것이다. 이것은 여러 나라에서 여러 가지 고유 언어를 사용하는 것과 비유될 수 있다. 컴퓨터에서도 설계 목적에 따라 여러 가지 방법으로 표현되는 언어를 사용한다. 그러한 표현 방법들에는 불리언 대수(Boolean algebra), 회로도(schematic), 진리표(Truth Table), 카노 맵(Karnaugh map), 하드웨어 언어(VHDL, Verilog) 등이 있다.

본 교재에서는 그러한 표현 방법들을 이용한 논리회로의 최소화, 상태도, 타이밍 문제들을 다루고, 디지털 회로 설계 시 최적해를 제공하는 설계 자동화(Computer Aided Design) 알고리즘에 대해서 알아 본다. 그 밖에 조합회로의 연산 장치, 순차회로에서 사용하는 기억 장치 등에 대해서도 알아 본다. 또한 산업체에서 사용하는 CAD 시뮬레이션 툴의 학생용 공개 버전을 인터넷에서 다운로드 받아 실험으로 운

영할 수 있는 실습내용이 포함되어 있다.

본 교재의 구성은 다음과 같다.

1장 디지털 시스템 설계 개요
2장 디지털 시스템 설계 프로세스
3장 디지털 논리회로 표현 방식
4장 디지털 논리 게이트의 종류 및 구조
5장 논리 최소화의 기초
6장 2-레벨 논리 최소화 알고리즘
7장 멀티-레벨 논리 합성
8장 지연시간과 타이밍
9장 조합논리회로의 구현 기술
10장 논리 연산 회로
11장 플립플롭, 레지스터와 클록
12장 유한상태 머신
부록 1 Modelsim_6.2g_webpack_설치매뉴얼
부록 2 HDL 실습 예제
부록 3 문제기반학습(Problem-Based Learning) 소개

본 교재를 활용할 수 있는 과목으로는 논리회로, 디지털 설계, 디지털 시스템이 있으며, 집적회로 설계, VLSI 설계, 컴퓨터 구조, SoC 설계, SoC구조, 저전력 설계 등의 선수과목으로 사용할 수 있다.

본 교재는 대학의 전기 및 전자공학과, 정보통신공학과, 제어계측공학과, 컴퓨터 공학과, 임베디드 시스템학과에서 사용 가능하며, 중소 · 대기업, 연구소의 신입사원 교육용으로 활용 가능하다. 본 과목은 대학이 특성에 맞추어 위의 다양한 주제를 적당히 선별하여 사용할 수 있다. 또한 실습을 포함하여 한 학기 또는 두 학기 과목으로도 사용할 수 있도록 충분한 내용을 포함하였다. 이론적인 내용의 이해를 돕기 위하여 다양한 예제를 충분히 사용하였으며 간결하고 이해하기 쉽도록 딱딱한 문체를 배제하고 실제 강의실에서 강의하는 식의 문장을 사용하도록 노력하였다.

본 과목을 공부하기 전에 들어 두어야 할 선수과목이 별도로 필요하지 않도록 배경지식에 관한 기초 자료들을 포함하였다.

실험 과제는 설계 검증 CAD 소프트웨어를 이용하여 아래와 같은 실습을 할 수 있도록 준비하였다.

Lab 1: 조합 논리회로의 설계
- 8×3 인코더
- 3×8 디코더
- 시프터

Lab 2: 순차 논리회로의 설계
- 4비트 이진 업카운터
- 로드 기능을 가지는 4비트 업다운 카운터

Lab 3: 상태 머신의 설계
- '10' 시퀀스 디텍터

Lab 4: 응용회로
- 짝수 패리티 발생기
- 산술논리 연산장치

실습 과정을 통하여 디지털 설계에 대한 많은 흥미를 가질 수 있도록 하였다. 실제 산업체에서 사용하는 설계 방식을 체험할 수 있는 기회를 부여하였기 때문에 본 과목을 이수한 학생은 관련업체 취업 시 유리한 조건을 갖추게 된다.

또한 실습과정에 활용하도록 하기 위하여 문제 기반 학습(problem-based Learning)과정 운용 방법을 소개하였다.

이 교재는 저자가 대학에서 강의에 사용한 자료들을 정리 보완하여 학생들의 이해가 쉽도록 만들었다. 그간 대학에서는 국제화의 추세에 따라 원어(영어)강의를 통하여 영어로 된 원서를 사용하는 것을 선호하였으나, 그간의 강의를 회고해 보면 사실 학생들이 복잡한 이론들을 원어를 통하여 이해하는 것이 쉽지 않았을 것으로 생각된다. 따라서 원서를 읽을 때 함께 읽거나 교재로 사용할 수 있도록 강의하는 식의 문체로 이해가 쉽게 설명하도록 노력하였고, 충분한 예제와 연습문제를 수록하여 다소 복잡한 알고리즘들을 이해하는데 이 책 한 권이면 충분하도록 최대한의 노력을 기울였다. 또한 졸업 후 관련 기업체에 취업하면 바로 현업에 활용할 수 있도록 CAD 소프트웨어와 하드웨어 기술 용어인 VHDL을 통한 실습을 포함시켰다. 이 책 한 권을 통하여 학생들이 조금이나마 즐겁고 알찬 대학 시절, 그리고 무엇보다 본인이 희망하는 직장에 취업되는데 큰 도움이 되기를 바란다.

"I hear and I forget.
I see and I remember.
I do and I understand."

-Confucius

2010년 조준동 씀

●책의 특징

1) 포괄적인 디지털 논리회로 설계 방법의 핵심 원리를 포함하였다. 즉, 기본 논리 네트워크, 조합회로, 순차회로 등에 대한 논리회로 합성 전 과정(불리언 대수와 논리회로 간소화부터 기술 매핑까지)을 망라하였다.
2) 디지털 논리회로 설계의 핵심 원리를 이해하기 쉽도록 다양하고 체계적인 방법를 이용한 예제와 실전 연습문제(상세한 문제 풀이 과정 함께 수록)를 제공하였다.
3) 난이도가 높은 디지털 논리회로 설계 최적화 해를 구하는 휴리스틱한 방법들을 알기 쉽게 소개하였다.
4) 산업체에서 사용하는 실전 CAD(컴퓨터를 이용한 설계) 소프트웨어 설치 매뉴얼, VHDL을 이용한 설계 예제 및 모의 검증을 포함하는 일련의 실습과정을 혼자서도 따라하기 쉽도록 상세히 기술하였다.
5) 실습 과정에서 실제로 사용가능한 지식의 기반 습득을 위한 목적으로 사용되는 문제 기반 학습 PBL(Problem-based learning) 운영 방법을 제시하였다. (부록 3 참조)

차/례

PREFACE

CHAPTER 03 디지털 논리회로 표현 방식

CHAPTER 04 디지털 논리 게이트의 종류 및 구조

CHAPTER 05 논리 최소화(Logic Minimization)의 기초

PREFACE

P R E F A C E

CHAPTER 07

멀티-레벨 논리 합성

CHAPTER 08

지연시간과 타이밍

PREFACE

CHAPTER 09 조합 논리회로의 구현 기술

CHAPTER 10 논리 연산 회로

PREFACE

PREFACE

CHAPTER 12 유한상태 머신(Finite State Machine)

CHAPTER 1

디지털 시스템 설계 개요

1.1 디지털 시스템의 발전사

1.2 Moore의 법칙

1.3 마이크로프로세서

1.4 컴퓨터를 이용한 설계(Computer Aided Design)

CHAPTER

1 디지털 시스템 설계 개요

1.1 디지털 시스템의 발전사

디지털 시스템은 어떻게 발전되어 왔는지 그 발전사를 주요 발명가들을 통하여 살펴보자.

디지털 시스템의 역사를 쓴 대표적인 발명가로는 조지 부울, 클로드 섀넌, 존 에커트와 존 모클리, 폰 노이만, 윌리암 쇼클리, 잭 킬비와 로버트 노이스 등이 있다.

조지 부울(George Boole)

1850년에 영국 수학자 조지 부울은 "University College Cork"에서 불리언 대수를 발명하였다. 1847년에 부울은 〈The mathematical Analysis of Logic〉이라는 제목의 책자를 발간하였는데, 수학적인 기법과 심볼을 이용하여 논리식을 표현하였다. 추후 1904년 헌팅턴(Huntington)이 이를 발전시켜 여러 가지 법칙(교환, 배분 등)을 사용하는 현재의 부울 대수가 완성되었다.

부울 대수의 기본은 AND, OR, NOT 연산이다. 이 3가지 연산을 기본으로 AND + NOT을 합성하면 NAND 게이트가 만들어지고, OR + NOT이 합성되면 NOR 게이트가 만들어진다. 추가적인 기본 연산자로는 XOR, XNOR 연산 등이 있다.

클로드 섀넌(Claude E. Shannon)

1938년에는 클로드 섀넌에 의해 부울 대수는 스위칭 하드웨어로 실용화하는데 최초로 응용되었다. 클로드 섀넌은 정보이론(information theory)의 아버지라 불리우며, 실제적인 디지털 회로 설계이론(digital circuit design theory)의 초석을 놓은 과학자이다. 1938년 석사논문에서 계전기 접점 회로망의 해석에 처음으로 불리언 대수를 응용하였다. 1941년에 벨 텔레폰 연구소에 입사하였고, 제 2차 세계대전 중에는 통신의 잡음과 암호해독 등을 연구하였다. 1948년 <통신의 수학적 이론>이라는 제목의 논문을 발표하였다. 이 논문은 정보를 수량적으로 다루는 방법을 고찰하여 <정보량>의 정의를 세우고, 비트(bit)라는 단어를 처음 사용하였다. 그는 정보전달에서 통신 시스템의 모델을 제시하고, 정보원을 확률과정으로 파악하여, 그 확률분포에 관하여 <엔트로피함수>를 도입하기도 하였다.

존 에커트(John P. Eckert)와 존 모클리(John Mauchly)

1946년 펜실베이니아대학의 J. 프레스퍼 에커트와 존 W. 모클리는 1943년에서 1946년에 걸쳐서 ENIAC(Electronic Numerical Integrator And Computer)을 제작하였는데 이는 최초의 범용 컴퓨터이다. 에니악은 1955년 10월까지 10년간 활용되었으며, 1만 8000여 개의 진공관과 1500개의 릴레이로 구성되어 150㎾의 전력이 필요하였다. 펜실베이니아에 있던 가로등이 모두 희미해질 만큼 전력을 많이 썼다고 한다.

폰 노이만(von Neumann)

폰 노이만은 헝가리의 부다페스트에서 태어나 어렸을 적 수학의 신동이었으며 후에 그의 시대에 가장 뛰어난 수학자 중 한 명이 되었다. 1930년에 미국으로 이주하여 프린스톤(Princeton) 대학의 교수가 되었다. 폰 노이만은 제 2차 세계대전 중 컴퓨터의 발전에 대한 공헌으로 유명하다. 그는 '프로그램-저장 컴퓨터' 의 개념을 발전시켰다. 그 후에 펜실베이니아 대학과 협력하여 ENIAC을 기초로 해서 프로그램 내장 방식을 채택한 EDVAC을 완성하였다. 이것의 중요한 두 가지 구성요소는 정보저장과 메모리에 저장된 프로그램에 따라서 메모리에서 서로 다른 '레지스터' 사이의 전달을 조직화하는 조종단위이었다. 그래서 순차적으로 작업이 수행되는 컴퓨터를 흔히 '폰노이만 기계(von Neumann machines)' 라고 한다. 오늘날 이 개념은 당연한 방법으로 인식되나 1945년 당시에는 획기적인 돌파구였다. 그의 목표는 자연과 인공의 생물학을 모두 포괄할 수 있는 하나의 이론을 창안하는 것이었다. 살아 있는 유기체의 행동을 기계류의 움직임과 등가로 볼 수 있다는 생각을 발전시키기도 하였다.

윌리암 쇼클리(William Bradford Shockley)

윌리암 쇼클리는 미국 물리학자이며, 존 바딘, 월터 브래튼과 함께 트랜지스터를 공동 발명하여 1956년에는 노벨 물리학상을 수상했다. 1950년대와 60년대에 새로운 트랜지스터 디자인을 상업화하려고 한 그의 노력은 결국 실리콘밸리의 탄생으로 이어졌다.

1957년 말, 쇼클리의 회사에 있던 연구원 8명이 회사를 그만두고, 페어차일드로 옮겨가서 반도체 사업부를 만들었다. 이 "배신자 8인"에는 나중에 페어차일드를 떠나 인텔을 차린 로버트 노이스와 고든 무어도 포함되어 있었다. 인텔뿐만 아니라, 내셔널세미컨덕터와 어드밴스드 마이크로디바이시스도 페어차일드에서 갈라져 나온 회사이고, 이런 움직임이 바로 실리콘밸리의 탄생이었다.

잭 킬비(Jack St. Clair Kilby)와 로버트 노이스(Robert Noyce)

잭 세인트 클레어 킬비는 미국의 전자공학자로 2000년 노벨 물리학상을 공동 수상했다. 1958년 텍사스 인스트루먼트사에 근무하면서 "Miniaturized Electronic Circuits"이라는 특허를 통해 집적회로를 발명했다. 몇 개월 후에는 실리콘밸리의 시장으로 불리우는 로버트 노이즈가 집적회로를 발명하여 두 사람은 공동 발명자로 알려지게 되었다. 로버트 노이즈는 1957년 페어차일드 세미콘덕터를, 1968년에는 인텔을 공동 설립하였다.

1.2 Moore의 법칙

특정 기능을 수행하는 회로와 트랜지스터를 하나의 칩에 모아 구현한 것을 집적회로라고 하는데 [그림 1-1]과 같이 1965년에 인텔의 창립자 중 한 사람인 고든 무어는 집적회로의 집적도는 18개월마다 2배씩 증가한다는 법칙을 제안하였다. 그런 무어의 법칙을 바탕으로 인텔 프로세서의 집적도는 [그림 1-2]와 같이 지수적으로 증가하여 20년 동안 집적도가 천 배 이상이 늘어났다.

그러나 이러한 무어의 법칙에 따라 트랜지스터의 게이트 길이를 줄여(device scaling 이라고 함) 성능을 개선하는 것에는 물리적인 한계를 가지게 된다. 따라서 무어의 법칙에 대한 한계를 극복하기 위한 방안으로 2007년 ITRS(International Technology Roadmap of Semiconductor)에서는 'More Moore'와 'More than Moore'라는 두 가지 방안을 제시하였다. 'More Moore'에 해당하는 scaling 기법에는 '기하학적 스케일링(Geometrical Scaling)'과 '등가적 스케일링(Equivalent Scaling)'의 두 가지가 있다.

기하학적 스케일링이란 집적도와 성능(속도, 전력)을 향상시키기 위해서 논리회로 및 메모리의 크기를 줄이는 것을 말한다. 등가적 스케일링이란 3-차원 디바이스 구조 개선

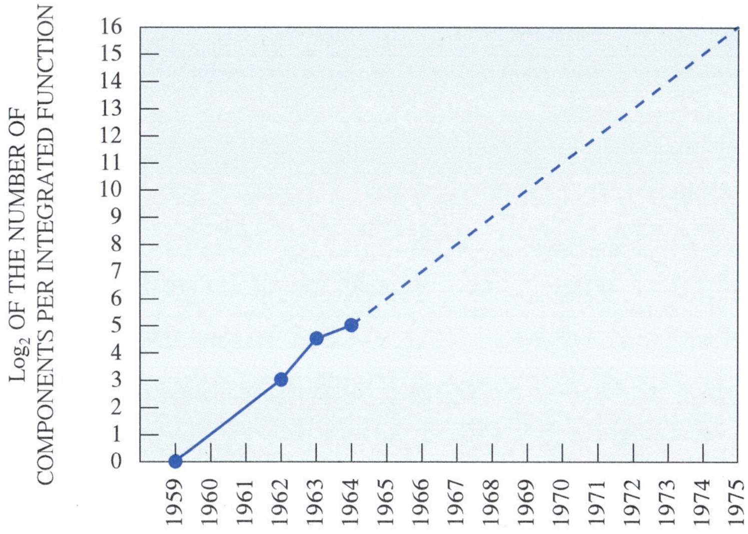

[그림 1-1] 무어의 법칙 (Moore's Law)

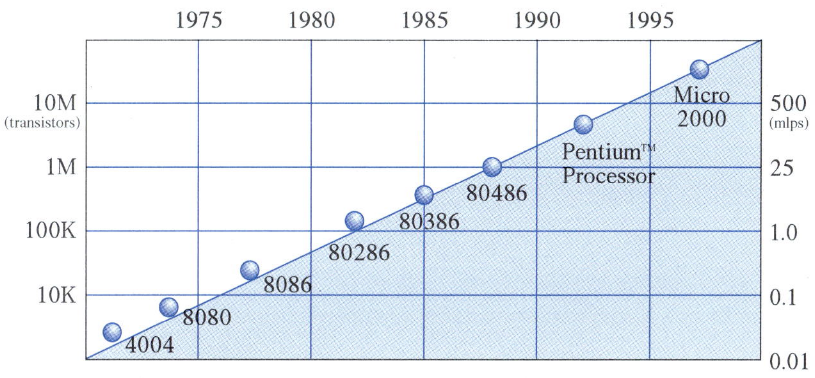

[그림 1-2] 인텔 프로세서의 집적도 증가

또는 전기적 성능을 개선시키는 새로운 물질을 통해서 스케일링이 가능하도록 하는 것을 말한다.

또한 "More than Moore"에 해당하는 기능적 다양화(Functional Diversification) 방법에는 'RF(Radio Frequency) + 전력제어 + 수동소자 + 센서 + 액츄에이터' 등의 집적화를 통하여 보드(board) 설계 수준에서 SiP(silicon in package) 또는 SoC(system on chip)로 진행하는 방법을 의미하고 있다.

1.3 마이크로프로세서

마이크로프로세서는 미세한 실리콘 조각 위에 구현된 집적 회로이며 알루미늄 또는 구리선을 통하여 연결되는 수백만에서 수억만 개의 트랜지스터로 구성되어 있다. 그 트랜지스터들은 데이터를 저장하고, 계산하고, 조정하는 역할을 담당한다. 인텔에서 만든 최초의 마이크로프로세서는 1971년에 만들어진 4004이며 2,300개의 트랜지스터로 설계되었다. Pentium II 프로세서는 750만 개의 트랜지스터로 설계되었고, 최근의 펜튬 4 프로세서는 십억 개의 트랜지스터로 설계되었다.

이 마이크로프로세서는 전자계산기를 설계하는데 사용되었고, 개인컴퓨터가 소개되는데 중요한 역할을 하였다.

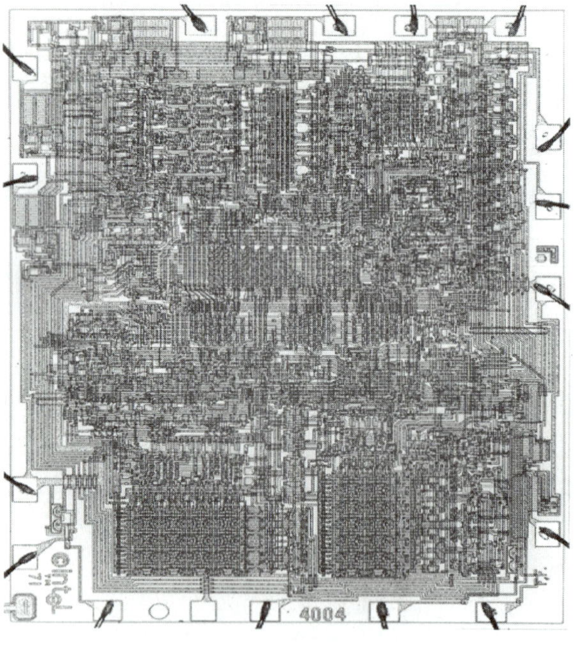

[그림 1-3] Intel 4004 (1971년): Intel의 최초 마이크로프로세서
(2,300개 트랜지스터, 동작주파수: 108 KHz, 10 마이크론 공정)

[그림 1-4]의 Intel 386(TM)은 275,000개의 트랜지스터(4040의 100배)를 사용하여 집적되었으며 32-bit 데이터 패스를 이용하여 다수의 프로그램을 동시에 수행하는 "multi-tasking" 개념이 도입되었다.

[그림 1-4] Intel386™ (1985년): 최초의 32비트 칩
(275,000개 트랜지스터, 동작주파수: 16MHz~33MHz, 1-마이크론 공정, 멀티-태스킹 가능)

[그림 1-5]의 Pentium III 프로세서는 70개의 새로운 인스트럭션을 추가하여 (인터넷 스트리밍을 위한 SIMD 확장기능), 이미징, 3-D, 스트리밍 오디오, video and speech recognition 응용분야에 적용할 수 있도록 개발되었다. 사용자들이 Internet을 경험할 수 있도록 온라인 박물관, 쇼핑, 고화질 비디오 다운로드 등이 가능하도록 설계되었다. 이 프로세서는 0.25-마이크론 공정기술을 이용하여 950만 개의 트랜지스터를 집적하였다.

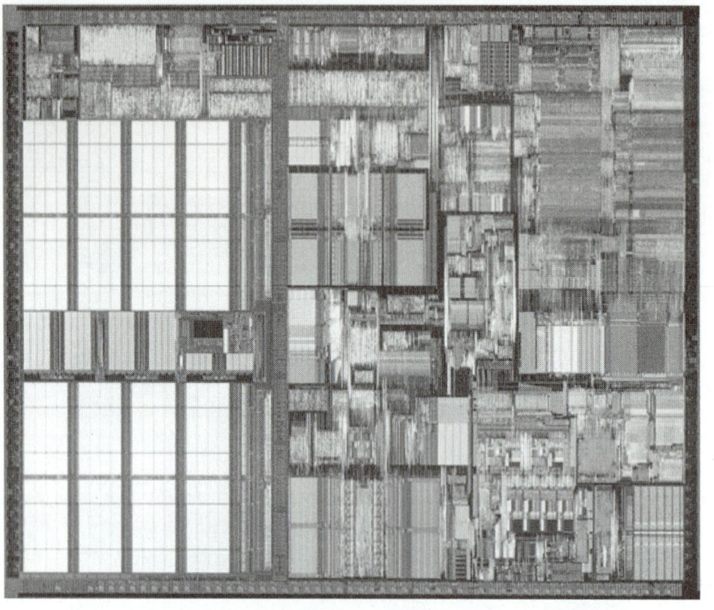

[그림 1-5] Pentium III(1999년)
(950만 개 트랜지스터, 0.25-마이크론 기술, 인터넷 스트리밍 SIMD 확장)

1.4 컴퓨터를 이용한 설계(Computer Aided Design)

회로의 복잡도와 반도체 칩의 집적도 증가로 컴퓨터의 설계 자동화 프로그램을 사용하지 않고, 매뉴얼하게 수작업으로 회로를 설계하는 것이 사실상 불가능하게 되었다. 설계 자동화 프로그램이 필요한 이유를 간략히 정리하면 다음과 같다.

1) 칩의 구성요소 수가 급격히 증가하였다.
2) 공정의 변수를 추출하는 것이 필요하게 되었다.
3) 집적화하는 단계의 수가 증가되었다.
4) 설계기간을 단축하는 것이 필요하게 되었다.
5) 칩의 성능을 개선하는 것이 중요하게 되었다.

CAD 툴이 소개되기까지의 지난 역사를 돌아보면 다음과 같다.

- 1950~1965년: 대부분의 CAD 알고리즘이 MSI(Medium Scaled Integrated Circuit)를 설계하는 데 아직은 부적절하였기 때문에 매뉴얼하게 설계하였다.
- 1965~1975년: IBM에서 게이트 어레이(gate array)의 레이아웃 설계자동화 도구가 개발되었고 AT&T에서는 표준셀(standard cells) 자동화 설계 도구가 소개되었다.
- 1970년대: IBM에서는 Mini라고 불리우는 2-level heuristic 논리 최소화 도구가 개발되었으며, IBM과 Berkeley에서 Espresso라고 하는 PLA-기반의 조합 및 순차회로 논리 최소화 도구가 개발되었다.
- 1975~1985년: 70년대 초에 컴퓨터 이론 분야가 발달하여 "computational intractability theory" 및 "computational geometry"에 대한 활발한 연구에 힘입어 이론적인 레이아웃(layout 또는 physical design) 알고리즘의 등장으로 배치 및 배선 툴이 개발되었다. 주로 배선 길이를 줄여 칩의 면적을 줄이는 데 사용되었다.
- 1980년대: 기술 매핑 및 multi-level 논리 최적화 기술이 개발되었으며 성능을 최적화하기 위한 배치 및 배선 알고리즘들이 개발되었다. 또한 칩의 복잡도 증가에 따라 연산 처리량이 급격히 늘어남에 따라 병렬처리 알고리즘, 그래프 이론, combinatorial optimization 등의 컴퓨터 이론들이 적용되었다.

여기서 잠깐

CAD 알고리즘을 개발하는데 있어서 어려운 점은 논리회로 기능의 복잡도와 구성 요소 수의 증가로 인하여 실시간에 원하는 결과를 만들어 내는 것이 불가능하다는 점이다. 이러한 최적해를 적당한 시간에 찾지 못하는 문제들을 NP-hard problem 또는 NP-complete problem이라고 부르며, 그러한 문제들은 최적해를 구하기 위하여 입력 수가 커지게 되면 현재의 컴퓨팅 능력으로는 원하는 시간 내에 해를 얻지 못하게 된다. 따라서 휴리스틱(heuristic)한 알고리즘을 이용하여 빠른 시간에 근사 최적해를 구하는 게 실질적으로 중요하게 되었다.

CAD 알고리즘을 이용한 소프트웨어 툴은 수백억 달러의 시장을 가지고 있으며, 대표적인 CAD 툴 개발 회사는 다음과 같다.

- CAD Vendor: Cadence, Synopsis, Silicon Graphics Inc., and Mentor Graphic Corp 등.
- 대기업의 CAD 그룹 : IBM, AT&T, Digital Equipment Corp, NEC, Philips, IMEC, Sun 등.

CHAPTER 2

디지털 시스템 설계 프로세스

CHAPTER

2 디지털 시스템 설계 프로세스

2.1 디지털 회로란?

디지털 회로를 구현하고자 하는 응용 소프트웨어는 C 언어로 프로그램된 후 컴파일 과정을 통하여 머신(예를 들면 MIPS, ARM 등)에 맞는 어셈블리 코드를 발생시키고, 명령어와 데이터를 이진수로 부호화시켜 메모리에 보관하여 제어부에서 상태머신(FSM)을 통하여 작업의 순서를 정하고, 데이터 경로 부를 통하여 덧셈, 곱셈과 같은 연산을 수행하게 된다.

디지털 데이터는 입출력 버스를 이용하여 전송되게 되는데 한 와이어에는 0 또는 1이라는 값이 전달되게 되고 여러 개의 와이어를 이용하여 전송하는 경우에는 여러 개의 비트로 된 워드를 한 번에 보낼 수 있게 된다.

또한 $x = y$와 같이 어떤 값을 다른 값으로 변환하거나 복사하는 기능도 필요하게 된다. 이때 사용하는 것이 레지스터이며, $x + y + 5$와 같이 데이터 값을 덧셈이나 뺄셈 또는 곱셈과 같은 조합회로 연산자가 필요하게 된다. 또한 조건문과 같은 현재 입력과 상태에 따른 출력을 정하는 일은 순차회로인 FSM을 통해서 수행하게 된다.

디지털 회로에는 조합회로(Combinational Circuit)와 순차회로(Sequential Circuit)가 있다. 순차회로에서는 [그림 2-1]와 같이 출력이 입력 뿐만 아니라 과거의 출력을 입력으로 사용하기 때문에 현재의 상태(state 또는 configuration)를 기억하기 위하여 메모리가 필요하게 된다.

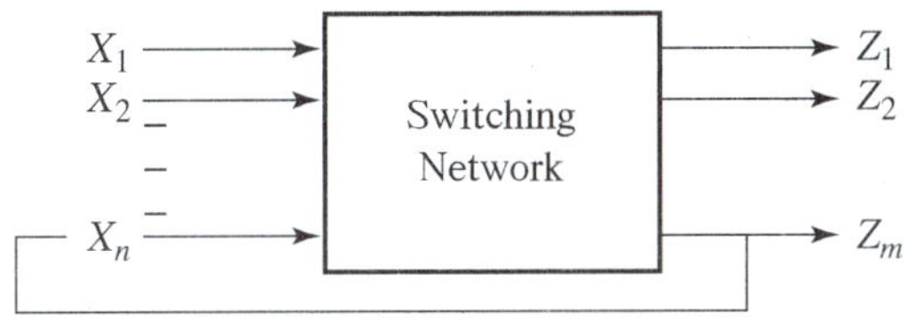

[그림 2-1] 피드백을 포함하는 순차회로 스위칭 네트워트

순차회로의 출력 및 새로운 상태는 입력과 과거 상태의 함수로 표시된다. 상태를 바꾸기 위해서는 제어 신호가 필요하게 되는데 주기적인 시그널인 클록을 사용하는 것을 동기(synchronous) 회로라고 하고, 클록을 사용하지 않고 전송 프로토콜에 의해서 데이터를 주고받는 것을 비동기(asynchronous) 회로라고 부른다.

스위칭 네트워크는 스위칭 엘리멘트와 논리 게이트에 의해서 구현되는데 피드백이 있는지 없는지에 따라 순차회로와 조합회로로 나누어지게 된다. 즉, 순차회로는 출력이 입력으로 전달되어 다음 클록에서 그 출력이 다른 새로운 입력들과 함께 입력되어 출력은 현재의 입력과 그 전 클록에서 발생한 출력의 함수로 나타내는 형태를 갖게된다. 반면 조합회로는 출력이 입력으로 사용되는 경우가 없고 출력은 단지 입력에 따라 변하게 되는 형태를 말한다. 모든 입력변수들 $\{x_0, x_1, \cdots, x_n\}$의 집합을 X라 하고, 모든 출력변수들 $\{y_0, y_1, \cdots, y_m\}$의 집합을 Y라 할 때 조합함수 F는 입력변수 집합 X를 이용해서 출력변수 집합 $Y = F(X)$로 표현된다. 주로 덧셈/뺄셈기(adder/subtracter), 디코더(decoder), 인코더(encoder), 멀티플렉서(multiplier), 나눗셈기(divider)와 같은 연산자가 이에 해당된다. 예를 들면, [그림 2-2]와 같이 덧셈기의 경우, 출력 Sum과 Count는 입력 A, B, C_{in}에 따라서 변하게 된다. 이와 같은 조합회로의 경우에는 출력을 메모리에 저장해 놓았다가 나중에 그 로직의 입력으로 사용하는 경우가 없기 때문에 메모리가 없는("memory-less") 로직이라고 말할 수 있다. 반면, 순차회로는 현재의 출력이 나중에 입력으로 사용될 수 있도록 그 값을 플립플롭(Flip-Flop) 또는 래치(Latch)와 같은 메모리를 포함하는 회로이며 출력을 메모리에 저장해 놓아야 한다.

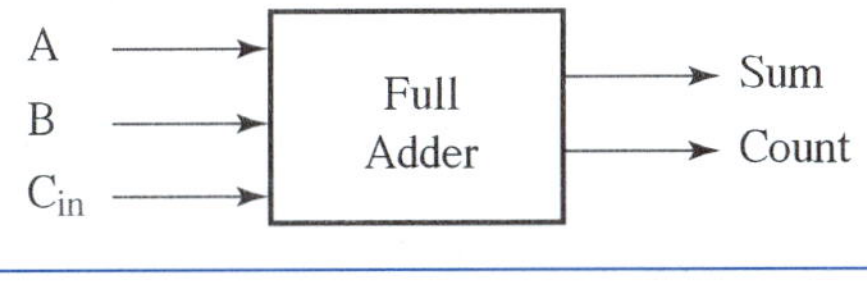

[그림 2-2] 조합회로의 예: 덧셈기

2.2 디지털 집적회로 설계 방식

논리회로의 설계는 논리식이나 진리표가 사용된다. 좀 더 그래픽적인 표기수단으로 논리소자 기호를 이용한 회로도(schematic)가 사용된다. 작은 규모에서는 논리소자 기호로 설계할 수 있지만, 규모가 커지면 회로도를 종이 또는 컴퓨터에 그려서 표현하는 것이 힘들어진다. 그렇기 때문에 1990년대부터 대규모 회로 설계에는 하드웨어 기술 언어가 사용되고 있다. 1990년대 후반에는 양산품이나 높은 성능이 요구될 경우 ASIC(Application Specific Integrated Circuits)를 사용하였으며, 그 이외에 PLD, CPLD, FPGA를 사용하였다. 최근에는 하드웨어(ASIC)의 사용을 줄이고, 하드웨어 대신 소프트웨어(프로세서)를 이용하여 설계하려는 경향이 늘어가고 있으며, 이에 따라 프로세서가 적어도 하나가 포함된 SoC(System on Chip)라는 개념이 도입되어 소프트웨어와 하드웨어가 통합된 설계 방식의 사용률이 늘어가고 있다. 다음에 소개되는 다양한 설계 방식은 설계자가 원하는 다양한 요구사항(즉, 설계 비용, 유연성, 성능, 면적, 전력 소모, 설계기간 등)을 고려하여, 사용자가 원하는 요구사항에 대한 트레이드오프를 제공한다.

Full Custom(완전 주문형) 설계

완전 주문형 설계 방식은 자동화 도구를 이용하는 것이 아니라 매뉴얼(수작업)하게 설계하여 최적의 회로를 만들어 내는 과정으로 현재 메모리 설계 분야 또는 아날로그 분야에서 많이 사용하고 있다. NOT, AND, OR, XOR, …, OPAMP 등을 CAD Tool을 이용해서 설계하기 때문에 숙련된 작은 사이즈로 많은 함수를 구현할 수 있다. 하지만, 설계를 완료하는데 걸리는 설계 개발 기간이 보통 수개월 단위이다. Full-Custom은 Semi-Custom과는 달리 Front-END와 Back-END로 나누어 설계하기보다는 일반적으로 로직 설계부터 웨이퍼 생산을 위한 DB(DataBase) 생성을 처음부터 끝까지 모두 한 엔지니어가 하게 된다.

Semi-Custom(반 주문형) 설계

어느 정도의 만족할 만한 성능을 보장하는 동시에 설계기간을 단축하기 위하여 설계 자동화 도구를 사용하는 방식으로 크게 스탠다드 셀(Standard Cell)과 게이트 어레이(Gate Array)로 나뉘어진다. AND, OR, XOR 등의 기본적인 셀(게이트라고도 함, Full custom으로 설계됨)들의 집합은 라이브러리 형태로 이미 존재하게 되는데, 이 라이브러리를 이용하여 Front-End 엔지니어는 VHDL 또는 Verilog를 사용하여 로직 설계를 하고, Back-End 엔지니어는 로직 설계한 데이터베이스를 이용하여 웨이퍼 생산을 위한 레이아웃 설계 데이터베이스를 생성한다.

여기서 잠깐

- VHDL이란 Very high speed integrated circuit Hardware Description Language의 약자로 미국 국방성(DoD)의 VHSIC(Very High Speed Integrated Circuit) 프로그램의 부산물로 나온 하드웨어를 표현하는 C와 같은 프로그래밍 언어의 특성을 가지고 있으며, 분서화와 시뮬레이션을 위해 표준화(차후 합성까지)되었다.
- Verilog HDl이란 HILO HDL(GenRAD사)을 토대로 하여 개발되었으며, RTL 특성이 강하여 하드웨어에 가까운 문법과 구조를 가지고 있다. 초보자에게 다소 접근이 용이한 언어라고 볼 수 있다. 기타 시스템C, UDL/I, CDL, DDL, ISP, PMS와 같은 하드웨어 합성을 위한 언어가 존재한다.

Semi-Custom은 Full-Custom보다는 설계 시간이 길지 않은 반면, 웨이퍼상의 사이즈는 Full-Custom보다는 크게 된다. 여기서 칩 사이즈는 곧 생산원가와도 직결되기 때문에, 설계 시 상당히 고려해야 하는 부분 중 한 분야라고 할 수 있다

프로그래밍이 가능한 방식

프로그래밍을 이용한 디바이스는 성능보다는 설계기간 단축에 중점을 둔 설계 방식으로 [그림 2-3]과 같은 PLD(Programmable Logic Device), FPGA 등의 방식이 있다. PLD는 주문형 IC(완전 주문형, 표준 셀, SOG)보다 개발 위험성이 적으며, 낮은 초기 개발비, 짧은 개발 기간의 장점을 가지고 있다. 광의의 PLD의 개념은 협의의 PLD, 즉 단순(simple) PLD에 FPGA(Field Programmable Gate Array)를 포함한 의미로 사용된다. 단순(simple) PLD의 경우는 소규모의 논리회로를 구현할 때 사용하며, [그림 2-3]과 같은 AND-OR 플레인 구조, PROM(Programmable Read Only Memory), PLA(Programmable Logic Array), PAL(Programmable Array Logic) 등을 말한다. 또한 FPGA는 대규모 논리회로를 구현하는데 사용되며, Altera, Xilinx, Actel사가 개발하고 있다.

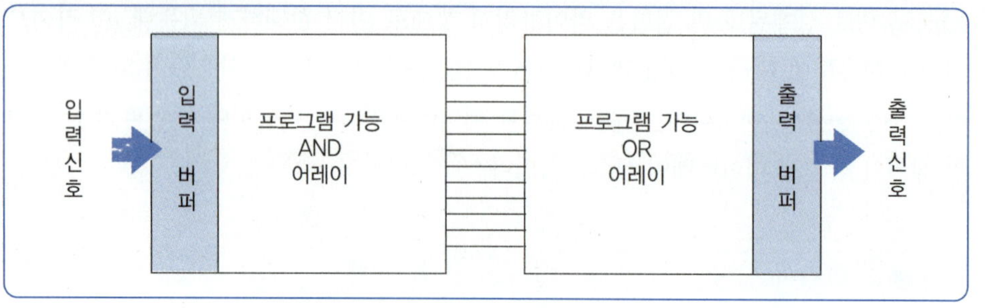

[그림 2-3] PLD 구조

FPGA는 1985년 Xilinx Company에서 처음으로 소개된 빠른 설계 프로토타입(prototype)과 제품 구성을 할 수 있는 새로운 기술이다. FPGA 칩은 미리 공정을 거친 셀, 선, 스위치 등으로 구성되어 있다. 각 로직 셀(CLB: Configurable Logic Block)은 프로그래밍함으로써 어떠한 불리언 함수도 구성할 수 있다. 셀에 대한 입력의 수는 상수 k로 한정되어 있는데 k는 5, 6 등 주로 작은 값이다. [그림 2-4]와 같이 K-bit의 입

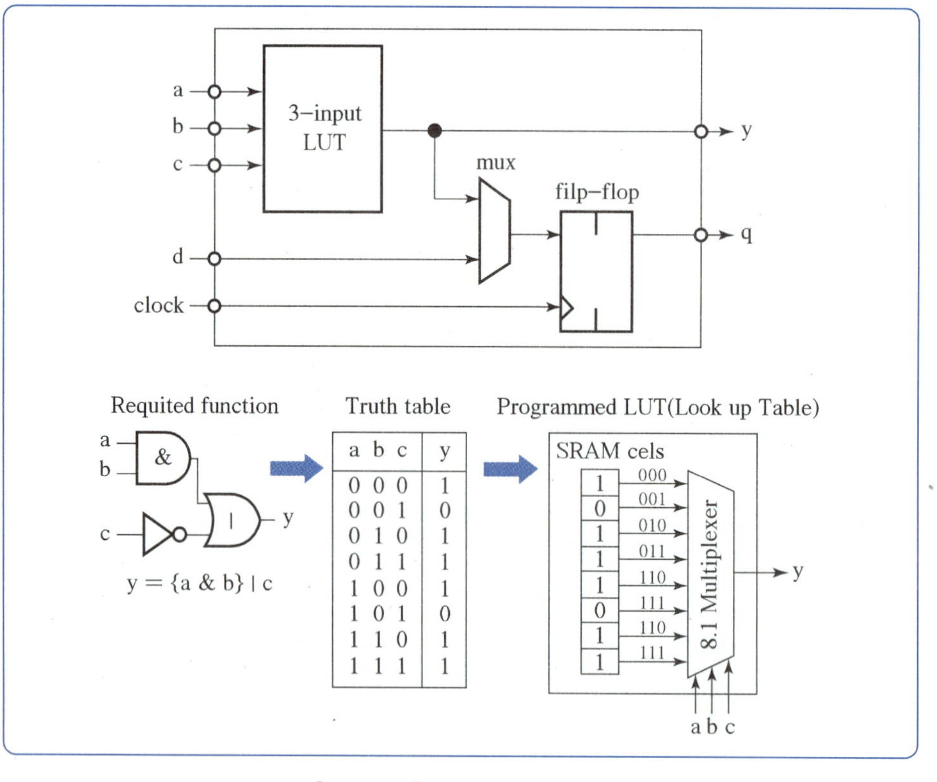

a b c	y
0 0 0	1
0 0 1	0
0 1 0	1
0 1 1	1
1 0 0	1
1 0 1	0
1 1 0	1
1 1 1	1

[그림 2-4] LUT 기반의 CLB

력과 1 bit 출력을 가지는 조합논리 함수를 표현하기 위해서는 2^K bit들이 요구된다. 셀의 단자는 프로그래머블 스위치를 경유하여 라우팅 와이어에 연결되어 있다.

FPGA는 주문형 IC의 SOG(Sea of Gate)와 유사한 구조를 재프로그램 가능한 SRAM 방식과 한번만 가능한 anti-fuse 방식으로 되어 있다. FPGA 구조는 그림과 같이 CLB 라고 부르는 로직 셀과 인터콘넥트 영역으로 구성되어 있다. 로직 셀 및 인터콘넥트 부분이 모두 공정을 거친 상태로 제공이 되며, 모두 한 번만 사용되는 hardwired 구조와는 대조적으로 재구성(또는 재프로그래밍)이 가능하도록 만들어져 있다.

[그림 2-5]는 FPGA의 구조를 보이고 있다. 로직 셀은 이차원 배열로 구성되어 있으며, 셀과 셀 사이에는 인터콘넥트 채널(연결 경로)이 형성되어 있으며, 수직 인터콘넥트 채널과 수평 인터콘넥트 채널이 만나는 곳은 스위치 박스가 위치하고 있다. 각 셀에 붙어 있는 핀들을 연결하기 위한 네트들은 인터콘넥트에 연결되며, 스위치 박스를 통하여 인접 셀의 인터콘넥트 채널로 이동이 가능하도록 구성되어 있다. [그림 2-6]은 프로그래밍을 통해서 연결된 한 개의 네트를 보이고 있다. 이런 형태의 정형적(regular) 패턴은 설계의 오류를 검증하는데 간략화된 모델을 제공하여 설계 기간을 단축시킬 수 있게 되는 장점을 가지고 있다.

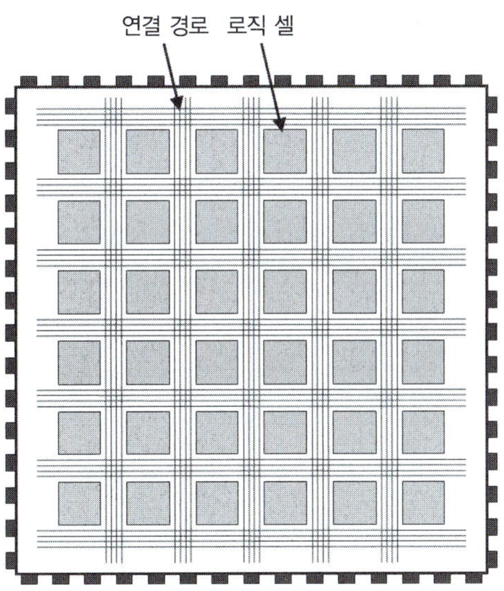

[그림 2-5] FPGA 구조

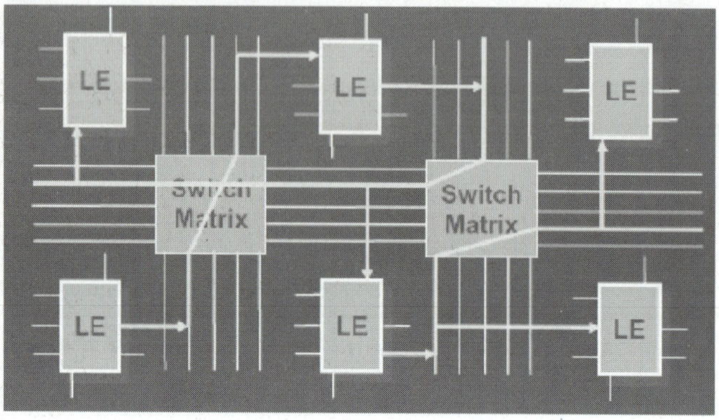

[그림 2-6] 프로그래밍이 가능한 인터콘넥트 구조

디지털 회로를 FPGA로 설계하는 단계는 1) 기술매핑(technology mapping): 회로의 논리회로를 CLB로 구성된 net-list로 변환시키고, 2) 배치(placement): net-list의 CLB들을 FPGA상에 배치하고, 3) 배선(routing): CLB들을 net-list에 따라 연결하고, 4) bit pattern을 발생시켜 CLB가 원하는 기능을 수행하는지 확인한다.

FPGA는 각 설계의 매스크(Mask) 제작 비용을 줄여주고, 설계 오류를 줄여주어 ASIC(Application Specific Integrated Circuit)와 비교하여 설계기간 및 비용을 줄여주는 장점이 있다. 반면, 스위칭 전력이 asic에 비해 12배 정도, 성능이 3~4배 열악하며, 면적은 20~40배가 더 큰 단점을 가지고 있다. 따라서 rtl 설계 시 많은 노력을 기울여야 한다.

설계 단가를 줄이기 위해서는 집적화를 통하여 컴포넌트 수를 줄이고 실제 제조를 통한 검증보다는 모의 실험(시뮬레이션)을 통하여 검증함으로써 설계 비용을 줄이게 된다. 최신 공정을 사용하면 새로운 제품을 개발하는데 소요되는 비용인 Mask NRE(초기 개발비, Non-Recurring Engineering)는 1백만$, Design NRE는 1천만$~7천5백만$의 비용이 들어간다. 따라서 그러한 값비싼 초기 개발비가 들어가는 기존의 고정된 하드웨어 설계 방식인 ASIC 설계 방식보다는 재사용(reuse)이 가능한 ASSP(Application Specific Standard Product) 또는 FPGA(Field Programmable Gate Array)와 같은 설계 방식을 사용하게 되면 그러한 반복되는 제조 비용을 줄일 수 있게 된다.

멀티코어(Multi-Core)

최근에는 재사용이 가능한 프로세서를 사용하는 추세이나 기존의 ASIC에 비해서 성능이 떨어지고, 전력소모가 수백 배까지 늘어날 수 있기 때문에 임베디드 프로세서를 멀티프로세싱하는 방법들이 많이 사용되고 있다. 멀티 코어는 소비 전력과 발열을 낮추는 것을 목적으로, 코어마다 동작 전압이나 클록 속도를 임의로 제어하며, 휴지(idle) 상태를 포함한 동작 상태를 제어하는 전력관리를 사용한다. 예를 들면, DVD/STB/HDTV/Mobile-Phone은 5개에서 8개 정도의 임베디드 프로세서를 사용하고 있으며, 이미지 프로세싱(image processing), 네트워킹(networking), 기지국 시스템(base station)과 같은 고성능 시스템인 경우에는 8개에서 100개 이상의 임베디드를 사용하고 있는 추세이다. ITRS(International Technology Roadmap for Semiconductors)에서는 매년 기술 로드맵을 작성하는데 2009년에는 90nm 반도체 공정을 사용하여 100M gates(= 2500 ARM7 cores)를 하나의 칩에 집적한다.

최근 ITRS 시스템 수준 설계 로드맵 발표자료에 의하면 단기 목표로는 HW와 SW의 통합설계를 통하여 설계 생산성 향상, 동적 전력 및 누설 전력의 전력관리를 통한 감축, 변동을 고려한 모델링 기법과 공정 수율 개선을 위한 최적화를 통한 DFM(design for manufactuability)의 개선이 있다. 장기적으로 헤테로지니어스 멀티코어(multicore)의 소프트웨어 및 시스템 수준의 설계 자동화를 통한 설계 생산성의 향상, 누설 전류 및 신뢰도 향상을 통한 전력 관리, 그리고 수율과 공정, 테스트의 설계 통합을 통한 DFM (Design for Manufacturability) 개선 등을 목표로 하고 있다.

2.3 집적회로 설계 합성 및 설계 단계

[그림 2-7]은 회전식 Y-Chart라고 부르는데 설계 과정에 대한 이해를 돕는다. 즉, 칩의 동작 및 구조, 그리고 물리적(레이아웃) 설계의 세 가지 측면을 표현할 수 있게 된다. 그리고 동심원은 각 설계 단계를 표시하는데 바깥쪽에서 안쪽으로 변환 및 합성이 이루어지는 것을 표현하고 있다. 동작의 가장 바깥쪽 원을 보면, 동작 축에서는 시스템 스펙에 있는 알고리즘 등을 기술하는 형태이고, 구조 축에서는 CPU 또는 메모리 등의 구조를 기술하는 형태를 말하며, 물리적 설계축에서는 칩 또는 보드를 기술하는 형태를 말하게 된다. 여기서 동심원의 가장 안쪽의 원은 회로(트랜지스터) 수준을 말하게 된다.

또한 Y-chart에서 우리가 생각할 수 있는 것은 동작 기술 단계, 구조 설계 단계, 물리적 설계 단계의 세 단계가 서로 동시적(concurrent)으로 설계되는 것이 중요하다는 것이다. 집적도가 올라감에 따라 낮은 설계 추상적(abstraction) 단계에서는 설계 검증이 어려워진다. 따라서, 설계 생산능력은 여러 설계 단계를 이용함으로 증가하게 된다. 하위 설계 단계의 상세한 정보 없이도 상위 단계의 결정으로 설계 및 검증 기간을 단축시킬 수 있다.

일반적으로 시스템 온 칩(System on Chip)은 그 내부에 프로세서를 가지게 되고 그로 인하여 처리해야 할 버스, 메모리를 비롯한 레지스터, 주변회로 등도 포함되어 있으며, 해당되는 시스템을 구현하기 위한 소프트웨어까지도 하나의 칩에 집적시켜야 하므로 종래의 칩들보다 그 규모가 커지게 되어 칩의 개발 기간이 더 소요되게 된다.

[그림 2-8]과 같이 동심원의 또 다른 측면으로서의 해석은 다음과 같다. 동작 축에서 구조 축으로의 변환을 설계 합성(synthesis)이라고 부르며, 구조 축에서 동작 축으로의 변환은 회로를 분석하여 어떤 기능(동작)인지를 찾아내는 일, 다른 말로 하면 리버스 엔지니어링(reverse engineering)이라고 볼 수 있다. 또한 동작 축에서 물리 축으로의 변환은 동작에 대한 표현을 레이아웃의 표현 형식으로 변환되는 과정을 표현한다고 볼 수 있으며, 그 반대 화살표는 레이아웃을 통하여 이 칩의 기능 동작이 어떤 것인지를 찾아내는 역할을 한다고 볼 수 있다. 또한 구조 축에서 물리 축으로의 변환은 레이아웃 발생기가 하는 역할로 볼 수 있으며, 그 반대의 경로는 물리적인 패턴으로부터 구조적인 형태를 추출하는 과정이라고 볼 수 있다.

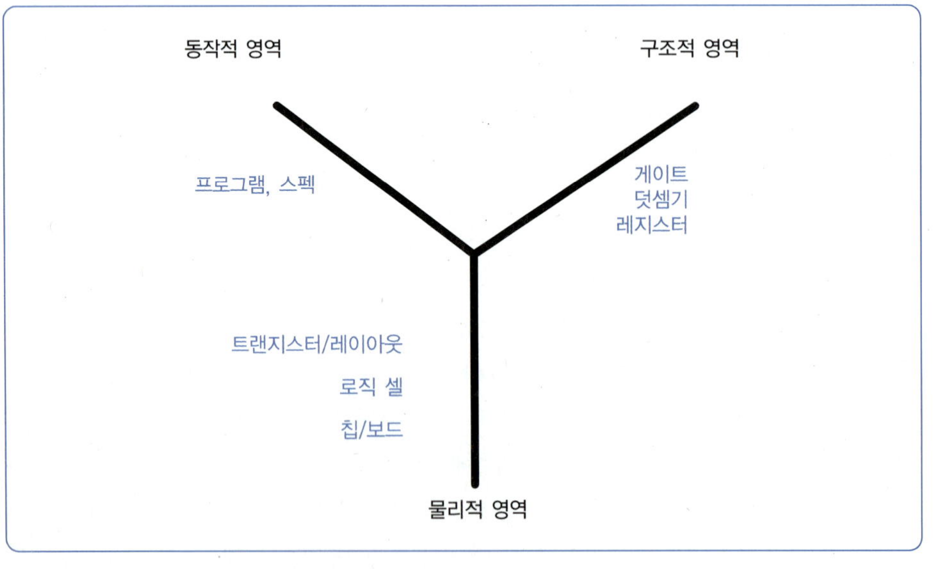

[그림 2-7] Y-Chart

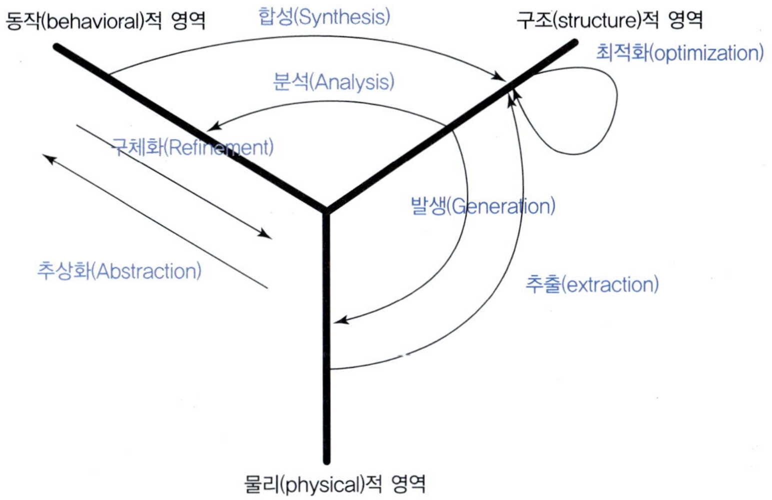

[그림 2-8] 회전식 Y-Chart의 각 축간의 변환과정

아래 표는 각 축의 단계별로 변환된 형태를 표시하고 있다.

〈표 2-1〉 Y-chart의 각 축의 단계별 변환 형태

동작(Behavioral)적 영역	구조(Structure)적 영역	물리(Physical)적 영역
시스템 Spec. 알고리즘 RTL spec.	CPU, 메모리 프로세서 ALU, 레지스터 게이트, F/F 트랜지스터	칩/보드 블록/마크로-셀 표준셀 레이아웃 표현

하드웨어 설계 단계

하드웨어 설계의 중요한 경향 중의 하나는 설계의 복잡도가 점점 커져가고 있으며, 디자인 시장 진입 시간(time to market)이 점점 짧아지고 있고, 제품단가가 점점 낮아지고 있다는 것이다.

그러한 설계기간을 단축하기 위하여 CAD(computer Aided Design) 도구를 많이 사용하고 있다. 또한 설계의 복잡성을 다루기 위해서는 설계의 표현방식이 여러 가지 단

계로 나누어지게 되고 특히 추상적(abstract) 수준의 설계 방식이 사용되게 되고, 고정된 하드웨어 설계보다는 프로그래밍이 가능한 설계 방식을 선호하게 된다. 또한 설계의 성능을 향상시키기 위한 합성은 자동합성 도구를 사용한다.

하드웨어 설계는 그 복잡도에 따라 오류를 포함하게 되는 것이 보통이다. 따라서 그 오류를 초기에 발견하여 설계 기간을 단축하는 것이 중요한 요소가 된다.

이와 같이 시스템 설계는 그러한 복잡도에 대응하기 위하여 계층적인 방법으로 수행하게 되는데 각 설계의 수준에서 하는 일은 다음과 같다.

① 응용(또는 시스템) 수준: 응용 시스템을 설계하는 단계이다. 그러한 시스템 수준의 한 예제를 [그림 2-9]에서 보여 주고 있다.

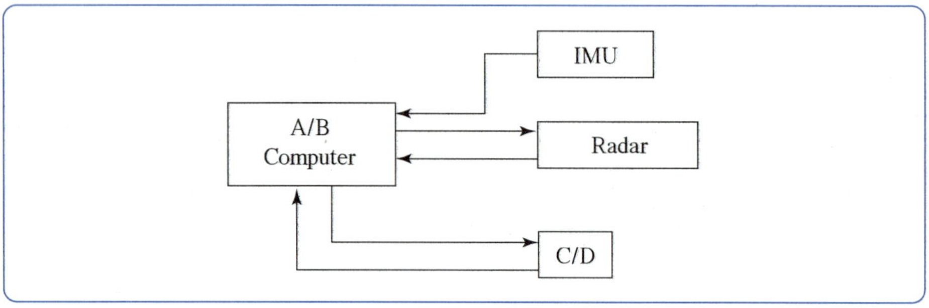

[그림 2-9] 시스템 수준

② 아키텍처/알고리즘 수준: 이 단계는 시스템이 수행하는 알고리즘을 C 또는 C++로 기술하고 구조를 설정하는 단계를 말한다. [그림 2-10]은 아키텍처 수준 설계의 한 예제를 보여주고 있다. 아키텍처 수준은 면적, 속도, 전력소모, 기능을 고려하여 설계한다. [그림 2-11]은 Y-차트의 가장 바깥쪽 동심원에 해당하는 아키텍처 수준에 해당하는 구성 요소들을 보이고 있다.

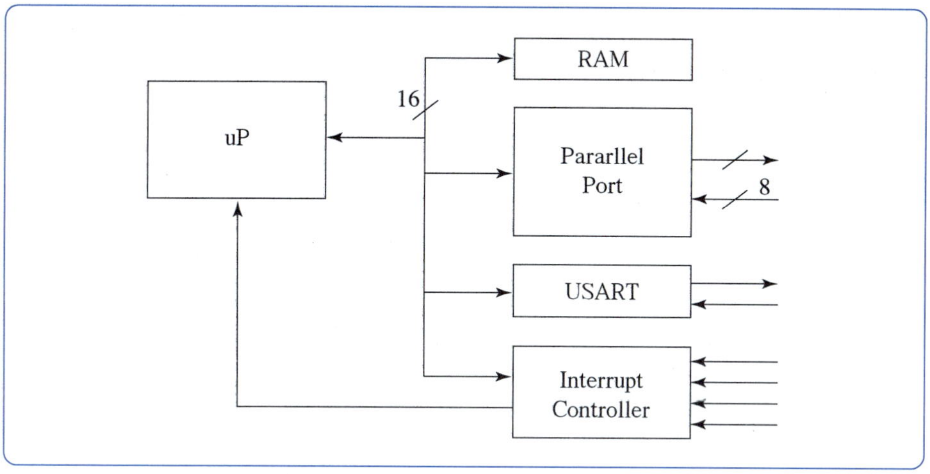

[그림 2-10] 구조 수준

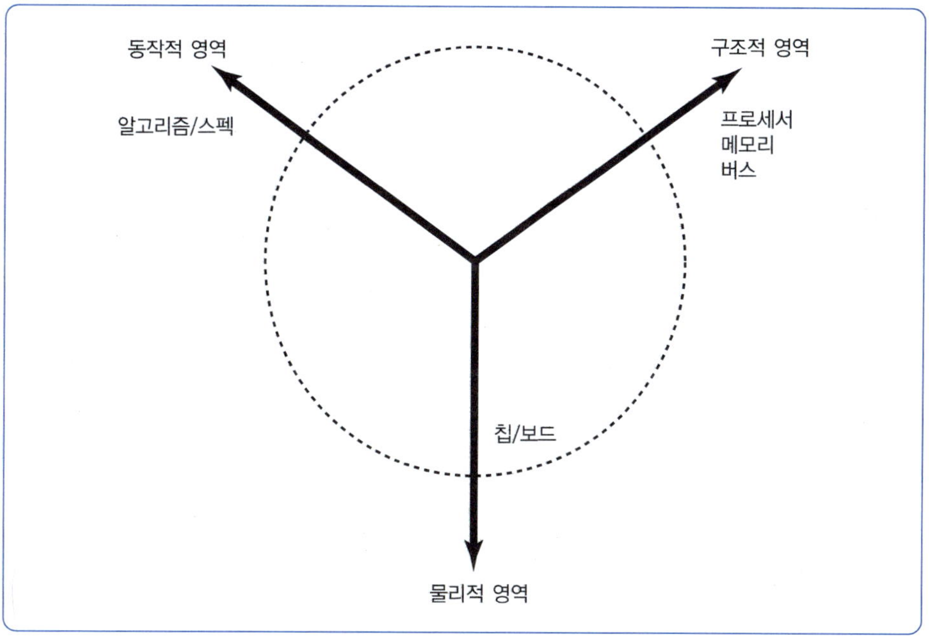

[그림 2-11] Y-차트의 아키텍처 수준에 해당하는 구성 요소들

③ RTL(Register-Transfer Level) 수준: [그림 2-12]에서 보는 바와 같이 시스템을 구성하는 각 부품의 기능과 그들 사이의 통신이 사이클 시간적으로 상세하게 기술된 경우를 레지스터 전송 수준(RTL, Register-Transfer Level) 모델이라고 한다. 레지스터 전송 수준 모델에서는 데이터의 흐름 및 시스널을 제어하며, 각 클록

에지에서 작업을 스케쥴하는 기능도 포함되어 있다. [그림 2-13]에는 Y-차트에서 RTL 수준에 해당하는 구성 요소들을 보이고 있다.

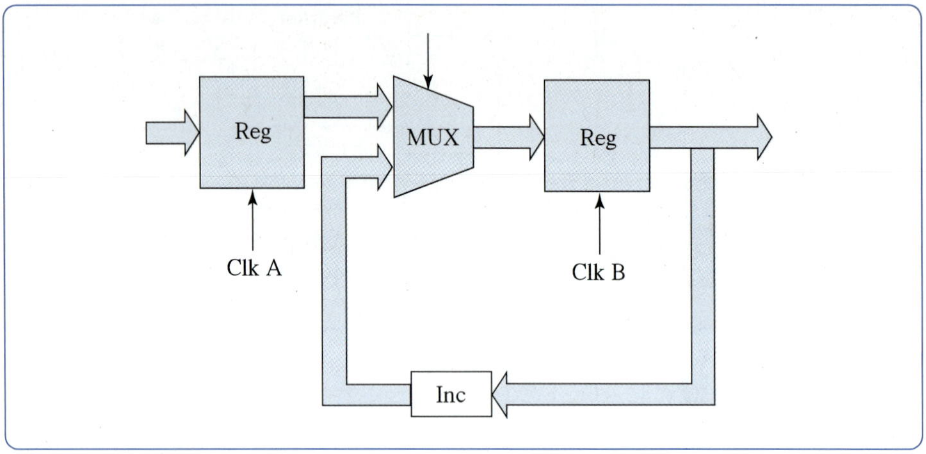

[그림 2-12] RTL 수준

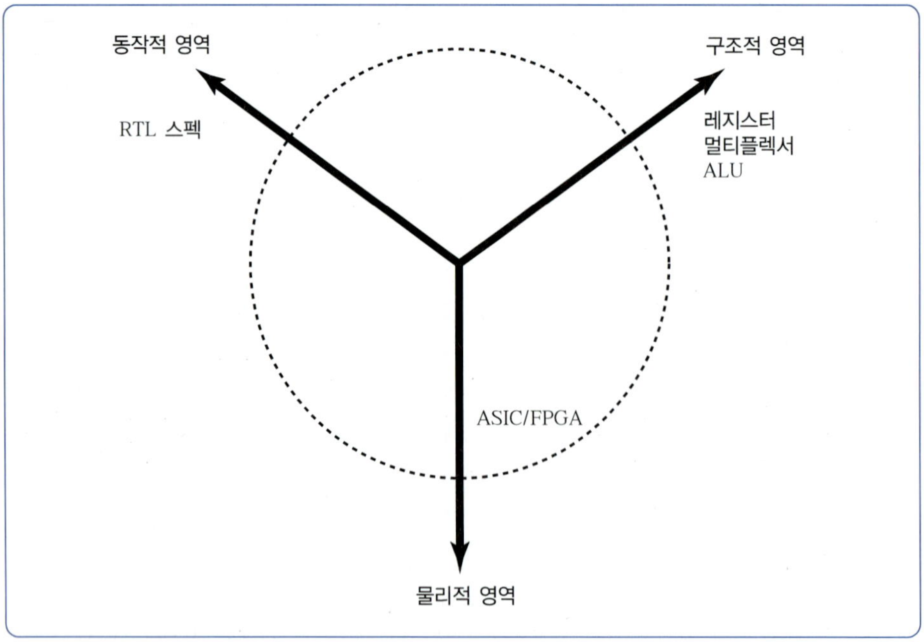

[그림 2-13] Y-차트에서 RTL 수준에 해당하는 구성 요소들

RTL 스펙에 해당하는 동작(Behavioral) 표현 방식에는 다음과 같은 종류가 있다.

- 불리언 식(Boolean equations)
- 입력과 출력의 테이블 형식
- C와 같은 표준 프로그래밍 언어로 기술된 알고리즘
- Verilog와 같은 HDL로 기술된 알고리즘

동작적 기술의 예

1-bit adder:

- two operand inputs A and B
- a carry input C
- a carry output Cy
- a sum output S

불리언 식

S = A.B'.C' + A'.B'.C + A'.B.C' + A.B.C

Cy = A.B + A.C + B.C

C로 표현된 Cy에 대한 알고리즘 기술

```
module  carry (cy, a, b, c);
  input a, b, c;
    output cy;
    assign
    cy = (a&b) | (b&c) | (c&a);
endmodule
```

Cy에 대한 불리언 동작 기술

```
primitive  carry (cy, a, b, c);
           input a, b, c;
           output cy;
           table
              // a  b  c    co
                 1  1  0  :  1;
                 1  0  1  :  1;
                 0  1  1  :  1;
                 0  0  1  :  0;
                 0  1  0  :  0;
                 1  0  0  :  0;
        endtable
endprimitive
```

④ 게이트(Gate) 수준: 게이트 수준은 스위칭 요소들을 연결하는 로직 네트워크를 구성하는 단계로 좀더 원시적인 디지털 논리 게이트를 이용하여 회로의 크기를 줄이고 성능 및 전력소모를 줄이는 것을 목적으로 한다. 설계의 최적화 정도의 정확도가 앞 단계와 비교하여 크다. 게이트 레벨에서는 [그림 2-14]와 같이 디지털 회로를 게이트로 표시한다. 구성 요소는 [그림 2-15]와 같다.

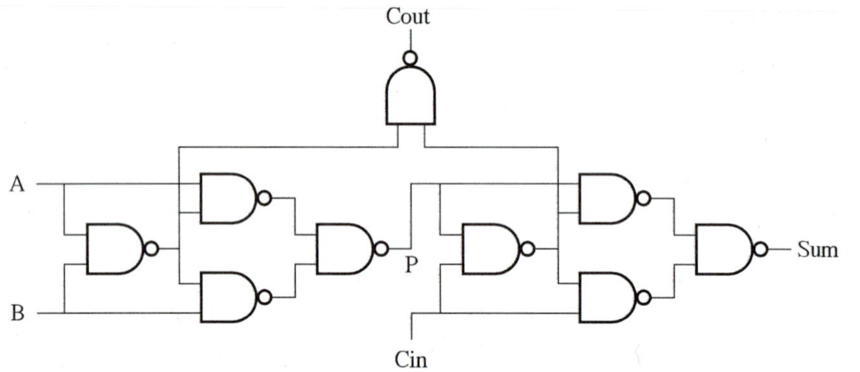

[그림 2-14] 게이트 수준

게이트 수준에서는 AND, OR, NOT, NAND 등의 게이트와 플립플롭 등의 논리모델을 사용하며, 0, 1 또는 X(don' t care)와 같은 몇 개의 부울 논리값만을 사용하며, 논리 게이트의 동작과 지연시간의 정확한 모델링이 필요하게 된다. Synopsys, Mentor Graphics사 등에서 시뮬레이터를 제공하고 있다. 논리 게이트 정보가 정의하는 것은 다음과 같다.

- 구조: 각 셀의 외부와 연결을 나타내는 셀과 핀 구조
- 기능: 각 셀의 모든 출력 핀의 논리적인 기능을 나타내는 함수
- 타이밍: 타이밍 분석 및 디자인 최적화를 위한 정보
- 핀과 핀의 타이밍 관계, 지연 계산, 순차적 셀의 타이밍 제약 조건들
- 기타: 면적, 디자인 룰, 최대 팬인/팬아웃

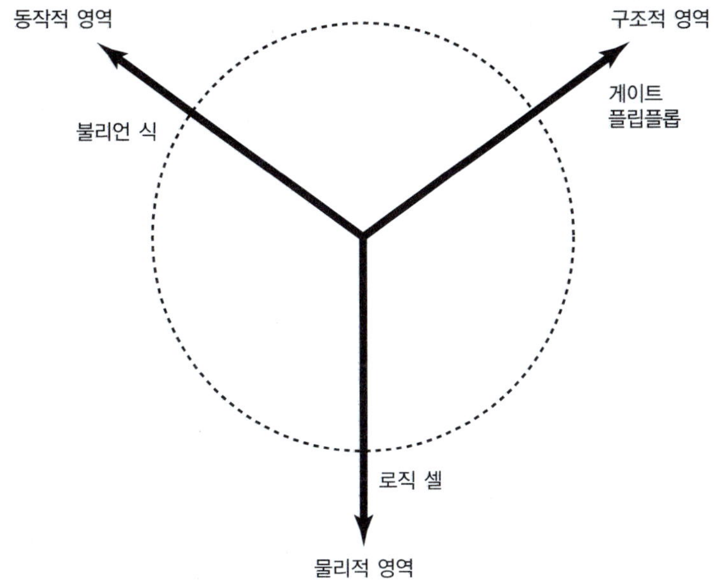

[그림 2-15] Y-차트의 게이트 수준 구성 요소들

게이트 수준의 구조적 표현(Structural Representation)은 컴퓨넌트가 어떻게 연결되어 있는지를 기술한다. 모듈리스트와 연결선 리스트로 구성되어 있다.

게이트 수준 기술의 예

4-bit adder

```
module  add4 (s, cy4, cy_in, x, y);
        input [3:0] x, y;
        input cy_in;
        output [3:0] s;
        output cy4;
        wire [2:0]  cy_out;
            add  B0  (cy_out[0], s[0], x[0], y[0], ci);
            add  B1  (cy_out[1], s[1], x[1], y[1], cy_out[0]);
            add  B2  (cy_out[2], s[2], x[2], y[2], cy_out[1]);
            add  B3  (cy4, s[3], x[3], y[3], cy_out[2]);
endmodule
```

```
module  add  (cy_out, sum, a, b, cy_in);
        input a, b, cy_in;
        output  sum, cy_out;
              sum    s1 (sum, a, b, cy_in);
              carry  c1 (cy_out, a, b, cy_in);
    endmodule

   module carry (cy_out, a, b, cy_in);
        input a, b, cy_in;
        output  cy_out;
        wire  t1, t2, t3;
              and   g1 (t1, a, b);
              and   g2 (t2, a, c);
              and   g3 (t3, b, c);
              or    g4 (cy_out, t1, t2, t3);
    endmodule
```

여기서 논리합성이란 HDL로 기술된 회로를 게이트 수준으로 변환하는 작업을 말한다. 논리합성의 입력은 불리언 식과 FSM이 되고, 출력은 게이트와 FF로 구성된 네트리스트가 된다. 설계 목적은 논리 네트워크의 레벨의 수를 줄임으로써 지연시간을 최소화하고, 게이트의 수를 줄임으로써 면적을 최소화하며, 시그널 스위칭 동작횟수를 줄임으로써 전력소모를 최소화하는 것이다. 즉, 기본 논리 연산자를 이용하여 연결하는 구조를 모델링하고 회로의 게이트 수준 구조에서 면적, critical path delay, 전력 소모 등을 설계 제약조건에 맞추어 논리회로로 표현하는 과정이다. 이때 제약조건의 하나로 타깃 라이브러리를 설정할 수 있다. (예를 들면, NAND 게이트와 NOT 게이트만을 이용하여 설계함)

논리합성에서 하는 일은 다음과 같은 네 가지가 있다.

- 논리식을 간소화한다.(리터럴의 수를 최소화한다.)
- 논리식을 게이트를 이용하여 합성한다.
- 게이트 수준 최적화: OR-NOT을 NOR을 이용하여 설계한다. 이때 지연시간, 전력소모, 면적을 최적화한다.
- 기술 매핑(Technology mapping) : 게이트들을 기술 라이브러리에 있는 셀들을 이용하여 치환한다. 설계방식은 FPGA, TTL chips, 표준셀 등이 있다.

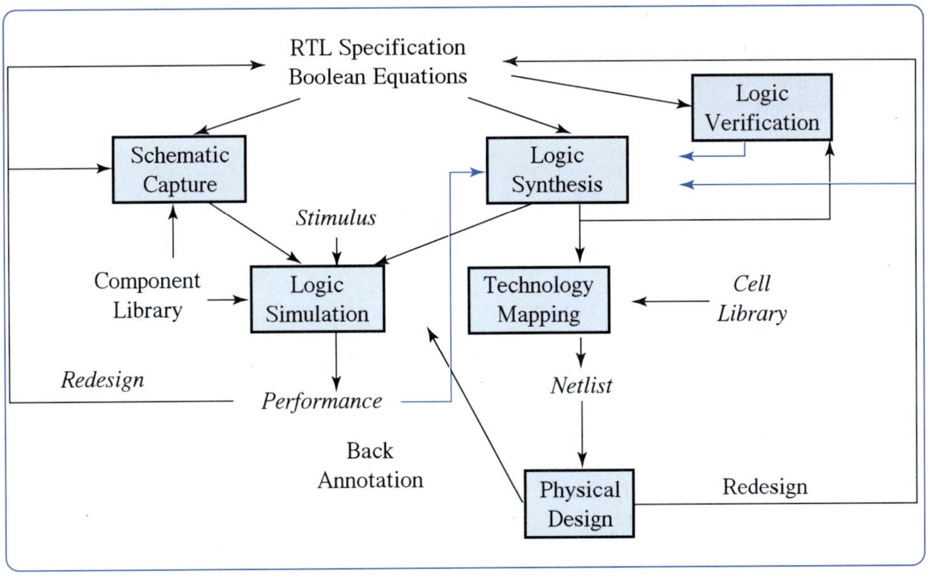

[그림 2-16] 논리 설계 자동화 설계 과정

GCD(Great Common Divisor)

1) VHDL 기술

```
entity VHDL is
port(
xi, yi : in BIT_VECTOR(1 to SIZE) ;
gcd : out BIT_VECTOR(1 to SIZE) ;
x, y : buffer BIT_VECTOR(1 to SIZE) ;
rst : buffer BIT ;
) ;
end VHDL ;

architecture VHDL_1 of VHDL is
begin
process begin
variable gtr, equ : BIT ;
wait until CLOCK'event and CLOCK = '1' ;
if ( rst = '1' ) then
x <= xi ; y <= yi ; rst <= 0 ;
else
gtr := x > y ;
if ( gtr = '1' ) then
```

```
x <= x - y ;
else
equ := x = y ;
if ( equ = '1' ) then
gcd <= x ; rst <= '1' ;
else
y <= y - x ;
end if ;
end if ;
end if ;
end process ;
end VHDL_1 ;
```

2) 회로도

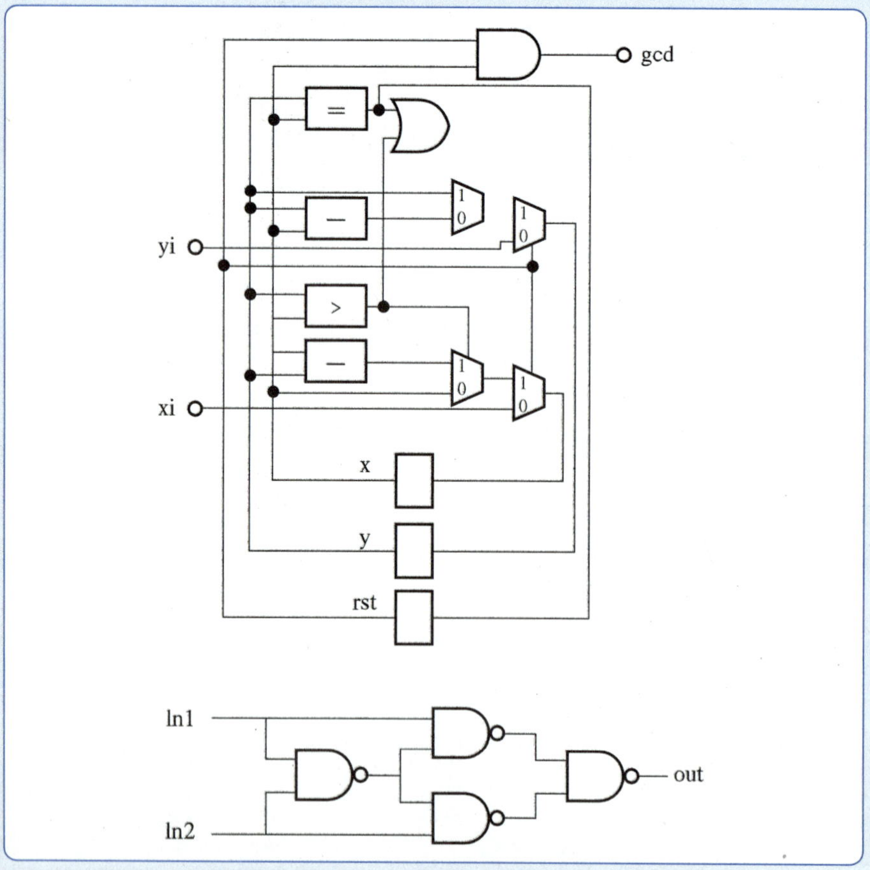

[그림 2-17] 논리 합성 전의 논리 회로도와 논리 합성 후 간소화된 회로도

다음의 세 가지 영역에서의 합성도구를 사용한다.

- Two-level circuits: 부울 대수(Boolean algebra), 카노 맵(Karnaugh Map), BDD(Binary decision diagram)
- Multi-level circuits: 부울 네트워크(Boolean networks), 인수분해 형태 (Factored form)
- Sequential circuits: FSM(Finite state machine), 그래프 알고리즘을 사용한 상태 최소화 및 부호화

⑤ 회로(또는 트랜지스터) 수준: [그림 2-18]과 같은 트랜지스터 모델을 이용하여 트랜지스터 네트워크를 이용하여 설계하는 단계이다.

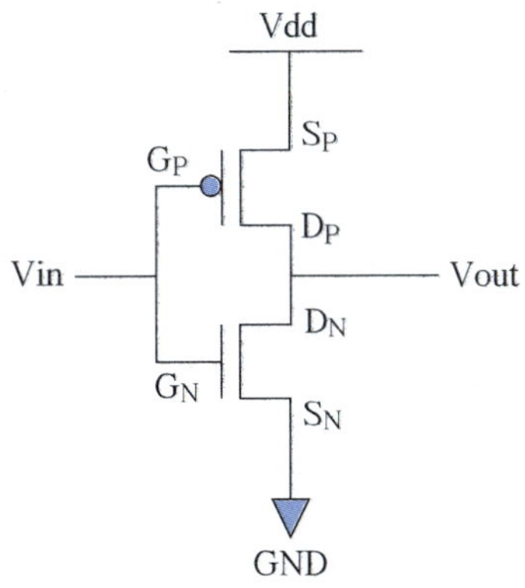

[그림 2-18] 트랜지스터 모델

트랜지스터 수준에서 사용되는 회로 시뮬레이터 중 가장 보편화된 것은 SPICE(Simulation Program with Integrated Circuit Emphasis)이다. 1970년대 U.C.Berkeley에서 개발하였으며, 다이오드, JFET(Junction FET), MOSFET, MESFET(Metal Semiconductor FET) 등의 반도체 소자와 저항, 콘덴서, 인덕터 등의 수동 소자에 대한 모델을 내장하고 있다. 소자 모델을 정확하게 명시하는 것이 가능함으로 정확한 회로 시뮬레이션 결과를 알 수 있게 된다. 종류에는 가장 범용으로 사용되어온 PC용 Pspice, 반도체/고주파 해석이 가능한 HSpice, MicroSpice, 시스템 레벨의 계산을 고려한 IsSpice 등이 있다.

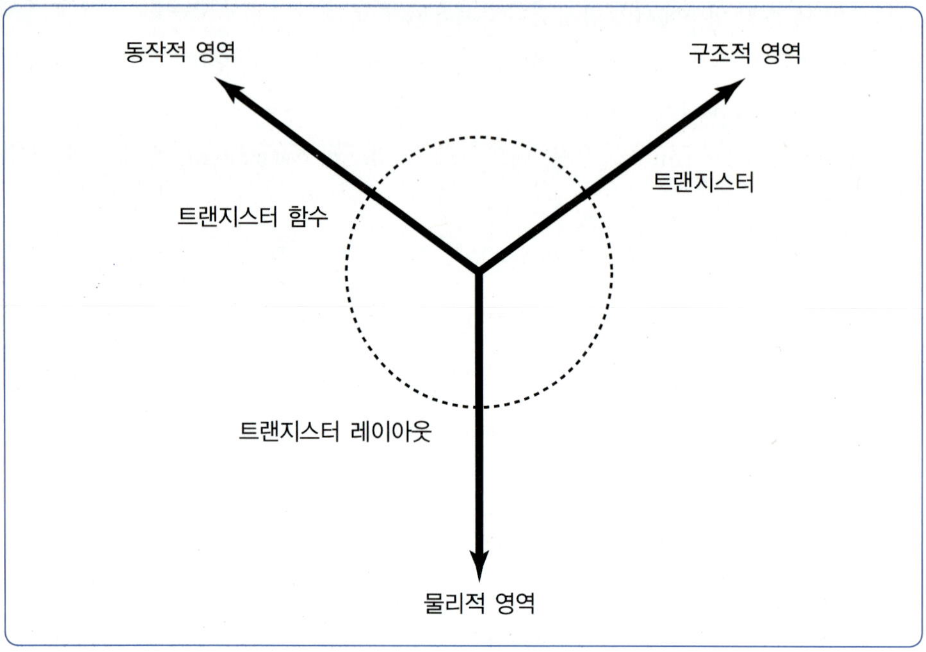

[그림 2-19] 트랜지스터 수준에서의 Y-차트 구성 요소

〈표 2-2〉는 회로 시뮬레이션, 타이밍 시뮬레이션, 논리 시뮬레이션을 비교하였다. 타이밍 시뮬레이션은 회로 시뮬레이션과 논리 시뮬레이션의 중간적 특징을 가진다.

〈표 2-2〉 시뮬레이션의 종류

분류 특징	Circuit	Logic	Timing
복잡도	모델 파라미터를 사용한 미분 방정식	Gates(AND, OR, NAND …), 수준의 함수 계산	트렌지스터 동작 테이블(간략한 특성모델) + delay model
결과값	Continuous	Boolean	Boolean + Delay
CAD	Synopsys(HSPICE) Pspice	Synopsys (VSS) Mentor(Modelsim)	Synopsys(Prime-time) Avant!(Star-sim)
소요 시간	길다	짧다	중간
규모	소자 및 간단한 회로	대규모	대규모
사용	Analog, Post simulation	Functional Simulation	Physical Simulation

⑥ 레이아웃(또는 물리적) 수준: 트랜지스터의 각 부분에 대한 물리적인 특성을 분석한다. 즉, [그림 2-20]에서 보는 바와 같이 트랜지스터 회로의 기하학적인 레이아웃을 표현하는 단계이다.

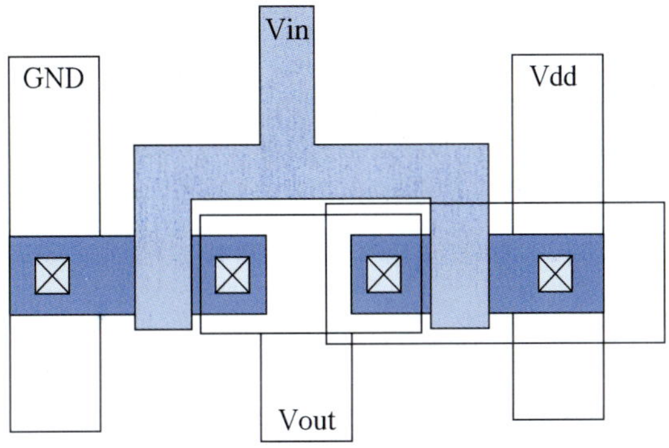

[그림 2-20] 레이아웃 모델

레이아웃 수준이란 설계된 IC 회로를 웨이퍼 상에 구현하기 위한 마스크를 제작하는데 필요한 데이터를 만드는 과정이다. 반도체 공정에서 요구하는 설계규칙(Layout Design Rule)에 맞추어 전기적 특성을 갖는 반도체 소자(트랜지스터, 저항, 캐패시던스 등)의 포토마스크 레이아웃을 표현한다. 레이아웃 수준에서는 기하학적인 패턴을 설계된 회로에 따라 배치하고 배선하는 일련의 작업, 즉 회로 분할, 플로우플래닝, 배치 및 배선을 수행한다. 가장 복잡하며 설계시간이 많이 필요한 단계이다.

물리적인 표현 방식 (Physical Representation)의 예

Imaginary physical description for 4-bit adder

```
module  add4;
        input x[3:0], y[3:0];
        input cy_in;
        output s[3:0];
        output cy4;
        boundary [0, 0, 130, 500];
        port  x[0]      aluminum  width = 1 origin = [0, 35];
        port  y[0]      aluminum  width = 1 origin = [0, 85];
        port  cy_in  polysilicon width = 2 origin = [70, 0];
```

```
        port  s[0]        aluminum  width = 1  origin = [120, 65];

        add  a0  origin  =  [0, 0];
        add  a1  origin  =  [0, 120];

    endmodule
```

⑦ 프로세스(또는 Fabrication) 수준: 웨이퍼 준비 과정으로 레이아웃의 결과에 따라 웨이퍼 상에 다양한 물질들을 이용하여 deposition과 diffusion 등을 수행하는 과정을 말한다.

⑧ 패키징, 테스팅, 디버깅 수준: 각각의 칩이 패키지화되며, 설계명세서에 표기된대로 만족하는지 테스트하고 디버깅하는 단계를 말한다.

2.4 설계 공간(Design Space) 탐색 및 최적화(Optimality)

일반적인 설계의 정의란 문제가 주어졌을 때, 주어진 요소들을 적당히 선택, 구성하여 크기, 비용, 전력소모 등을 고려하여 최적의 해를 구하는 방법을 말한다. 즉, 설계 제약조건(전력소모량, 지연시간, 크기, 비용)에 맞추어 설계되기 위해서 최적화되거나 변형되어야 하기 때문에 설계의 성능을 최적화하기 위하여 선택할 수 있는 많은 설계 방법들 중에 하나를 택일해서 사용하게 된다 예를 들면 Z = ABCD 라는 함수에 대해서 (AB)(CD), (ABC)D, ((AB)C)D, (AB)CD, AB(CD), …와 같은 여러 가지 구조의 논리회로가 구현될 수 있다. 이렇게 여러 가지 방법을 이용한 해의 집합을 설계 공간이라고 부른다. 그러한 해 중에서 어떤 제약 조건에서 어떤 해가 최적해인지를 찾기 위한 방법으로 [그림 2-21]과 같이 트레이드오프 커브(Trade-off curve)와 파레토 포인트(Pareto point) 방식을 사용한다.

파레토 포인트 셋이란 트레이드오프 커브 상에 존재하는 한 가지 이상의 최적해들의 집합을 말한다.

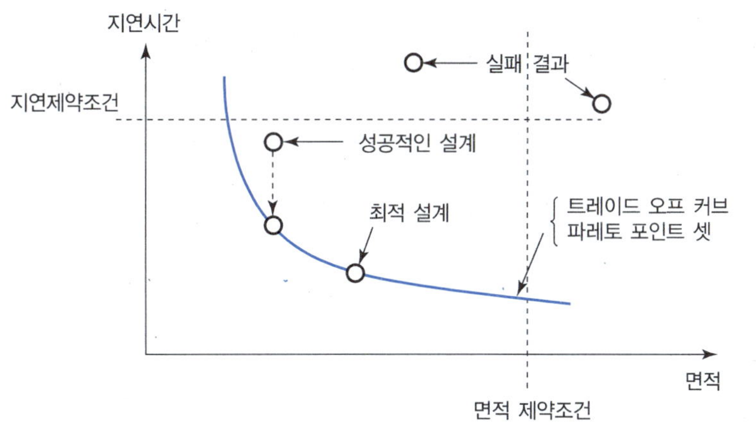

[그림 2-21] 최적 설계 솔루션 공간

●●● 여기서 잠깐

Design Activities(설계 활동)

일반적인 설계의 본질(The Nature of Design)에 대해서 알아보기로 하자.

사람들은 항상 무언가를 설계해왔다. 인류의 가장 기본적인 특성 중 하나는 인간이 자신의 목적에 맞는 다양한 종류의 도구들과 자신의 목적에 맞는 물건(artifact)들을 만든다는 것이다. 그 목적이 변함에 따라, 그리고 사람들이 현재 이용할 수 있는 물건들을 곰곰이 생각해봄에 따라, 그 물건들에 개선이 이루어지고, 완전히 새로운 종류의 물건을 생각해내어 만들게 된다.

옛 수공기반의 사회에서는 물건의 개념 착상(conception) 또는 '설계'가 물건을 만드는 것과 분리되지 않는다. 다시 말해서, 대개는 물건을 만드는 활동을 하기 전에 스케치하거나 모형제작을 하는 사전 활동이 없다. 예를 들어, 도공은 진흙으로 직접 작업을 하면서 항아리를 만들 것이고, 처음에 그릇을 스케치하거나 그려보지는 않을 것이다. 하지만 현대 산업사회에서는 설계하는 활동과 제작하는 활동은 대개 분리되어있다.

이러한 현대의 설계 활동을 이해하는 한 방법은 끝에서부터, 즉 설계가 끝나고 제조를 시작할 수 있는 점에서부터 거꾸로 이해하는 것이다. 설계가 끝나기 전에 제조가 시작될 수 없어도 설계 프로세스가 달성해야 하는 것이 무엇인지는 명확하다. 설계란 만들어야 하는 물건에 대한 묘사(description)를 제공해야 하는 것이다. 이 설계 묘사에서 물건의 제조 프로세스에 연관된 사람들의 선택에 의해 결정되도록 남아있는 사항은 거의 없다. 즉, 설계에는 물건의 표면 마감의 종류, 재질, 색상, 자세한 치수까지 명시된다.

따라서 설계는 다음의 4가지 단계에 의해서 수행된다고 볼 수 있다.

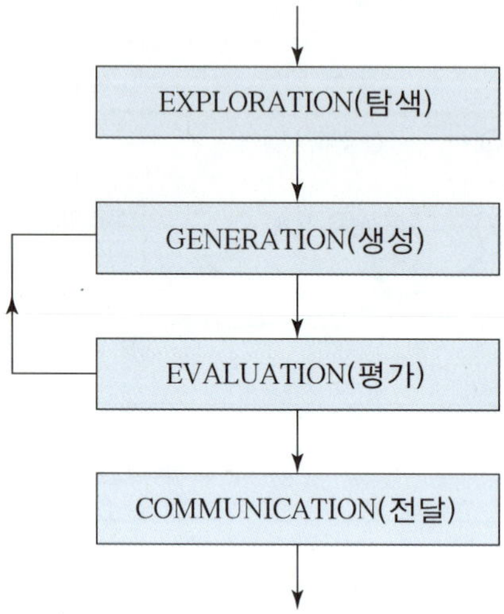

[그림 2-22] 4단계 설계 모델

[그림 2-22]는 Nigel Cross의 4단계 설계 모델을 보여주고 있으며 각 단계에 대한 의미는 다음과 같다.

1단계: Exploration of Designs(설계의 탐색)

설계 프로세스를 시작할 때, 설계자는 제대로 정의되지 않은 문제에서 잘 정의된 해결책을 찾아내어야 한다. 만약 설계 문제를 영토라고 생각하면, 그 영토는 대부분 탐색되지 않았고 지도에 표시되지 않았으며 여러 곳에서 상상 속에만 있다! 따라서 설계자를 탐색자(explorer)로 생각하는 것이 적절하다. 여기서 탐색자는 만족스러운 해결책 개념(concept)이라는 발견되지 않은 '보물'을 찾는 것과 같다.

마찬가지로, 만약 모든 잠재적인 해결책들을 일종의 해결책 공간(solution space)이라고 생각한다면, 그것도 역시 불명확한 것이고 무한할 것이다. 따라서 설계자의 어려움은 문제를 이해하는 것과 해결책을 찾는 것, 이 두 가지이다.

종종 설계의 문제와 해결책이라는 이 두 보완적인 측면들은 나란히 개발되어야 한다. 설계자는 해결책 제안서를 만들고 그것을 이용하여 문제의 실체가 무엇인지, 그리고 적절한 해결책이 어떤 것일지를 이해도록 도움을 준다. 문제와 해결책에 대한 맨 첫 번째의 개념화와 표현은 다음에 나올 탐색들과 다른 절차들에도 중요하고 설계될 최종 해결책에도 중요하다. 설계 해결책 및 문제의 탐색도 잠정적인 아이디어들의 초기 스케치를 통해서 자주 행해진다.

2단계: Generation of Designs(설계의 생성)

분석과 평가가 실행될 수 있으려면 그 전에 설계자가 먼저 설계를 제안해 만들어 내야 한다. 이 과정은 설계의 신비스럽고 창조적인 부분으로 흔히 여겨진다. 고객의 매우 간략한 요구조건에 설계자는 (적당한 기간이 지난 후에) 설계 제안서로써 응답한다. 마법으로 갑자기 불러낸 것처럼 말이다. 사실 이 프로세스는 겉보기처럼 '신비한' 것은 아니다. 예를 들어, 설계자는 전에 설계했었던 것과 비슷한 뭔가를 설계하라는 요청을 받고, 이전의 설계 아이디어들로부터 이전의 설계에 작은 변경만을 하기도 한다.

그럼에도 불구하고, 새로운(또는 단지 변경된) 물건을 위한 설계를 제안하는 인간의 능력에는 불가사의한 뭔가가 있다. 그것은 새로운 문장을 말하는 인간의 능력만큼이나 불가사의하다. 그것이 완전히 새롭건, 또는 단지 전에 듣거나, 읽거나, 말했던 것의 변경이건 말이다.

이런 능력은 어떤 것을 내적으로 — '마음의 눈' 속에 시각화할 수 있는 능력 — 그리고 외적으로 시각화할 수 있는 능력에 의존한다. 설계 프로세스의 이러한 초기 단계에서 설계자가 만드는 스케치는 다른 사람에게 전달하려는 의도는 아니다. 필수적으로 이런 도면들은 자기 자신과의 의사소통, 즉 일종의 소리내어 사고하는 법이다.

3단계: Evaluation of Designs(설계의 평가)

제조를 위한 최종 설계를 결정하기 전에 설계 제안사항들을 점검(checking) 또는 평가(evaluation)하여야 한다. 제조 프로세스와 분리된 설계 프로세스를 갖는 이유는 새로운 물건에 대한 설계 제안사항들이 생산 단계로 들어가기 전에 점검할 수 있기 때문이다. 가장 단순한 경우로 예를 들어, 각 부품들이 최종 설계에서 잘 조립될 것을 확인하는 것이다. 이것은 가능한 오류를 예견하고 최종 설계가 실행 가능하다는 것을 보증하려는 시도이다. 더 복잡한 점검 절차는, 예를 들어, 다리의 경우 제안된 설계 각 구성요소가 하중을 견디도록 설계되어있는지를 분석하는 것이다.

이러한 설계 개선(refinement) 프로세스는 매우 복잡할 수 있고, 가장 시간이 걸리는 부분이 될 수 있다. 예를 들어, 다리의 설계를 생각해보자. 설계자는 먼저 다리의 형태와 재질을 제안해야 한다. 다리가 충분히 튼튼한지 그리고 다리가 옮길 하중을 견디기에 충분히 강한지 점검하기 위해서, 설계자는 그 구조를 분석하여 하중이 다리에 의해 옮겨질 방법, 어떤 하중이 그 구조의 각 구성요소에 작용할지, 어떤 뒤틀림이 발생할지 등등을 결정해야 한다. 최초의 분석을 한 다음에 설계자는 다리의 어떤 구성요소들의 위치나 각도를 변경하는 것이 전체 구조를 통하여 더 효율적인 하중 분산을 제공할 것이라는 것을 깨닫거나, 적어도 그렇지 않을까 하는 생각을 할지도 모른다. 하지만, 이러한 변화들은 전체 구조가 재분석되어야 하고 하중들이 재계산되어야 할 것이라는 것을 의미할 것이다.

이런 상황에서는 설계자가 의사결정의 반복적인 루프에 빠지기 쉬운데, 여기서 설계의 한 부분을 개선하면 다른 부분의 조정을 야기시키게 되고, 이것은 또 다른 부분에 문제를 야기시킨다. 이러한 문제들은 이전의 설계 개선이 가능하지 않다는 것을 의미할지도 모른다. 이러한 종류의 반복(iteration)은 설계의 공통적인 특성이다.

이러한 잠재적인 좌절에도 불구하고 이러한 반복적 설계 개선 프로세스가 설계의 핵심 부분이다. 이 프로세스는 첫째로, 제안된 설계를 분석하는 것으로 구성되는데, 이를 위해서는 설계자는 일정 범위의 공학 지식 또는 다른 지식을 적용할 필요가 있다. 많은 경우에, 더 전문적인 지식을 갖고 있는 전문가들의 자문을 통해 이러한 분석들을 수행한다. 그런 다음, 둘째로는 분석의 결과가 설계 평가 기준에 대하여 평가된다: 어떤 경우에는, 그러한 평가기준들이 정부 규정이나 산업표준에 의해 정해진다.

4단계: Communication of Designs (설계의 전달)

가장 핵심적인 설계활동은 물건에 대한 최종 묘사를 제공하는 것이다. 이것은 그 물건을 만들 사람들에게 이해될 수 있는 형태이어야 한다. 이런 이유 때문에 가장 널리 사용되는 전달 형태는 도면이다.

이 도면들은 그 물건에 대한 '개요'를 제공하는 다소 일반적인 묘사로부터 가장 세부적인 것까지 있을 것이다. 도면들은 정확한 지시사항들을 잘못 이해할 가능성을 최소로 하고 전달해야 하기 때문에, 모든 도면들은 그 자체가 합의된 규칙, 규약, 관습을 따른다. 이러한 도면들을 읽고 만드는 법을 배우는 것은 설계 교육의 중요한 일부분이다.

때때로 물건이 너무나 복잡해서, 또는 너무나 특이해서 설계자는 완전한 3차원 모형(mock-up) 또는 프로토타입(prototype)을 만든다. 요즘은 물건을 만드는 것이 반드시 사람은 아니다; 어떤 물건들은 직접적인 인간조작자 없이 기계가 만든다. 이런 경우에는 제조 이전의 설계의 최종 명세서가 도면의 형태가 아니라 컴퓨터 소프트웨어 기반의 정보들이 된다.

참 / 고 / 문 / 헌

- J. Rogers, C. Plett and F. Dai, *Integrated Circuit Design for High-Speed Frequency Synthesis*, Boston: Artech House, 2006.
- D. A. Patterson and J. L. Hennessy, *Computer Organization & Design, the Hardware/Software Interface, Third Edition*, San Francisco, California: Morgan Kaufman Publishers, Inc., 2007.

연습문제

1. 순차회로와 조합회로의 차이점은 무엇인가? 그리고 컴퓨터의 제어 부분은 어떤 회로인가?

   ➡ 순차회로는 메모리를 포함한다. 메모리의 내용과 입력에 의해서 출력이 결정된다. 반면 조합회로는 메모리를 가지고 있지 않으며 출력이 입력에 의해서 결정된다. 컴퓨터의 제어부분은 순차회로이다.

2. 디지털 집적회로 설계 단계 중 논리회로는 어떤 단계에 속하는가?

   ➡ 게이트(Gate) 수준 단계

3. 디지털 시스템의 계층적 설계 단계에서 논리회로 다음에 수행하는 설계 단계는 무엇이며 논리회로 설계와의 차이점은 무엇인가?

   ➡ 트랜지스터 설계 단계 · 트랜지스터 설계 단계는 설계검증의 정확도가 논리회로 설계 단계에 비해 우수하나 검증 시간이 오래 걸린다.

CHAPTER 3

디지털 논리회로 표현 방식

CHAPTER

3 디지털 논리회로 표현 방식

디지털 설계를 표현하는 방법은 다양하다. 트랜지스터로 표현하는 방식, 스위치로 표현하는 방식, 진리표(Truth table), 불리언 대수(Boolean Algebra), 게이트(Gates), 파형(Wave form), 상태도(State Diagram), RTL(Register Transfer Level) 등 다양한 방법이 있다. 디지털 논리회로에서는 주로 진리표, 불리언 대수, 게이트, 파형, 상태도를 다루게 되고, 그 하위 레벨인 트랜지스터 레벨에서는 트랜지스터를 설계의 기본 단위로 다루게 된다. 이 장에서는 디지털 논리회로를 설계할 때 필요한 표현방식에 대한 기초를 살펴보기로 한다.

3.1 아날로그와 디지털 신호의 차이점

먼저 아날로그와 디지털 신호의 차이점을 알아보고, 디지털 신호의 1과 0을 구별하는 방법에 대해서 알아보기로 한다. 디지털 하드웨어란 0 또는 1이라는 물리적 크기인 디지털 값을 전달하는 도선을 감지(sense)하고 제어(control)하는 디바이스들의 집합이라고 정의할 수 있다. 몇 가지 예를 들면, 디지털 로직인 경우, 전압이 0.8V보다 작으면 '0' 그리고 전압이 2.0V보다 크면 '1'로 인식하게 된다. 즉, 디지털이란 아날로그와 대조되는 의미를 갖고 있다. 아날로그 데이터는 [그림 3-1]과 같이 주어진 구간에서 계속적으로 변하는 값을 가지고 있지만 디지털 데이터란 임계값을 통하여 1 근처에 있는 값들은 1로 인식하고 0 근처의 값들은 0으로 인식하여 주어진 구간 내에서 일정한 값을 유지하도록 한 것을 말한다. 그렇게 함으로써 전송에러가 줄어들고 연속적인 신호의 변환을 단순하게 함으로써 압축된 데이터를 통하여 주어진 시간에 더 많은 데이터를 전송할 수 있게 되는 등 경제적인 형태를 갖게 되는 것이다. 이와 같이 데이터 전송 시 전자소자가 만들어 내는 아날로그 신호를 디지털로 변환시키면 많은 장점이 있다. 하지만 데이터를 수신할 때는 디지털 신호를 다시 아날로그 신호로 복원하여야 한다. 그런 일을 하는 장치를 ADC(Analog Digital Converter)라고 한다.

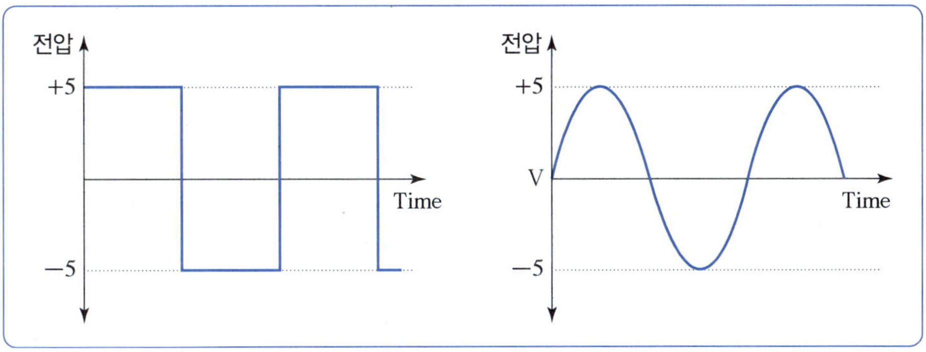

[그림 3-1] 디지털과 아날로그 신호(Digital vs. Analog Waveforms)

[그림 3-2]는 한 주기의 아날로그 신호를 8개의 4비트 디지털 코드로 변환한 예를 보여 주고 있다.

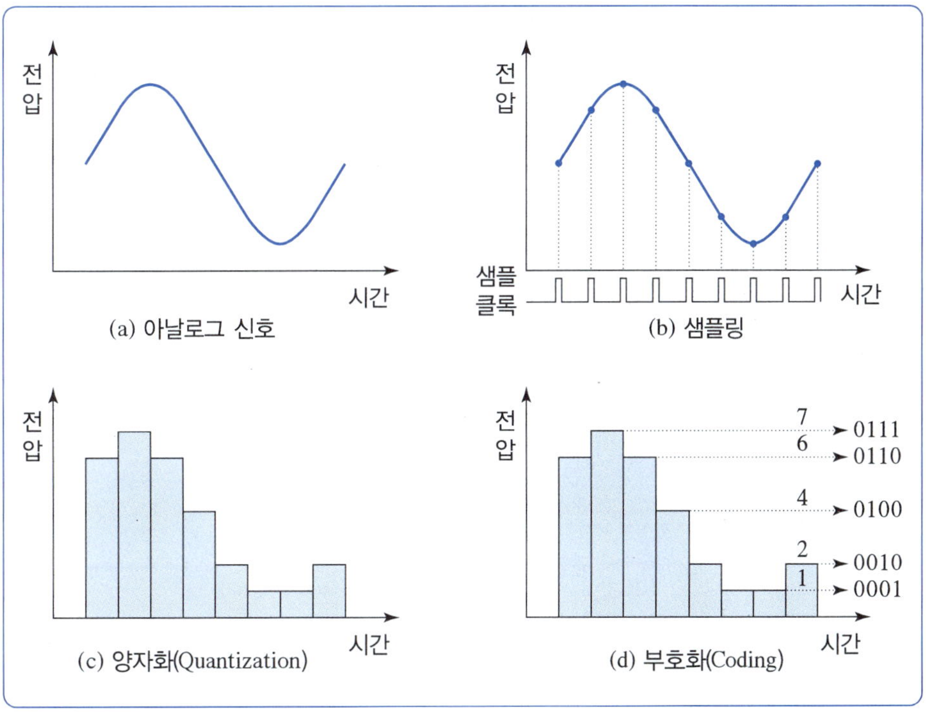

[그림 3-2] 아날로그 디지털 변환

아날로그를 디지털 신호로 변환하여 사용하는 예를 들기 위하여 [그림 3-3]과 같은 디지털 통신 모뎀 시스템의 예를 들어 보자.

SDR(Software Defined Radio)이란?

SDR이란 다양한 무선 통신 서비스를 하나의 무선기기에서 소프트웨어 조작만으로 이용할 수 있도록 하는 기술을 말한다. 소프트웨어로 처리해야 하는 이유는 주파수와 통신기술에 제한 받지 않고 주파수와 통신기술을 자유롭게 선택하여 통신 효율을 높일 수 있기 때문이다. 등장 배경은 여러 가지 통신방식에 따라 주파수와 변복조 기술 등이 서로 다르기 때문에 다른 주파수 혹은 다른 기술을 사용하는 제품과는 송수신이 불가한 문제를 해결하기 위하여 초기에는 군사용으로 개발하였다. SDR은 하드웨어 변경 없이 소프트웨어 조작으로 셀룰러, PCS, 와이브로, 무선랜 등 다양한 무선 통신서비스를 하나의 단말기로 사용 가능하고, 안테나, 고주파 처리 부분 등 무선 통신을 위한 최소한의 기능만을 하드웨어로 구성한다. 따라서, 주파수, 네트워크 무선통신 방식에 따라 소프트웨어 형태로 바뀌 다운로드를 받아 사용할 수 있기 때문에 통신 방식과 주파수의 제약을 받지 않고 언제 어디서나 단말기 교체 없이 끊김 없는 서비스를 이용할 수 있다는 장점을 가지고 있다. HP, 노키아, 애플 등의 회사들이 함께 경쟁하는 구도가 만들어지고 있다.

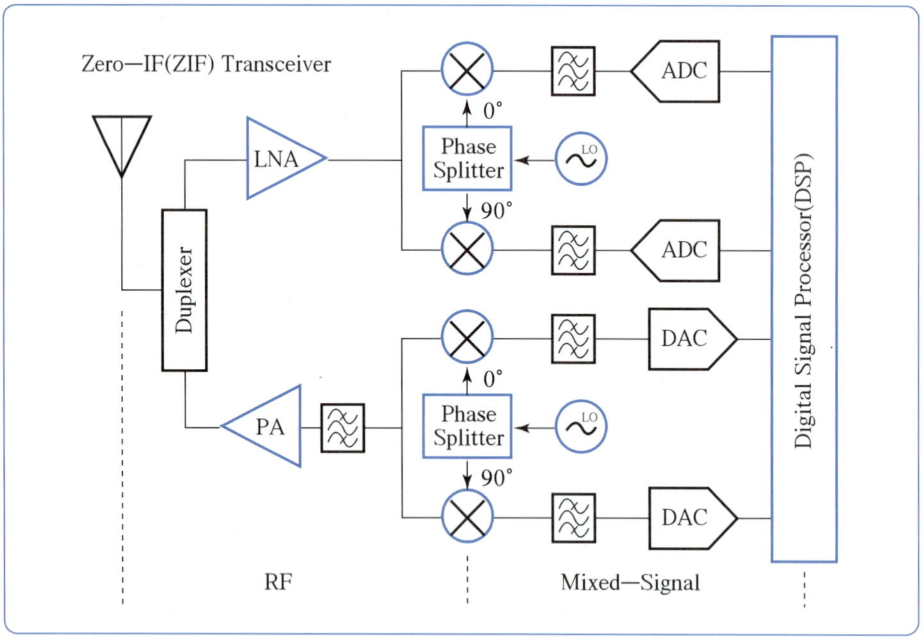

[그림 3-3] 아날로그와 디지털 신호의 사용 예 : zero-IF 트랜시버

[그림 3-3]의 zero-IF 트랜시버는 안테나에서 들어온 신호를 RF(Radio Frequency)와 IF(Intermediate Frequency) 처리부를 거쳐서 ADC를 통과한 후 디지털 신호로 변환하여 DSP(Digital Signal Processor)를 이용 기저대역(base-band) 처리를 수행하게 된다. 이와 같이 통신 송수신부에서 아날로그 신호를 디지털 신호로 일찍 변환하여 디지털 신호처리를 하게 되면 설계복잡도를 낮출 수 있기 때문에 선호하고 있다. 이러한 방법을 SDR(Software Defined Radio) 설계 방식이라고 한다.

이와 같이 디지털 시스템의 장점은 멀티미디어가 가능하다는 것이다. 호환이 쉽게 되어 규격을 통일하면 데이터 정보처리가 빠르게 되고 저장을 쉽게 할 수 있게 된다. 그리고 디지털 신호를 저장 후 재현하거나 통신에 사용되는 경우 변복조가 쉽게 되어 장치간에 혼용할 수 있게 된다. 단점으로는 아날로그처럼 자연음을 그대로 전달하거나 자연영상을 그 느낌대로 전달할 수 없다는 것이다. 샘플링을 하는 과정에서 많은 부분이 잘려나가거나 생략되기도 해서 원래의 느낌을 그대로 전달하지 못하게 된다. 그러나 한편 디지털 처리된 신호는 다시 편집하거나 재전송되어도 잡음이 들어가지 못하기 때문에 신호 대 잡음비가 항상 우수하다는 장점도 가지고 있다. 그러므로 디지털 시스템은 집적회로로 구현할 때 간략화하여 집적화하기가 편리하며, 시스템의 신뢰성, 보수성, 호환성을 향상시킬 수 있고, 전송 품질 및 기록 품질을 향상시키고, 디지털 신호에 의한 고품질의 다양한 신호처리가 가능하게 된다.

3.2 논리 1과 논리 0에 대한 전압 수준 영역

한 쌍의 전송 도선(transmission wire)인 경우에는 어떤 와이어가 높은 전압인지를 구별하여 0과 1을 인식한다. 또한 자석인 경우에는 방향에 따라 0과 1을 인식하는 경우도 있을 것이다. 아래 그림과 같이 정상 논리 '1' 은 $V_{H(max)}$에서 $V_{H(min)}$ 사이의 값으로 정의되며, 정상 논리 '0' 은 $V_{L(max)}$에서 $V_{L(min)}$ 사이의 값으로 정의된다. 그 사이의 영역은 금지 영역으로 '0' 도 아니고 '1' 도 아닌 영역이 된다.

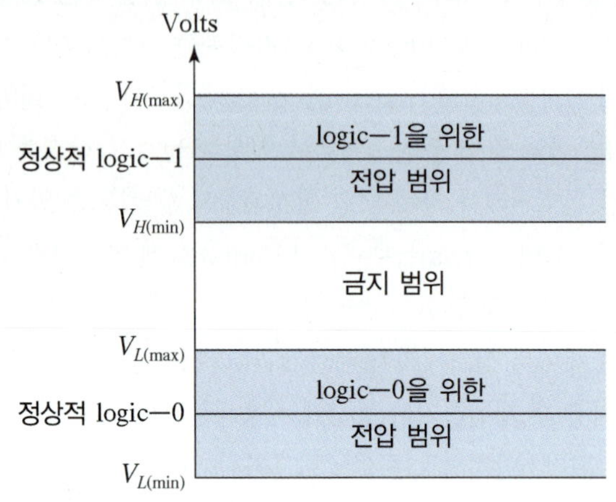

[그림 3-4] 전압 영역의 구분을 통한 논리-1과 논리-0의 정의

[그림 3-5(a)]에서 만약 게이트 1의 출력 신호선에 노이즈가 발생했을 경우를 고려한다면, 그러한 노이즈가 발생할 경우를 미리 생각하여 게이트 2에서 인식하는 논리—1의 영역과 논리—0의 영역에 노이즈 마진(Noise margin)을 추가하여 확장할 필요가 있게 되는 점을 유의해야 한다.

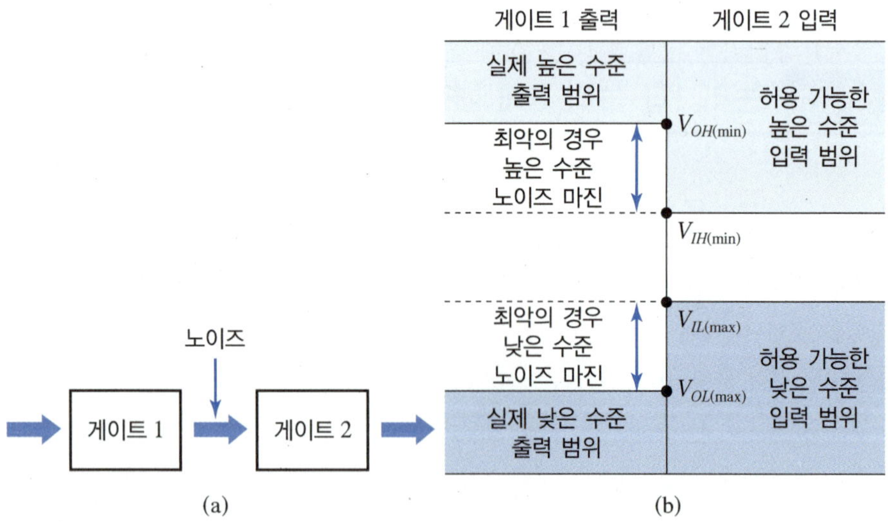

[그림 3-5] 노이즈 마진을 고려한 논리-1과 논리-0의 정의

여기서 $V_{OH(max)}$는 게이트 1의 출력에서의 논리–1을 의미하는 높은 전압 레벨을 말하고, $V_{IH(max)}$는 게이트 2에서 논리–1을 인식할 수 있는 최대 허용 높은 전압 레벨을 말한다. 마찬가지로, $V_{OL(max)}$는 게이트 1의 출력에서의 논리–0을 의미하는 낮은 전압 레벨을 말하고, $V_{IL(max)}$는 게이트 2에서 논리–0을 인식할 수 있는 최대 허용 낮은 전압 레벨을 말한다.

3.3 디지털 스위치(Switch)

[그림 3–6]에 기본 디지털 논리 게이트인 AND 게이트의 표현 방식 네 가지에 대해서 예시하였다. 그 네 가지는 서술적인 표현방식, 게이트 심볼, 진리표, 스위치로 표현하는 것이다.

묘사

Z=1 if X and Y are both 1

게이트

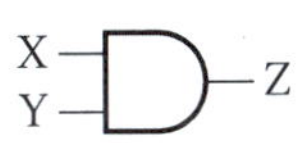

진리표

X	Y	Z
0	0	0
0	1	0
1	0	0
1	1	1

스위치

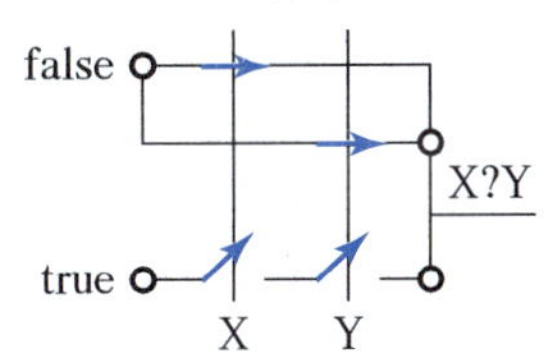

[그림 3–6] 게이트 심볼 및 진리표와 스위치를 이용한 AND 게이트 표현

먼저 디지털 스위치에 대해서 알아보기로 한다.

디지털 스위치에는 정상적으로 열린 상태인 경우와 정상적으로 닫힌 상태의 2가지 종류가 있다. 정상적인 열린 상태의 스위치는 [그림 3–7]과 같이 평소에 열려 있다가 제어 신호가 '1' 이 되면 닫히고 '0' 이 되면 열린 상태가 유지되는 경우를 말한다.

반면에 정상적으로 닫힌 상태의 스위치는 그림과 같이 평소에는 닫혀 있는 상태에서 제어신호가 '1' 이 되면 열리는 동작을 하게 되고 '0' 이 되면 그대로 닫힌 상태가 유지되게 된다.

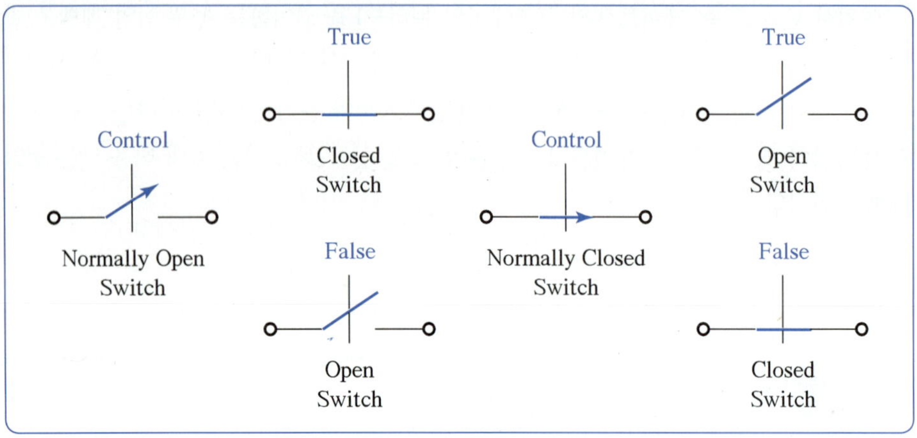

[그림 3-7] 디지털 스위치

그러한 스위치를 여러 개 직렬 또는 병렬, 또는 직렬과 병렬의 조합으로 연결하면 임의의 더욱 복잡한 불리언 함수를 만들어 낼 수 있다.

[그림 3-8]에서 보듯이 AND 함수의 경우는 두 개의 스위치를 직렬로 연결하여 두 개의 스위치가 닫힐 때 입력 신호가 출력에 전달되는 것을 알 수 있다.

반면에 OR 함수의 경우는 A 또는 B 스위치 둘 중의 한 스위치가 닫치면 입력 신호가 출력되는 경로를 만드는 것을 알 수 있다.

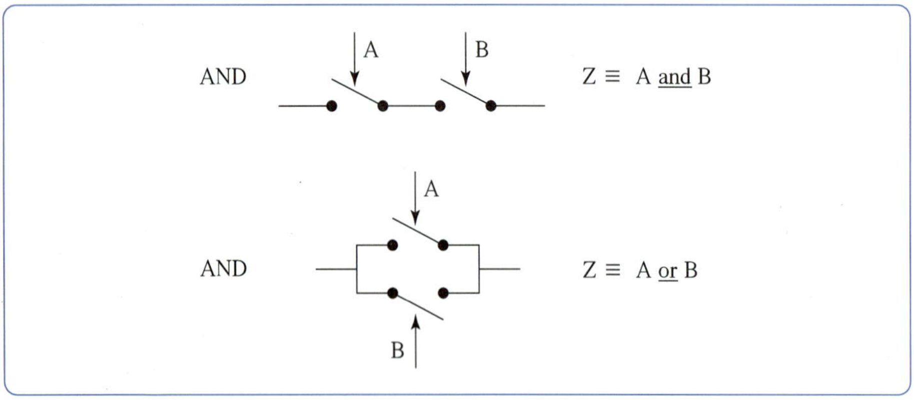

[그림 3-8] AND와 OR 스위치

3.4 논리 연산자(Logical Operators)

기본 논리 연산자에는 AND, OR, NOT이 있으며 각각에 대한 진리표는 [그림 3-9]와 같다.

X	Y	X AND Y
0	0	0
0	1	0
1	0	0
1	1	1

X	Y	X OR Y
0	0	0
0	1	1
1	0	1
1	1	1

X	NOT X
0	1
1	0

[그림 3-9] AND, OR, NOT의 진리표

즉, AND 논리 연산자는 입력 X와 Y가 모두 1일 때만 출력이 1이 되고 나머지 입력의 조합에 대해서는 출력이 0이 되는 기능을 가지고 있다. 또한 OR 논리 연산자는 입력 X와 Y가 모두 0일 때만 출력이 0이 되고 나머지 입력의 조합에 대해서는 출력이 1이 되는 기능을 가지고 있다. 마지막으로 NOT 연산자는 입력과 출력이 서로 반대의 값을 나타낸다. 이러한 세 가지 기본 논리 연산자를 이용하여 모든 함수를 표현할 수 있게 된다.

3.5 진리표를 이용한 논리회로 설계 표현 방식

진리표를 이용하는 방법은 모든 가능한 입력 조합에 대해서 그 입력에 대한 출력 값을 얻는 방법이다. 예를 들어 [그림 3-10]과 같이 반가산기와 전가산기의 진리표를 만들어 보도록 하자. 반가산기는 두 개의 이진수를 더해서 합(sum)과 캐리(carry)를 구하는 것이다. 예를 들면 이진수 1 + 1은 합은 '0'이 되고 캐리는 '1'이 된다. 전가산기는 두 개의 이진수와 캐리-인(carry-in)을 더해서 합과 캐리-아웃(cary-out)을 구하는 것이다.

A	B	Sum	Carry
0	0	0	0
0	1	1	0
1	0	1	0
1	1	0	1

A	B	Cin	Sum	Cout
0	0	0	0	0
0	0	1	1	0
0	1	0	1	0
0	1	1	0	1
1	0	0	1	0
1	0	1	0	1
1	1	0	0	1
1	1	1	1	1

[그림 3-10] 반가산기와 전가산기에 대한 진리표

다음에는 진리표를 이용한 디지털 논리회로 설계의 간단한 예제로 디지털 시계에서 사용하는 7 세그먼트 디스플레이 구동 회로를 설계해 보자. 액정에 표시되는 숫자판은 [그림 3-11]과 같다. 그리고 0~9까지의 값을 바이너리 코드로 표시하기 위하여 'B3B2B1B0' 의 4비트 코드를 이용하였다.

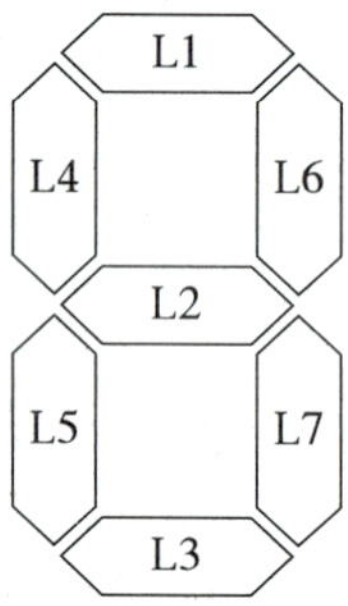

B3	B2	B1	B0	Val
0	0	0	0	0
0	0	0	1	1
0	0	1	0	2
0	0	1	1	3
0	1	0	0	4
0	1	0	1	5
0	1	1	0	6
0	1	1	1	7
1	0	0	0	8
1	0	0	1	9

[그림 3-11] 세그먼트 디스플레이의 액정에 표시된 숫자판

[그림 3-12]는 0~9까지 표시하기 위한 액정 숫자판(L1~L7)의 각 조각(segment)들에 대한 진리표를 보여주고 있다. 예를 들면, '0' 을 표시하기 위해서는 'L2' 를 제외한 모든 조각들이 'turn on' (즉, '1' 로 세팅)되어야 한다. 마찬가지로 '1' 을 표시하기 위해서는 'L6' 와 'L7' 이 '1' 로 세팅되어야 할 것이다. 이런 방식으로 0~9까지의 모든 숫자에 대해서 [그림 3-12]의 진리표와 같이 구성할 수 있다.

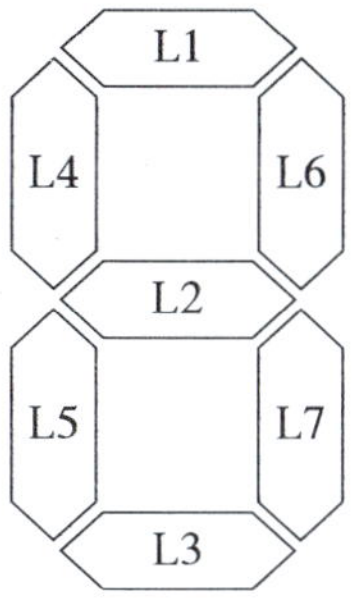

B3	B2	B1	B0	Val	L1	L2	L3	L4	L5	L6	L7
0	0	0	0	0	1	0	1	1	1	1	1
0	0	0	1	1	0	0	0	0	0	1	1
0	0	1	0	2	1	1	1	0	1	1	0
0	0	1	1	3	1	1	1	0	0	1	1
0	1	0	0	4	0	1	0	1	0	1	1
0	1	0	1	5	1	1	1	1	0	0	1
0	1	1	0	6	1	1	1	1	1	0	1
0	1	1	1	7	1	0	0	0	0	1	1
1	0	0	0	8	1	1	1	1	1	1	1
1	0	0	1	9	1	1	1	1	0	1	1

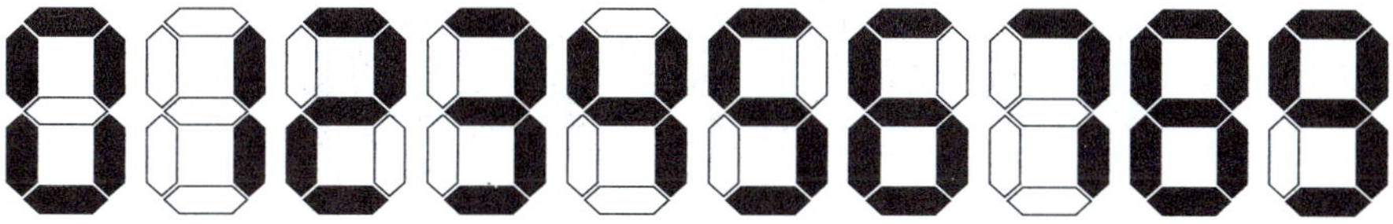

[그림 3-12] 1~9의 값을 표시하기 위한 진리표

그러면, 여기서 'L4'를 구동시키기 위해서는 어떤 조합회로가 필요한지 알아보기로 하자. 그림의 진리표와 같이 'L4'가 '1'이 되기 위해서는 6가지 경우가 있게 된다. 즉, B = 0000 or 0100 or 0101 or 0110 or 1000 or 1001 인 경우에 'L4'가 '1'이 된다. 따라서 그러한 경우를 논리식으로 표현하면 $L4 = \overline{B4}\,\overline{B3}\,\overline{B2}\,\overline{B1} + \overline{B4}\,\overline{B3}\,\overline{B2}\,\overline{B1} + \overline{B4}B3\overline{B2}B1 + B4\overline{B3}\,\overline{B2}B1 + B4\overline{B3}\,\overline{B2}\,\overline{B1} + B4\overline{B3}\,\overline{B2}B1$ 이 된다, 즉, 6개의 4−input AND 게이트와 한 개의 OR 게이트를 이용하여 만들 수 있다. 이 식을 논리 최소화 기법을 이용하여 간략화하면 [그림 3-13]과 같이 간단한 회로를 얻을 수 있다.

B3	B2	B1	B0	L4
0	0	0	0	1
0	0	0	1	0
0	0	1	0	0
0	0	1	1	0
0	1	0	0	1
0	1	0	1	1
0	1	1	0	1
0	1	1	1	0
1	0	0	0	1
1	0	0	1	1

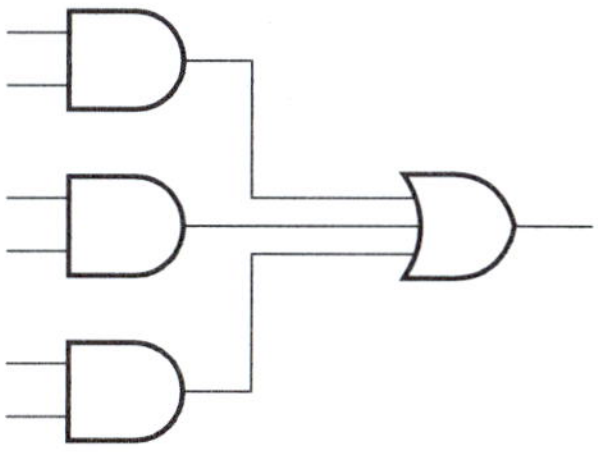

[그림 3-13] L4의 조합회로에 대한 진리표 및 최소화된 회로

3.6 Boolean Algebra을 이용한 논리회로 표현 방식

진리표를 이용하는 방법 이외에 디지털 설계를 표현하는 방법은 불리언 대수(Boolean Algebra)를 이용하는 것이다. 불리언 대수는 변수(variables), 값(value), 연산자(operations)를 사용하여 표현한다. 불리언 대수에서 값들은 0 또는 1로 표현되며, 만약에 논리식이 거짓이 되면 0이 되고, 논리식이 참이 되면 1이 된다.

불리언 대수에는 이진수를 표현하는 0, 1 이외에 A, B, C, …, X, Y, Z와 같은 변수(variable)를 사용하며, 연산자로는 NOT, AND, OR 등이 있다. NOT X는 X' 또는 $\overline{X}$로 표시하며, X AND Y는 X & Y 또는 간단하게 X·Y 또는 XY로 표시한다. X OR Y는 X+Y로 표시된다.

그럼 진리표에서 불리언 대수를 구하는 방법에 대해서 알아 보자.

[그림 3-14]와 같은 진리표에서 합(sum)이 '1' 이 되는 경우는 $\overline{A}B$와 $A\overline{B}$의 2가지 경우가 있는 것을 알 수 있다. 그것을 불리언 공식으로 표현하면 SUM = $\overline{A}B + A\overline{B}$로 표현 할 수 있다. 즉, 진리표의 각 행(row)에서 함수의 결과가 '1' 인 곱(product)의 항들을 선택하여 그 곱의 합들의 OR를 취하면 된다. 여기서 곱의 항이란 AB(= A&B), XYZ와 같이 두 개 이상의 변수에 대해서 AND를 취한 항을 말한다.

여기서 어떤 변수의 값이 '0' 인 경우에는 그 변수에 보수의 형태를 취하게 되고, '1' 인 경우에는 그 변수를 그대로 사용하면 된다. 예를 들면, 그림의 진리표의 두 번째 행을 보면 A = 0이고(동시에) B=1인 경우에 합이 1이 되기 때문에 SUM = $\overline{A}$&B의 형태로 표현되게 된다. 캐리의 경우에는 캐리가 '1' 이 되는 경우는 A = 1이고 (동시에) B = 1인 경우가 되므로 Carry = A&B로 표현할 수 있게 된다.

A	B	Sum	Carry
0	0	0	0
0	1	1	0
1	0	1	0
1	1	0	1

Sum=$\overline{A}B + A\overline{B}$

Carry=A&B

[그림 3-14] 진리표를 이용한 반가산기의 Sum과 Carry 불리언 대수식

[그림 3-15]와 같은 전가산기에 해당하는 진리표에 대해서 sum과 carry를 불리언 대수로 표현하면 다음과 같다.

A	B	Cin	Sum	Carry
0	0	0	0	0
0	0	1	1	0
0	1	0	1	0
0	1	1	0	1
1	0	0	1	0
1	0	1	0	1
1	1	0	0	1
1	1	1	1	1

$$\text{Sum} = \overline{A}\,\overline{B}\,\text{Cin} + \overline{A}\,B\,\overline{\text{Cin}} + A\,\overline{B}\,\overline{\text{Cin}} + A\,B\,\text{Cin}$$

$$\text{Cout} = \overline{A}\,B\,\text{Cin} + A\,\overline{B}\,\text{Cin} + A\,B\,\overline{\text{Cin}} + A\,B\,\text{Cin}$$

[그림 3-15] 진리표를 이용한 전가산기의 Sum과 Carry 불리언 대수식

3.7 디지털 설계의 게이트 표현 방식

디지털 설계의 또 하나의 표현 방식은 게이트 표현 방식이다. 디지털 설계에 있어서 가장 보편적으로 널리 사용하는 방법이다. 조합 회로에서 사용하는 논리 게이트는 표준 심볼을 이용하는데 가장 기본적인 게이트로는 버퍼, NOT(또는 인버터), AND, NAND, OR, NOR 게이트가 있으며 CMOS 트랜지스터를 이용하여 구현할 수 있다. 표준 게이트 표현 방식은 [그림 3-16]과 같다.

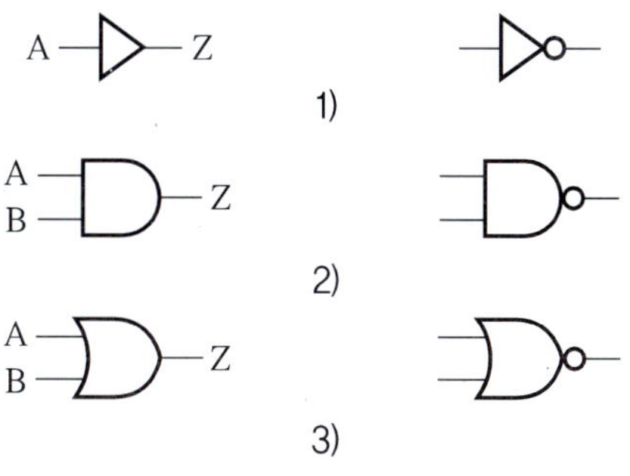

[그림 3-16] 1) Buffer, NOT 2) AND, NAND 3) OR, NOR

반가산기에 대한 게이트 회로도(schematic)는 [그림 3-17]과 같다.

[그림 3-17]에서 도선을 연결하는 전기적인 연결선을 네트(net)라고 한다. 네트 리스트란 각 네트에 연결되어 있는 게이트 입력과 출력노드들의 정보를 모든 네트에 대해서 표현한 형식을 말한다.

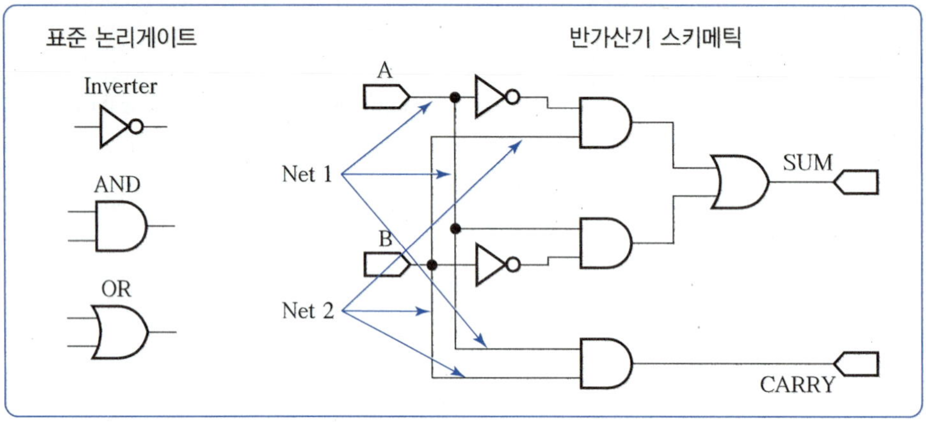

[그림 3-17] 반가산기에 대한 게이트 표현 방식(schematic)

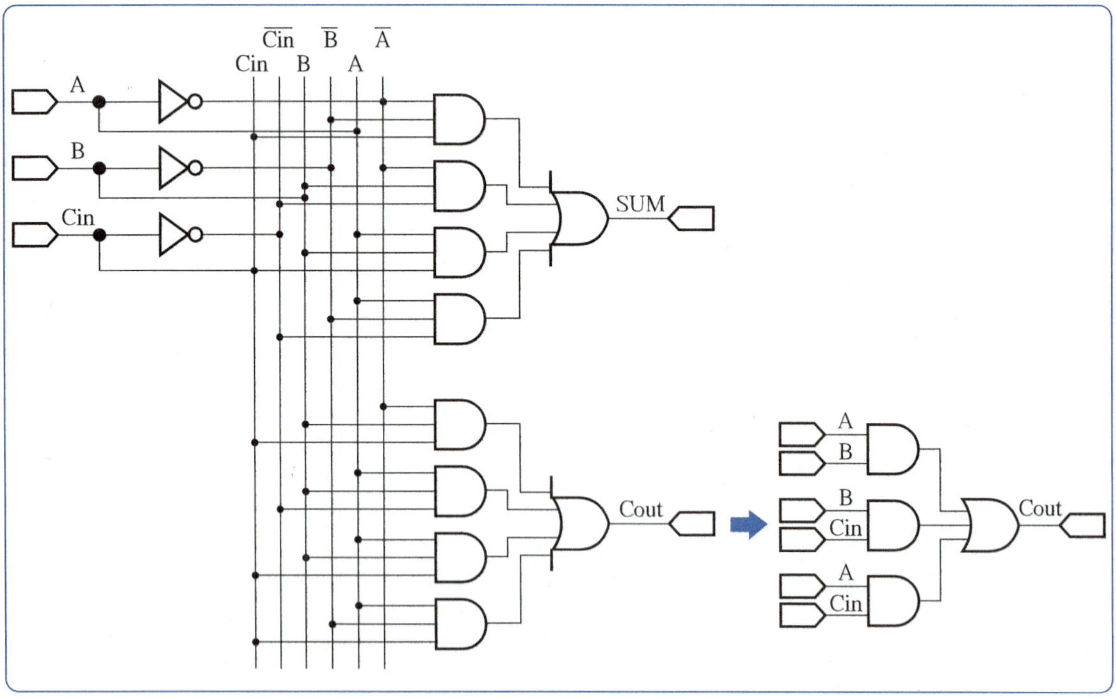

[그림 3-18] 디지털 게이트를 이용한 전가산기(full adder) 스키메틱

[그림 3-18]은 디지털 설계의 게이트를 이용한 표현 방식에서 전가산기(full adder) 스키메틱(schematic)을 표현하고 있다. 왼쪽 그림은 최소화하기 전의 상태이며 논리 최소화 방법을 사용하면 오른쪽 그림과 같이 간단한 구조로 표현되게 된다.

여기에서 Fan-in이란 한 게이트의 입력 수를 말하고 Fan-out이란 한 게이트의 출력에 연결되어 있는 게이트의 수를 말한다. Fan-in과 fan-out의 수가 한정되어 있지 않은 경우에는 설계의 복잡성이 늘어나 설계의 효율성이 떨어지게 된다. 그 이유는 ASIC(Application Specific Integrated Circuit)을 설계할 때 제작 규칙에 따라서 여러 종류의 기본 논리 게이트 셀들을 미리 만들어서 라이브러리에 보관하고 그 라이브러리에 존재하는 셀들만을 이용하여 설계하는 방법(표준 셀 설계 방법)을 이용하고 있기 때문이다.

Fan-in과 fan-out이 많을 경우에는 각종 논리 셀을 만들 때 2-input AND, 3-input AND, …, 10-input AND와 같이 많은 논리 셀을 미리 만들어야 하기 때문에 라이브러리의 크기가 커지게 되고 기술 매핑(technology mapping)을 하는데 있어서 많은 비효율적인 결과를 초래하게 된다.

따라서 멀티-레벨 로직의 경우에는 그러한 게이트들의 fan-in 수와 fan-out의 수를 최대 5~6개 정도를 허용하는 것이 일반적이다. 2-레벨 로직과 멀티-레벨 로직, 그리고 멀티-레벨 로직에서의 기술 매핑에 대해서는 추후에 상세히 설명하기로 한다.

3.8 타이밍 다이어그램을 이용한 디지털 회로 표현 방식

디지털 회로를 표현하는 또 다른 방법으로는 출력 파형을 사용함으로써 그 논리 함수의 동작 상태를 파악하는 것이다. 실제 회로는 각 게이트 및 게이트를 연결하는 도선에 지연시간을 갖게 된다. 그러한 지연시간을 고려하여 출력 파형을 표현한 것을 '타이밍 다이어그램' 이라고 부른다.

반가산기에 대한 출력 타이밍 다이어그램은 [그림 3-19]와 같다. 입력 A와 B가 그림과 같은 형태의 주기로 변하는 경우에 그 출력인 SUM과 CARRY는 그림과 같은 파형으로 출력되게 된다. SUM의 경우를 보면 그림에 표시된 바와 같이 어느 정도의 지연시간 후에 출력된 것을 알 수 있다.

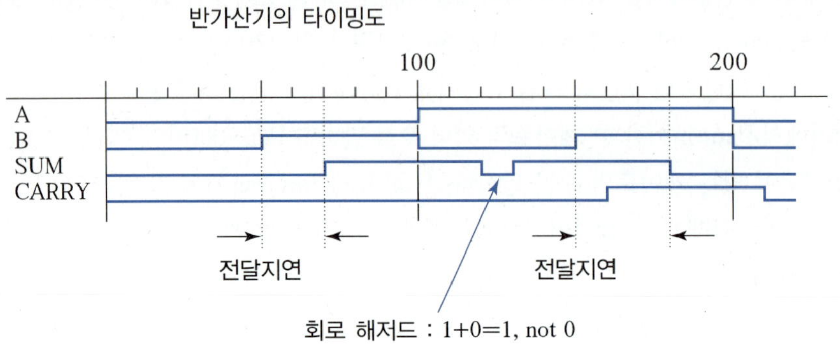

[그림 3-19] 반가산기의 타이밍 다이어그램

한 게이트의 입력을 A와 B라고 가정하면 A에 도착하는 신호와 B에 도착하는 신호의 지연시간이 다른 경우에는 우리가 원하지 않은 잘못된 결과가 잠시 출력된 후 다시 원하는 결과가 출력될 수 있다. 이러한 경우에 발생하는 잘못된 파형을 글리치(glitch) 또는 해저드(hazard)라고 한다. 그에 대한 상세한 설명은 추후에 보충하기로 한다.

3.9 디지털 회로의 블록을 사용한 표현 방식

지금까지는 논리 게이트를 이용하여 디지털 회로를 표현하는 방법에 대해서 설명하였다. 디지털 설계를 표현하는 다른 방법 하나는 블록 수준의 크기(granularity)에서 표현하는 방법이다. 즉, 블록을 사용하여 표현하는 것은 구조적으로 잘 구성된 형태이다. 어떤 잘 정의된 불리언 함수에 대해서 입력과 출력을 가진 블랙 박스의 형태를 이용하여 표현하고, 그러한 블랙박스(즉, 블록 또는 모듈이라고 부름)를 이용하여 디지털 회로를 표현하는 방법이다.

전가산기를 설계하는 두 가지의 경우를 비교해 보자. [그림 3-20] 왼쪽의 경우에는 두 개의 반가산기를 이용하여 전가산기를 구성한 경우이고, 오른쪽 그림은 전가산기 하나를 이용하여 표현한 것이다. 그림에서 보듯이 두 가지의 경우가 도선의 개수, 회로의 크기, 지연시간 등이 서로 다른 것을 짐작할 수 있다.

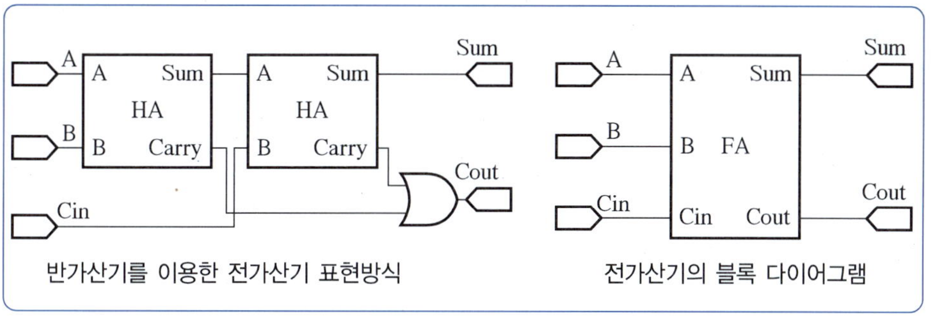

[그림 3-20] 디지털 블록을 사용한 전가산기 표현

참 / 고 / 문 / 헌

- Stephen Brown and Zvonko G. Vranesic, Fudamentals of Digital Logic with VHDL Design, McGraw Hill, Jul 1, 2008.
- John F. Wakerly, Digital Design: Principles and Practices Package , Prentice Hall, August 6, 2005.
- Randy H. Katz and Gaetano Borriello , Contemporary Logic Design, Prentice Hall, December 25, 2004.

연습문제

1. 통신 시스템에서 사용하는 라디오 주파수(RF), 혼합(아날로그와 디지털) 시그널, 디지털 구성요소에는 어떤 것이 있는지 나열하시오.

➲ 통신 시스템의 구성요소는 다음과 같다.

i) RF: 안테나, 듀플렉서(duplexer), 필터(filter), 혼합기(mixer), 국부 오실레이터(local oscillator)

ii) 혼합시그널: ADC, DAC

iii) 디지털: DSP 데이터 패스

2. 문제 1의 어떤 부분이 산술연산 논리회로를 포함하고 있는가?

➲ 산술연산 논리는 DSP와 데이터 패스에서 사용한다.

3. 아래 진리표를 완성하시오.

A	B	F

AND

A	B	F

OR

A	B	F

XOR

A	F

INV

A	B	C	F
0	0	0	
0	0	1	
0	1	0	
0	1	1	
1	0	0	
1	0	1	
1	1	0	
1	1	1	

$F=\overline{A}B + C$

A	B	C	F
0	0	0	
0	0	1	
0	1	0	
0	1	1	
1	0	0	
1	0	1	
1	1	0	
1	1	1	

$F=AB\overline{C} + BC$

A	B	C	F
0	0	0	
0	0	1	
0	1	0	
0	1	1	
1	0	0	
1	0	1	
1	1	0	
1	1	1	

$F=B\overline{C} + \overline{B}C$

A	B	F
0	0	0
0	1	0
1	0	0
1	1	1

AND

A	B	F
0	0	0
0	1	1
1	0	1
1	1	1

OR

A	B	F
0	0	0
0	1	1
1	0	1
1	1	0

XOR

A	F
0	1
1	0

INV

A	B	C	F
0	0	0	0
0	0	1	1
0	1	0	1
0	1	1	1
1	0	0	0
1	0	1	1
1	1	0	0
1	1	1	1

$F=\overline{A}B + C$

A	B	C	F
0	0	0	0
0	0	1	0
0	1	0	0
0	1	1	1
1	0	0	0
1	0	1	0
1	1	0	1
1	1	1	1

$F=AB\overline{C} + BC$

A	B	C	F
0	0	0	0
0	0	1	1
0	1	0	1
0	1	1	0
1	0	0	0
1	0	1	1
1	1	0	0
1	1	1	0

$F=B\overline{C} + \overline{B}C$

4. 아래 두 가지 회로의 진리표를 완성하시오.

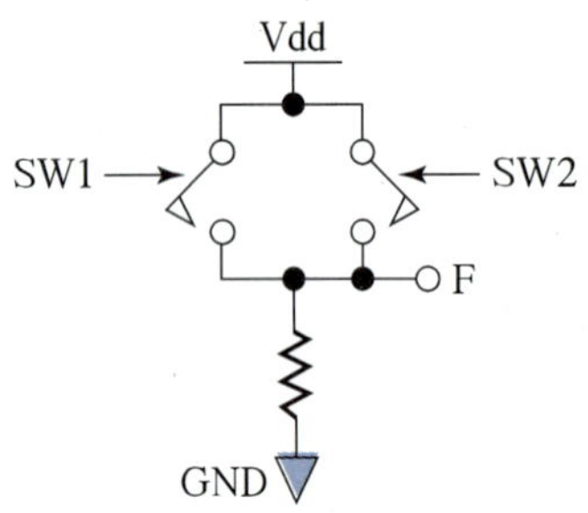

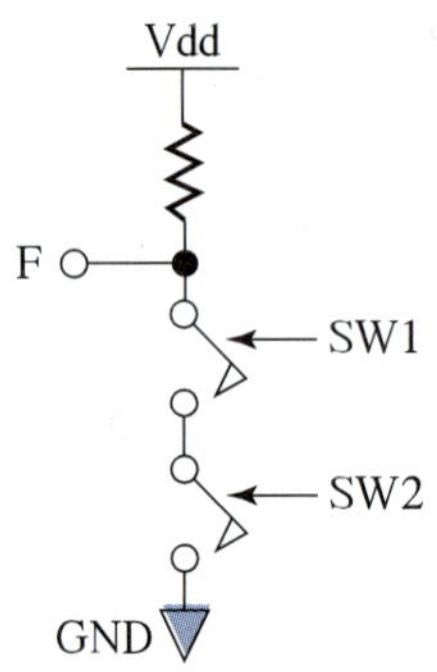

SW1	SW2	F
0	0	0
0	1	1
1	0	1
1	1	1

SW1	SW2	F
0	0	1
0	1	1
1	0	1
1	1	0

5. 다음 부울 함수에 대한 진리표를 작성하시오.

(a) $F(x,y,z) = (\overline{x + y})$

x	y	z	(x+z)	$(\overline{x+z})$
0	0	0	0	1
0	0	1	1	0
0	1	0	0	1
0	1	1	1	0
1	0	0	1	0
1	0	1	1	0
1	1	0	1	0
1	1	1	1	0

(b) $F(x,y,z) = (\overline{x + z})(\overline{x + y})$

x	y	z	$(\overline{xyz})$	$x+\overline{y}$	$(\overline{x+z})(x+\overline{y})$
0	0	0	1	1	1
0	0	1	0	1	0
0	1	0	1	0	0
0	1	1	0	0	0
1	0	0	0	1	0
1	0	1	0	1	0
1	1	0	0	1	0
1	1	1	0	1	0

(c) $F(x,y,z) = \overline{(x + \overline{y})}\,(\overline{y} + z)$

x	y	z	$\overline{y}$	$x+\overline{y}$	$(x+\overline{y})$	$\overline{y}+z$	$(\overline{x+\overline{y}})(\overline{y}+z)$
0	0	0	1	1	0	1	0
0	0	1	1	1	0	1	0
0	1	0	0	0	1	0	0
0	1	1	0	0	1	1	1
1	0	0	1	1	0	1	0
1	0	1	1	1	0	1	0
1	1	0	0	1	0	0	0
1	1	1	0	1	0	1	0

6. 논리 네트워크에서 각 게이트의 출력 신호선에 노이즈가 발생했을 경우를 고려하여 그 다음 게이트의 입력 신호의 레벨을 조정하는 데 조정되는 값을 무엇이라고 하는가?

노이즈 마진

7. Fan-in이란 한 게이트의 입력 수를 말하고 Fan-out이란 한 게이트의 출력에 연결되어 있는 게이트의 수를 말한다. Fan-in의 수를 제한적으로 사용하는 이유에 대해서 설명하시오.

➲ 그 이유는 ASIC(Application Specific Integrated Circuit)을 설계할 때 제작 규칙에 따라서 여러 종류의 기본 논리 게이트 셀들을 미리 만들어서 라이브러리에 보관하고 그 라이브러리에 존재하는 셀들만을 이용하여 설계하는 방법(표준 셀 설계 방법)을 이용하고 있다. Fan-in이 많을 경우에는 각종 논리 셀을 만들 때 2-input AND, 3-input AND, …, 10-input AND, …와 같이 많은 논리 셀을 미리 만들어야 하기 때문에 라이브러리의 크기가 커지게 되고 기술 매핑(technology mapping)을 하는데 있어서 많은 비효율적인 결과를 초래하게 된다.

8. 다음은 반가산기의 타이밍 다이어그램이다. 글리치를 찾아 내고 그것이 왜 글리치인지 밝히고 글리치가 발생한 이유를 설명하시오.

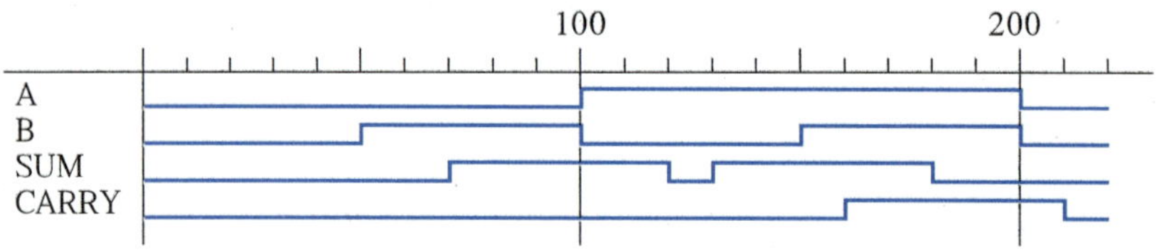

➲

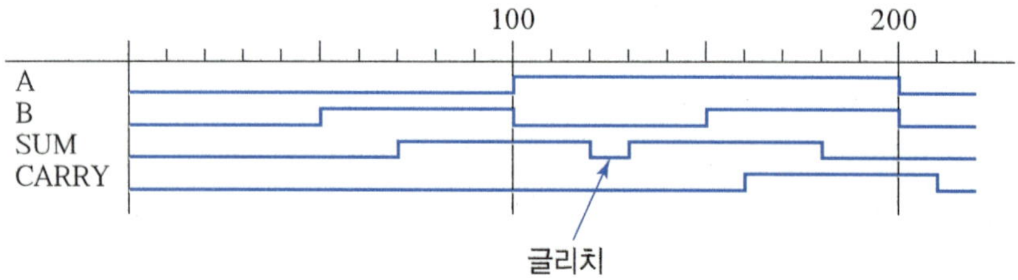

글리치라고 표시된 부분을 보면 A+B = 1+ 0 = 1이 되어야 하는데 0이 출력되었다.
이러한 글리치가 발생하는 이유는 입력 A와 B로부터 출발한 2개의 신호가 SUM 출력에 도달할 때까지 2개 이상의 경로를 통과할 때 지연시간의 차이가 발생하기 때문이다.

9. 다음은 전가산기를 반가산기를 이용하여 설계한 것이다. 반가산기를 사용하지 않고 설계한 것과의 차이점은 무엇인가?

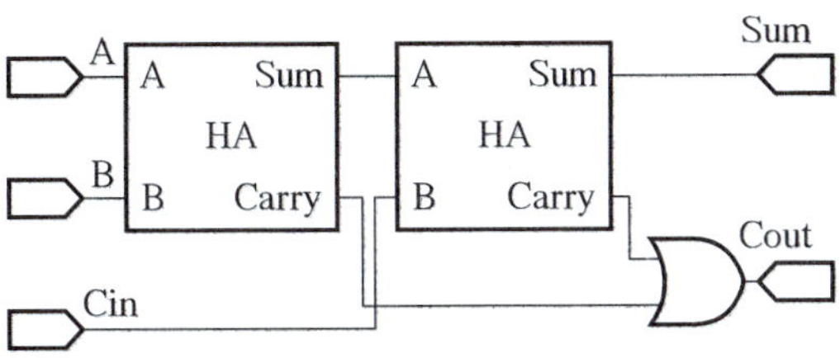

➲ 도선의 개수, 회로의 크기, 지연시간 등이 서로 다르다. 또한 이미 설계한 반가산기를 이용하여 설계하여 설계기간이 단축되는 장점이 있다.

10. 다음 부울 대수를 카노 맵으로 나타내시오.

(a) $F = \overline{w}\,\overline{x} + xy + w\overline{y} + wx$

$= \overline{w}\,\overline{x}(y+\overline{y}) + xy(w+\overline{w}) + w\overline{y}(x+\overline{x}) + wx(y+\overline{y})$

$= \overline{w}\,\overline{x}y + \overline{w}\,\overline{x}\,\overline{y} + wxy + \overline{w}xy + wx\overline{y} + w\overline{x}\,\overline{y} + wxy + wx\overline{y}$

$= \overline{w}\,\overline{x}y + \overline{w}\,\overline{x}\,\overline{y} + wxy + \overline{w}xy + wx\overline{y} + w\overline{x}\,\overline{y} + wxy + wx\overline{y}$

$= \overline{w}\,\overline{x}y + \overline{w}\,\overline{x}\,\overline{y} + \overline{w}xy + w\overline{x}\,\overline{y} + wxy + wx\overline{y}$

➲

W	X	Y	F
0	0	0	1
0	0	1	1
0	1	0	0
0	1	1	1
0	0	0	1
0	0	1	0
0	1	0	1
0	1	1	1

➡

w \ xy	00	01	11	10
0	1	1	1	0
1	1	1	1	1

(b) $F = \overline{x_1}\,\overline{x_0} + x_1 y_0 + y_1 y_0 + \overline{x_1} y_1 + \overline{x_0} y_1$

➲

x_0x_1 \ y_0y_1	00	01	11	10
00	1	1	1	1
01	0	1	1	0
11	0	0	1	0
10	0	1	1	1

(c) $F = \overline{w}\,\overline{z} + wz + \overline{w}y + yz$

w \ xy	00	01	11	10
0	1	1	1	0
1	1	1	1	1

(d) $F = \overline{w}\,\overline{x}\,\overline{z} + \overline{w}xy + wxz + w\overline{x}y + \overline{w}y\overline{z}$

wx \ xy	00	01	11	10
00	1	0	0	1
01	0	0	1	1
11	0	1	1	0
10	0	1	1	1

11. 그림과 같이 세 개의 입력을 가지는 majority function(입력 변수 중 다수가 논리 '1'을 가질 때 출력 변수는 논리 '1'이 된다.)을 이행하는 논리 회로가 있다. 이때 출력 F를 x, y, z로 표현하시오.

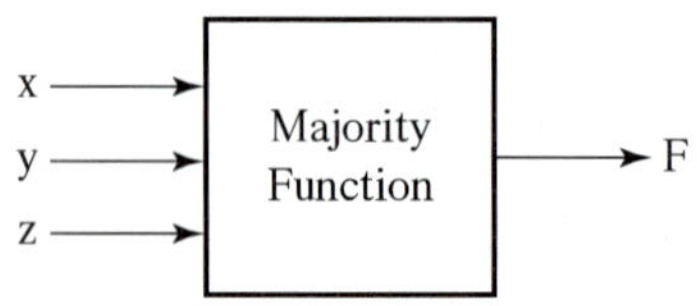

x	y	z	F
0	0	0	0
0	0	1	0
0	1	0	0
0	1	1	1
0	0	0	0
0	0	1	1
0	1	0	1
0	1	1	1

x \ yz	00	01	11	10
0	0	0	1	0
1	0	1	1	1

$F = xy + yz + zx$

12. 다음 회로의 진리표를 그리시오

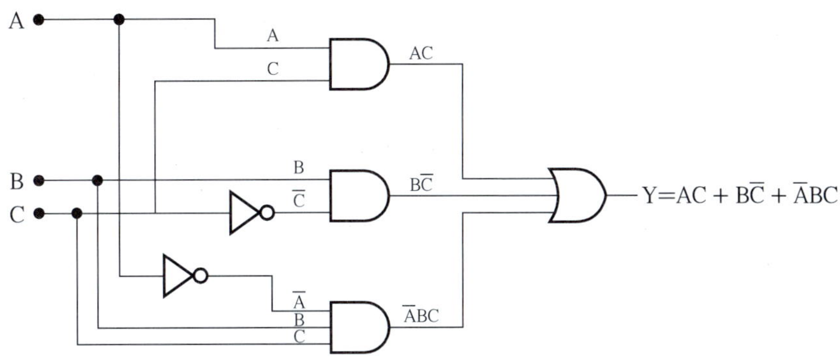

A	B	C	AC	$B\overline{C}$	$\overline{A}BC$	Y
0	0	0	0	0	0	0
0	0	1	0	0	0	0
0	1	0	0	1	0	1
0	1	1	0	0	1	1
1	0	0	0	0	0	0
1	0	1	1	0	0	1
1	1	0	0	1	0	1
1	1	1	1	0	0	1

13. $w\overline{x}\,\overline{y}+y\overline{w}\,\overline{z}+yxz+yxw$를 각각의 NAND 게이트 회로로 변환하시오.

(a) 2-input NAND 게이트

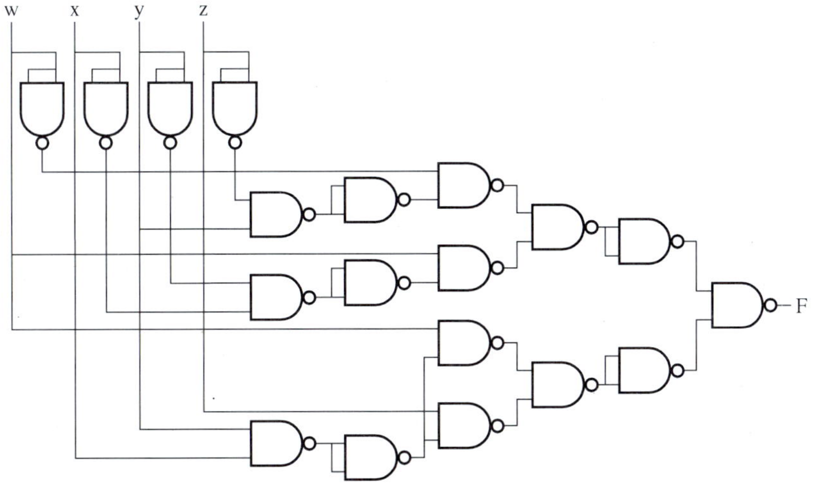

(b) 3-input NAND 게이트

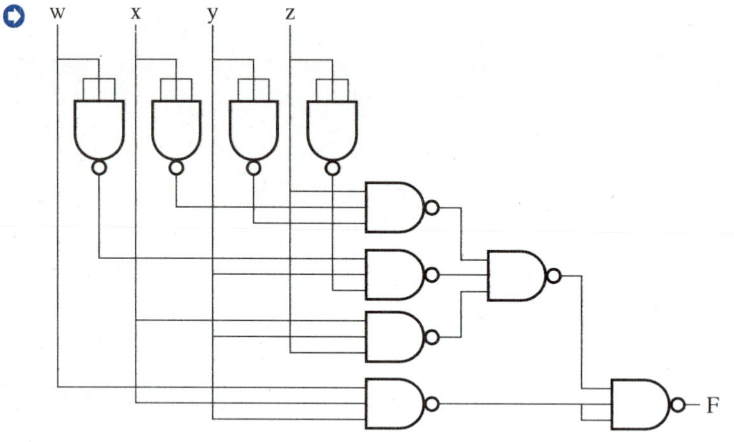

(c) 4-input NAND 게이트

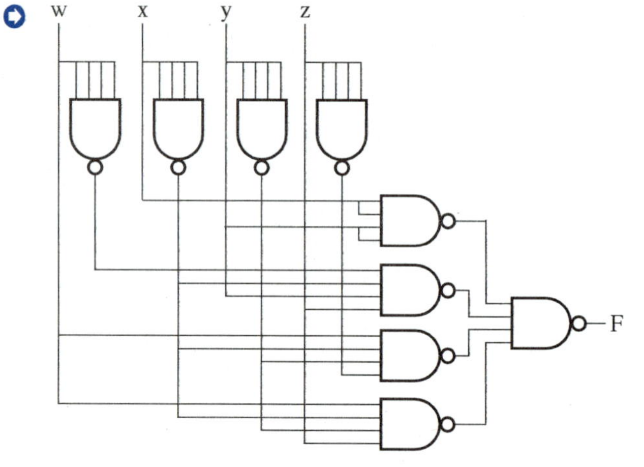

CHAPTER 4

디지털 논리 게이트의 종류 및 구조

4.1 NAND 네트워크와 NOR 네트워크

4.2 CMOS 기본 논리 게이트의 동작

4.3 일반 CMOS 논리 게이트

CHAPTER

4 디지털 논리 게이트의 종류 및 구조

가장 기초적인(primitive) 디지털 하드웨어 디바이스에는 논리 연산 디바이스(센스와 드라이브)와 메모리 디바이스(저장)가 있다. 논리 연산 디바이스의 경우에는 센스(Sense)와 드라이브(drive)의 두 가지 동작을 통해서 연산이 이루어지게 된다. [그림 4-1]과 같이 입력되는 신호를 센스하는 두 도선에 인식된 값이 모두 1인 경우 출력으로 1을 드라이브하는 형태의 연산소자를 AND 게이트라고 한다. 또한 적어도 하나의 입력이 1로 센스될 때 출력이 1로 드라이브되는 연산 소자를 OR 게이트라고 부른다.

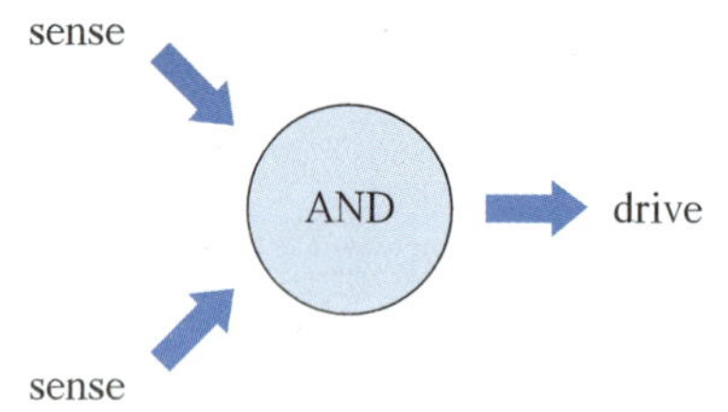

[그림 4-1] AND 게이트의 예

어떤 소자는 입력이 한 개이고 입력 와이어에 센스되는 값이 1이면 출력은 0을 드라이브한다. 이런 게이트를 NOT 게이트(또는 inverter)라고 한다.

기본 디지털 논리 게이트에는 인버터, 2-input OR 게이트, 2-input NOR 게이트, 2-input AND 게이트, 2-input NAND 게이트가 있다. 디지털 게이트는 주로 CMOS(Complementary Metal Oxide Semiconductor)로 만들어진다. 이 장에서는 CMOS로 구현된 기본 게이트에 대해서 알아보기로 한다.

4.1 NAND 네트워크와 NOR 네트워크

CMOS 트랜지스터 공정을 사용하는 경우, 실제 디지털 설계 시에는 AND, OR보다는 NAND, NOR 게이트를 사용하는 경우가 많다. 그 이유는 CMOS NAND 게이트는 4개의 트랜지스터를 사용하는 반면, CMOS AND 게이트는 NAND+INV의 구조로 되어 있기 때문에 6개의 트랜지스터를 사용하게 된다. 마찬가지로 NOR 게이트는 4개의 트랜지스터를 사용하는 반면, OR 게이트는 NOR+INV의 구조로 되어 있기 때문에 6개의 트랜지스터를 사용하게 된다. 따라서 NAND와 NOR를 사용하는 것이 경제적인 것을 알 수 있을 것이다.

[그림 4-2]에서는 CMOS로 구현한 각 게이트의 형태를 볼 수 있다. 각각에 대해서 자세히 알아보기로 한다.

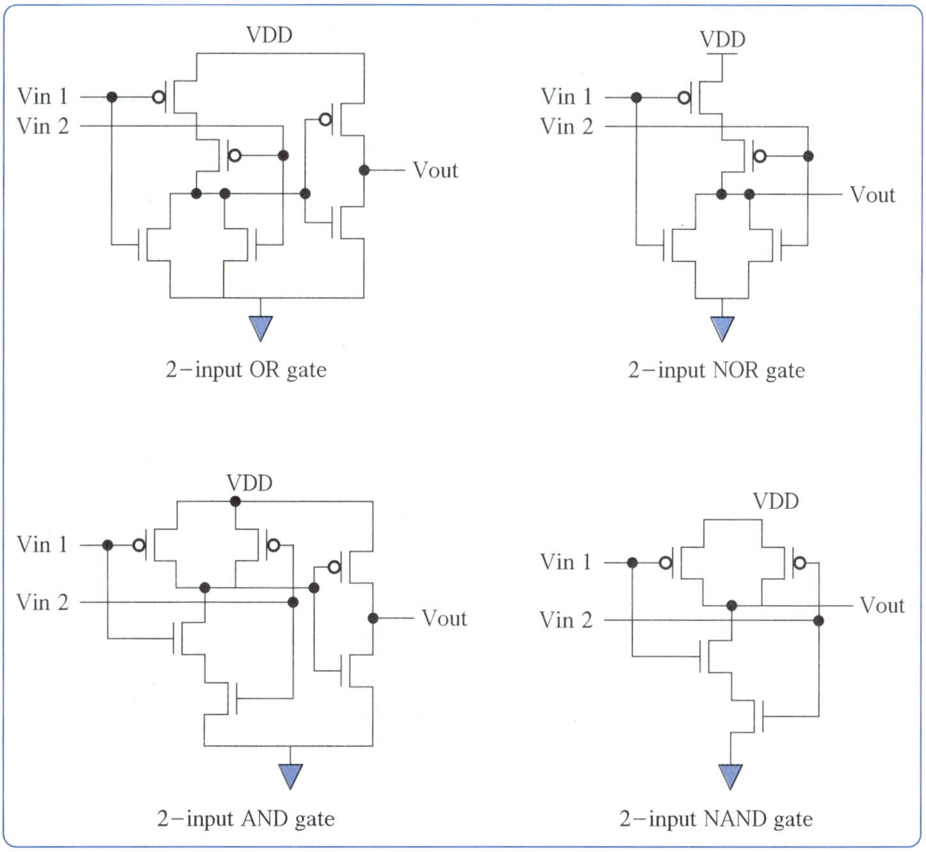

[그림 4-2] 기본 CMOS 디지털 게이트의 종류

[그림 4-3]에서 보듯이 AND-OR 로직을 사용하면 전체 16개의 트랜지스터가 필요하지만 AND-OR 로직을 NAND-NAND 로직으로 바꾸면 12개의 트랜지스터가 필요하게 되는 것을 알 수 있다.

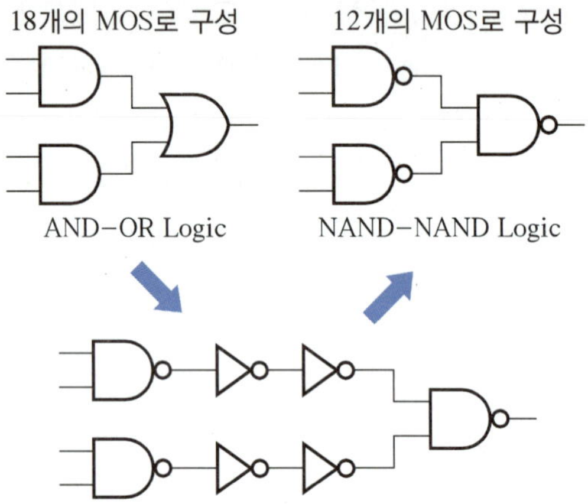

[그림 4-3] AND-OR 로직과 NAND-NAND 로직

마찬가지로 [그림 4-4]와 같이 OR-AND 로직은 NOR-NOR 로직으로 변환함으로써 면적을 줄일 수 있게 된다.

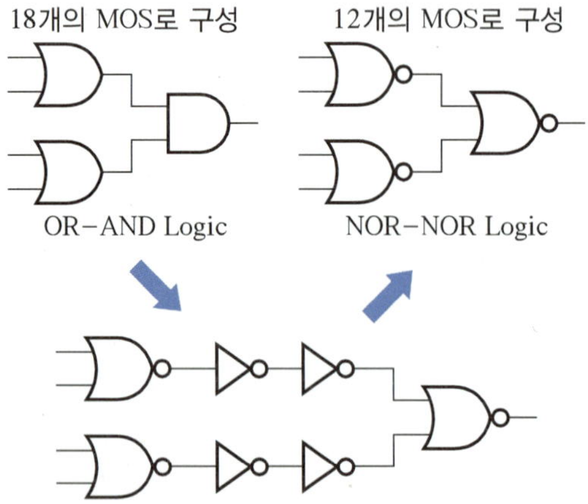

[그림 4-4] OR-AND와 NOR-NOR 논리 설계의 비교

임의의 불리언 함수는 NAND와 NOR, NOT 게이트를 조합하여 설계할 수 있다.

또한 임의의 불리언 함수는 NAND 게이트만으로 또는 NOR 게이트만을 이용하여 설계할 수도 있다.

실제로 NOT은 NAND 또는 NOR를 이용하여 만들 수 있게 된다. NOT이란 하나의 입력을 가지고 있기 때문에 두 개의 입력을 하나로 묶어서 사용하면 간단하게 해결될 수 있다. [그림 4-5]와 [그림 4-6]은 NAND 게이트, NOR 게이트만을 이용하여 NOT, AND, OR를 구현한 것이다.

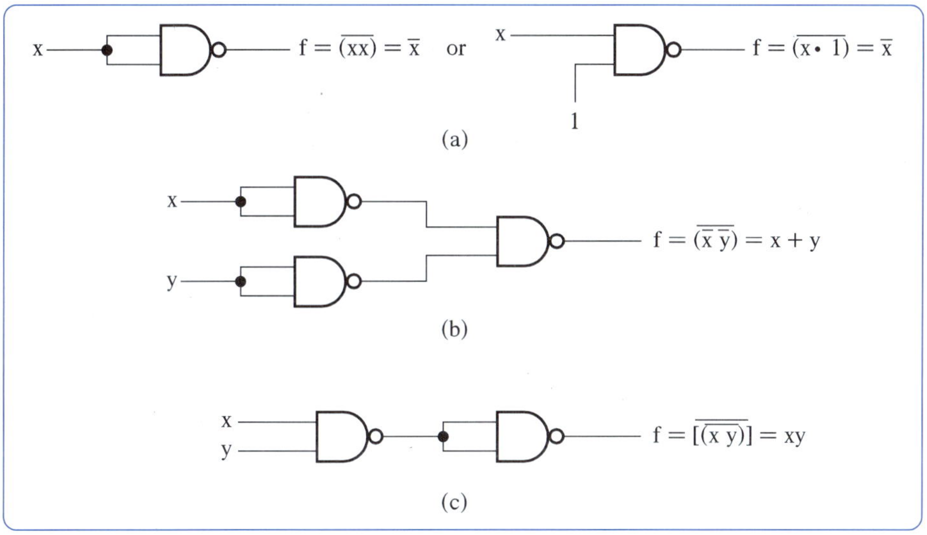

[그림 4-5] NAND 게이트를 이용하여 NOT, AND, OR를 구현할 수 있다.

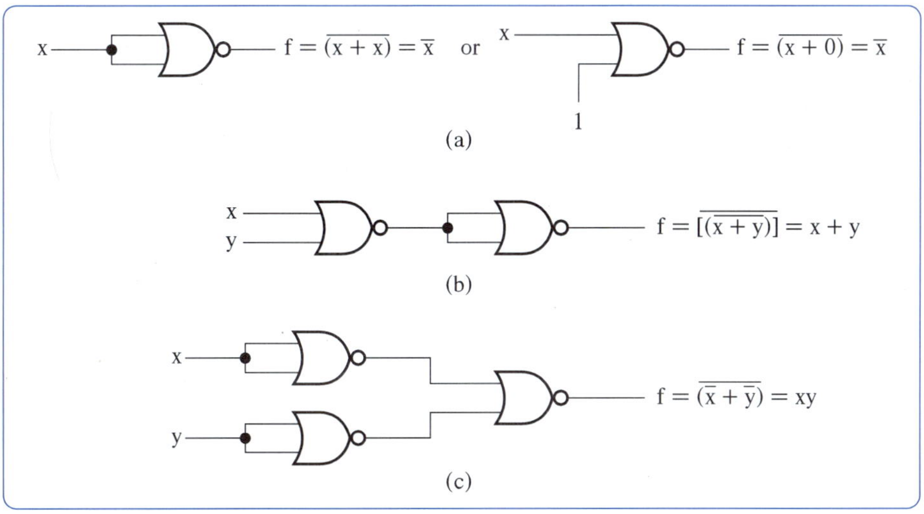

[그림 4-6] NOR 게이트를 이용하여 NOT, AND, OR를 구현할 수 있다.

따라서 주로 많이 사용되는 논리 게이트는 NOT(또는 인버터라고 함), NOR, NAND 게이트이다.

4.2 CMOS 기본 논리 게이트의 동작

기본 논리 게이트인 인버터, NAND, NOR 게이트의 동작에 대해서 알아보기로 한다.

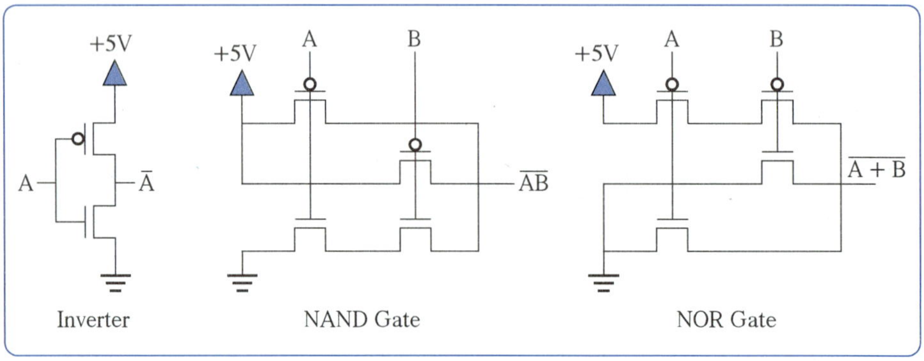

[그림 4-7] 기본 논리 게이트(인버터, NAND 게이트, NOR 게이트)

디지털 시스템은 CMOS 기술을 이용하여 구현한다. MOS는 Metal Oxide Semiconductor를 말하며, C는 Complementary, 즉 열린 스위치와 닫힌 스위치의 두 가지를 함께 사용하기 때문이다. MOS 트랜지스터는 전압-조절 스위치로써 작용한다.

[그림 4-8]은 스위치로 사용하는 MOS(Metal Oxide Semiconductor)의 구조이다. MOS 트랜지스터는 그림과 같이 세 개의 터미널, 즉 드레인, 게이트, 소스를 가지고 있다. 그림의 nMOS는 전압 제어 스위치 역할을 하며, 메탈 게이트, oxide, 실리콘의 샌드위치 형태를 하고 있다. 확산(diffusion) 영역은 n-type으로 음이온이 실리콘 표면층으로 운반된다. 실리콘 표면은 양이온이 충전되어 있다. 실리콘 표면으로 전자를 끌어당김으로써 소스와 드레인 사이에 전도 채널이 형성된다.

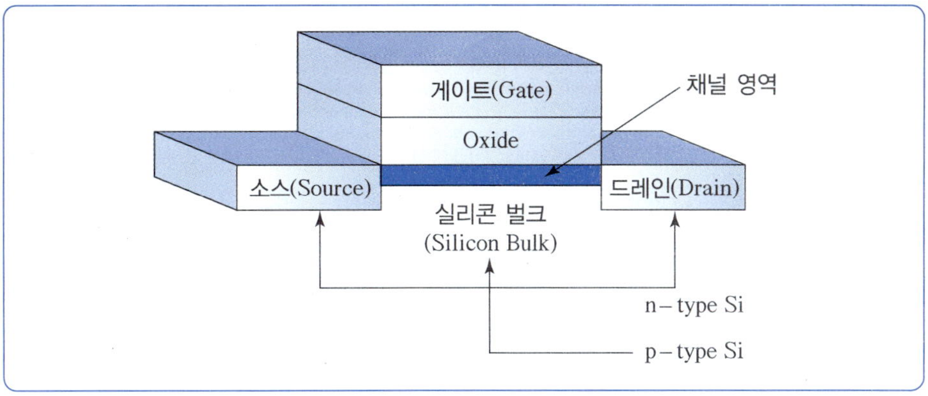

[그림 4-8] nMOS 스위치

[그림 4-9]에서 보는 바와 같이, CMOS는 nMOS(또는 n-Channel)와 pMOS(또는 p-Channel)의 두 가지 트랜지스터를 함께 사용한다. nMOS와 pMOS는 서로 논리 기능에서 서로 배타적인 전도상태를 형성한다. 여기서 nMOS 트랜지스터는 게이트에 전압이 인가(logic 1)되면 채널이 형성되게 되어 채널을 통하여 전자의 이동이 생기게 되어 스위치가 'on' 상태가 되고 그 반대로 '0'이 인가되면 'off' 상태가 된다. 반면에 pMOS 트랜지스터는 게이트에 logic 0이 인가되면 소스와 드레인이 연결되는 구조를 가지고 있다.

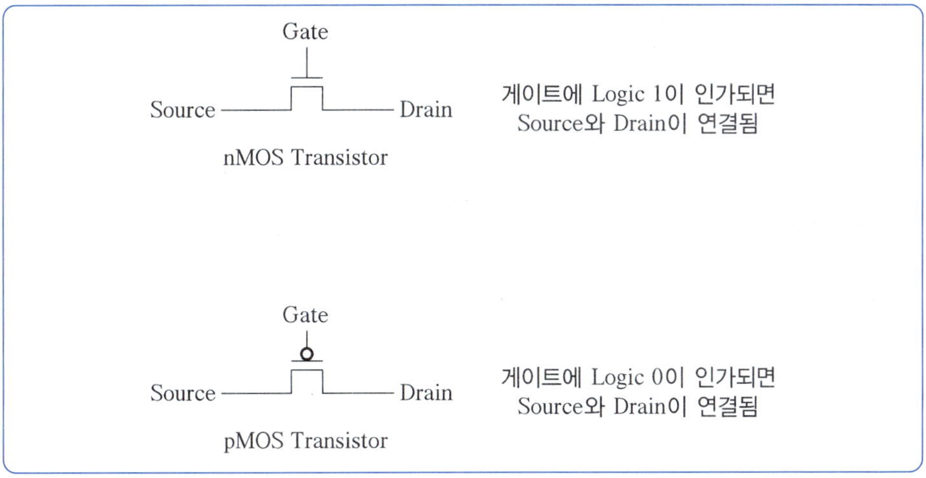

[그림 4-9] nMOS와 pMOS

먼저 nMOS인 경우에는 게이트 단자의 전압이 소스 단자의 전압보다 크면 드레인과 소스 단자 사이에 전도 경로가 발생하여(채널이 On되어) 소스에 인가된 신호가 드레인 쪽으로 전달되게 된다. 반면에 게이트 전압이 낮은 경우에는 소스에서 드레인으로 연결되는 전달 경로가 열리게 되어(채널이 Off되어) 신호를 전달할 수 없게 된다. 반면에 pMOS인 경우에는 반대의 동작을 하게 된다. 즉, 게이트 단자의 전압이 소스 단자의 전압보다 크면 드레인과 소스 단자 사이에 전도 경로가 차단되어 소스에 인가된 신호가 드레인 쪽으로 전달할 수 없게 된다. 반면에 게이트 전압이 낮은 경우에는 소스에서 드레인으로 연결되는 전달 경로가 생기게 되어 신호를 전달할 수 있게 된다. 다시 말하면, [그림 4-9]에서 보듯이 nMOS인 경우는 게이트 G에 입력 전압이 ‘low’ 일 때 열리게 되어 스위치가 ‘off’ 상태가 되며, 게이트 G에 입력 전압이 ‘high(voltage(G) > voltage(S))’ 일 때 닫히게 되어 스위치가 ‘on’ 상태가 된다.

pMOS인 경우는 게이트 G에 입력 전압이 ‘low’ 일 때 닫히게 되어 스위치가 ‘on’ 상태가 되며, 게이트 G에 입력 전압이 ‘high(voltage(G) < voltage(S))’ 일 때 닫히게 되어 스위치가 ‘on’ 상태가 된다.

CMOS 인버터

CMOS 논리 인버터는 pMOS와 nMOS가 직렬로 연결된 구조로 되어 있으며 인버터 동작을 하게 된다. CMOS 풀업(pull-up) 네트워크는 pMOS 트랜지스터로 구성되고 CMOS 풀다운(pull-down) 네트워크는 nMOS 트랜지스터로 구성되어 있다.

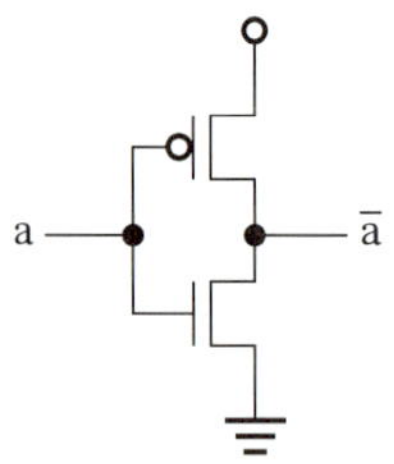

입력	출력	부울 함수
0	1	ā
1	0	

[그림 4-10] CMOS 인버터

CMOS 인버터의 동작 원리를 알아 보자. [그림 4-11] 왼쪽 그림과 같이 입력이 ‘1’ 이면 풀업 트랜지스터는 ‘off’ 상태가 되고, 풀다운 트랜지스터는 ‘on’ 상태가 되어 출력은 GND와 연결되어 ‘0’ 가 출력되는 것을 알 수 있다. 반면에 오른쪽 그림과 같이 입력이 ‘0’ 이면 풀업 트랜지스터는 ‘on’ 상태가 되고, 풀다운 트랜지스터는 ‘off’ 상태가 되어 출력은 VDD와 연결되어 '1' 이 출력되는 것을 알 수 있다.

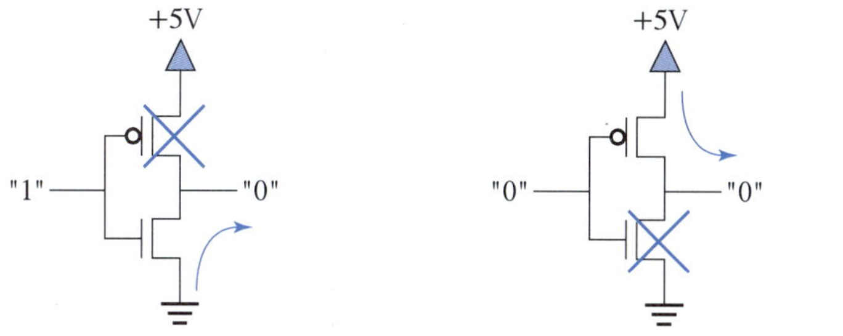

입력이 1일 때
Pull-up OFF
Pull-down ON
출력은 GND에 연결되어
0을 출력한다.

입력이 0일 때
Pull-up ON
Pull-down OFF
출력은 VDD에 연결되어
1을 출력한다.

[그림 4-11] 인버터의 동작

CMOS NAND 게이트

CMOS 기본 논리 게이트의 다른 한 가지는 [그림 4-12]에 나와있는 NAND 함수이다. 이 경우, pMOS는 병렬 연결되어 있으며, nMOS는 직렬 연결되어 있게 된다.

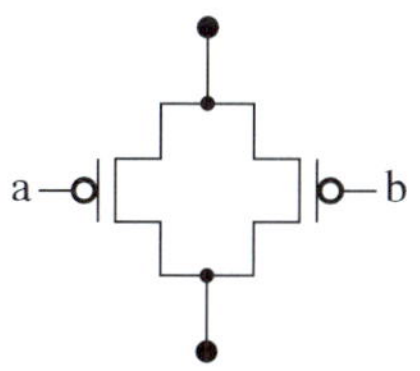

a	b	전도 상태
0	0	ON
0	1	ON
1	0	ON
1	1	OFF

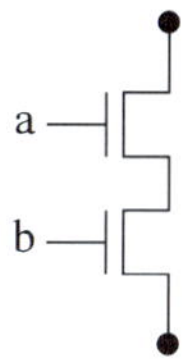

a	b	전도 상태
0	0	OFF
0	1	OFF
1	0	OFF
1	1	ON

[그림 4-12] CMOS NAND 게이트

CMOS NAND 논리 게이트를 살펴보면 [그림 4-12]와 같이 부하 네트워크는 pMOS 병렬 토폴로지로 구성되어 있으며 구동 네트워크는 nMOS 직렬 토폴로지로 구성되어 있다. 두 네트워크는 ON/OFF 상태가 서로 반대가 되어 nMOS 네트워크이 ON되면 pMOS 네트워크는 OFF된다. 따라서 구동 및 부하 네트워크는 서로 보수관계이며 연결 토폴로지가 쌍대 관계(duality)를 갖는다.

다음에는 NAND 게이트가 어떻게 동작되는지 알아보자.

[그림 4-13]의 왼쪽 그림에 나타나 있듯이 A=1, B=1이면 2개의 풀업 트랜지스터가 모두 'off' 상태가 되고 2개의 풀다운 트랜지스터는 'on' 상태가 되어 출력에 GND 레벨이 나타나게 되어 '0' 이 출력이 된다. 반면, 오른쪽 그림에서 보듯이 A=0, B=1이면 병렬적으로 구성되어 있는 2개의 풀업 트랜지스터 중 하나가 'on' 상태가 되고 2개의 풀다운 트랜지스터 중 하나가 'off' 상태가 되어 출력에는 VDD 레벨이 나타나게 되어 '1' 이 출력이 된다.

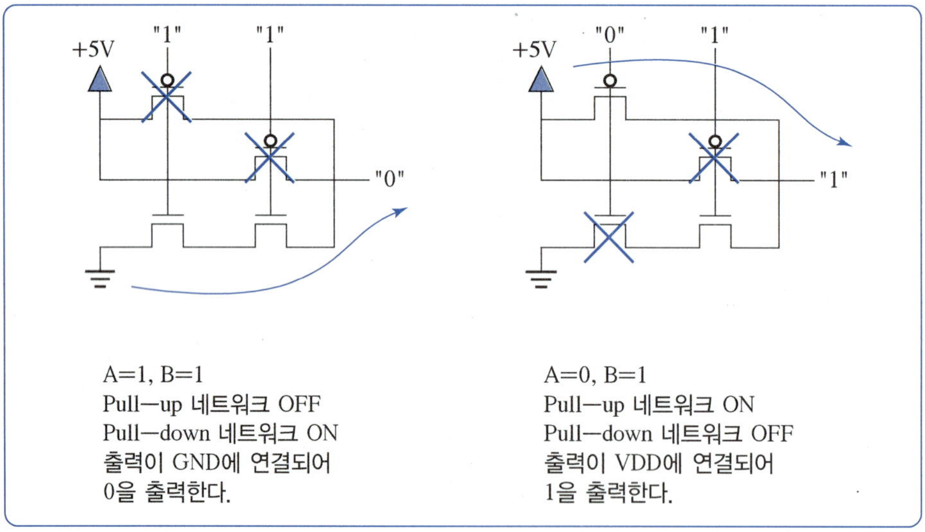

[그림 4-13] NAND 게이트의 동작

CMOS NOR 게이트

CMOS 논리 게이트를 이용한 또 하나의 기본적인 함수는 [그림 4-14]의 NOR 함수인데 이 경우 pMOS는 직렬 연결되어 있으며, nMOS는 병렬 연결되어 있다.

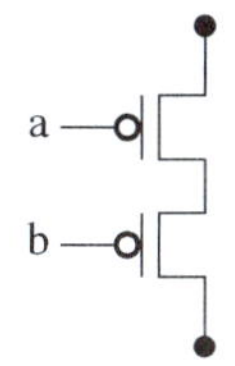

a	b	전도 상태
0	0	ON
0	1	OFF
1	0	OFF
1	1	OFF

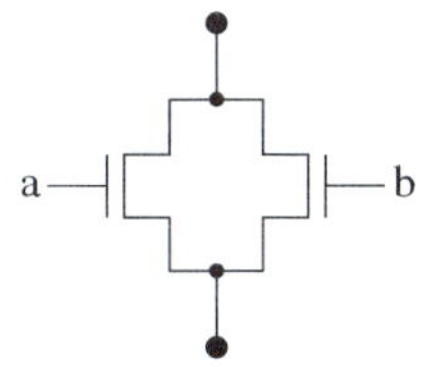

a	b	전도 상태
0	0	OFF
0	1	ON
1	0	ON
1	1	ON

[그림 4-14] CMOS NOR 게이트

NOR 게이트인 경우도 NAND 게이트에서 살펴본 바와 마찬가지 방법으로 [그림 4-15]와 같이 동작하는 것을 알 수 있다.

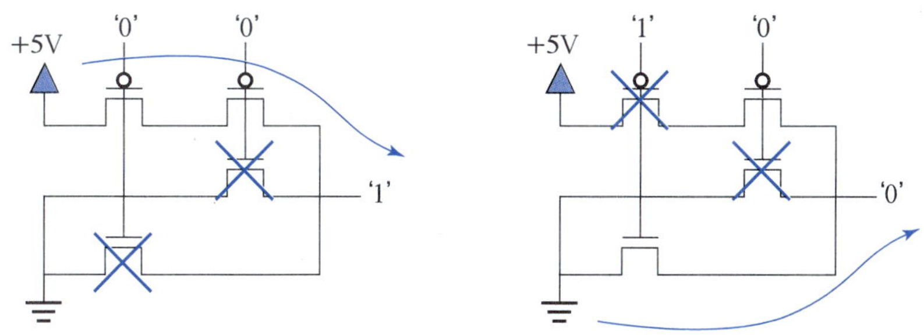

A=0, B=0
Pull-up 네트워크 ON
Pull-down 네트워크 OFF
출력이 VDD에 연결되어
1을 출력한다.

A=1, B=0
Pull-up 네트워크 OFF
Pull-down 네트워크 ON
출력이 GND에 연결되어
0을 출력한다.

[그림 4-15] NOR 게이트 동작

4.3 일반 CMOS 논리 게이트

위에서 인버터, 2-input NAND와 2-input NOR과 같이 가장 기본적인 논리 게이트에 대해서 알아보았다. 그럼 좀 더 일반적인 CMOS 논리 게이트를 구성해 보기로 한다. 일반적인 논리 게이트는 [그림 4-16]과 같이 '1' 신호를 전달하는 F의 회로는 VDD와 출력 단자 간의 pMOS 부하 네트워크로 구성되며, '0' 신호를 전달하는 $\overline{F}$의 회로는 GND와 출력 단자 간의 nMOS 구동 네트워크로 구성된다.

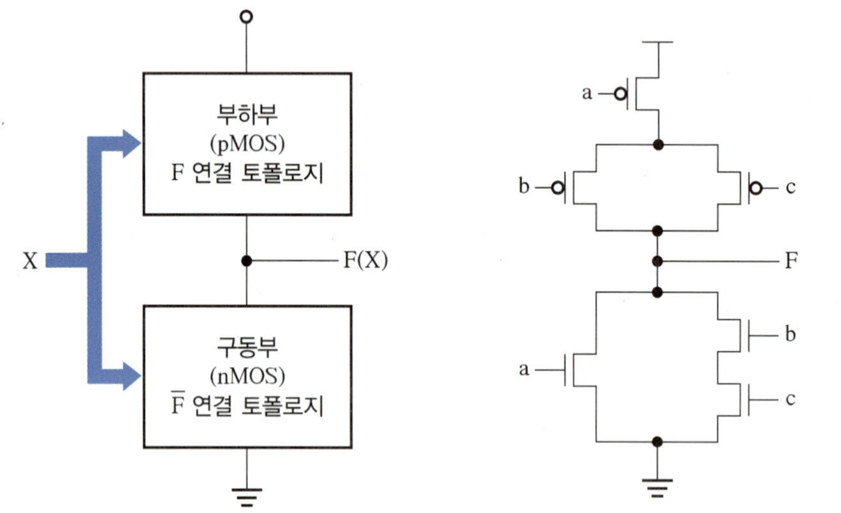

[그림 4-16] 일반 CMOS 논리 게이트의 구조와 예제

일반 CMOS 논리 게이트의 F와 $\overline{F}$의 회로는 함수의 AND와 OR 연산자를 직렬 및 병렬 연결로 대응시켜 구성한다. 이때 F와 $\overline{F}$는 de Morgan 정리를 만족하게 되어 있다.

$$\overline{F}(x_1, \cdots, x_n +, \cdot) = F(\overline{x_1}, \cdots, \overline{x_n}, \cdot, +)$$

즉, 직렬 형태와 병렬 형태 MOSFET 네트워크는 [그림 4-17]과 같이 서로 쌍대(dual) 관계(즉, 1이 0으로 되고, AND가 OR이 되거나 또는 그 반대가 됨)를 제공한다.

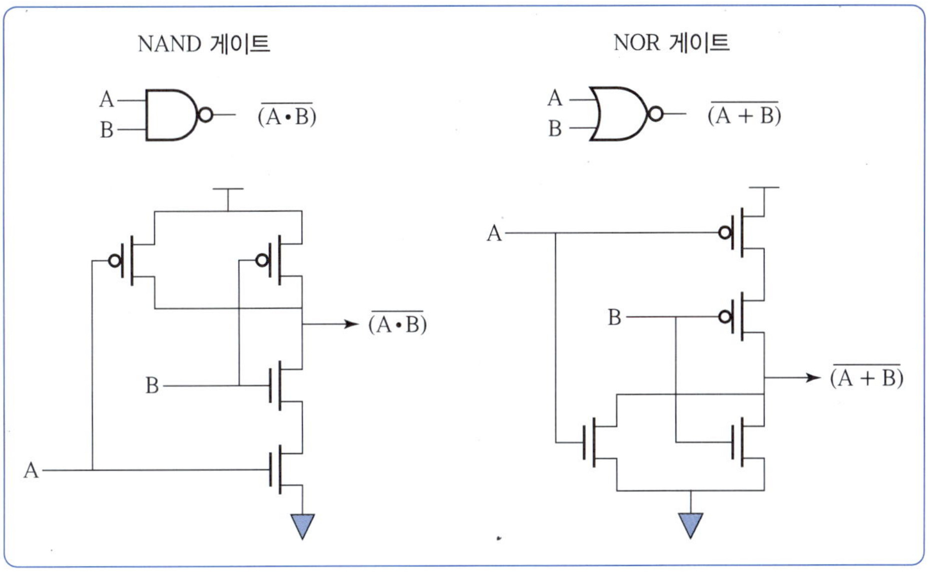

[그림 4-17] NAND 게이트와 NOR 게이트의 쌍대 관계

따라서 그러한 쌍대 관계를 이용하면 CMOS 게이트를 이용하여 좀 더 복잡한 함수를 쉽게 구현할 수 있다. 풀다운(pulldown) 네트워크는 입력의 OR에 대해서는 병렬 nMOS를 사용하고, 입력의 AND에 대해서는 직렬 nMOS를 사용한다. 풀업(pullup) 네트워크의 경우는 보수를 취한 입력의 OR에 대해서는 병렬 pMOS를 사용하고, 보수를 취한 입력의 AND에 대해서는 직렬 pMOS를 사용한다.

[그림 4-18]은 그러한 룰을 적용한 예제를 보여주고 있다. 그렇다면 모든 논리 함수를 한 개의 복잡한 게이트로 구현해야만 하는 것일까? 하는 의문을 가질 수 있게 된다. 그리고 어떤 복잡도를 가지고 있는 게이트를 표준 라이브러리(표준 셀 집적회로 설계 방식에서 사용하는)에 넣어야 하는지를 생각해 보아야 한다. 보통 입력의 개수가 5개 이하인 경우 한 개의 복합 게이트로 구현하게 된다.

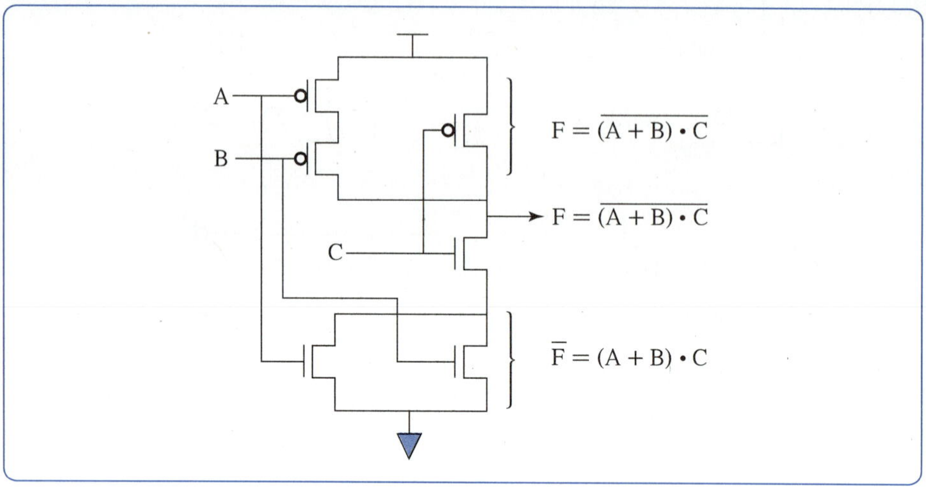

[그림 4-18] 쌍대 관계를 이용한 게이트 설계

참 / 고 / 문 / 헌

- Stephen Brown and Zvonko G. Vranesic, Fudamentals of Digital Logic with VHDL Design, McGraw Hill, July 1, 2008.
- John F. Wakerly, Digital Design: Principles and Practices Package, Prentice Hall, August 6, 2005.
- Randy H. Katz and Gaetano Borriello , Contemporary Logic Design, Prentice Hall, December 25, 2004.

연습문제

1. NOR 게이트를 이용하여 인버터를 구성하시오.

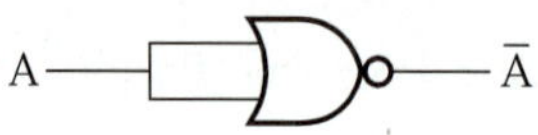

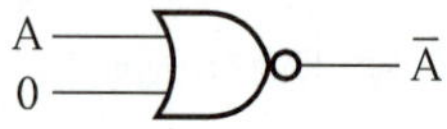

2. Universal function 게이트란 모든 논리를 표시할 수 있는 게이트를 말한다. 그러한 게이트 3가지를 적으시오.

NAND, NOR, EXOR

3. 다음 4가지 회로도와 진리표에 해당하는 게이트 이름은 각각 무엇인가?

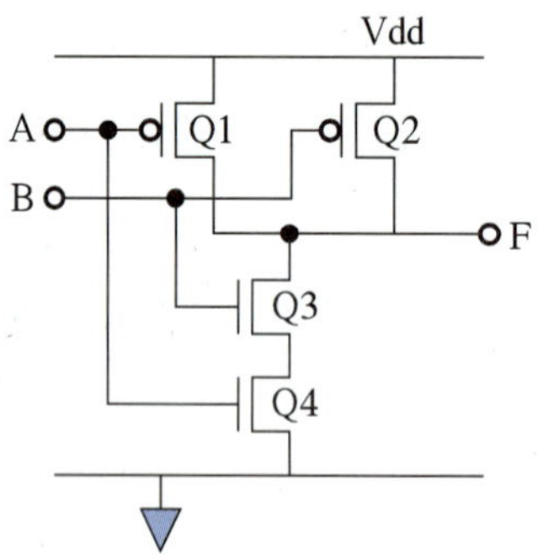

A	B	Q1	Q2	Q3	Q4	F
0	0	1	1	0	0	1
0	1	1	0	1	0	1
1	0	0	1	0	1	1
1	1	0	0	1	1	0

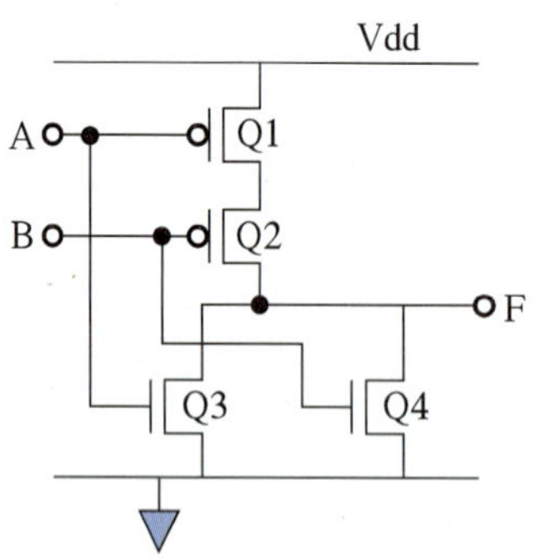

A	B	Q1	Q2	Q3	Q4	F
0	0	1	1	0	0	1
0	1	1	0	0	1	0
1	0	0	1	1	0	0
1	1	0	0	1	1	0

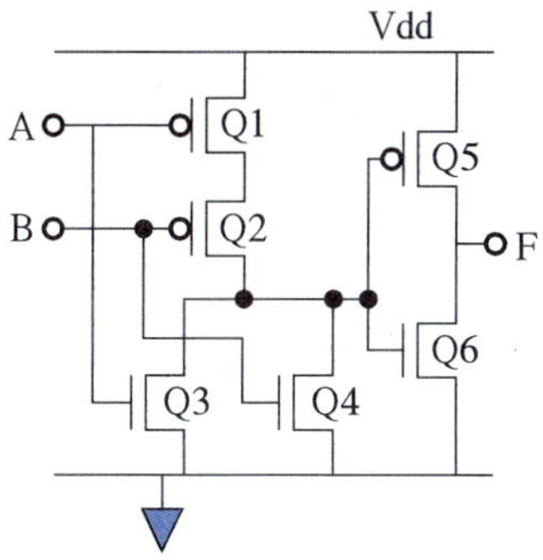

A	B	Q1	Q2	Q3	Q4	F
L	L	H	H	L	L	L
L	H	H	L	L	H	H
H	L	L	H	H	L	H
H	H	L	L	H	H	H

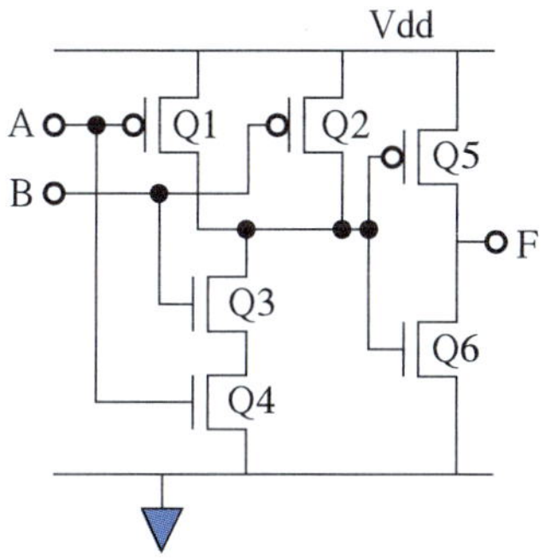

A	B	Q1	Q2	Q3	Q4	F
L	L	H	H	L	L	L
L	H	H	L	H	L	L
H	L	L	H	L	H	L
H	H	L	L	H	H	H

➲ 순서대로 NAND 게이트, NOR 게이트, OR 게이트, AND 게이트

4. 아래 게이트에 대한 진리표를 완성하시오.

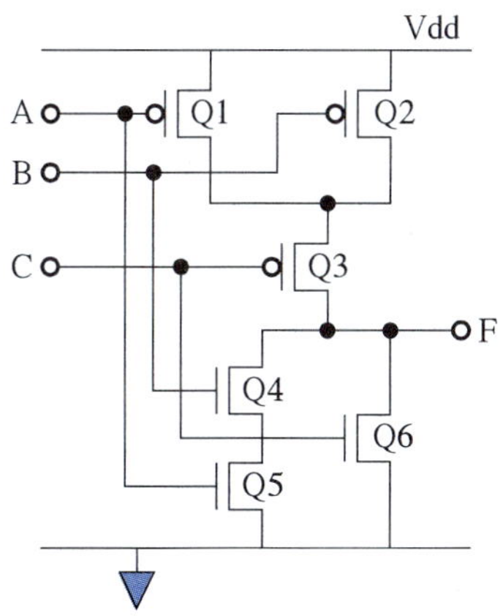

A	B	C	Q1	Q2	Q3	Q4	Q5	Q6	F
L	L	L	H	H	H	L	L	L	H
L	L	H	H	H	L	L	L	H	L
L	H	L	H	L	H	H	L	L	H
L	H	H	H	L	L	H	L	H	L
H	L	L	L	H	H	L	H	L	H
H	L	H	L	H	L	L	H	H	L
H	H	L	L	L	H	H	H	L	L

5. 아래 표에서와 같이 n개의 입력을 이용하여 2^n개의 조합을 만들 수 있고, 2^{2^n}개의 논리함수를 만들 수 있다. 아래 표는 $(2^2 = 4)$개의 입력조합을 이용하여 $16(2^{2^2} = 16)$의 2-입력 논리 함수를 표시하고 있다. 이 중에 6개는 많이 사용되는 기본 논리 게이트를 표현하고 있다. 그 논리 게이트의 이름을 적으시오.

INPUTS		ALL POSSIBLE OUTPUTS															
A	B	1	2	3	4	5	6	7	8	9	10	11	12	13	14	15	16
0	0	0	1	0	1	0	1	0	1	0	1	0	1	0	1	0	1
0	1	0	0	1	1	0	0	1	1	0	0	1	1	0	0	1	1
1	0	0	0	0	0	1	1	1	1	0	0	0	0	1	1	1	1
1	1	0	0	0	0	0	0	0	0	1	1	1	1	1	1	1	1

2: NOR 게이트 8: NAND 게이트 7: XOR 게이트 9: OR 게이트 10: XNOR 게이트 15: OR 게이트

6. 다음 회로의 논리식을 적으시오.

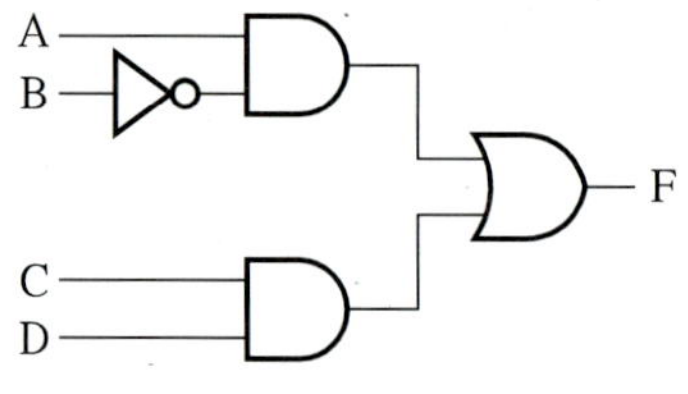

$F = A\overline{B} + CD$

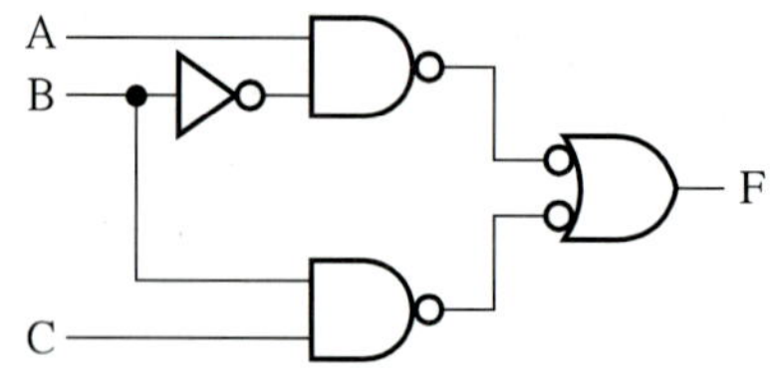

$F = A\overline{B} + BC$

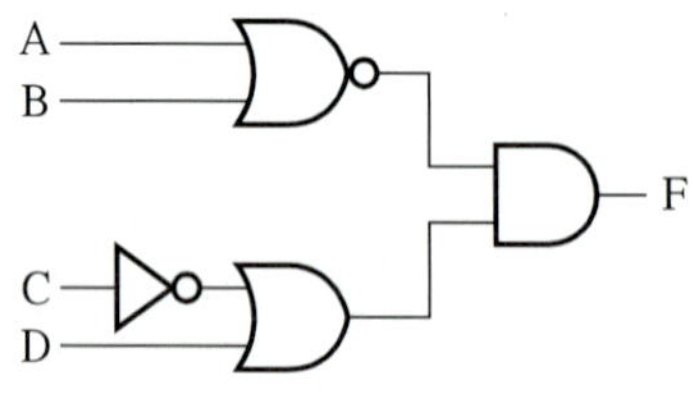

$F = \overline{(A + B)} \cdot (\overline{C} + D)$

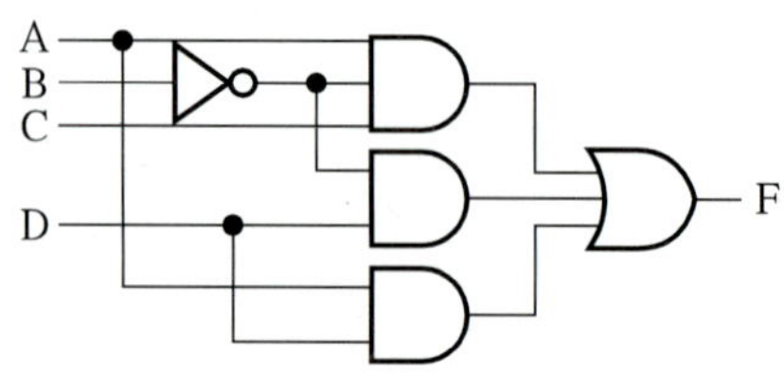

$F = A\overline{B}C + BD + AD$

7. 다음 회로의 논리식을 적으시오.

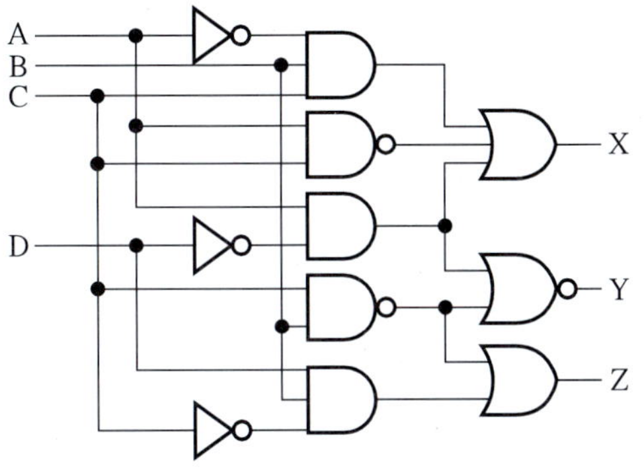

➲ $X = \overline{A}BC + \overline{(AC)} + A\overline{D}$

$Y = \overline{(A\overline{D}) + \overline{(BD)}}$

$Z = \overline{BC} + \overline{C}D$

8. 다음 진리표의 논리식에 해당하는 회로를 NAND 게이트와 인버터를 이용하여 그리시오.

A	B	C	F
L	L	L	0
L	L	H	0
L	H	L	0
L	H	H	1
H	L	L	1
H	L	H	1
H	H	L	0
H	H	H	1

➲

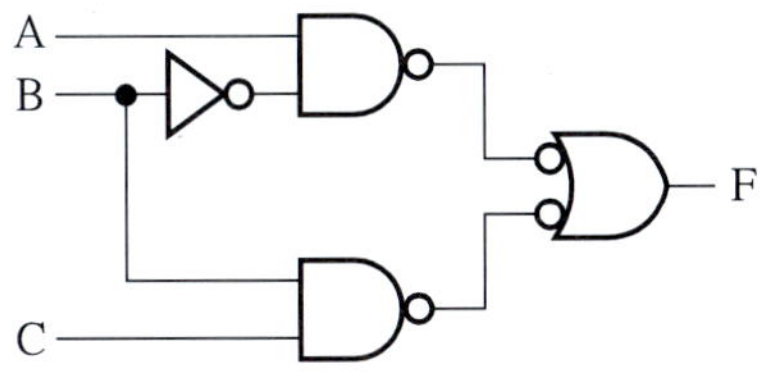

9. 2-입력 XNOR 함수에 대한 곱의 합(SOP)과 합의 곱(POS) 회로의 함수를 구하시오.

➲ 곱의 합: $F = \overline{A}\,\overline{B} + AB$

합의 곱: $\overline{F} = (A + B)(\overline{A} + \overline{B})$

10. 아래 시뮬레이션 결과에 해당하는 진리표를 완성하시오.

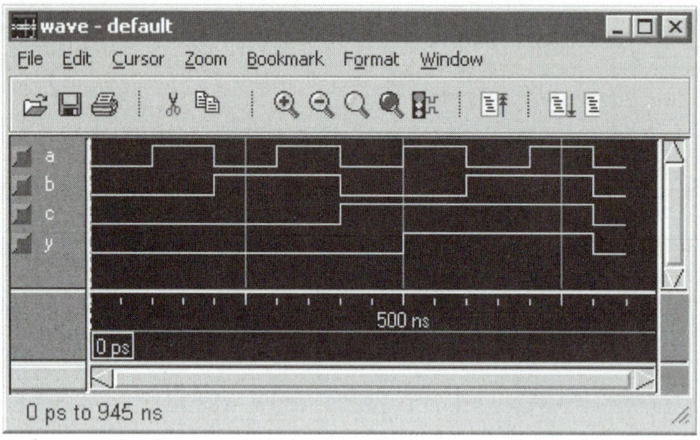

➡

A	B	C	Y
0	0	0	0
0	0	1	0
0	1	0	0
0	1	1	1
1	0	0	0
1	0	1	1
1	1	0	0
1	1	1	1

11. 3-입력 CMOS NAND 게이트와 3-입력 CMOS AND 게이트는 각각 몇 개의 트랜지스터로 구성되는가?

➡ 6개, 8개

12. 다음 회로의 트랜지스터 수를 구하시오.

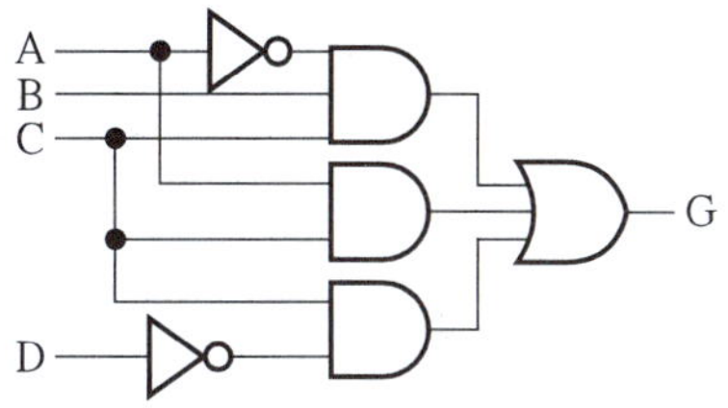

1)

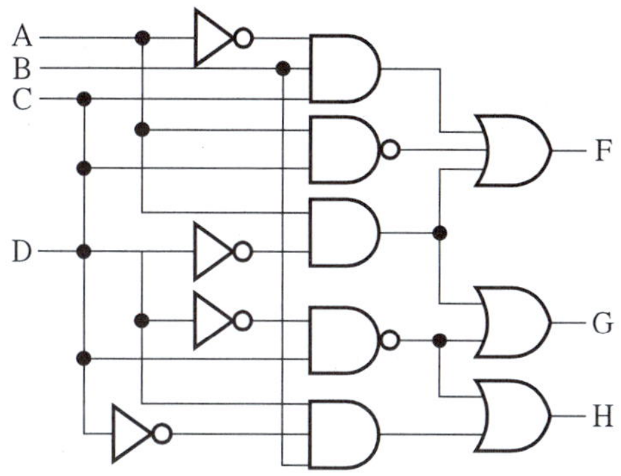

2)

➡ 1) $2 \times 2 + 4 \times 6 = 28$개

2) $4 \times 2 + 2 \times 4 + 6 \times 6 = 52$개

13. 다음의 NOR-NOR 로직을 OR-AND 로직으로 변환하시오. 몇 개의 MOS 트랜지스터가 추가되었는가?

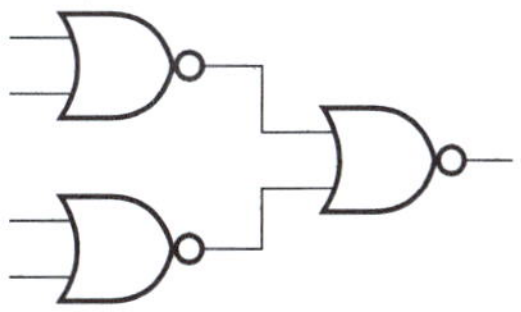

➡ 12개의 MOS로 구성 18개의 MOS로 구성

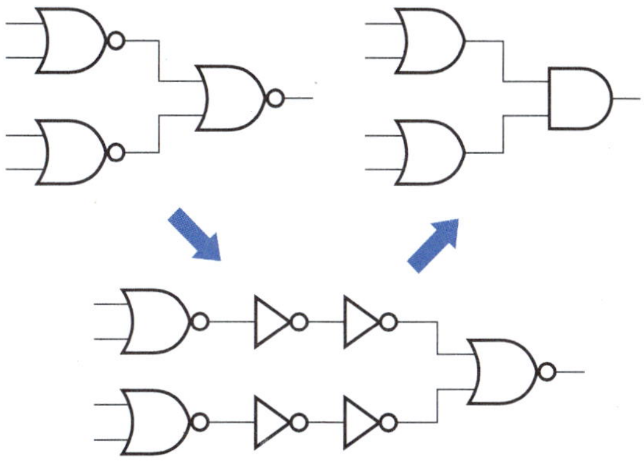

6개의 MOS 트랜지스터가 추가되었다.

14. 다음 nMOS 트랜지스터의 게이트에 Logic 1이 인가되면 어떻게 되는가? 그 이유는?

➲ 게이트에 1을 인가하면 소스(Source)와 드레인(Drain)이 연결되어 'on' 상태가 된다. 그 이유는 게이트 단자의 전압이 소스 단자의 전압보다 커서 드레인과 소스 단자 사이에 전도 경로가 발생하여(채널이 On되어) 소스에 인가된 신호가 드레인 쪽으로 전달되게 된다.

15. F = (A+B) · C 에 해당되는 CMOS 게이트를 설계하시오.

➲

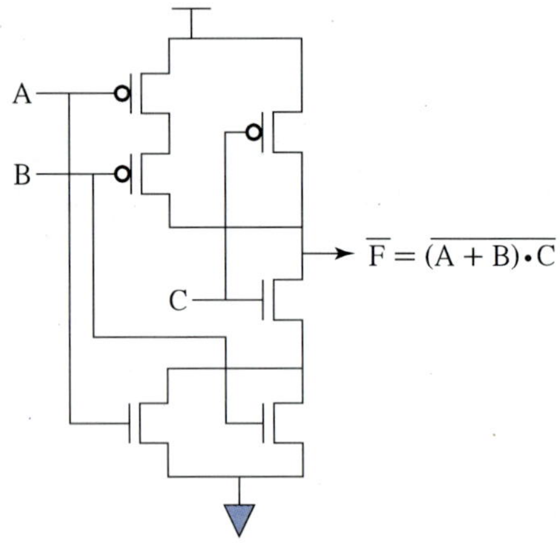

16. 다음 함수의 CMOS 게이트를 그리시오.

$$F = \overline{X}_1 + \overline{X}_2\overline{X}_3$$

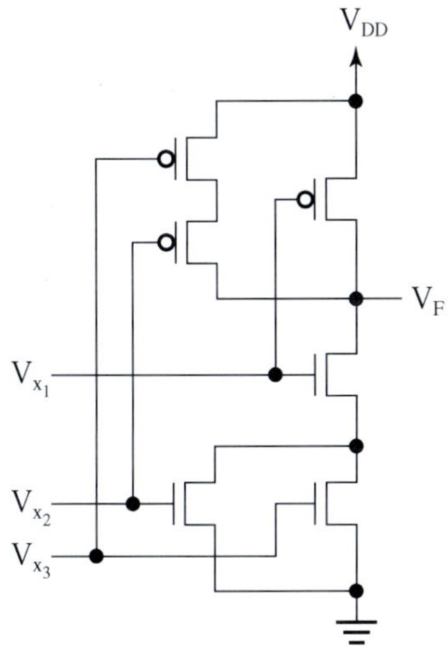

17. NAND 게이트만을 이용하여 다음 식을 구현하시오.

1) $f(w, x, y, z) = \overline{w}z + w\overline{z}(x + \overline{y})$

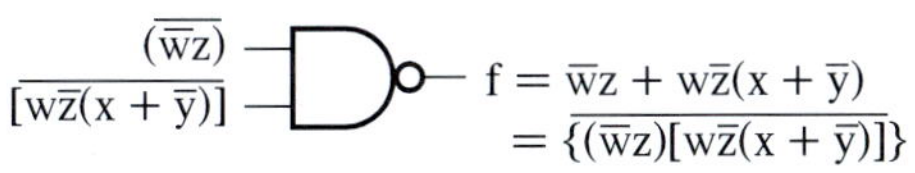

(a)

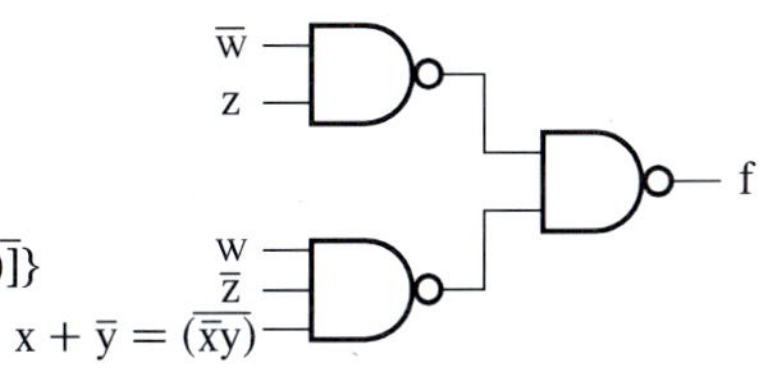

(b)

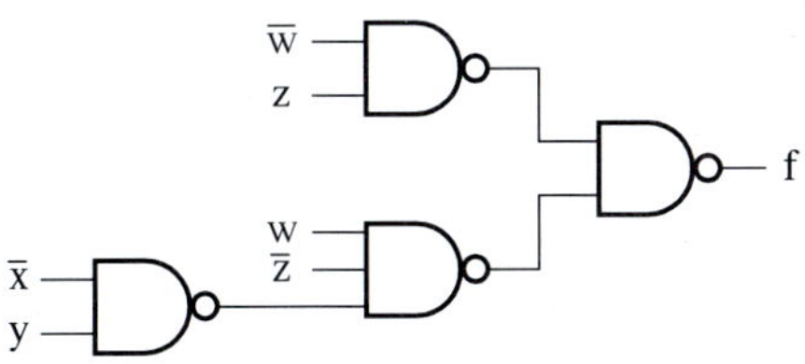

(c)

2) $f(x, y, z) = x(\overline{y} + z)$

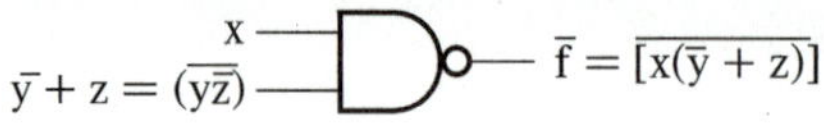

(a)

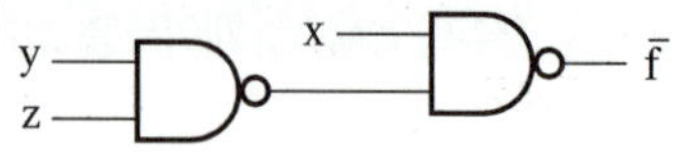

(b)

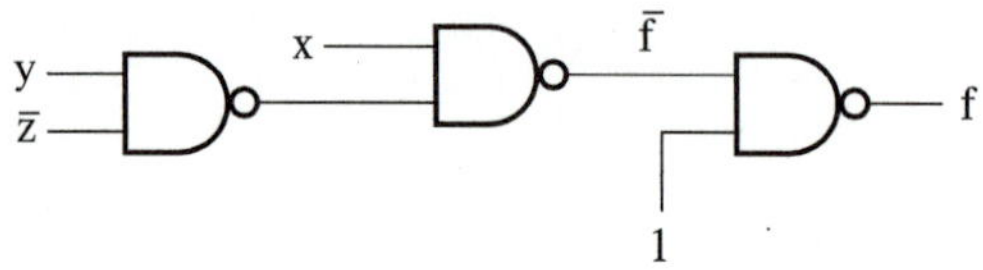

(c)

3) $f(w, x, y, z) = \bar{w}z + w\bar{z}(x + \bar{y})$.

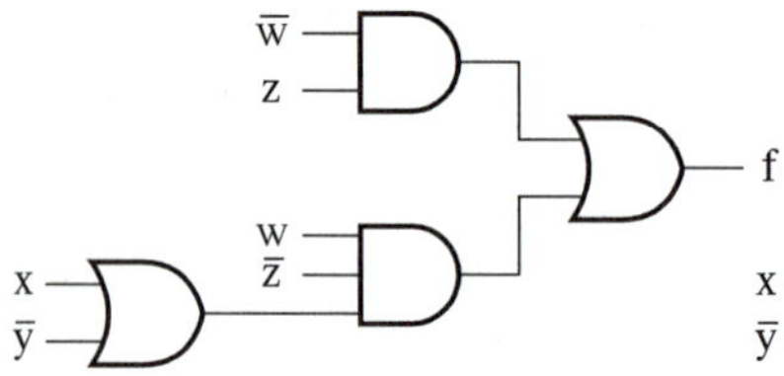

(a)

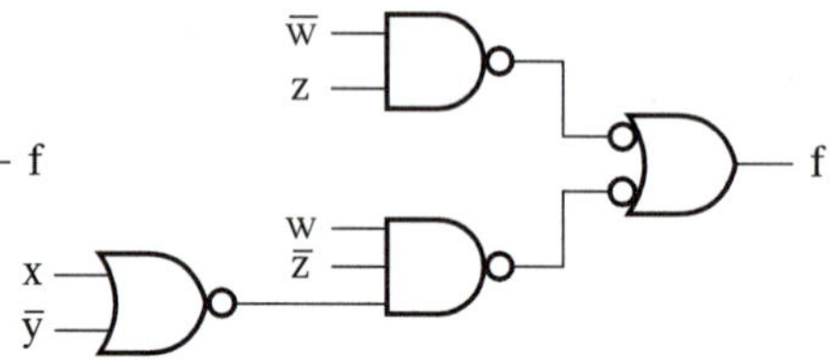

(b)

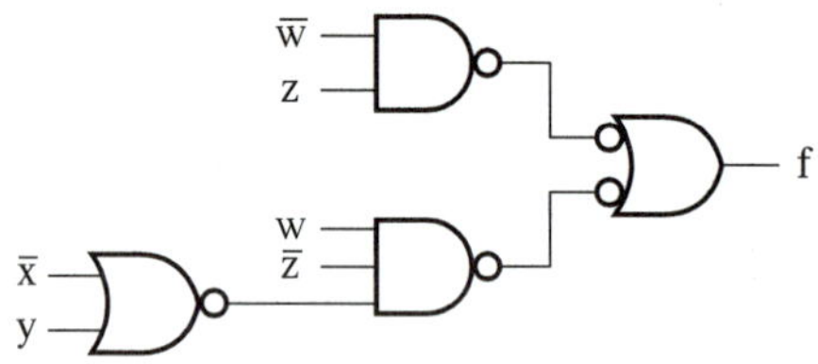

(c)

18. NOR 게이트만을 이용하여 다음 식을 구현하시오.

1) $f(w, x, y, z) = \overline{w}z + w\overline{z}(x + \overline{y})$

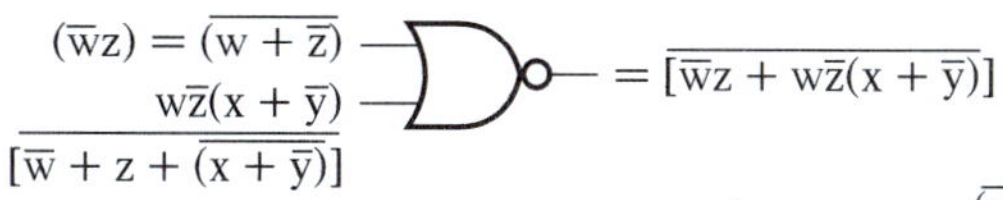

(a)

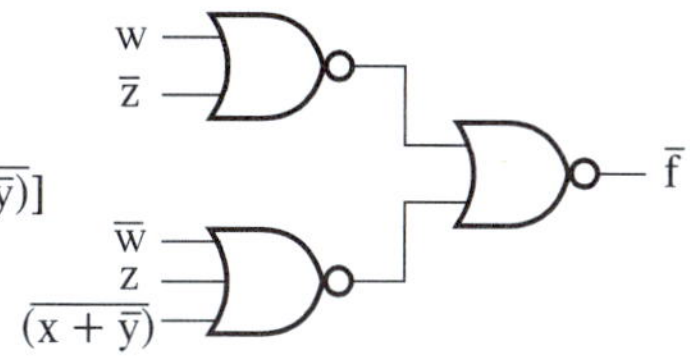

(b)

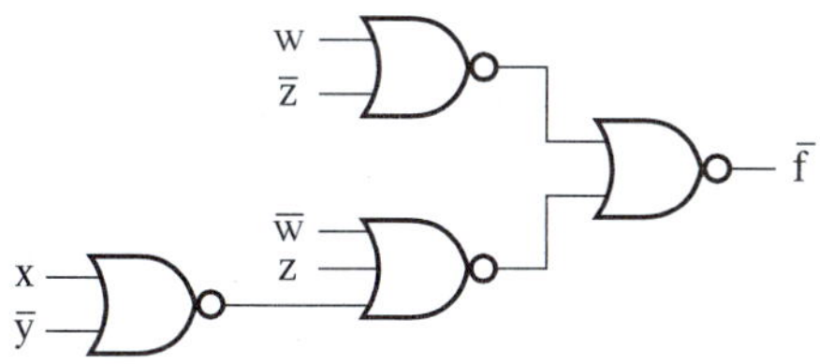

(c)

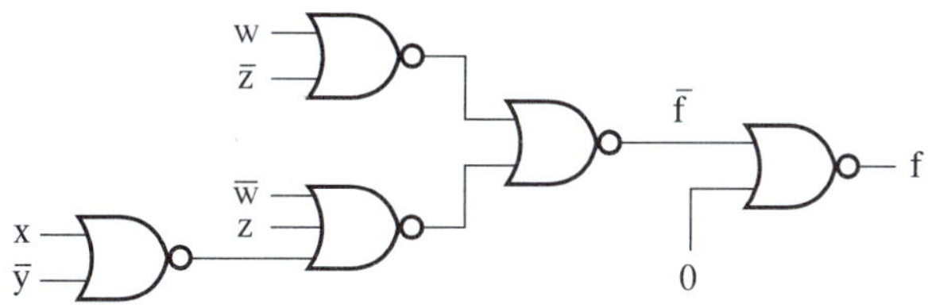

(d)

2) $f(w, x, y, z) = \overline{w}z + w\overline{z}(x + \overline{y})$.

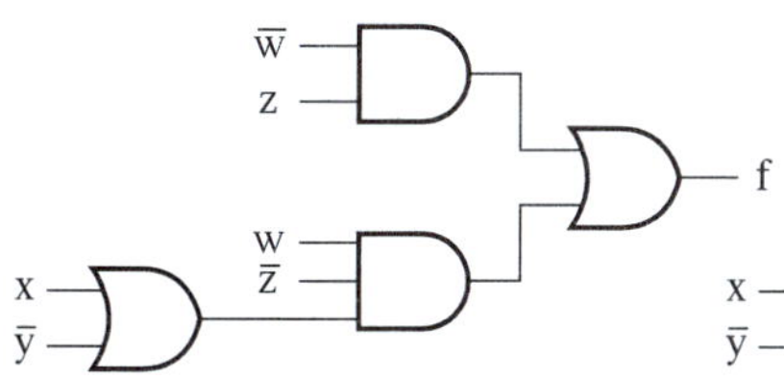

(a)

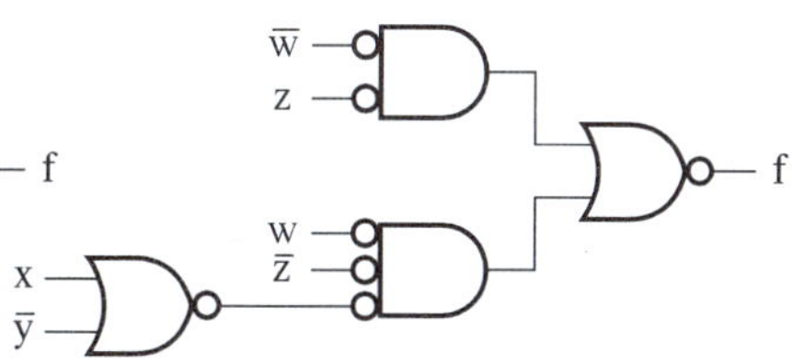

(b)

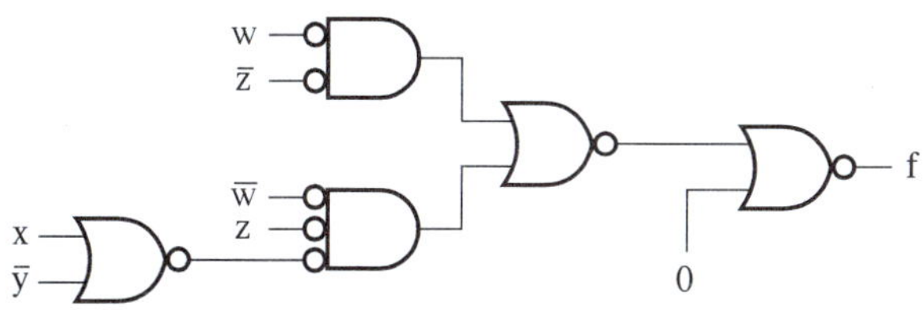

(c)

19. 다음 회로를 NOR-NOR 회로로 변환하시오.

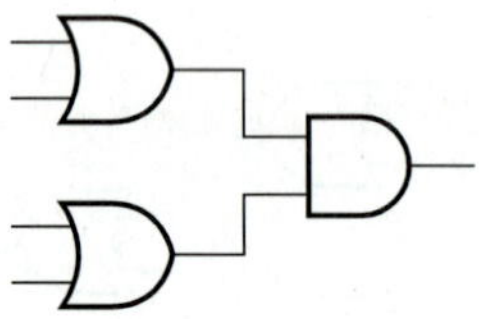

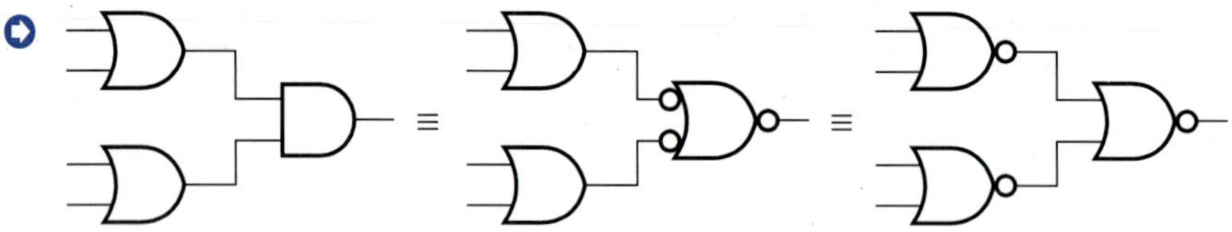

CHAPTER 5

논리 최소화(Logic Minimization)의 기초

CHAPTER

5 논리 최소화(Logic Minimization)의 기초

디지털 논리회로를 설계할 때 우선적으로 고려해야 할 사항은 게이트의 수를 줄이고 회로의 설계 비용을 최소화하는 것이다. 따라서 논리 함수의 최소화 과정이 필요하게 된다. 논리 최소화 방법은 여러 가지가 있는데 이 장에서는 불리언 대수, 카노 맵, 그리고 불리언 큐브(입방체)를 이용하여 논리회로를 최소화하는 기초 방법에 대해서 알아 본다. 그리고 좀 더 체계적인 알고리즘을 사용하는 2-레벨 논리 최소화 및 멀티-레벨 논리 최소화 방법에 대해서는 다음 장에서 알아본다.

5.1 불리언 대수(Boolean Algebra)

불리언 대수(Boolean Algebra)는 다음과 같은 요소들로 구성된다.

- Set B = {a, b}; 여기서 a, b는 불리언 변수를 말한다.
- 이진(binary) 연산 {+, ·}; 여기서 +는 OR 연산, ·는 AND 연산을 표시한다.
- 일진(unary) 연산 {'} 또는 {¯}; NOT 또는 보수(complement)를 표시한다.

불리언 대수는 다음의 공리(公理)가 적용된다.

- 닫힘(closure) : 모든 a, b ∈ B에 대하여
  $a + b \in B$
  $a \cdot b \in B$

- 교환법칙(commutative law) : 모든 a, b ∈ B에 대하여

$a + b = b + a$

$a \cdot b = b \cdot a$

- 결합법칙(associative law) : 모든 a, b ∈ B에 대하여

$(a + b) + c = a + (b + c)$

$(a \cdot b) \cdot c = a \cdot (b \cdot c)$

- 항등원(Identities) : 모든 0, 1 ∈ B에 대하여

$a + 0 = a$

$a \cdot 1 = a$

- 분배법칙(distributive law) : 모든 a, b ∈ B에 대하여

$a +(b \cdot c) = (a + b) \cdot (a + c)$

$a \cdot (b + c) = a \cdot b + a \cdot c$

- 보수(complement) : 모든 a, b ∈ B에 대하여 $\bar{a}$가 a의 보수라 하면

$a + \bar{a} = 1$

$a \cdot \bar{a} = 0$

불리언 함수는 $B = \{0, 1\}$, +(= OR), •(= AND), '(= NOT)으로 표현된 함수이며, 앞에서 설명한 공리를 모두 만족한다. 진리표로 표현될 수 있는 어떤 임의의 불리언 함수는 세 가지 기본 함수(즉, +, •, ')를 사용한 불리언 대수로 표현될 수 있다.

5.2 논리 함수를 게이트로 표현하는 방법

논리 함수를 게이트로 표현하는 방법에는 여러 가지가 있다.

예를 들면, $Z = (\overline{A} \cdot (\overline{B} \cdot (C + D))) = \overline{A} \cdot \overline{B} \cdot (C + D)$이라는 식은 [그림 5-1]과 같이 두 가지 종류로 표현 가능하다. 첫 번째 식은 왼쪽 그림에 해당하며 두 번째 식은 오른쪽 그림에 해당한다. 첫 번째 그림은 2-입력 AND 게이트를 두 개 연결하여 사용

한 반면, 두 번째 그림은 두 개의 2-입력 AND 게이트 대신에 3-입력 AND 게이트를 사용하였다. 이와 같이 동일한 기능을 하는 논리식에 대해 여러 가지 형태의 논리회로 표현이 가능한 것을 알 수 있다.

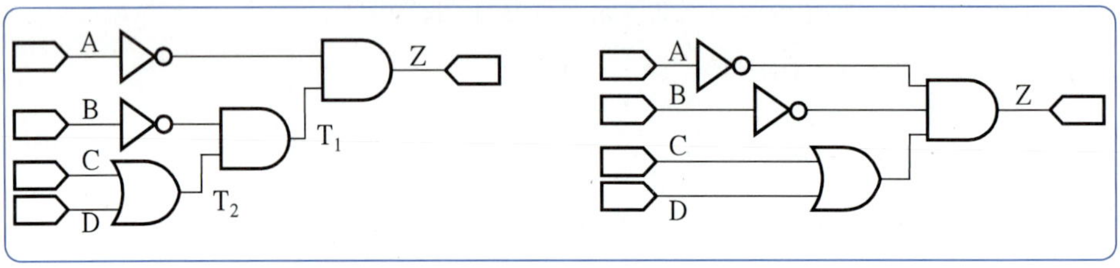

[그림 5-1] $Z = (\overline{A} \bullet (\overline{B} \bullet (C + D)) = (\overline{A} \bullet \overline{B} (C + D)$를 기본 게이트를 이용하여 표현

여기서 변수(variable)와 리터럴(literal)의 차이점에 대해서 알아보자.

예를 들면 $Z = A\,\overline{B}\,C + \overline{A}\,B + \overline{A}\,B\,\overline{C} + \overline{B}\,C$라는 식에서 변수는 A, B, C로 3개가 존재하는 반면, 리터럴의 개수는 모두 10개가 있는 것을 알 수 있다. 즉, 변수는 함수에서 사용하는 입력의 수를 말하며, 리터럴은 불리언 식에서 사용하는 변수 및 변수의 보수를 포함한 모든 알파벳을 모두 포함하는 의미를 가지고 있다.

5.3 논리 함수 최소화의 목적

논리 함수를 최소화하는 목적은 다음과 같다. 논리 최소화란 게이트 수준 구현의 복잡도를 표현하는 리터럴의 수, 게이트의 수, 논리회로 레벨의 수를 줄이는 것을 목적으로 한다.

입력의 개수(Fanin)가 작은 게이트는 입력의 개수가 큰 게이트에 비해서 지연시간이 작다. 어떤 설계 방법에서는 입력의 개수의 최대수를 정하여 제한적으로 사용한다. 게이트의 레벨 수가 작으면 신호 전파 지연시간이 줄어든다. 지연시간을 최소로 하기 위해서는 게이트의 레벨 수를 줄여야 한다. 게이트의 수는 논리회로의 크기와 관련되어 제조 비용에 영향을 끼치게 된다.

예를 들면, 다음 식은 복잡해 보이는 식이지만,

C1 = a xor b

C2 = ~ ((a • b) + c)(주: 여기서 '~'는 보수연산자를 의미함)

D = C1 xor C2

Out = $\overline{\mathrm{D}}$

논리 최소화를 수행하고 나면 위의 함수의 출력 Out을 얻기 위해서 필요한 식은 Out = a • b로 간소화된다. 최소화하기 전에는 리터럴 수는 5개, 게이트 수는 인버터를 제외하고 4개, 논리회로 레벨의 수는 3개인 반면, 최소화하고 난 후에는 리터럴의 수는 2개, 게이트 수는 1개, 논리회로 레벨의 수는 1개로 논리회로의 지연시간 및 크기가 줄어든 것을 알 수 있다. 보통 인버터는 크기가 작기 때문에 논리 최소화 작업 수행 시 최소화하기 위한 논리회로의 게이트 수에 포함하지 않는다.

5.4 다양한 논리 구현 방법들

앞에서도 언급한 바와 같이, 진리표에 해당하는 논리식을 게이트로 구현하는 설계 방법은 다양하다. 몇 가지 방법이나 있을까 궁금해진다. 그 답에 대해서는 차차 알아보기로 하고 아래 진리표에 해당하는 세 가지 논리회로를 [그림 5-2]에 보이고 있다.

A	B	C	Z
0	0	0	0
0	0	1	1
0	1	0	0
0	1	1	1
1	0	0	0
1	0	1	1
1	1	0	1
1	1	1	0

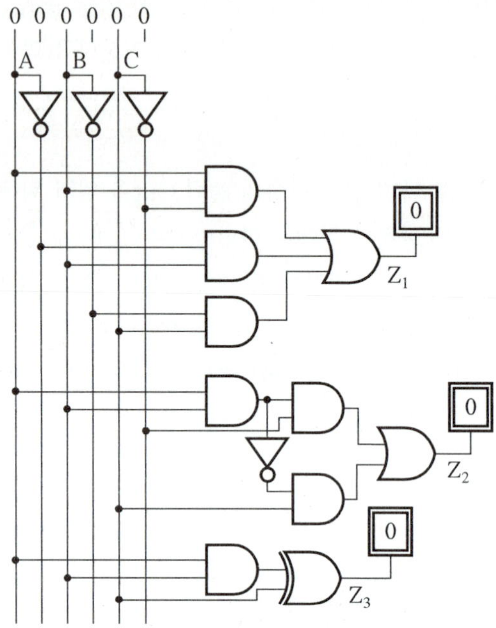

[그림 5-2] 주어진 진리표에 대한 세 가지 논리회로(Z_1, Z_2, Z_3) 설계 결과

[그림 5-2]의 $Z = Z_1 = Z_2 = Z_3$에 해당하는 세 가지 논리회로는 다음과 같은 방법으로 구현되었다.

- Z1 : 3-input AND, 2-input AND, 3-input OR(2-레벨, 4개의 게이트)
- Z2 : inverter, 2-input AND, 2-input OR(3-레벨, 4개의 게이트)
- Z3 : 2-input AND, 2-input XOR(2-레벨, 2개의 게이트)

위의 논리 구현 방식의 예를 통하여 알 수 있듯이 논리회로는 일반적으로 다음의 세 가지의 방법으로 구현하는 것이 가능하게 된다.

- 2-레벨(주: 인버터는 레벨에 포함시키지 않는다)
- 멀티-레벨
- NAND 또는 NOR보다는 XOR과 같은 복잡한 게이트를 사용

5.5 논리 최소화를 위한 불리언 대수 법칙

불리언 대수는 다음과 같은 법칙을 논리 최소화에 사용한다.

쌍대의 원리(principle of duality): 함수의 쌍대는 AND 연산자와 OR 연산자를 상호 교환하고, 1과 0을 바꿈으로서 구할 수 있다. 어떤 불리언 식이 'true' 라면 그것의 쌍대도 또한 'true' 가 된다.

예를 들면, $A + (B \cdot C) = (A + B)(A + C)$의 쌍대는 $A \cdot (B + C) = A \cdot B + A \cdot C$ 가 된다.

기타 논리 최소화에 사용되는 불리언 대수 법칙들을 알아보자.(번호에 D로 표시된 식은 쌍대를 의미함)

- 항등원의 법칙(Identity law):

1. $X + 0 = X$
2. $X + 1 = 1$

1D. $X \cdot 1 = X$

2D. $X \cdot 0 = 0$

- 등멱(等冪)의 법칙(Idempotent Law):

3. $X + X = X$

3D. $X \cdot X = X$

- 회선(回旋)의 법칙(Involution Law):

4. $\overline{(\overline{X})} = X$

- 보수의 법칙(Laws of Complementarity):

5. $X + \overline{X} = 1$

5D. $X \cdot \overline{X} = 0$

- 교환의 법칙(Commutative Law):

6. $X + Y = Y + X$

6D. $X \cdot Y = Y \cdot X$

- 결합의 법칙(Associative Laws):

7. $(X + Y) + Z = X + (Y + Z) = X + Y + Z$

7D. $(X \cdot Y) \cdot Z = X \cdot (Y \cdot Z) = X \cdot Y \cdot Z$

- 분배의 법칙(Distributive Law):

8. $X \cdot (Y+ Z) =(X \cdot Y) + (X \cdot Z)$

8D. $X +(Y \cdot Z) =(X + Y) \cdot (X + Z)$

- 최소화 이론(Simplification Theorem):

9. $X \cdot Y + X \cdot \overline{Y} = X$

10. $X + X \cdot Y = X$

11. $(X + \overline{Y}) \cdot Y = X \cdot Y$

9D. $(X + Y) \cdot (X + \overline{Y}) = X$

10D. $X \cdot (X + Y) = X$

11D. $(X \cdot \overline{Y}) + Y = X + Y$

- 드모르간 정리(De Morgan's Law):

12. $\overline{(X+Y+Z+\cdots)} = \overline{X} \cdot \overline{Y} \cdot \overline{Z} \cdot \cdots$

12D. $\overline{(X \cdot Y \cdot Z \cdot \cdots)} = \overline{X} + \overline{Y} + \overline{Z} + \cdots$

13. $\overline{\{F(X1, X2, \cdots, Xn, 0, 1, +, \cdot)\}} = \{F(\overline{X1}, \overline{X2}, \cdots, \overline{Xn}, 1, 0, \cdot, +)\}$

- 곱하기 풀기와 인수분해(Factorization):

14. $(X + Y) \cdot (\overline{X} + Z) = X \cdot Z + \overline{X} \cdot Y$

14D. $X \cdot Y + \overline{X} \cdot Z = (X + Z) \cdot (\overline{X} + Y)$

- 컨센서스 정리(Consensus Theorem):

15. $XY + YZ + \overline{X}Z = XY + \overline{X}Z$

15D. $(X + Y) \cdot (Y + Z) \cdot (\overline{X} + Z) = (X + Y) \cdot (\overline{X} + Z)$

(주: 컨센서스 정리에서 YZ 항과 같이 필요 없는 부가적인 항을 콘센서스 항이라고 부른다. 어떤 부울 대수식에 컨센서스 항을 추가해도 그 부울 대수식은 같아진다. 이

러한 컨센서스 항은 부울 대수식을 최소화하는 체계적인 알고리즘에 활용되기도 한다.)

5.6 불리언 대수의 공리를 이용한 이론 증명(Proving Theorem) 방법

앞에서 설명한 불리언 대수의 공리를 이용하여 불리언 대수 법칙을 증명하는 방법을 예를 들어 알아 보자.

- 등멱(等冪)의 법칙(Idempotent Law): $X + X = X$ 증명

$X + X = (X + X) \cdot 1$	(항등원의 법칙)
$= (X + X) \cdot (X + \overline{X})$	(보수의 법칙)
$= X + X \cdot \overline{X}$	(분배의 법칙)
$= X + 0$	(보수의 법칙)
$= X$	(항등원의 법칙)

- 항등원의 법칙(Identity law): $X + 1 = 1$ 증명

$X + 1 = (X + 1) \cdot 1$	(항등원의 법칙)
$= 1 \cdot (X + 1)$	(교환의 법칙)
$= (X + \overline{X}) \cdot (X + 1)$	(보수의 법칙)
$= X + \overline{X} \cdot 1$	(분배의 법칙)
$= X + \overline{X}$	(항등원의 법칙)
$= 1$	(보수의 법칙)

- 회선(回旋)의 법칙(Involution Law): $\overline{\overline{X}} = X$ 증명

$X + \overline{X} = 1,\ X \cdot \overline{X} = 0$	(보수의 법칙)
$X + \overline{X} = 1,\ \overline{\overline{X}} + \overline{X} = 1$	(De Morgan 법칙)
$X + \overline{X} = \overline{\overline{X}} + \overline{X} \Rightarrow X = \overline{\overline{X}}$	

다른 불리언 대수 최소화 이론들을 증명하면

- $X + X \cdot Y = X$ 증명

$X + X \cdot Y = X \cdot 1 + X \cdot Y$ (항등원의 법칙)
$= X \cdot (1 + Y)$ (분배의 법칙)
$= X \cdot 1$ (항등원의 법칙)
$= X$ (항등원의 법칙)

- $X \cdot Y + X \cdot \overline{Y} = X$ 증명

$X \cdot Y + X \cdot \overline{Y} = X \cdot (Y + \overline{Y})$ (분배의 법칙)
$X \cdot (Y + \overline{Y}) = X \cdot (1)$ (보수의 법칙)
$X \cdot (1) = X$ (항등원의 법칙)

- Consensus 이론, $X \cdot Y + \overline{X} \cdot Z + Y \cdot Z = X \cdot Y + \overline{X} \cdot Z$ 증명

$X \cdot Y + \overline{X} \cdot Z + (X + \overline{X}) \cdot Y \cdot Z = X \cdot Y + \overline{X} \cdot Z$ (보수의 법칙)
$X \cdot Y \cdot (1 + Z) + \overline{X} \cdot Z \cdot (1 + Y) = X \cdot Y + \overline{X} \cdot Z$ (항등원의 법칙)
$X \cdot Y + \overline{X} \cdot Z = X \cdot Y + \overline{X} \cdot Z$ (항등원의 법칙)

- Consensus 이론의 Dual, $(X + Y) \cdot (\overline{X} + Z) \cdot (Y + Z) = (X + Y) \cdot (\overline{X} + Z)$ 증명

$(X+Y) \cdot (\overline{X} + Z) \cdot (Y+Z) = (X+Y) \cdot (\overline{X} + Z) \cdot (Y+Z+0)$ (항등원의 법칙)
$= (X + Y) \cdot (\overline{X} + Z) \cdot (Y + Z + X\overline{X})$ (항등원의 법칙)
$= (X+Y) \cdot (\overline{X} + Z) \cdot (Y+Z+X) \cdot (Y+Z+\overline{X})$ (분배의 법칙)
$= (X + Y) \cdot (\overline{X} + Z)$ (최소화 이론 10: $X + X \cdot Y = X$)

- 전가산기의 캐리 아웃 함수의 최소화

$S = \overline{A} \cdot \overline{B} \cdot Cin + \overline{A} \cdot B \cdot \overline{Cin} + A \cdot \overline{B} \cdot \overline{Cin} + A \cdot B \cdot Cin$
$Cout = \overline{A} \cdot B \cdot Cin + A \cdot \overline{B} \cdot Cin + A \cdot B \cdot \overline{Cin} + A \cdot B \cdot Cin$

$Cout = A' \cdot B\ Cin + A \cdot B' \cdot Cin + A \cdot B \cdot Cin' + A \cdot B \cdot Cin$
$= A' \cdot B\,Cin + A \cdot B' \cdot Cin + A \cdot B \cdot Cin' + A \cdot B \cdot Cin + A \cdot B \cdot Cin$ (등멱의 법칙)
$= A' \cdot B\,Cin + A \cdot B \cdot Cin + A \cdot B' \cdot Cin + A \cdot B \cdot Cin' + A \cdot B \cdot Cin$ (교환의 법칙)
$= (A' + A) \cdot B\,Cin + A \cdot B' \cdot Cin + A \cdot B \cdot Cin' + A \cdot B \cdot Cin$ (결합의 법칙)
$= 1 \cdot B \cdot Cin + A \cdot B'\ Cin + A \cdot B \cdot Cin' + A \cdot B \cdot Cin$ (보수의 법칙)
$= B \cdot Cin + A \cdot B' \cdot Cin + A \cdot B \cdot Cin' + A \cdot B \cdot Cin + A \cdot B \cdot Cin$ (항등원의 법칙)

$= B \cdot Cin + A \cdot \overline{B} \cdot Cin + A \cdot B \cdot Cin + A \cdot B \cdot \overline{Cin} + A \cdot B \cdot Cin$ (교환의 법칙)
$= B \cdot Cin + A \cdot (\overline{B} + B) \cdot Cin + A \cdot B \cdot \overline{Cin} + A \cdot B \cdot Cin$ (결합의 법칙)
$= B \cdot Cin + A \cdot 1 \cdot Cin + A \cdot B \cdot \overline{Cin} + A \cdot B \cdot Cin$ (보수의 법칙)
$= B \cdot Cin + A \cdot Cin + A \cdot B \cdot (\overline{Cin} + Cin)$ (항등원의 법칙, 결합의 법칙)
$= B \cdot Cin + A \cdot Cin + A \cdot B \cdot 1$ (보수의 법칙)
$= B \cdot Cin + A \cdot Cin + A \cdot B$ (항등원의 법칙)

5.7 섀넌의 확장 이론(Shannon's Expansion Theorem)

임의의 변수 x_i(or $\overline{x_i}$)와 관련된 불리언 함수 $f(x_1, \cdots, x_n)$의 'cofactor'는 다음과 같이 정의된다.

$$f_{x_i/\overline{x_i}}(x_1, \cdots, x_{i-1}, x_{i+1}, \cdots, x_n)$$
$$= f(x_1, \cdots, x_{i-1}, 1/0, x_{i+1}, \cdots, x_n)$$

즉, 변수 x_i에 대한 함수 f의 cofactor f_{x_i}는 함수 f의 x_i에 1을 대입하여 x_i가 제거된 결과가 된다. 마찬가지로 cofactor $f_{\overline{x_i}}$는 x_i에 0을 대입한 결과를 말한다. 섀넌의 확장 이론(Shannon's Expansion Theorem)은 다음과 같다.

$$f(x_1, \cdots, x_{i-1}, x_i, x_{i+1}, \cdots, x_n)$$
$$= x_i \cdot f_{x_i} + \overline{x_i} \cdot f_{\overline{x_i}} = (x_i + f_{x_i}) \cdot (\overline{x_i} + f_{\overline{x_i}})$$

다음 섀넌의 확장 이론에 대한 쌍대가 성립되는지 증명하자.
$f(x) = x \cdot f(x=1) + \overline{x} \cdot f(x=0) = (x + f(x=0)) \cdot (\overline{x} + f(x=1))$

$(x + f(x=0))(\overline{x} + f(x=1)) = x\overline{x} + xf(x=1) + \overline{x}f(x=0) + f(x=1)f(x=0)$ (분배의 법칙)
$= 0 + xf(x=1) + \overline{x}f(x=0) + f(x=1)f(x=0)$ (보수의 법칙)
$= xf(x=1) + \overline{x}f(x=0)$ (Consensus 이론)

5.8 2-레벨 로직 정규 형태(2-Level Logic Canonical Form)

2-레벨 로직의 정규(canonical)형식에는 곱의 합(SOP: sum of products)과 합의 곱(POS: Product of sums)의 두 가지가 있다.

곱의 합 형태

첫 번째는 곱의 합(sum of products) 형식이다. 곱의 합 정규 형식에서는 아래의 진리표(3개의 변수에 대한)와 같이 각 곱의 항(product term)에 모든 변수(또는 변수의 보수)가 반드시 하나씩 나타나야 한다. 이러한 항을 최소항(minterm)이라고 한다.

A	B	C	Minterms
0	0	0	$\overline{A}\overline{B}\overline{C}=m_0$
0	0	1	$\overline{A}\overline{B}C=m_1$
0	1	0	$\overline{A}B\overline{C}=m_2$
0	1	1	$\overline{A}BC=m_3$
1	0	0	$A\overline{B}\overline{C}=m_4$
1	0	1	$A\overline{B}C=m_5$
1	1	0	$AB\overline{C}=m_6$
1	1	1	$ABC=m_7$

곱의 합 형식에서는 최소항(minterm)이라고 부르는 표준곱(standard product term)을 사용한다. 예를 들면, 두 개의 변수 A와 B에 대한 최소항은 그 두 개의 변수에 대한 AND 연산의 항으로 표시되는 것을 말하며 네 가지 조합($\overline{A} \cdot \overline{B}$, $\overline{A} \cdot B$, $A \cdot \overline{B}$, $A \cdot B$)이 가능하다. A 또는 $AB\overline{A}$와 같은 항은 최소항이라고 부르지 않는다. 그 이유는 A 항에서는 B 또는 $\overline{B}$가 빠져있고, $AB\overline{A}$인 경우는 A와 $\overline{A}$가 같은 항에 포함되어 있기 때문이다.

곱의 합 정규 형식의 예는 다음과 같이 표현된다.

$$F(A, B, C) = \Sigma m(3,4,5,6,7) = m3 + m4 + m5 + m6 + m7 = \overline{A}\,B\,C + A\,\overline{B}\,\overline{C} + A\,\overline{B}\,C + A\,B\,\overline{C} + A\,B\,C$$

합을 나타내는 'Σ' 기호는 각각의 AND 항들을 OR 결합하는 것을 나타내며, 문자 m은 최소항을 표시한다. 괄호 속의 숫자는 함수의 값이 1인 최소항을 나타낸다. 위의 정규 형식으로부터 시작하여 최소 형식(minimal form)을 구할 수 있다.

$$F = A\overline{B}(C+\overline{C}) + \overline{A}BC + AB(\overline{C}+C) = A\overline{B} + \overline{A}BC + AB = A(\overline{B}+B) + \overline{A}BC$$
$$= A + \overline{A}BC = A + BC$$

합의 곱 형태

두 번째는 합의 곱(product of sums) 형식이다.

A	B	C	Minterms
0	0	0	$A+B+C=M_0$
0	0	1	$A+B+\overline{C}=M_1$
0	1	0	$A+\overline{B}+C=M_2$
0	1	1	$A+\overline{B}+\overline{C}=M_3$
1	0	0	$\overline{A}+B+C=M_4$
1	0	1	$\overline{A}+B+\overline{C}=M_5$
1	1	0	$\overline{A}+\overline{B}+C=M_6$
1	1	1	$\overline{A}+\overline{B}+\overline{C}=M_7$

합의 곱 정규 형식에서는 위의 진리표의 예에서 보는 바와 같이 각 합의 항(sum term)에 각 변수(또는 그 변수의 보수)가 반드시 하나씩 나타나야 한다. 이러한 항을 최대항(maxterm)이라고 한다.

합의 곱에서는 최대항(maxterm)이라고 부르는 표준합(standard sum term)을 사용한다.

예를 들면, 두 개의 변수 A와 B를 가진 함수에 대해서는 네 개의 조합($\overline{A}+\overline{B}$, $\overline{A}+B$, $A+\overline{B}$, $A+B$)이 가능하며, 두 개의 변수는 OR 연산의 항으로 표시되는 것을 말한다. A 또는 $A+B+\overline{A}$는 최대항이라고 부르지 않는다. 그 이유는 A는 B 또는 $\overline{B}$가 빠져있고, $A+B+\overline{\overline{A}}$인 경우는 A와 $\overline{A}$가 같은 항에 포함되어 있기 때문에 최대항이 아니다.

합의 곱(product of sums)의 한 가지 예제 함수에 대한 정규 형식 표현은 다음과 같다.

$$F(A,B,C) = \Pi\ M(0,1,2) = (A+B+C)(A+B+\overline{C})(A+\overline{B}+C)$$

곱을 나타내는 Π(파이) 기호는 각각의 OR 항들을 AND 결합하는 것을 나타내며, 괄호 속의 숫자는 함수의 값이 0인 최대항을 나타낸다.

5.9 2-레벨 논리회로 최소화(Two-level Logic Minimization)의 기초

논리 최소화란 아래와 같은 세 가지 방법을 이용하여 수행하게 된다. 곱의 합 형식을 예를 들어 설명한다.

- 최소항 결합 : 두 개의 항을 결합하여 하나의 항으로 만들기 위한 정리.
- 최소항 제거 : 항들을 제거하기 위하여 사용되는 정리.
- 리터럴 제거 : 리터럴들을 제거하기 위하여 사용되는 정리.

2-레벨 최소화 문제를 카노 맵을 사용하여 풀면, N개의 입력에 대해서 카노 맵은 2의 N승의 엔트리(셀이라고도 함)가 필요하게 된다.

입력 변수의 개수가 N이라고 할 때, 진리표의 행의 개수는 2^N개가 되고 $(2^2)^N$개의 스위칭 함수가 존재하게 된다. 예를 들면, 아래 표와 같이 A라는 하나의 변수인 경우에는 $(2^2)^1 = 4$가지 경우의 출력 함수가 존재하게 된다.

입력	출력 함수			
A	F1(A)	F2(A)	F3(A)	F4(A)
0	0	0	1	1
1	0	1	0	1

즉, 최소가 되는 함수 수가 입력의 지수함수적으로 증가하기 때문에 입력의 변수의 개수가 크면 시간이 상당히 오래 걸려 실제적으로 해를 찾는 것이 불가능하게 된다.

2-레벨 최소화 문제의 목적은 최소 프라임 커버(Minimum Prime Cover)를 찾는 것이다. 즉 모든 항을 포함하는 최소 개의 주관련항(Prime Implicant, 또는 주항이라고도 함)을 찾는 것이다. 이때 돈케어(Don't Care) 항을 사용하면 효과적이다. 최소 커버(Minimum Cover) 문제는 NP-complete이다. 즉, 모든 알고리즘은 국부적 최소해(local minimum)을 찾을 수는 있을 뿐이며, 전역적 최소해(global minimum)(간단히 최소해라고 부름)를 찾을 수 없다.

이 점에 대한 자세한 내용은 앞으로 계속적으로 공부해 나가기로 한다.

2-레벨 논리의 최소화는 다음과 같은 보수의 법칙과 항등원의 법칙을 사용한 연합 이론(uniting theorem)을 이용하는 것을 기본으로 시작한다.

$$A \cdot (\overline{B} + B) = A \cdot 1 \quad \text{(보수의 법칙)}$$
$$= A \quad \text{(항등원의 법칙)}$$

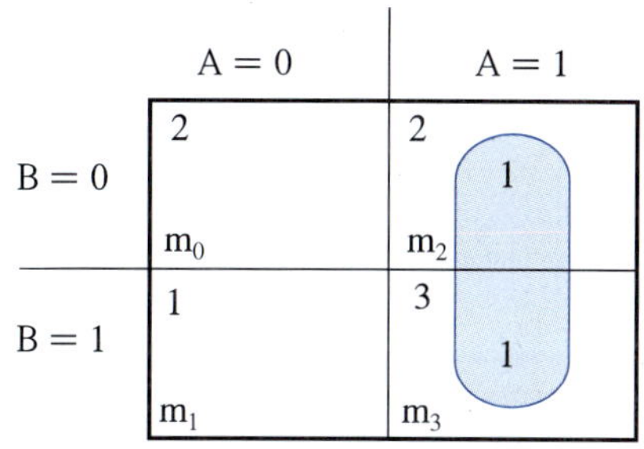

[그림 5-3] 연합이론에 의해서 $A\overline{B} + AB = A \cdot (B + \overline{B}) = A$가 된다.

예를 들면, [그림 5-3]과 같이 $F = A\overline{B} + AB = A \cdot (\overline{B} + B) = A$가 된다.

그림의 진리표를 보면 변수 A의 값은 두 개의 온셋(on-set) 셀(동그라미로 표시된 부분)에서 일정한 값을 유지하고 있는 반면, B의 값은 다른 값을 가지고 있는 것을 알 수 있다.

이 경우가 의미하는 것은 B의 값이 0이 되거나 1이 되거나 관계없이 F가 1이 되므로 B는 출력 F의 값에 영향을 주지 않는 것을 알 수 있다. 따라서 B는 불필요한 값이 되므로 F에서 제거해도 결과는 마찬가지가 된다.

따라서 다음과 같은 최소화 규칙에 의해서 논리식은 최소화될 수 있게 된다. 출력 F가 1(ON-set)이 되는 두 개의 인접 항(동그라미로 묶일 수 있는) 중에서 값이 변하는 한 개의 변수를 제거한다.

한 가지 다른 예를 들어 보면, [그림 5-4]와 같이 $F = A\overline{B} + AB + \overline{A}B = A + B$가 되는 것을 알 수 있다. 이렇듯이 카노 맵을 사용하면 간단한 함수인 경우에는 다소 복잡한 불리언 법칙들을 사용하지 않고도 그래픽적으로 쉽게 최소화된 함수를 찾을 수 있다.

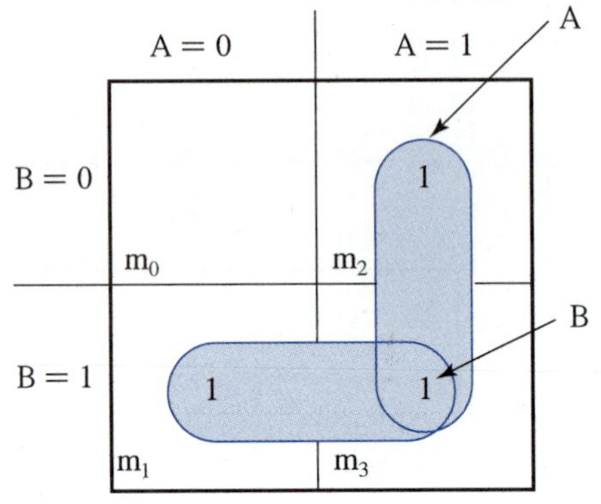

[그림 5-4] $F = A\overline{B} + AB + \overline{A}B = A + B$

5.10 불리언 큐브(Boolean Cubes)

카노 맵 이외에 불리언 함수 최소화에 사용되는 불리언 큐브를 구상화하면 [그림 5-5]와 같다. 먼저 그림에서 보듯이 1-cube란 한 개의 라인으로 표시되며, 하나의 변수를 갖는 함수를 표현하고, 2-cube란 사각형으로 표시되면 두 개의 변수를 갖는 함수를 표현할 때 사용한다. 3-cube란 입방체로 표시되며, 세 개의 변수를 갖는 함수를 표현할 때 사용된다. 이런 식으로 k-cube는 k-차원의 입방체로 표시되며 k개의 변수를 갖는 함수를 표현할 때 사용된다.

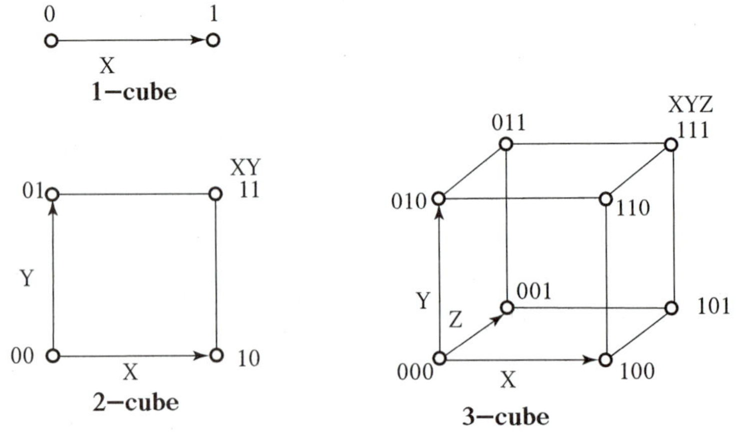

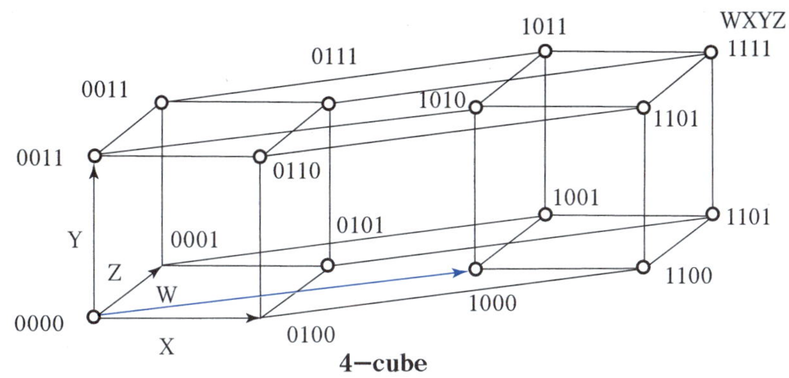

[그림 5-5] 불리언 큐브

전가산기의 carry-out에 대한 다음 식을 불리언 큐브를 통해서 최소화하는 방법에 대해서 알아 보자.

$$Cout = \overline{A}B\ Cin + A\overline{B}\ Cin + AB\ \overline{Cin} + AB\ Cin$$

위의 식의 네 개의 최소항은 [그림 5-6]에서 표시한 바와 같이 3-cube의 꼭지점(011, 101, 110, 111)으로 표현되며 인접된 2개의 꼭지점을 연합 이론(united theorem)에 따라 결합시키면 3개의 인접 결합 쌍을 이용하여 표현할 수 있게 된다.

여기에서 (011, 111)의 경우는$(\overline{A} + A)BCin$가 되어 변수 A가 제거되어 BCin이 되고 (110, 111)의 경우는 $AB(\overline{Cin} + Cin)$가 되어 Cin이 제거되어 AB만 남게 되며, (101, 111)의 경우는 $A(B + \overline{B})Cin$가 되어 ACin이 남게 되어 최종적으로 Cout = B Cin + AB + ACin으로 최소화되는 것을 알 수 있다.

A	B	C	Cout
0	0	0	0
0	0	1	0
0	1	0	0
0	1	1	1
1	0	0	0
1	0	1	1
1	1	0	1
1	1	1	1

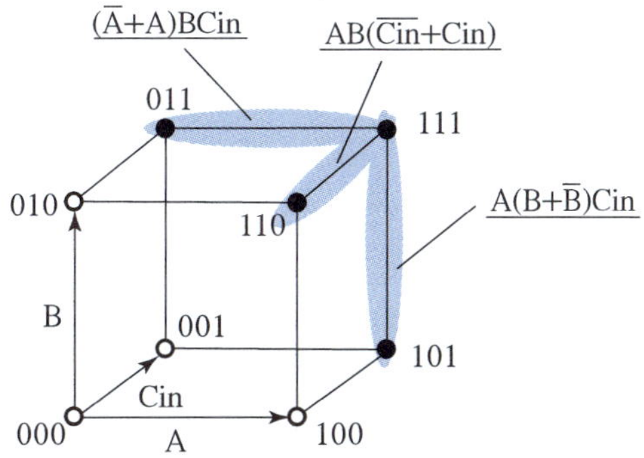

[그림 5-6] 불리언 큐브를 이용한 논리 최소화

5.11 카노 맵 방법(Karnaugh Map Method)

진리표를 표현하는 방법 중에 불리언 큐브를 사용하는 방법 외에 다른 방법은 카노 맵을 이용하는 것이다.(참고: Maurice Karnaugh "The Map Method for Synthesis of Combinational Logic Circuits," *Trans. AIEE*, pt I, 72(9):593–599, November 1953).

여기서 잠깐

2진수를 그레이 코드로 변환하는 방법에 대해서 알아보기로 한다.

- 2진수의 첫 번째(가장 왼쪽) 비트는 그레이 코드의 첫 번째 비트이다.
- 왼쪽에서부터 오른쪽으로 이웃한 두 개의 2진 비트를 더하면 각각 그레이 코드가 되며, 자리 올림수가 발생하면 버린다.

예를 들어, 00 01 10 11을 그레이 코드로 변환하면 00 01 11 10이 되는 것을 알 수 있다.

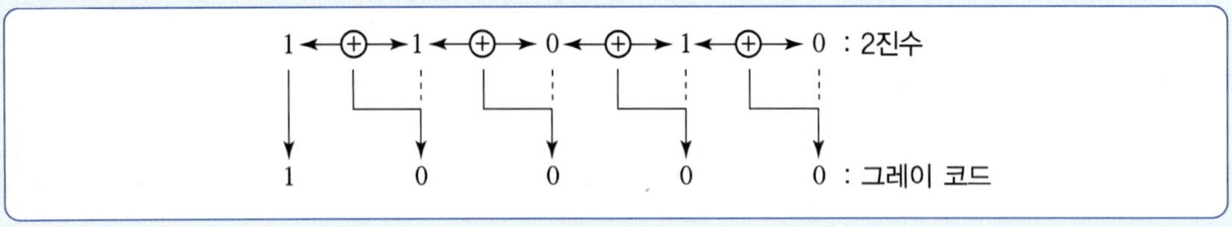

[그림 5-7] 2진수를 그레이 코드로 변환하는 방법

반대로 그레이 코드를 2진수로 변환하는 방법은 다음과 같다. 그레이 코드의 첫 번째(가장 왼쪽) 비트는 2진수의 첫 번째 비트이다. 새로 생긴 2진 비트와 그레이 코드의 다음 번 비트를 더하면 2진수의 다음 비트가 되며, 자리 올림수가 발생하면 버린다.

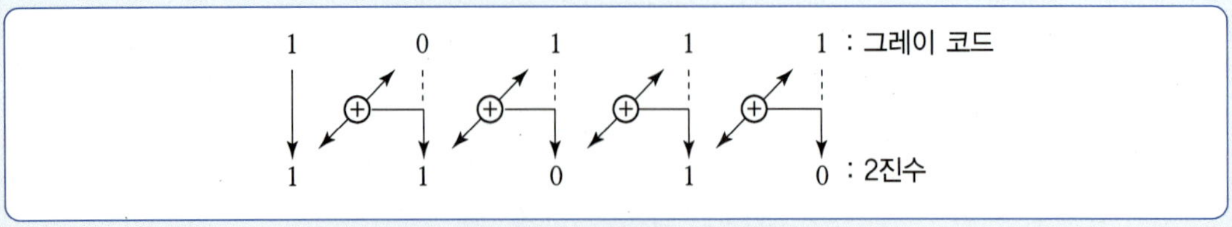

[그림 5-8] 그레이 코드를 2진수로 변환하는 방법

이 경우 6개의 변수까지 가시화하는 것이 가능하다. 그 이상의 변수를 가진 논리식에 대해서는 복잡도가 증가하기 때문에 종이에 그려서 가시화하는 것이 어렵게 된다. 따라서 CAD(Computer Aided Design) 알고리즘을 이용해야 한다. 그 알고리즘은 다음에 자세히 다루기로 한다.

카노 맵이란 진리값표의 각 행에 대응하는 항(minterm or maxterm)을 네모 셀로 나타내는 것이다. 특이한 점은 수평이나 수직방향의 인접 항을 한 비트만 차이가 나도록 정열한다.

그렇게 하기 위해서 그레이(Gray) 코딩 방식을 사용한다. 그레이 코드란 현 상태에서 다음 상태로 코드가 변화할 때 단지 하나의 비트만이 변화되는 코드를 말한다. [그림 5-9]의 3-변수 카노 맵을 보면 AB의 순서가 00 01 11 10으로 그레이 코드를 사용한 것을 알 수 있다. 이 경우에 그레이 코드를 사용하는 이유는 인접된 두 개의 항(1이 되는 On-set)을 결합하게 되면 두 개의 변수 중 하나는 그 값이 변하고 다른 변수는 값이 변하지 않기 때문에 값이 변하는 변수를 제거할 수 있도록 하기 위한 것이다.

카노 맵에서 첫 번째 열의 항들과 마지막 열의 항들에 대한 인접관계(한 비트의 차이가 남)는 어떻게 형성되는지 알아 보면 [그림 5-9]와 같이 첫 번째 열의 항들과 마지막 열의 항들이 각각 인접관계를 가지게 되는 것을 알 수 있다. 마찬가지로 첫 번째 행의 항들과 마지막 행들이 각각 서로 인접관계를 갖고 있는 것을 알 수 있다. 그것을 오른쪽의 그림과 같이 3-cube로 표현하면, 인접한 모서리들은 서로 그러한 인접관계를 가지고 있는 것을 알 수 있게 된다.

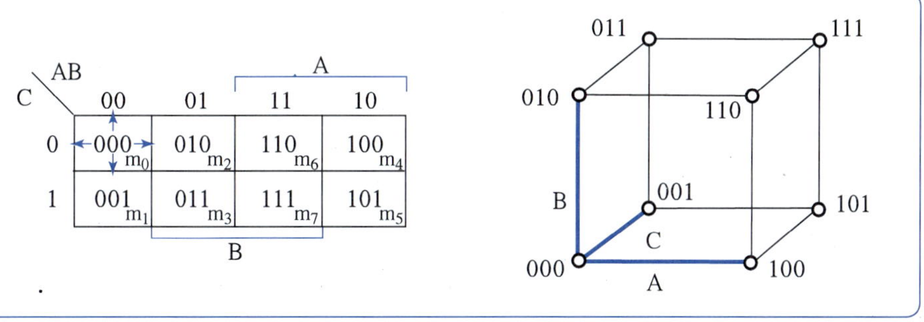

[그림 5-9] 카노 맵과 불리언 큐브

카노 맵을 이용한 논리 최소화 기법은 다음과 같다.

① 진리표로부터 최소항의 불리언 대수식을 작성한다.

② 주어진 논리 함수에 포함된 최소항들(또는 진리표에서 출력이 1인 입력 변수의 조

합)에 대응하는 카노 맵의 최소항에 1(ON-set)을 나타낸다.

③ 인접한 최소항끼리 2개, 4개, 8개, … 등을 한 묶음으로 하여 최대한 큰 묶음으로 묶고, 필요한 경우에는 부분 중복이 허용된다, 이 때, 함께 묶이는 최소항을 서브큐브라고 한다.

④ 묶음 루프 내에서 인접한 최소항에서 값이 변한 변수를 제거한다.

⑤ 남은 최소항들로부터 곱의 합 형태로 된 간소한 논리식을 쓴다.

[그림 5- 10]의 예제를 통해서 서브큐브를 찾아보기로 한다.

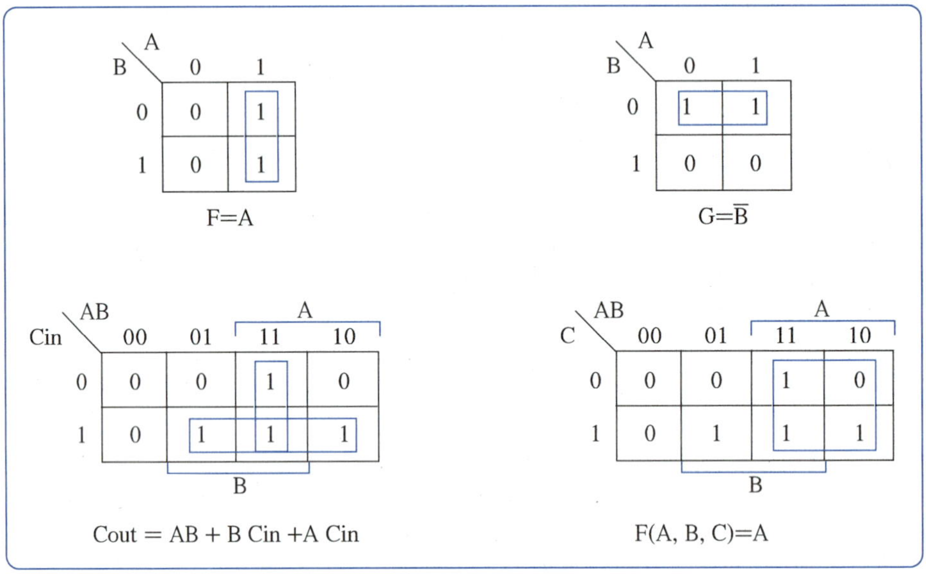

[그림 5-10] 카노 맵의 서브큐브(즉, 주관련항들)

[그림 5-10]에 네 가지 예를 보이고 있다. 첫 번째 경우는 $F = A\overline{B} + AB$이다. 여기서 두 개의 항 AB'와 AB는 서로 인접한 네모셀에 위치한 것을 알 수 있다. 이 두 개의 인접항을 살펴보면 두 개의 항에서 변수 A는 같은데 B는 서로 보수관계에 있는 것을 알 수 있다. 앞에서 살펴본 불리언 대수 최소화 법칙의 결합의 법칙 및 보수의 법칙을 사용하면 $F = A\overline{B} + AB = A(\overline{B} + B) = A \cdot 1 = A$가 되는 것을 쉽게 알 수 있다.

세 번째 예는 덧셈기의 캐리 출력 함수를 나타내는데 여기서 보면 Cout = AB + B Cin + ACin의 세 항 모두 ABCin를 공통적으로 중복되게 포함되고 있는 것을 알 수 있다.

네 번째 예는 $AB\overline{C} + A\overline{B}\,\overline{C} + ABC + A\overline{B}C$의 네 개의 인접항이 묶이는 경우를 보여주고 있다. 즉, $AB\overline{C} + A\overline{B}\,\overline{C} + ABC + A\overline{B}C = A(B\overline{C} + \overline{B}\,\overline{C} + BC + \overline{B}C)$가 되어 BC가 만들어내는 모든 최소항의 조합(= $\{BC, \overline{B}C, BC, \overline{B}C\}$)을 포함하고 있다. 따라서 BC가 어떤 값이든지 출력의 결과에 영향을 미치지 않게 되므로 불필요한 항이 된다.

또한 한 가지 주의할 점은 [그림 5-11]을 보면 $AB\overline{C}$와 $A\overline{B}\,\overline{C}$도 서로 인접되어 있기 때문에 서브큐브로 묶는 것이 가능하다. 즉 카노 맵의 구조가 첫 번째 열과 마지막 열을 말아서 붙인 원통으로 생각할 수 있다.

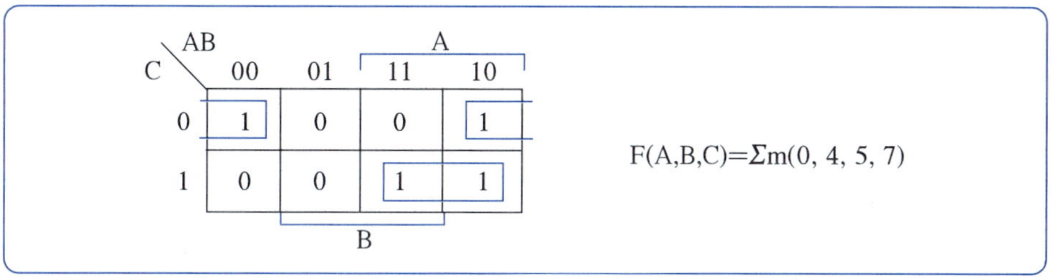

[그림 5-11] 카노 맵에서 인접항 찾기

카노 맵(Karnaugh Map) 예제(4 variables)

[그림 5-12]는 4개의 변수를 갖는 카노 맵과 그에 해당하는 4-큐브를 보이고 있다.

여기에서 On-set에 해당하는 최소항들을 모두 포함시키는데 필요한 서브큐브의 수는 3개인 것을 알 수 있다. 논리 최소화 문제는 가능한 서브큐브의 크기가 큰 것을 이용하여 On-set에 해당하는 최소항들을 모두 포함(cover)시키는 최소 개수의 서브큐브를 찾는 것을 목적으로 한다.

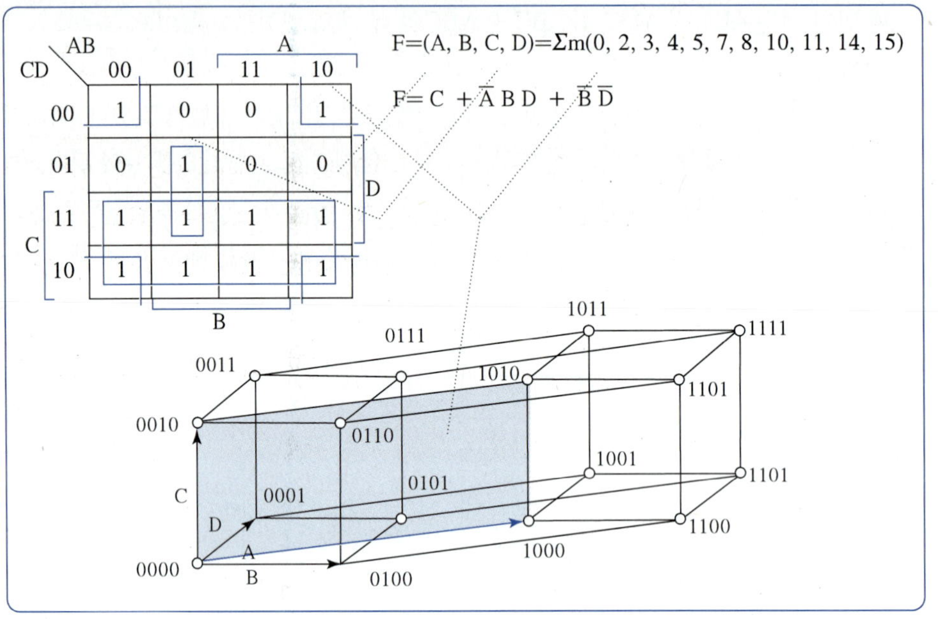

[그림 5-12] 4개의 변수를 갖는 카노 맵과 그에 해당하는 불리언 큐브

카노 맵을 이용한 최대항 최소화

On-set('1')에 해당하는 최소항을 간소화하는 방법(곱의 합 형식) 대신에 Off-set('0')에 해당하는 최대항을 간소화하는 방법(합의 곱 형식)을 사용할 수도 있다.

그림에서 보듯이 쌍대성 이론을 이용하여 F를 F'로 치환하는 것을 포함하여 각 변수에 대해서 보수를 취하고 OR를 AND로, AND를 OR로 치환하게 되면 합의 곱 형태를 곱의 합 형태로 변환시킬 수 있다.

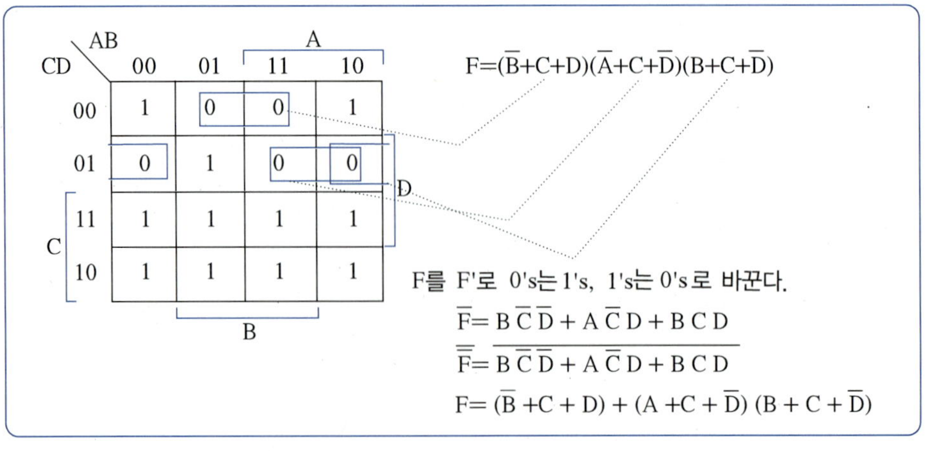

[그림 5-13] 카노 맵: 최대항 묶기

돈 케어를 이용한 카노 맵(Karnaugh Map: Don't Cares) 최소화

카노 맵에 포함된 DC(don't care, 즉, 0 또는 1로 사용 가능한 항)를 사용하면 서브큐브의 크기를 크게 하거나 개수를 줄이는 데 도움이 된다. 예를 들어, [그림 5-14]와 같이 DC를 사용하여 크기 4의 2개 항으로 묶을 수 있다. DC를 사용하지 않은 경우에는 크기 4의 항 1개와 크기 2의 항 1개로 묶을 수 있다. 이 두 가지 경우를 비교하여 보면 전자는 $F = \overline{C}D + \overline{A}D$가 되고 후자는 $F = \overline{A}D + \overline{C}\,\overline{B}D$가 되어 후자인 경우 리터럴의 수가 1개 더 많은 것을 알 수 있다.

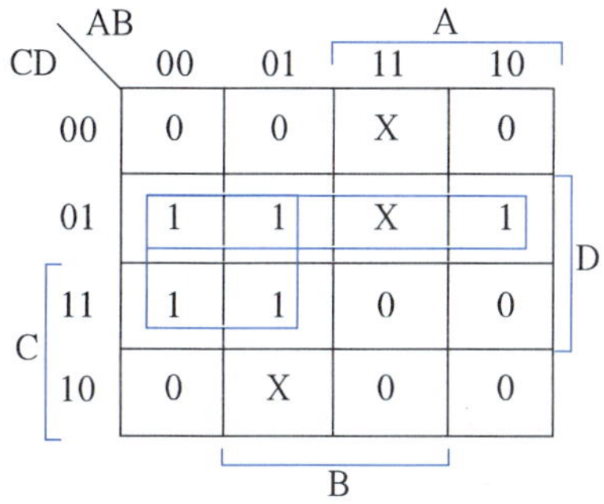

$F(A,B,C,D) = m(1,3,5,7,9) + d(6,12,13)$

$F=\overline{A}D + \overline{B}\,\overline{C}D$: 돈 케어를 사용하지 않는 경우

$F=\overline{C}D + \overline{A}D$: 돈 케어를 사용하는 경우

[그림 5-14] 카노 맵: 돈 케어(don't care)를 사용한 경우

관련항, 주관련항, 필수 주관련항에 대한 정의

지금까지 최소화 알고리즘에서 사용되는 기초적인 사항에 대해서 알아 보았다. 그럼 알고리즘을 설명하기 전에 몇 가지 용어에 대해서 정의를 내리고자 한다.

- 관련항(implicant): 함수에 속하는 곱의 항(즉, 최소항)을 말한다.
- 주관련항(prime implicant): 다른 관련항에 포함되지 않는 관련항
- 필수 주관련항(essential prime implicant): 임의의 최소항을 포함하는 주관련항이 하나밖에 없을 때 그 주관련항을 필수 주관련항이라고 부른다.

[그림 5-15]의 불리언 큐브를 통하여 위의 용어들에 대한 예를 살펴보자. 그림의 불리언 큐브는 다음의 최소화된 함수를 표현하고 있다. $f(x,y,z) = x\overline{y} + yz$.

여기서 xy는 관련항이 아니다. xyz는 관련항이지만 주관련항은 아니다. xz는 주관련항이지만 필수 주관련항은 아니다. 여기서 yz는 필수 주관련항이다. 왜냐하면 $\overline{x}yz$를 포함하는 주관련항이 yz 하나 밖에 없기 때문이다.

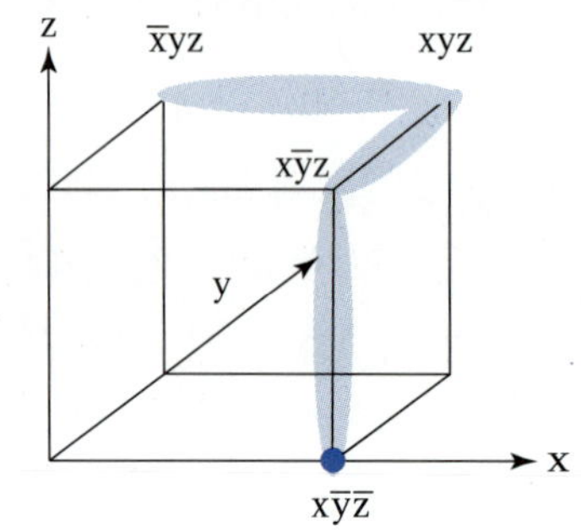

[그림 5-15] 용어 정의를 위한 큐브

카노 맵을 이용하여 최소화된 곱의 합 구하는 알고리즘

카노 맵으로 최소 곱의 합을 구하는 알고리즘은 다음과 같다.

1) 주어진 논리 함수에 포함된 최소곱항들(또는 진리표에서 출력이 1인 입력 변수의 조합)에 대응하는 카노 맵의 On-set 최소항('1')을 선택한다. 선택된 항들을 관련항(implicant)이라고 부른다. 다시 말하면 관련항(implicant)이란 함수 F에 속하는 최소곱 또는 최대합의 항을 말한다. 예를 들면, $F = x\bar{y} + yz$에서 $x\bar{y}$ 또는 xyz가 관련항에 속한다.(이유는 $F = x\bar{y}(z + \bar{z}) + (x + \bar{x})yz = x\bar{y}z + x\bar{y}\bar{z} + xyz + \bar{x}yz$이기 때문이다.)
2) 인접한 최소항끼리 2개, 4개, 8개, … 등을 한 묶음으로 하여 최대한 큰 묶음으로 묶는다. 이때 필요한 경우에는 부분 중복이 허용된다, 함께 묶이는 최소항을 주관련항(prime implicant, 또는 서브큐브)이라고 부른다.
3) 위의 step 1과 step 2를 반복적으로 수행하여 모든 주관련항을 찾는다.
4) 카노 맵의 On-set 최소항을 다시 관찰하여, 그 최소항이 오직 하나의 주관련항에 포함된 경우에, 그 최소항을 포함하는 주관련항을 '필수 주관련항'이라고 부른다. 이 필수 주관련항은 반드시 최종적으로 최소화된 논리식에 포함되게 된다. 만약 필수 주관련항에 의해서 포함되지 않은 On-set 최소항이 남아 있으면 그것들을 포함시키는 최소 개의 주관련항을 찾는다.

여기서 우리가 알 수 있는 한 가지 사실은 2-레벨 로직 함수에 대한 최소 곱의 합 구현은 항상 주관련항의 합으로 이루어진다는 것이다. 따라서 이 사실에 의하면 주관련항을 모두 찾아 내는 것이 중요한 요소가 된다.

그 알고리즘에 이용하여 멀티플렉서 회로를 최소화하는 과정을 예를 들어보자.

멀티플렉서는 다음과 같다.

- 입력 변수: A, B, C
- 출력: F
- 함수:
    - $C = 1$ 일 때 $F = A$,
    - $C = 0$ 일 때 $F = B$

그에 대한 진리표와 카노 맵, 간소화된 회로가 [그림 5-16]에 나와있다.

진리표				
셀번호	A	B	C	F
0	0	0	0	0
1	0	0	0	0
2	0	1	0	1
3	0	1	0	1
4	1	0	1	0
5	1	0	1	0
6	1	1	1	1
7	1	1	1	1

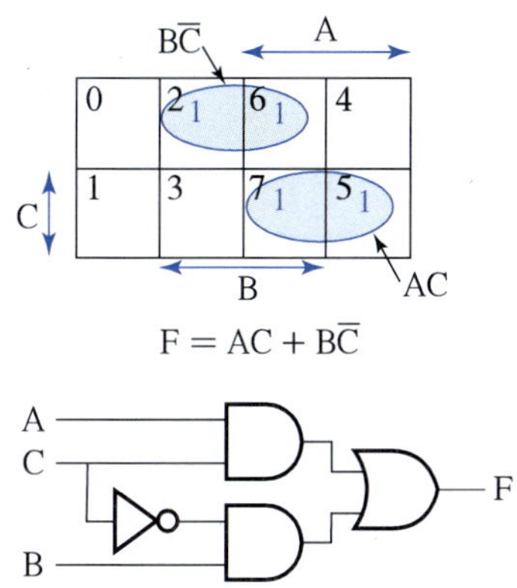

[그림 5-16] 카노 맵을 이용한 멀티플렉서 논리 최소화

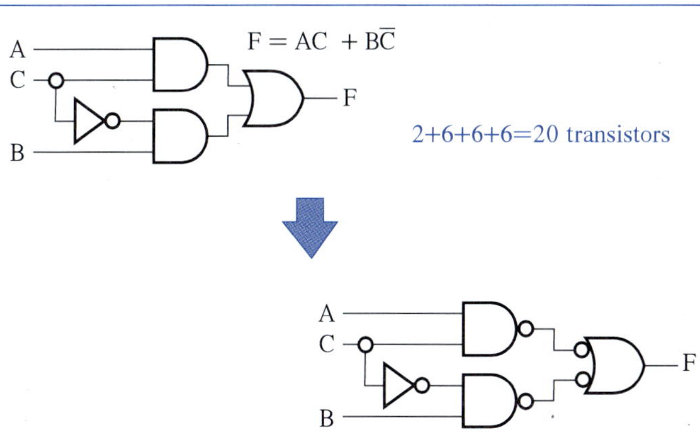

[그림 5-17] 논리 최소화 후 게이트 변환을 통한 트랜지스터 개수의 감소

[그림 5-17]은 [그림 5-16]의 최소화 과정을 마친 후 AND와 OR로 구성된 합의 곱 형태를 NAND 네트워크로 변환하여 20개의 트랜지스터로 구성된 회로를 14개의 트랜지스터로 구성된 회로로 변환된 결과를 보여주고 있다. 게이트 변환에 대한 자세한 내용은 7장 멀티-레벨 논리 합성에서 설명하기로 한다.

5-변수 카노 맵

그림은 5개의 변수를 갖는 $f(A, B, C, D, E) = \Sigma m(2, 5, 7, 8, 10, 13, 15, 17, 19, 21, 23, 24, 29, 31)$에 대한 카노 맵의 예를 보여 주고 있으며 그에 해당하는 5-큐브를 보여 주고 있다.

이 경우 4개의 주관련항(크기가 각각 8,4,2,1)으로 묶여서 다음의 식으로 간소화된다.

$$F = CE + A\overline{B}E + B\overline{C}\,\overline{D}\,\overline{E} + \overline{A}\,\overline{C}D\overline{E}$$

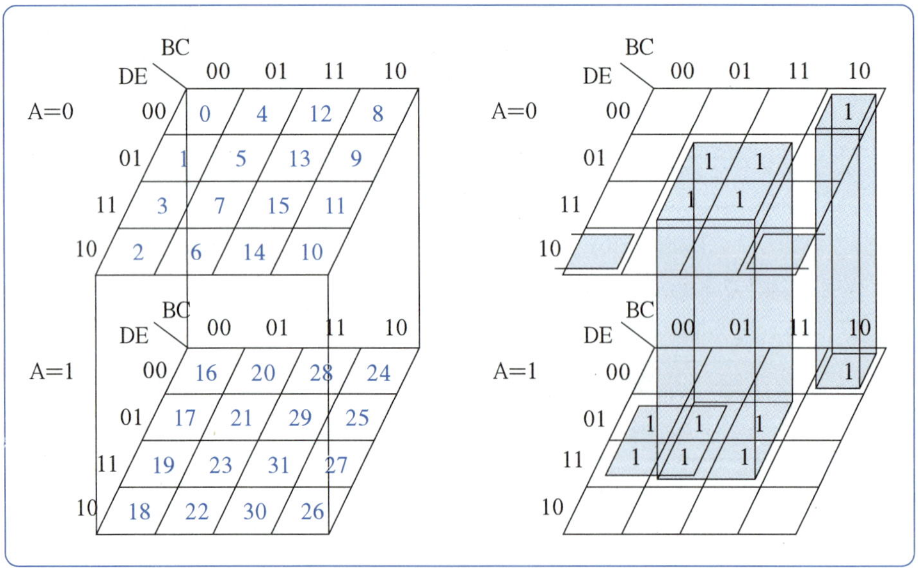

[그림 5-18] 5개의 변수를 사용한 카노 맵의 주관련항들

6-변수 카노 맵

6개의 변수를 갖는 $f(A, B, C, D, E, F) = \Sigma m(2, 8, 10, 18, 24, 26, 34, 37, 42, 45, 50, 53, 58, 61)$에 해당하는 카노 맵의 경우를 [그림 5-19]에서 보여주고 있으며,

그에 해당하는 6-큐브를 보여 주고 있다.

그 결과 3개의 주관련항을 이용하여 최종적으로 $F = \overline{D}\,E\,\overline{F} + A\,D\,\overline{E}\,F + \overline{A}\,C\,\overline{D}\,\overline{F}$로 간소화되었다.

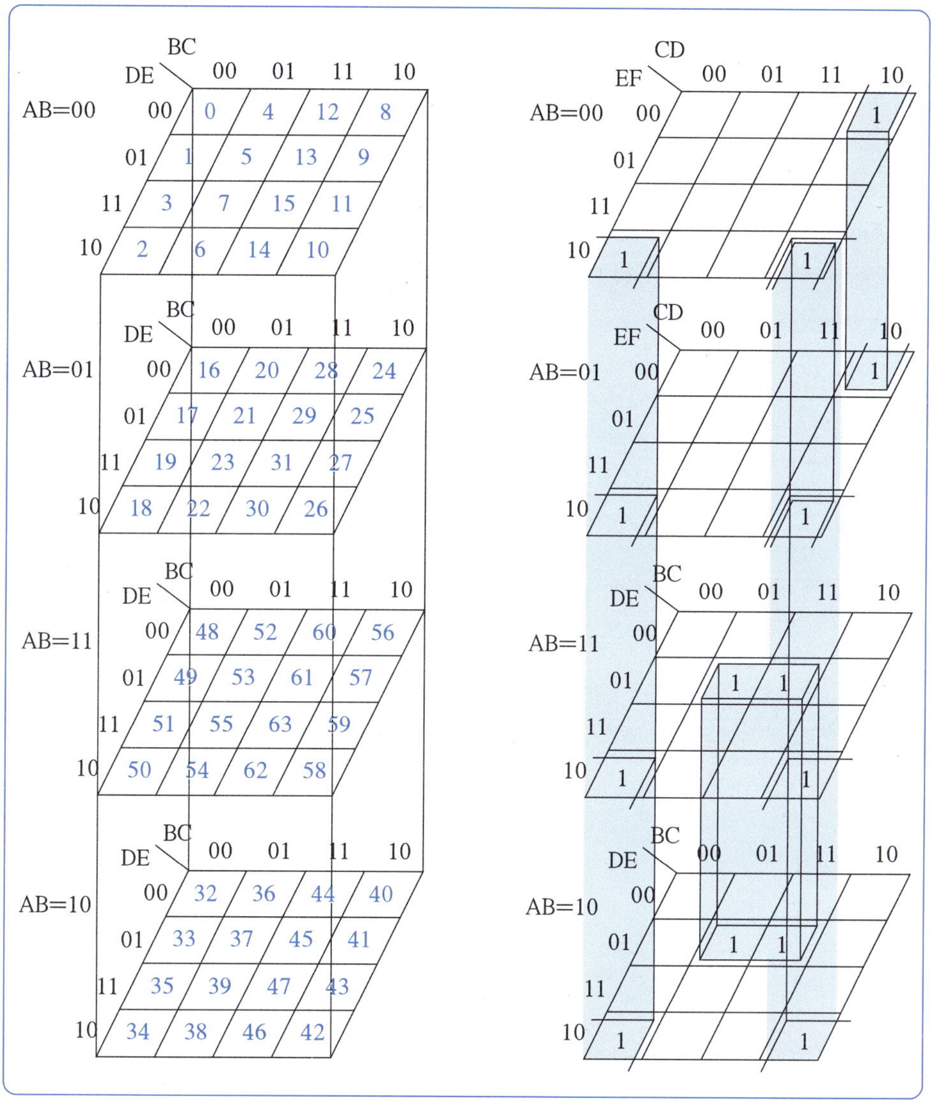

[그림 5-19] 6개의 변수를 갖는 카노 맵의 주관련항

참 / 고 / 문 / 헌

- The Calculus of Logic, by George Boole, Cambridge and Dublin Mathematical Journal Vol. III, 1948.
- Karnaugh, Maurice "The Map Method for Synthesis of Combinational Logic Circuits". *Transactions of the American Institute of Electrical Engineers*, November 1953.
- Vingron, Dr. Shimon Peter, "Karnaugh Maps". *Switching Theory: Insight Through Predicate Logic*. Berlin, Heidelberg, New York: Springer-Verlag, 2004.
- Katz, Randy, *Contemporary Logic Design*. The Benjamin/Cummings, 1998.

연 습 문 제

1. A + 1 = 1의 쌍대는?

1) $A \cdot 1 = 1$　　2) $A \cdot 0 = 0$　　3) $A + 0 = 0$　　4) $A \cdot 1 = 1$

➲ 2

2. 리터럴(literal)의 정의는?

1) 불리언 변수의 문자　　2) 불리언 변수의 보수　　3) 1 or 2

➲ 1

3. 다음 불리언 변수식의 최소화 형태는? $(A + B + C)\overline{(D + E)} + (A + B + C)(D + E)$

1) $A + B + C$　　2) $D + E$　　3) $\overline{A}\overline{B}\overline{C}$　　4) $\overline{D}\overline{E}\overline{C}$

➲ 1

4. 다음 식의 쌍대는? $x + \overline{x}y = x + y$

1) $\overline{x}(x + \overline{y}) = \overline{x}\,\overline{y}$　　2) $x(\overline{x}y) = xy$　　3) $\overline{x}(x\overline{y}) = \overline{x}\,\overline{y}$　　4) $x(\overline{x} + y) = xy$

➲ 1

5. $F(X,Y,Z) = XZ + Z(\overline{X} + XY)$의 간략화식은?

1) $Z + YZ$　　2) $Z + XYZ$　　3) Z　　4) $X + YZ$

➲ 3

6. $\overline{(A + B)}\overline{(C + D + E)} + \overline{(A + B)}$의 간소화된 식은?

1) $\overline{(A + B)}$　　2) $\overline{A}\,\overline{B}$　　3) $C + D + E$　　4) $\overline{C}\,\overline{D}\,\overline{E}$

➲ 1

7. $\overline{A} + 1$ 는?

1) A　　2) $\overline{A}$　　3) 1　　4) 0

➲ 3

8. AB + ABC + ABCD + ABCDE + ABCDEF의 간소화식은?

1) ABCDEF 2) AB 3) AB + CD + EF 4) A + B + C + D + E + F

➲ 2

9. AND와 인버터(NOT 게이트)를 이용하여 NAND 게이트를 표현하면?

1) AND 게이트의 출력에 인버터를 단다.

2) AND 게이트의 두 입력에 인버터를 단다.

3) AND 게이트의 한 입력에 인버터를 단다.

➲ 1

10. NOR 게이트를 인버터를 이용하여 NAND 게이트로 변환한 것은?

1) NAND 게이트의 출력에 인버터를 단다.

2) NAND 게이트의 두 입력에 인버터를 단다.

3) NAND 게이트의 입력과 출력에 인버터를 단다.

➲ 1

11. 다음 불리언 함수를 불리언 대수를 이용 간략화하시오.

$$\bar{a}\bar{b}\bar{c}\bar{d} + \bar{a}\bar{b}cd + \bar{a}\bar{b}c\bar{d} + a\bar{b}\bar{c}\bar{d} + a\bar{b}c\bar{d} + a\bar{b}cd$$

➲ $\bar{a}\bar{b}\bar{c}\bar{d} + \bar{a}\bar{b}cd + \bar{a}\bar{b}c\bar{d} + a\bar{b}\bar{c}\bar{d} + a\bar{b}c\bar{d} + a\bar{b}cd$

$= [(\bar{a}\bar{b}\bar{c}\bar{d} + \bar{a}\bar{b}c\bar{d}) + (a\bar{b}\bar{c}\bar{d} + a\bar{b}c\bar{d})] + [(\bar{a}\bar{b}cd + \bar{a}\bar{b}c\bar{d}) + (a\bar{b}cd + a\bar{b}c\bar{d})]$

$= (\bar{a}\bar{b}\bar{d} + a\bar{b}\bar{d}) + (\bar{a}\bar{b}c + a\bar{b}c)$

$= \bar{b}\bar{d} + \bar{b}c$

$= \bar{b}(c + \bar{d})$

12. x'y'z + xy'z' + xyz = (x + y + z)(x' + y + z)(x + y')(y' + z)를 증명하시오.

➲ $(x + y + z)(\bar{x} + y + z)(x + \bar{y})(\bar{y} + z)$

$= [y + (x + z)(\bar{x} + \bar{z})][\bar{y} + xz]$

$= (y + x\bar{z} + \bar{x}z + x\bar{x} + z\bar{z})(\bar{y} + xz)$

$= (y + x\bar{z} + \bar{x}z)(\bar{y} + xz)$

$= (y\bar{y} + yxz + x\bar{z}\bar{y} + x\bar{z}xz + \bar{x}z\bar{y} + \bar{x}zxz)$

$= xyz + x\bar{y}\bar{z} + \bar{x}\bar{y}z$

13. 다음 부울대수의 정리를 증명하시오.

(a) $yx + x = x$

➲ $yx + x = yx + x \cdot 1$ 동일성
$= x(y+1)$ 분배법칙
$= x \cdot 1$ 동일성
$= x$

(b) 드 모르간의 법칙 : $\overline{(x+y)} = \bar{x}\,\bar{y}$

➲ $x+\bar{x} = 1$과 $x\bar{x} = 0$를 이용하여 x+y의 쌍대는 $\bar{x}\,\bar{y}$임을 증명할 것이다. 따라서,
① $(x+y)+(\bar{x}\,\bar{y})=1$과
② $(x+y)(\bar{x}\,\bar{y})=0$을 증명해야한다.

① $(x+y)+(\bar{x}\,\bar{y})$
$= x+(y+(\bar{x}\,\bar{y}))$ 결합법칙
$= x+((\bar{x}\,\bar{y})+y)$ 교환법칙
$= (x+(\bar{x}\,\bar{y}))+y$ 결합벅칙
$= (x+\bar{x})(x+\bar{y})+y$ 분배법칙
$= 1(x+\bar{y})+y$ 보수법칙
$= (x+\bar{y})+y$ 동일성
$= x+(\bar{y}+y)$ 결합법칙
$= x + 1$ 보수법칙
$= 1$

② $(x+y)(\bar{x}\,\bar{y})$
$= x(\bar{x}\,\bar{y})+y(\bar{x}\,\bar{y})$ 분배법칙
$= x(\bar{x}\,\bar{y})+y(\bar{y}\,\bar{x})$ 교환법칙
$= (x\bar{x})\bar{y}+(y\bar{y})\bar{x}$ 결합법칙
$= 0\bar{y}+0\bar{x}$ 보수법칙
$= 0+0$ 동일성
$= 0$

(c) $\bar{x}z+xy = \bar{x}z+xy+xy$

➲ $\bar{x}z+xy+xy$
$= \bar{x}z(y+\bar{y})+xy(z+\bar{z})+xy$ 동일성
$= \bar{x}yz+\bar{x}\,\bar{y}z+xyz+xy\bar{z}+xy$ 분배법칙
$= \bar{x}\,\bar{y}z+(x+\bar{x})yz+xy$ 분배법칙
$= \bar{x}\,\bar{y}z+yz+xy$ 동일성

(d) $x+y = x+\bar{x}y$

➲ $x+y = x+\bar{x}y$

$= (x+\bar{x})(x+y)$

$= 1 \cdot (x+y)$

$= (x+y)$

또는

$x+\bar{x}y = x+y$

$= (x+y) \cdot 1$

$= (x+y)(x+\bar{x})$

$= xx+\bar{x}x+xy+\bar{x}y$

$= x+0+xy+\bar{x}y$

$= x+xy+\bar{x}y$

$= x+ \bar{x}y$

(e) $\bar{x}\,\bar{y}+\bar{x}y+x\bar{z} = \overline{(xz)}$

➲ $\bar{x}\,\bar{y}+\bar{x}y+x\bar{z} = \bar{x}(\bar{y}+y)+x\bar{z}$

$= \bar{x}+x\bar{z}$

$= \bar{x}+\bar{z}$

$= \overline{(xz)}$

14. 다음의 부울대수 표현을 간략화하시오.

(a) $\bar{x}\,\bar{y}+xy+x\bar{y}$

➲ $\bar{x}\,\bar{y}+xy+x\bar{y}$

$= \bar{x}\,\bar{y}+x(y+\bar{y})$

$= \bar{x}\,\bar{y}+x\cdot 1$

$= \bar{x}\,\bar{y}+x$

$= (x+\bar{x})(\bar{y}+x)$

$= 1\cdot(\bar{y}+x)$

$= \bar{y}+x$

(b) $(x+y)(x+\bar{y})$

➲ $(x+y)(x+\bar{y}) = xx+x\bar{y}+xy+y\bar{y}$

$= x +x\bar{y}+xy+0$

$= x+(x+x)(\bar{y}+y)$

$= x+x\cdot 1$

$= x+x$

$= x$

15. NAND 게이트, NOR 게이트, AND, OR, NOT 게이트를 사용해서 XOR 게이트를 구현하시오.

(a) NAND 게이트

$$
\begin{aligned}
a \oplus b &= \bar{a}b+a\bar{b} \\
&= \overline{\overline{\bar{a}b+a\bar{b}}} \\
&= \overline{\overline{\bar{a}b} \cdot \overline{a\bar{b}}}
\end{aligned}
$$

(b) NOR 게이트

$$
\begin{aligned}
a \oplus b &= a\bar{b}+\bar{a}b \\
&= (a+\bar{a}b)(\bar{b}+\bar{a}b) \\
&= (a+\bar{a})(a+b)(\bar{a}+\bar{b})(\bar{b}+b) \\
&= (a+b)(\bar{a}+\bar{b}) \\
&= ((a+b)\overline{(\bar{a}+\bar{b}))} \\
&= \overline{(\overline{a+b}+\overline{\bar{a}+\bar{b}})}
\end{aligned}
$$

(c) AND, OR, NOT 게이트

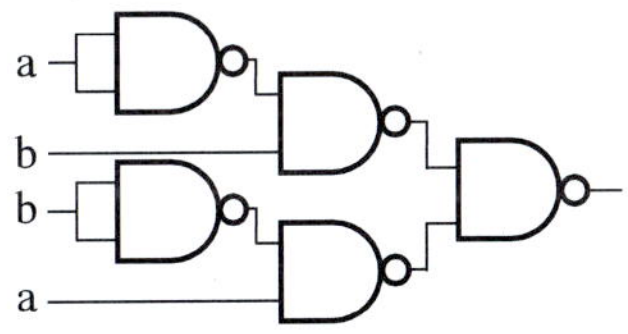

NAND를 이용한 XOR

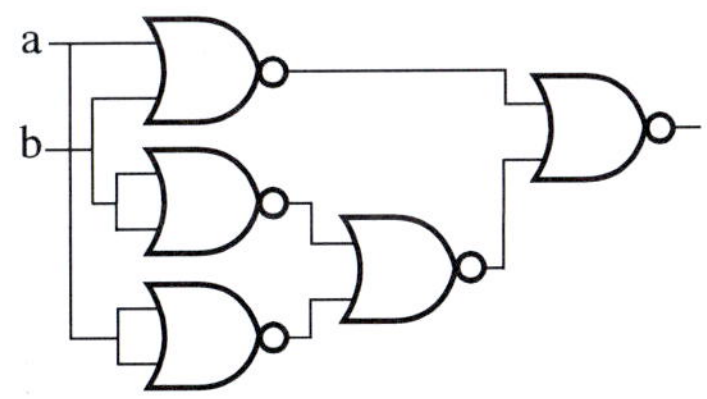

NOR를 이용한 XOR

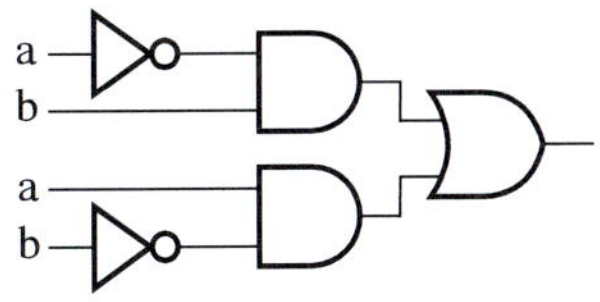

AND, OR, NOT를 이용한 XOR

16. 3-input NAND 게이트를 이용하여 다음의 하드웨어를 구현하시오.

(a) 전가산기

x_i	y_i	z_i	c_{i+1}	s_i
0	0	0	0	0
0	0	1	0	1
0	1	0	0	1
0	1	1	1	0
1	0	0	0	1
1	0	1	1	0
1	1	0	1	0
1	1	1	1	1

$$c_{i+1} = \overline{x_i}y_ic_i + x_i\overline{y_i}c_i + x_iy_i\overline{c_i} + x_iy_ic_i$$

$$s_i = \overline{x_i}\,\overline{y_i}c_i + \overline{x_i}y_i\overline{c_i} + x_i\overline{y_i}\,\overline{c_i} + x_iy_ic_i$$

3-input NAND 게이트로 변환

$$c_{i+1} = \overline{x_i}y_ic_i + x_i\overline{y_i}c_i + x_iy_i\overline{c_i} + x_iy_ic_i$$

$$= \overline{(\overline{(\overline{x_i}y_ic_i)}\,\overline{(x_i\overline{y_i}c_i)}\,\overline{(x_iy_i\overline{c_i})}\,\overline{(x_iy_ic_i)})}$$

$$s = \overline{x_i}\,\overline{y_i}c_i + \overline{x_i}y_i\overline{c_i} + x_i\overline{y_i}\,\overline{c_i} + x_iy_ic_i$$

$$= \overline{(\overline{(\overline{x_i}\,\overline{y_i}c_i)}\,\overline{(\overline{x_i}y_i\overline{c_i})}\,\overline{(x_i\overline{y_i}\,\overline{c_i})}\,\overline{(x_iy_ic_i)})}$$

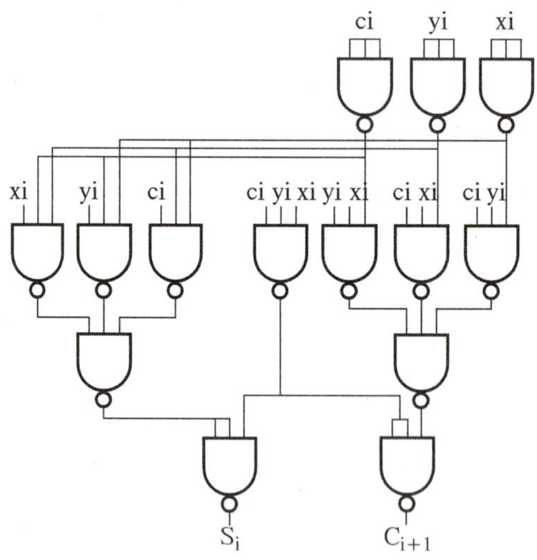

(b) 전감산기

x_i	y_i	z_i	b_{i+1}	d_i
0	0	0	0	0
0	0	1	1	1
0	1	0	1	1
0	1	1	0	1
1	0	0	1	0
1	0	1	0	0
1	1	0	0	0
1	1	1	1	1

$b_{i+1} = \overline{x_i}\,\overline{y_i}b_i + \overline{x_i}y_i\overline{b_i} + \overline{x_i}y_ib_i + x_iy_ib_i$

$d_i = \overline{x_i}\,\overline{y_i}b_i + \overline{x_i}y_i\overline{b_i} + x_i\overline{y_i}\,\overline{b_i} + x_iy_ib_i$

3-input NAND 게이트로 변환

$$b_{i+1} = \overline{x_i}\,\overline{y_i}b_i + \overline{x_i}y_i\overline{b_i} + \overline{x_i}y_ib_i + x_iy_ib_i$$
$$= \overline{((\overline{\overline{x_i}\,\overline{y_i}b_i})(\overline{\overline{x_i}y_i\overline{b_i}})(\overline{\overline{x_i}y_ib_i})(\overline{x_iy_ib_i}))}$$

$$d_i = \overline{x_i}\,\overline{y_i}b_i + \overline{x_i}y_i\overline{b_i} + x_i\overline{y_i}\,\overline{b_i} + x_iy_ib_i$$
$$= \overline{((\overline{\overline{x_i}\,\overline{y_i}b_i})(\overline{\overline{x_i}y_i\overline{b_i}})(x_i\overline{y_i}\,\overline{b_i})(\overline{x_iy_ib_i}))}$$

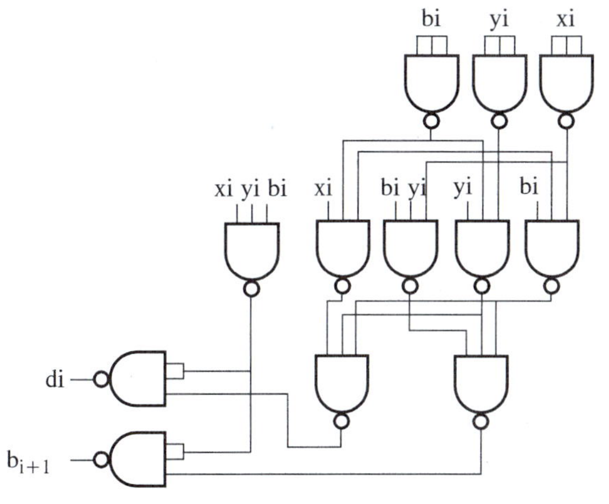

17. 아래의 회로와 동일한 최소식을 작성하시오.

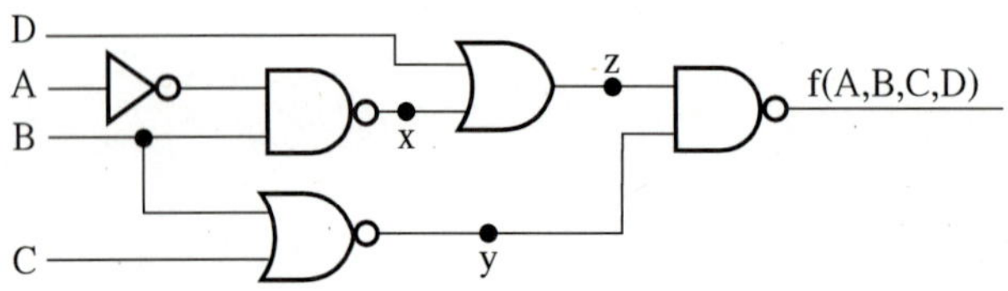

$f = \overline{(yz)}$

$= \overline{y}+\overline{z}$

$= \overline{[\overline{(B+C)}]} + \overline{(D+x)}$

$= (B+C)+\overline{D}\,\overline{x}$

$= (B+C)+\overline{D}[\overline{\overline{(\overline{A}B)}}]$

$= (B+C)+\overline{D}(\overline{A}B)$

$= B+\overline{D}\,\overline{A}B+C$

$= B(1+\overline{D}\,\overline{A})+C$

$= B+C$

18. 다음의 함수를 카노 맵을 사용하여 간소하게 하시오.

1) $F(a,b,c,d) = \Sigma m(0,2,5,7,8,10,13,15)$

cd \ ab	00	01	11	10
00	1			1
01		1	1	
11		1	1	
10	1			1

F = bd + b'd'

2) $F(a,b,c,d) = \Sigma m(1,3,4,6,10,11,13,15)$

cd \ ab	00	01	11	10
00		1	1	
01	1			1
11		1	1	
10			1	1

F = a'b'd + a'bd' + abd + ab'c

19. 다음 회로의 함수를 표현하는 카노 맵을 그리시오. 그리고 SOP로 표기한 곱의 항을 적으시오.

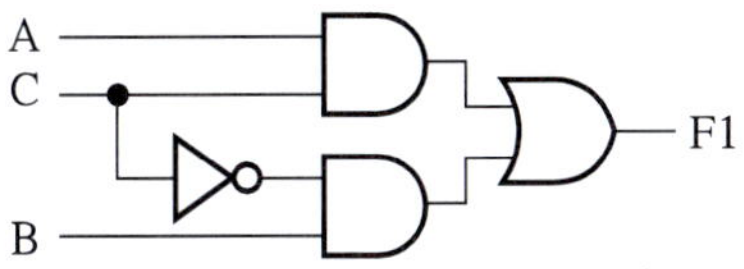

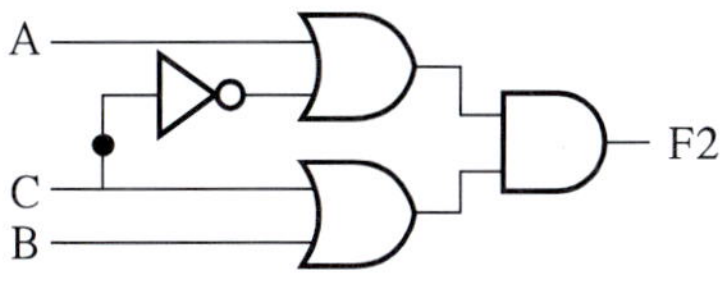

또한 카노 맵을 통하여, 정규 SOP 형태를 통하여 2개의 회로가 같은지를 보이시오.

F1에 대한 카노 맵, 구현된 SOP, 정규 SOP 형태는 다음과 같다.

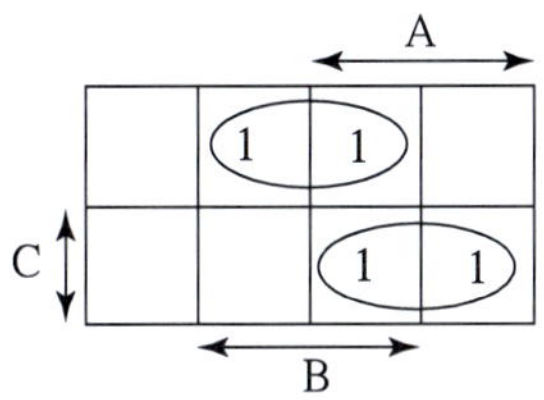

$F1 = AC + B\overline{C} = ABC + AB\overline{C} + A\overline{B}C + \overline{A}B\overline{C}$

F2에 대한 카노 맵, 구현된 SOP, 정규 SOP 형태는 다음과 같다.

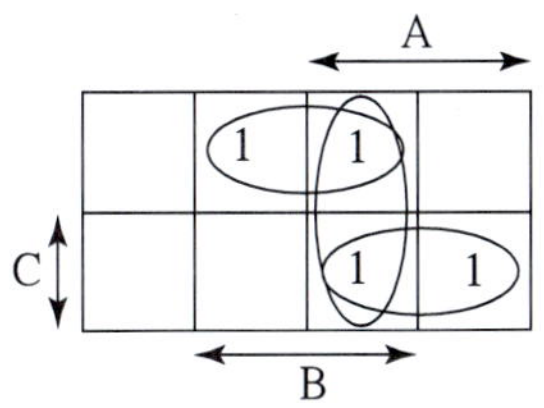

$F2 = AC + B\overline{C} + AB = ABC + AB\overline{C} + A\overline{B}C + \overline{A}B\overline{C}$

F1과 F2의 정규 SOP 형태가 같으므로 두 개의 함수는 동일하다.

20. 다음 EXOR 함수에서 얼마나 많은 CMOS 트랜지스터가 필요한가?

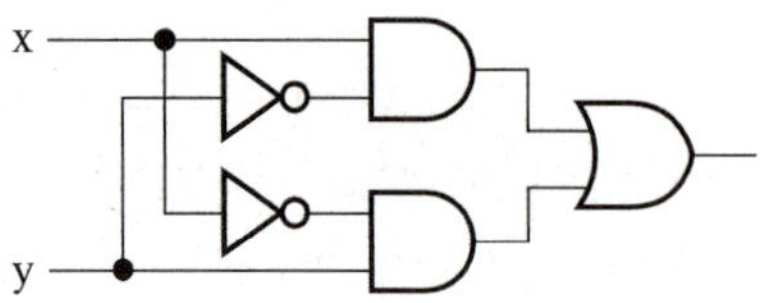

드모르간의 이론을 이용하여 최소 개의 트랜지스터를 가진 회로로 수정하시오.

CMOS로 구현하면 2+2+6+6+6 = 22개의 트랜지스터가 사용된다.
2가지 과정을 통하여 수행된다. 먼저 AND 게이트와 OR 게이트 사이에 2개의 버블을 이용하여 수정된 회로는 다음과 같다.

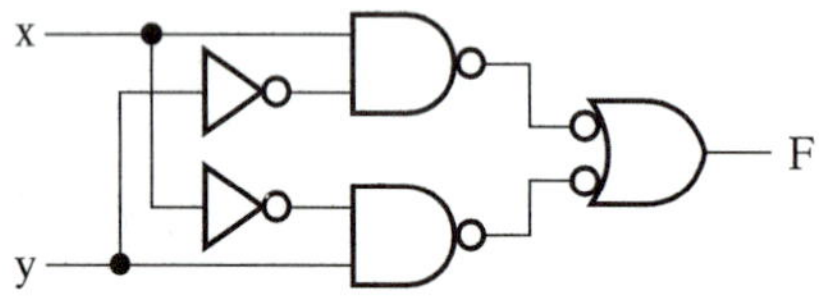

두 번째로, 드모르간의 법칙을 이용하여 F를 구하면,

$$F = \overline{X} + \overline{Y} = \overline{XY}$$

가 되며, 따라서 최종 회로는 다음과 같다.

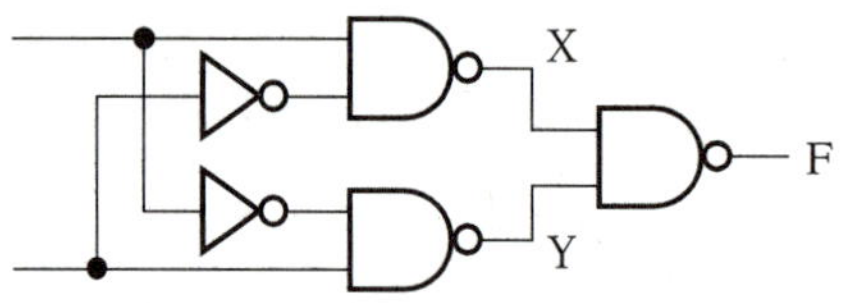

따라서 트렌지스터의 수가 2+2+4+4+4 = 16로 줄어든 것을 알 수 있다.

21. 반가산기는 1-비트 정수 A와 B을 더하여, 한 비트의 합(S)과 한 비트의 캐리(C)를 만든다. 다음 진리표는 S와 C를 보인다. AND, OR, NOT 게이트를 최소로 사용하여 S와 C를 구하는 회로를 합성하시오.

입력		출력	
A	B	S	C
0	0	0	0
0	1	1	0
1	0	1	0
1	1	0	1

➲ $S = \overline{A}B + A\overline{B}$
$C = AB$

22. 다음 식에서 리터럴의 개수는 몇 개인가?

$f = ab + \overline{a}c + b\overline{c}d$

➲ 7

23. 다음 함수에 대한 진리표를 그리고 카노 맵을 이용하여 최소화하는 과정을 보이시오.

$F(A, B, C, D) = \Pi M(0, 1, 2, 3, 4, 5, 8, 12)$

➲ Truth Table을 그리면 다음과 같다.

A	B	C	D	F
0	0	0	0	0
0	0	0	1	0
0	0	1	0	0
0	0	1	1	0
0	1	0	0	0
0	1	0	1	0
0	1	1	0	1
0	1	1	1	1
1	0	0	0	0
1	0	0	1	1
1	0	1	0	1
1	0	1	1	1
1	1	0	0	0
1	1	0	1	1
1	1	1	0	1
1	1	1	1	1

최소식은 다음과 같다.

$$F(A, B, C, D) = \Pi M(0, 1, 2, 3, 4, 5, 8, 12)$$
$$= (A + B + C + D)(A + B + C + \overline{D})(A + B + \overline{C} + D)(A + B + \overline{C} + \overline{D})$$
$$(A + \overline{B} + C + D)(A + \overline{B} + C + \overline{D})(\overline{A} + B + C + D)(\overline{A} + \overline{B} + C + D)$$

카노 맵을 그려보면 다음과 같다.

CD \ AB	00	01	11	10
00	0	0	0	0
01	0	0	1	1
11	0	1	1	1
10	0	1	1	1

카노 맵 상에서 주관련항 세 개를 찾은 결과는 다음과 같다.

F(A, B, C, D) = (A + B)(A + C)(C + D)

24. 기숙사의 문에 다음과 같이 쓰여져 있다.

> 모자와 우산을 같이 지참하세요, 또는
> 해가 뜨거운 날은 모자를 쓰세요 또는
> 흐린 날에는 우산을 지참하세요

consensus 이론을 이용하여 위의 문장을 간결하게 수정하시오.

➡ S는 뜨거운 날, C는 모자, U는 우산이라고 하면, 위의 문장은 아래 식으로 표현이 가능하다.

$CU + SC + \bar{S}U$
$= SC + \bar{S}U$, (consensus 이론에 따라서)

따라서 위의 문장은 다음과 같이 수정된다.

해가 뜨거운 날은 모자를 쓰세요 또는 흐린 날에는 우산을 지참하세요

25. 다음의 식을 정규 SOP(canonical sum-of-products)로 변환한 것과 같은 항목을 고르시오.

$f(x,y,z) = x\bar{y} + y(x+z)$

(a) $f(x,y,z) = x\bar{y} + xy + yz$

(b) $f(x,y,z) = x + yz$

(c) $f(x,y,z) = x\bar{y}z + x\bar{y}\bar{z} + xyz + \bar{x}yz + xy\bar{z}$

(d) $f(x,y,z) = (x + y + z).(x + y + \bar{z}).(x + \bar{y} + z)$

(e) $f(x,y,z) = \bar{x}\bar{y}\bar{z} + \bar{x}\bar{y}z + \bar{x}y\bar{z}$

➡ c

26. 다음 중 필수 주관련항(essential prime implicant)의 정의를 고르시오.

(a) 다른 sub-cube 안에 포함되어 있지 않은 sub-cube

(b) 다른 sub-cube에 포함되지 않은 1개의 minterm을 포함한 sub-cube

(c) 공통된 sub-cube를 가진 prime implicants의 조합

(d) 보기 (a),(b),(c)

(e) 보기 (a),(b)

➡ b

27. 함수 f(A,B,C) = AB + AC' + A'C 의 정규(canonical) SOP 형태는 무엇인가?

1. $\Sigma m(1, 2, 4, 5, 7)$

2. $\Sigma m(1, 3, 4, 6, 7)$

3. $\Sigma m(2, 3, 4, 5, 7)$

4. $\Sigma m(1, 4, 6, 7)$

➡ 2.

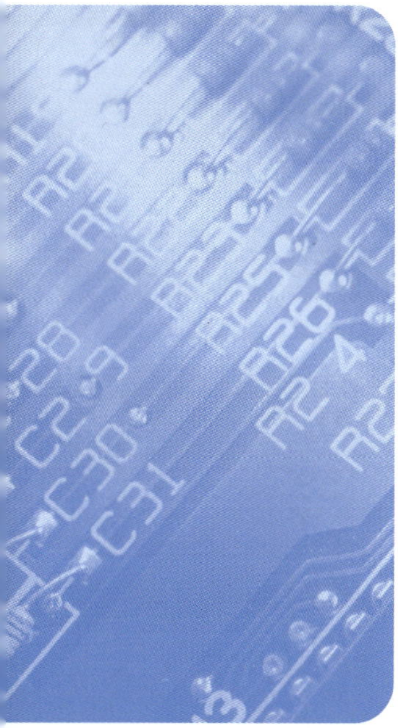

CHAPTER 6

2-레벨 논리 최소화 알고리즘

CHAPTER

6 2-레벨 논리 최소화 알고리즘

2-레벨 논리 최소화 과정은 크게 나누어 다음의 세 가지 방법이 있다:

1) 카노(Karnaugh) 맵과 불리언 큐브를 이용하는 방법
2) 퀸 맥클러스키(Quine-McCluskey) 방법
3) 에스프레소(Espresso) 휴리스틱

앞 장에서는 불리언 대수의 법칙과 이론을 이용하는 방법과 카노 맵과 불리언 큐브를 이용하여 연합 이론(united theorem)을 활용하는 방법 등을 통한 간단한 논리식 최소화 방법의 기초에 대해서 알아 보았다. 이번에는 좀 더 체계적인 알고리즘에 대해서 알아 본다. 퀸 맥클러스키 방법과 에스프레소 휴리스틱이 바로 그것이다.

논리회로에서 사용되는 게이트의 수가 많아지게 되면 위에서 소개한 세 가지 방법으로는 원하는 다항식 시간(polynomial time) 내에 최적해(optimal solution)를 구할 수가 없게 된다. 그만큼 완벽한 해를 구하려면 많은 시간이 필요하다는 뜻이다. 따라서 그러한 최적해를 구하려고 하는 시도보다는 최적해에 가까운 근사 최적해를 필요한 시간에 구할 수 있는 휴리스틱(heusristic) 알고리즘이 필요하게 된다.

2-레벨 논리 회로란 [그림 6-1]에 있는 예제 회로를 통해서 알 수 있듯이 회로의 입력과 출력을 연결하는 경로에 2개의 게이트만 존재하도록 제한하여 설계하는 방식을 말한다. 반면에 멀티-레벨 로직은 그러한 제한이 없다. 즉, 2-레벨 논리회로는 [그림 6-1]과 같이 2개의 레벨을 갖는 AND-OR(Sum of Product) 또는 OR-AND(Product of Sum)의 형태를 사용하며, 2-레벨 논리회로를 이용하여 모든 형태의 로직을 구현할 수 있게 된다. 또한 2개의 레벨을 이용하기 때문에 신호 전달 속도가 빠르며, 구조가 간단한 점이 장점이라고 하겠다.

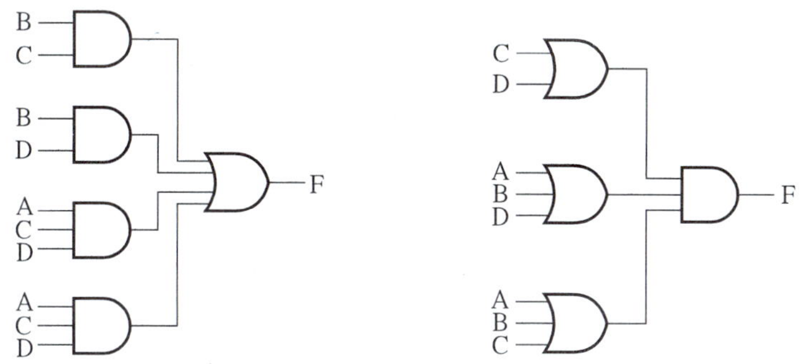

[그림 6-1] 2-레벨 형식

2-레벨 논리회로의 특징은 다음과 같다.

1) AND-OR 형태의 2레벨 로직은 NAND-NAND로의 변형이 가능하며, OR-AND 형태는 NOR-NOR로 변형이 가능하다. 2개의 NOT 게이트를 2개의 NAND gate 사이에 끼어 넣으면, AND-OR로 바뀌게 되고, 그 반대도 성립된다. 마찬가지로 2개의 NOT 게이트를 2개의 NOR gate 사이에 끼어 넣으면, OR-AND로 바뀌게 된다. 또한 그 반대도 성립된다.
2) 게이트의 지연시간은 게이트의 형태(트랜지스터의 수), fan-in과 fan-out에 따라 달라지게 되며 2-레벨 회로에서는 fan-out은 항상 1이 된다.

6.1 2-레벨 논리회로 최소화 알고리즘의 복잡도

2-레벨 논리회로 최소화 알고리즘의 복잡도를 생각해 보자. 지금까지 살펴본 2-레벨 최소화 방법은 간단한 연합 이론(united theorem)을 이용한 방법이었고 이 방법을 이용하여 과연 최소화된 논리 회로를 구할 수 있는 것인지 의문이 생기게 된다. 또한 그러한 방법을 이용하여 논리 최소화 식을 구하는 데 걸리는 시간은 대략 얼마나 될까? 주로 알고리즘을 연구하는 사람들은 그것을 알고리즘 계산 복잡도(computational complexity)라고 부른다. 알고리즘 복잡도는 입력의 수에 비례해서 대략적으로 평가하는데 입력의 수를 N개라고 하면 알고리즘 A의 계산 복잡도가 O(N) — Order of N이라고 발음함 — 이라고 하는 의미는 알고리즘 A가 결과를 내는데 $N-k \leqq O(N) \leqq N+k$, k ≪ N. 시간이 걸린다는 것을 의미한다.

만약 수행시간이 $O(2^N)$이라면 N이 큰 값일 경우에 지수적으로 상당히 많은 시간이 걸리는 것을 의미하게 되고 이와 같이 입력의 수에 대해서 계산시간이 지수적으로 늘어나는 문제를 NP-Complete 문제[참고 문헌: Gary and Johnson]라고 부른다. 2-레벨 논리 최소화 문제도 그러한 NP-Complete 문제의 클래스에 속하는 난이도가 높은 문제이다.

따라서 실제 반도체설계회사에서 설계할 때 사용하는 CAD(Computer Aided Design) 소프트웨어들은 그러한 문제를 다루기 위해서 휴리스틱(heuristic) 방법을 사용한다. 휴리스틱이란 최선의 해를 구하는데는 시간이 상당히 많이 걸리기 때문에 최적해를 구하는 알고리즘을 사용하지 않고 최적해에 가까운 근사최적해를 얻는 것으로 만족하는 대신 짧은 시간 안에 해를 구하고자 하는 것이다.

여기서 잠깐

그러한 휴리스틱 방법을 이용한 2-레벨 논리 최소화 알고리즘은 홍세준(Se June Hong) 박사가 1974년 IBM Poughkeepsie Lab.에 근무하던 시절 IBM Journal of Research and Development에 발표한 "Mini: A heuristic approach for logic minimization" 라는 논문이 기본이 된다. 여기서 그 논문의 초록을 원어로 소개한다.

MINI is a heuristic logic minimization technique for many-variable problems. It accepts as input a Boolean logic specification expressed as an input-output table, thus avoiding a long list of minterms. It seeks a minimal implicant solution, without generating all prime implicants, which can be converted to prime implicants if desired. New and effective subprocesses, such as expanding, reshaping, and removing redundancy from cubes, are iterated until there is no further reduction in the solution.

2-레벨 논리 최소화 문제도 앞에서 제시한 Quine의 이론을 적용한다면 주관련항을 모두 찾아내야 하기 때문에, 최대 $\frac{3^n}{n}$(여기서 n은 입력 수) 시간이 걸리게 되어 n에 대해 기하급수적으로 증가하기 때문에 입력수가 큰 회로에 대해서는 상당히 많은 시간이 필요하게 되어 실용화하기가 어려워지게 된다.

6.2 주관련항(Prime Implicant) 이론

1952년에 퀸 맥클러스키는 "최소(리터럴의 수에 대해서 최소) SOP는 주관련항(PI: prime implicants)의 합으로 구성되어 있다."라는 이론을 발표하였다.

그럼 주관련항이란 무엇인지 다시 복습해 보기로 하자.

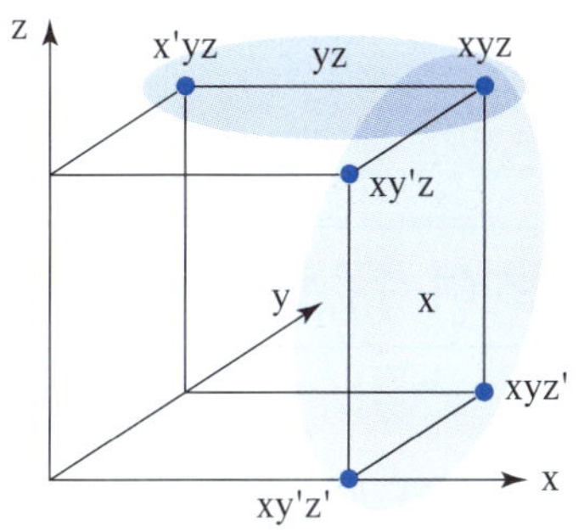

[그림 6-2] 관련항, 주관련항에 대한 정의에 사용된 예

[그림 6-2]와 같이 큐빅을 사용한 예를 살펴보면, 동그라미로 표시한 꼭지점이 "ON-set"에 해당하는 항을 표시하고 있다. 따라서 그 최소화 불리언 식은 F=x+yz가 된다.

여기서 yz는 최소항들을 포함하고 있는 관련항(implicant)이지만 $\bar{y}z$는 관련항이 아닌 것을 알 수 있다. 또한 yz와 x는 주관련항이다. 왜냐하면 x는 yz에 포함되어 있지 않으며, yz는 x에 포함되어 있지 않기 때문이다. 즉, 관련항이란 ON-set을 포함하는 항을 말하며, 최소항과 구별되는 점은 최소항 자체를 말하기도 하며, 최소항 2개, 4개, 8개 등이 연합이론에 의해 결합된 형태를 말한다. 그리고 주관련항이란 관련항 중에 최소화 식에 포함되는 모든 항을 말하며, 다른 주관련항에 완전히 포함되지 않는 항을 말한다.

여기서 퀸 맥클러스키의 이론을 증명해 보자. 수학적 증명 방법에는 귀납적 증명(Proof by Induction)과 모순적 증명(Proof by contradiction)이 있는데, 그 중에 이 경우에는 모순적 증명을 사용하면 편리하다.

먼저 최소화된 SOP를 하나 가정하고 그 SOP의 항 중 한 개가 주관련항이 아니라고 가정한다. 이 항을 "비주관련항"이라고 명명하자. 주관련항의 정의에 의해서 주관련항은 다른 주관련항에 포함되지 않는 관련항을 말한다. 그렇다면 다음의 두 가지 경우를 생각해 볼 수 있다. 하나는 이 SOP에 비주관련항을 포함하고 있는 주관련항이 있거나, 아니면 이 SOP에 비주관련항을 포함하고 있는 주관련항이 없거나 하는 두 가지 경우를 생각할 수 있다. 전자의 경우는 비주관련항을 포함하는 주관련항이 있기 때문에 이 비주관련항은 더 이상 필요 없으므로 SOP에서 제거한다. 후자의 경우는 비주관련항이 다른 주관련항에 포함이 되어 있지 않다면 앞에서 정의한 주관련항의 정의에 따라 비주관련항은 주관련항이 된다. 이렇게 함으로써 SOP의 모든 항은 주관련항이 되는데 이것은 처음에 설정한 가정과 모순되는 것을 알 수 있다.

6.3 테이블을 이용하여 주관련항(Prime Implicant)을 찾는 방법

퀸 맥클러스키가 제시한 방법을 테이블(Tabular) 방법이라고 부르고 이 방법을 통해 체계적으로 모든 주관련항을 찾아 낼 수 있게 된다. 예를 들어 다음 식에 대해서 주관련항을 찾아보기로 한다.

$$f(w,x,y,z) = \bar{x}\bar{y} + wxy + \bar{x}y\bar{z} + w\bar{y}z$$

주관련항을 찾기 위하여 다음의 4단계를 수행한다.

단계 1) 최소항(minterm) 정규 형태(carnonical form)로 변환한다. 정규 형태란 각 항이 함수에서 사용하는 변수를 모두 포함한 형태를 말한다. 위의 예제에 대한 정규형태는 다음과 같다.

$$f(w,x,y,z) = (w\bar{x}\bar{y}z + w\bar{x}\bar{y}\bar{z} + \bar{w}\bar{x}\bar{y}z + \bar{w}\bar{x}\bar{y}\bar{z}) + (wxyz + wxy\bar{z}) + (w\bar{x}y\bar{z} + \bar{w}\bar{x}y\bar{z}) + (wx\bar{y}z + w\bar{x}\bar{y}z)$$

예를 들면, 첫 번째 항은 변수 w와 z가 빠져 있기 때문에 $\bar{x}\bar{y} = \bar{x}\bar{y}(wz + w\bar{z} + \bar{w}z + \bar{w}\bar{z})$의 항등 관계를 이용하여 w와 z를 포함시킨 것을 알 수 있다.

단계 2) 변수의 보수에 해당하는 리터럴의 개수가 같은 항끼리 그룹핑하고 그 개수가 적은 순으로 정렬한다.

단계 3) 인접된 그룹에 있는 항을 연합이론(united theorem, $xy + x\bar{y} = x$)을 이용하여 결합시킨다. 다시 말하면 연합이론을 이용하여 첫 번째 최소항 열에서 순서에 따라 현재의 그룹에 있는 항과 그 다음 그룹에 있는 항을 결합한다. 예를 들면, 첫 번째 그룹의 wxyz과 두 번째 그룹의 $wxy\bar{z}$을 결합하면 wxy가 된다. 이런 식으로 결합이 이루어지는 경우 그 두 개의 항에 각각 "x" 마크를 표시하고 결합이 이루어지지 않는 항에 대해서는 "*" 마크로 표시한다. 여기서 "*"로 표시된 항들이 주관련항에 해당하게 된다.

단계 4) 더 이상 결합을 할 수 있는 항이 없을 때까지 단계 3을 반복한다. 즉, 두 번째 열을 완성하고 두 번째 열이 완성된 후 다시 세 번째 열을 완성하는 방식으로 더 이상 결합이 이루어지는 항의 쌍이 없을 때까지 이 방법을 되풀이한다.

그룹	보수의 개수	최소항	결합 여부	첫 번째 결합	결합 여부	두 번째 결합	결합 여부
1	0	wxyz	x	wxy wxz	* *		
2	1	$wxy\bar{z}$ $wx\bar{y}z$	x x	$wy\bar{z}$ $w\bar{y}z$	* *		
3	2	$w\bar{x}\bar{y}z$ $w\bar{x}y\bar{z}$	x x	$w\bar{x}\bar{y}$ $\bar{x}\bar{y}z$ $w\bar{x}\bar{z}$ $\bar{x}y\bar{z}$	x x x x	$\bar{x}\bar{y}$ $\bar{x}\bar{z}$	* *
4	3	$w\bar{x}\bar{y}\bar{z}$ $\bar{w}\bar{x}\bar{y}z$ $\bar{w}\bar{x}y\bar{z}$	x x x	$\bar{x}\bar{y}\bar{z}$ $\bar{w}\bar{x}\bar{y}$ $\bar{w}\bar{x}\bar{z}$	x x x		
5	4	$\bar{w}\bar{x}\bar{y}\bar{z}$	x				

[그림 6-3] 맥클러스키의 테이블 방법

이러한 방법으로 구한 모든 주관련항은 [그림 6-3]에서 "*"로 마크한 바와 같다.

6.4 퀸 맥클러스키의 논리회로 최소화 방법

지금까지 주관련항을 구하는 방법을 알아 보았다. 그러나 위에서 찾아낸 모든 주관련항이 최소식에 사용되는 것은 아니다. 따라서 최소 개의 주관련항을 갖는 식을 찾는 것을 목표로 한다. 전에 살펴 보았듯이 필수 주관련항은 항상 최종 최소 논리식에 포함되기 때문에 필수 주관련항을 찾는 것이 우선적으로 필요하게 된다. 필수 주관련항의 정의에 대해서는 나중에 예제를 통해서 다시 설명하기로 한다.

주어진 불리언 함수 f에 대해서 최소 비용(리터럴 수에 대해서) SOP를 구하는 퀸 맥클러스키 알고리즘은 다음과 같다.

단계 1) f에 포함되어 있는 모든 주관련항들, 즉 $\{P_j\}$를 구한다.

단계 2) f에 포함되어 있는 모든 최소항들, 즉 $\{m_i\}$를 구한다.

단계 3) 불리안 제약 매트릭스(Boolean constraint matrix)(또는 주관련항 차트라고 불리움) B를 구한다(m_i가 행, P_j가 열에 위치한다). 만약 $m_i \in P_j$이면 B_{ij}는 1이 되고, 그렇지 않으면 0이된다.

단계 4) 필수 주관련항을 찾아 축소된 주관련항 차트 $\overline{B}$를 만든다.

단계 5) $\overline{B}$에 대한 최소 열 커버링(minimum column covering) 문제를 푼다.

[그림 6-4]의 주관련항 차트에서 어떤 방식으로 필수 주관련항을 찾을 수 있는지 살펴보기로 하자. 행(row)에는 논리식에 있는 최소항들을 표시한다. 열(column)에는 주관련항들을 표시한다. 그리고 표 안의 각 박스에는 주관련항이 포함하는 최소항을 찾아 마크한다.

예를 들면, 주관련항 $\overline{x}\overline{y}$ $\overline{x}\overline{z}$은 최소항 $w\overline{x}\overline{y}\overline{z}$을 포함(불리언 큐브를 참고)하고 있기 때문에 해당하는 박스에 'i'로 마크를 하게 된다.

예를 들어, $f(w,x,y,z) = \overline{x}\overline{y} + wxy + \overline{x}y\overline{z} + w\overline{y}z$에 대해서 필수 주관련항을 찾아보기로 하자.

$f(w,x,y,z) = \overline{x}\overline{y} + wxy + \overline{x}y\overline{z} + w\overline{y}z$

	wxy	wxz	$wy\overline{z}$	$w\overline{y}z$	$\overline{x}\overline{y}$	$\overline{x}z$
$w\overline{x}\overline{y}\overline{z}$					1	1
$\overline{w}\overline{x}\overline{y}z$					1	
$\overline{w}\overline{x}\overline{y}z$					1	
wxyz	1	1				
$wxy\overline{z}$	1		1			
$w\overline{x}y\overline{z}$			1			1
$\overline{w}\overline{x}y\overline{z}$						1
$wx\overline{y}z$		1		1		
$w\overline{x}\overline{y}z$				1	1	

최소커버
{$\overline{x}\overline{y}$, $\overline{x}\overline{z}$, wxy, wxz},
{$\overline{x}\overline{y}$, $\overline{x}\overline{z}$, wxy, $w\overline{y}z$},
{$\overline{x}\overline{y}$, $\overline{x}\overline{z}$, wxz, $wy\overline{z}$}

[그림 6-4] 주관련항 차트

그러한 방법으로 앞의 [그림 6-3]의 예제에서 구한 주관련항 차트를 완성한 것이 [그림 6-4]에 나와 있다. 만약 한 개의 행이 오직 하나의 "1" 엔트리를 가지고 있다면 그에 해당하는 열의 주관련항은 최소 논리식에 반드시 포함시켜야만 하는 필수 주 관련항이 된다.

[그림 6-4]에서 보면 $\overline{w}\overline{x}\overline{y}z$ 가 하나의 1–엔트리를 가지고 있기 때문에, 그 항을 커버하는 $\overline{x}\overline{y}$가 필수 주관련항이 된다. $\overline{w}\overline{x}y\overline{z}$ 도 하나의 1–엔트리를 가지고 있기 때문에 $\overline{x}\overline{z}$ 가 필수 주관련항이 된다.

필수 주관련항을 찾고 나면 그 필수 주관련항에 해당하는 열과 그 필수 주관련항이 커버하는 최소항 행을 모두 제거한다. 그 의미는 그 최소항은 이미 그 최소항을 포함하는 주관련항을 찾았다는 것을 의미하며 더 이상 고려대상에서 제외된다. 그 결과 주관련항 차트의 크기는 다음과 같이 축소된 형태가 된다. 또한 그 축소된 차트의 최소커버를 아래에 표기하였다.

	wxy	wxz	$wy\overline{z}$	$w\overline{y}z$
wxyz	1	1		
$wxy\overline{z}$	1		1	
$wx\overline{y}z$		1		1

최소커버
{wxy, wxz},
{wxy, $w\overline{y}z$},
{wxz, $wy\overline{z}$}

이 축소된 메트릭스에 같은 방법을 반복적으로 적용하여 더 이상 남는 최소항이 없을 때까지 필수 주관련항을 찾게 된다. 이 경우에는 더 이상 필수 주관련항이 없기 때문에 그 다음 단계(즉, 단계 5)에서는 최소 열 커버링 문제를 풀게 된다.

최소 논리식에 포함되는 최소 개의 주관련항을 최소 커버(minimum cover)라고 부른다.

그렇게 구한 최소 커버는 먼저 찾은 필수 주관련항 $\bar{x}\bar{y}$와 $\bar{x}\bar{z}$를 포함하여 다음과 같은 세 가지 경우가 발생한다.

$\{\bar{x}\bar{y}, \bar{x}\bar{z}, wxy, wxz\}$,

$\{\bar{x}\bar{y}, \bar{x}\bar{z}, wxy, w\bar{y}z\}$,

$\{\bar{x}\bar{y}, \bar{x}\bar{z}, wxz, wy\bar{z}\}$

여기서 최소 열 커버링 문제는 어떻게 풀어야 하는지 다른 한 가지 예를 통해서 알아보자.

	$\bar{x}y$ p1	$\bar{x}\bar{y}$ p2	$\bar{y}\bar{z}$ p3	yz p4
$\bar{x}\bar{y}\bar{z}$	0	1	1	0
$\bar{x}y\bar{z}$	1	1	0	0
$\bar{x}yz$	1	0	0	1
xyz	0	0	0	1
$\bar{x}\bar{y}\bar{z}$	0	0	1	0

$$(p2 + p3)(p1 + p2)(p1 + p4)p3p4 = 1$$

[그림 6-5] 최소 개의 주관련항 찾기

최소커버를 찾는 문제는 NP-complete 문제에 속하게 되는데 그 이유는 이 문제는 대표적인 NP-complete 문제인 Min-SAT(minimal satisfiability) 문제와 동일하기 때문이다. Min-SAT 문제는 복잡도가 높은 문제가 NP-complete인지 아닌지를 증명하는데 널리 사용된다.

[그림 6-5]와 같이 최소 개의 주관련항(p로 명시됨)을 찾기 위해서는 첫 번째 행의 최소항 $\bar{x}\bar{y}\bar{z}$ 를 커버하는 주관련항은 p2와 p3가 있으므로 그 두 개 중에 하나를 선택하면 된다. 마찬가지로 두 번째 행의 최소항 $\bar{x}y\bar{z}$를 커버하는 주 관련항에는 p1과 p2가 있다. 이런 방식을 Min-SAT 문제의 식으로 표현하면 (p2 + p3)(p1 + p2)(p1 + p4)p3p4 = 1가 된다. 즉, 여기서 가능한 최소 해는 $\{p_2, p_3, p_4\}$ 또는 $\{p_1, p_3, p_4\}$가 된다. 그림에 박스로 표시되어 있듯이 p3와 p4는 필수 주관련항이므로 최소 커버 해에 포

함된 것을 알 수 있다.Minimal SAT에 대한 휴리스틱 방법은 EDA(Electronic Design Automation) 분야에서 많이 사용되고 있다.

퀸 맥클러스키 알고리즘의 이해를 돕기 위하여 [그림 6-6]의 다른 예제를 풀어보기로 한다.

$F(A,B,C,D) = \Sigma m(0,1,4,5,7,12,14,15)$

관련항 표		
그룹	최소항	첫 번째 결합
1	0(0000)	0,1 0,4
2	1(0001) 4(0100)	1,5 4,5 4,12
3	5(0101) 12(1100)	5,7 12,14
4	7(0111) 14(1110)	7,15 14,15
5	15(1111)	

[그림 6-6] 퀸 맥클러스키 방법의 다른 예제(첫 번째 결합)

먼저 주관련항을 찾기 위해 관련항표를 작성한다. 위에서 설명한 바와 같이 1의 개수가 적은 순으로 최소항들을 그룹핑한 것을 알 수 있다. 첫 번째 그룹은 최소항에 1이 없는 경우(즉, $\overline{A}\overline{B}\overline{C}\overline{D}$에 해당)이고 두 번째 그룹은 1의 개수가 2개인 최소항들의 그룹, 세 번째는 1의 개수가 3개인 최소항들의 그룹, 네 번째는 1의 개수가 4개인 최소항 ABCD가 된다.

관련항 표의 '첫 번째 결합' 열에는 인접한 그룹에 속해 있는 최소항들의 불리언 차이(Boolean Difference)가 1인 쌍을 찾는다. 즉, 그러한 쌍은 카노 맵상에 인접한 박스에 위치하게 되어 연합 이론(united theorem)을 적용하여 관련항(또는 주관련항)을 만들어 내게 된다.

관련항 표			
그룹	최소항	첫 번째 결합	두 번째 결합
1	0(0000)	0,1 0,4	0,1,4,5* 0,4,1,5
2	1(0001) 4(0100)	1,5 4,5 4,12*	
3	5(0101) 12(1100)	5,7* 12,14*	
4	7(0111) 14(1110)	7,15* 14,15*	
5	15(1111)		

[그림 6-7] 퀸 맥클러스키 방법의 다른 예제(두 번째 결합)

이런 방법으로 관련항 표의 '두 번째 결합'을 완성한다.

최종적으로 완성된 관련항표는 [그림 6-7]과 같으며 *로 표시된 관련항들은 서로 결합될 수 없기 때문에(따라서 하나의 관련항이 다른 관련항을 포함하지 않는다) 주관련항인 것을 알 수 있다.

	0	1	4	5	7	12	14	15
0,1,4,5	X	X	X	X				
5,7				X	X			
12,14						X	X	
7,15					X			X
14,15							X	X
4,12			X			X		

[그림 6-8] 퀸 맥클러스키 방법의 다른 예제(주관련항 차트)

주관련항을 모두 찾고 나면 [그림 6-8]과 같은 주관련항 차트를 만들게 된다.

여기서는 차트의 가로축은 최소항을 나타내고 세로축은 주관련항을 표시하고 있다.

주관련항 차트는 매트릭스 형태로 되어 있어서 각 x-엔트리는 주관련항이 포함하고 있는(또는 커버하고 있는) 최소항을 표시하고 있다.

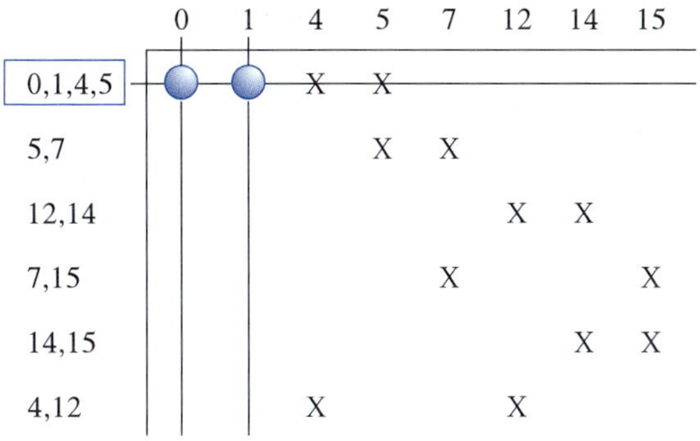

[그림 6-9] 퀸 맥클러스키 방법의 다른 예제(필수 주관련항)

먼저 첫 번째 열과 두 번째 열에 해당하는 최소항을 커버할 수 있는 주관련항은 첫 번째행에 해당하는 주관련항(0, 1, 4, 5)이 유일한 것을 알 수 있으며(그것을 필수 주관련항이라고 한다) 그 필수 주관련항은 자동적으로 최소 커버에 포함되게 되기 때문에 주관련항 차트에서 제거되게 된다.

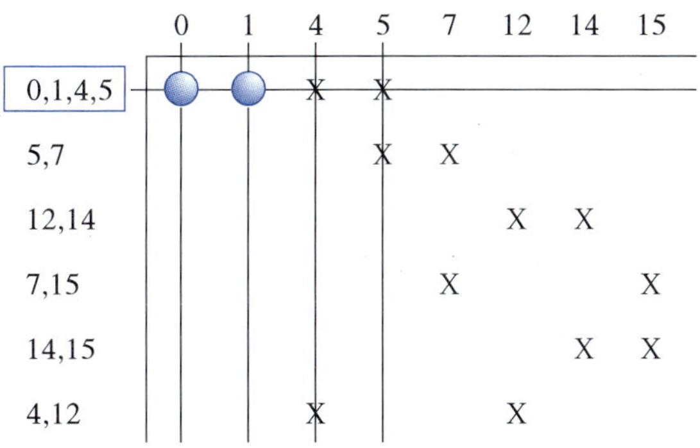

[그림 6-10] 퀸 맥클러스키 방법의 다른 예제(필수 주관련항에 의해서 커버되는 열 제거)

또한 그 필수 주관련항이 커버하는 모든 최소항(4개의 열)은 더 이상 고려대상에서 제외되기 때문에 [그림 6-10]에서와 같이 주관련항 차트에서 제거된다.

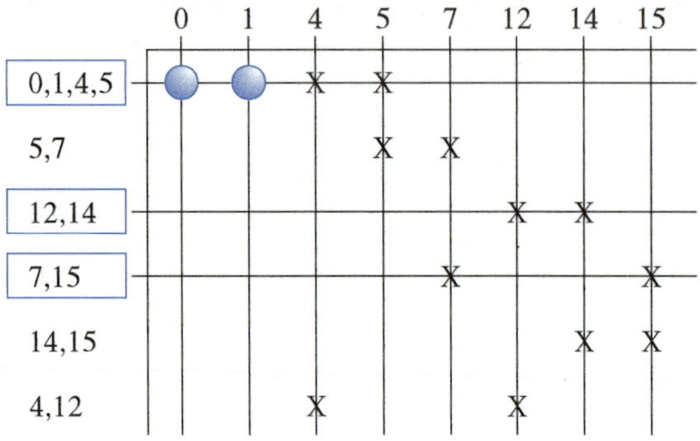

최소화된 함수 $F = 0,1,4,5 + 7,15 + 12,14$
$= \overline{A}\overline{C} + BCD + AB\overline{D}$

[그림 6-11] 퀸 맥클러스키 방법의 다른 예제: 최소 커버 최종 결과

축소된 주관련항 차트에 대해서 최소커버를 구하여 최종적으로 구한 최소커버의 결과는 [그림 6-11]에 나와 있다.

6.5 에스프레소(Espresso) 알고리즘

앞에서 소개한 퀸 맥클러스키의 테이블(tabular) 방법을 사용하여 최소해를 찾는데는 상당히 많은 시간이 필요한 것을 알 수 있다. 입력의 개수를 n개라고 하면, 최소항의 개수만 해도 2의 n승이 되기 때문에 표의 크기가 n에 대해서 지수적으로 증가하는 것을 알 수 있다. 더욱이 주관련항의 최대 개수는 $\frac{3^n}{n}$에 달하게 된다.

또한 최소커버는 잘 알려져 있는 NP-complete 문제에 속한다.

여기서 잠깐

다음과 같은 문제들이 NP-complete 문제(즉, polynomial-time에 구할 수 없는 다루기 어려운 문제)에 속하게 된다.

1) 최소 k-CNF-satisfiability(k>2 인 경우) 문제: 여기서 CNF(Conjunctive Normal Form)는 POS(Product of sum) 형식을 말한다.

k = 3인 경우에 대한 예를 들어 보자. 아래 식은 2개의 최대항을 가지고 있고 각 항은 세 개의 리터럴로 구성되어 있다.

$Y = (x1 + x2 + x4)(\overline{x2} + x3 + \overline{x4})$

이와 같은 3-satisfiability 문제는 최소 개수의 리터럴에 1을 할당하여 출력 Y가 1이 되는 최소 개수의 리터럴을 찾는 문제가 된다. 따라서 그 해는 x1 = x3 = 1이 된다. 최소 커버는 이 문제에 속한다.

2) Traveling salesman problem(TSP): 그래프 G에 대해서 minimum-weight Hamiltonian cycle을 찾는 문제이다. 여기서 Hamiltonian cycle이란 그래프 G의 노드들을 한 번만 지나는 사이클을 말한다.

3) 그래프에서 최대 Clique을 찾는 문제: 여기서 clique이란 모든 노드 쌍이 에지로 연결되어 있는 그래프를 말하며, complete subgraph라고도 부른다.

4) 최소 그래프 컬러링(graph coloring) 문제: 인접된 노드를 다른 컬러로 할당하여 모든 노드에 컬러를 할당할 수 있는 최소의 컬러 수를 찾는 문제.

5) Bin packing 문제: 같은 크기를 갖는 bin들에 다른 크기를 갖는 객체들을 packing할 때 필요한 최소의 bin 수를 찾는 문제

즉, 최소 커버와 같은 NP-complete 문제는 입력의 크기가 클 때는 최적시간을 구하는 시간이 오래 걸리기 때문에 최적해를 구할 수 없게 된다. 따라서 최소해를 찾으려고 많은 비용을 들이는 것보다는 최소해는 아니지만 최소해에 가까운 해를 빠른 시간에 찾을 수 있는 알고리즘을 만들어내는 것이 현실적일 것이다.

따라서 퀸 맥클러스키 방법에서와 같이 모든 주관련항을 찾아 최적해를 구하기 위하여 많은 시간을 보내기 보다는 부분적인 주관련항들을 이용하여 적당한 선에서 최소 커버를 찾는 것이 필요하다. 그 방법은 마치 설계자가 카노 맵을 이용하여 주관련항을 찾는 방법과 크게 다르지 않다.

불리언 공간이라고 불리우는 불리언 큐브를 이용해서 중복 또는 과잉(redundancy)을 제거하는 방법에 대해서 생각해 보자. 불리언 큐브를 다시 정의해 보자.

불리언 큐브(Cube)란 n-차원 공간에서 리터럴의 Conjunction(AND)을 n차원 하이퍼 큐브(hypercube)의 모서리에 매핑시킨 것을 의미한다. 예를 들면, 불리안 큐브의 모서리는 3개의 변수를 갖는 8개의 항에 해당한다. 검게 표시한 모서리는 On-set에 해당하는 항을 표시한다.

여기서, On-set이란 "1"을 갖는 최소항에 해당하는 모서리를 말한다.

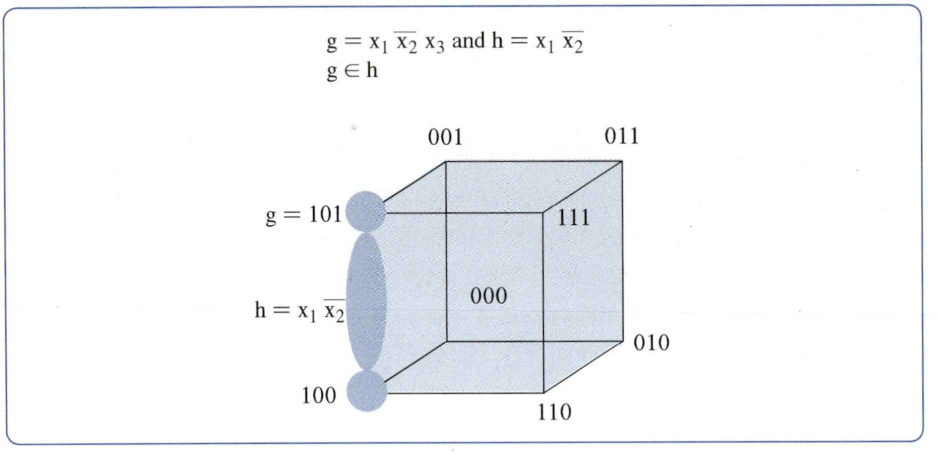

[그림 6-12] 불리언 공간(Boolean Space)

만약에 On-set g가 On-set h의 subset이라면 $g \in h$라고 표시한다. 예를 들면 [그림 6-12]와 같이 $g = x1\ \overline{x2}\ x3$, $h = x1\ \overline{x2}$인 경우, $g \in h$가 되는 것을 알 수 있다. 이 경우에 g는 중복 또는 과잉인 것을 알 수 있다. 따라서 h는 g를 커버(cover)하고 있다고 말한다.

따라서 이런 방법을 통해서 우리는 불리언 공간에서 커버를 찾아내어 제거함으로써 논리식을 감소시킬 수 있었다. 하지만 다음과 같은 예외적인 경우는 그러한 방법을 통해서 쉽게 찾아내기가 어렵다. 만약 $f = \overline{x2}\ \overline{x3} + x1\ \overline{x2} + x1\ x3$, 인 경우 $x1\ \overline{x2}$는 중복이다.

여기서 $x1\ \overline{x2}$라는 항을 콘센서스(consensus)라고 부른다, 출력이 여러 개 있는 함수들을 동시에 최소화하는 경우에는 더욱 어렵게 된다. 따라서 중복이 되지 않는 커버를 찾는 것만으로는 최소해를 찾을 수 없게 된다. 다음 예를 살펴보자.

$$F = \bar{b}\ c + \bar{a}\ c + a\ \overline{bc}$$

이 경우 중복을 관찰할 수 없는 것을 알 수 있다.

그렇다면 어떤 방법을 사용해야 하는 것일까? 다음 방법을 사용해 보자.

먼저 $\bar{b}\ c$에 리터럴 a를 첨가해 보자. 이를 축소(reduction)라고 부른다.

한 관련항의 축소란 그 관련항에 한 개의 리터럴을 추가하는 과정을 말한다. "축소"를 하는 이유는 다른 모양으로의 "확장"을 통해 더 좋은 해를 찾으려는 것이다. 위 식의 경우에는 $\bar{b}\ c$를 $a\ \bar{b}\ c$로 치환해도 F의 출력에는 변함이 없다. 즉,

$F = \bar{b}\,c + \bar{a}\,c + a\,\bar{b}\bar{c} = a\,\bar{b}\,c + \bar{a}\,c + a\,\bar{b}\bar{c}$가 된다. 불리언 큐브를 이용해서 살펴보면 두 식이 같은 것을 알 수 있다.

여기서 다시 첫 번째 항의 $a\,\bar{b}\,c$에서 c를 제거해 보자. c를 제거해도 F의 출력에는 변함이 없다. 이를 확장(expansion)이라고 부른다. 관련항의 확장이란 그 관련항에서 한 개의 리터럴을 제거하는 과정을 말한다. 확장을 하는 목적은 확장을 통해 더 작은 리터럴을 가지고 있는 주관련항을 찾는 것이다.

$F = a\bar{b} + \bar{a}\,c + a\bar{b}\bar{c}$가 된다.

마지막으로 중복(redundancy)이 있는지 살펴보면, $a\,\bar{b} + a\,\bar{b}\bar{c} = a\bar{b}(1 + \bar{c}) = a\bar{b}$이기 때문에 $F = a\,\bar{b} + \bar{a}\,c$가 되는 것을 알 수 있다.

"중복"이란 한 관련항에 의해서 커버된 모든 최소항이 다른 관련항에 포함되어 있는 경우를 말한다. 이 경우 $a\bar{b}\bar{c}$가 $a\bar{b}$에 포함되어 있기 때문에 제거할 수 있게 된다.

이때 각 단계에서 새롭게 만든 함수가 이전의 함수와 불리언 항등조건을 만족하는지 확인이 필요하다.

이러한 아이디어를 이용하여 만든 것이 바로 에스프레소라는 알고리즘이며 다음의 세 단계로 수행된다.

1) 첫 번째 단계에서는 관련항을 가능한 한 최대한 "확장"한다. 이렇게 함으로써 확장된 관련항들이 포함하는 다른 관련항들이 향후 제거되게 된다. 이 경우에 어떤 항을 먼저 "확장"하는가에 따라서 결과가 달라지게 된다. 휴리스틱한 방법을 이용하여 순서를 정하게 된다.
2) 두 번째 단계에서는 중복이 없는 커버를 찾는 단계인데 이것은 앞에서 구한 퀸 맥클러스키의 주관련항 차트를 이용하는 방법과 같다. 이와 같은 '중복 제거'를 통하여 지엽적 해(local minimum)를 구할 수 있다. 그러나 그러한 지엽적 해에서 빠져 나와 더 좋은 해가 있을 가능성을 고려하여 다음 단계를 수행한다.
3) 세 번째 단계는 "축소"이다. "축소"는 주관련항을 가장 작은 크기로 줄이는 과정을 말한다.

"축소/확장/중복제거"의 세 개의 과정을 반복하여 최소화 해를 찾게 된다. 이 과정을 수행하기 전에 필수 주관련항은 미리 찾아서 최적화 고려 대상에서 제외함으로써 시간을 절약할 수 있게 된다. 상세한 에스프레소 알고리즘은 다음과 같다.

```
Procedure ESPRESSO (F, D, R) /* F is ON set, D is don't care, R OFF
 *
 R = COMPLEMENT(F+D); /* Compute complement */
 F = EXPAND(F, R); /* Initial expansion */
 F = IRREDUNDANT(F, D); /* Initial irredundant cover */
 F = ESSENTIAL(F, D) /* Detecting essential primes */
 F = F − E; /* Remove essential primes from F */
 D = D + E; /* Add essential primes to D */
 WHILE Cost(F) keeps decreasing DO
     F = REDUCE(F, D); /* Perform reduction, heuristic which cubes */
     F = EXPAND(F, R); /* Perform expansion, heuristic which cubes */
     F = IRREDUNDANT(F, D); /* Perform irredundant cover */
 ENDWHILE;
 F = F + E;
 RETURN F;
```

[그림 6-13] 에스프레소(ESPRESSO) 알고리즘

에스프레소 알고리즘은 새로운 커버를 찾아서 더 이상의 개선이 없을 때까지 계속 수행하여 근사 최적해를 구한다. 2-레벨 구조인 PLA 논리 최소화에 사용되고 또한 멀티-레벨 논리 최소화의 부함수로 사용된다. 10,000개의 리터럴, 100개의 입력, 100개의 출력을 가진 논리회로를 Espresso로 최소화하는데 걸리는 시간은 고성능 워크스테이션을 사용했을 때 15분 미만이다.

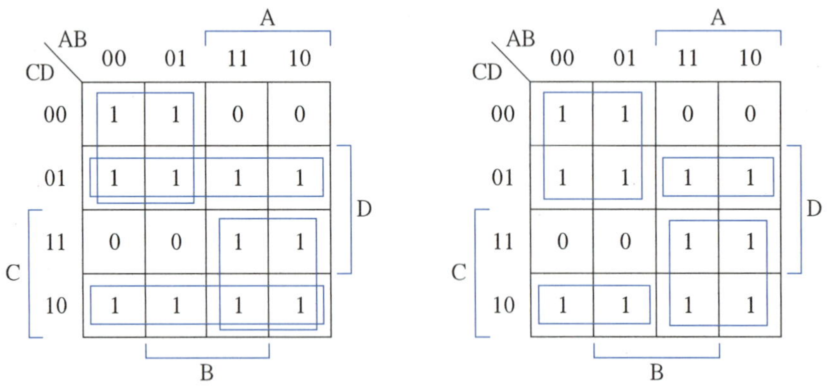

[그림 6-14] 에스프레소의 반복과정

단계 1과 2를 수행한 후에 얻어진 결과가 [그림 6-14]의 왼쪽에 나타나 있다. 그러나 이것이 최소해가 아니다. 오른쪽 그림은 "축소(reduce)" 작업을 수행한 후에 얻어진 결

과이다. 어떤 관련항부터 축소를 하는가에 따라 축소의 결과가 달라지는 것을 알 수 있다.

확장을 통해 다른 형태의 주관련항을 얻은 결과가 [그림 6-15] 왼쪽에 있으며, 확장의 결과로 얻은 새로운 주관련항들 중에서 "중복" 항을 제거한 결과가 [그림 6-15] 오른쪽에 나와 있다.

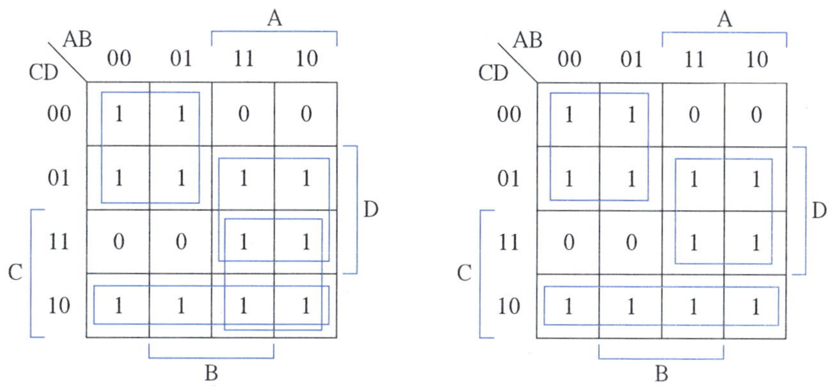

[그림 6-15] 에스프레소 알고리즘 예제

[그림 6-16]에 에스프레소의 입력 파일과 최소화된 결과 파일의 예를 볼 수 있다.

$$f(A,B,C,D) = m(4,5,6,8,9,10,13) + d(0,7,15)$$

Espresso Input

.i 4		-- # inputs
.o 1		-- # outputs
.ilb a b c d		-- input names
.ob f		-- output name
.p 10		-- number of product terms
0100	1	-- $\bar{A}B\bar{C}\bar{D}$
0101	1	-- $\bar{A}B\bar{C}D$
0110	1	-- $\bar{A}BC\bar{D}$
1000	1	-- $A\bar{B}\bar{C}\bar{D}$
1001	1	-- $A\bar{B}\bar{C}D$
1010	1	-- $A\bar{B}C\bar{D}$
1101	1	-- $AB\bar{C}D$
0000	-	-- $\bar{A}\bar{B}\bar{C}\bar{D}$ don't care
0111	-	-- $\bar{A}BCD$ don't care
1111	-	-- $ABCD$ don't care
.e		-- end of list

Espresso Output

```
.i 4
.o 1
.ilb a b c d
.ob f
.p 3
1-01    1
10-0    1
01--    1
.e
```

$$f = A\bar{C}D + A\bar{B}\bar{D} + \bar{A}B$$

[그림 6-16] 에스프레소 입/출력 예제

6.6 2-레벨 논리회로의 POS 최소화 방법

곱의 합(SOP) 형식은 "1"의 값을 갖는 최소항(On-set)의 합으로 표현한다.
합의 곱(POS) 형식은 "0"의 값을 갖는 최대항(Off-set)의 곱으로 표현한다.
SOP와 POS 사이에는 다음과 같은 동일성을 갖는다.
F의 최소 POS = (F'의 최소 SOP)'
F의 최소 SOP = (F'의 최소 POS)'

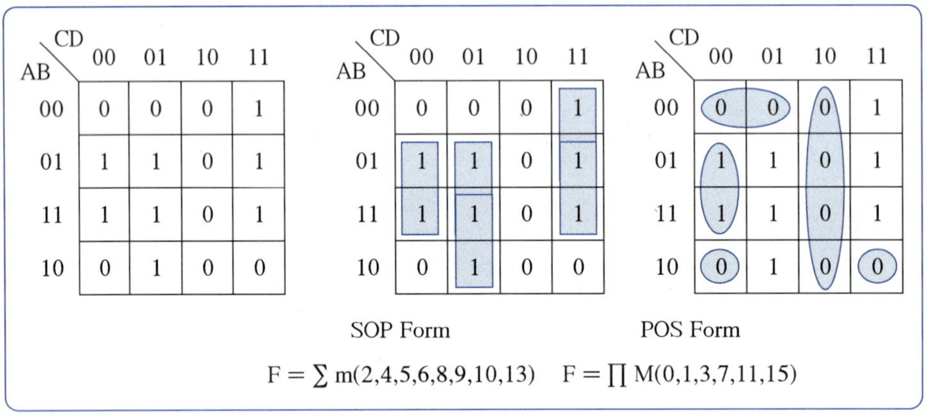

[그림 6-17] SOP와 POS 형식

[그림 6-17]의 예에 대한 SOP 형식은 다음과 같다.

$$\overline{F(A,B,C,D)} = (CD) + (A\overline{B}\,\overline{D}) + (\overline{A}B\overline{C})$$

이 함수에 De Morgan의 이론을 이용하면 다음과 같은 POS이 된다.

$$F = (\overline{C} + \overline{D}) \cdot (\overline{A} + B + D) \cdot (A + B + C)$$

따라서 Quine McClusky나 에스프레소는 POS에도 적용될 수 있다.

알고리즘 설계와 복잡도에 대하여…

어떤 문제가 "intractable"이라면 이 문제는 다항적인 시간 내에 풀릴 수 없다는 뜻이다. 만약 어떤 문제에 대해서 다항적인 시간 내에 해를 구할 수 있는 알고리즘이 발견된다면 다항적인 시간 알고리즘(polynomial-time algorithm)이라고 불린다. 예를 들어 Dijkstra의 최단경로(shortest 경로) 문제, Kruskal 및 Prim의 최소신장트리(minimum spanning tree) 문제 같은 경우가 다항적-시간 알고리즘에 속한다. 어떤 문제가 intractable이라는 것이 증명되면 그 문제는 NP-complete 문제라고 불린다. 어떤 문제에 대해서 intractable이라는 것이 증명되지 않았지만 아직까지 다항적인 시간 알고리즘이 발견되지 않았다면 이 문제를 열린 문제(open problem)라고 부른다. 디지털 설계에서 발생하는 대부분의 문제들은 NP-complete로 분류된다. 복잡한 문제에 대한 효과적인 해답들의 계산이 어려워 보일 때, 때때로 부정적인 결과들은 매우 훌륭한 안내를 제공할 수 있다. 그러한 NP-complete 문제는 최적해를 구할 수 없기 때문에 적당한 오차 한계를 가진 빠른 대략적인 해를 제공하는 휴리스틱 알고리즘을 찾는 것이 현명하다. 제안된 알고리즘의 성능을 표시하기 위하여 시간 복잡도(time complexity) 및 최적해와 비교한 대략 최적률(approximation bound)을 계산한다. 여기 몇 가지 알고리즘을 소개한다.

- 탐익 알고리즘(greedy algorithm): Charles Dickens의 소설 인물인 Ebenezer Scrooge는 매일마다 그의 단 하나의 욕구는 단순히 그가 할 수 있는 한 많은 돈을 긁어 모으는 것이다. 이 욕심꾸러기 알고리즘은 Scrooge가 하는 것과 똑같은 방식으로 동작한다. 욕심꾸러기 알고리즘은 매순간의 순차적인 결정으로 해답에 도달한다. 그 각각의 결정은 단순히 그 순간에 가장 좋은 것을 택하는 것이다. 즉, 각 결정은 국부적(local)으로 최적화된 결정이다. 바람직한 것은 이런 식으로 결정을 할 때 전체적(global)으로 최적화된 해답을 얻는 것이지만 실제적으로 모든 문제에 대해서 항상 그렇게 되는 것은 아니다.
- 계층적인(hierarchical) 접근 또는 분해(decomposition)는 divide and conquer(또는 cut and paste)라고 불린다. 만약 어떤 문제 사례(instance)의 크기가 너무 커서 쉽게 계산하기 어렵다면 그것들을 더 작은 개체들로 나눌 수 있다. 이렇게 사례들을 아주 작은 크기로 나누어서 작은 크기 사례에 대하여 쉽게 해답을 얻을 수 있을 때까지 나누기를 계속한다. 이 divide-and-conquer 접근방식은 하향식(top-down) 접근방법이다. 즉 가장 최상위 수준의 문제의 해답은 아래로 내려가서 작은 사례들의 해답들을 얻음으로써 얻어질 수 있다.
- 동적 프로그래밍(dynamic programming)은 전체 문제의 사례가 보다 작은 문제들의 사례로 나뉘어진다는 면에서 devide-and-conquer와 비슷하다. 그러나 동적 프로그래밍에서는 먼저 작은 문제들의 사례를 해결한다. 그리고 그 결과들을 저장한다. 그리고 나서 그 결과가 필요할 때마다, 그것들을 다시 계산하지 않고 단순히 그 결과들을 참조하기만 하면 된다. Fibonacci 수열의 n번째 term를 계산하는 것은 동적 프로그래밍의 한 예이다. 이 알고리즘은 순서대로 0에서 n까지 인덱스 되어있는 배열 f 에서 처음의 n-1 번째 term을 만듦으로써 n번째 피보나치 수열의 term을 결정한다. 동적 프로그래밍에선 상향식 방식으로(bottom up) 해답을 만들어간다.
- Branch and Bound Prunning을 이용한 최고 우선 탐색(Best-First Search)은 solution space를 트리형태로 구성한 다음 각 노드(node)에서 그 노드가 유망(promising)한지를 결정하

여 불필요한 해 공간(solution space)에 대한 탐색을 최소화하여 최적해를 구하는 데 필요한 계산시간을 줄이는 것이다. 만약 그 노드의 한계값이 지금까지 발견된 가장 좋은 해의 값보다 좋지 않다면 그 노드는 유망하지 않기 때문에 그 노드에 연결된 부트리(subtree)는 가지치기(pruning)를 한다 . 반대의 경우 그 노드는 유망(promising)하다고 하고 그 노드에 연결된 부트리에 대한 탐색을 계속하여 어떤 promising 경로가 트리의 leaf 노드에 도달할 때까지 같은 일을 반복한다. Branch-and-bound 알고리즘은 최악의 경우 지수형태의 시간을 소모한다. 그러나 많은 경우에 있어 커다란 사례에서 매우 효과적이다. 각 노드에서 계산되는 한계값은 그 노드가 유망한지 아닌지 결정하는 것 이외에 유망한 노드들의 한계값들을 비교해서 가장 좋은 한계값을 갖는 노드의 자식노드들을 방문하는 데 쓰일 수 있다. 이러한 접근방법을 branch-and-bound 가지치기(prunning)를 이용한 최고 우선 탐색(best-first search)이라고 부른다.

- 담금질(Simulated Annealing) 방법은 분할[Chung and Rao 1986], 배치, 배선[Vecchi and Kirkpatrick 1983], 배치계획[Otten and van Ginnekin 1984] 등뿐만 아니라 logic 최소화[Lam and Delosme 1986], 스케쥴링, 할당 문제들, TSP(Travelling Salesman Problem)[Randoelman and Grest 1986], 그리고 다른 Operation Research 문제들에서 일어나는 커다란 크기의 어려운 최적화 문제들을 풀기 위한 확률적 휴리스틱(heuristic) 방법이다. 만약 Simulated Annealing이 적절한 냉각 계획을 가지고 충분히 오랜 시간 동안 동작한다면 전체에서의 최소점(global minimum)에 도달한다는 것이 보장된다. [Mitra et al. 1985; van Laarhoven and Aarts 1987]. 이 알고리즘의 동작을 쉽게 이해하기 위하여 다음의 비유를 살펴본다. 먼저 이름이 연유된 첫 번째 비유를 살펴보자. Simulated Annealing은 금속에서의 어닐링 과정에 비유된다. 만약 금속이 스트레스를 받고 불완전한 수정구조를 가지고 있을 때, 이것의 원자배치를 다시 회복시키는 한 가지 방법은 아주 높은 온도로 열을 가하는 것이다. 그러면 원자들은 아주 높은 운동에너지를 가지게 되어서 현재의 잘못된 위치의 느슨한 연결을 끊고 나오게 된다. 금속이 냉각됨에 따라 원자들은 천천히 바른 격자 구조로 고정되기 시작한다. 만약 금속이 너무 급속하게 냉각된다면 원자들은 바른 격자 위치를 찾아갈 기회를 잃게 된다. 그래서 수정구조에 결점이 있는 채로 냉각되어버린다. 이와 유사하게, 시뮬레이트 어닐링에서의 높은 온도에서는 처음의 구성에 아주 많은 임의적인 교환이 일어나게 된다. 이것들은 잘못된 위치에 놓여져 있는 셀들에게 처음의 위치로부터 움직일 기회를 가져다 준다. 온도가 줄어듦에 따라 셀들은 천천히 그들의 최적의 위치로 찾아들게 된다. 두 번째 비유에서는 Simulated Annealing은 상자안의 언덕이 많은 지형에 있는 공에 비유된다. 외부의 충격이 없으면 공은 움푹 들어간 곳을 만날 때까진 언덕을 따라 내려가게 된다. 비록 멈춰서 있는 구덩이가 가장 낮은 계곡보다는 높은 곳에 있지만 그곳에 영원히 멈춰 있게 될 것이다. 공을 전체에서 가장 낮은 계곡으로 보내기 위해선 상자가 아주 심하게 흔들려서 공이 높은 언덕을 넘어설 수 있을 만큼 되어야 한다. 동시에 상자는 점점 흔들림이 줄어들어서 공은 가장 낮은 계곡에 들어서고 그곳에서 빠져나오지 못해야 한다. 상자를 흔드는 진동의 세기는 확률적인 함수와 초기 온도에 의해서 결정된다. 그리고 진동의 기간은 냉각 스케쥴과 루프 내부의 평가기준에 의해서 결정된다.
- 유전자 알고리즘(Genetic Algorithm): 유전자 일고리즘은 유전학에서 사용하는 우성인자 쌍들의 교배 및 우성인자의 변이를 통하여 새로운 개체군을 만들어 해를 구하는 방법으로

Simulated Annealing 방식과 함께 VLSI 설계의 많은 분야에서 적용되고 있다.
유전자 알고리즘을 간략히 알아보자. 현재 해들의 집합을 군집(population)이라고 부른다. 해들은 심볼의 문자열(string)로 표현되어진다. 해의 문자열들은 비용함수에 의해서 순위가 정해지고, 이 점수는 그 문자열의 성능을 나타낸다. 군집의 부분집합이 목적함수에 의해서 부모들(parents)로 선정된다. 이를 복제라고 하는데 복제는 각각의 개체들이 목적 함수(적합 함수(fitness function))의 값에 따라 한 세대에서 다음 세대로 복사되는 과정이다. 개체들의 적응도에 따라 복사한다는 것은 보다 높은 값을 가지는 개체들이 다음 세대의 자손들에게 좋은 영향을 끼칠 확률이 더욱 높다는 것을 뜻한다. 이것은 다윈의 적자생존의 법칙과 일치한다. 자손(offsprings)들이라고 불리는 새로운 해들은 부모들의 쌍의 조합에 의해서 만들어지는데 이때 부모들은 자신들이 가지고 있는 정보들을 자기와 관련있는 자손들에게 물려주게 된다. 이러한 계산자를 교배(crossover)라고 부른다. 원래 존재한 군집들과 교배를 통해서 새로 생성된 군집들의 모임에서 원래 군집의 크기와 똑같은 크기의 집합이 다음 세대에서 살아남기 위해서 확률적으로 새로 선택된다. 교배 외에도 변이(mutation)이라고 불리는 연산자가 살아남은 해의 문자열 안에 변화를 가져온다. 많은 세대를 지나오면서, 보다 높은 등급을 가진 좋은 해들은 살아남고, 나쁜 해들은 사라지게 된다.

- 선형 프로그램(Linear Programming)은 간결성 및 정형성으로 가장 선호하는 최적화 기법 중의 하나이며 LP package는 Matlab 또는 internet의 shareware를 통하여 쉽게 이용할 수 있기 때문에 많은 엔지니어에 의해서 선호되는 방법이다. Simplex method라는 알고리즘에 의하여 그 효율성이 입증되었다.
- 병렬 처리 알고리즘: IC의 집적도가 커짐에 따라 시스템의 복잡도는 크게 증가하고 있다. 기존의 배치나 배선 알고리즘들은 그들 자체가 가지고 있는 순차적인 성질 때문에 크게 계산시간적인 제약을 받고 있다. Simulated Annealing과 같은 randomize된 탐색 알고리즘이 사용될 때, 대부분의 계산 시간은 비용함수를 계산할 때 거의 사용된다. 계산함수의 계산은 PVM을 구성하는 parallel machine에서 계산될 수 있다. PVM 환경은 master-slave mode에서 작동한다. 최적화 부분은 main host를 사용함으로 해서 master mode에서 작동하며 비용함수 계산은 slave mode를 사용함으로 해서 parallel하게 작동한다. 특히 net에 대해서 많은 수를 가지고 있는 설계는 이런 방법으로 속도개선을 가능하게 한다. 신경망 알고리즘들도 이러한 문제들을 해결하기 위해서 병렬적인 해들을 제공하고 있다.

참 / 고 / 문 / 헌

- Logic Minimization Algorithms for VLSI Synthesis, Robert K. Brayton, Gary D. Hachtel, C. McMullen, and Alberto L. Sangiovanni-Vincentelli(1984)
- Logic Synthesis, Srinivas Devadas, Abhijit Ghosh, Kurt Keutzer(1994)
- Logic Synthesis and Verification, Algorithms, Gary D. Hachtel, Fabio Somenzi(2006)

연습문제

1. 다음 용어를 설명하시오.

1) 주관련항(Prime Implicant)
2) 필수 주관련항(Essential Prime Implicant)
3) 최소항(Minterm)
4) 최대항(Maxterm)
5) 정규 곱의 합(Canonical Sum of Products)

➡ 1) 주관련항(Prime Implicant): 주관련항이란 관련항 중에 최소화 식에 포함되는 모든 항을 말하며, 다른 주관련항에 완전히 포함되지 않는 항을 말한다.

2) 필수 주관련항(Essential Prime Implicant): 필수 주관련항이란 주관련항 차트에서 만약 한 개의 행이 오직 하나의 '1' 엔트리를 가지고 있다면 그에 해당하는 열의 주관련항을 말하며 이 필수 주관련항은 최소 논리식에 반드시 포함시켜야만 하는 항이 된다.

3) 최소항(Minterm): 곱의 합 정규 형식에서는 각 곱의 항(product term)에 모든 변수(또는 변수의 보수)가 반드시 하나씩 나타나야 한다. 이러한 항을 최소항(minterm)이라고 한다

4) 최대항(Maxterm): 합의 곱 정규 형식에서는 각 합의 항(sum term)에 각 변수(또는 그 변수의 보수)가 반드시 하나씩 나타나야 한다. 이러한 항을 최대항(maxterm)이라고 한다.

5) 곱의 합 정규 형식(Canonical Sum of Products): 곱의 합 정규 형식은 곱의 항(product term)에 모든 변수(또는 변수의 보수)가 반드시 하나씩 나타나야 하는 형태를 말한다.

2. 카노 맵을 이용하여 다음 부울 대수의 주관련항(prime implicant)를 찾으시오.

$F = w'x' + w'xy + wx'y' + wx$

➡

w \ xy	00	01	11	10
0	1	1	1	0
1	1	0	1	1

$\rightarrow \overline{w}\overline{x}, \overline{x}\overline{y}, \overline{w}y, xy, w\overline{y}, wx$

3. 카노 맵을 이용하여 다음 식을 간단하게 하시오.

$f(A,B,C,D) = \Sigma m(0,5,7,8,10,12,14,15)$

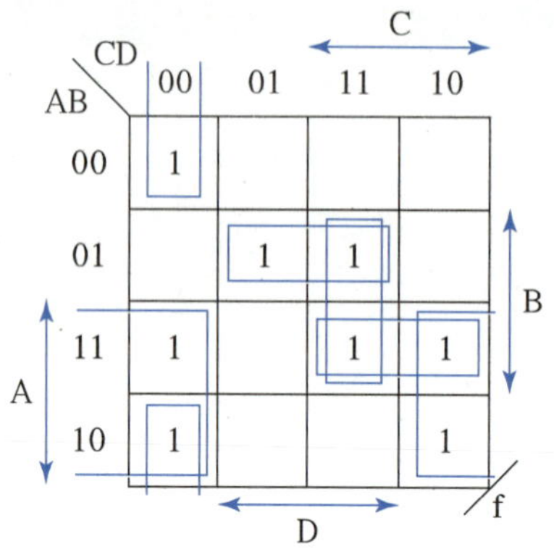

Prime Implicants

1) $\overline{B}\overline{C}\overline{D}$(m0, m8)

2) $\overline{A}BD$(m5, m7)

3) BCD(m7, m15)

4) ABC(m14, m15)

5) $A\overline{D}$(m8, m10, m12, m14)

Essential Prime Implicants

1) $\overline{B}\overline{C}\overline{D}$(m0을 포함하는 유일한 원소)

2) $\overline{A}BD$(m5를 포함하는 유일한 원소)

3) $A\overline{D}$(m10, 12를 포함하는 유일한 원소)

모든 Essential Prime Implecants를 사용하면 m0, m5, m7, m8, m10, m12, m14를 포함할 수 있다.

m15 원소가 남게 되므로 BCD 혹은 ABC를 선택하여야 한다.

$f = \overline{B}\overline{C}\overline{D} + \overline{A}BD + A\overline{D} + ABC$ 또는

$f = \overline{B}\overline{C}\overline{D} + \overline{A}BD + A\overline{D} + BCD$

4. 카노 맵을 이용하여 다음 수식에 대한 최소의 SOP를 구하시오.

$f(w,x,y,z) = \Sigma m(1,3,4,7,11) + d(5,12,13,14,15)$

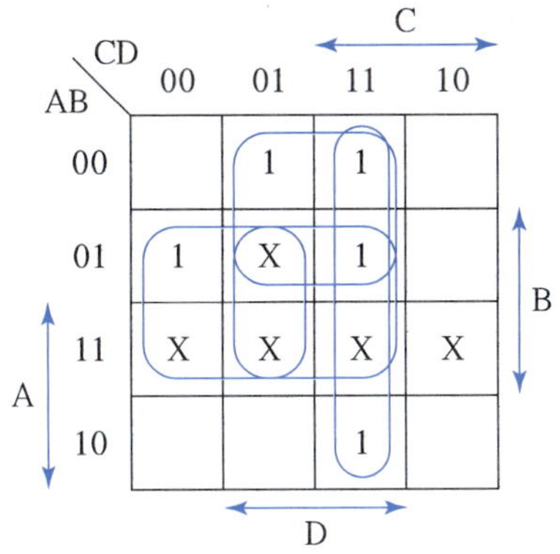

주관련항(Prime Implicants)

1) $\overline{A}D$(m1, m3, d5, m7)

2) BD(d5, m7, d13, d15)

3) $B\overline{C}$(m4, d5, d12, d13)

4) CD(m3, m7, m11, d15)

필수 주관련항(Essential Prime Implicants)

1) $\overline{A}D$(m1을 포함하는 유일한 원소)

2) $B\overline{C}$(m4를 포함하는 유일한 원소)

3) CD(m11를 포함하는 유일한 원소)

모든 필수 주관련항을 사용하면 m1, m3, m7, m4, m11를 포함할 수 있다.

$f = \overline{A}D + B\overline{C} + CD$

5. 다음 Boolean Cube에 해당하는 Boolean function을 최소화하기 위하여 아래 문제를 푸시오.

A	B	Cin	Cout
0	0	0	0
0	0	1	0
0	1	0	0
0	1	1	1
1	0	0	0
1	0	1	1
1	1	0	1
1	1	1	1

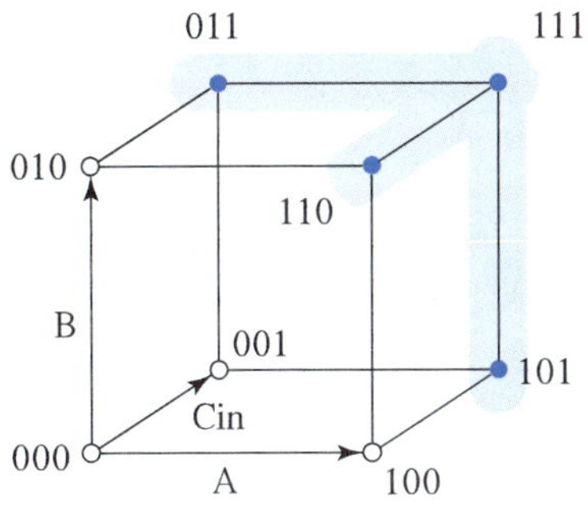

1) 주관련항: B Cin, AB, A Cin

2) 필수 주관련항: B Cin, AB, A Cin

3) 최소 커버(최소화된 함수): B Cin + AB + A Cin

6. 2-level 논리 최소화를 위해 Quine-McCluskey 방법을 사용할 때의 문제점은 무엇이며 실제 산업체에서 복잡한 논리설계 시 사용하는 CAD tool에서 이용하는 방법에 대해서 간략히 설명하시오.

➲ Quine-McCluskey 방법은 최소화된 식을 구하는 알고리즘으로 입력의 수가 많을 때는 시간이 많이 걸려 실제 사용하기 어려우며 실제로 입력의 수가 많은 회로에 대해서는 휴리스틱 방법을 사용하여 최소화 식은 구할 수 없지만 최소화 식에 근사한 식을 구하는 방법을 사용한다.

7. 카노(Karnaugh) 맵을 사용하여, 다음 4개의 변수를 갖는 불리언 함수에 대한 최소 SOP 형태를 구하시오.

$F(A,B,C,D) = \Sigma m(1, 4, 5, 7, 13) + d(0, 6, 14, 15)$

➲ 다음의 카노 맵은 2개의 주관련항을 보인다.

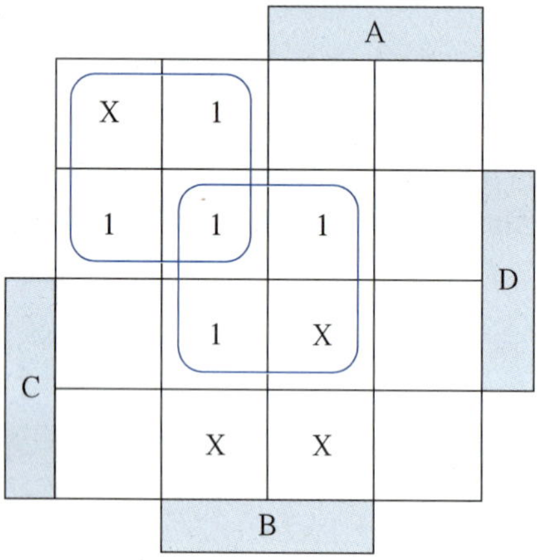

따라서 최소 SOP 형태는 다음과 같다.

$F = \overline{A}\overline{C} + BD$

8. Consensus 이론을 사용하여, 다음 함수의 주관련항(PI)을 모두 구하시오.

$$F(A, B, C) = A\overline{B} + B\overline{C} + \overline{A}C$$

필수 주관련항(EPI)이 없는 것을 보이고, 카노 맵에 주관련항을 표시하고 최소 SOP를 구하시오.

➡ 더 이상 콘센서스 이론을 적용할 수 없을 때까지 콘센서스 이론을 반복적으로 적용하면 다음과 같이 표현할 수 있다.

$$F(A, B, C) = A\overline{B} + B\overline{C} + \overline{A}C + \overline{B}C + A\overline{C} + \overline{A}B$$

6개의 주관련항이 있다. 주관련항이 필수인지를 결정하기 위해서, 그 주관련항을 제거한다. 제거된 후에 다시 컨센서스 이론을 적용하여 그 주관련항이 다시 복원되면 그 주관련항은 필수가 아니다. 복원이 되지 않으면 그것은 필수 주관련항이 된다. 예를 들어 $A\overline{B}$를 제거해 보자. 그러면 다음의 2개의 관련항이 다시 컨센서스 이론에 의해 그 제거된 관련항을 복원하게 된다.

$$\overline{B}C + A\overline{C} = \overline{B}C + A\overline{C} + A\overline{B}$$

이것은 제거된 관련항이 포함하는 최소항이 다른 관련항에 의해서도 포함되는 것을 의미하게 된다. 따라서 그 제거된 주관련항은 필수가 아닌 것을 알 수 있다. 마찬가지로 다른 5개의 주관련항은 모두 필수가 아닌 것을 알 수 있다.
다음의 Karnaugh 맵은 그 결과를 보인다. 굵은 선으로 표시된 부분이 최소 SOP에 포함되는 주관련항이다.

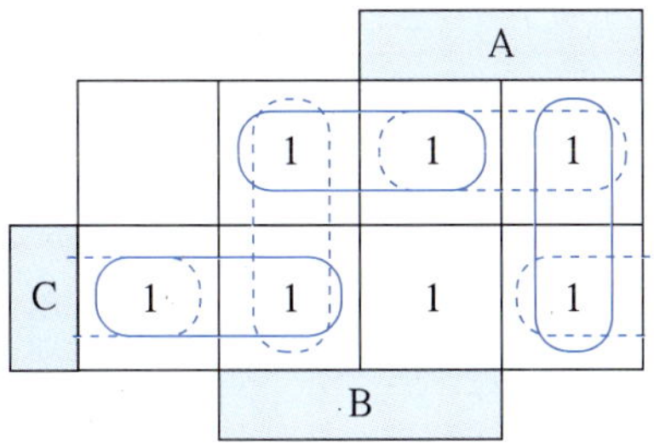

9. Quine-McCluskey 방법을 사용하여 다음 불리언 함수를 최소화하시오.

$F(A,B,C,D) = \Sigma m(0, 1, 3, 4, 5, 6, 7, 11, 14)$

그 결과를 카노 맵에 보이시오.

단계 1: 최소항의 개수에 따라 최소항들을 모은다.

최소항	ABCD	묶음
0	0000	1: 영(0) 개의 1
1	0001	2: 한 개의 1
4	0100	
3	0011	3: 두 개의 1's
5	0101	
6	0110	
7	0111	3: 세 개의 1's
11	1011	
14	1110	

단계 2: 주관련항(PI)을 구한다. 결합이론에 의해서 묶여진 항들은 X로 표시하고 남은 항들이 주관련항이 된다.

리스트 1			리스트 2			리스트 3		
최소항	ABCD		최소항	ABCD		최소항	ABCD	
0	0000	X	0, 1	000-	X	0, 1, 4, 5	0-0-	PI1
1	0001	X	0, 4	0-00	X	1, 3, 5, 7	0--1	PI2
4	0100	X	1, 3	00-1	X	4, 5, 6, 7	01--	PI3
3	0011	X	1, 5	0-01	X			
5	0101	X	4, 5	010-	X			
6	0110	X	4, 6	01-0	X			
7	0111	X	3, 7	0-11	X			
11	1011	X	3, 11	-011	PI4			
14	1110	X	5, 7	01-1	X			
			6, 7	011-	X			
			6, 14	-110	PI5			

단계 3: 필수 주관련항(EPI)을 구한다.

최소항 →	0	1	3	4	5	6	7	11	14
EPI1	X	X		X	X				
PI2		X	X		X		X		
PI3				X	X	X	X		
EPI4			X					X	
EPI5						X			X
EPI에 의해서 포함된 항들 →	X	X	X	X	X	X		X	X

단계 4: 최소항 7이 남았다. 그 최소항은 PI2 또는 PI3에 의해서 포함된다. 그 두 개의 주관련항이 같은 크기(2개의 리터럴)를 가지고 있기 때문에 그 최소항을 포함하는 주관련항으로 PI2를 선택한다.
따라서 최종적인 최소 SOP는 다음 식이 된다.

$$\begin{aligned} F(A, B, C, D) &= EPI1 + PI2 + EPI4 + EPI5 \\ &= (0-0-) + (0--1) + (-011) + (-110) \\ &= \overline{A}\overline{C} + \overline{A}D + \overline{B}CD + BC\overline{D} \end{aligned}$$

다음의 Karnaugh 맵이 그 결과를 보여주고 있다. 3개의 EPI를 보이고 있으며 점선으로 된 부분이 나머지 2개의 주관련항인데 그 중에 하나를 선택하면 된다.

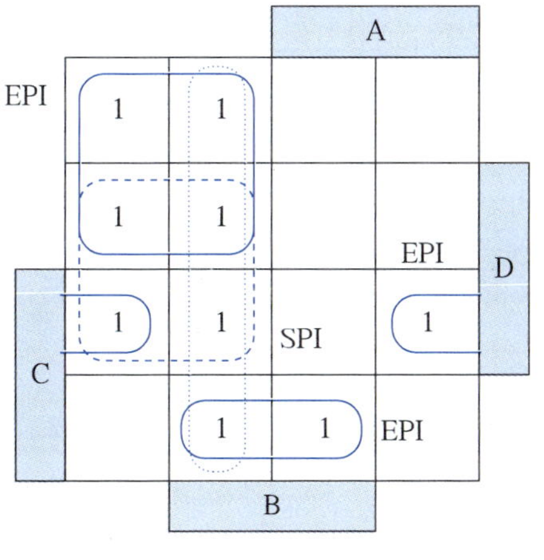

10. 불리언 함수를 최소화하기 위하여 Quine-McCluskey를 적용하시오.

$F(A,B,C,D) = \Sigma m(1, 3, 5, 7, 9, 10, 13, 14, 15)$

그 결과를 카노 맵으로 표현하시오.

Step 1: 최소항에 포함된 1의 개수에 따라서 그룹핑한다.

Minterm	ABCD	Groups
1	0001	1: single 1
3	0011	2: two 1's
5	0101	
9	1001	
10	1010	
7	0111	3: three 1's
13	1101	
14	1110	
15	1111	4: four 1's

Step 2: 주관련항을 찾는다(PI).

List 1			List 2			List 3		
Minterm	ABCD		Minterm	ABCD		Minterm	ABCD	
1	0001	X	1, 3	00-1	X	1, 3, 5, 7	0--1	PI1
3	0011	X	1, 5	0-01	X	1, 5, 9, 13	--01	PI2
5	0101	X	1, 9	-001	X	5, 7, 13, 15	-1-1	PI3
9	1001	X	5, 7	01-1	X			
10	1010	X	5, 13	-101	X			
7	0111	X	9, 13	1-01	X			
13	1101	X	10, 14	1-10	PI4			
14	1110	X	7, 15	-111	X			
15	1111	X	13, 15	11-1	X			
			14, 15	111-	PI5			

Step 3: 필수 주관련항을 찾는다(EPI).

Covered by EPI →	X	X	X	X	X	X	X	X	
Minterm →	1	3	5	7	9	10	13	14	15
EPI1	X	X	X	X					
EPI2	X		X		X		X		
PI3			X	X			X		X
EPI4						X		X	
PI5								X	X

Step 4: 최소항 15가 남는데 이것은 PI3 또는 PI5에 의해서 포함된다. PI3는 2개의 리터럴을 가지고 있고 PI5은 3개의 리터럴을 가지고 있기 때문에 PI3를 선택한다.
따라서 최소 SOP는 다음과 같다.

$$
\begin{aligned}
F(A, B, C, D) &= EPI1 + EPI2 + PI3 + EPI4 \\
&= (0--1) + (--01) + (-1-1) + (1-10) \\
&= \overline{A}D + \overline{C}D + BD + AC\overline{D}
\end{aligned}
$$

카노 맵은 다음과 같다.

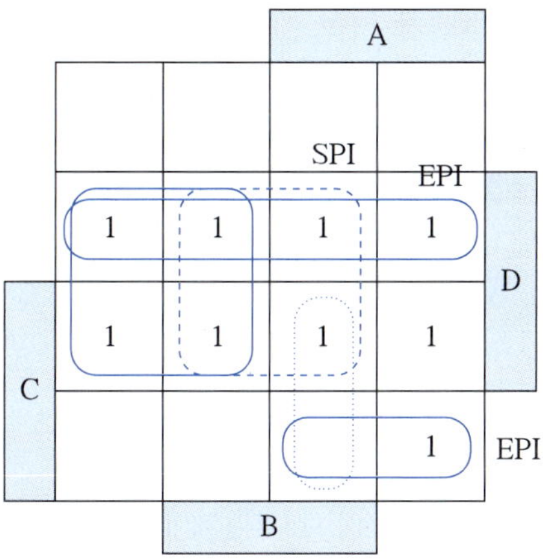

11. 아래는 $f(w, x, y, z) = \bar{x}\bar{y} + wxy + \bar{x}y\bar{z} + w\bar{y}z$에 대한 불리언 매트릭스이다. 여기서 각 행은 최소항에 해당하며, 각 열은 주관련항에 해당한다. 최소 커버(minimum cover)를 구하시오.

	wxy	wxz	$wy\bar{z}$	$w\bar{y}z$	$\bar{x}\bar{y}$	$\bar{x}\bar{z}$
$w\bar{x}\bar{y}\bar{z}$					1	1
$\bar{w}\bar{x}\bar{y}z$					1	
$\bar{w}\bar{x}\bar{y}\bar{z}$					1	1
$wxyz$	1	1				
$wxy\bar{z}$	1		1			
$w\bar{x}y\bar{z}$			1			1
$\bar{w}\bar{x}y\bar{z}$						1
$wx\bar{y}z$		1		1		
$w\bar{x}\bar{y}z$				1	1	

➡ 최소 커버:

$\{\bar{x}\bar{y}', \bar{x}\bar{z}, wxy, wxz\}$,

$\{\bar{x}\bar{y}', \bar{x}\bar{z}, wxy, w\bar{y}z\}$,

$\{\bar{x}\bar{y}', \bar{x}\bar{z}, wxz, wy\bar{z}\}$.

12. 주관련항을 찾는 방법 중에는 다음과 같은 컨센서스 법칙(Consensus law)을 이용하는 것이 있다. 컨센서스 법칙(Consensus law)의 예를 들면, $xy + \bar{x}z = xy + \bar{x}z + yz$이 등식이 성립되게 되는데, 오른쪽 식에서 새로 추가된 항(즉, yz)을 컨센서스 항이라고 부르며 불필요한 항이 된다. 다음 식을 컨센서스 법칙을 이용하여 주관련항을 찾으시오.

$f(w,x,y,z) = wx + \bar{x}y + xyz$

➡ 다음과 같은 2개의 단계로 수행된다.

단계 1) 일반 SOP 형태(정규형태가 아니어도 됨)에서 시작한다.(앞의 테이블 방식에서 정규형태로 변형하여 시작하는 것과 대조됨)

단계 2) 두 개의 항을 모두 비교하여 컨센서스 항을 찾아 추가한다.

$$\begin{aligned} f(w,x,y,z) &= wx + \bar{x}y + xyz \\ &= wx + \bar{x}y + xyz + wy \\ &= wx + \bar{x}y + xyz + wy + yz \\ &= wx + \bar{x}y + wy + yz \end{aligned}$$

첫 번째 식은 일반 SOP 형태이다. 모든 항이 이미 주관련항을 포함하고 있다. 두 번째 식에서 $wx + \bar{x}y$ 대신 $wx + \bar{x}y + wy$으로 변환하여 컨센서스 항 wy를 추가하였다. 여전히 모든 항이 주관련항을 포함하고 있다. 세 번째 식에서 $\bar{x}y + xyz = y(\bar{x} + xz) = y(\bar{x} + xz + z)$으로 컨센서스 항 yz가 다시 추가되었다. 여기서 $xyz + yz = (x+1)yz = yz$가 되어 네 번째 식으로 변환된다. 이 식도 여전히 주관련항을 포함하고 있는 것을 알 수 있게 된다. 리터럴 수를 최소화하는 것을 목적으로 한다면 첫 번째 식이 최적해가 되는 것을 알 수 있다. 퀸 맥클러스키 이론에 의하면 최적해의 모든 항은 주관련항이다. 그러나 그 반대로 모든 항이 주관련항인 식이 항상 최적해가 되는 것이 아니라는 사실을 알 수 있다.

13. 다음 중에 redundant cover는 어떤 것인가?

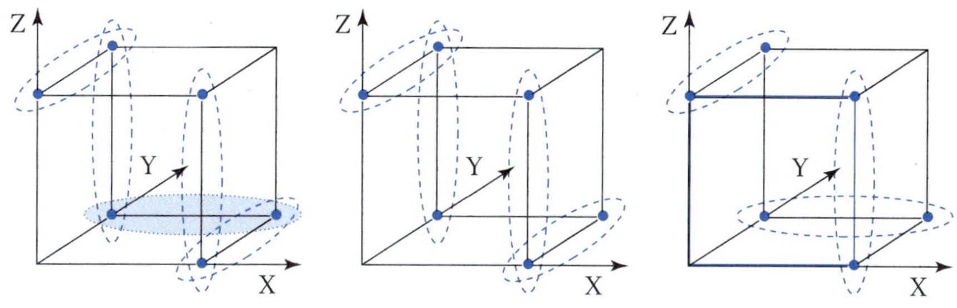

(1) (2) (3)

➡ 1

14. 다음 식을 에스프레소 알고리즘을 이용하여 최소화하시오.

$f = x\bar{z} + x\bar{y} + \bar{x}y + \bar{x}z$

그 식의 불리언 큐브는 다음과 같다.

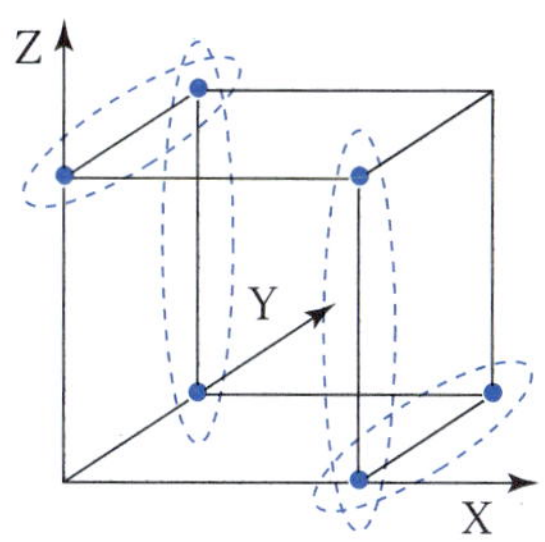

➡ 확장: 모든 항이 주관련항이기 때문에 이 상태에서 확장할 수 없다.

축소: 아래와 같이 $x\bar{z}$를 $xy\bar{z}$로 축소한다.

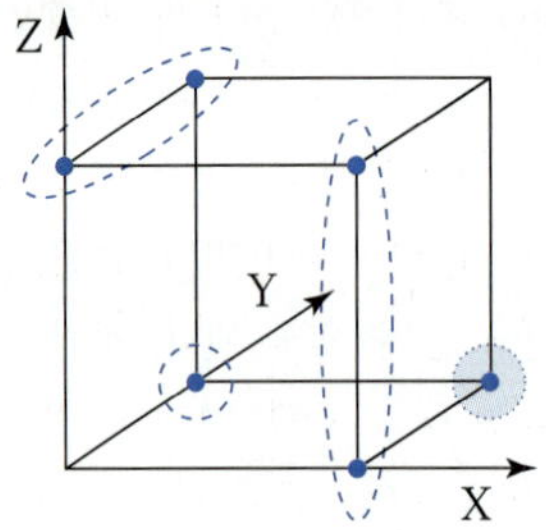

축소: 아래와 같이 $\bar{x}y$를 $\bar{x}y\bar{z}$로 축소한다.

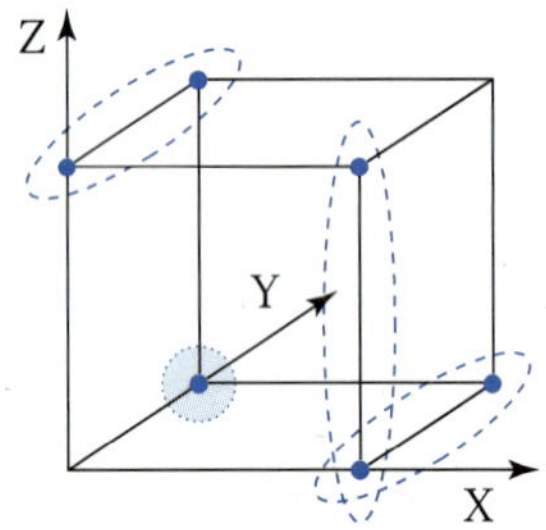

확장: 아래와 같이 $\bar{x}y\bar{z}$를 $y\bar{z}$로 확장한다.

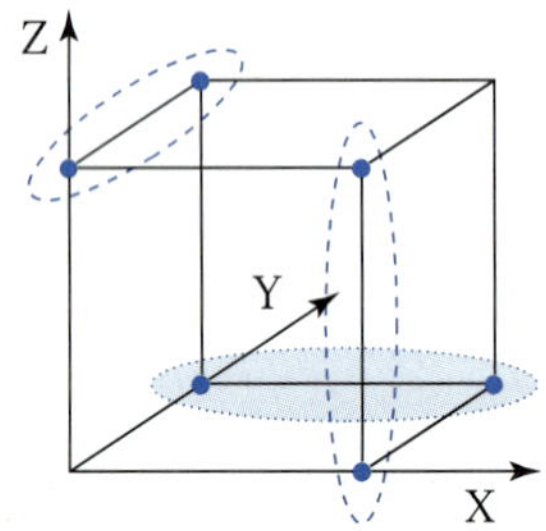

따라서 최소화된 식은 다음과 같다.

$f = x\bar{y} + \bar{x}z + y\bar{z}$

CHAPTER 7

멀티-레벨 논리 합성

CHAPTER

7 멀티-레벨 논리 합성

2-레벨 논리와 멀티-레벨 논리와의 차이점은 [그림 7-1]을 보면 쉽게 알 수 있다. 왼쪽 그림은 AND-OR 형태의 2-레벨 네트워크이고 오른쪽 그림은 같은 함수를 3개의 레벨을 이용한 멀티-레벨 논리 형태를 보이고 있다. 다시 말하면 2-레벨 논리는 주 입력(primary input)과 주 출력(primary output)을 연결하는 경로상에 최대 2개의 게이트를 가지고 있는 형태를 말하며, 주로 PLA(Programmable Logic Array)에서 사용하는 형태를 말한다. 반면, 멀티-레벨 논리는 주 입력과 주 출력 사이에 게이트의 수에 제한을 두지 않는 형태를 말하며, 실제 일반적인 대부분의 회로가 멀티-레벨로 구성된다고 볼 수 있다. 멀티-레벨 로직은 표준 셀(standard cell) 방식이나 FPGA(Field Programmable Gate Array)를 사용하여 칩으로 구현된다.

7.1 멀티-레벨 논리회로의 장점

대부분의 응용분야에서, 2-레벨 논리회로는 멀티-레벨 논리회로에 비교하여 효과적이지 않다. 그 이유는 2-레벨 논리인 경우 Fanin이 많기 때문에 회로가 느리게 동작하고 크기도 크다. 예를 들면, 16비트 가산기를 2-레벨 논리로 설계하려면 32개의 입력과 2의 16승의 곱의 항(product term)이 필요하게 된다. 따라서 2-레벨 논리회로는 제어 논리 설계에 사용하는 것이 적당하며, 고속 연산에 사용하는 데이터 패스 논리회로나 랜덤 논리회로인 경우는 2-레벨 논리를 멀티-레벨 논리로 변경하여 사용하는 것이 좋다.

그러나 2-레벨 논리회로의 경우는 최소화 알고리즘의 복잡도가 멀티-레벨에 대한 최소화 알고리즘에 비해서 적어서 설계하기가 비교적 간편하다는 장점을 가지고 있다.

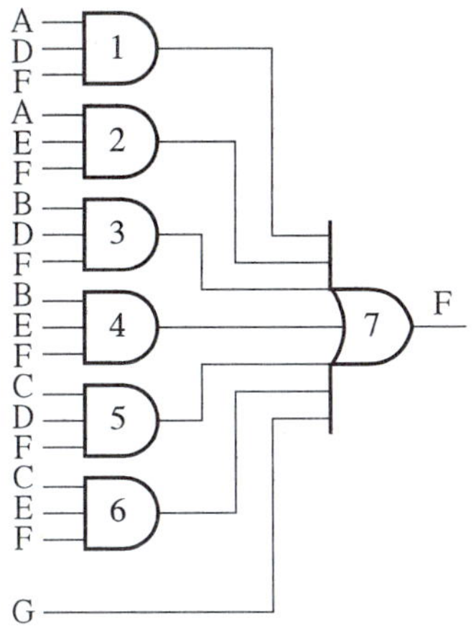

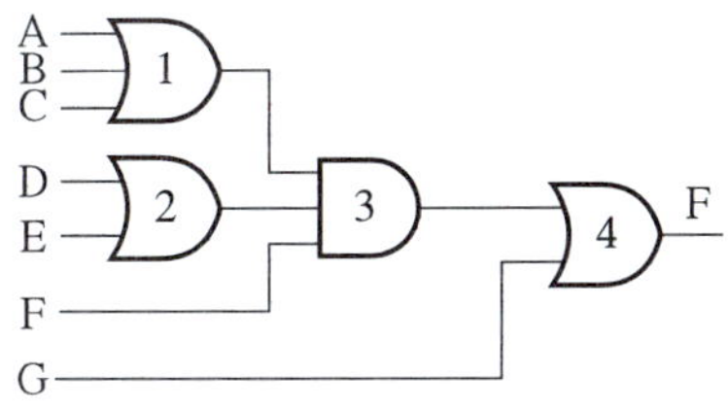

멀티-레벨 형태 :

F = (A + B + C)(D + E)F + G

1 × 3 − input OR gate, 2 × 2 − input OR gates,
1 × 3 − input AND gate
10개의 와이어(7개의 리터럴 + 3개의 내부 와이어)

2-레벨 로직 형태 :

F = ADF + AEF + BDF + BEF + CDF + CEF + G

6 × 3 − input AND gates, 1 × 7 − input OR gate(셀 라이브러리에 없을 수도 있다)
25개의 와이어(19개의 리터럴 + 6개의 내부 와이어)

[그림 7-1] 멀티-레벨 논리의 장점

멀티-레벨 논리회로를 사용할 경우 회로가 간소화되는 예를 들어보자.

F = A D F + A E F + B D F + B E F + C D F + C E F + G

이 경우 6개의 3-input AND 게이트와 1개의 7-input OR 게이트(이렇게 입력 수가 많은 게이트는 실제 논리 라이브러리에 존재하지 않을 수도 있다.)

그리고 25개의 연결선(19개의 리터럴과 6개의 내부 연결선)이 필요한 것을 알 수 있다. 반면에 위의 식을 공통부분을 이용하여 인수분해(factoring)하게 되면 다음과 같게 된다.

F =(A + B + C)(D + E)F + G

이 경우, 1개의 3-input OR 게이트, 2개의 2-input OR 게이트, 1개의 3-input AND 게이트와 10개의 연결선(7개의 리터럴과 3개의 내부 연결선)이 필요한 것을 알 수 있다.

7.2 불리언 함수를 NAND 또는 NOR 네트워크로 변환하는 방법

앞 장에서 설명한 바와 같이 임의의 불리언 함수는 NAND 또는 NOR 게이트를 이용하여 설계할 수 있다. 예를 들면 [그림 7-2]의 예제와 같은 방법으로 NAND 게이트만을 이용하여 구성하는 것이 가능하다.

$$f(w, x, y, z) = \overline{w}z + w\overline{z}(x + \overline{y})$$

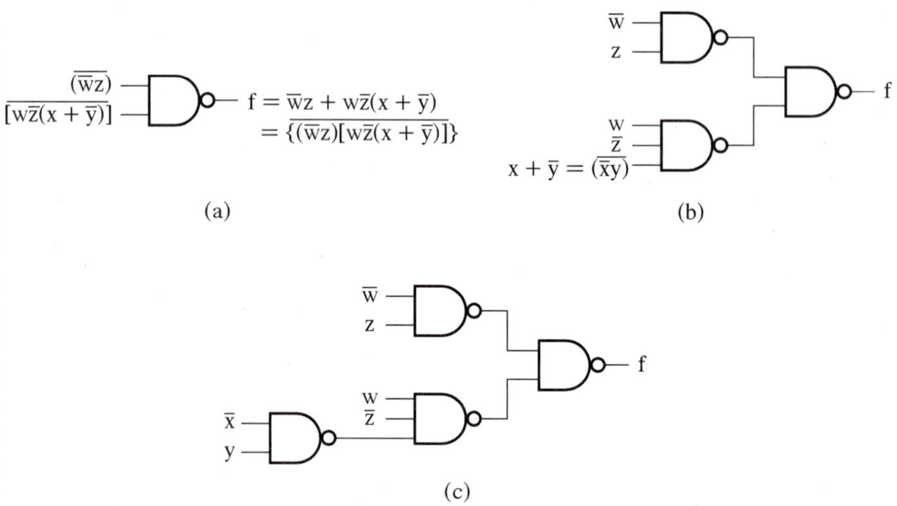

[그림 7-2] 불리언 함수를 NAND 네트워크로 변환하는 방법

드모르간의 법칙 : $\overline{(A+B)} = \overline{A} \cdot \overline{B}$; $\overline{(A \cdot B)} = \overline{A} + \overline{B}$

$A + B = \overline{(\overline{A} \cdot \overline{B})}$; $(A \cdot B) = \overline{(\overline{A} + \overline{B})}$

A	$\overline{A}$	B	$\overline{B}$	A + B	$\overline{\overline{A} \cdot \overline{B}}$	$\overline{A} + \overline{B}$	$\overline{A \cdot B}$
0	1	0	1	0	0	1	1
0	1	1	0	1	1	1	1
1	0	0	1	1	1	1	1
1	0	1	0	1	1	0	0

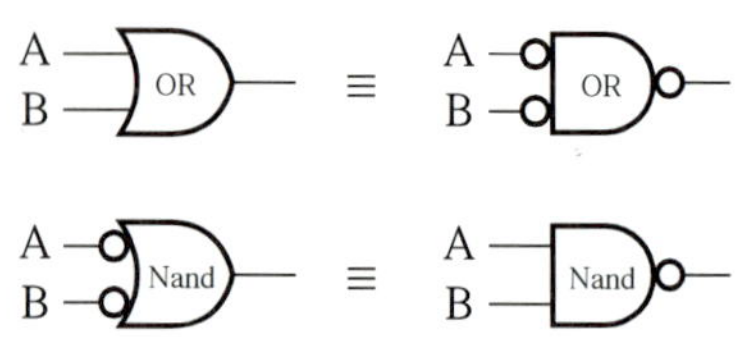

[그림 7-3] OR와 NAND 네트워크

[그림 7-3]과 같이 드모르간의 법칙을 이용하면 OR 게이트 또는 AND 게이트를 NOR 또는 NAND 게이트로 변환이 가능하게 된다.

$\overline{A} \cdot \overline{B} = \overline{(A+B)}$: NOR은 2개의 입력에 보수를 취한 AND와 같다.

$\overline{A} + \overline{B} = \overline{(A \cdot B)}$: NAND는 2개의 입력에 보수를 취한 OR과 같다.

$A + B = \overline{(\overline{A} \cdot \overline{B})}$: OR은 2개의 입력에 보수를 취한 NAND와 같다.

$(A \cdot B) = \overline{(\overline{A} + \overline{B})}$: AND는 2개의 입력에 보수를 취한 NOR과 같다.

A	$\overline{A}$	B	$\overline{B}$	$A \cdot B$	$\overline{\overline{A}+\overline{B}}$	$\overline{A} \cdot \overline{B}$	$\overline{A+B}$
0	1	0	1	0	0	1	1
0	1	1	0	0	0	0	0
1	0	0	1	0	0	0	0
1	0	1	0	1	1	0	0

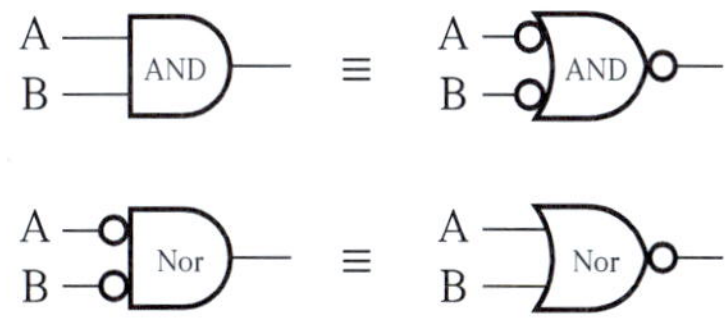

[그림 7-4] AND와 NOR 네트워크

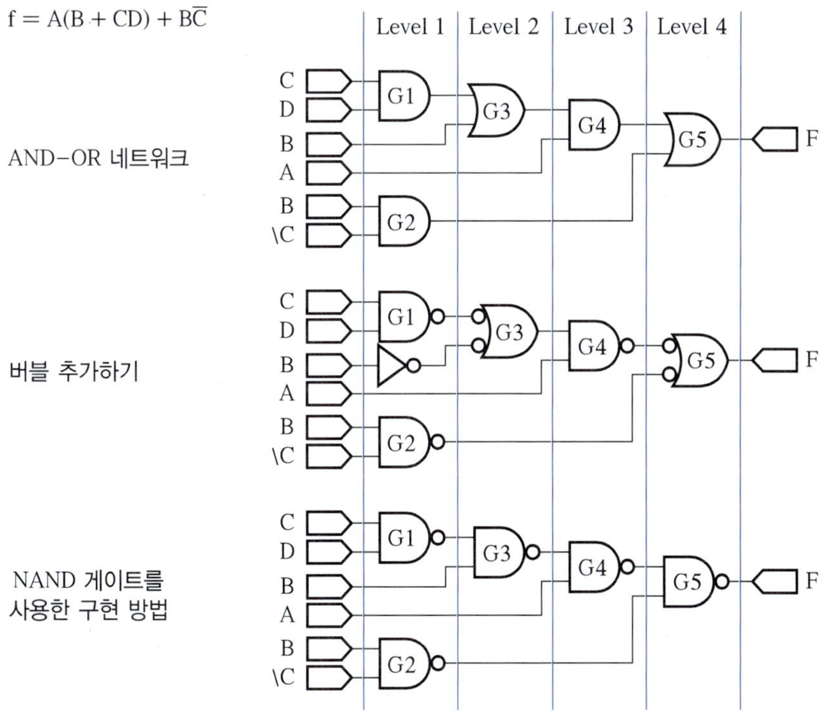

[그림 7-5] 멀티-레벨 논리

[그림 7-3]과 [그림 7-4]의 드모르간 법칙과 적당한 인버터(버블)을 사용하여 AND와 OR로 구성된 네트워크를 NAND와 NOR로 구성된 네트워크로 변환이 가능하게 된다. 논리 값을 원래 값으로 유지하도록 각 버블은 그에 해당하는 버블과 대응되도록 해야 한다.

[그림 7-5]에서는 함수 f = A(B + C D) + B C'에 대한 AND/OR 멀티-레벨 네트워크를 NAND/NAND 네트워크로 구성하였다.

다음은 변화과정에 대한 다른 예를 보인다. [그림 7-6]을 보면, 먼저 출력쪽에 가까운 게이트의 입력에 2개의 버블을 더한다([그림 7-6b] 참조). 그리고 그 2개의 버블 중 하나를 앞 단의 게이트의 출력에 붙여서 그 게이트를 NAND 게이트로 만든다. 여기서 B와 C를 입력으로 하는 게이트를 NAND로 바꾸기 위해서는 그 게이트의 출력단에 인버터를 달아야 한다.

그러나 [그림 7-6c]를 보면 'X' 로 표시된 부분의 NAND 게이트의 입력에 추가적인 인버터가 필요한 것을 알 수 있다. 그렇지 않으면 원래 회로와는 다른 결과를 내는 회로가 된다.

여기서 버블과 인버터의 차이점은 버블은 AND가 NAND가 되면서 트랜지스터의 수가 실제로 6개에서 4개로 줄어드는 효과가 있는 것이고(그래서 버블이 되어 사라진다), 인버터는 2개의 트랜지스터가 추가되는 것이다.

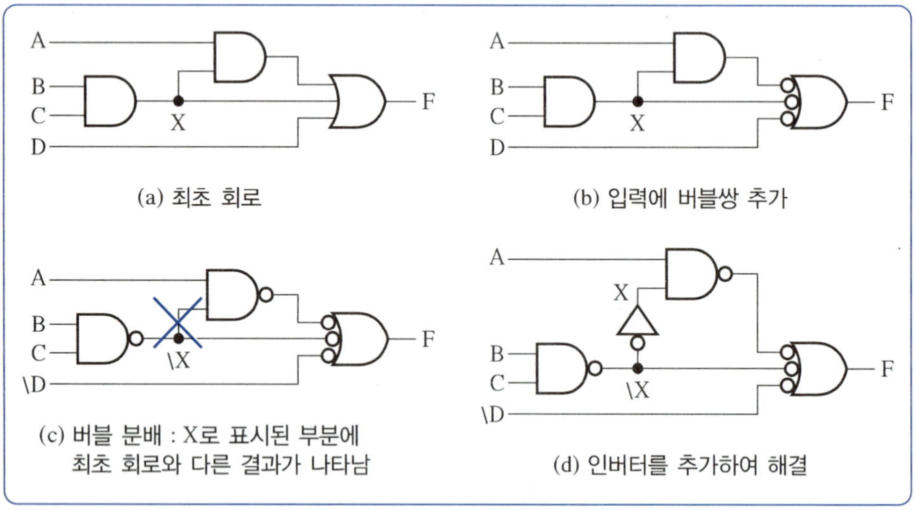

[그림 7-6] 변환과정에서 추가되는 인버터

7.3 AOI를 이용한 멀티-레벨 논리 설계

멀티-레벨 논리에서 사용하는 기타 논리 블록으로는 AOI(AND OR Inverter)가 있다.

AOI 함수는 AND-OR-Inverter의 3-레벨 논리구조를 가지고 있으며 여러 개의 게이트가 하나의 회로 블록으로 구성된 표준셀의 일종이다. 그에 대한 회로도 및 입력 심볼은 [그림 7-7]과 같다.

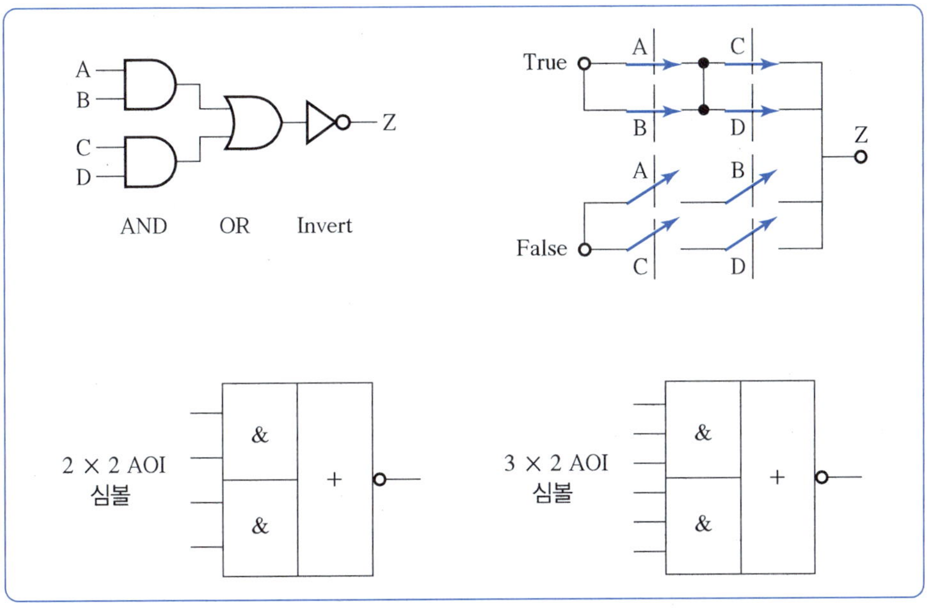

[그림 7-7] 멀티-레벨 논리: AND-OR-Invert 블록

[그림 7-8]은 AOI를 이용한 XOR의 구현을 보여주고 있다. 즉, A xor B = $\overline{A}B + A\overline{B}$인데 이것을 AOI 형태로 변환하면 다음과 같다.

$$A \text{ xor } B = \overline{A}B + A\overline{B} = \overline{X}$$

$$X = \overline{(\overline{A}B + A\overline{B})} = (A + \overline{B})(\overline{A} + B) = (AB + \overline{A}\,\overline{B})$$

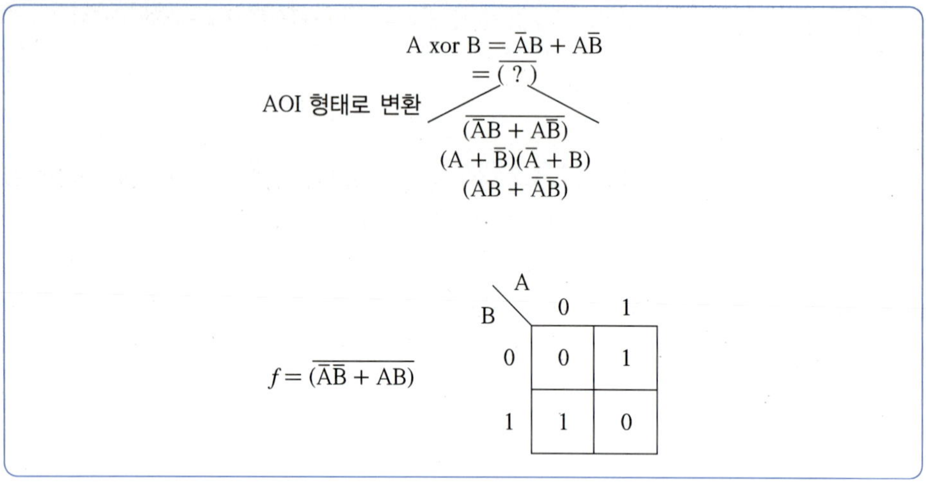

[그림 7-8] AOI를 이용한 XOR의 구현

AOI 형태를 구하는 일반적인 방법은 다음과 같다.

카노 맵에서 '0' 에 해당하는 OFFSet을 이용하여 구한 SOP에 보수를 취하면 된다. 즉 [그림 7-8]의 카노 맵의 경우는 $f = \overline{(\bar{A}\bar{B} + AB)}$과 같이 표현되며 AOI 형태가 되는 것을 알 수 있다.

[그림 7-9]의 예를 들면, $F = B\,\bar{C} + A\,\bar{C} + A\,B$는 $\bar{F} = \bar{A}\bar{B} + \bar{A}\,C + \bar{B}\,C$와 같이

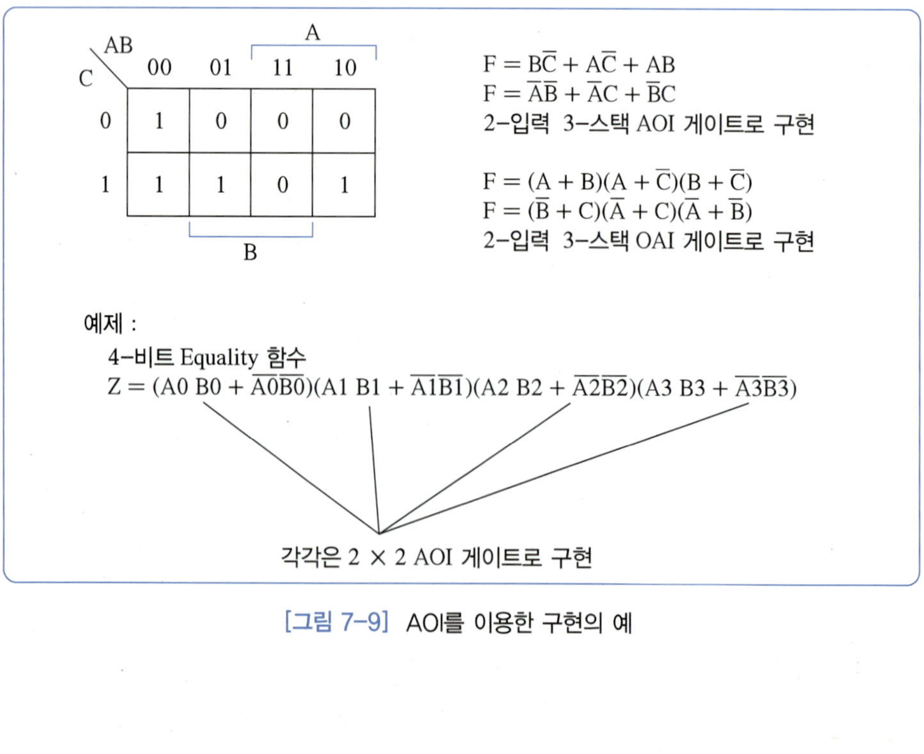

[그림 7-9] AOI를 이용한 구현의 예

변환되어 2-입력 3-스택 AOI 게이트로 구현이 가능하였다. 또한 $F = (A + B)(A + \overline{C})(B + \overline{C})$는 $\overline{F} = (\overline{B} + C)(\overline{A} + C)(\overline{A} + \overline{B})$로 변환되어 2-입력 3-스택 OAI 게이트로 구현된다.

4-비트 Equality 함수인 $Z = (A0\ B0 + \overline{A0}\ \overline{B0})(A1\ B1 + \overline{A1}\ \overline{B1})(A2\ B2 + \overline{A2}\ \overline{B2})(A3\ B3 + \overline{A3}\ \overline{B3})$의 각 괄호 안의 식은 2-입력 2-스택 AOI 게이트로 구현하는 것이 가능하다.

그렇게 해서 AOI로 구현된 4 bit Equality checker는 [그림 7-10]과 같다.

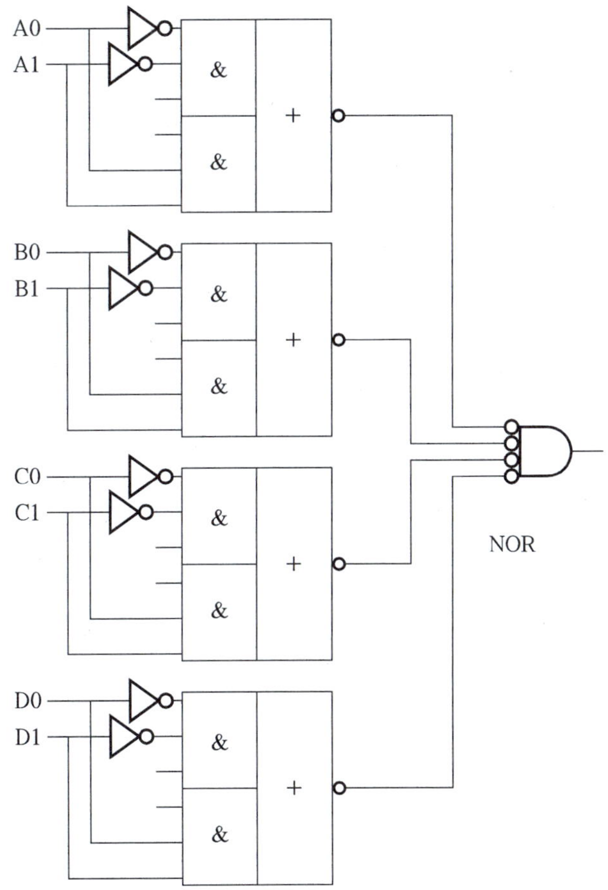

[그림 7-10] 4-비트 equality 함수의 구현

7.4 논리 인수분해(Logic Factorization)를 이용한 멀티-레벨 논리 최적화

다음 조건을 만족할 때 논리 함수 g는 논리 함수 f의 불리언 인수(Boolean factor)라고 한다.

$f \subseteq g$ (즉, $f\bar{g} = 0$, $\bar{g} \subseteq \bar{f}$)

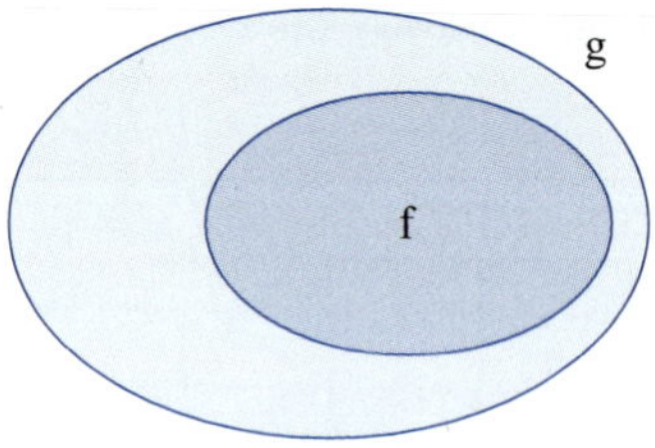

[그림 7-11] 불리언 인수의 정의

다음 식에서 불리언 함수 g는 불리언 함수 f의 불리언 제수(devisor)라고 한다.

$f = gh + r$, $gh \neq 0$ 여기서, 만약 $r = 0$, 즉 $f = gh$인 경우에 함수 g는 f의 인수(factor)라고 말한다. 다른 면에서 생각해보면, [그림 7-11]에서 보듯이 다음 조건을 만족할 때 논리 함수 g는 논리 함수 f의 불리언 인수(Boolean factor)라고 한다. $f \subseteq g$(즉, $f\bar{g} = 0$, $\bar{g} \subseteq \bar{f}$)

멀티-레벨 최적화는 다음의 3단계로 수행된다.

1) 공통 서브회로를 사용하여 인수분해한다. 이렇게 하여 fan-in은 줄어들고, 게이트 레벨은 늘어나게 된다. 이때 수행 시간 제약 조건을 만족하는 해를 찾는다.
2) 게이트의 라이브러리에 인수분해된 형태를 대응시킨다.
3) 리터럴의 수를 최소화한다.

최적화에 대한 자세한 설명은 차후에 하기로 한다. 인수분해된 형태에 대한 예는 다음과 같다.

$$X = (A\,B + \bar{B}\,C)(C + D(E + A\,\bar{C})) + (D + E)(F\,G)$$

7.5 멀티-레벨 논리 최적화 알고리즘

멀티-레벨 네트워크에 대한 논리 최소화의 최적해를 보장하는 알고리즘은 존재하지 않기 때문에 근사 최적해를 찾는 알고리즘을 사용하게 된다.

IBM의 멀티-레벨 논리 합성에서 사용했던 최적화 알고리즘은 규칙-기반의 변환 기법을 사용하였다. 적당한 시간에 최적해를 찾지 못하기 때문에 해를 찾는 시간을 단축시키기 위한 방법으로 휴리스틱 기법을 사용하였다. 목적은 면적, 지연시간, 전력소모를 줄이는 것이다. 여기서 면적이란 논리 게이트의 수와 연결선을 포함한다. NMOS 논리 게이트인 경우는 한 개의 리터럴이 한 개의 트랜지스터를 필요로 하는 것으로 간주하며, CMOS 논리 게이트를 사용하는 경우는 한 개의 리터럴이 두 개의 트랜지스터를 필요로 하는 것으로 생각하면 된다. 지연시간은 시그널이 주 입력에서 주 출력까지 가장 긴 논리 게이트 체인(주경로 — critical path — 라고 한다)을 통과하는 시간을 의미한다. 전력소모는 게이트 및 연결선에서 발생하는 동적 및 정적 전력 소모를 포괄한다. 최소화 알고리즘에서 사용하는 간단한 방법은 면적은 리터럴의 개수로 간략화하고, 지연시간은 주 경로상의 게이트의 개수로 간략화한다. 예를 들면, 전가산기의 경우에는

$$\mathrm{Sum}(x,y,c) = \mathrm{XOR}(x,y,c) = xyc + \bar{x}\bar{y}c + \bar{x}y\bar{c} + x\bar{y}\bar{c}$$
$$\mathrm{Carry}(x,y,c) = \mathrm{Majority}(x,y,c) = xy + (x + y)c$$

가 되어 리터럴의 개수는 12 + 5 = 17개가 되고, 지연시간은 Sum인 경우는 2-레벨 논리이므로 2가 되고 Carry는 3-레벨 논리이므로 3이 된다. 따라서 주 경로시간은 max(3, 2) = 3이 된다.

최소화 방법은 위의 세 가지 목적 함수의 조합으로 비용 함수를 만들고 그 비용 함수를 최소화하기 위한 변환규칙 조합을 잘 찾아내는 것이 관건이 되며 그 변환규칙은 충분히 포괄적이어서 설계 공간을 완전하게 탐색할 수 있어야 한다. 기본 개념은 목적함수의 값이 개선되는 동안에는 계속 변환과정을 되풀이하게 된다.

그러한 논리 최소화 과정에 적용하기 위한 변환 규칙에는 다음과 같은 것들이 있다.

1) 인수분해(Factoring)
2) 분해(Decomposition)
3) 추출(Extraction)
4) 치환(Substitution)

5) 역치환(Collapsing)

위와 같은 규칙들을 어떤 순서에 의해서 반복적으로 수행함으로써 최적에 가까운 근사 최적해를 구할 수 있게 된다. 제너럴 일렉트릭에서 개발한 멀티-레벨 논리회로 최소화 알고리즘은 다음과 같다.

후보 공통 서브함수를 모두 찾아서 각 서브함수를 사용할 때 줄어드는 리터럴의 개수를 계산한다. 그 중에 줄어드는 리터럴의 개수가 가장 많은 결과를 내는 서브함수를 선택한다. 선택한 서브함수를 이용하여 함수를 나눈다.

예제

$f_1 = a \cdot b \cdot c + b \cdot c \cdot d + b \cdot e \cdot g$

$f_2 = b \cdot c \cdot f \cdot h + d \cdot g + a \cdot b \cdot g$

(전체 리터럴의 개수: 18)

공통 서브함수를 모두 찾는다. 공통함수를 u로 치환할 때 다음과 같은 결과가 나온다. 공통함수 b • c를 u로 치환하면 리터럴의 개수가 6개에서 3개로 줄어든다. 공통함수 a • b를 u로 치환하면 4개에서 2개로 줄어든다. 기타 b • g인 경우도 2개로 줄어든다.

여기서 리터럴의 수가 가장 많이 줄어든 결과를 내는 서브함수는 b • c인 것을 알 수 있다. 다음과 같이 선택된 서브함수 b • c를 u로 치환하여 원래 함수를 수정한다.

$f_1 = (a + d) \cdot u + b \cdot e \cdot g$

$f_2 = u \cdot f \cdot h + d \cdot g + a \cdot b \cdot g$

$u = b \cdot c$

결과 리터럴의 수는 14개가 되어서 원래 함수에 비해 4개의 리터럴이 줄어든 것을 알 수 있다. 두 번째 반복과정에서 그 다음으로 줄어든 리터럴의 개수가 많은 결과를 내는 서브함수는 b • g가 되고, 다시 b • g를 v로 치환한다.

$f_1 = (a + d) \cdot u + e \cdot v$

$f_2 = u \cdot f \cdot h + d \cdot g + a \cdot v$

$u = b \cdot c$

$v = b \cdot g$

이제 더 이상 리터럴이 줄어드는 결과를 내는 공통 서브함수가 없기 때문에 반복과정을 중단한다. 이렇게 지속적으로 목적함수의 값을 개선하는 알고리즘을 탐욕(greedy) 알고리즘이라고 부른다. 이러한 알고리즘들은 지역해(local minima)의 결과에 만족하기 때문에 궁극적으로는 최적해인 전역해(global minima)를 찾지 못한다. 또한 모든 후보 서브함수들을 찾는 데는 많은 시간이 걸리기 때문에 그 경우에도 휴리스틱을 사용한다.

인수분해

MIS(Multilevel Logic Interactive Synthesis)는 널리 사용되는 알고리즘으로 앞에서 설명한 함수의 인수분해(factoring)를 사용하여 해를 찾는 방법을 사용한다.

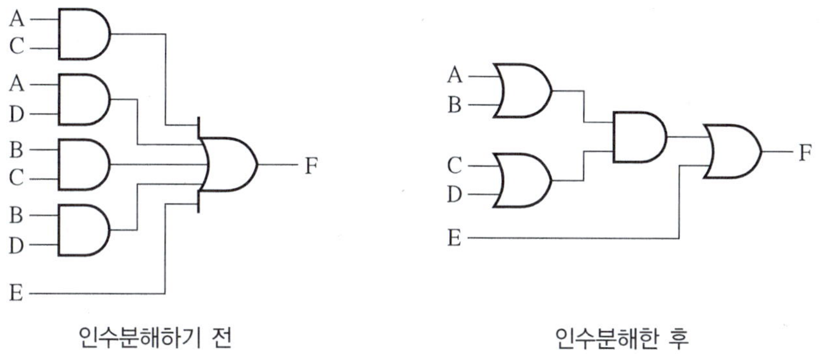

[그림 7-12] 인수분해(Factorization)

[그림 7-12]와 같이 인수분해를 통하여 2-레벨 논리를 멀티-레벨 논리로 바꾸는 것이 가능하여진다. 모든 공통 인수(factor)들 중에서 가장 최선의 인수를 찾는다. 인수분해를 함으로써 리터럴의 숫자가 줄어든 것을 알 수 있다.

일반적인 인수분해 알고리즘은 다음 같다.

```
Factor(F)
    { if(F has no factor)
                return F;
          D = Divisor(F);
          (Q,R) = Divide(F,D);
          return
          Factor(Q)Factor(D) + Factor(R);
    }
```

여기서 Divisor 프로시져는 앞에서 설명한 후보 선택 규칙에 의해서 후보 divisor를 선택한다. Divide 프로시져는 quotient(Q)와 remainder(R)를 찾는다.

예제

$F = a \cdot b \cdot c + a \cdot b \cdot d + a \cdot e + a \cdot f + g$

$F = DQ + R$

$D = c + d,\ Q = a \cdot b,\ R = a \cdot e + a \cdot f + g = a \cdot (e + f) + g$

$O = a \cdot b \cdot (c + d) + a \cdot (e + f) + g$(주: 여기서 O는 F에 대한 인수분해 결과이다.)

불리언 함수는 인수분해 트리(Factoring tree)로 표현이 가능하다. 인수분해 트리는 내부 노드는 '+' 또는 '•'가 되고, 리프(leaf) 노드는 변수 또는 변수의 보수가 된다.

최대 인수분해(factorization)에 대한 결과는 다음과 같은 경우로 정의할 수 있다.

- SOP에 대해서는 곱의 항들 사이에 같은 인수(factor)를 가지고 있지 않다.
- POS에 대해서는 합의 항들 사이에 같은 인수(factor)를 가지고 있지 않다.

예를 들면, $a \cdot b + a \cdot c$는 최대로 인수분해되지 않은 것을 알 수 있다. 그러나 $a \cdot (b + c)$인 경우는 최대로 인수분해된 것을 알 수 있다. 마찬가지로 $(a + b) \cdot (a + c)$는 최대로 인수분해되지 않았다. 그러나 $a + b \cdot c$는 최대로 인수분해된 상태이다.

따라서 앞의 예제에서의 인수분해 결과인 $O = a \cdot b \cdot (c + d) + a \cdot (e + f) + g$는 최대 인수분해되지 않았기 때문에 최적의 해가 아닌 것을 알 수 있다. 최대로 인수분해된 결과는 $O = a \cdot (b \cdot (c + d) + (e + f)) + g$이다.

예제

$F = a \cdot c \cdot e + a \cdot d \cdot e + b \cdot c \cdot e + b \cdot d \cdot e + c \cdot f + d \cdot f$

$D = a + b$

$Q = c \cdot e + d \cdot e$

$R = c \cdot f + d \cdot f$

$F = QD + R$

$\quad = (c \cdot e + d \cdot e)(a + b) + (c \cdot f + d \cdot f)$

$O = e \cdot (c + d) \cdot (a + b) + (c + d) \cdot f = (c + d) \cdot (e \cdot (a + b) + f).$

여기서 O는 F에 대하여 최대로 인수분해된 결과인 것을 알 수 있다.

분해

다음은 분해(decomposition)에 대해서 알아보기로 하자. 주어진 함수 F와 그의 divisor G가 주어지면, 분해는 새로운 변수인 G와 관련된다.

즉 F = QG + R, 여기서 Q = F/G, R은 나머지에 해당한다. 분해와 인수분해가 다른 점은 분해는 divisor가 새로운 변수가 된다. 분해를 하는 이유는 표현식의 크기가 주어진 라이브러리 셀들보다 클 때 그 크기를 줄여서 라이브러리 셀을 이용할 수 있도록 하기 위해서이다. 즉, 인수분해는 단지 리터럴의 수를 최소화하는 것을 목적으로 하지만 분해는 표현식의 크기를 작게 만드는 목적을 가지고 있는 점이 다른 점이다.

$F = ABC + ABD + \overline{A}\overline{C}\overline{D} + \overline{B}\overline{C}\overline{D}$ (12 literals)

$F = XY + \overline{X}\overline{Y}$ (4 literals)
$X = AB$
$Y = C + D$

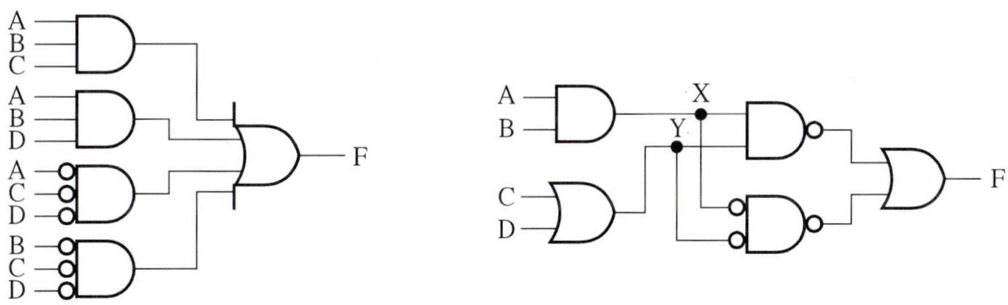

분해 전 분해 후

[그림 7-13] 분해 수행의 예

분해란 하나의 불리언 표현식을 여러 개의 다른 식으로 변환하여 리터럴의 개수를 줄이는 방식이다.

$F = ABC + ABD + \overline{A}\overline{C}\overline{D} + \overline{B}\overline{C}\overline{D}$(리터럴 수 : 12개)은 분해를 통하게 되면 $F = XY + \overline{X}\overline{Y}$, $X = AB$, $Y = C+D$가 되어 리터럴 수가 4개로 줄어드는 것을 알 수 있다. 분해하기 전과 분해한 후의 회로도가 [그림 7-13]에 나타나있다.

치환과 역치환

다음에는 치환(substitution)에 대해서 알아보자. 치환이란 함수 F를 함수 G를 이용하여 표현하는 것을 말한다. 예를 들면, $F = A + B\,C$, $G = A + B$(5개의 리터럴) 함수 G를 이용하여 함수 F를 표현하면 $F = G(A + C)$가 되어 3개의 리터럴을 가진 함수로 축소된 것을 알 수 있게된다. 마지막으로 역치환(Collapsing)이란 치환의 반대를 말한다. 수행시간 제약조건을 만족시키기 위하여 레벨의 수를 제거하기 위한 목적으로 사용된다.

$$
\begin{aligned}
F &= G(A + C) \\
&= (A + B)(A + C) \\
&= A\,A + A\,C + A\,B + B\,C \\
&= A + B\,C
\end{aligned}
$$

치환(Substitution)은 대수적 재치환(Algebraic Resubstitution)에 사용될 수 있다.

대수적 재치환 문제 및 해결 방안은 다음과 같다. 목적은 리터럴의 수를 줄이는 것이고 아이디어는 복수 개의 출력을 가지고 있는 함수에 대해서 한 개의 출력(또는 그의 보수)은 다른 함수를 표현하기 위한 제수(除數)로 재사용될 수 있다는 것이다. 따라서 F_i를 F_j로 나누면 $F_i = QF_j + R$이 되고, 나머지인 R을 $\overline{F}_j$로 다시 나누면 $R = Q_C\overline{F}_j + R_C$가 되어 결과적으로 함수 F_i는 다른 함수인 F_j를 이용하여 다음과 같은 결과식이 되는 것을 알 수 있다.

$$F_i = QF_j + Q_C\overline{F}_j + R_C$$

이러한 재치환 방법을 이용하여 가장 리터럴의 수가 작은 함수를 찾기 위해서는 n개의 출력이 있는 경우 모든 출력 쌍에 대해서 적용을 해 보고 그 중에서 가장 리터럴의 수가 작은 것을 찾는 문제이기 때문에 계산복잡도가 $O(n^2)$개의 나눗셈이 필요한 것을 알 수 있다. 실질적으로 $O(n^2)$의 계산시간 복잡도를 실용적으로 사용하기에는 너무 크다. 따라서 그러한 계산시간 복잡도를 줄이기 위해서는 나눗셈의 개수를 줄이기 위한 다음의 Filter 규칙을 사용한다. 다음의 세 가지 경우에는 F_i/F_j의 나눗셈을 수행하지 않는다.

1) F_j는 F_i에 없는 리터럴을 가지고 있다.
2) F_j는 F_i보다 더 많은 항을 가지고 있다.
3) 한 개의 리터럴이 F_i보다 F_j에 더 많이 나타난다.

그러한 재치환 방식을 사용한 예를 살펴보기로 한다.

$X = ac + ad + bc + bd + e$
$Y = a + b$

이 경우에는 11개의 리터럴이 있는 것을 알 수 있다. 그리고 Y가 X의 제수가 되며 앞에 설명한 filter 규칙 세 가지에 해당되지 않기 때문에 나눗셈을 하여 리터럴의 개수를 줄일 수 있으며, 그 결과는

$X = Y(c + d) + e$
$Y = a + b$

와 같이 표현할 수 있으며, 이 경우 6개의 리터럴이 필요한 것을 알 수 있다. 다른 한 가지 예를 더 들어보기로 한다.

$G = a\bar{b} + c,\ F = a\bar{b}d + cd + a\bar{b}fg + cfg + \bar{a}\bar{c}e + b\bar{c}e + aef$

1) F/G:
$F/a\bar{b} = d + fg$
$F/c = d + fg$
$F = (d + fg)G + (\bar{a}\bar{c}e + b\bar{c}e + aef) = QG + R$
2) $R/\bar{G}$:
$\bar{G} = \overline{(a\bar{b} + c)} = (\bar{a} + b)\bar{c} = \bar{a}\bar{c} + b\bar{c}$
$R/\bar{a}\bar{c} = e$
$R/b\bar{c} = e$
$R = e\bar{G} + aef$
3) $F = (d + fg)G + e\bar{G} + aef$
그 결과 21개의 리터럴에서 9개의 리터럴을 가진 함수로 변환이 된 것을 알 수 있다.

추출

다음에는 추출(extraction)의 역할에 대해서 알아보자. 아이디어는 공통 서브함수를 찾아서 불리언 네트워크을 조정하는 것이다. 이 추출 과정은 분해, 치환, 노드 제거 등을 결합하여 수행된다. 네트워크의 각 노드에 대해서 분해과정을 수행하고 대수적 치환을 사용한다.

$$F = (A + B)CD + E$$
$$G = (A + B)\overline{E}$$
$$H = CDE$$
(11개의 리터럴)

$$F = X\overline{Y} + E$$
$$G = XE$$
$$H = YE$$
(7개의 리터럴)

$$X = A + B$$
$$Y = CD$$
'커널(Kernel)'

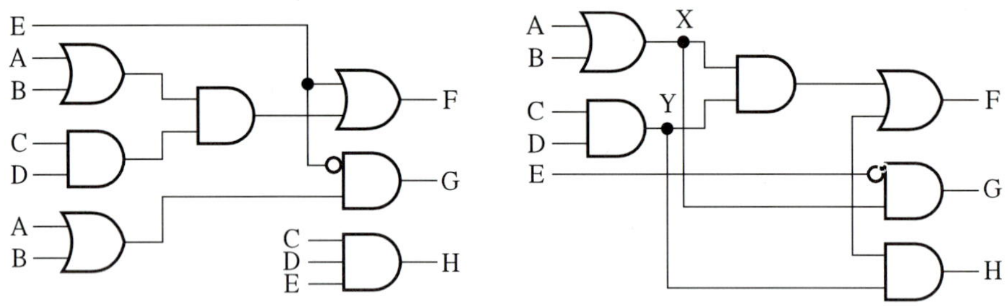

추출 전　　추출 후

[그림 7-14] 추출(extraction)

[그림 7-14]는 추출의 예제를 보여 주고 있다.

아래 예는 분해, 재치환, 노드 제거의 순으로 함수 F_1과 F_2에 대한 추출 과정을 수행한 결과 리터럴의 수가 27개에서 15개로 줄어들었다. Y_2의 e-value=-1로써, 즉 Y_2를 제거함으로써 리터럴의 수가 1개 줄어드는 것을 알 수 있다.

$F_1 = abc + abd + ae + af + g \qquad F_2 = ace + ade + bce + bde + cf + df$

(11 + 16 = 27 literals)

분해	재치환	노드 제거
$F_1 = aY_1 + g$	$(X_1 = X_2)$	$(e\_value_{Y2} = -1)$
$Y_1 = bX_1 + e + f$	$F_1 = aY_1 + g$	$F_1 = aY_1 + g$
$X_1 = c + d$	$Y_1 = bX_1 + e + f$	$Y_1 = bX_1 + e + f$
$F_2 = X_2Z_2$	$X_1 = c + d$	$X_1 = c + d$
$Z_2 = eY_2 + f$	$F_2 = X_1Z_2$	$F_2 = X_1Z_2$
$Y_2 = a + b$	$Z_2 = eY_2 + f$	$Z_2 = e(a + b) + f$
$X_2 = c + d$	$Y_2 = a + b$	
(18 literals)	(16 literals)	(15 literals)

[그림 7-15] 분해, 재치환, 노드 제거의 예

[그림 7-16], [그림 7-17], [그림 7-18]은 멀티-레벨 논리 최소화에 사용되는 알고리즘인 MIS를 이용하여 전가산기의 함수를 최소한 결과를 보여 주고 있다.

% misll

UC Berkeley, MIS Release #2.1 (compiled 3–Mar–89 at 5:32 PM)

misll>re full.adder — read equations

misll>p

$\{co\} = a\,b\,ci + a\,b\,\overline{ci} + a\,\overline{b}\,ci + a\,b\,ci$

$\{sum\} = a\,b\,ci + a\,\overline{b}\,\overline{ci} + \overline{a}\,b\,\overline{ci} + \overline{a}\,\overline{b}\,ci$

misll>pf

$\{co\} = a\,\overline{b}\,ci + b(ci(\overline{a} + a) + a\,\overline{ci})$

$\{sum\} = ci(\overline{a}\,\overline{b} + a\,b) + \overline{ci}(a\,\overline{b} + \overline{a}\,b)$

misll>sim1* — two level minimization

misll>p

$\{co\} = a\,b + a\,ci + b\,ci$

$\{sum\} = a\,b\,ci + a\,\overline{b}\,\overline{ci} + \overline{a}\,b\,\overline{ci} + \overline{a}\,\overline{b}\,ci$

misll>pf

$\{co\} = ci(b + a) + a\,b$

$\{sum\} = ci(\overline{a}\,\overline{b} + a\,b) + ci(a\,\overline{b} + \overline{a}\,b)$

misll>gd* — good decomposition

misll>pf

$\{co\} = a[2] + b\,ci$

$\{sum\} = \overline{a}\,\overline{[3]} + a[3]$

$[2] = ci + b$

$[3] = \overline{b}\,\overline{ci} + b\,ci$

[그림 7-16] MIS를 이용한 전가산기의 멀티-레벨 논리 최소화

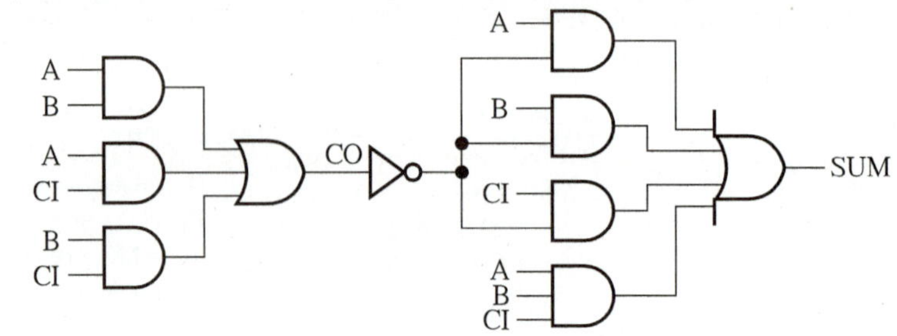

[그림 7-17] 전가산기에 대한 멀티-레벨 구현: 5개의 논리 레벨

```
.inputs a b c d
.outputs x y z
.names a c z [22] x
---1 1
11-- 1
-10- 1
.names a b c d x z [22] y
1---0-- 1
--1---1 1
-11-0-- 1
--110-- 1
---100- 1
.names a b c d z
-0-1 1
-1-0 1
0-10 1
.names a d z [22]
110 1
.end
```

Mis Output

$$Z = \overline{B}D + B\overline{D} + \overline{A}C\overline{D}$$
$$[22] = AD\overline{Z}$$
$$X = [22] + AC + C\overline{Z}$$
$$Y = AX + C[22] + BC\overline{X} + CD\overline{X} + D\overline{X}\overline{Z}$$

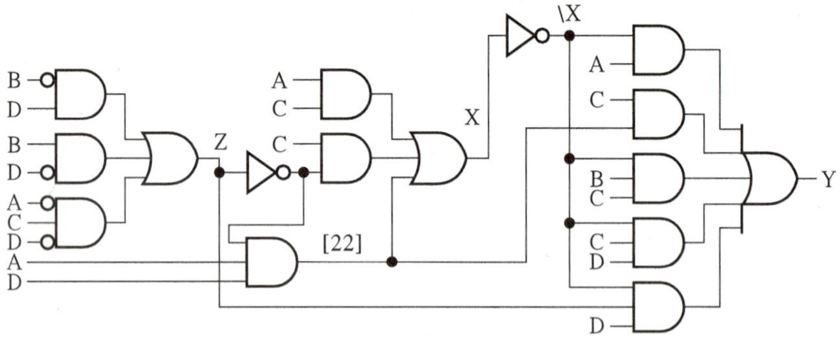

8 논리 레벨!

[그림 7-18] MIS를 이용한 2-비트 덧셈기의 구현: 8개의 논리 레벨

7.6 기술 매핑(Technology Mapping)

기술 매핑이란 논리합성의 마지막 단계에서 수행하며, 공정 라이브러리로부터 사용할 수 있는 셀들을 이용하여 회로를 라이브러리 셀들로 표현하는 과정이다. [그림 7-19]

에 논리합성 툴인 MIS에서 사용하는 게이트 라이브러리의 한 예를 보이고 있다.

VLSI 표준 셀들

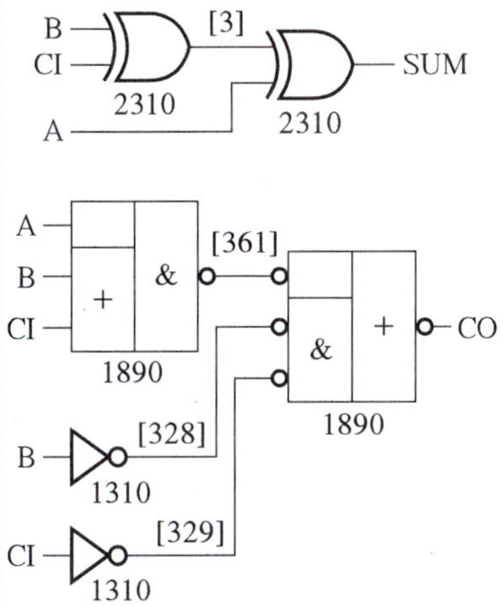

주 : OR—AND—INVERT
= INVERT—AND—OR

Number	Name	Function
1310	inv	A
1120	nor2	$\overline{(A+B)}$
1130	nor3	$\overline{(A+B+C)}$
1140	nor4	$\overline{(A+B+C+D)}$
1220	nand2	$\overline{(A \cdot B)}$
1230	nand3	$\overline{(A \cdot B \cdot C)}$
1240	nand4	$\overline{(A \cdot B \cdot C \cdot D)}$
1660	and2/nand2	$[A \cdot B, \overline{(A \cdot B)}]$
1670	and3/nand3	$[A \cdot B \cdot C, \overline{(A \cdot B \cdot C)}]$
1680	and4/nand4	$[A \cdot B \cdot C \cdot D, \overline{(A \cdot B \cdot C \cdot D)}]$
1760	or2/nor2	$[A+B, \overline{(A+B)}]$
1770	or3/nor3	$[A+B+C, \overline{(A+B+C)}]$
1780	or4	$(A+B+C+D)$
1870	aoi22	$\overline{(A \cdot B + C \cdot D)}$
1880	aoi21	$\overline{(A + B \cdot C)}$
1860	oai22	$\overline{[(A+B)(C+D)]}$
1890	oai21	$\overline{[A(B+C)]}$
1970	ao22	$A \cdot B + D \cdot E$
1810	ao222	$A \cdot B + C \cdot D + E \cdot F$
1910	ao2222	$A \cdot B + C \cdot D + E \cdot F + G \cdot H$
1930	ao33	$A \cdot B \cdot C + D \cdot E \cdot F$
2310	xor2	$A \cdot \overline{B} + \overline{A} \cdot B$
2350	xnor2	$A \cdot B + \overline{A} \cdot \overline{B}$

[그림 7-19] MIS에서 사용하는 MSU 게이트 라이브러리의 예

기술 매핑이란

기술 매핑 이전의 논리 최소화 과정을 공정 독립적인(즉, 공정과 관계없이 수행하는) 과정이라고 한다면 기술 매핑은 공정 의존적인 과정이 된다. 즉, 다른 공정에 따라 다른 특성(예: 고속, 저전력 등)을 가지고 있는 셀들을 이용하여 설계하는 것이다.

공정 라이브러리에 있는 게이트 셀들은 완전주문형 설계를 통해서 지연시간, 전력, 크기가 최적화되어 있다. 또한 그러한 파라메트들간의 적절한 트레이드오프를 제공하면서 속도에 중점을 두거나 전력소모량 면에서 중점을 두거나 또는 크기를 최소화하는 면에다 우선순위를 두거나 하여 다양한 셀들을 선택할 수 있다. 회로의 지연시간을 단축시키는 목적의 기술 매핑을 수행한다면 주경로상에 존재하는 게이트들은 빠른 게이트를 사용하는 것이 유리할 것이다. 임의의 논리함수를 구현할 수 있는 기본 함수 셋(set)으로는 {AND, OR, INV} 또는 {NAND}, {NOR} 등이 있다. 서브젝트(subject) 그래프는 주어진 기본 함수 셋에 있는 게이트 만을 사용한 논리함수의 그래프 표현을 말한다. 그러한 서브젝트 그래프는 유일하지 않다. 예를 들면, 4-입력 NAND를 표현하는 방법은 다음 세 가지가 있다.

NAND(a,b,c,d)
= NAND(NOT(NAND(a,b)), NOT(NAND(c,d)))
= NAND(a,NOT(NAND(b,NOT(NAND(c,d)))))

최적의 기술매핑 결과를 찾기 위해서는 이러한 서브젝트 그래프들을 모두 고려해야 할 것이다. 예를 들어보기로 한다.

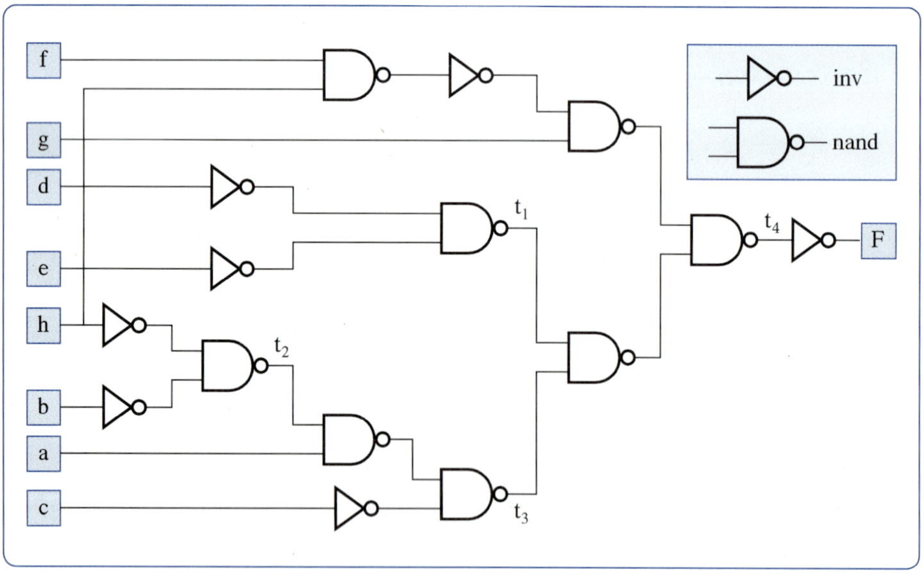

[그림 7-20] 서브젝트 그래프의 예

[그림 7-20]의 서브젝트 그래프에 대해서 기술 매핑을 적용해 보자.

라이브러리의 기본 함수들을 그래프로 표현한 것을 패턴 그래프라고 부른다.

각 라이브러리 셀에 대한 패턴그래프의 예는 [그림 7-21]과 같다. 게이트 이름 옆에 괄호 안의 숫자는 그 게이트의 지연시간을 의미한다.

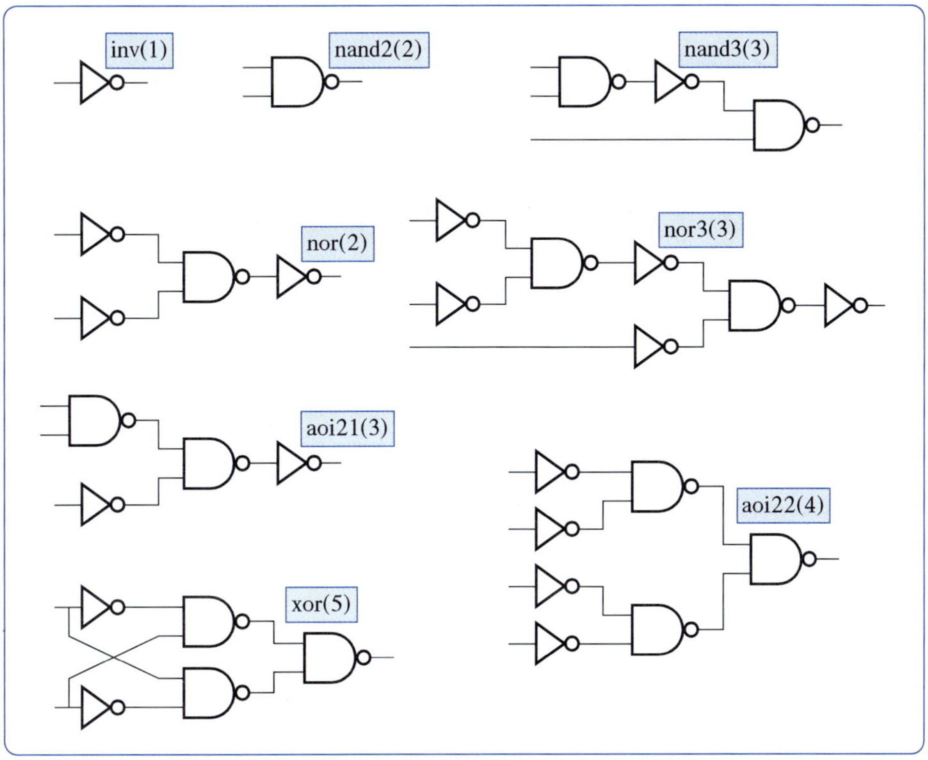

[그림 7-21] 각 라이브러리 셀에 대한 패턴 그래프의 예

커버(Cover)란 서브젝트 그래프의 각 노드를 패턴그래프로 치환된 패턴그래프의 모음을 말한다. 커버 비용이란 사용된 라이브러리 게이트들의 면적 합, 주 경로(critical path)의 지연시간, 전력소모가 된다.

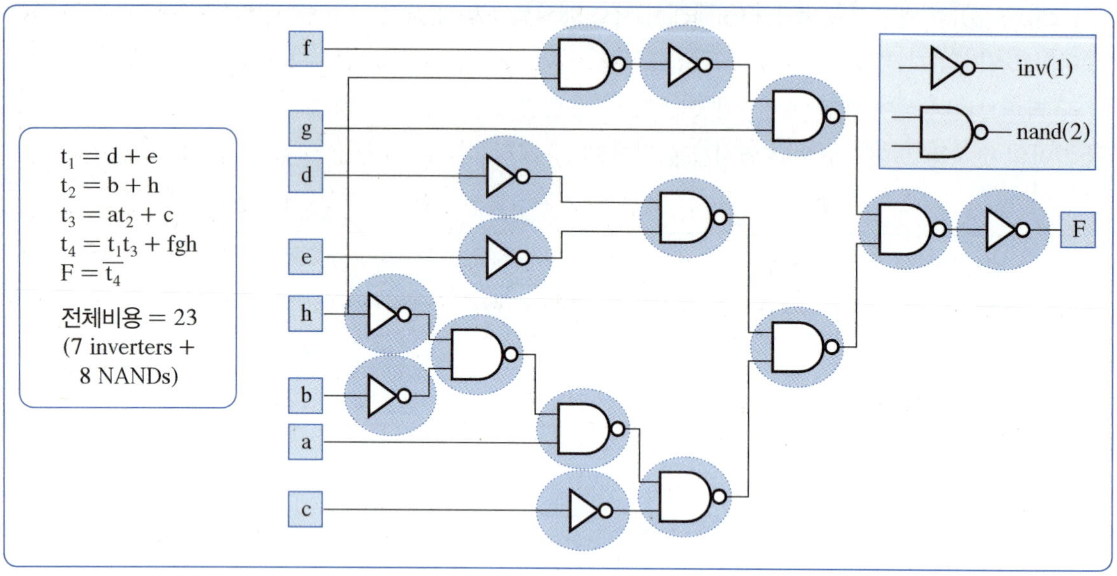

[그림 7-22] 기본 함수(인버터와 NAND 게이트)로만 구성된 서브젝트 그래프의 커버

[그림 7-22]는 한 가지 커버의 예를 보이고 있다. 이 경우는 가장 기본적인 게이트, 즉 인버터와 NAND 게이트만을 이용한 결과이다. 여기서 게이트의 면적을 비용으로 하여, 인버터의 비용을 1로 하고 NAND 게이트의 비용을 2로 하면 전체 비용은 23이 된다.

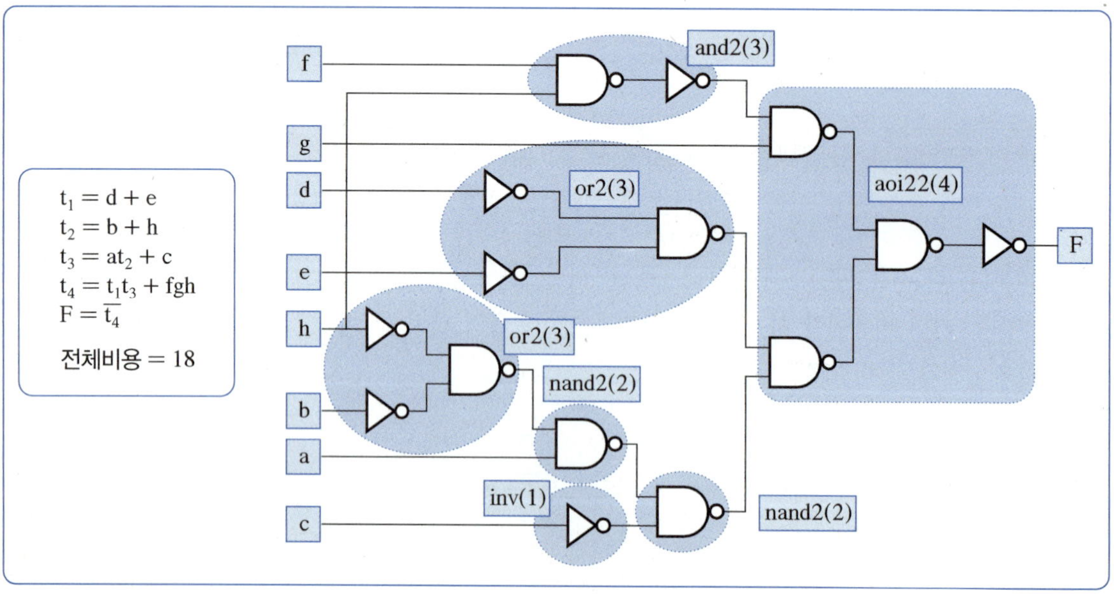

[그림 7-23] 비용을 줄인 새로운 커버 결과

앞 그림에서 기본 게이트만으로 구성한 것과는 달리 [그림 7-23]에서는 AOI22와 같은 복합 게이트를 사용한 다른 커버의 결과를 보이고 있다. 이 결과 비용은 18로 줄어든 것을 알 수 있다.

$t_1 = d + e$
$t_2 = b + h$
$t_3 = at_2 + c$
$t_4 = t_1 t_3 + fgh$
$F = \overline{t_4}$
전체비용 = 15

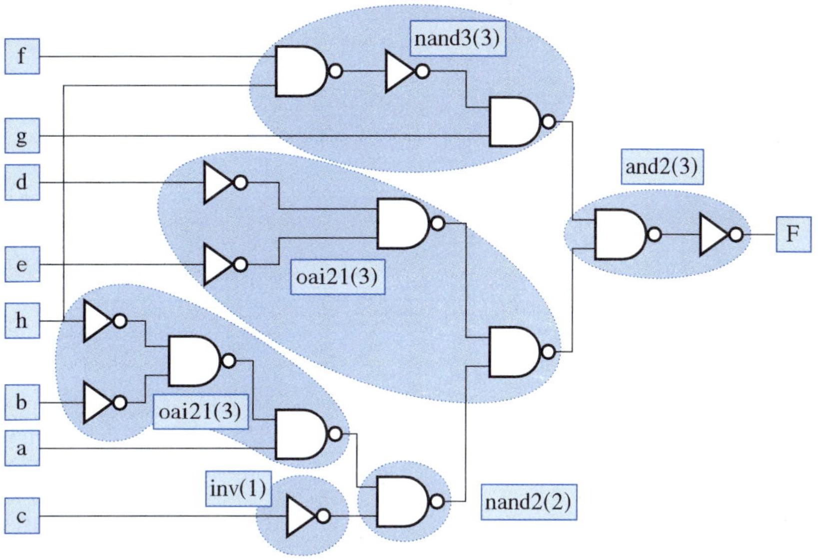

[그림 7-24] 최적의 커버링 결과

앞의 예제 서브젝트 회로([그림 7-20])에 대한 최적의 커버링 결과는 [그림 7-24]와 같으며, 비용이 15로 줄어든 것을 알 수 있다. 따라서 기술 매핑 문제는 서브젝트 그래프에 대해서 라이브러리에 있는 게이트에 대한 패턴 그래프의 조합을 이용하여 최소 비용 커버를 찾는 문제이다. 이 문제는 다항식 시간(polynomial time) 내에 최소 비용 커버를 찾지 못하는 NP-Complete 문제에 속한다.

트리분할을 이용한 기술 매핑

만약 서브젝트 그래프의 일반적인 형태인 DAG(Directed Acyclic Graph)를 트리 구조로 분할하는 경우 각 트리에 대해서는 다항시간 내에 최소 비용 커버를 찾을 수 있을까?

Keutzer는 트리에 대해서 최소 비용 커버를 찾을 수 있는 알고리즘[1987년 DAC(Design Automation Conference)에서 발표]을 제안하였다. 그렇다면 서브젝트 그래프를 먼저 트리의 모음으로 분할하는 선행과정이 필요하게 된다. 그 다음, 각각의 트리에 대해서 Keutzer의 트리를 대상으로 한 최소 비용 커버 알고리즘을 수행하면 된다.

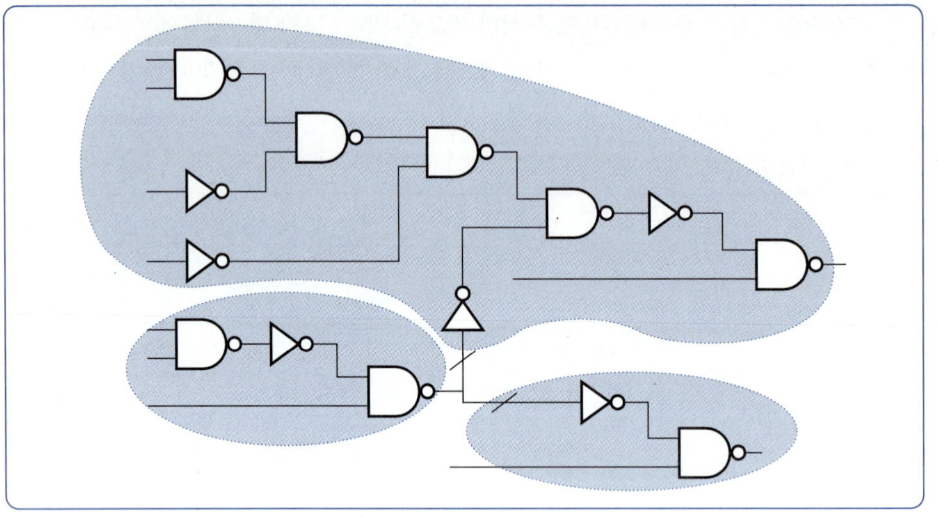

[그림 7-25] 트리 분할

따라서, [그림 7-25]에서 먼저 트리 분할을 수행한 결과를 보여 주고 있다. 각 트리의 출력 노드는 한 개이고 분할 지점은 복수의 fanout을 가진 출력 지점인 것을 알 수 있다.

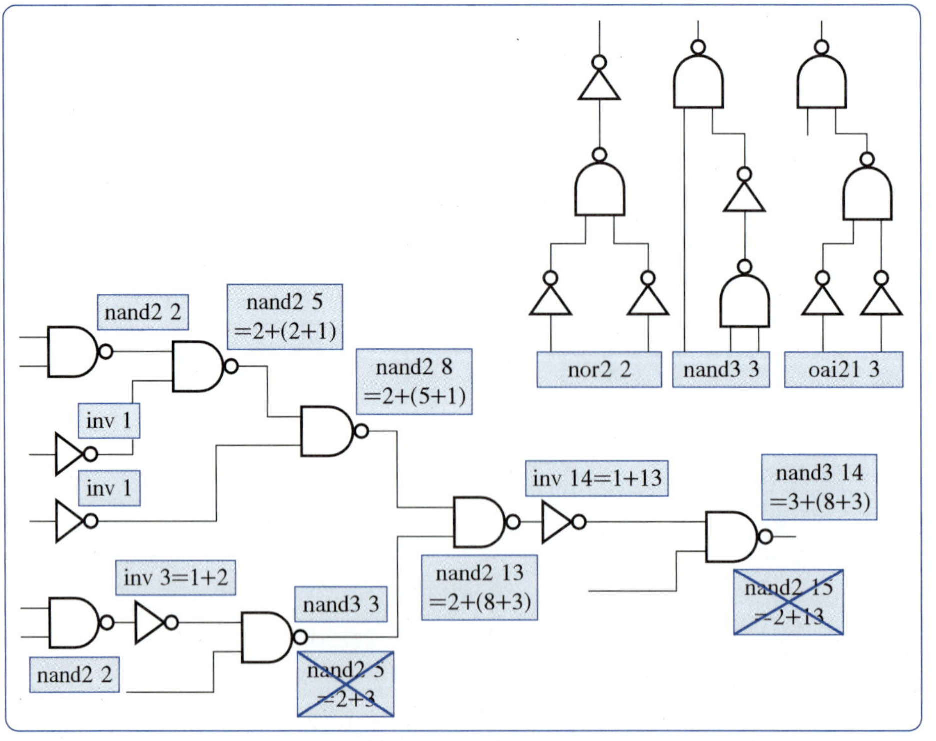

[그림 7-26] 커버링의 결과

서브젝트 그래프를 트리의 리프(leaf) 노드로부터 시작하여 토폴로지(topological) 순서로([그림 7-26]에서 보면 왼쪽에서 오른쪽으로 레벨의 순서) 진행해 나가면서 패턴그래프를 매핑하게 된다.

[그림 7-26]을 보면 서브젝트 트리의 아래 부분의 출력 노드에서 2가지 방법의 패턴트리 매핑이 가능한 것을 알 수 있다. 즉, 3-입력 NAND 게이트를 한 개 사용하는 방법(nand 3 3으로 표시됨)과 2-입력 NAND 게이트 2개와 그 사이에 인버터를 사용하는 방법(nand 2 5로 표시됨)의 두 가지를 비교하여 비용이 작은 것을 선택한다. 이 경우에는 전자의 경우가 적은 비용의 결과를 가져온다.

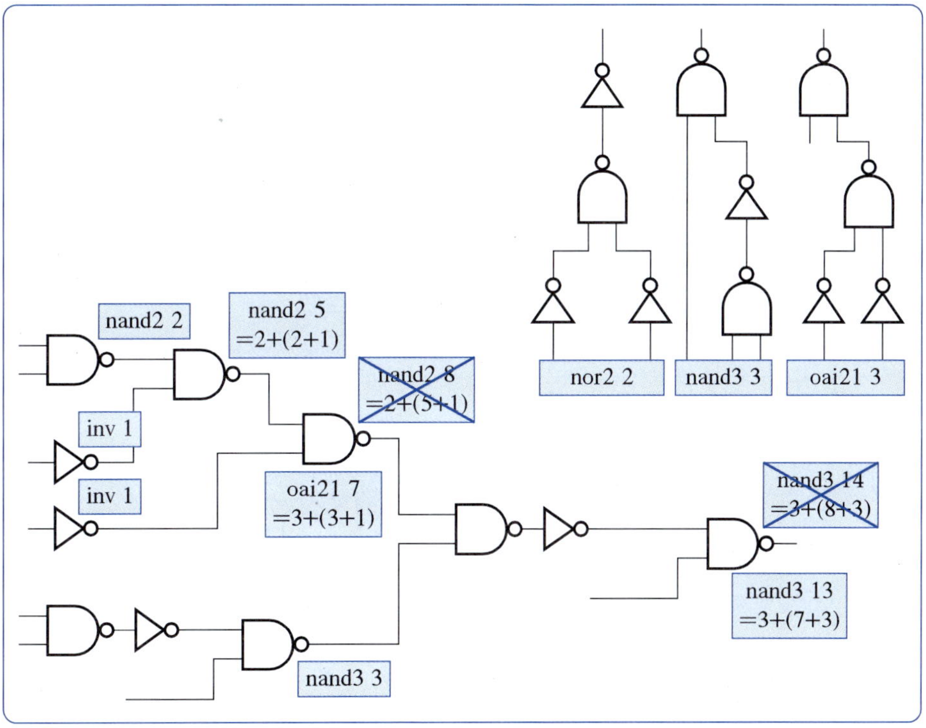

[그림 7-27] 개선된 커버링

다음 [그림 7-27]과 같이 서브젝트 트리의 윗부분을 보면 OAI21을 사용하는 것이 다른 방법과 비교하여 적은 비용으로 커버링되는 것을 알 수 있다. 최종 출력 노드에서 보면, 앞의 fanin이 2인 것을 알 수 있으며, 이 경우 첫 번째 fanin 노드의 경우 2가지 방법이 있었고 두 번째 노드에서는 한 가지 방법이 있었다. 따라서 최종 출력 노드에서는 이 경우를 모두 고려하여 가장 적은 커버 비용을 가지고 있는 커버를 찾으면 된다.

저전력 기술매핑

이번에는 전력 소모를 고려한 기술 매핑 방법에 대해서 알아보기로 한다.

논리회로의 각 게이트에 대한 동적전력소모는 그 게이트 출력단위의 스위칭 동작횟수와 정전용량(내부+부하)의 곱에 비례하여 늘어난다. [그림 7-28]에 문제 회로와 각 노드의 스위칭 동작율, 라이브러리의 셀 정보를 볼 수 있다.

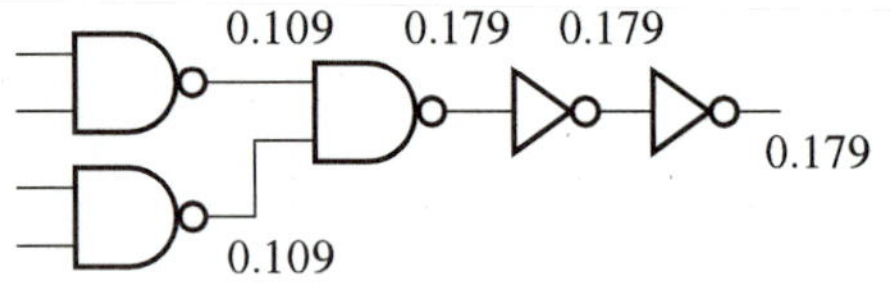

Gate	Area	Intrinsic Capacitance	Input Load Capacitance
INV	928	0.1029	0.0514
NAND2	1392	0.1421	0.0747
AOI22	2320	0.3410	0.1033

[그림 7-28] 문제 회로 및 라이브러리 정보

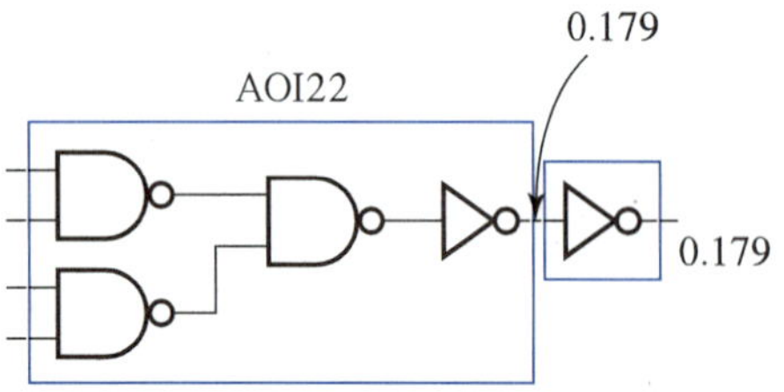

면적 = 2320 + 928 = 3248

소모전력 = 0.179(0.3410 + 0.0514) + 0.179(0.1029)
= 0.0887

[그림 7-29] 최소 면적 매핑 결과(회로 주 입력에서의 정전용량을 무시하였다.)

위의 [그림 7-29]를 보면 내부 정전용량이 큰 AOI22 게이트의 출력노드의 스위칭이 큰 것을 알 수 있다. 전력소모는 그 노드의 (fanin 내부 정전용량 + fanout 부하 정전용량) × 스위칭 동작률이 되므로 이 경우는 저전력 설계의 결과로서 바람직하지 않은 것을 알 수 있다. 여기서 Fanout 부하 정전용량이란 그 노드의 다음 단에 연결된 게이트의 입력부하 정전용량을 의미한다.

[그림 7-30]과 같은 기술매핑 결과로 전체 면적은 늘어났지만 전력 소모가 줄어들었다. 여기서 뒷단의 2개의 INV는 제거되어 wire로 대체되었다.

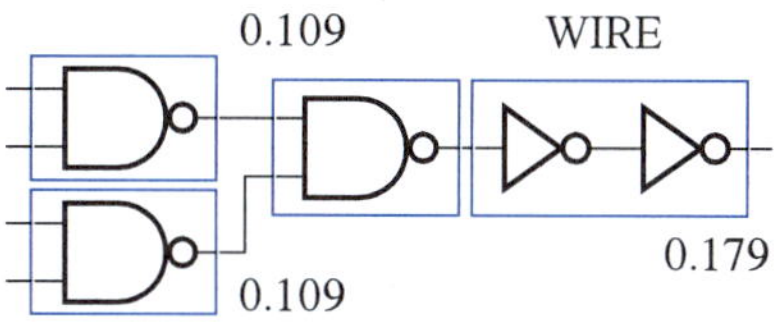

면적 = 1392×3 = 4176

소모전력 = 0.109(0.1421 + 0.0747)×2 + 0.179(0.1421)
= 0.0726

[그림 7-30] 최소 전력 매핑

7.7 BDD(Binary Decision Diagram)

불리언 함수를 표현하는 방법에는 정규형(Canonical)과 비정규형(Non-Canonical)이 있으며, 정규형은 진리표를 이용하는 방법, 카노 맵을 이용하는 방법 등이 있으며, 비정규형에는 SOP(Sum of Products), POS(Product of Sums), Factored form, BDD(Binary Decision Diagram)가 있다. BDD는 1978년 Akers에 의해서 제안되었으며 BDD는 섀넌(Shannon)의 확장이론에 기반을 두고 개발되었다. BDD는 많은 함수들에 대해 함축된 표현방법을 제공함으로써 논리회로를 표현하는 수단으로 성공적으로 사용되고 있다.

섀넌(Shannon)의 확장이론

섀넌의 확장이론은 다음과 같다. 불리언 함수가 $f(x_1, x_2, \cdots, x_i, \cdots, x_n)$와 같이 주어졌을 때, '1' cofactor는 $f_i^1 = f(x_1, x_2, \cdots, 1, \cdots, x_n)$으로 변수(variable) xi에 1을 대입하여 변수(variable) xi를 제거한 경우를 말하며, '0' cofactor는 $f_i^0 = f(x_1, x_2, \cdots, 0, \cdots, x_n)$으로 변수 xi에 0을 대입하여 변수 xi를 제거한 경우를 말한다.

섀넌의 확장이론은 다음의 식으로 표현된다.

$$f = \overline{x_i}\, f_i^{\,0} + x_i\, f_i^{\,1}$$
$$f = (x_i + f_i^{\,0})(\overline{x_i} + f_i^{\,1})$$

BDD 구축과정

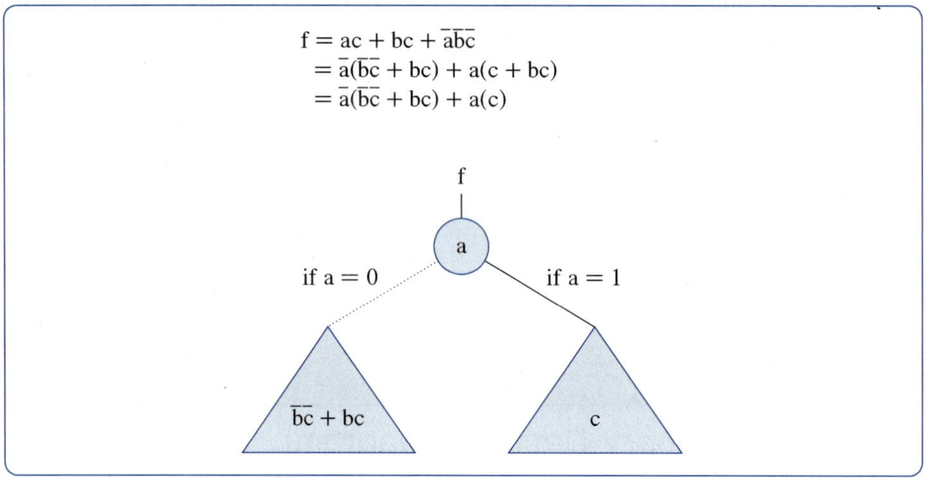

[그림 7-31] BDD 구축 과정(변수 'a'를 루트로 선택함)

섀넌의 확장이론에 따라 BDD를 어떻게 만드는지 알아보기로 한다.

[그림 7-31]의 예를 이용하여 설명하기로 한다. 변수 a를 cofactor로 하여 확장하면 다음과 같다.

$$\begin{aligned} f &= ac + bc + \bar{a}\bar{b}\bar{c} \\ &= \bar{a}(\bar{b}\bar{c} + bc) + a(c + bc) \\ &= \bar{a}(\bar{b}\bar{c} + bc) + a(c) \end{aligned}$$

에 대한 BDD는 [그림 7-31]과 같이 표현될 수 있다.

즉, 처음에 변수 a를 factor로 사용하였기 때문에, 트리의 루트에 "a"가 위치하게 되며, 그 두 개의 children 노드에는 '1' cofactor와 '0' cofactor가 위치하게 됨을 알 수 있다. 즉, 만약 a = 0이면 왼쪽 점선을 따라 a의 왼쪽 child 노드로 진행되고 a = 1이면 오른쪽 실선을 따라 a의 오른쪽 child 노드로 진행되게 된다. 이 과정을 모든 변수에 대해서 루트에서 시작하여 트리를 따라 내려가면서 반복한다.

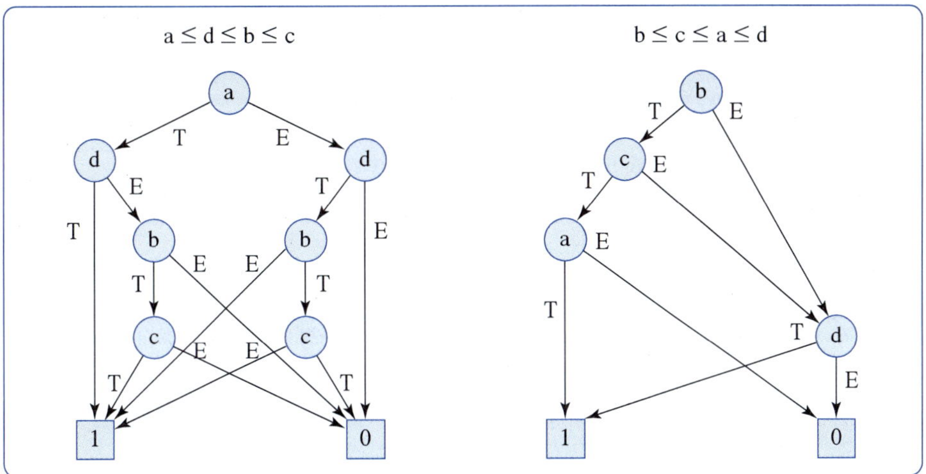

[그림 7-32] BDD의 크기는 변수 확장 순서에 따라 달라진다.

[그림 7-32]에서 보듯이 BDD 확장시 사용한 변수의 사용 순서에 따라 BDD의 크기 및 복잡도가 달라지게 된다. 왼쪽 그림은 a, d, b, c의 순으로 확장한 것이고, 오른쪽 그림은 b, c, a, d의 순으로 확장하여 BCD를 구축한 것이다. 오른쪽의 BDD가 적은 개수의 노드를 사용하여 구축된 것을 알 수 있다. 이와 같이 BDD의 크기는 변수의 확장순서에 따라 달라지게 된다.

- 각 노드는 섀넌의 확장에 해당한다.

$f = a\,f_a + \bar{a}\,f_{\bar{a}}$

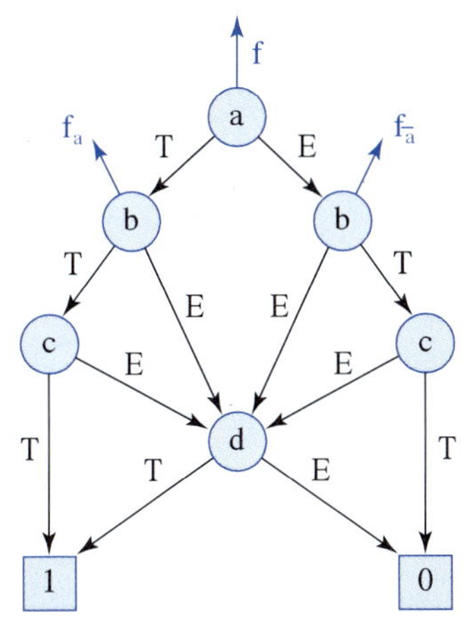

[그림 7-33] 섀넌의 확장이론과 BDD의 관계

다른 예를 들어보자. [그림 7-33]과 같이 BDD의 각 노드는 다음의 섀넌의 확장에 해당하게 된다.

$$f = af_a + \bar{a}f_{\bar{a}}$$

여기서 f는 루트 노드, f_a는 루트 노드의 왼쪽 child, $f_{\bar{a}}$는 루트 노드의 오른쪽 child에 해당하게 된다.

따라서 BDD의 모든 노드는 섀넌의 확장이론에 따라 확장되는 것을 알 수 있다.

BDD 간소화 방법

XOR은 비교적 회로의 크기가 큰 SOP/POS를 필요로 하는 반면, BDD를 사용하는 경우에는 매우 압축된 결과를 만들어 낸다. 그러나 앞의 다른 표현 방법에서도 그렇듯이 최악의 예제인 경우에는 n개의 변수에 대해서 $O(2^n)$의 노드를 필요로 하게된다.

BDD를 더욱 최소화하기 위한 방법으로는 멀티-레벨 기술을 사용하는 것인데 이를 분할된 ROBDD(Reduced Ordered BDD)라고 부른다.

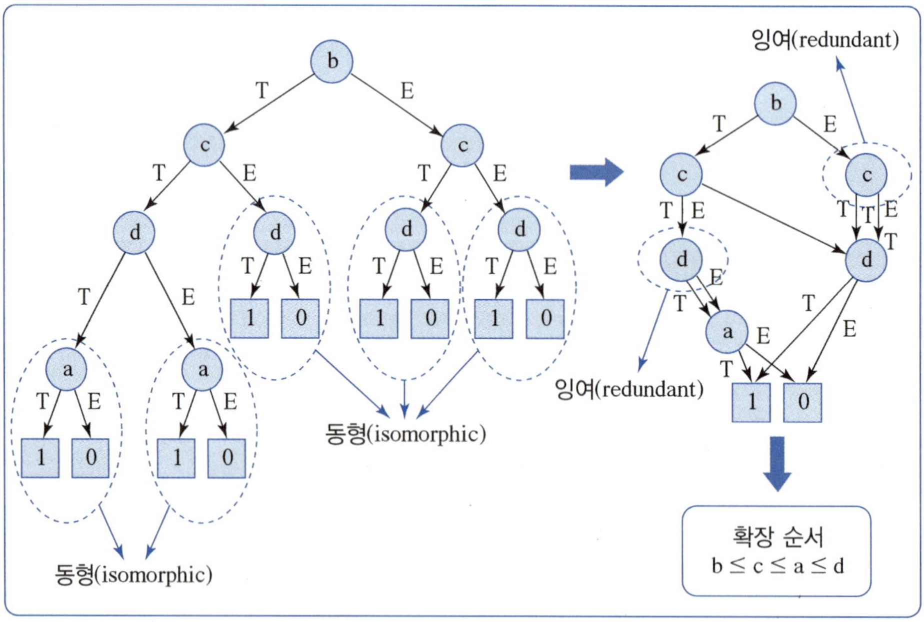

[그림 7-34] 동일한(isomorphic) 부분을 융합하여 간소화된 BDD

[그림 7-34]는 BDD를 이용하여 ROBDD를 구축하는 예를 보이고 있다. 간소화하기 전의 BDD는 입력 변수에 대해서 기하급수적인 개수의 노드를 필요로 한다. 따라서 동일한(isomorphic) 부분을 찾아서 융합시키면 [그림 7-34]의 오른쪽 그림과 같이 불필요한 부분을 제거하여 축소된 BDD를 만들어 낼 수 있다. 축소된 형태는 트리 형태가 아닌 일반적인 그래프 형태가 될 수 있게 된다. 여기서 잉여(redundant)로 표시된 노드는 팬아웃이 1이기 때문에 불필요하게 되므로 제거하고 그 노드의 입력에 연결된 노드와 출력에 연결된 노드를 연결하면 된다.

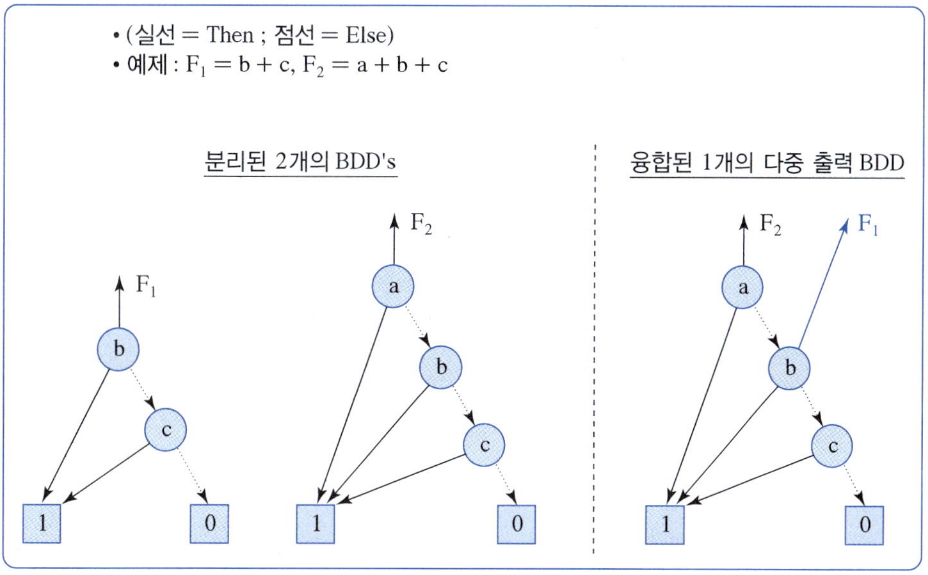

[그림 7-35] 다중 출력 BDD의 융합

[그림 7-35]는 복수의 출력을 가지고 있는 함수에 대한 BDD 최소화 과정을 보여주고 있다.

$F_1 = b + c$, $F_2 = a + b + c$을 예를 들면, 왼쪽 그림은 두 개의 출력에 대해서 분리된 각각의 BDD를 구축한 결과를 보여주고 있으며, 오른쪽 그림은 공통된 부분(F1 부분)을 재사용하는 형식으로 하나의 BDD로 복합된 형태를 보여주고 있다.

[그림 7-36]과 [그림 7-37]에 두 가지 감축 규칙을 보이고 있다. [그림 7-36]의 감축 규칙 1은 앞의 예제에서도 보았듯이 노드 x의 표시된 노드의 팬아웃이 1이기 때문에 잉여(redundant) 노드가 되어 불필요하게 되므로 제거하고 그 노드의 입력에 연결된 노드와 출력에 연결된 노드 y를 연결하면 된다.

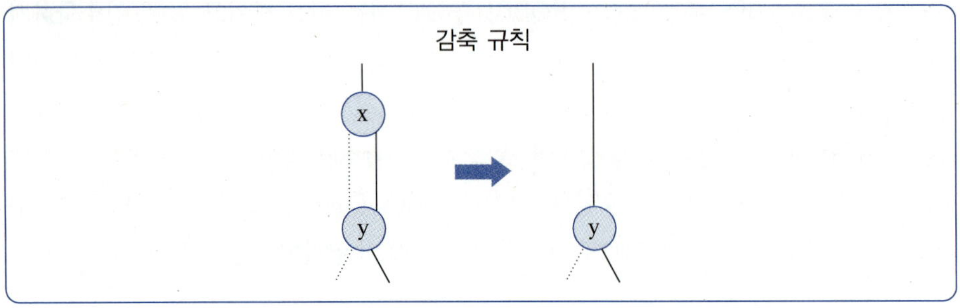

[그림 7-36] 감축 규칙 1(잉여 노드 제거)

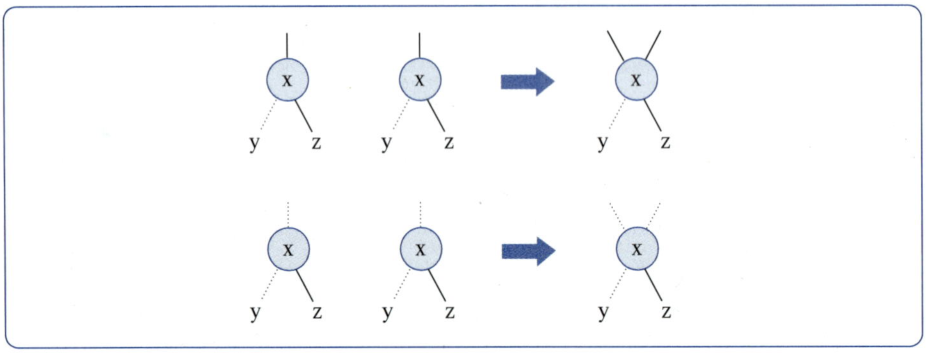

[그림 7-37] 감축 규칙 2(동형 부분 재사용)

감축 규칙 2는 [그림 7-37]과 같이 두 개의 서브 그래프가 동일한 형태인 경우에 그 동일한 서브그래프를 재사용하는 것이다.

[그림 7-37]에서 실선은 Then에 해당하는 가지이고 점선은 else에 해당하는 가지인 것을 표현하고 있다. 다른 출력의 결과로 나온 두 개의 서브 그래프가 동일한 형태이며, 그 동형의 서브 그래프의 입력은 다른 노드와 연결되어 있는 경우이다. 이 경우에는 오른쪽의 그림과 같이 다른 두 개의 출력이 같은 서브 그래프를 공유(재사용) 하는 형태로 BDD의 크기를 감축할 수 있게 된다. BDD 크기의 감축 결과는 어떤 순서로 변수들이 확장되는가에 따라서 크게 변한다.

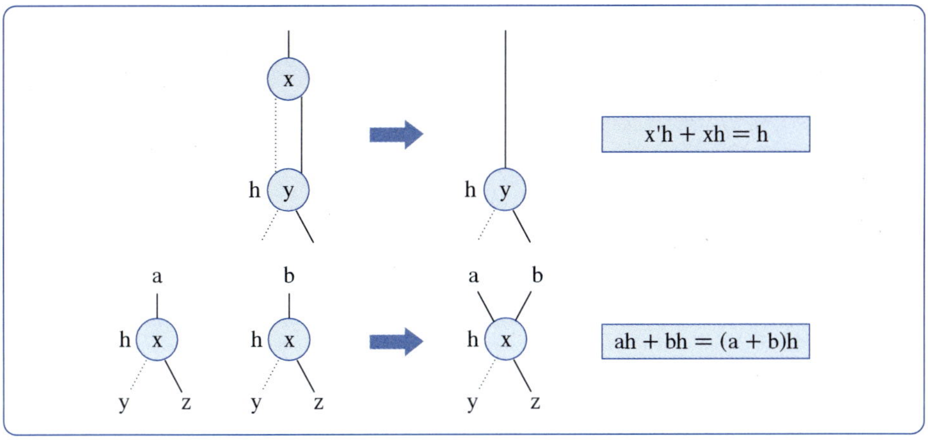

[그림 7-38] BDD 감축 규칙(보수의 법칙, 인수분해)

[그림 7-38]에서와 같이 불리언 대수에서 사용한 정리들을 마찬가지로 BDD에서도 적용할 수 있다. [그림 7-38]의 첫 번째 그림을 보면 $x = 0$이거나 1이거나 관계없이 같은 함수 h에 해당하는 Y 노드로 진행되는 것을 알 수 있다. 즉, 보수의 법칙(즉, $\bar{x} + x = 1$)을 이용하면, $\bar{x}h + xh = (\bar{x} + x) \cdot h = 1 \cdot h = h$가 되는 것을 알 수 있다. 두 번째 그림의 경우에도 인수분해 법칙을 이용하여 $a \cdot h + b \cdot h = (a + b) \cdot h$가 되는 것을 알 수 있다.

BDD를 이용한 다중기의 설계

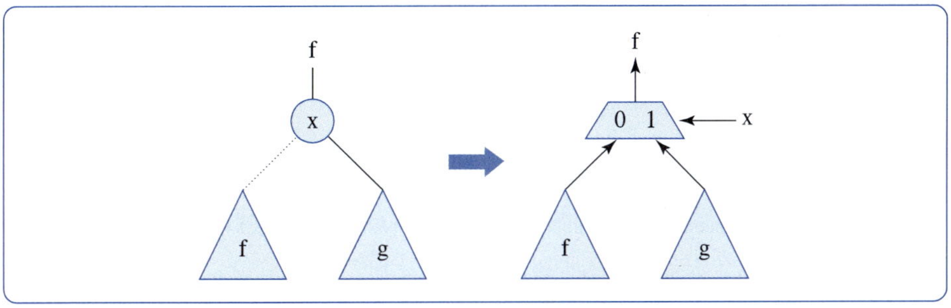

[그림 7-39] BDD를 이용한 다중기 표현

BDD를 이용하면 [그림 7-39]와 같이 다중기를 간단히 구현할 수 있다. 즉, $f = \bar{x}f + xg$를 표현하고 있다. 또한 [그림 7-40]과 같이 다중기를 이용하면 함수 분할이 가능하다.

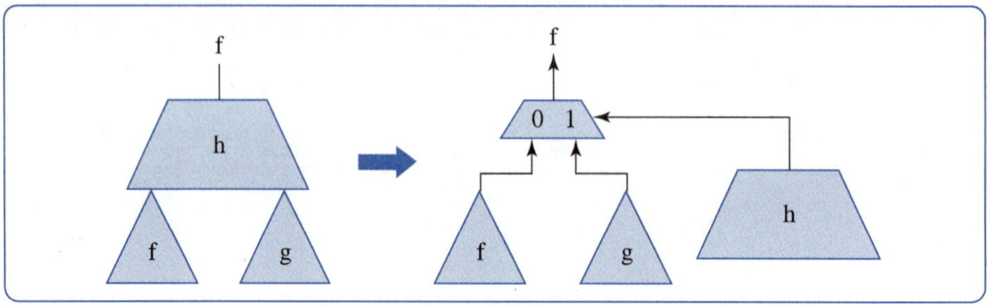

[그림 7-40] 다중기를 이용한 함수 분할

즉, 그림에서 $f = \bar{h}f + hg$을 표현하고 있다.

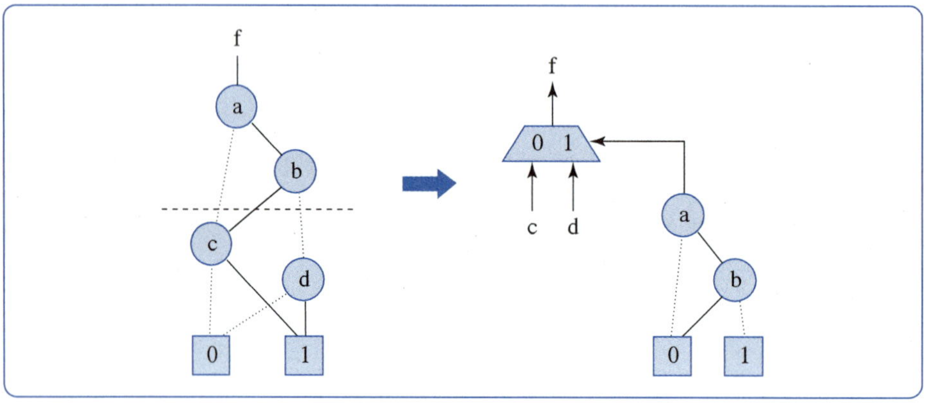

[그림 7-41] 함수분할의 예

다른 예를 들면, [그림 7-41]과 같은 방법으로 함수를 분할하는 방법도 가능하다.

BDD를 이용한 정형적 검증

BDD는 합성(synthesis) 및 정형적 검증(formal verification)에도 사용되고 있다.

회로 합성의 정형적 검증과정에서 변환되기 전과 변환 후의 회로 동형 여부를 판단하는 방법을 사용한다. [그림 7-42]의 두 개의 BDD가 동형(isomorphic)인지를 알기 위해서 두 개의 BDD 노드의 인접상태, 라벨, 리프(leaf) 노드의 값이 같은지 원투원(one-to-one) 매핑 상태를 확인한다. 그러나 [그림 7-42]에서 보듯이 같은 출력을 내는 함수를 표시하는 두 개의 BDD가 달라질 수 있게 된다. 따라서 이 경우에는 이 두 개의 BDD를 비교하여 두 개의 논리회로가 같은지를 판단할 수 없다. 비교를 가능하게 하려면 [그

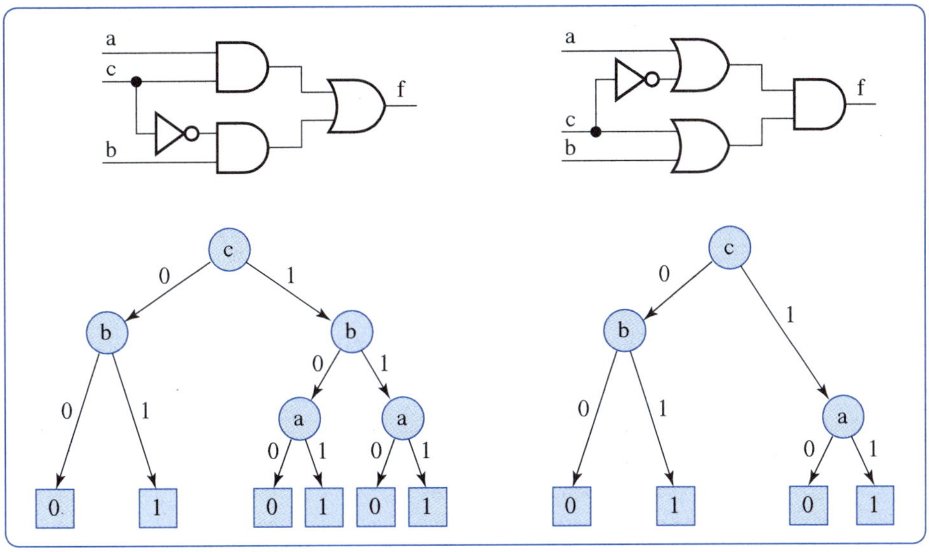

[그림 7-42] BDD가 서로 다름.(5장 연습문제 19번 참조)

림 7-43]과 같이 두 개의 BDD에 같은 변수 순서를 적용하여야 하며, 최소화 작업을 수행해야 한다.

[그림 7-43]과 같이 최소화 과정을 거치면 두 개의 BDD가 동형(isomorphic)하게 되는 것을 알 수 있게 된다.

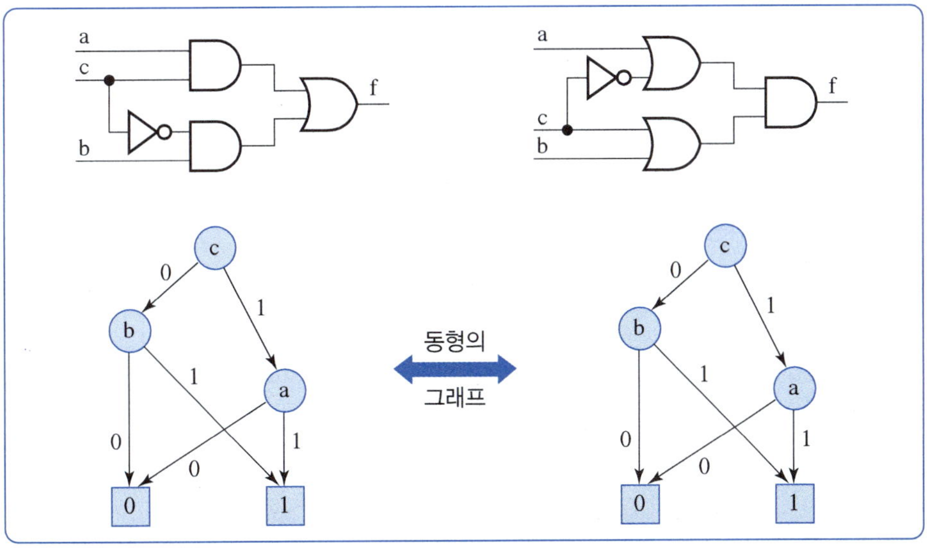

[그림 7-43] 최소화를 거친 후의 동형의 BDD

참 / 고 / 문 / 헌

- C. Y. Lee, "Representation of Switching Circuits by Binary Decision Diagrams," *Bell Syst. Tech J.*, vol. 38, pp. 985–999, July 1959.
- S. Akers, "Binary Decision Diagrams," *IEEE Trans. Computers*, vol. C-27, no. 6, pp. 509–516, June 1978.
- R. E. Bryant, "Graph-Based Algorithms for Boolean Function Manipulation," *IEEE Trans. Computers*, vol. C-35, no. 8, pp. 677–691, August 1986.
- G. De Micheli, *Synthesis and Optimization of Digital Circuits*, New York: McGraw-Hill, 1994.
- S. Devadas, A. Ghosh, and K. Keutzer, *Logic Synthesis*, New York: McGraw-Hill, 1994.
- K. Keutzer, "DAGON: Technology Binding and Local Optimization by DAG matching," *Proc. 24th Design Automation Conf.*, 1987, pp. 341–347.
- Logic Minimization Algorithms for VLSI Synthesis ,Robert K. Brayton, Gary D. Hachtel, C. McMullen, and Alberto L. Sangiovanni-Vincentelli(1984)
- Logic Synthesis, Srinivas Devadas, Abhijit Ghosh, Kurt Keutzer(1994)
- Logic Synthesis and Verification, Algorithms, Gary D. Hachtel, Fabio Somenzi(2006)

연습문제

1. 멀티-레벨 논리회로 최소화에 사용되는 방법 중 잘못 기술된 것은?

1) 공통 함수를 빼어내어 인수분해한다.

2) 게이트를 표준 셀 라이브러리의 게이트에 매핑한다.

3) 리터럴의 수를 줄여 와이어를 줄인다.

4) ESPRESSO 알고리즘을 사용한다.

➲ 4

2. 같은 함수를 구현할 때 3개의 3-input OR 게이트와 1개의 7-input OR 게이트를 사용하는 경우에 대한 차이점은?

➲ 전자의 경우는 멀티-레벨 논리회로에 해당하면 후자는 2-레벨 논리회로에 해당한다.

3. 임의의 불리언 함수는 NAND 또는 NOR 게이트를 이용하여 설계할 수 있다. OR 게이트 또는 AND 게이트를 NOR 또는 NAND 게이트로 변환하시오.

➲ 드모르간의 법칙을 이용하면 $\overline{(A + B)} = \overline{A} \cdot \overline{B}$; $\overline{(A \cdot B)} = \overline{A} + \overline{B}$

$A + B = \overline{(\overline{A} \cdot \overline{B})}$; $(A \cdot B) = \overline{(\overline{A} + \overline{B})}$

4. 다음 식이 성립됨을 보이시오.

1) NAND (NOT (NAND (a,b)), c) = NAND (a,b,c)

2) NAND (NAND(a,b,c), NAND(a,b,$\overline{c}$)) = NAND(a,b)

➲ 드모르간의 법칙을 이용하면 된다.

5. $F = \overline{(B\overline{C} + A\overline{C} + AB)}$를 OAI 게이트를 이용하여 설계하시오.

➲ $F = (A + B)(A + \overline{C})(B + \overline{C})$는 $\overline{F} = (\overline{B} + C)(\overline{A} + C)(\overline{A} + \overline{B})$로 변환되어 2-입력 3-스택 OAI 게이트로 구현된다.

6. 지연시간의 계산은 주 경로상의 게이트의 개수로 간략화한다. 다음의 전가산기의 합과 캐리의 지연시간은 얼마인가?

$Sum(x,y,c) = XOR(x,y,c) = xyc + \overline{x}\,\overline{y}c + \overline{x}y\overline{c} + x\overline{y}\,\overline{c}$

$Carry(x,y,c) = Majority(x,y,c) = xy + (x + y)c$

Sum은 2-레벨 논리이므로 주 경로시간은 2이 되고, Carry는 3-레벨 논리이므로 주 경로시간은 3이 된다.

7. 멀티-레벨 논리 최소화 과정에 적용하기 위한 변환 규칙에는 어떤 것들이 있는가?

1) 인수분해 (Factoring)

2) 분해 (Decomposition)

3) 추출 (Extraction)

4) 치환 (Substitution)

5) 역치환 (Collapsing)

8. 다음 복수 출력 함수에 대하여 최대 공통함수를 추출하여 간소화하시오.

$f_1 = a \cdot b \cdot g + b \cdot g \cdot d + b \cdot e \cdot g \quad f_2 = b \cdot g \cdot f \cdot h + d \cdot g + a \cdot b \cdot g$

공통 서브함수를 모두 찾는다. 공통함수를 u로 치환할 때 다음과 같은 결과가 나온다. 공통함수 b • g를 u로 치환하면 리터럴의 개수가 8개에서 3개로 줄어든다.
여기서 리터럴의 수가 가장 많이 줄어든 결과를 내는 서브함수는 b • g인 것을 알 수 있다.
다음과 같이 선택된 서브함수 b • g를 u로 치환하여 원래 함수를 수정한다.

$f_1 = v + d \cdot u + b \cdot e \cdot g$

$f_2 = u \cdot f \cdot h + d \cdot g + a \cdot u$

$u = b \cdot g$

$v = a \cdot u$

간소화 결과 리터럴의 수는 13개가 되어서 원래 함수에 비해 5개의 리터럴이 줄어든 것을 알 수 있다.

9. 인수분해를 통하여 2-레벨 논리를 멀티-레벨 논리로 바꾸는 것이 가능하여진다.

$F = a \cdot b \cdot g + b \cdot g \cdot d + b \cdot e \cdot g$을 최대로 인수분해하시오.

$F = QD + R$

$D = (a + d + e)$

$Q = b \cdot g$

$R = null$

10. 다음 식을 분해(decomposition)를 이용하여 간소화하시오. 분해 후의 최종 리터럴의 수는 몇 개인가?

$F = A\,B\,C + A\,B\,D + \overline{A}\overline{C}\overline{D} + \overline{B}\overline{C}\overline{D}$

➡ $F = XY + \overline{X}\,\overline{Y}$

$X = AB$

$Y = C + D$

리터럴의 수 8개

11. 다음 함수 F를 함수 G를 이용하여 치환(substitution)하시오.

$F = AA + AC + AB + BC,\ G = A + B$

➡ $F = G(A + C)$

12. 아래 식은 최대로 인수분해되었는가? 그렇지 않으면 최대로 인수분해하시오.

$O = ab(c + d) + a(e + f) + g$

➡ 최대로 인수분해된 식은 다음과 같다. $O = a(b(c + d) + e + f) + g$

13. 다음 식을 분해(decomposition)와 재치환(resubstitution)으로 변환하시오. 재치환 후에 리터럴의 수를 더 줄일 수 있는 방법이 있는가?

$F_1 = abc + abd + ae + af + g$　　　$F_2 = ace + ade + bce + bde + cf + df$

(11 + 16 = 27 literals)

➡ 분해(Decomposition):

$O_1 = aY_1 + g$

$Y_1 = bX_1 + e + f$

$X_1 = c + d$

$O_2 = X_2Z_2$

$Z_2 = eY_2 + f$

$Y_2 = a + b$

$X_2 = c + d$

(18 literals)

재치환(Resubstitution):

$(X_1 = X_2)$

$O_1 = aY_1 + g$

$Y_1 = bX_1 + e + f$

$X_1 = c + d$

$O_2 = X_1Z_2$

$Z_2 = eY_2 + f$

$Y_2 = a + b$

(16 literals)

위의 재치환의 결과는 다음과 같은 노드 제거(node elimination) 방법에 의해 리터럴의 개수를 더 줄일 수 있다.

노드 제거(Node Elimination):

$O_1 = aY_1 + g$

$Y_1 = bX_1 + e + f$

$X_1 = c + d$

$O_2 = X_1Z_2$

$Z_2 = e(a + b) + f$

(15 literals)

14. 주어진 라이브러리 셀을 이용하여 다음 회로의 최소 비용 기술 매핑 결과를 보이시오.

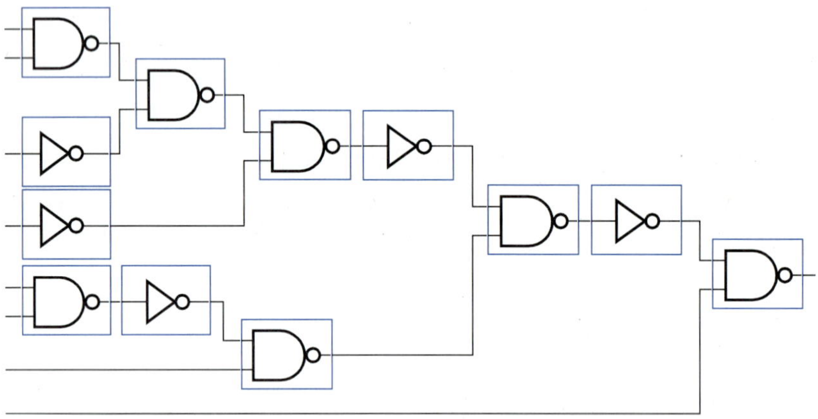

라이브러리 셀(주 : ()의 수는 비용을 의미함)

INVERTER (2)

NAND2 (3)

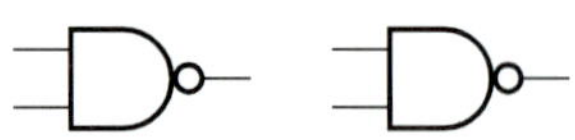

NAND3 (4)

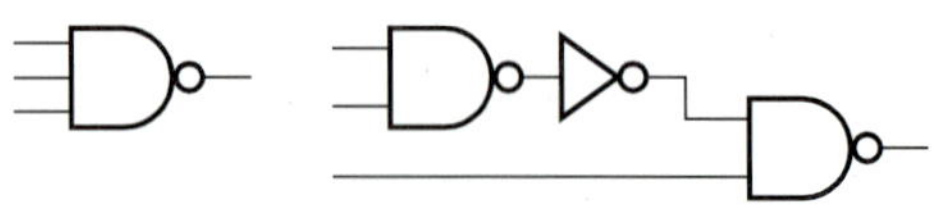

NAND4 (5)

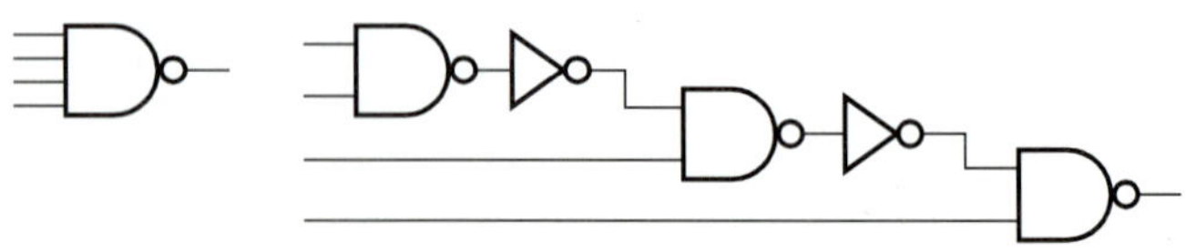

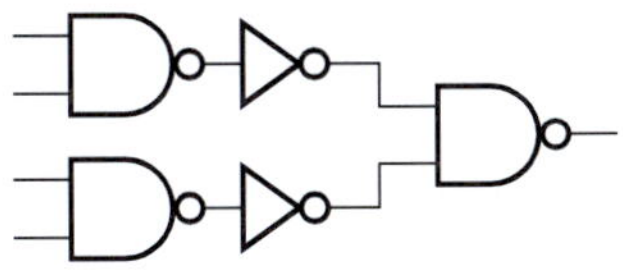

AOI21 (4)

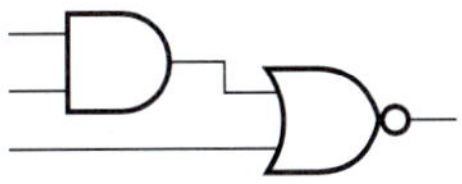

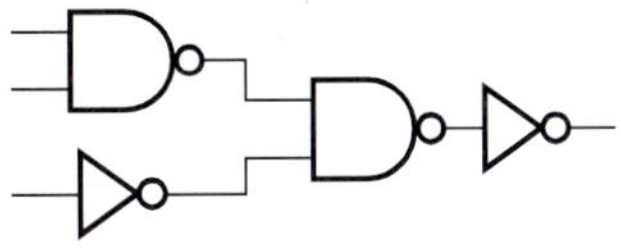

AOI22 (5)

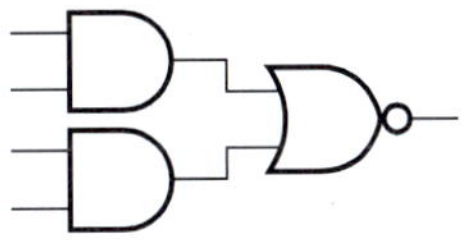

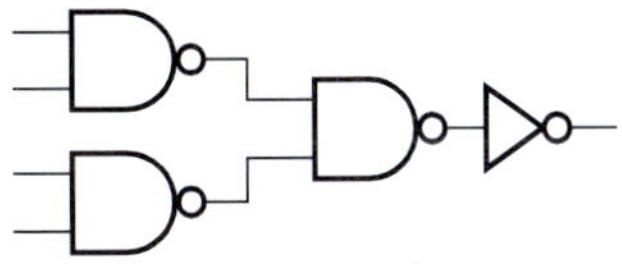

➡

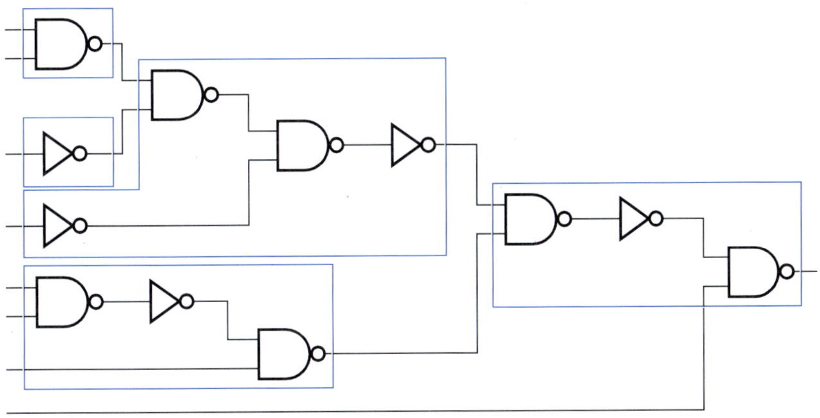

1	INV	= 2
1	NAND2	= 3
2	NAND3	= 8
1	AOI21	= 4
		17

15. DAG 커버링을 구하는 알고리즘에 대해서 단계별로 설명하시오.

➡ 1) DAG을 트리의 셋(포리스트라고 부름)으로 분할한다.

2) 각각의 트리에 대해서 최소비용 커버링을 구한다.

16. 다음 트리에 대한 최소 비용 커버링을 구하시오(문제 14의 라이브러리를 이용하시오).

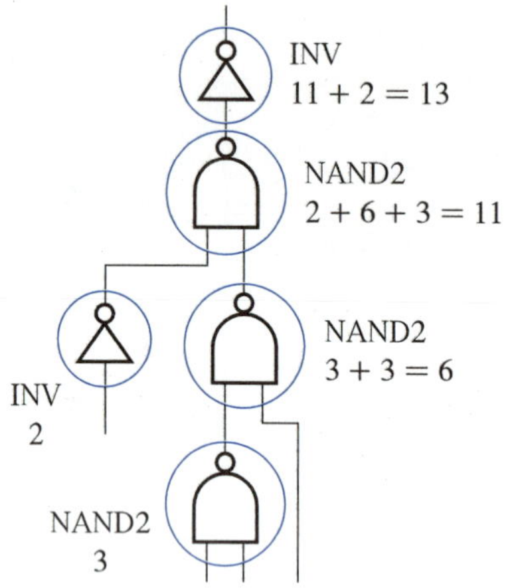

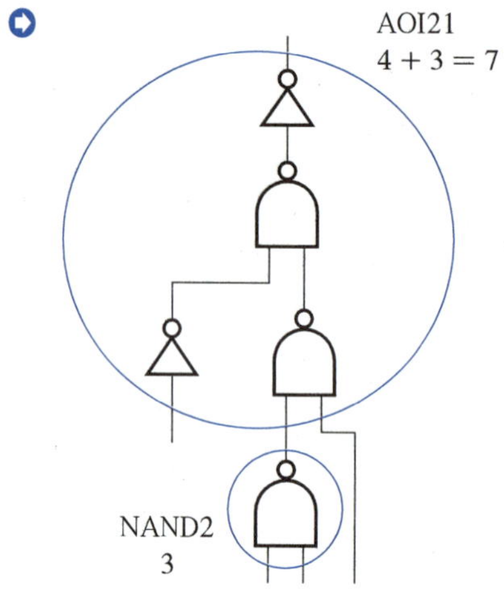

전체 비용이 13에서 7로 줄어들었다.

17 식 C = G1(P1+G0)(P1+P0+C0)와 아래의 표를 참조하시오.

<table>
<tr><th colspan="4">라이브러리 1</th><th colspan="4">라이브러리 2</th></tr>
<tr><th>게이트 심볼</th><th>게이트 이름</th><th>지연시간 (nS)</th><th>면적 (TR 수)</th><th>게이트 심볼</th><th>게이트 이름</th><th>지연시간</th><th>면적</th></tr>
<tr><td>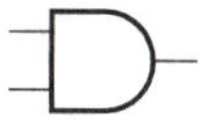</td><td>AND2</td><td>2.4</td><td>6</td><td>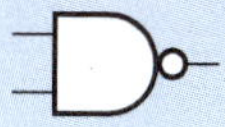</td><td>NAND2</td><td>1.4</td><td>4</td></tr>
<tr><td>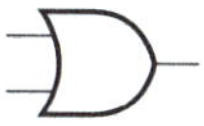</td><td>OR2</td><td>2.4</td><td>6</td><td rowspan="2">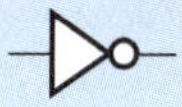</td><td rowspan="2">NOT</td><td rowspan="2">1</td><td rowspan="2">2</td></tr>
<tr><td>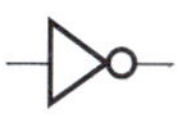</td><td>NOT</td><td>1</td><td>2</td></tr>
</table>

(a) C를 라이브러리 1에 있는 게이트로만 구현하시오.

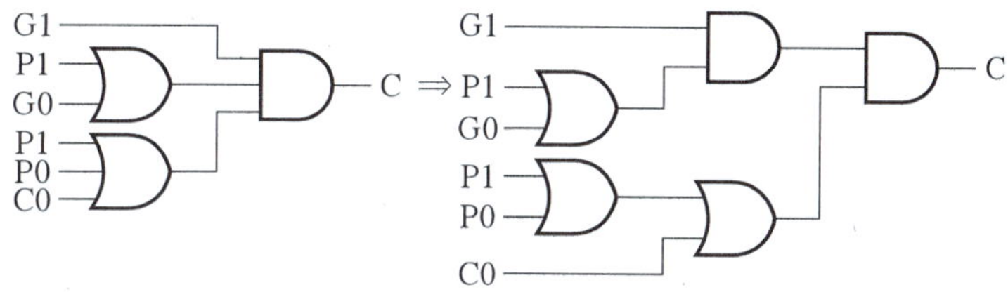

(b) (a)에서 구현한 회로의 면적(TR의 개수)은 얼마인가?

b) 6×5 = 30개

(c) (a)에서 구현한 회로에서 가장 지연이 오래되는 시간은 얼마인가?

c) 2.4×3 = 7.2 nS

(d) C를 라이브러리 2에 있는 게이트로만 구현하시오.

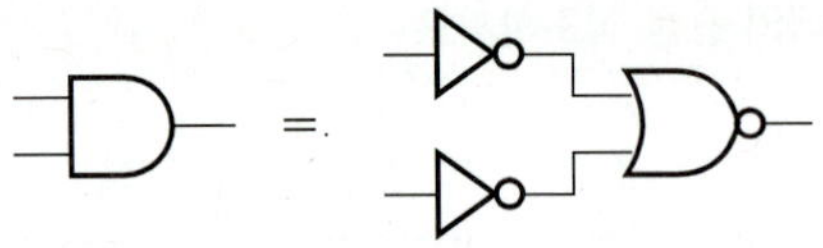

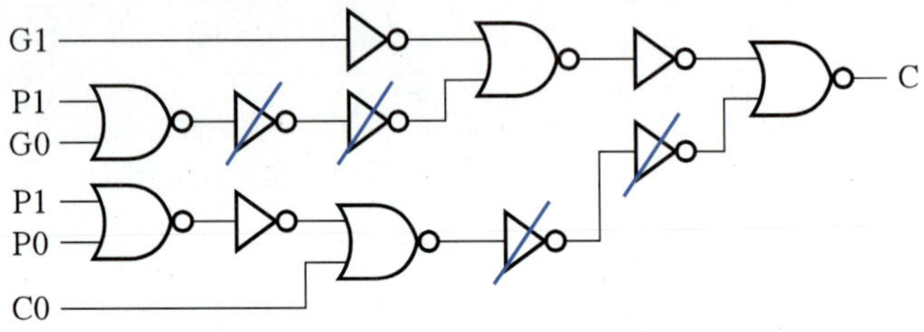

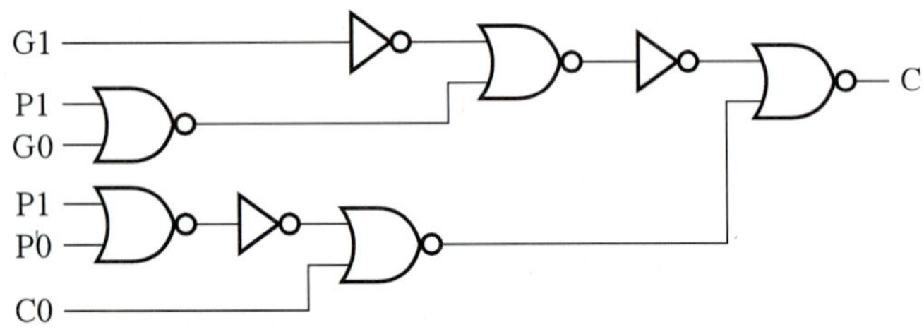

(e) (d)에서 구현한 회로의 면적(TR의 개수)은 얼마인가?

$5 \times 4 + 3 \times 2 = 26$개

(f) (d)에서 구현한 회로에서 가장 지연이 오래되는 시간은 얼마인가?

$3 \times 1.4 + 1 = 5.2$ nS

18. 다음과 같은 논리식이 있을 때 질문에 답하시오.

$F = (x' + y')z + w'$

라이브러리 1				라이브러리 2			
게이트 심볼	게이트 이름	지연시간 (nS)	면적 (TR 수)	게이트 심볼	게이트 이름	지연시간	면적
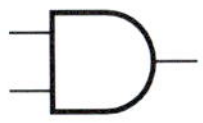	AND2	2.4	6	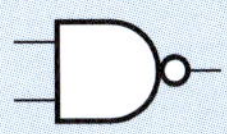	NAND2	1.4	4
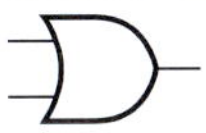	OR2	2.4	6	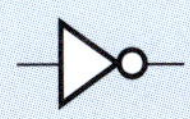	NOT	1	2
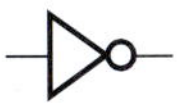	NOT	1	2				

(a) 라이브러리 1를 사용하여 F를 구현하시오.

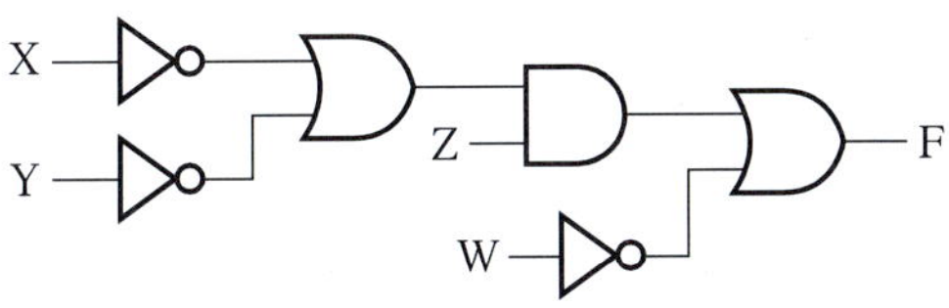

또는

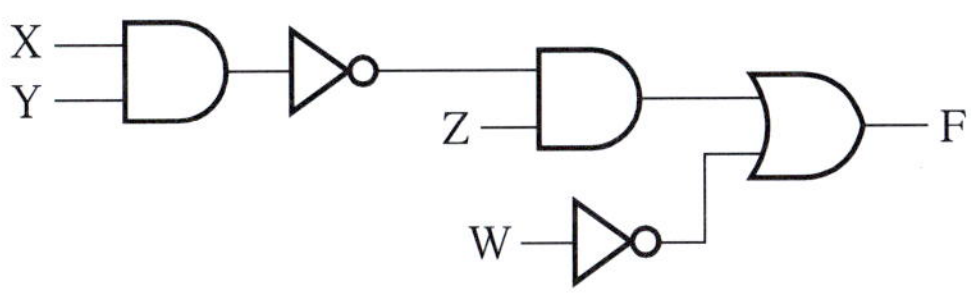

(b) 라이브러리 1을 사용하여 문제 (a)에서 구현된 회로의 면적을 계산하시오.

면적 = 2×NOT + 1×OR + 2×AND

= 2×2 + 1×6 + 2×6 = 22개 트랜지스터

(c) 라이브러리 1을 사용하여 문제 (a)에서 구현된 회로의 지연시간을 계산하시오.

주경로 지연시간 = 1 AND + 1 NOT + 1 AND + 1 OR

= 2.4 + 1 + 2.4 + 2.4

= 8.2 ns

(d) 라이브러리 2를 사용하여 F를 구현하시오. (면적 최적화)

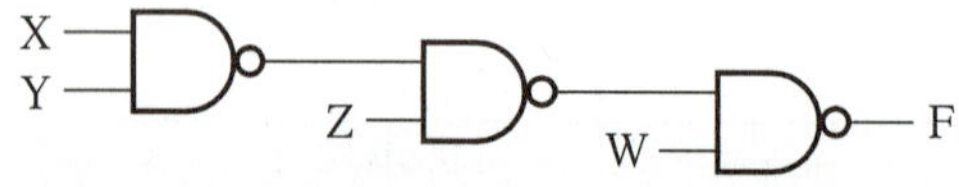

(e) 라이브러리 2를 사용하여 문제 (d)에서 구현된 회로의 면적을 계산하시오.

면적 $= 3 \times \text{NAND}$

$= 3 \times 4 = 12$ 트랜지스터

(f) 라이브러리 2를 사용하여 문제 (d)에서 구현된 회로의 지연시간을 계산하시오.

지연시간 $= 3 \times \text{NAND}$

$= 3 \times 1.4$

$= 4.2$ ns

(g) 주어진 회로에서 가장 최적화된 면적을 위해서는 어느 라이브러리가 필요하겠는가?

라이브러리 2

(h) 주어진 회로에서 가장 최적화된 지연시간을 위해서는 어느 라이브러리가 필요하겠는가?

라이브러리 2

19. 다음의 회로는 어떤 함수 F를 이용하여 설계했다. 그런데 현재의 구현 방식은 지연시간과 면적 제약조건을 만족시키지 못하고 있다. (면적도 크고 지연시간이 느리다.) 이 회로의 전체 지연시간은 11.6 ns이고, 66개의 트랜지스터가 사용되었다.

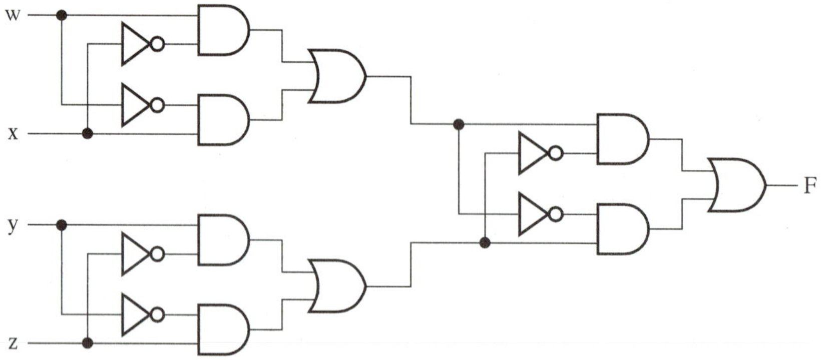

다음의 라이브러리를 사용하여 회로를 최적화시키시오.

<table>
<tr>
<td colspan="2">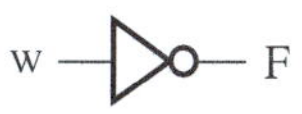

지연시간 = 1 ns.
면적(트랜지스터수) = 2 T.
F = $\overline{W}$</td>
<td colspan="2">

지연시간 = 4.2 ns.
면적(트랜지스터수) = 14 T.
F = $w\overline{x} + \overline{w}x$</td>
<td colspan="2">

지연시간 = 1.4 ns.
면적(트랜지스터수)= 4 T.
F = $\overline{(wx)}$</td>
</tr>
<tr>
<td colspan="3">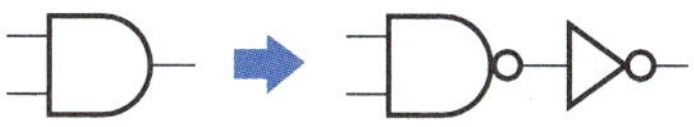
지연시간 = 2.4 ns.
면적(트랜지스터수) = 6 T.
F = (wx)</td>
<td colspan="3">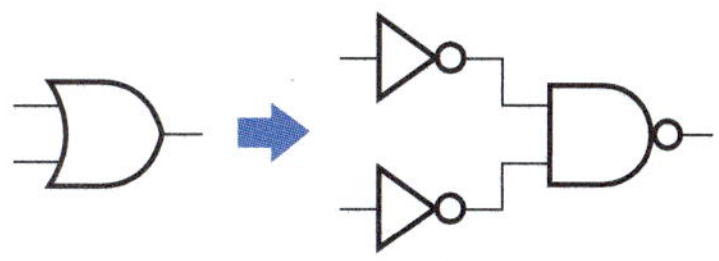
지연시간 = 2.4 ns.
면적(트랜지스터수) = 6 T.
F = w + x</td>
</tr>
</table>

(a) 최소 지연시간인 7.6ns를 달성하기 위한 회로를 구현하고 지연시간 및 면적이 어떻게 되는지 기술하시오.

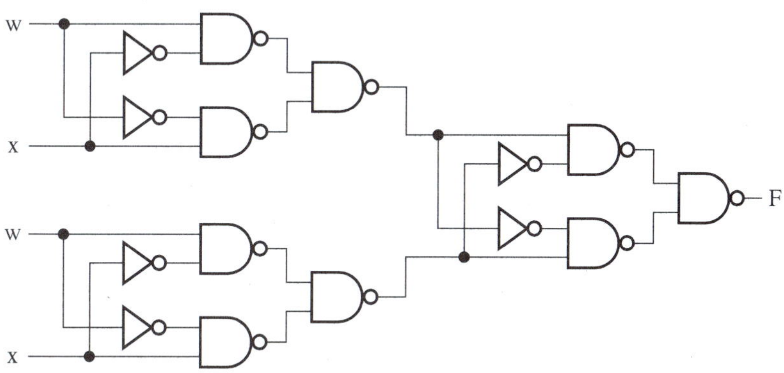

지연시간 : 7.6 ns, 면적 : 48 T

(b) 최소 면적이 42 트랜지스터가 되도록 회로를 구현하고 지연시간 및 면적이 어떻게 되는지 기술하시오.

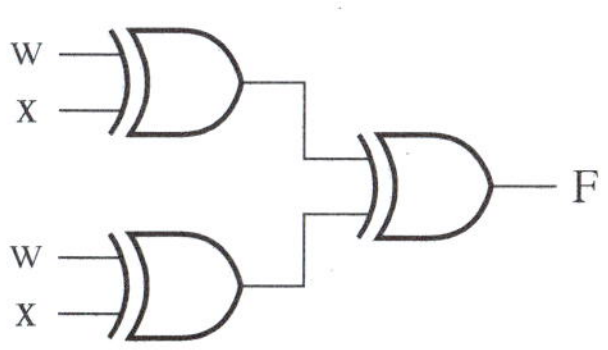

연시간 : 8.4 ns, 면적 : 42 T

20. 섀넌의 확장 이론은 $f_{x_i} = x_i \cdot f_{x_i} + \overline{x_i} \cdot f_{\overline{x_i}}$ 으로 표현된다.
위의 이론을 이용하여 다음 함수에 대한 BDD(Binary Decision Diagram)의 확장 과정을 보이시오.

$f = x_1 \cdot x_2 + x_2 \cdot x_3 + x_1 \cdot x_3$

➡ 확장 순서 = x1, x2, x3

1) x1 확장

$F_{x1=1} = x2 + x2x3 + x3 = x2 + x3$

$F_{x1=0} = x2\ x3$

2) x2 확장

$F_{x1=1,\ x2=1} = 1;$ $F_{x1=1,\ x2=0} = x3$

$F_{x1=0,\ x2=1} = x3;$ $F_{x1=0,\ x2=0} = 0$

3) x3 확장

$F_{x1=1,\ x2=0,\ x3=1} = 1;$ $F_{x1=1,\ x2=0,\ x3=0} = 0;$

$F_{x1=0,\ x2=1,\ x3=1} = 1;$ $F_{x1=0,\ x2=1,\ x3=0} = 0;$

21. 다음 식을 섀넌의 확장이론에 따라 확장된 BDD로 표현하시오.

$f = abc + \bar{b}d + \bar{c}d$

확장 순서는 변수 b, c의 순으로 확장하라.

➡

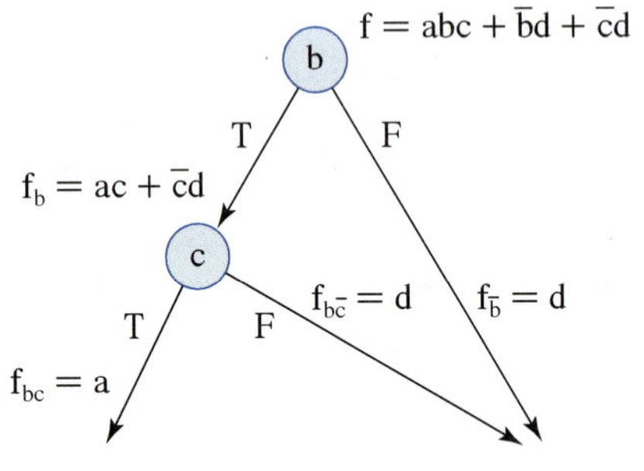

CHAPTER 8 지연시간과 타이밍

CHAPTER

8 지연시간과 타이밍

1980년대에는 지연시간을 다루기보다는 회로의 크기를 최소화하는 데에 초점을 맞추었으나 1990년대부터 속도가 빠른 회로가 필요하게 되면서 타이밍 동작을 검증하는 것이 중요하게 되었다. 타이밍 검증은 회로의 성능을 평가할 뿐 아니라 지연시간 때문에 발생하는 회로의 오동작을 제거하는데 사용된다. 회로의 출력에서 신호의 순간적(짧은 주기)인 변화를 해저드(hazard)라고 부른다. 주로 그러한 순간적인 신호는 글리치(glitch)라고 부르는 회로의 오동작 원인을 제공한다. 검증하는 방법으로 파형(waveform)을 이용하여 시각화하는 방법과 파형을 만들어 내기 위한 모의 실험(Simulation)을 하게 된다. 모의 실험 도구로는, 예를 들면 멘토 그래픽(Mentor Graphic)사의 모델심(Modelsim)이라는 논리 시뮬레이터가 있다.

이 장에서는 정확한 동작 검증 뿐 아니라 지연시간 및 타이밍 오류(해저드)를 고려하여 설계하는 방법을 알아본다. 설계를 '잘' 한다는 의미는 동작 검증을 잘하는 것뿐 아니라, 제조비용을 줄이고, 면적을 작게하고, 성능을 좋게하고, 전력 소모를 적게하고 신뢰성을 좋게하는 등의 의미를 갖는다.

8.1 게이트 지연시간의 개념

게이트 지연시간(Gate delay)이란 게이트 입력 신호의 변화에 따라 출력 신호가 바뀌는데 걸리는 시간을 말한다. 다른 용어로는 전달 시간(propagation delay)라고 불리고 하고 t_{pd}로 표기한다.

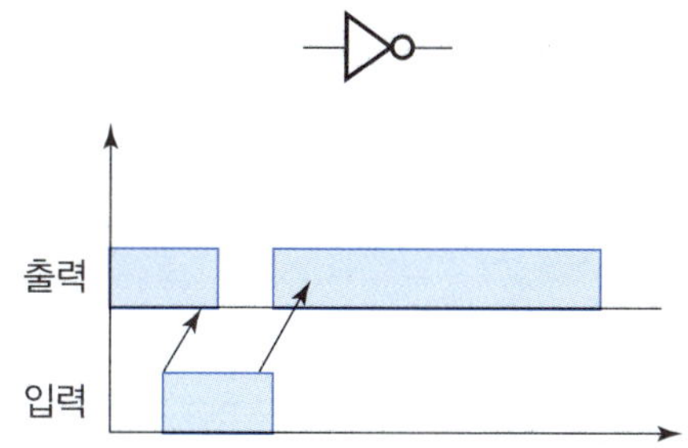

[그림 8-1] 게이트 지연시간

주어진 게이트에 대해서, 게이트 지연시간이란 입력 신호의 변환(0 → 1 또는 1 → 0)에 따른 출력신호의 변화가 일어날 때까지 걸리는 시간을 말한다. [그림 8-1]을 보면 인버터의 경우, 입력 신호가 0에서 1로 변환된 시간 이후에 어느 정도의 인버터 게이트 지연시간을 거쳐 출력이 1에서 0으로 변환되는 것을 알 수 있다.

상승시간과 하강시간

여기서 지연시간을 계산하는 방법은 입력 파형(상승 또는 하강시간)의 중간 지점(50%)을 통과하는 시간과 출력 파형(상승 또는 하강시간)의 중간 지점(50%)을 통과하는 시간 간의 지연시간을 말한다([그림 8-2] 참조). 최소 지연시간, 전형적(nominal) 시간, 최대시간 등으로 구분하여 나타낼 수 있으며, 세심한 설계자는 최악의 경우(최대시간)를 고려하여 설계한다. 낙관적으로 설계 예측을 할 때 지연시간을 최소 지연시간이라고 하고 주변환경이 좋지 않은 경우, 즉 극한 온도 사항, 또는 외부 전기장에 의한 electro-migration 때문에 회로의 변화에 의한 지연시간을 고려하여 최대시간을 예측할 수 있다.

상승시간(rise time), t_{PLH}은 출력이 낮은 전압에서 높은 전압으로 전환될 때의 시간을 말한다. 이상적인 회로라면 신호가 0에서 1로 바뀔 때 zero time에 바뀐다고 가정하지만 실제로는 게이트를 거치면서 신호가 바뀔 때 기울기를 가지고 신호가 지연되면서 서서히 바뀌게 된다. 하강시간(fall time), t_{PHL}은 출력이 높은 전압에서 낮은 전압으로 전환될 때의 시간을 말한다.

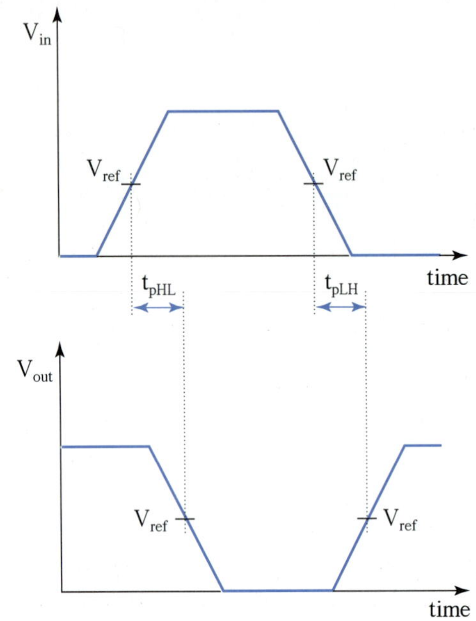

[그림 8-2] 전달 지연시간

〈표 8-1〉 전형적인 TTL의 게이트 지연시간 (단위: ns)

TTL Family	최대 tpHL	최대 tpLH	최소 tpHL	최소 tpLH
7400	15	22	7	11
74H00	10	10	6.2	5.9
74L00	60	60	31	35

〈표 8-1〉은 전형적인 TTL family의 게이트 지연시간을 보여주고 있다. 지연시간이 다른 세 종류의 TTL의 최대 또는 최소 지연시간에 대한 상승 또는 하강시간을 나타내고 있다. 74H00은 속도가 빠른 고성능용이고, 74L00은 저속용인 것을 알 수 있다.

또한 LSI Logic(www.lsi.com)이라는 회사의 1.5 micron-meter 게이트 어레이 방식의 2-입력 AND 게이트를 사용한 경우, 〈표 8-2〉와 같은 지연시간을 갖는다. 부하 정전용량의 크기에 따라 게이트 내부 지연시간이 늘어나는 것을 알 수 있으며, 상승시간과 하강시간에 차이가 있는 것을 알 수 있다.

〈표 8-2〉 게이트 지연시간

부하	1	2	3	4	8	16
tpLH	0.7	0.8	1.0	1.2	1.8	3.2
tpHL	0.9	1.0	1.0	1.1	1.3	1.8

tpLH = 출력에서 low에서 high로 변화하는데 걸리는 전달지연
tpHL = 출력에서 high에서 low로 변화하는데 걸리는 전달지연

여기서 잠깐

1985년 ASIC(application specific Integrated Circuit) 시장을 보면, LSI logic사가 매상 1억 3800만 달러로 1위를 차지하였다. 디자인 룰은 1.5 micron-meter, 최대 게이트 수는 약 2만 게이트 수준이었다. 10년 후인 1995년에는 1위는 일본의 NEC가 13억 달러, 2위는 LSI logic으로 12억 달러였으며, 이때의 공정은 0.35 micron-meter, 최대 게이트 수는 250만 게이트였다. 그 후 10년이 지나면서, 2005년에는 Texas Instrument가 1위로 40억 달러, 2위는 24억 달러의 IBM, 3위는 22억 달러의 STMicroelectronics이다. 공정은 65nano-meter, 게이트 수는 1억 개를 넘는다.
2010년에는 공정이 32 nano-meter, 5억 게이트 칩이 나오게 되며, LSI의 시장 규모가 300억 달러를 전망하고 있다. 이때의 SoC(System on chip)은 복수 개의 프로세서 코어를 내장하고, 동일 아키텍쳐로 다기능 LSI를 실현하는 방식으로, 용도에 따른 OS, 펌웨어, API를 실장하는 SoC 형태가 된다. 이때의 선구적인 회사로는 네덜란드의 Philips Semiconductor사의 Nexperia, TI사의 OMAP, DaVinci, 마츠시다 전기 산업의 Uniphier 등이 있다. 이러한 SoC 플랫폼을 구축하는데는 10억 달러의 비용이 들기 때문에 IP(Intellectual Property) core의 활용과 보호가 필요하게 된다.

게이트 지연이 발생하는 이유

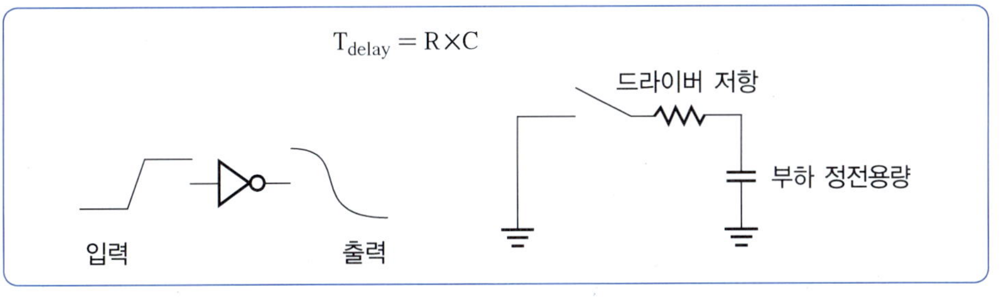

[그림 8-3] 게이트 지연이 발생하는 이유

게이트 지연시간이 발생하는 이유에 대해서 살펴보자. 지연시간이 발생하는 이유는 [그림 8-3]에서 보듯이 디지털 회로 내부에 저항과 정전용량 성분을 가지고 있기 때문이다.

간략화한 지연시간은 다음의 식으로 표현된다.

T(delay) = R x C, 여기서 R = 저항, C = 정전용량 [식 8-1]

[그림 8-2]에서 보듯이, 입력 신호(단위 전압)가 가해지면 출력은 바로 응답하는 것이 아니라, R×C만큼의 지연시간 후에 반응하게 된다. Fanout이 크면 수도국에서 큰 파이프 관이 필요하게 되는 것과 마찬가지로 큰 드라이버가 필요하게 된다. 충전(Charge)되거나 방전(discharge)되는 게이트를 드라이버라고 하고 드라이브되는 게이트 또는 연결선을 부하(load)라고 한다.

MOSFET 트랜지스터에서 지연시간에 영향을 미치는 요소들을 살펴보면, 트랜지스터의 폭이 증가하면 전류가 증가하고 저항이 감소하게 된다. 또한 게이트의 길이가 늘어나면 전류가 감소하게 되고 저항이 늘어나게 된다. 게이트 정전 용량은 (W×L)에 비례하고, 드레인 정전용량은 폭에 비례한다.

집적도가 늘어남에 따라 scaling factor에 따른 저항 성분과 정전용량의 변화를 알아보자. 저항은 1×1 정사각형을 1 unit 저항이라고 할 때, 2×1(마찬가지로 1×0.5) 직사각형인 경우는 2 unit의 저항이 된다. 따라서 트랜지스터의 크기가 작아지면(즉, scaling factor S가 커지면) 저항성분은 S에 비례해서 커지게 된다. 한편 정전용량은 S에 반비례하게 된다. 따라서 S에 따른 지연시간은 변화가 작은 것을 알 수 있다.

8.2 조합회로에서의 지연시간

조합회로의 성능을 측정하는 철칙은 아래 공식과 같다. 그 공식의 첫 번째 것은 RTL 설계시에 클록당 수행되는 오퍼레이션의 개수를 말하며, 두 번째 항목은 회로의 주요 경로(critical path)에 의해서 정해지는 초당 클록 사이클의 개수이다.

성능 = 오퍼레이션 개수 / 클록 사이클 × 클록 사이클/초

회로의 주요 경로(critical path)를 구성하는 요소로는 [그림 8-4]와 같이 신호가 트랜지스터를 통과하는 신호 전달 시간과 트랜지스터를 연결하는 도선 지연시간, 또는 게

이트를 지나는 지연시간 등으로 구성된다.

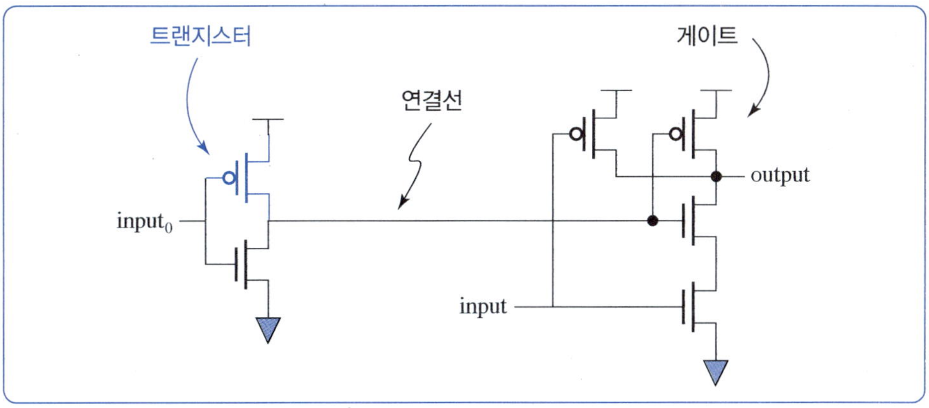

[그림 8-4] 지연시간 = 트랜지스터를 통과하는 신호 전달 시간 + 트랜지스터를 연결하는 도선 지연시간 +게이트를 지나는 지연시간

조합 논리회로에서의 지연시간에 대한 예는 [그림 8-5]를 통해서 알 수 있다. 즉, 입력 신호의 변환에 따른 출력 신호의 변환까지의 지연시간은 그 입력과 출력을 포함하는 경로에 있는 모든 게이트들의 지연시간과 신호를 연결하는 연결선의 지연시간을 합한 것이다.

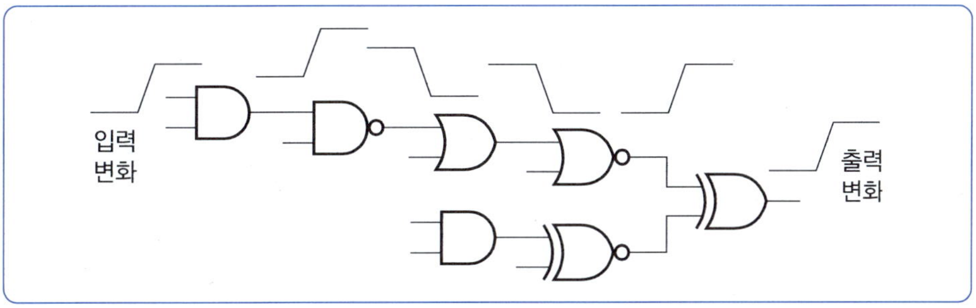

[그림 8-5] 조합회로에서의 지연시간

이 지연시간 모델은 간단히 계산할 수 있는 모델이며 그 정확도는 떨어진다고 볼 수 있다. 좀 더 정확한 모델은 Elmore delay 모델이 있다. Elmore delay 모델은 각 노드의 fanout의 부하 정전용량까지 고려하여 계산하는 방법을 말한다.

8.3 연결선 지연시간 단축 방법

지연시간은 게이트 자체의 지연시간 뿐 아니라 게이트와 게이트를 연결하는 도선에 발생하는 지연시간도 포함시켜야 한다.

반도체 제조 공정이 DSM(Deep Submicron)의 시대에 접어들어 회로의 기본 소자들이 작은 크기로 줄어들게 되고 근접하게 배치되며, 칩 크기의 증가와 더불어 많은 기능들을 하나의 칩 내에 집적화할 수 있게 되었다. 이런 상황은 기본 소자의 연결 지연시간의 증가를 초래하여, 전체의 지연시간 중 연결선에 의한 지연의 비율이 증가되었다.

출력 연결선에 걸리는 부하 정전용량에 따른 조합회로의 지연시간은 [그림 8-6]과 같으며, 큰 드라이버인 경우는 작은 드라이버와 비교하여 지연시간이 낮은 것을 알 수 있으며, 도선에 걸리는 부하 정전용량이 늘어남에 따라 지연시간이 비례하여 늘어나는 것을 알 수 있다.

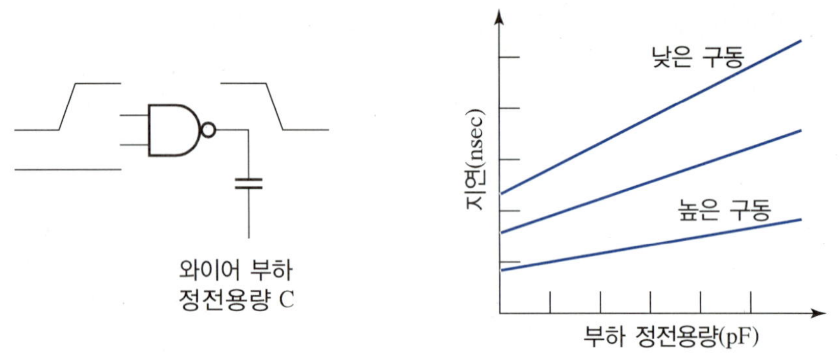

[그림 8-6] 부하 정전용량과 지연시간의 관계

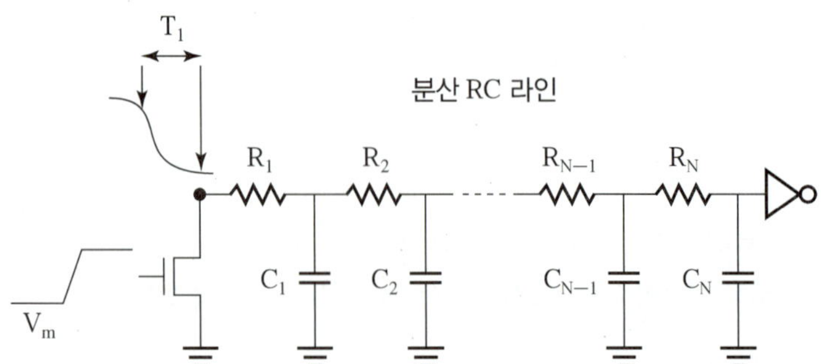

[그림 8-7] 분산 RC 라인 모델

트랜지스터의 출력단에서의 연결선에 의한 지연시간은 [그림 8-7]과 같은 분산 모델을 사용하며, 지연시간은 연결선의 길이의 자승에 비례하여 증가하게 된다.

연결선에 의한 지연시간을 줄이기 위한 방법으로는 굵은 연결선을 사용하거나, 리피터를 추가한다. 첫째로 연결선의 폭을 크게 하여 저항 값을 줄이는 방법이 제안되었으나, 이 방법은 상대적으로 커패시턴스를 크게 하므로 연결선의 최적 폭은 주어진 RC 트리의 토폴로지와 시간 제약 조건, 드라이버 단의 세기 등을 고려하여 결정하여야 한다.

둘째로 리피터 삽입 방법은 긴 연결선을 다루는데 효과적이고 일반적인 설계 방법이 되고 있다.

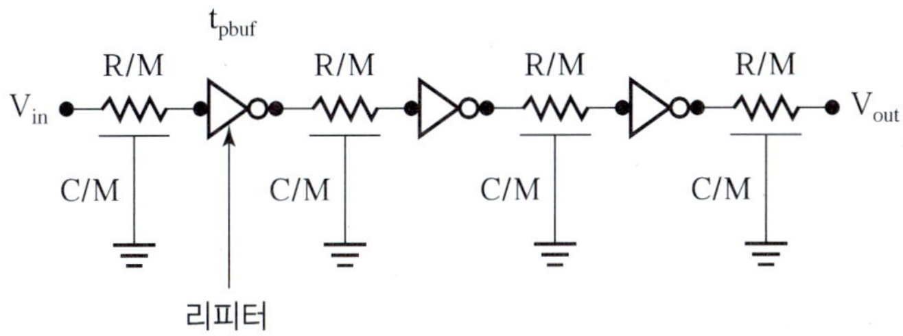

$$M = L\sqrt{\frac{0.38rc}{t_{pbuf}}}$$

[그림 8-8] 리피터를 이용한 RC 지연시간 줄이기

이와 같은 긴 연결선의 지연시간을 줄이는 방법으로는 [그림 8-8]과 같이 연결선 중간에 리피터를 추가함으로써 RC 지연을 줄일 수 있게 된다. 이 방법은 긴 연결선의 중간 중간에 리피터를 삽입하여 여러 개의 짧은 선으로 분할한다. 장점으로는 RC 트리에서 전달 지연시간은 연결선 길이의 제곱의 형태로 나타나게 되어 여러 개의 짧은 라인을 사용할 경우에 그만큼 전달 지연시간이 줄어들게 된다. 또한 리피터를 삽입함으로써 주요 경로(critical path)의 경우에 큰 커패시터를 분리해 주게 되어, 주요 경로의 전체 지연시간을 감소시키게 된다. 그러나 리피터를 추가하는 방법은 면적 또는 전력소모가 늘어나기 때문에 주의해야 한다.

또한 트랜지스터 크기가 작아짐에 따라 연결선 지연시간이 전체 칩의 지연시간에 차지하는 비중이 높아감에 따라 주 경로(critical path)의 지연시간(latency)를 줄이고 클록을 사용하는 동기식보다는 비동기식을 혼용하여 클록 네트워크의 사용을 최소화하는 방법을 통하여 연결선 지연시간을 줄이는 노력을 기울여야 한다.

작은 공급전압일 때의 지연시간에 대한 영향을 알아보자. 높은 공급 전압에서는 지연시간은 온도에 따라 늘어난다(이동동가 온도에 따라 감소되기 때문에). 반면, 아주 작은 공급 전압에서는 지연시간은 온도에 따라 감소하게 된다(문턱 전압이 온도에 따라 감소되기 때문에). 작은 공급 전압에서는 트랜지스터 폭이 큰 것과 중간 크기의 지연 시간의 비율은 늘어나게 된다.

[그림 8-9] 네트워크 온 칩(network on chip)

나노 스케일의 반도체공정에서는 연결선이 전체 시스템의 지연시간을 결정하는 요소가 되기 때문에 '연결선을 중심으로 하는(Communication-centric)' 설계 방법으로는 [그림 8-9]과 같은 'interconnect back plane'을 중심으로 하는 '네트워크 온 칩'의 설계가 주류를 이루게 된다.

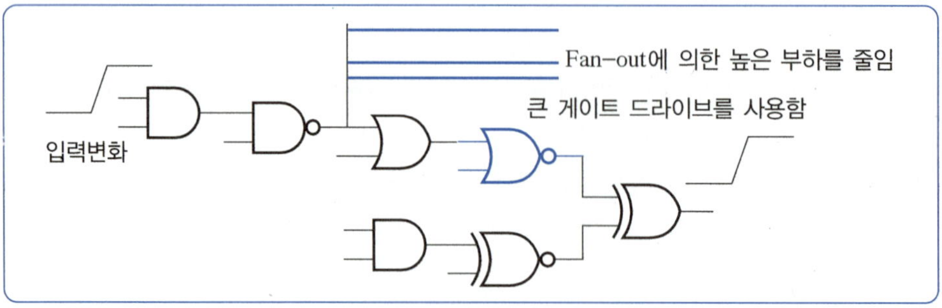

[그림 8-10] 고성능 논리회로 설계

또한 설계된 회로가 요구되는 성능(예를 들면, 20ns)에 미치지 못한다면 그 성능을 만족시키기 위해서는 [그림 8-10]과 같이 부하가 많이 발생하는 노드의 Fan-out의 수를 줄이거나, 경로상의 특정 게이트에 대해서 높은 드라이브 게이트를 사용하는 방법 등이 있다.

8.4 지연시간을 이용한 펄스 발생기 설계

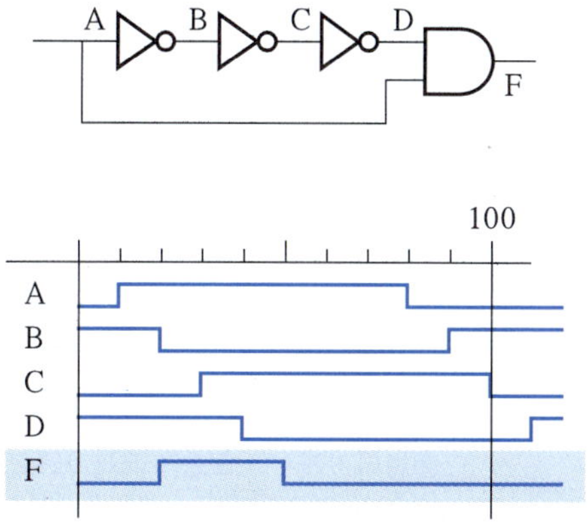

[그림 8-11] 펄스 발생기 회로

지연시간을 이용하면 [그림 8-11]과 같이 펄스 형성 회로를 만들 수 있다. 즉, 마지막 게이트에 입력되는 2개의 입력 신호가 서로 다른 지연시간을 거쳐 출력되기 때문에 첫 번째(A) 신호와 네 번째(D) 신호가 AND 게이트를 통과하게 되면 그림의 F와 같이 임의의 폭을 갖는 출력 파형을 만들 수 있게 된다. F는 항상 0이 되지 않으며 대신 3개의 게이트 지연만큼의 펄스 폭을 만들어 낸다.

8.5 해저드(Hazard)

Hazard는 우리가 원하지 않는 주기가 짧은 출력 파형(글리치라고 함)을 말한다. 발생 이유는 두 개의 입력 신호가 서로 다른 지연시간을 갖고 출력 게이트에 도달하기 때문에 발생하게 된다. 출력이 안정되지 않았을 때 출력의 결과를 얻게 되면 잘못된 신호를 출력하게 되고, 그 잘못된 신호가 클록으로 동기됨이 없이 비동기적인 방법으로 타 게이트에 전달될 때는 위험하게 된다. 따라서 그러한 글리치를 제거하는 방법은 첫째, 클록을 이용하여 신호가 안정화될 때까지 기다렸다가 신호를 출력하는 방법이 있으며, 둘째는 해저드가 발생하지 않는 회로를 설계하는 것이다.

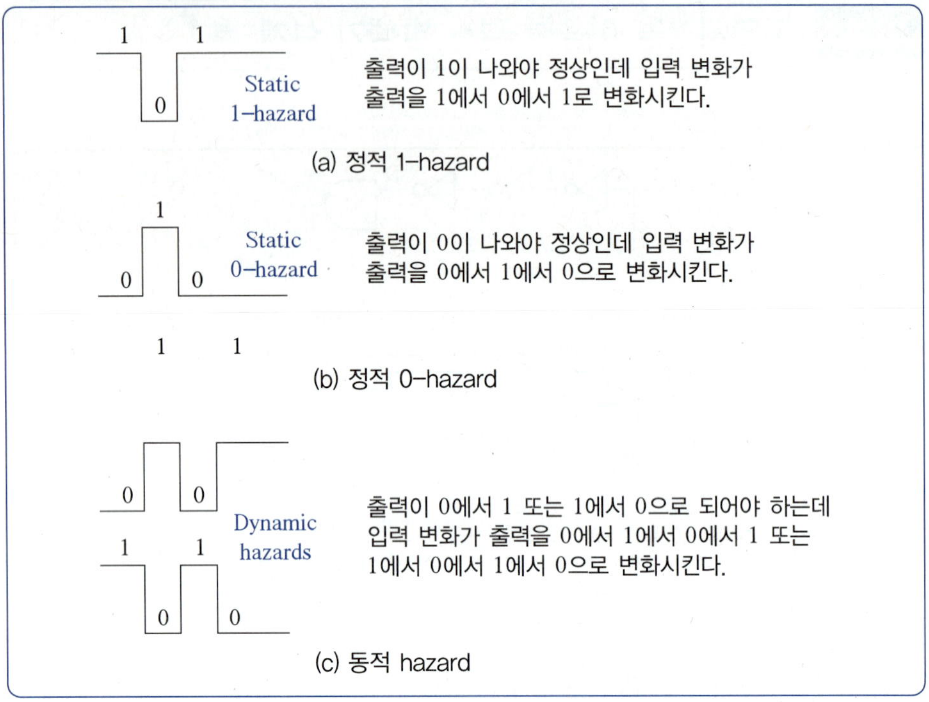

[그림 8–12] 해저드(Hazard)의 종류

해저드의 종류에는 [그림 8–12]와 같이 정적 1—hazard, 정적 0—hazard, 동적 hazard가 있다. 입력 신호의 변화가 출력 신호를 1→0→1의 형태로 만드는 형태를 1—hazard라고 부른다. 또한 같은 방식으로 입력 신호의 변화가 출력 신호를 0→1→0의 형태로 만드는 형태를 0—hazard라고 부른다. 또한 동적 hazard는 입력 신호의 변화가 복수의 출력 변화의 원인이 되는 경우로 [그림 8–12(c)]와 같이 출력 신호가 0→1→0→1 또는 1→0→1→0의 경우를 말한다.

정적 해저드의 예는 $F = S \cdot A + \overline{S} \cdot B$와 같은 멀티플렉서 형태의 함수에서 발생한다.

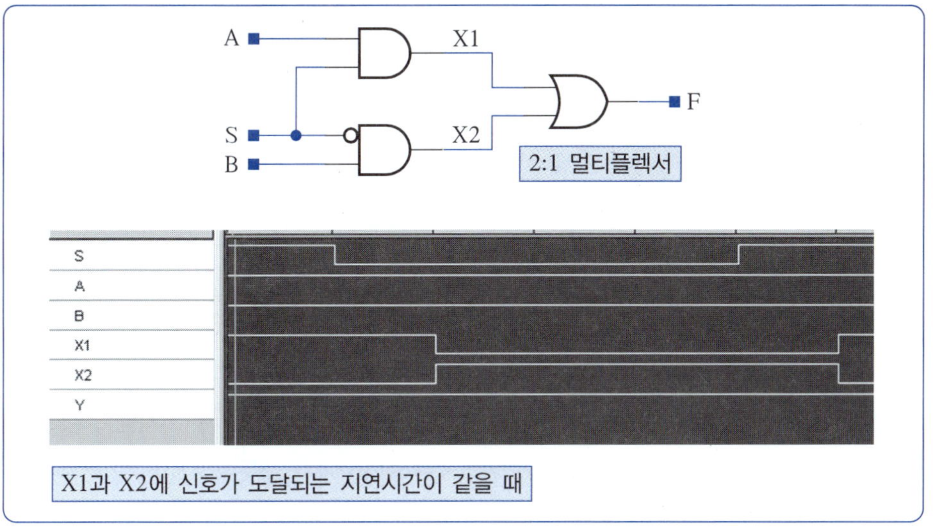

[그림 8-13] 이상적인 경우로 X1과 X2의 출력 변화가 동시에 이루어지는 경우

[그림 8-13]이 X1과 X2의 출력 변화가 동시에 이루어지는 경우에는 글리치가 발생하지 않게 된다. 그러나 실제로는 X2를 출력으로 하는 AND 게이트의 위쪽 입력인 경우 S 시그널이 인버터를 통해서 반전되어 입력되기 때문에 인버터만큼의 지연시간을 갖게 되어 [그림 8-14]와 같이 글리치가 발생하게 된다.

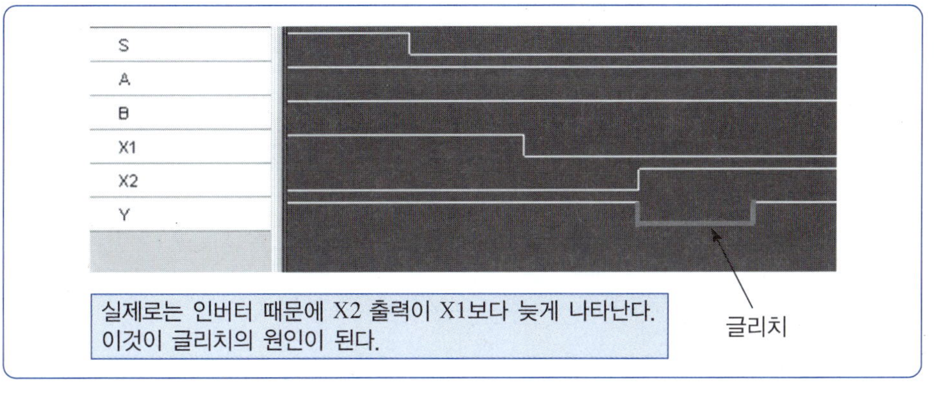

[그림 8-14] 실제로는 인버터로 인하여 X2 출력이 X1보다 늦게 나타나 글리치가 발생한다.

	AB 00	01	11	10
S = 0	0	1	1	0
S = 1	0	0	1	1

[그림 8-15] $F = S \cdot A + \bar{S} \cdot B$

카노 맵을 통해서 해저드가 발생되는 요인을 찾아 보면 [그림 8-16]과 같이 $AB\bar{S} + ABS = AB$ 항이 함수식에 주관련항으로 포함되어 있지 않기 때문에 해저드가 발생하게 된다. 따라서 해저드를 제거하는 방법은 [그림 8-16]에서 보듯이 AB 항을 추가해도 함수 F의 출력 값은 변하지 않기 때문에 포함시키는 것이다. 이 항이 바로 컨센서스(consensus) 항인 것을 알 수 있다.

	AB 00	01	11	10
S = 0	0	1	1	0
S = 1	0	0	1	1

[그림 8-16] $F = S \cdot A + \bar{S} \cdot B + A \cdot B$

좀 더 복잡한 예제에 컨센서스 항을 추가하여 해저드를 제거하는 방법을 적용해 보자.

CD \ AB	00	01	11	10
00	0	0	1	1
01	1	1	1	1
11	1	1	0	0
10	0	0	0	0

[그림 8-17] 글리치 제거를 위한 예제

먼저 [그림 8-17]에서 곱의 합(Sum of Product)의 형태를 보면, $F = \overline{A}D + A\overline{C}$에 컨센서스 항인 $\overline{C}D$ 항을 추가해도 출력 값 F는 변하지 않는다. 즉, $F = \overline{A}D + A\overline{C} = \overline{A}D + A\overline{C} + \overline{C}D$가 된다. 마찬가지로 합의 곱(Product of Sum)의 형태를 살펴보면 $\overline{F} =(\overline{A} + \overline{D}) \cdot (A + C)$ 에서 $(C + \overline{D})$항을 추가해도 그 함수의 출력 값 $\overline{F}$는 변하지 않는다.

여기서 잠깐

곱의 합에 대한 Consensus 이론은 다음과 같다. $xy + \bar{x}z + yz = xy + \bar{x}z$

왼쪽 식과 (LHS)과 오른쪽 식(RHS)이 같다는 것은 다음과 같이 증명할 수 있다.

$LHS = xy + \bar{x}z + (x + \bar{x})yz = xy + \bar{x}z + xyz + \bar{x}yz = xy + xyz + \bar{x}z + \bar{x}yz = xy(1 + z) + \bar{x}z(1 + y) = xy + \bar{x}z = RHS$

이 식에 dual을 적용해 합의 곱 형태로 바꾸면 $(x + y)(\bar{x} + z)(y + z) = (x + y)(\bar{x} + z)$ 과 같다.

따라서 위에서 살펴본 consensus 이론을 적용하여 글리치가 없는 회로를 설계할 수 있다. 즉, 곱의 합의 1—hazard를 제거하기 위해서는 최소항에 포함되어 있지 않는 인접한(카노 맵 상에서) '1' 에 대한 최소항을 추가로 포함되도록 하면 된다. 예를 들면, $F = A\overline{C} + \overline{A}D + \overline{C}D$. 마찬가지로, 합의 곱의 0—hazard를 제거하기 위해서는 최대항에 포함되어 있지 않는 인접한(카노 맵 상에서) '0' 에 대한 최대항을 추가로 포함되도록 하면 된다. 예를 들면 $F = (\overline{A} + \overline{C})(A + D)(\overline{C} + D)$가 된다.

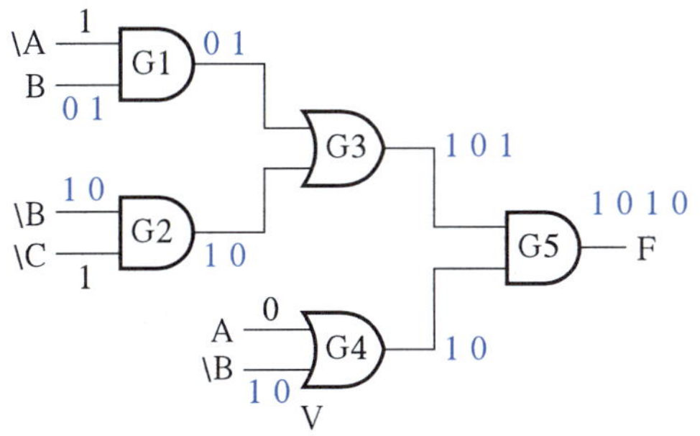

[그림 8-18] 동적 해저드의 예

다음은 동적 해저드에 대해서 알아보기로 한다. [그림 8-18]의 예제에서 보듯이 하나의 입력 B가 세 개의 다른 경로를 통해서 출력에 전달될 때 그 지연시간의 차이에 의해서 생기게 된다. 정적 해저드를 모두 제거하고 나면 동적 해저드는 발생하지 않는다. 그러나 동적 해저드를 제거하는 방법은 복잡하므로 여기서는 생략하기로 한다.

앞의 두 가지 해저드는 입력 하나가 변화할 때 발생하는 경우를 살펴보았다.

만약 입력 한 개 이상이 동시에 변하는 경우에는 어떻게 될까?

그런 경우에 발생하는 해저드를 기능 해저드(Function Hazard)라고 한다.

앞의 두 가지 해저드는 제거할 수 있는 방법이 있지만 기능 해저드의 경우는 제거할 수 없기 때문에 동시에 입력이 바뀌는 경우가 생기지 않도록 금지하는 방법 밖에는 없다.

간단한 예제는 [그림 8-19]에서 보는 EXOR 함수이다.

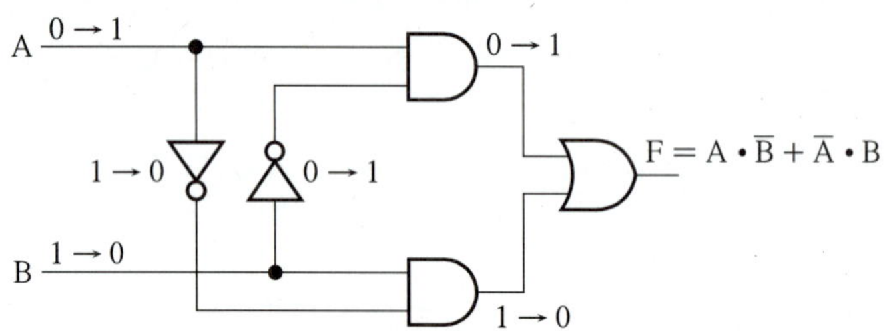

[그림 8-19] EXOR 함수의 예

이 함수에서 보면, 입력 AB = 01에서 10으로 동시에 바뀌는 경우에 출력도 값이 바뀌는 것이 정상이다. 각각의 인버터를 통하는 경로의 지연시간이 같을 경우에 해저드가 생기지 않게 된다. 그러나 두 개의 인버터 중 하나의 출력의 지연시간이 다른 하나보다 한 주기 긴 경우를 가정하는 경우, 출력은 정상적으로 바뀌지 않게 된다.

참 / 고 / 문 / 헌

- M. L. Bushnell and V. D. Agrawal, Essentials of Electronic Testing for Digital, Memory and Mixed-Signal VLSI Circuits, Springer, 2000.
- G. De Micheli, Synthesis and Optimization of Digital Circuits, McGraw-Hill, 1994.
- A.N. Maheshwari and S. S. Sapatnekar, Timing Analysis and Optimization of Sequential Circuits, Springer, 1999.
- PrimeTime(Static timing analysis tool):H. Bhatnagar, Advanced ASIC Chip Synthesis, Second Edition, Springer, 2002.

연습문제

1. 교환, 결합, 분배의 법칙을 이용하여 조합회로를 재구성하면 지연시간(propagation delay)과 전력 소모량(power consumption)이 다른 다양한 조합회로를 구성할 수 있다. 다음 논리 방정식에 대하여 f = a • (b • c • d + e),(여기서 •: AND gate, +: OR gate) 다음의 cell library의 gate들을 사용할 때

논리 연산자	지연시간(ns)	전력소모량(mW)
2-input AND	0.1	0.2
2-input OR	0.1	0.2
2-input NAND	0.2	0.1
2-input NOR	0.2	0.1

전력소모가 가장 적은 회로를 구성하고 그 회로에 대한 전력소모량을 구하시오.

순번	함수 f	필요한 게이트 수	전력소모량(W)
1	a • (b • c • d + e)	2-input AND 3개 2-input OR 1개	0.8
2	abcd +ae	2-input AND 4개 2-input OR 1개	1.0
3	$\overline{((\overline{(ab)} + \overline{(cd)})\overline{(ae)})}$	2-input NAND 4개 2-input OR 1개	0.6

➲ 3번

2. 문제 1에서 지연시간이 가장 적은 회로를 구성하고 그 회로의 지연시간을 구하시오.

순번	f	논리 깊이(레벨 수)	지연시간(ns)
1	a • (b • c • d + e)	2-input AND(or OR) 4개	0.4
2	abcd +ae	2-input AND(or OR) 3개	0.3
3	$\overline{((\overline{(ab)} + \overline{(cd)})\overline{(ae)})}$	2-input NAND 2개 2-input OR 1개	0.5

➲ 2번

3. Glitch(hazard)란 무엇 때문에 발생하며, 회로에 어떤 영향을 주며, glitch를 줄이기 위해서는 어떤 방법이 있는지 기술하시오.

➲ 글리치는 회로의 한 출력까지의 신호가 여러 경로를 거쳐서 도달할 때 그 경로들이 서로 다른 지연시간을 가지고 도달하기 때문에 그 지연시간의 차이에 따른 불필요한 스위칭이 발생하게 되어 출력의 값이 변하고 전력소모가 발생하게 된다.
글리치를 줄이기 위해서는 컨센서스 항을 추가하거나 경로들의 지연시간을 동일하게 해야 한다. 그래도 안 되면 클록을 사용하여 필터링을 해야 한다.

4. Glitch를 제거하는 방법 2가지에 대해서 설명하시오.

➲ 1) 클록을 이용하여 글리치를 제거한다.
2) 컨센서스 항을 추가하여 글리치를 제거한다.

5. CMOS 인버터의 온 상태의 저항은 10ohms이다. 이 인버터는 클록 구동기로 사용되면 전체 부하 정전용량은 1nanofarad이다. 공급 전압은 1volt이다. 다음을 계산하시오.

(a) 이 인버터의 지연시간은?

(b) 스위칭당 에너지 소모는?

(c) 클록 주파수가 1GHz일 때(각 주기에서 2개의 스위칭이 발생함), 동적 전력 소모는 얼마인가?

➲ (a) 인버터의 지연시간 $= 0.69RC$
$= 0.69 \times 10 \times 1 \times 10^{-9}$ s
$= 6.9$ ns

(b) 에너지 소모 $= CV^2/2$
$= 1 \times 10^{-9} \times 1^2/2 = 500$ picojoule

(c) 전력 소모 = 초당 에너지 소모
= 초당 스위칭 수 $\times CV^2/2$
$= 2 \times$ 주파수 $\times CV^2/2$
$= 2 \times 10^9 \times 1 \times 10^{-9} \times 1^2/2$ watt
$= 1$ watt

6. 다음 회로는 전가산기를 보이고 있다. 1-비트 정수 A와 B를 더하며 캐리 입력을 가지고 있다. 출력은 SUM과 CARRY이다. 하나의 팬아웃을 가지고 있는 게이트의 지연시간은 1ns이고 지연시간은 팬아웃의 증가에 따라 늘어난다. 따라서 2개의 팬아웃을 가진 게이트의 지연시간은 2ns가 된다. 출력 게이트(SUM과 CARRY)가 3개의 팬아웃을 가지고 있는 부하를 구동한다고 가정하자. 주경로 지연시간을 구하고, 주경로에 속하는 게이트를 찾으시오.

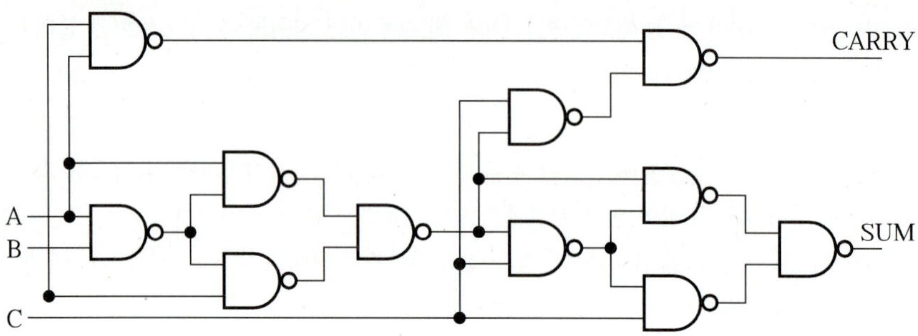

➲ 주경로 지연시간은 12ns이다. 게이트 안에 표시된 수는 지연시간(nanoseconds), 그리고 게이트 우상 쪽에 있는 숫자는 주입력으로부터 누적된 지연시간을 표기한다.

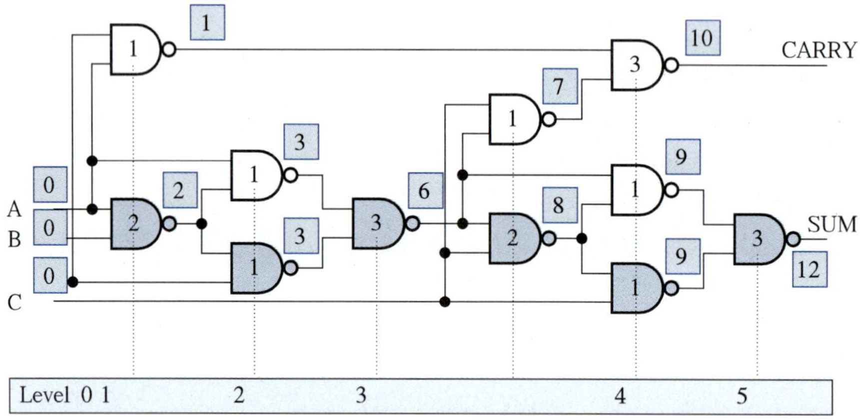

주경로에 있는 게이트를 진하게 표현하였다.

7. 다음 회로의 출력은 무엇인가(인버터의 지연시간이 1/6 nanosecond)?

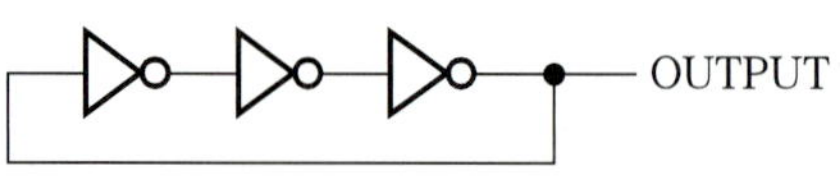

➲ 출력은 매 $\frac{1}{2}$nanosecond마다 나온다. 이 회로는 주기적인 1nanosecond 주기의 파형을 만들어낸다(1GHz 주파수). (이 회로를 오실레이터(oscillator)라고 부르며, 클록과 같은 신호를 만들어내는데 사용된다.)

8. 아래의 테이블을 이용해서 아래 회로의 critical path와 회로지연을 계산하시오.

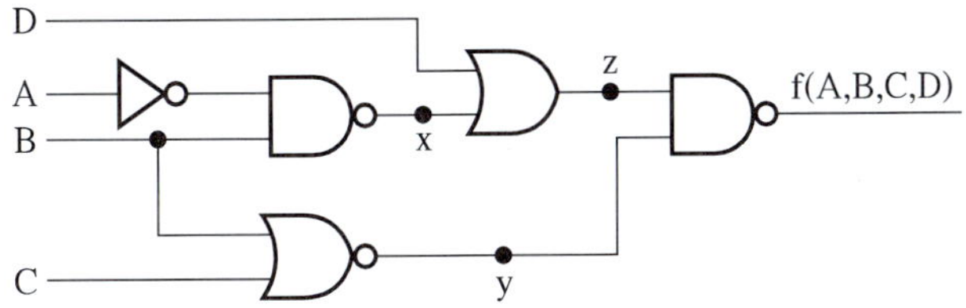

Gate	Delay(nS)	Area(# of Transistor)
NOT	1	2
AND	2.4	6
OR	2.4	6
NAND	1.4	4
NOR	1.4	4

위의 회로에는 입력에서 출력으로 5개의 경로가 있고, 아래의 회로에서 점선으로 된 부분에서 그 경로를 확인할 수 있다.

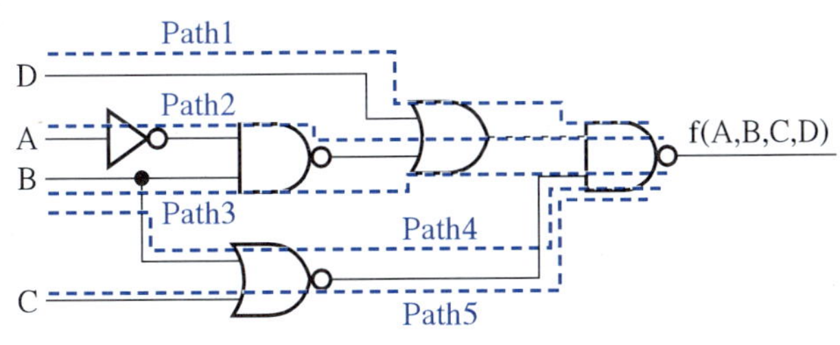

Delay Path1 = Delay(OR) + Delay(NAND) = 2.4 + 1.4 = 3.8ns

Delay Path2 = Delay(NOT) + Delay(OR) + Delay(NAND)

= 1 + 1.4 + 2.4 + 1.4 = 6.2ns

Delay Paht3 = Delay(NAND) + Delay(OR) + Delay(NAND)

= 1.4 + 2.4 + 1.4 = 5.2ns

Delay Path4 = Delay(NOR) + Delay(NAND) = 1.4 + 1.4 = 2.8ns

Delay Path5 = Delay(NOR) + Delay(NAND) = 1.4 + 1.4 = 2.8ns

critical path delay는 path2의 6.2ns이다.

전체 면적 = 3 × 4 + 6 + 2 = 20 Transistors

9. 다음 회로에서 글리치가 발생하는 경우에 해당하는 입력 신호의 파형을 그리고 글리치가 발생된 출력 파형을 그리시오.

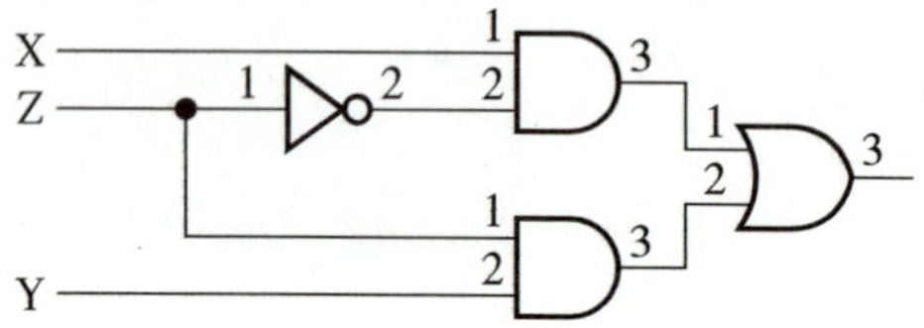

$F(X,Y,Z) = \Sigma(3,4,6,7) = X\overline{Z} + YZ$

➲

A \ BC	00	01	11	10
0			1	
1	1		1	1

m7(111)에서 m6(110)으로 입력이 변할 때 static—1 해저드 발생함.

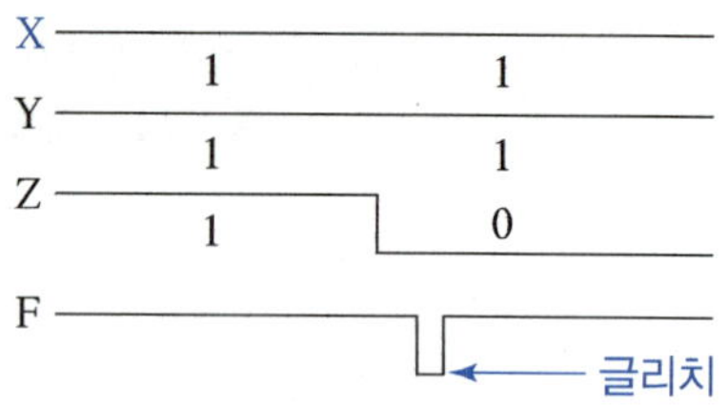

10. 위 문제의 글리치를 해결할 수 있는 방안을 설명하시오.

➲ 다음 식과 같이 컨센서스(Consensus) AB(카노 맵의 빗금친 부분)를 추가시키면 된다.

$F2(A,B,C) = A\overline{C} + BC + AB$

A \ BC	00	01	11	10
0			1	
1			1	1

11. 다음 함수를 보고 답변하시오.

F(A, B, C, D) = m(4, 9, 10, 12, 13, 14)

AB \ CD	00	01	11	10
00	0	0	0	0
01	1	0	0	0
11	1	1	0	1
10	0	1	0	1

(a) 카노 맵을 사용하여 간소화된 F에 대한 곱의 합을 구하시오.

➲ $F = B\overline{C}\overline{D} + A\overline{C}D + AC\overline{D}$

(b) 해저드를 발생시키는 전이를 모두 나열하시오.

➲ 1110 → 1100

1101 → 1100

(c) 해저드를 제거할 수 있는 후보항을 구하시오.

➲ $AB\overline{C}$, $AB\overline{D}$

(d) 해저드가 발생하지 않는 F에 대한 곱의 합을 나타내시오.

➲ $F = B\overline{C}\overline{D} + A\overline{C}D + AC\overline{D} + AB\overline{C} + AB\overline{D}$

12. 다음 각 게이트를 이용하여 다음 문제를 푸시오.

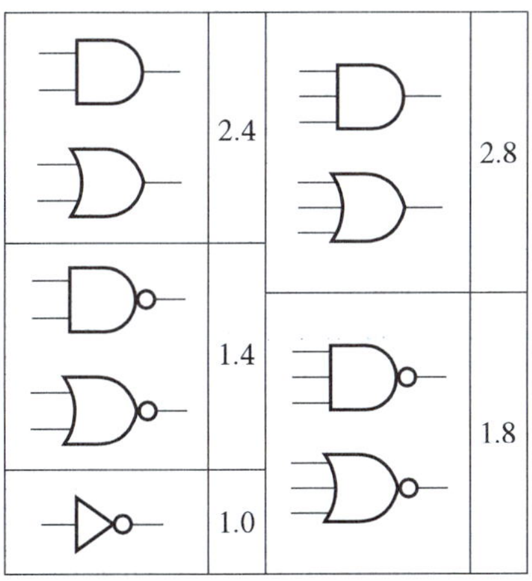

지연시간의 단위는 nano seconds임

$F = a\overline{b}c + c(\overline{a}d + b(d + a))$을 설계할 때 지연시간은 10ns를 넘어가면 동작하지 않고 5.0ns 미만이 되어야 한다. 부울함수를 구현하고 지연시간을 최소화하시오.

최소항 : $\Sigma(2,6,7,8,9,14,15)$

간소화: $F = a\overline{bc} + bc + \bar{a}c\bar{d}$

NAND 게이트로 변환: $F = \overline{(\overline{(a\overline{bc})}\,\overline{(bc)}\,\overline{(\bar{a}c\bar{d})})}$

회로 구현:

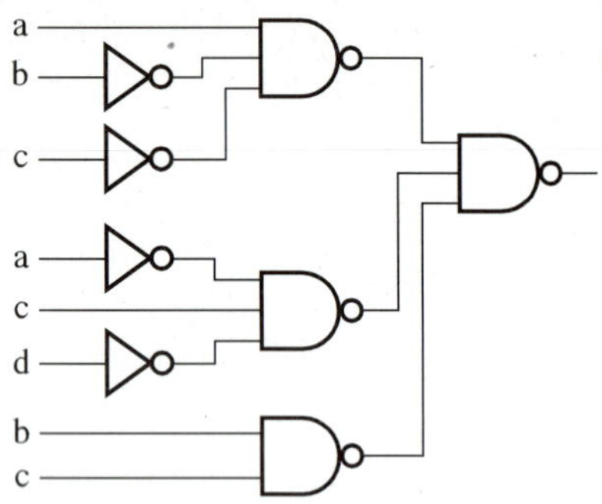

총 지연 시간 : 1.0 + 1.8 + 1.8 = 4.6ns

CHAPTER 9

조합 논리회로의 구현 기술

CHAPTER

9 조합 논리회로의 구현 기술

조합회로란 임의의 원하는 기능을 실행시키는 회로들을 기본 게이트로 조합시키는 기술을 말한다. 그러한 기능 연산자로는 adder, subtracter, decoder, encoder, multiplier, divider 등이 있다. 기능적으로 모두 게이트만으로 이루어졌으며, 출력으로부터 입력으로의 피드백(feedback)이 없는 논리회로로 메모리를 포함하지 않는다. 반면에 순차회로(Sequential logic)는 피드백 루프에 F/F 또는 Latch를 포함한, 즉 메모리를 포함하는 회로를 말한다.

모든 입력변수들 $\{x_0, x_1, \cdots, x_n\}$의 집합을 X라 하고, 모든 출력변수들 $\{y_0, y_1, \cdots, y_m\}$의 집합을 Y라 할 때 조합함수 F는 입력변수 집합 X를 이용해서 출력변수 집합

$$Y = F(X)$$

을 구하는 회로로 정의될 수 있다.

이 장에서는 조합회로를 구현하는 방법들, 즉 프로그래머블 로직 어레이(PLA)와 프로그래머블 어레이 로직(PAL), 멀티플렉서(Multiplexer)와 디코더(Decoder), 그리고 ROM(Read Only Memory)에 대해서 알아본다.

9.1 PLD(프로그래머블 로직 디바이스)

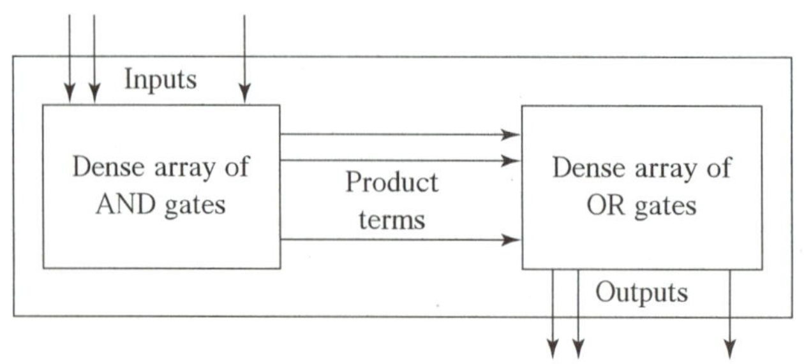

[그림 9-1] PLA(Programmable Logic Array)

PLD(Programmable Logic Device)는 [그림 9-1]과 같이, 입력 쪽에 AND 어레이를 사용하고, 출력 쪽에는 복수 출력을 만들어 내기 위한 OR(NAND 또는 NOR) 게이트를 어레이로 배열하여 프로그래밍을 통해서 함수를 구성하는 방식을 통틀어 말한다.

그러한 배열 구조를 가지고 있고 프로그래밍에 의해서 임의의 함수를 구현할 수 있는 PLD에는 PLA(programmable logic arrays)와 PAL(programmable array logic)이 있다.

[그림 9-1]과 같은 구조를 PLA(Programmable Logic Array)라고 한다. 이 구조는 AND(또는 NAND) 게이트 어레이와 OR(또는 NOR) 게이트 어레이가 선(先)-제조(pre-fabricated)된 형식으로 되어 있으며, 사용자가 게이트 사이의 연결선을 만들거나 차단함으로써 원하는 함수를 프로그래밍할 수 있는 구조로 되어 있다. 즉, PLA, PAL과 같은 PLD는 칩으로 제작되어 판매되는 프로그램이 가능한 소자를 말한다. PLD는 개별 소자 방식보다 빠르게 회로 구현이 가능하고 적은 비용과 단기간 프로토타입 제작 및 기능 검증이 가능하다는 장점을 가지고 있다. 별도로 마스크를 제작하기 위한 NRE(Non Recurring Engineering) 비용이 필요 없으며 설계/프로그램을 위한 장비의 비용이 적고, 적은 비용으로 소량의 ASIC 제작이 가능하다. 또한 오류 발생시 재프로그램이 가능하다. 단점으로는 개별 단가가 크고, 한정된 게이트 수로 만들어져 있다. PLA/PAL의 장점은 여러 개의 출력을 갖는 논리회로인 경우에 합항을 공유하여 사용할 수 있다는 점이다. [그림 9-2]를 보면 F1과 F2가 같은 곱항(product term)인 AB를 포함하고 있다.

Product term	Inputs			Outputs			
	A	B	C	F_0	F_1	F_2	F_3
AB	1	1	–	0	(1)	(1)	0
$\overline{B}C$	–	0	1	0	0	0	1
$A\overline{C}$	1	–	0	0	1	0	0
$\overline{B}\overline{C}$	–	0	0	(1)	0	(1)	0
A	1	–	–	(1)	0	0	(1)

항의 재사용

[그림 9-2] 다중 출력을 가지고 있는 함수의 개인화 매트릭스(personality matrix)

$F0 = A + \overline{B}\,\overline{C}$

$F1 = A\overline{C} + AB$

$F2 = \overline{B}\,\overline{C} + AB$

$F3 = \overline{B}C + A$

이 경우 AB는 두 개를 별도로 만들 필요가 없이 하나만 구현하여 F1과 F2에서 공유하여 사용할 수 있다.

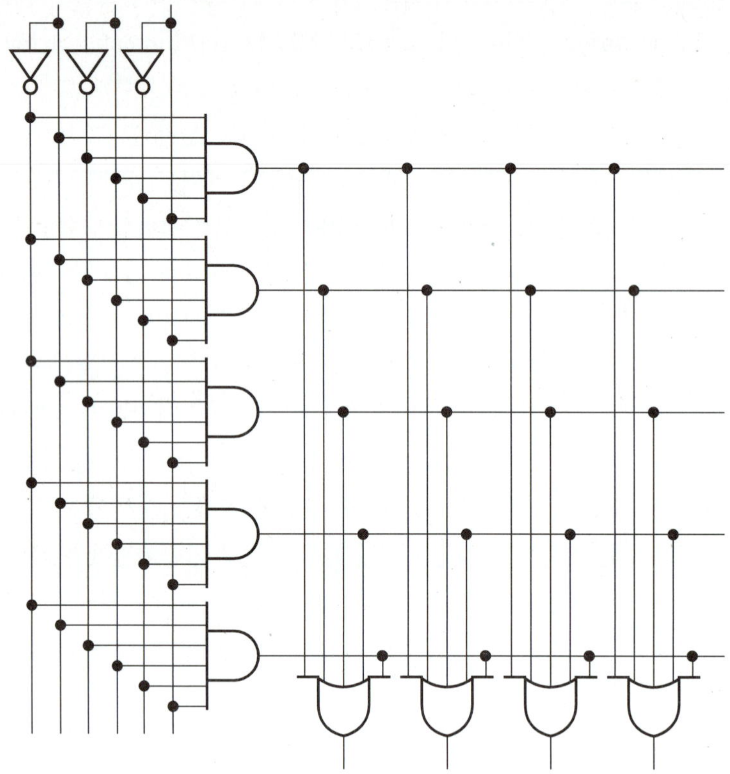

[그림 9-3] PLA의 구현 예제

[그림 9-3]은 PLA의 예제를 보여주고 있다. 사용자가 프로그래밍하기 전에 이미 모든 가능한 연결이 구성되어 있는 것을 볼 수 있다.

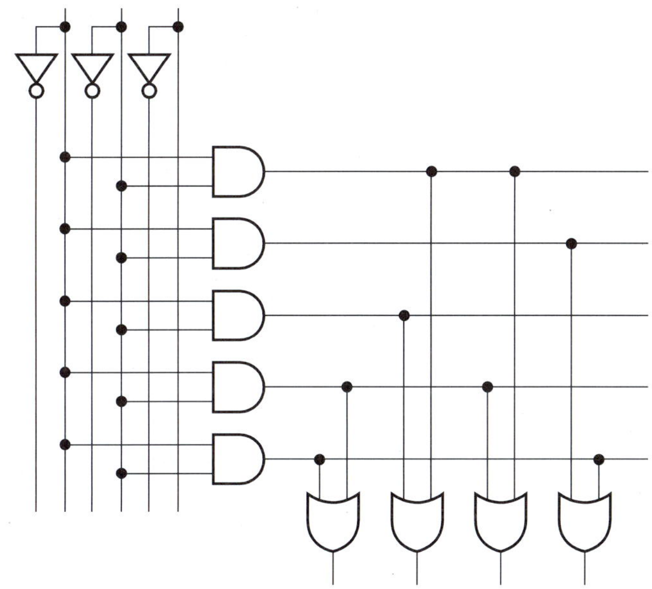

[그림 9-4] PLA를 이용하여 함수를 구현한 예

따라서 [그림 9-4]와 같이 어떤 특정 함수를 구성(configuration)하기 위해서는 사용되지 않는 연결선을 끊어진('blown') 상태로 바꾸거나 또는 사용하기를 원하는 연결선을 연결 상태로 만들거나 하는 방법이 있다.

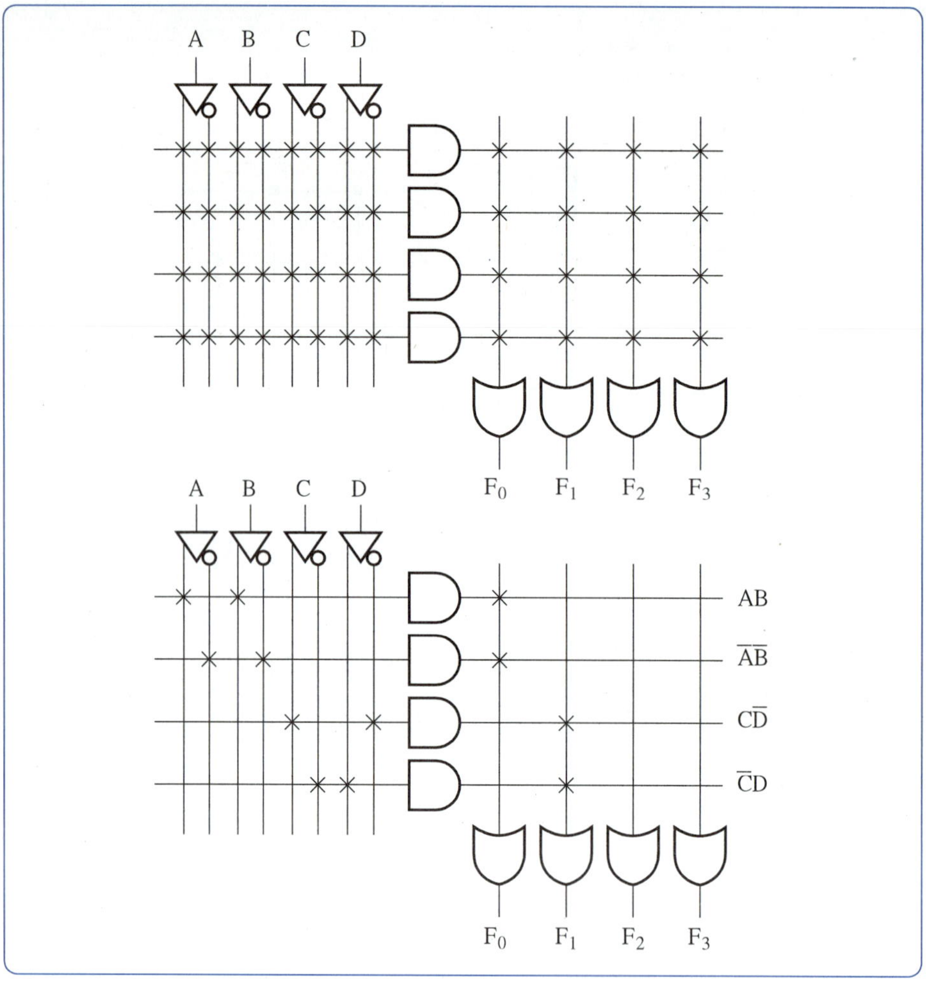

[그림 9-5] PLA의 간단한 표현 방법

[그림 9-5]는 PLA를 간단하게 표현하는 방법이다. 모든 연결선을 표시하기보다는 그림과 같은 표현 방법을 통해 간략하게 표현할 수 있다. 두 번째 그림은 아래 함수를 표시하고 있다.

$F0 = AB + \overline{A}\,\overline{B}$

$F1 = C\overline{D} + \overline{C}D$

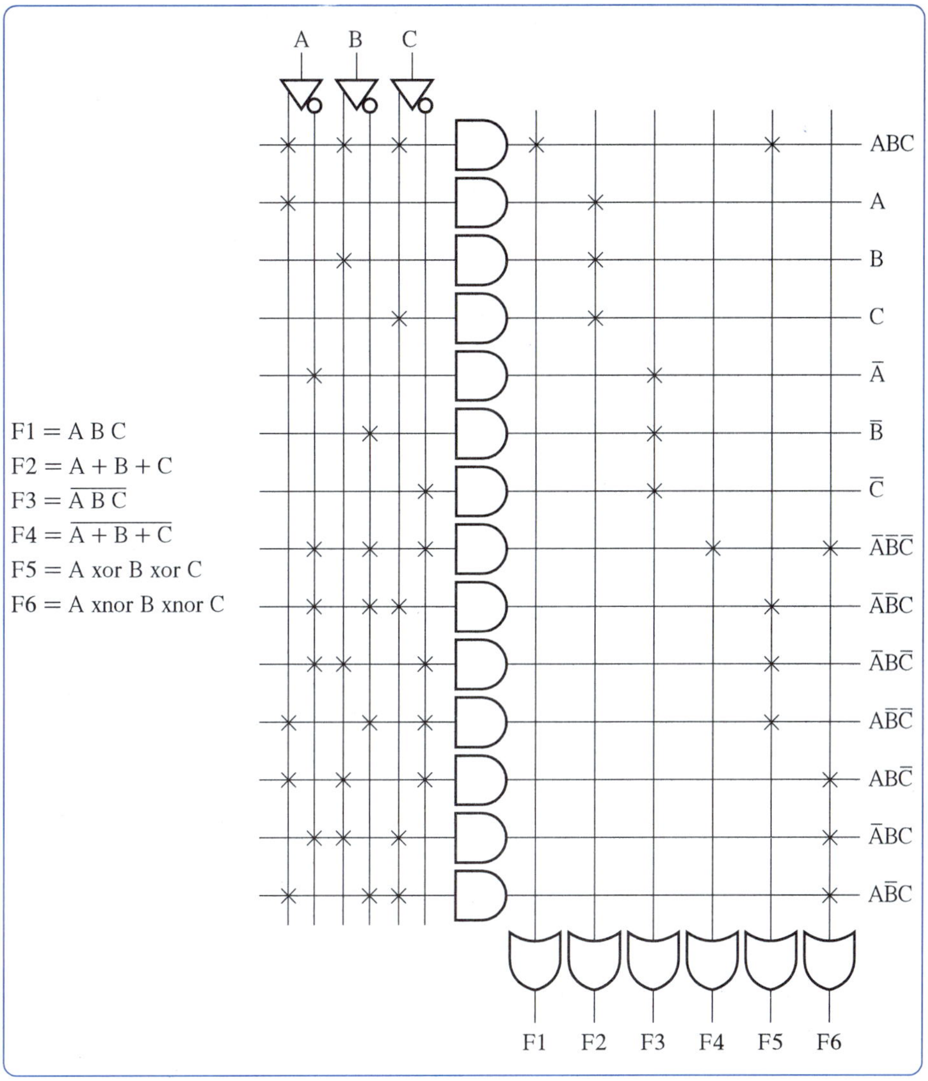

[그림 9-6] PLA를 이용한 설계 예제

[그림 9-6]은 PLA 설계의 한 예제를 보여주는데 6개의 출력을 만들어내고 있다.

PAL과 PLA의 차이점에 대해서 알아보자. PLA에서와 같이 OR array의 각 열이 AND array의 모든 행에 연결되어 있는 구조와는 달리 PAL은 부분적인 항을 선별하여 사용하도록 메모리를 사용하여 구현한 점이 다르다. 예를 들면, [그림 9-7]에서 점으로 표시된 부분만 사용할 수 있고 나머지 부분은 사용하지 않는다.

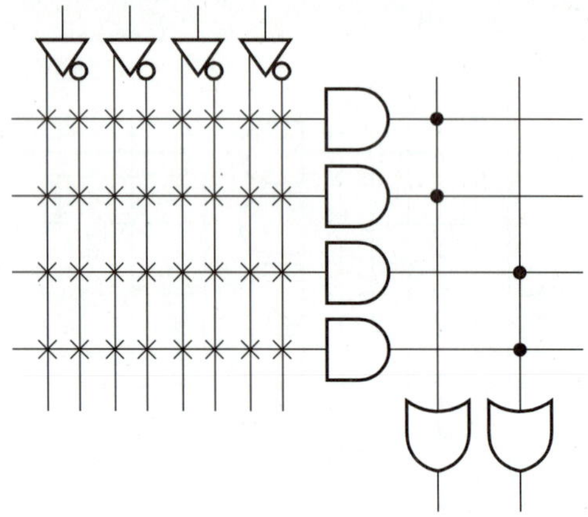

[그림 9-7] PAL 구조

Truth Table

A	B	C	D	W	X	Y	Z
0	0	0	0	0	0	0	0
0	0	0	1	0	0	0	1
0	0	1	0	0	0	1	1
0	0	1	1	0	0	1	0
0	1	0	0	0	1	1	0
0	1	0	1	1	1	1	0
0	1	1	0	1	0	1	0
0	1	1	1	1	0	1	1
1	0	0	0	1	0	0	1
1	0	0	1	1	0	0	0
1	0	1	0	X	X	X	X
1	0	1	1	X	X	X	X
1	1	0	0	X	X	X	X
1	1	0	1	X	X	X	X
1	1	1	0	X	X	X	X
1	1	1	1	X	X	X	X

K—maps

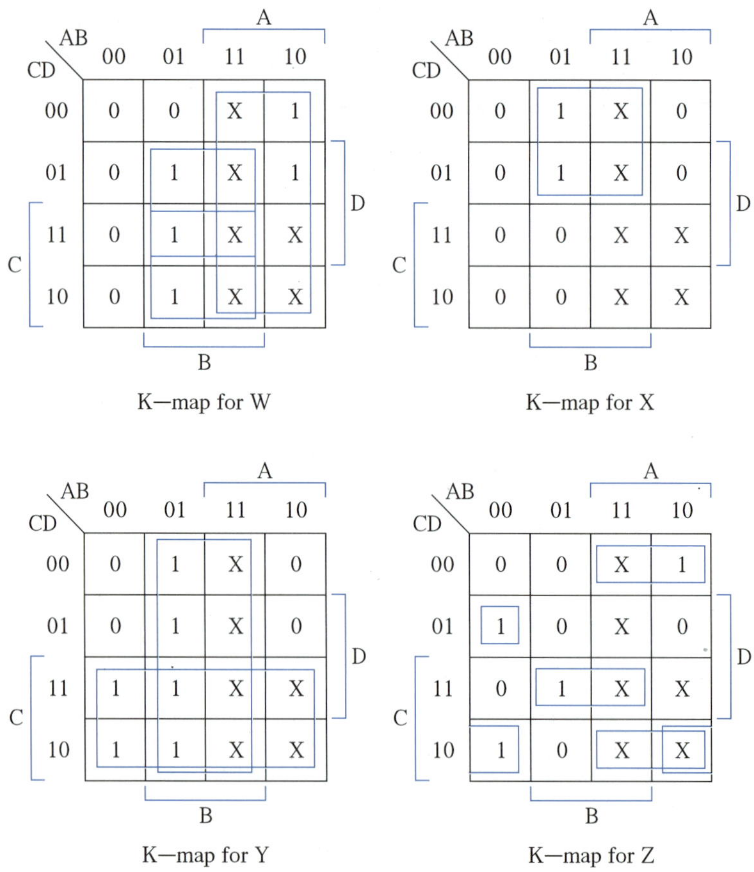

최소화된 함수

$W = A + BD + BC$
$W = B\overline{C}$
$Y = B + C$
$Z = \overline{A}\overline{B}\overline{C}D + BCD + A\overline{D} + \overline{B}C\overline{D}$

[그림 9-8] PAL 설계 예제(BCD-to-Gray Code 코드 변환기)

[그림 9-9]는 BCD를 그레이 코드로 변환시키는 논리 함수를 PAL 구조를 통하여 구현하였다.

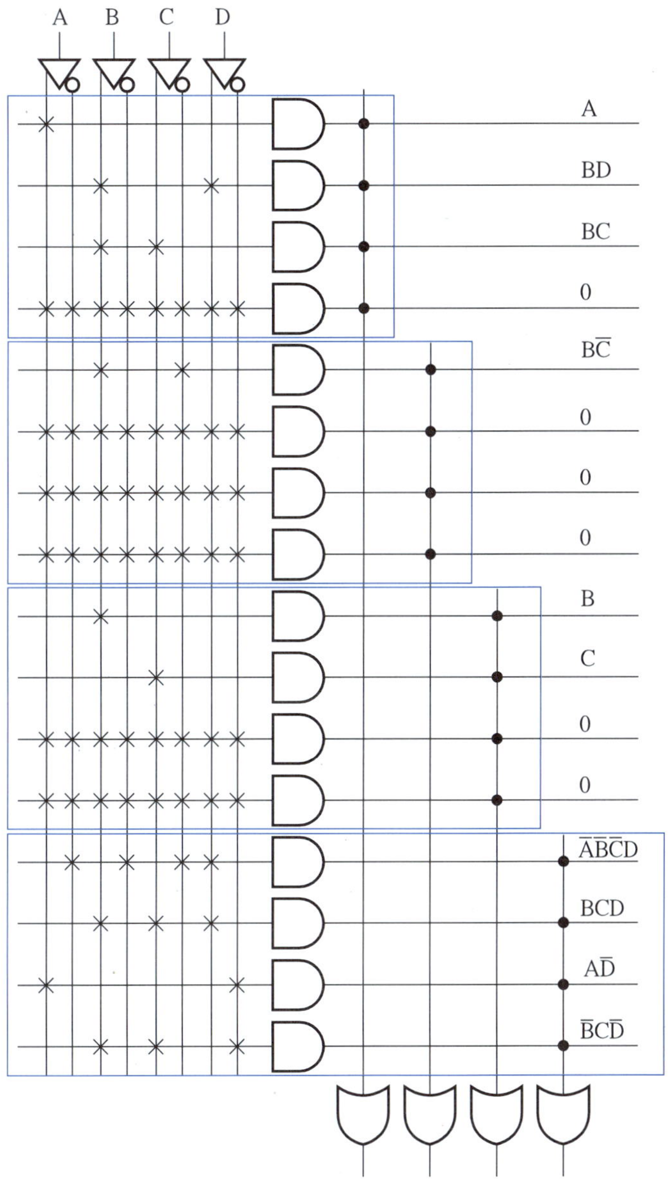

[그림 9-9] PAL 구조(BCD-Gray 코드 변환기)

지금까지는 기본 게이트를 이용한 설계와 PLA/PAL에 대해서 설명하였다.

이번에는 기본 게이트가 아닌 다른 형태의 논리 소자(non-gate logic)에 대해서 알아보기로 한다. CMOS 트랜스미션 게이트, 멀티플렉서(Multiplexer), 디코더(decoder), 트라이-스테이트와 오픈 콜렉터 게이트, ROM(Read Only Memory)이 바로 그것이다.

9.2 CMOS 트랜스미션 게이트를 이용한 멀티플렉서 설계

CMOS 트랜스미션 게이트의 동작 상태를 살펴보기로 한다. 앞의 CMOS 게이트에서 알 수 있었듯이 nMOS 트랜지스터는 '0'을 전달하는데 사용되고, pMOS 트랜지스터는 '1'을 전달하는데 사용되었다. 트랜스미션 게이트는 [그림 9-10]과 같이 pMOS와 nMOS를 병렬로 연결한 구조를 가지고 있다.

nMOS 트랜지스터는 0을 전달하기에 좋으며,
pMOS 트랜지스터는 1을 전달하기에 좋은 특성을 가지고 있다.
트랜지스 미션 게이트는 이 두 가지 트랜지스터를 병렬로 연결한 구조이다.

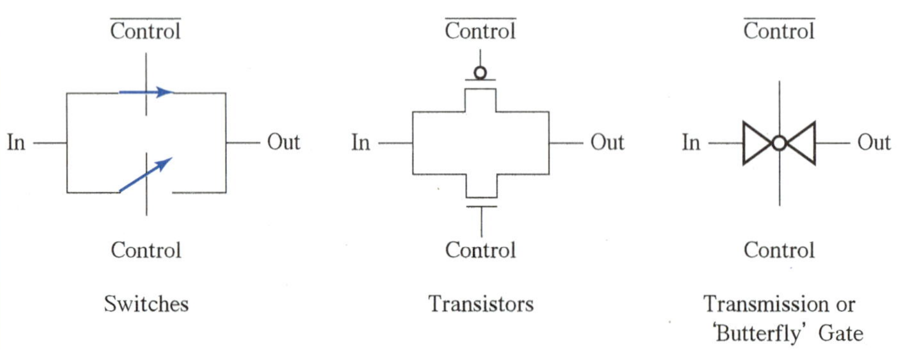

[그림 9-10] CMOS 트랜스미션 게이트

멀티플렉서의 일반적인 개념은 [그림 9-11]과 같다. n개의 선택입력에 따라 2^n개의 입력 중 하나를 선택하여 출력으로 연결시켜 주는 조합회로이다. 데이터 선택기(data selector)라고도 한다. 그림의 왼쪽 표는 기능적인 형태의 테이블 형식이고 오른쪽 표는 논리적인 진리표 형식이다. 반대로 디코더(또는 Demultiplexer)는 n비트로 코딩된 2진 정보를 최대 2^n개의 출력으로 바꾸어 주는 조합회로를 말한다.

$$Z = \bar{A}I_0 + AI_1$$

기능 형태

A	Z
0	I_0
1	I_1

논리 형태

I_1	I_0	A	Z
0	0	0	0
0	0	1	0
0	1	0	1
0	1	1	0
1	0	0	0
1	0	1	1
1	1	0	1
1	1	1	1

[그림 9-11] 멀티플렉서의 일반적 개념(2:1 멀티플렉서 Truth Table의 2가지 형태)

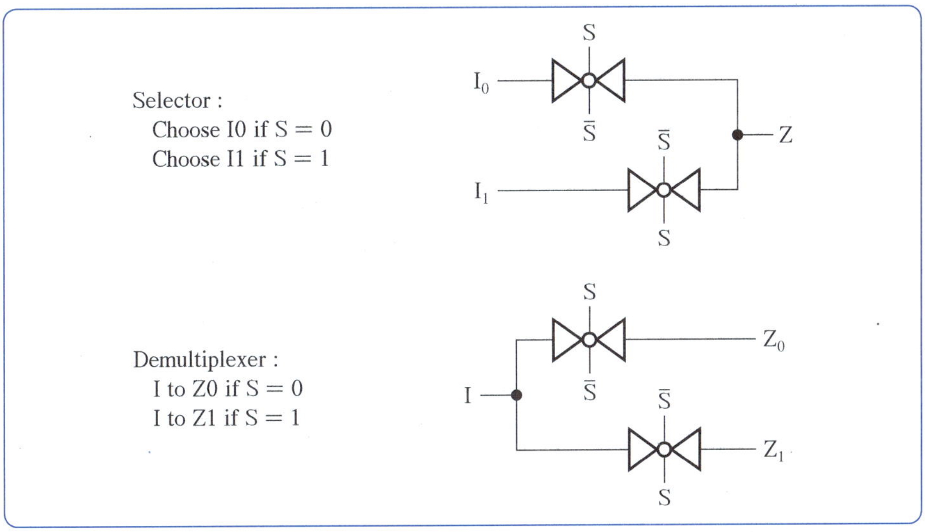

[그림 9-12] Multiplexer(또는 Selector라고 함)/DeMultiplexer(또는 Decoder라고 함)

앞에서 살펴본 트랜스미션 게이트는 멀티플렉서와 디코더(decode)에 활용된다. [그림 9-12]에서와 같이 멀티플렉서는 선택 신호 s = 0이면 첫 번째 입력이 출력되고, s = 1이면 두 번째 입력이 출력된다. 디코더는 선택 신호 s = 0이면 입력이 첫 번째 출력에 전달되고, s = 1이면 두 번째 출력에 전달된다.

섀넌(Shannon)의 확장 정리는 [그림 9-13]과 같이 2×1 멀티플렉서 논리회로의 형태로 구현되는 것을 알 수 있다.

$$F(x_1, x_2, ..., x_n) = x_i \cdot F(x_1, ..., 1, ..., x_n) + \overline{x_i} \cdot F(x_1, ..., 0, ..., x_n)$$

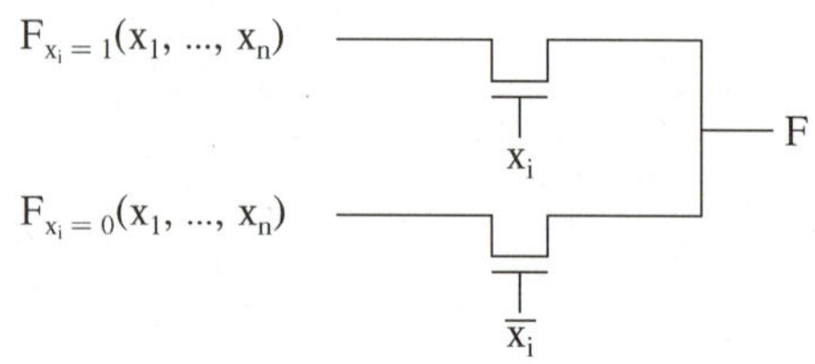

[그림 9-13] 섀넌의 확장 정리를 이용한 2×1 멀티플렉서 논리회로

$$F(a, b) = a \oplus b = \bar{a} \cdot b + a \cdot \bar{b}$$
$$\bar{F}(a, b) = \overline{a \oplus b} = \overline{\bar{a} \cdot b + a \cdot \bar{b}} = a \cdot b + \bar{a} \cdot \bar{b}$$

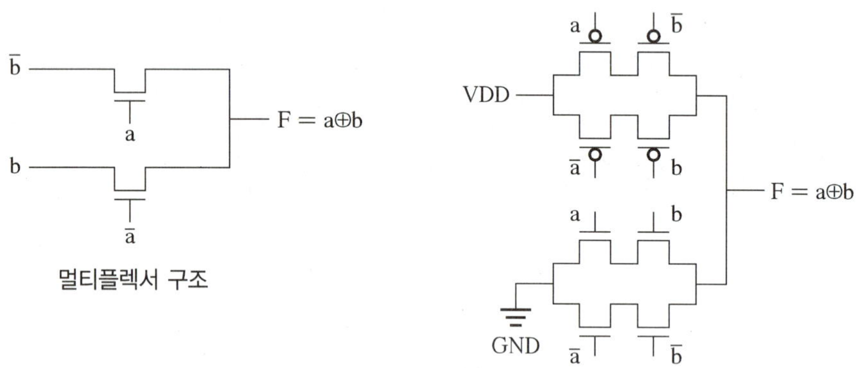

[그림 9-14] 트랜스미션 게이트를 이용한 XOR 게이트의 효과적인 구현

그러한 섀넌의 확장 정리를 잘 활용하면 [그림 9-14]와 같이 XOR 게이트를 효과적으로 구현할 수 있게 된다. 따라서 섀넌의 확장 정리는 범용 함수(general function)의 구현을 위하여 이용될 수 있다. 2개의 논리 변수를 갖는 임의의 스위칭 함수에 대하여 다음과 같은 섀넌의 확장이 가능하다.

$F(a, b) = a \cdot F(1,b) + \bar{a} \cdot F(0,b) = a \cdot G1 + \bar{a} \cdot G0$

$F(a, b) = a \cdot b \cdot F(1,1) + a \cdot b \cdot F(1,0) + a \cdot b \cdot F(0,1) + a \cdot b \cdot F(0,0) = a \cdot b \cdot G11 + a \cdot b \cdot G10 + a \cdot b \cdot G01 + a \cdot b \cdot G00$

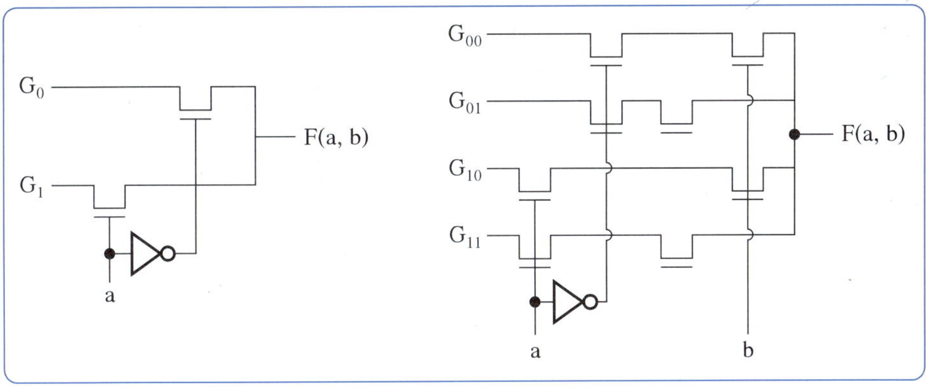

[그림 9-15] 4×1 멀티플렉서

2변수 확장하는 경우 [그림 9-15]와 같이 4×1 멀티플렉서를 사용한다. 모든 조합을 멀리플렉싱하기 때문에 집적효율이 나빠진다. 멀티플렉싱의 논리회로에서는 직렬 접속된 트랜지스터 체인의 길이가 타이밍 지연을 급격히 증가시키기 때문에, 신호전달 트랜지스터를 4개 이상 연결하는 것이 일반적으로 금지된다.

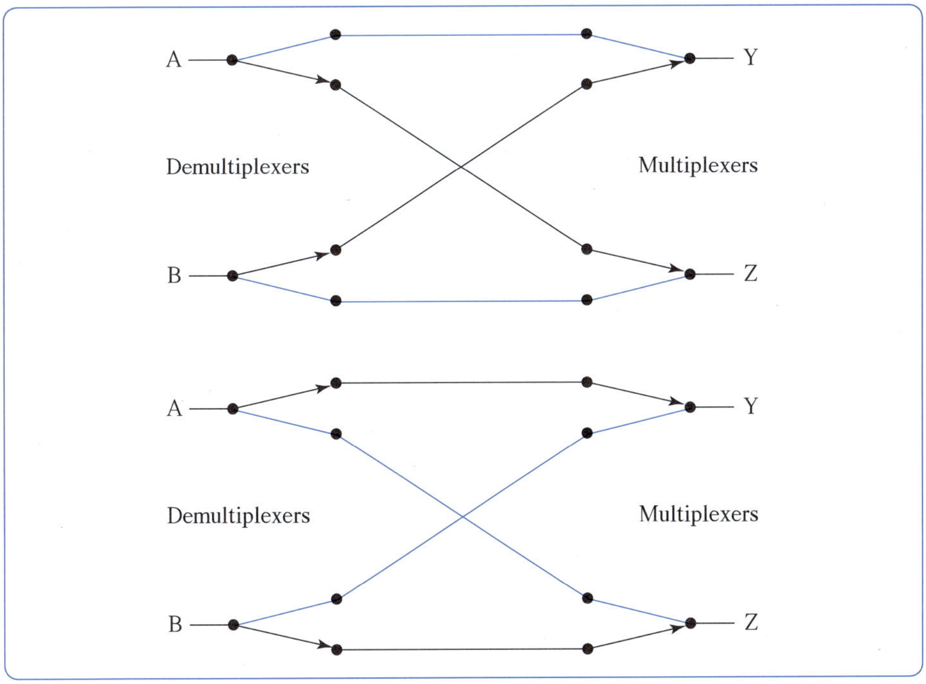

[그림 9-16] 멀티플렉서와 디코더를 이용한 네트워크 스위치

그러한 멀티플렉서와 디코더는 [그림 9-12]와 같이 복수 개의 출발지와 복수 개의 도착지를 연결하는 스위칭 네트워크에 활용될 수 있다.

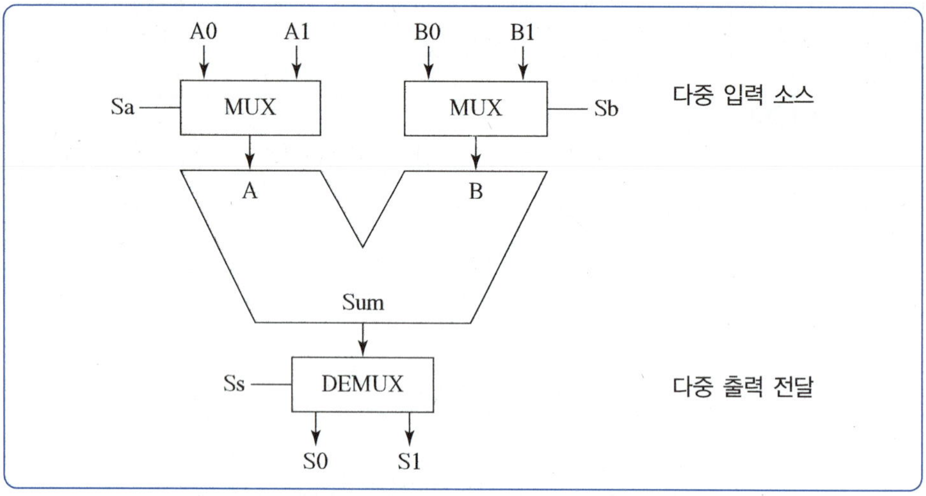

[그림 9-17] ALU의 입력과 출력에 사용하는 멀티플렉서와 디코더

또한 멀티플렉서는 [그림 9-17]과 같이 ALU의 입력을 선택할 때 사용하고 디코더는 그림과 같이 출력을 보낼 지점을 선택할 때 사용한다.

[그림 9-18]에서 $2^K : 1(k = 1,2, \cdots ,n)$ 멀티플렉서의 구현을 보여주고 있다.

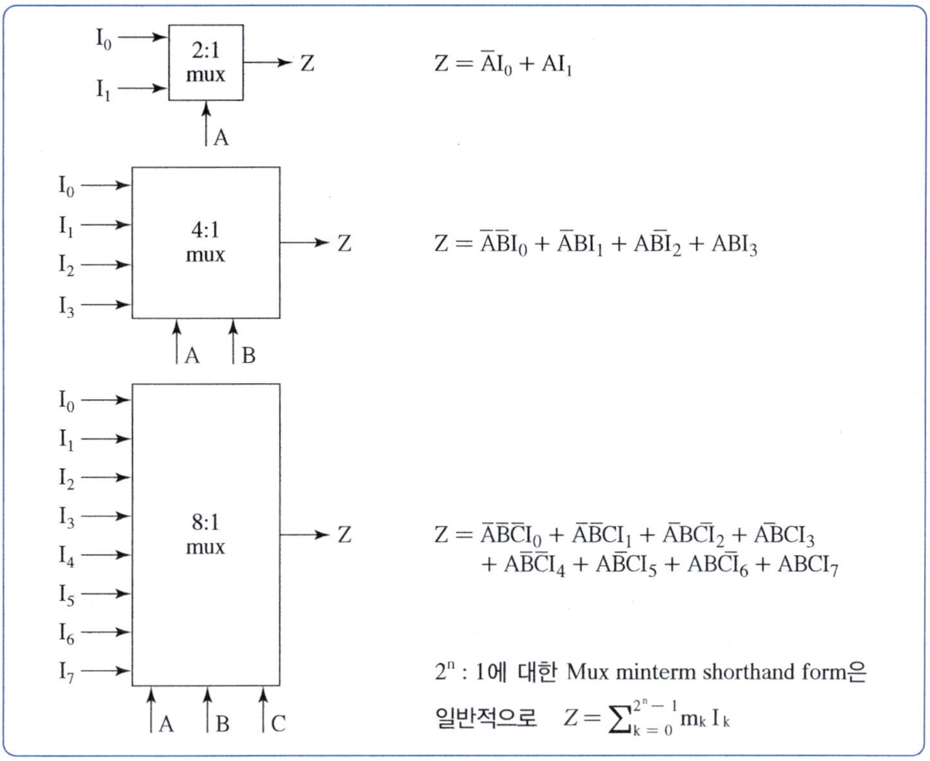

[그림 9-18] 다양한 멀티플렉서의 구현

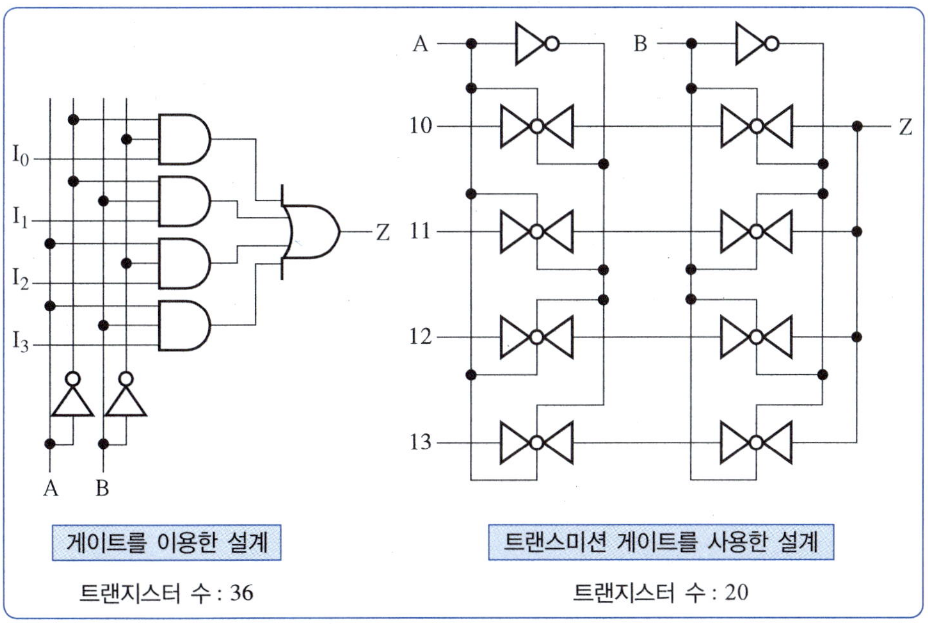

[그림 9-19] 4:1 멀티플렉서의 2가지 구현 방법 비교

[그림 9-19]와 같이 함수 $Z = \overline{A}\overline{B}I_0 + \overline{A}BI_1 + A\overline{B}I_2 + ABI_3$에 대한 게이트 수준 구현보다는 트랜스미션 게이트를 이용한 구현 방법이 트랜지스터를 적게 사용하여 효율적인 것을 알 수 있다.

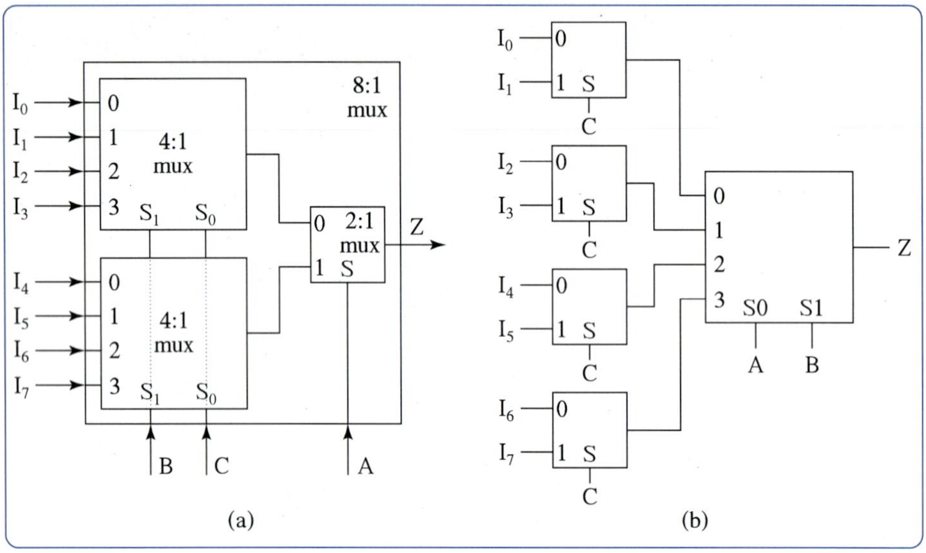

[그림 9-20] 8:1 멀티플렉서의 2가지 설계

크기가 큰 멀티플렉서는 크기가 작은 멀티플렉서를 종속 접속(cascade)함으로써 구현이 가능하다.

[그림 9-20]의 (a)는 그러한 종속 접속 방법을 사용하여 4:1 멀티플렉서 2개와 2:1 멀티플렉서 1개로 구현하였고 제어 신호 B와 C는 동시에 I_0~I_3와 I_4~I_7 중의 하나를 선택한다. 제어신호 A는 멀티플렉서의 상단과 하단 둘 중의 하나를 선택한다. (b)는 그와 동일한 8:1 멀티플렉서로 2:1 멀티플렉서 4개와 4:1 멀티플렉서 한 개로 구현하였다.

$$F(A, B, C) = m0 + m2 + m6 + m7$$
$$= \bar{A}\bar{B}\bar{C} + \bar{A}B\bar{C} + AB\bar{C} + ABC$$
$$= \bar{A}\bar{B}(\bar{C}) + \bar{A}B(\bar{C}) + A\bar{B}(0) + AB(1)$$

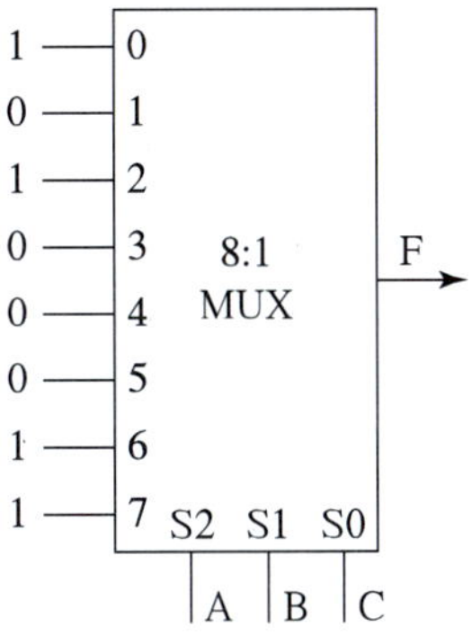

'Lookup Table'
(a)

A	B	C	F	
0	0	0	1	$\bar{C}$
0	0	1	0	
0	1	0	1	$\bar{C}$
0	1	1	0	
1	0	0	0	0
1	0	1	0	
1	1	0	1	1
1	1	1	1	

(b)

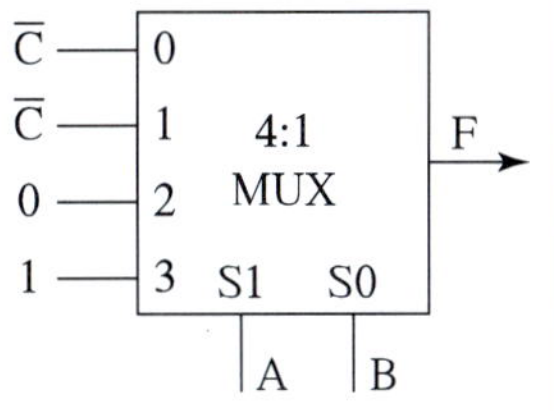

(c)

[그림 9-21] 멀티플렉서를 이용한 일반 함수 구현

[그림 9-21]과 같이 2^n-1:1 멀티플렉서를 이용하면 n개의 변수를 가지고 있는 임의의 함수를 구현할 수 있다. 제어 변수로는 n-1개 리터럴을 사용하고 나머지 한 개의 리터럴은 멀티플렉서의 입력으로 사용한다. 예를 들면, 아래와 같다.

$$F(A,B,C) = m0 + m2 + m6 + m7 = \bar{A}\ \bar{B}\ \bar{C} + \bar{A}\ B\ \bar{C} + A\ B\ \bar{C} + A\ B\ C = \bar{A}\ \bar{B}(\bar{C}) + \bar{A}\ B(\bar{C}) + A\ \bar{B}(0) + A\ B(1)$$

위의 논리식에 대해서 8:1 멀티플렉서를 사용한 경우가 [그림 9-21] (a)에 표시되어 있으며, 같은 논리식에 대해서 위의 이론을 사용한 4:1 멀티플렉서가 [그림 9-21]의 (c)에 표현되어 있다.

9.3 복호기(Decoder)의 설계

[그림 9-22]에서 보는 바와 같이 복호기는 하나의 데이터 입력, n개의 제어 입력, 2^n 개의 출력을 가지고 있다. 선택신호 s는 입력이 연결되는 출력 하나를 지정하게 된다. 예를 들면, 1:2 Decoder: O0 = G • S; O1 = G • S, 여기서 G는 'enable' 이라고 하는 데이터 입력이다.

1:2 Decoder :

$O0 = G \cdot \overline{S};\ O1 = G \cdot S$

2:4 Decoder :

$O0 = G \cdot \overline{S0} \cdot \overline{S1}$
$O1 = G \cdot \overline{S0} \cdot S1$
$O2 = G \cdot S0 \cdot \overline{S1}$
$O3 = G \cdot S0 \cdot S1$

3:8 Decoder :

$O0 = G \cdot \overline{S0} \cdot \overline{S1} \cdot \overline{S2}$
$O1 = G \cdot \overline{S0} \cdot \overline{S1} \cdot S2$
$O2 = G \cdot \overline{S0} \cdot S1 \cdot \overline{S2}$
$O3 = G \cdot \overline{S0} \cdot S1 \cdot S2$
$O4 = G \cdot S0 \cdot \overline{S1} \cdot \overline{S2}$
$O5 = G \cdot S0 \cdot \overline{S1} \cdot S2$
$O6 = G \cdot S0 \cdot S1 \cdot \overline{S2}$
$O7 = G \cdot S0 \cdot S1 \cdot S2$

[그림 9-22] 복호기

[그림 9-22]의 2:4 복호기의 진리표는 다음과 같다.

S0	S1	o0	o1	o2	o3
0	0	1	0	0	0
0	1	0	1	0	0
1	0	0	0	1	0
1	1	0	0	0	1

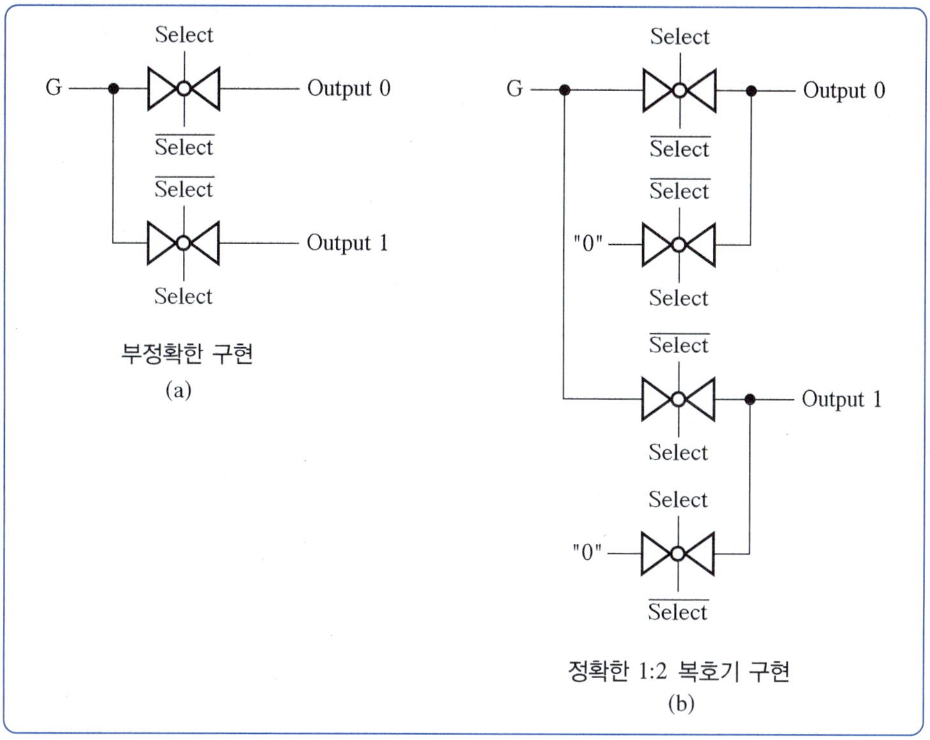

[그림 9-23] 올바른 복호기의 구현

트랜스미션 게이트를 이용하여 구현한 결과를 [그림 9-23]에서 보여 주고 있다.

(a)는 출력 2개 중 하나만이 데이터를 전달하게 되므로 나머지 한 개의 출력은 'float' 되게 된다. 따라서 그러한 'float'를 방지하기 위해서 (b)와 같이 입력이 전달되지 않은 출력에 대해서도 '0'이 전달되도록 하였다.

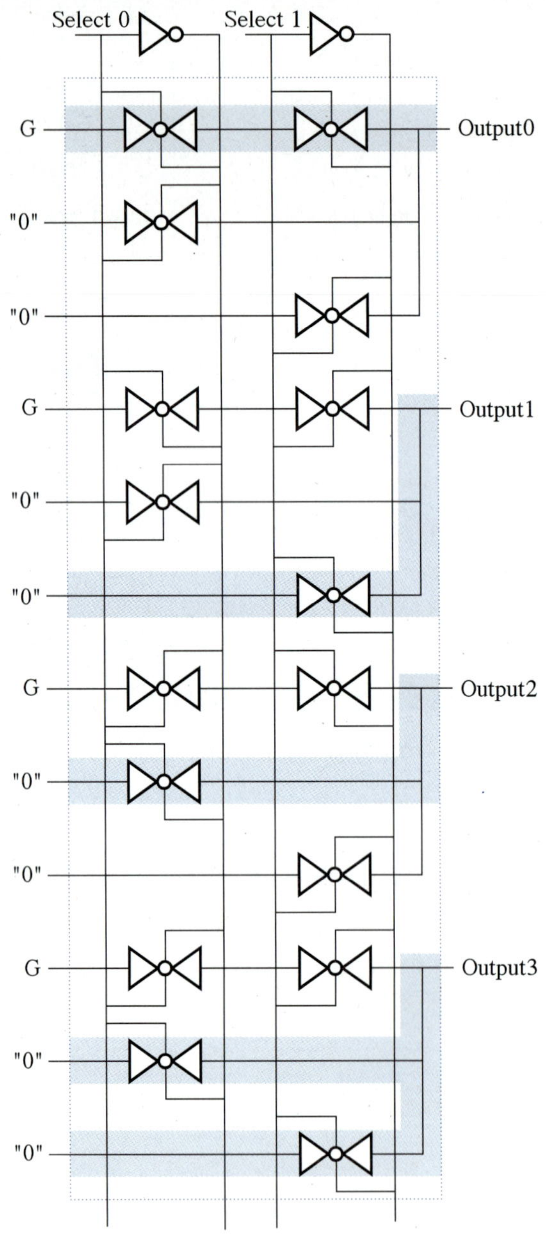

[그림 9-24] 2:4 Decoder의 스위치 구현

[그림 9-24]는 2:4 디코더를 트랜스미션 게이트를 사용하여 구현한 결과를 보여주고 있다.

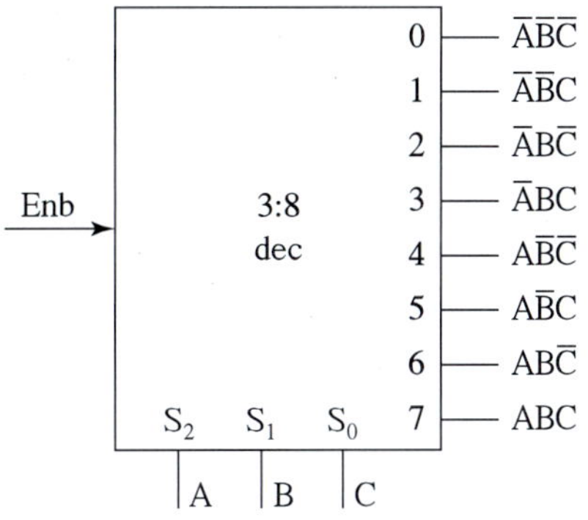

예제 함수

F1 = A'BC'D + A'B'CD + ABCD

F2 = ABC'D' + ABD

F3 = (A' + B' + C' + D')

[그림 9-25] 복호기를 사용한 일반 논리 함수의 구현

복호기도 제어 신호를 이용하여 논리 함수를 구현하는데 사용될 수 있다.
[그림 9-25]와 같이 3:8 복호기를 이용하여 구현한 함수는 다음과 같다.

$$F1 = \overline{A}\ B\ \overline{C}\ D + \overline{A}\ \overline{B}\ C\ D + A\ B\ C\ D$$

$$F2 = A\ B\ \overline{C}\ \overline{D} + A\ B\ C$$

$$F3 = (\overline{A} + B' + \overline{C} + \overline{D})$$

9.4 ROM(Read Only Memory)을 이용한 일반회로 설계

ROM(Read-Only Memory)은 [그림 9-26]과 같이 1의 값과 0의 값을 갖는 2차원 배열이다. 행은 'word' 에 해당하며, index는 '주소' 라고 부른다.

행의 폭은 비트폭 또는 word 크기에 해당한다. '주소' 는 입력이며, 선택된 'word' 가 출력이 된다.

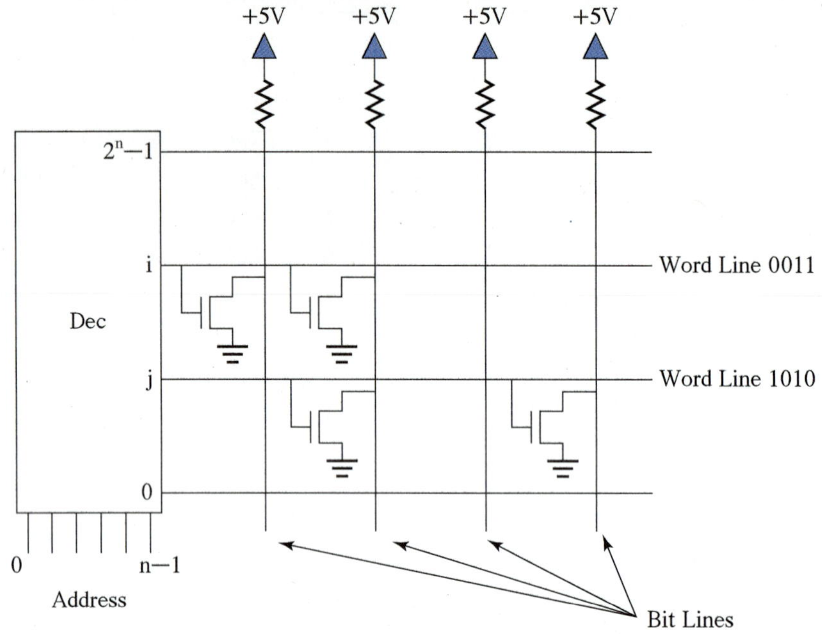

[그림 9-26] ROM(Read Only Memory)

$$F0 = \overline{A}\,\overline{B}C + A\overline{B}\,\overline{C} + A\overline{B}C$$
$$F1 = \overline{A}\,\overline{B}C + \overline{A}B\overline{C} + ABC$$
$$F2 = \overline{A}\,\overline{B}\,\overline{C} + \overline{A}\,\overline{B}C + A\overline{B}\,\overline{C}$$
$$F3 = \overline{A}BC + A\overline{B}\,\overline{C} + AB\overline{C}$$

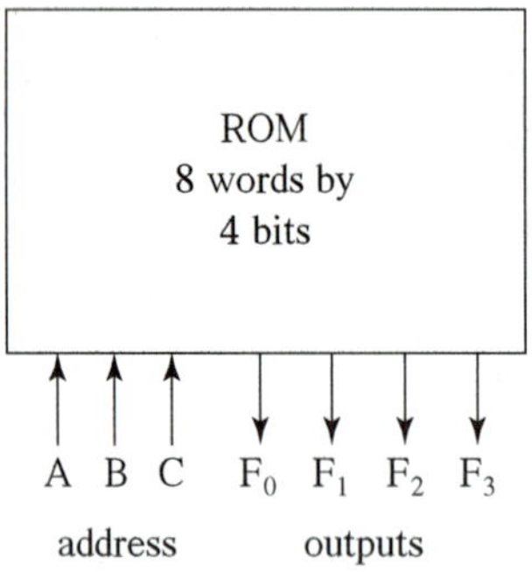

Address / Word Contents

A	B	C	F_0	F_1	F_2	F_3
0	0	0	0	0	1	0
0	0	1	1	1	1	0
0	1	0	0	1	0	0
0	1	1	0	0	0	1
1	0	0	1	0	1	1
1	0	1	1	0	0	0
1	1	0	0	0	0	1
1	1	1	0	1	0	0

[그림 9-27] ROM을 이용한 일반 논리회로의 구현

ROM을 이용하여 일반 함수를 구현할 수 있다.

[그림 9-27]의 표와 같이 ROM을 구성하고 입력 주소에 의해서 원하는 출력이 선택되어진다. ROM과 PLA를 비교하면 다음과 같다.

〈표 9-1〉 ROM과 PLA의 비교

ROM	PLA
• 설계 시간이 짧다.(출력 함수를 최소화할 필요가 없다) • 대부분의 입력 조합이 필요한다. • 출력 함수 사이에서 곱항을 공유하는 경우가 거의 없다.	• Espresso와 같은 논리 최소화 도구를 사용할 수 있다. • 최소항(minterm)의 조합수가 적다. • 최소항은 다른 출력 사이에서 공유되는 경우가 많다.

참 / 고 / 문 / 헌

- M. Morris Mano(Author), Michael D. Ciletti, Digital Design, Prentice Hall, December 25, 2006.
- Frank Vahid, Digital Design, Wiley, July 28, 2006.
- Charles H., Jr. Roth, Fundamentals of Logic Design, Wadsworth Publishing Company, July 7, 1995.

연습문제

1. 4개의 입력을 가진 디코더는 몇 개의 출력 라인을 가지고 있는가?

➡ 16개

2. 연산 논리 장치에서 (뺄셈기 + 덧셈기)를 설계할 때 2's complement를 사용하면 좋은 이유에 대해서 설명하시오.

➡ 뺄셈기를 별도로 설계할 필요가 없다.

3. 다음 중 일반 논리회로(general-purpose logic)를 설계하는 방법 중에 틀린 것을 고르시오.

1) ROM　2) PAL　3) 멀티플렉서

4) NOR—NOR network　5) AND—AND network　6)Decoder

➡ 5

4. 다음 중 조합 논리회로와 순서 논리회로의 차이점을 바르게 설명한 것은?

1) 조합 논리회로는 플립플롭과 게이트로 구성되며 순서 논리회로는 플립플롭으로 구성된다.

2) 조합 논리회로는 플립플롭을 사용하여 기억할 수 있으나 순서 논리회로는 기억할 수 없다.

3) 조합 논리회로는 출력신호가 입력신호와 과거의 입력신호에 의해 결정되고 순서 논리회로는 입력신호에 의해 결정된다.

4) 조합 논리회로는 게이트로 구성되며 순서 논리회로는 게이트와 플립플롭으로 구성된다.

➡ 4

5. 디코더(decoder)의 출력이 4개일 때 입력은 몇 개인가?

1) 16개　2) 8개

3) 2개　4) 4개

➡ 3

6. 입력신호를 1개 가지며, 출력은 여러 개로 구성되어 있는 회로로 제어 신호를 가함으로써 입력신호를 원하는 하나의 출력선으로 보낼 수 있는 회로는?

1) 디코더(Decoder)　2) 디멀티플렉서(Demultiplexer)

3) 인코더(Encoder)　4) 멀티플렉서(Multiplexer)

➡ 1

7. 디코더(decoder)는 어떤 게이트를 조합하여 만들 수 있는가?

1) AND　　2) OR

3) NOT　　4) NOR

➡ 1

8. 여러 개의 입력 중 선택선을 이용하여 하나만을 출력으로 내보내는 회로는?

1) 디코더　　2) 인코더

3) 디멀티플렉서　　4) 멀티플렉서

➡ 4

9. 입력 변수가 많은 논리회로를 만들 경우 상당히 큰 용량의 ROM이 필요하다. 이를 개선해서 프로그램 가능한 논리 배열로 만들어 복잡한 논리 함수를 실현하도록 한 것은?

1) PROM　　2) EPROM

3) RAM　　4) PLA

➡ PLA

10. 멀티플렉서의 입력 단자가 8개일 경우 출력 단자 개수는?

1) 1개　　2) 2개

3) 3개　　4) 4개

➡ 1

11. 멀티플렉서의 입력 단자가 4개일 경우 선택 단자 개수는?

1) 1개　　2) 2개

➡ 1

12. 다음 중 순차 논리회로인 것은?

1) 디코더　　2) 디멀티플렉서

3) 카운터　　4) 멀티플렉서

➡ 3

13. 다음 중 데이터 선택기(data selector) 기능을 하는 회로는?

1) 디코더 2) 디멀티플렉서

3) 카운터 4) 멀티플렉서

➲ 4

14. 조합 논리회로에 대한 설명으로 틀린 것은?

1) 입력 단자에 가한 입력 신호의 값에 의해서 결정된다.

2) 동기식(synchronous), 혹은 비동기식(asynchronous) 동작을 한다.

3) 기억 기능이 없다.

4) 디코더, 멀티플렉서, 올림수 예비 발생기(look-ahead carry generator) 등.

➲ 2

15. 아래 4:1 멀티플렉서에 대한 진리표를 보이시오.

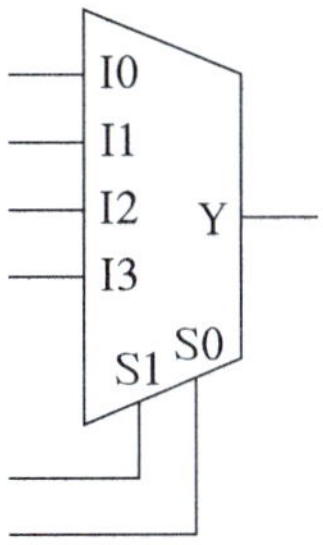

➲

S1	S0	Y
0	0	I0
0	1	I1
1	0	I2
1	1	I3

16. 4:1 멀티플렉서를 이용하여 다음 함수를 구현하시오.

F = m(0, 2, 6,7)

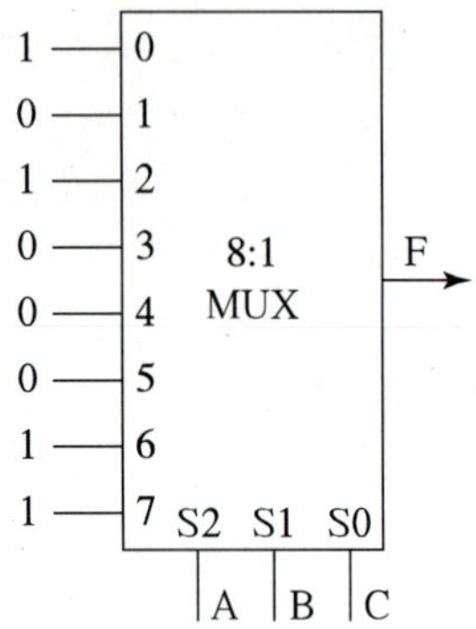

17. 다음 진리표에 해당하는 곱의 합 회로도를 그리고 어떤 회로인지 그 심볼을 그리시오.

s	x_1	x_2	$f(s,x_1,x_2)$
0	0	0	0
0	0	1	0
0	1	0	1
0	1	1	1
1	0	0	0
1	0	1	1
1	1	0	0
1	1	1	1

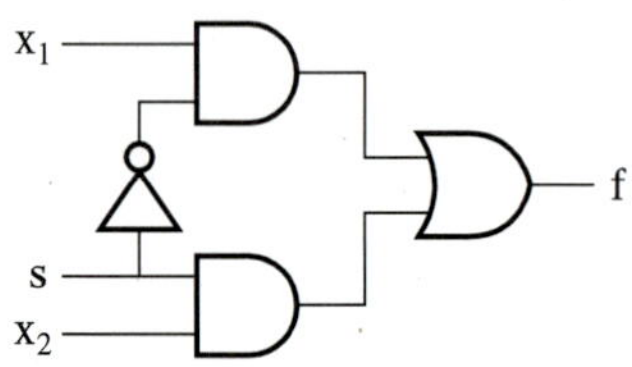

2–1 멀티플렉서

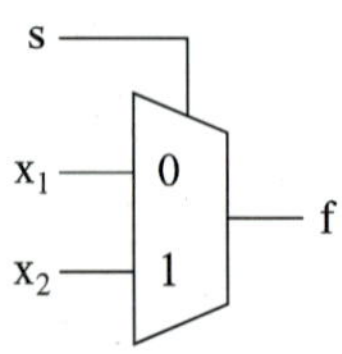

18. 다음 4-1 멀티플렉서의 회로도를 그리시오.

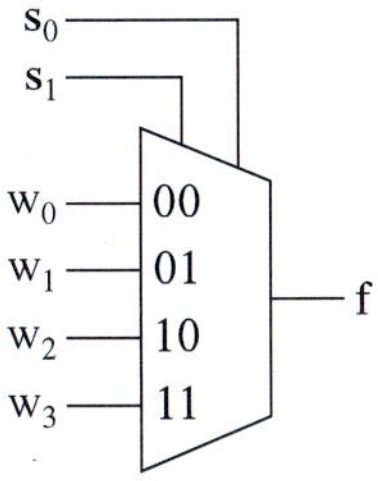

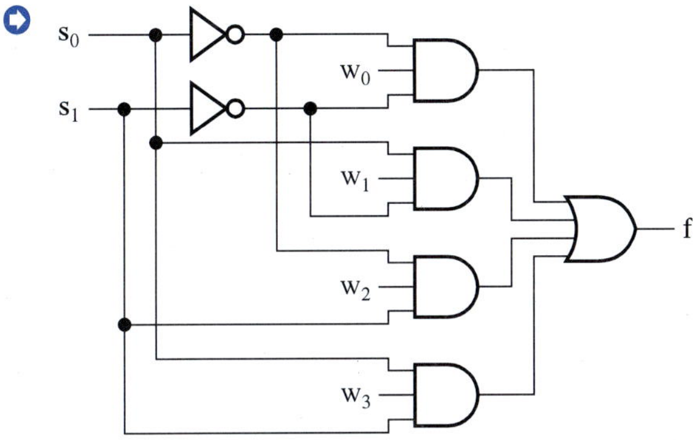

19. 2-1 멀티플렉서를 이용하여 4-1 멀티플렉서를 구현하시오.

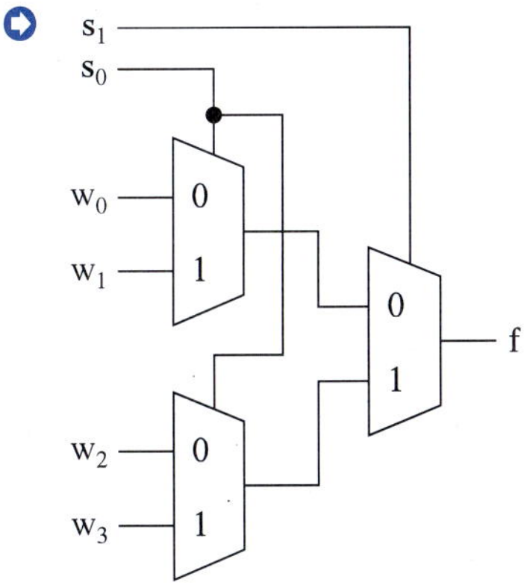

20. 다음 2×2 크로스바 스위치를 멀티플렉서 심볼을 이용하여 구현하시오.

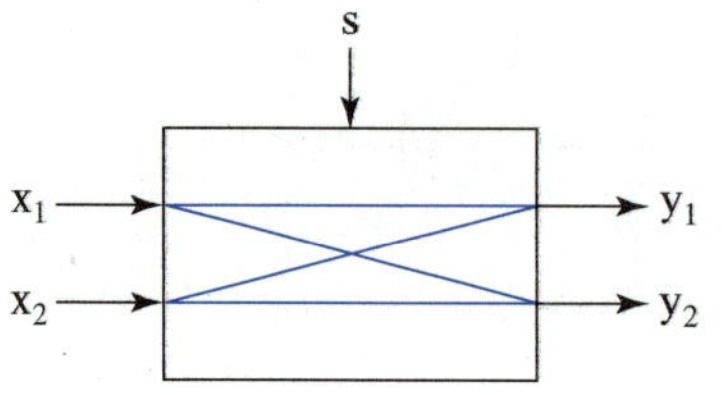

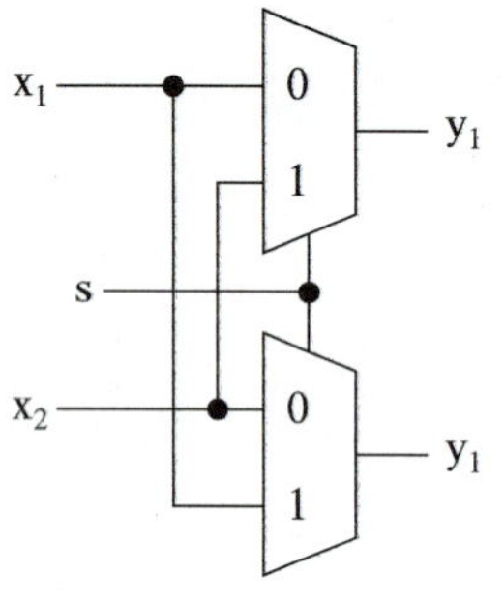

21. 멀티플렉서와 디멀티플렉서를 ALU에서 어떻게 사용하는지 보이시오.

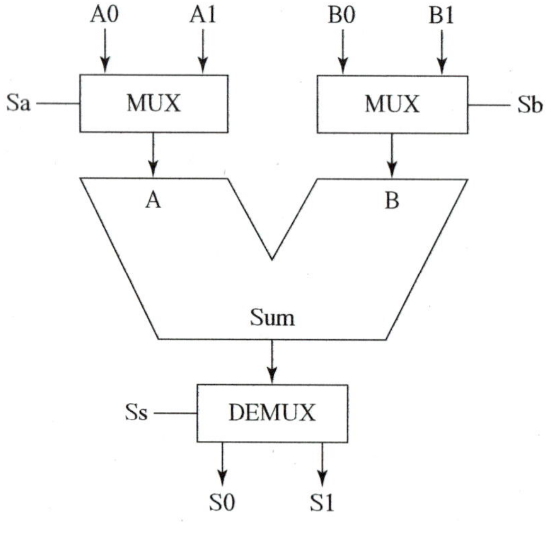

22. 다음 4-1 멀티플렉서를 선택 신호 W2를 입력으로 하여 표현하시오.

w_1	w_2	f
0	0	0
0	1	1
1	0	1
1	1	0

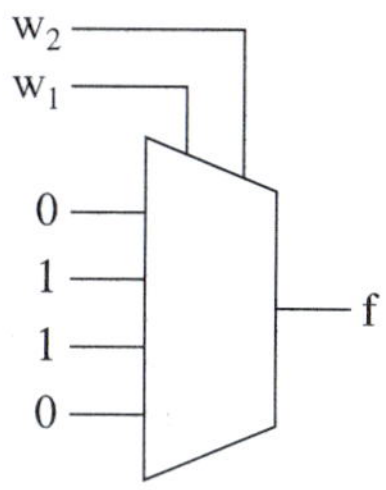

➲

w_1	w_2	f
0	0	0
0	1	1
1	0	1
1	1	0

w_1	f
0	w_2
1	$\overline{w}_2$

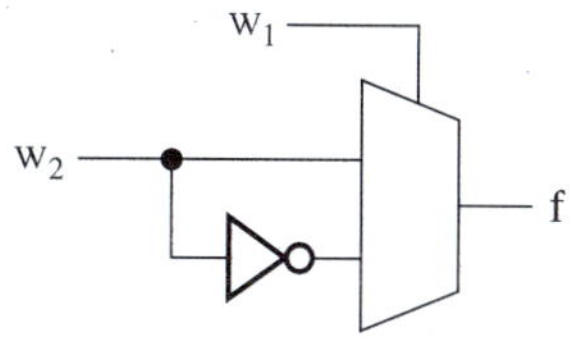

23. 다음 불리언 함수를 멀티플렉서 형식으로 표현하고 입력 변수를 멀티플렉서의 입력으로 사용하여 간략화하시오.

$F(A, B, C) = m0 + m2 + m6 + m7$

➲

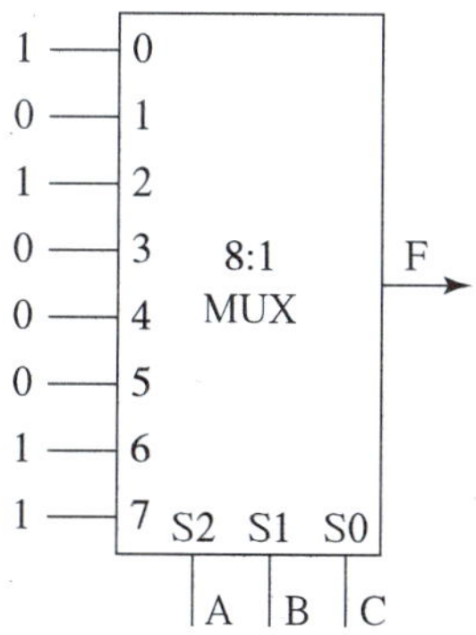

A	B	C	F	
0	0	0	1	$\overline{C}$
0	0	1	0	
0	1	0	1	$\overline{C}$
0	1	1	0	
1	0	0	0	0
1	0	1	0	
1	1	0	1	1
1	1	1	1	

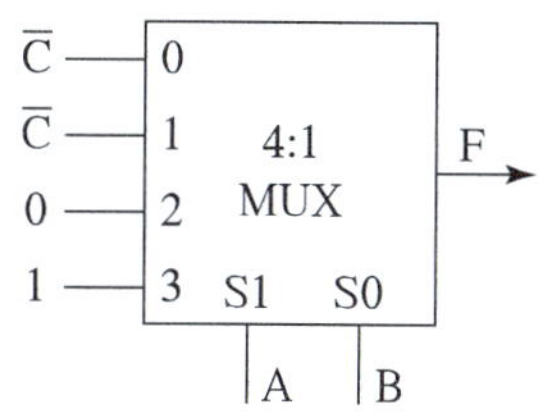

24. 다음 2-to-4 디코더의 회로도 및 심볼을 그리시오.

En	w_1	w_0	y_0	y_1	y_2	y_3
1	0	0	1	0	0	0
1	0	1	0	1	0	0
1	1	0	0	0	1	0
1	1	1	0	0	0	1
0	x	x	0	0	0	0

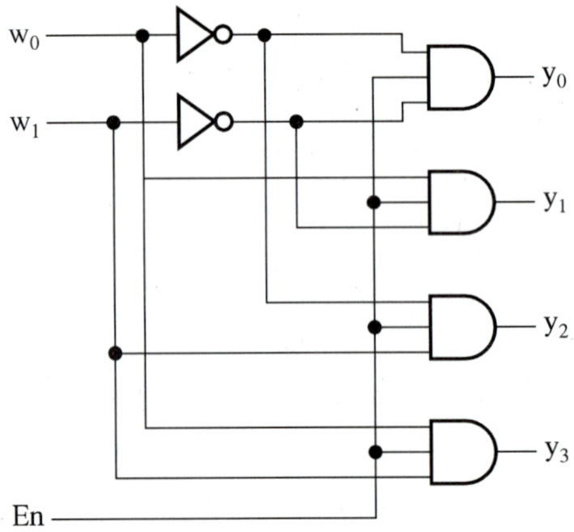

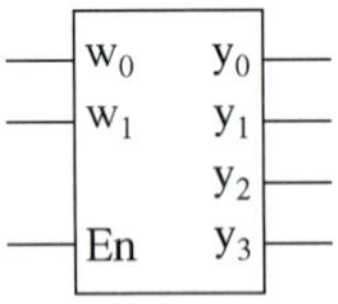

25. 3-to-8 디코더를 2개의 2-to-4 디코더 심볼을 이용하여 구현하시오.

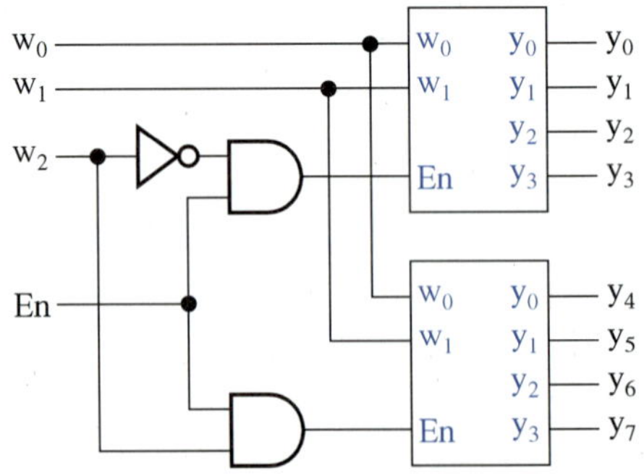

26. 한 개의 2-to-4 디코더를 사용하여 4-to-1 멀티플렉서를 구현하시오.

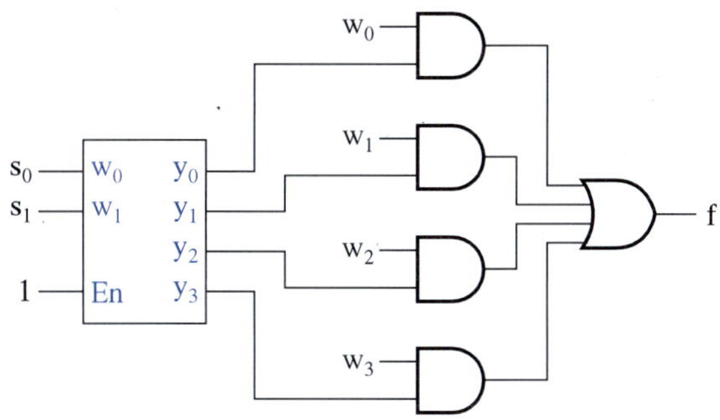

27. (1) 2-4 디코더와 3-8 디코더를 이용하여 5-32 디코더를 만드시오. (enable 신호 포함)

(2) 8-1 먹스를 이용하여 32-1 먹스를 설계하시오. 블록 다이어그램을 이용하시오.

(1)

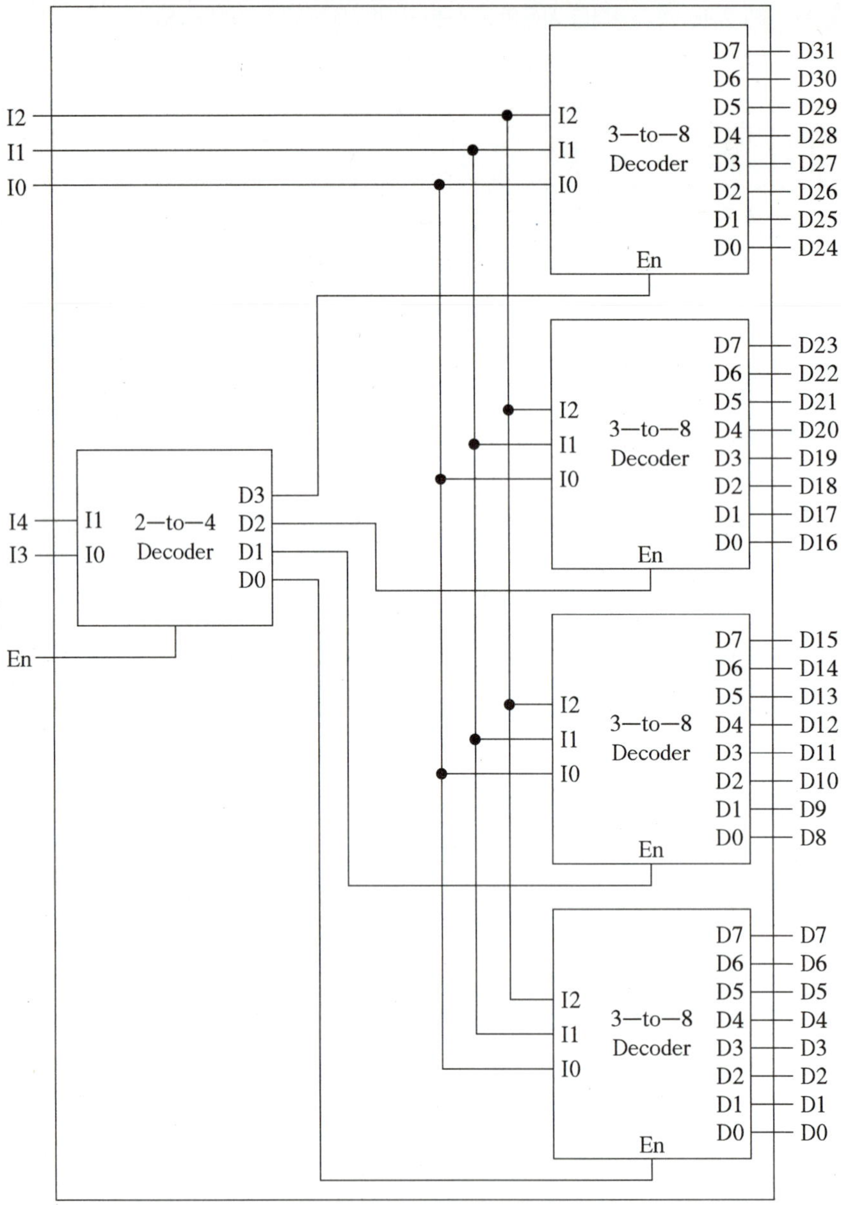
I2
I1
I0
I4
I3
En
I1
I0
2-to-4
Decoder
D3
D2
D1
D0
I2
I1
I0
3-to-8
Decoder
En
D7
D6
D5
D4
D3
D2
D1
D0
D31
D30
D29
D28
D27
D26
D25
D24
D23
D22
D21
D20
D19
D18
D17
D16
D15
D14
D13
D12
D11
D10
D9
D8
D7
D6
D5
D4
D3
D2
D1
D0

(2)

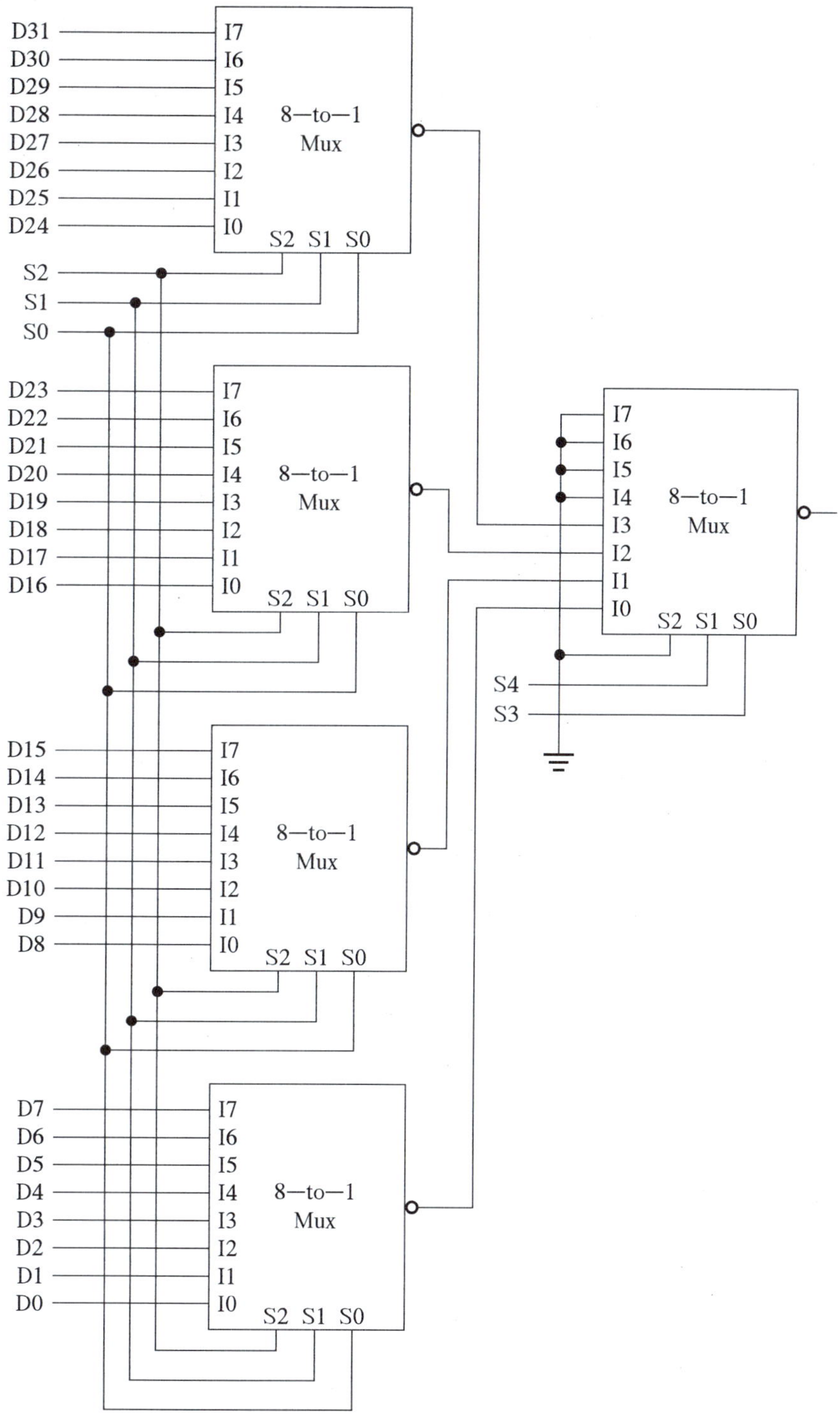
D31
D30
D29
D28
D27
D26
D25
D24
S2
S1
S0
D23
D22
D21
D20
D19
D18
D17
D16
D15
D14
D13
D12
D11
D10
D9
D8
D7
D6
D5
D4
D3
D2
D1
D0
I7
I6
I5
I4
I3
I2
I1
I0
8—to—1
Mux
S2 S1 S0
S4
S3

28. 4-bit unsigned 2진수 숫자를 곱할 수 있는 2진수 곱셈기를 디자인하시오. AND 게이트와 full adder만 이용하시오.

x3x2x1x0과 y3y2y1y0의 곱셈이 필요하다. 이 곱셈기를 위한 표와 회로는 아래와 같다.

				x3y0	x2y0	x1y0	x0y0
			x3y1	x2y1	x1y1	x0y1	
		x3y2	x2y2	x1y2	x0y2		
	x3y3	x2y3	x1y3	x0y3			
P7	P6	P5	P4	P3	P2	P1	P0

각각 AND로 연결된 요소들을 행끼리 더한다. 그러므로 16개의 2-입력 AND 게이트와 12개의 Full 가산기가 필요하다. 따라서 최종 회로는 다음과 같다.

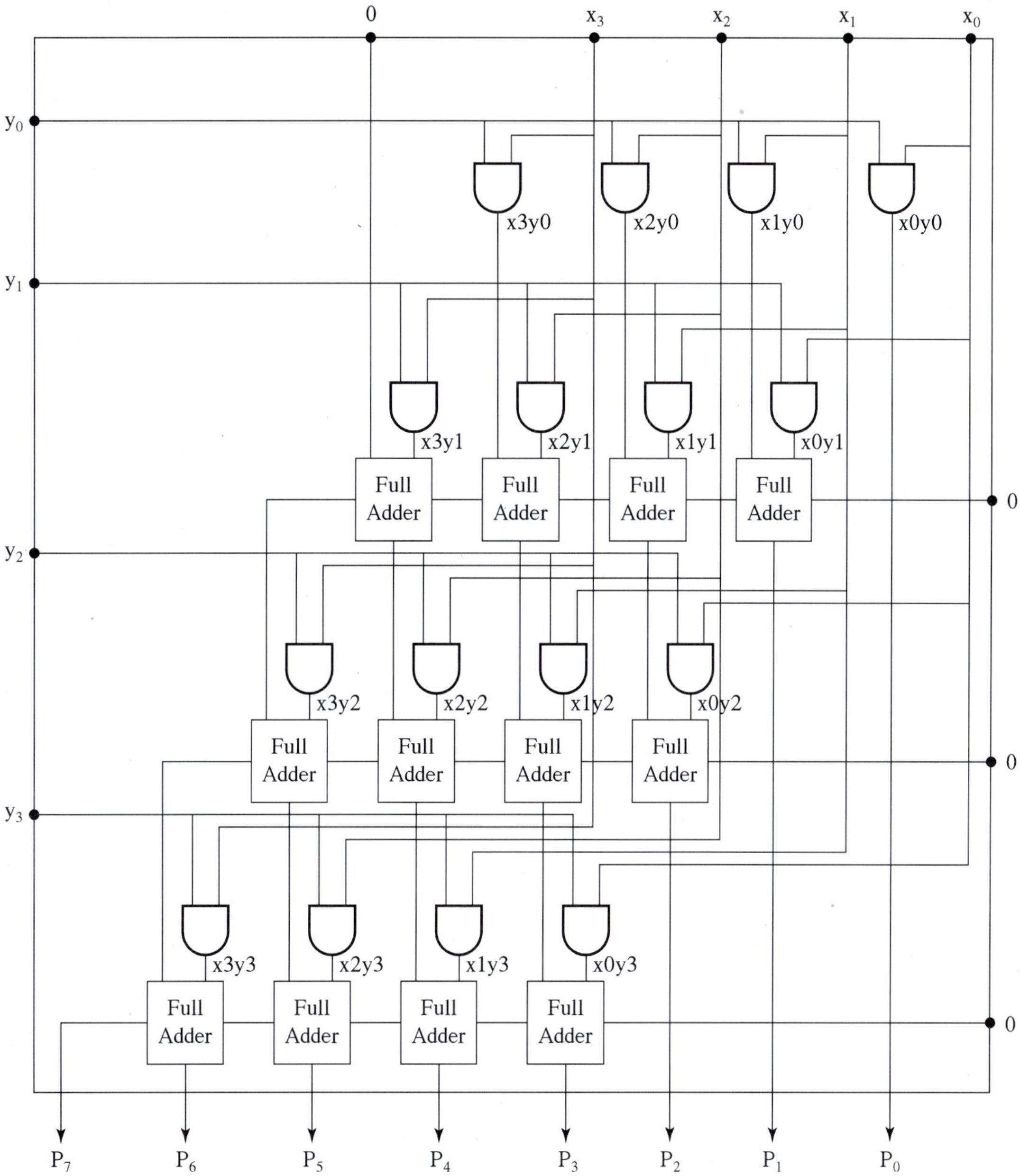
0
x_3
x_2
x_1
x_0
y_0
y_1
y_2
y_3
x3y0
x2y0
x1y0
x0y0
x3y1
x2y1
x1y1
x0y1
x3y2
x2y2
x1y2
x0y2
x3y3
x2y3
x1y3
x0y3
Full Adder
P_7
P_6
P_5
P_4
P_3
P_2
P_1
P_0

29. 2-4 디코더만을 사용하여 3-8 디코더를 설계하시오.

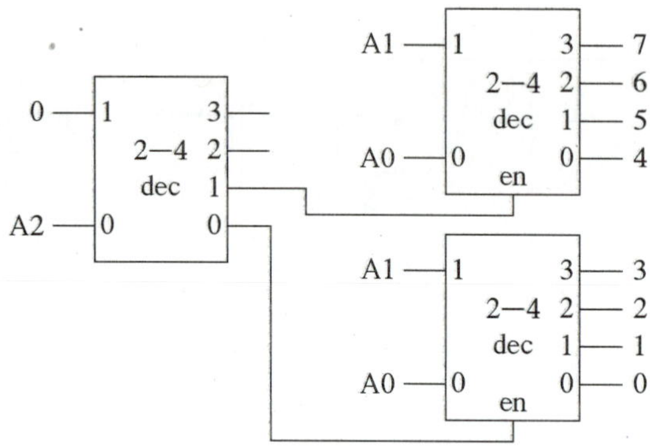

30. 하나의 3-8 디코더와 하나의 3-입력 NAND/NOR 게이트만을 사용하여 다음 함수를 구현하시오.

F(A,B,C) = Σm(0,1,3,4,7)

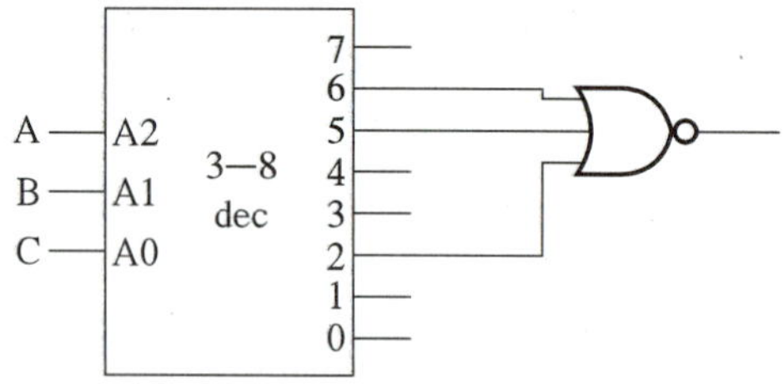

31. 두 개의 4-1 멀티플렉서와 최소한의 게이트만을 사용하여 다음 함수를 구현하시오.

F(A,B,C) = Σm(0,1,3,4,7)

	A	B	C	F
0	0	0	0	1
1	0	0	1	1
2	0	1	0	0
3	0	1	1	1
4	1	0	0	1
5	1	0	1	0
6	1	1	0	0
7	1	1	1	1

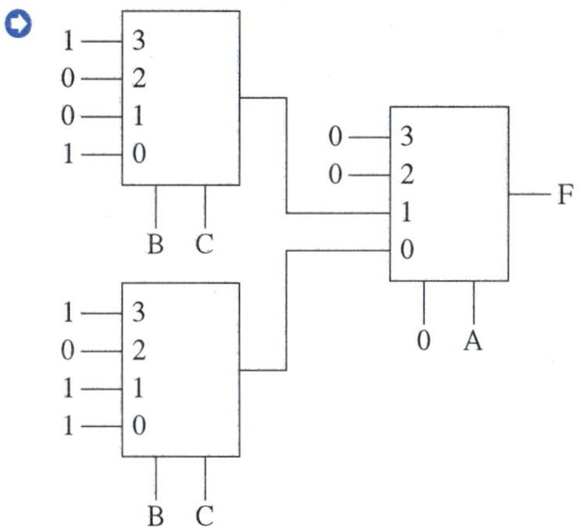

32. 2-4 디코더를 이용하여 4-16 디코더를 구현하시오.

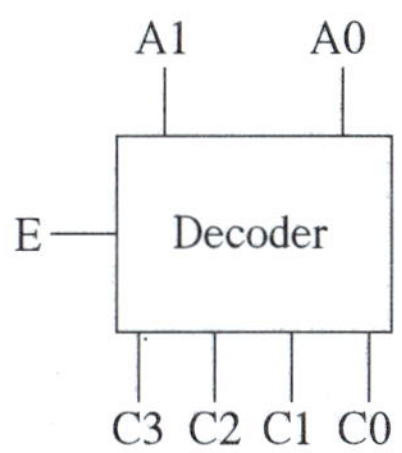

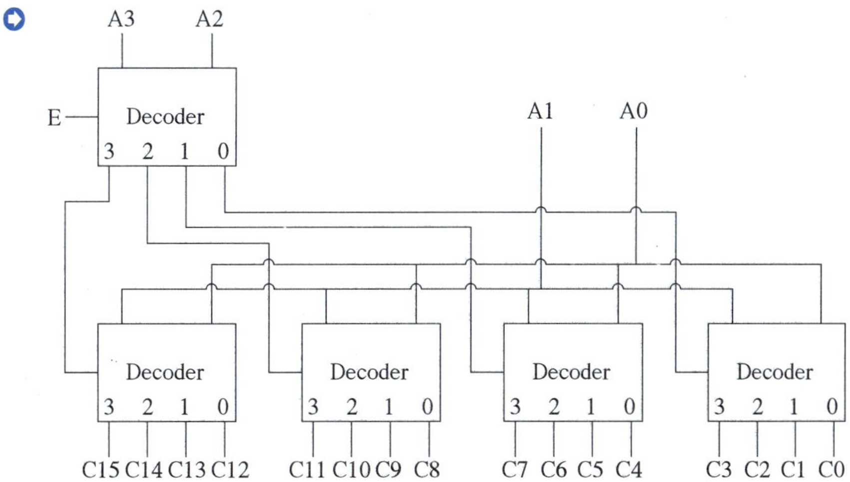

33. 아래의 논리회로에 대해서 문제를 푸시오.

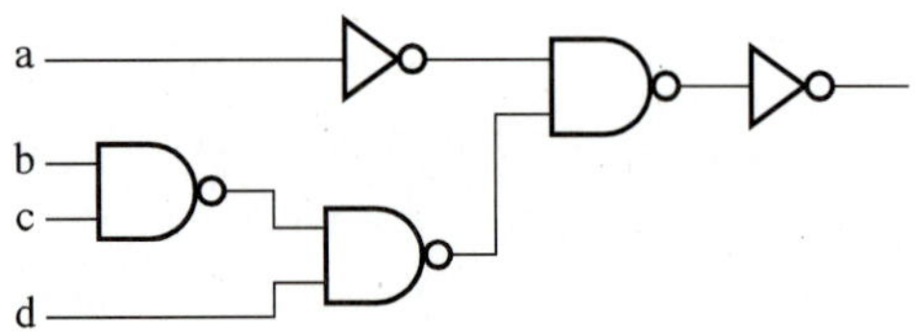

위의 회로는 아래의 라이브러리 1을 사용하여 구현된 결과이다. 이 회로의 전체 면적은 16이고 최대 지연시간은 5.20이다.

라이브러리 1			
게이트 심볼	게이트 이름	지연시간	면적
	NAND2	1.4	4
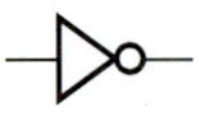	NOT	1	2

라이브러리 2			
게이트 심볼	게이트 이름	지연시간	면적
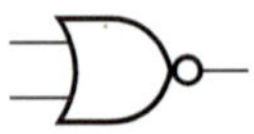	NOR2	1.4	4
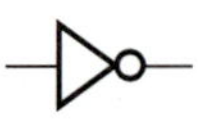	NOT	1	2

라이브러리 3			
게이트 심볼	게이트 이름	지연시간	면적
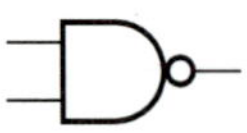	NAND2	1.4	4
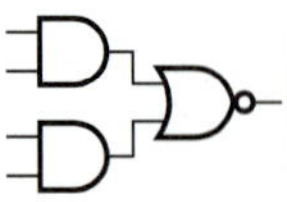	AOI22	2	8

(a) 라이브러리 2를 사용하여 회로를 구현하시오.

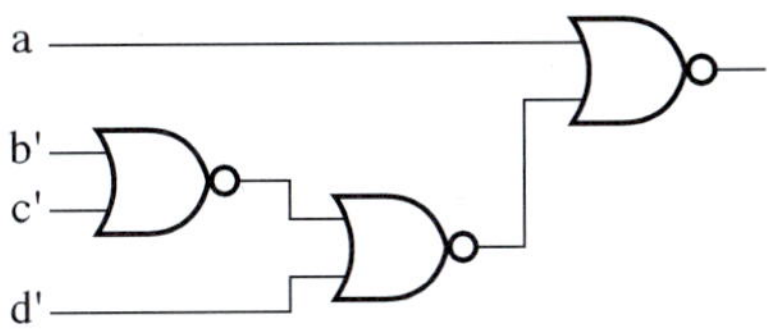

(b) 라이브러리 2를 사용하여 구현한 회로의 면적을 구하시오.

12

(c) 라이브러리 2를 사용하여 구현한 회로의 지연시간을 구하시오.

4.2

(d) 라이브러리 3을 사용하여 회로를 구현하시오.

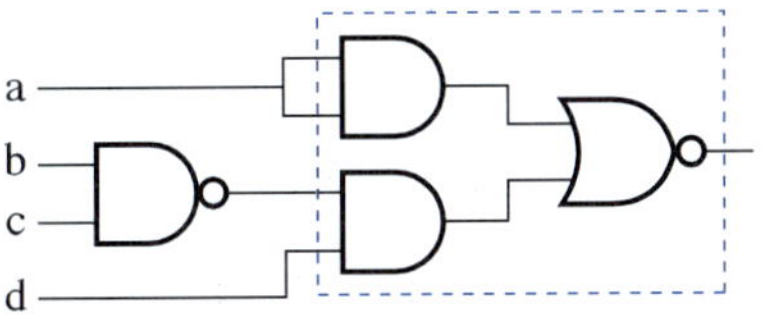

(e) 라이브러리 3을 사용하여 구현한 회로의 면적을 구하시오.

12

(f) 라이브러리 3을 사용하여 구현한 회로의 지연시간을 구하시오.

3.4

(g) 어떤 라이브러리가 주어진 회로에 대해 면적 최적화되어 있는가?

2,3

(h) 어떤 라이브러리가 주어진 회로에 대해 지연시간 최적화되어 있는가?

3

34. 다음의 요소들만 사용하여 다음 표의 기능을 수행하는 1비트 연산 유닛을 설계하시오.

M1	M0	기능 이름	F(A,B)
0	0	Add	A + B
0	1	Subtract	A − B
1	0	Decrement	A − 1
1	1	Increment	A + 1

1) 1비트 전가산기

2) Not 게이트

3) 4—1 멀티플렉서

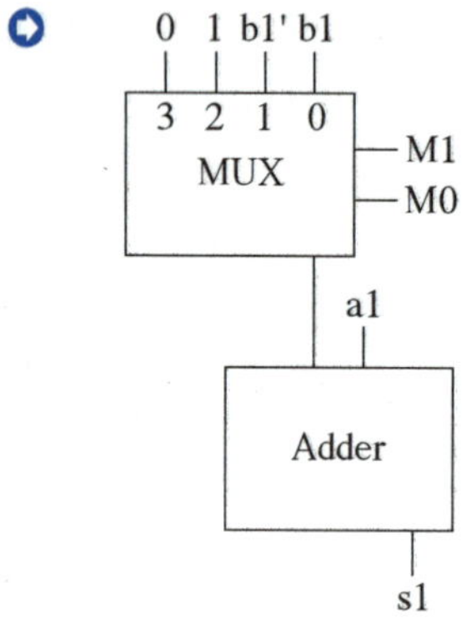

35. 다음 표의 기능을 갖는 3비트 수리 논리 연산유닛을 설계하시오.

M2	M1	M0	기능 이름	F(A,B)
0	0	0	Add	A + B
0	0	1	Subtract	A − B
0	1	0	Decrement	A − 1
0	1	1	Increment	A + 1
1	0	0	Multiply by 2	2 * A
1	0	1	Divide by 2	A / 2
1	1	0	AND	A and B
1	1	1	OR	A or B

A, B는 3비트 2진수이고 M은 연산논리회로의 제어신호이다.

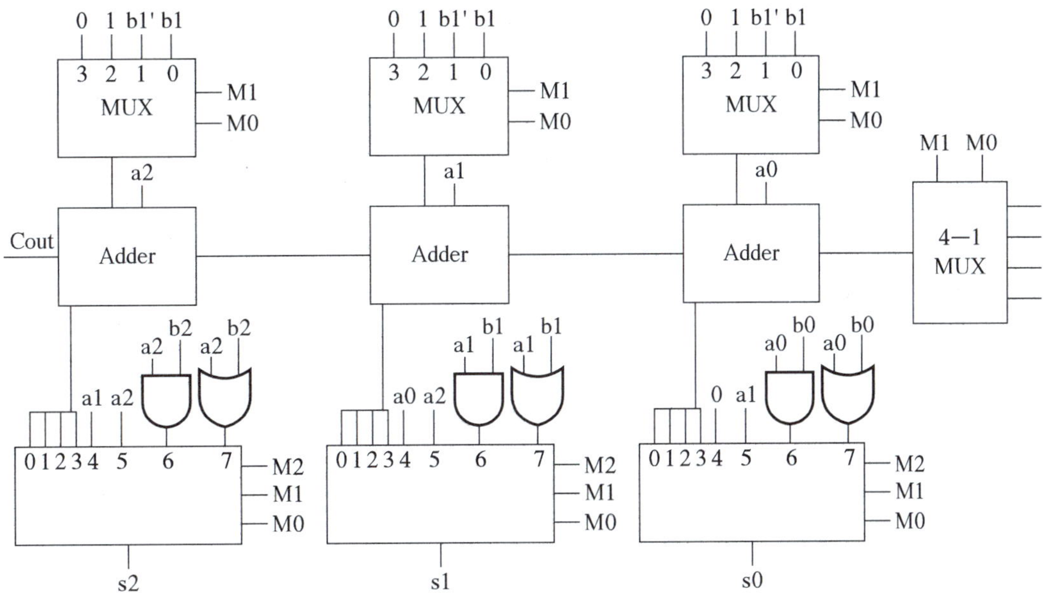

CHAPTER 10

논리 연산 회로

CHAPTER

10 논리 연산 회로

디지털 컴퓨터의 산술에 사용되는 논리 연산은 적절한 알고리즘을 개발하기 위한 하드웨어의 효율적인 활용을 달성하기 위해서 필요하다. 산술 연산은 단순한 연산자들을 기반으로 계층적인 구조를 통해서 속도, 소모전력 및 칩 면적의 효율성을 향상시킬 수 있다.

이 장에서는 십진수를 이진수로 표시하는 방법을 알아보고 그러한 다른 형태의 이진수들이 덧셈과 뺄셈을 할 때 어떤 차이점이 있는지에 대해서 알아본다. 이진수로 표현하는 방법에는 Signed magnitude 방식과 one's complement 그리고 2's complement의 세 가지 방법이 사용된다. 그 중에 2's complement 시스템이 많이 사용되는데 그 이유는 덧셈을 사용하면 뺄셈도 쉽게 할 수 있게 되는 장점이 있기 때문이다.

가산기의 종류도 여러 가지가 있다. 그 중에 대표적인 것들이 ripple carry adder, carry lookahead adder, carry select adder가 있다. 각각의 가산기에 대한 게이트 수와 지연시간들을 비교해 본다.

또한 DSP(Digital Signal Processor)에서 많이 사용하는 곱셈기에 대해서 알아본다. DSP는 주로 디지털 신호의 고속처리를 위해 덧셈 · 뺄셈 · 곱셈 등의 반복 연산을 고속처리할 수 있는 회로를 채용하고 있다. 초기에는 모뎀 · 팩시밀리, 단순한 음향의 조절, 반향 제거에 사용되는 장치, 음성인식, 의학 및 군사용의 영상처리, 산업용 로봇 제어를 위한 모터 제어 등에 사용되었다. 최근에는 그 사용 범위가 넓어져, 디지털 이동통신, 멀티미디어에서 아날로그 신호인 음성신호를 디지털화하는 음성 코딩과 데이터 압축 등에 사용되고 있다.

10.1 수 시스템(Number System)

컴퓨터가 다루는 데이터가 어떻게 처리되어 사람이 정보로서 인식할 수 있는지, 정보의 표현 방법과 처리 방법에는 어떤 것이 있는지 알아본다. CPU에서 사용하는 데이터 처리 방법들에 대해서 알아보고 그 차이점이 무엇인지 알아본다.

우리는 보통 수치를 표현하기 위해서 기수(base 또는 radix)가 10인 10진수 체계를 사용한다. 10진수 체계를 구성하는 수치의 각 기호(digit)는 0, 1, 2, 3, 4, 5, 6, 7, 8, 9와 같다. 그러나 컴퓨터에서는 10진수를 사용하지 않고 이진수 체계(binary number system)를 사용하여 데이터를 표현한다. 이진수 체계도 십진수 체계와 유사하나 사용하는 기호가 10개가 아니라 단 두 개(0, 1)이다. 즉, 비트(bit: binary digit)는 컴퓨터가 처리하는 데이터의 최소 단위이며 '1' 또는 '0'의 값을 가진다. 예를 들면, 이진수 00101001_2를 10진수로 바꾸면, $00101001_2 = 0\times2^7 + 0\times2^6 + 1\times2^5 + 0\times2^4 + 1\times2^3 + 0\times2^2 + 0\times2^1 + 1\times2^0 = 41_{10} = 4\times10^1 + 1\times10^0$이 된다.

의미 있는 정보 표현을 위하여 여러 비트의 결합이 필요하다. 특히, 문자/숫자를 표현하기 위해서 바이트가 사용된다. 8비트가 모여 바이트(byte)를 형성한다. 일반적으로 한 바이트는 영문자 및 숫자 하나를 저장한다. 1바이트는 2의 8승, 즉 256가지의 다른 기호나 문자를 표현할 수 있다.

이진수를 표현하는 방법에는 다음의 세 가지 방법이 있다.

1) Sign Magnitude
2) One' s complement
3) two' s complement.

Sign Magnitude 표현 방식

이해를 돕기 위해서 [그림 10-1]과 같이 16개의 다른 값을 표현할 수 있는 4-bit를 가진 컴퓨터를 가정하여 설명한다. 그 중의 반은 양수이고 나머지 반은 음수를 사용한다.

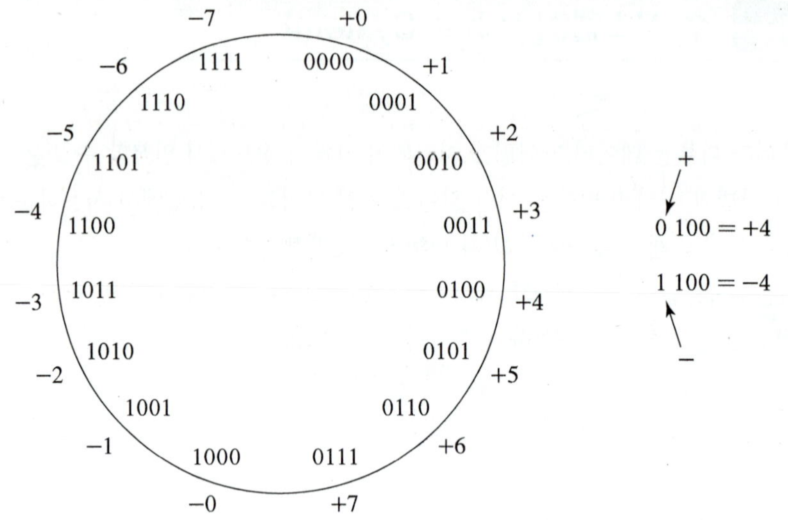

[그림 10-1] Sign Magnitude 수 시스템

4비트 시스템의 sign magnitude 수 시스템은 MSB(Most Significant Bit)가 0이면 양수를 의미하며, 1이면 음수를 의미한다.

예를 들면, $+18_{10} = 00010010_2$, $-18_{10} = 10010010_2$가 된다.

나머지 3개의 비트들은 그 수의 크기를 나타내게 된다. N개의 비트를 갖는 sign magnitude 수 시스템에서 표현할 수 있는 수의 범위는 $\pm 2^{n-1} - 1$이 된다. 이 경우 0을 표현하는 방식이 0000(+0)와 1000(−0)의 두 가지 방식이 있는 것이 특이한 점이다.

Two's complement 표현 방식

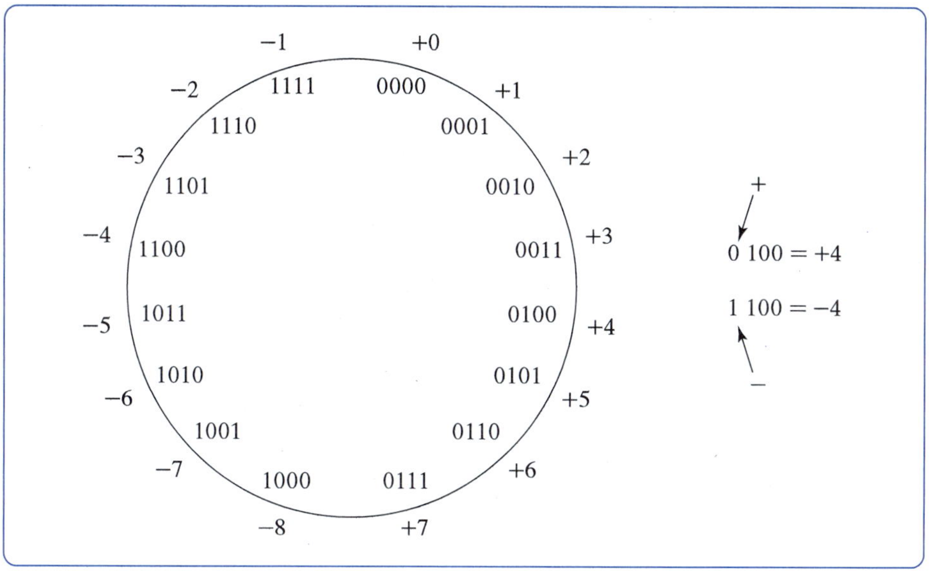

[그림 10-2] Two's complement 표현 방식

Two's complement 표현 방식은 [그림 10-2]와 같으며 0을 표현하는 방식이 한 가지 0000(+0)만 존재하는 점이 sign magnitude 방식과 다르며 one's complement 방식을 시계방향으로 한 번 이동한 것을 제외하고는 one's complement와 동일한 방식이다.

Two's complement는 $N^* = 2^n - N$로 표현된다.

예제

7의 Two's complement는 10000 − 0111 = 1001(−7을 표현)이 된다.
−7의 Two's complement는 10000 − 1001 = 0111(7을 표현)이 된다.

Two's complement를 계산하는 간단한 방법은 보수를 취한 다음 1을 더하면 간단히 구할 수 있다. 0111인 경우는 1000+1을 하면 1001(−7을 표현)이 되고 1001인 경우는 0110+1을 하면 0111(7을 표현)을 얻게 된다. Two's complement 수를 10진수로 바꾸는 방법은 아래와 같다.

$$a_{n-1}a_{n-2} \dots a_1a_0 = -2^{n-1}a_{n-1} + \sum_{i=0}^{n-2} 2^i a_i$$

8-비트변환 예제

−128	64	32	16	8	4	2	1
1	1	1	1	1	1	0	1

$-128+64+32+16+8+4+1 = -128+125 = -3$

부동 소수점 수(Floating Number)

부동 소수점 수의 일반적인 식은 $(-1)^S \times (1+F) \times 2^E$로 표현된다.

- S = 부호, 양수: 0, 음수: 1
- F = 분수(fraction or mantissa), 1 + F: 의미수(significand)
- E = 지수(exponent)

즉, 이진수: $(-1)^S\ (1.b_1b_2b_3b_4) \times 2^E$에 대한

십진수는 $(-1)^S \times (1 + b_1 \times 2^{-1} + b_2 \times 2^{-2} + b_3 \times 2^{-3} + b_4 \times 2^{-4}) \times 2^E$로 표현된다.

[예제] -1.1100×2^{-2}(이진수) $= -(1 + 2^{-1} + 2^{-2}) \times 2^{-2}$

$= -(1 + 0.5 + 0.25)/4$

$= -\ 1.75/4$

$= -\ 0.4375$(10진수)

10.2 이진수의 덧셈

이진수의 덧셈은 아래와 같이 수행된다.

- 0 + 0 = 0
- 0 + 1 = 1
- 1 + 0 = 1
- 1 + 1 = (1) 0

여기서 1 + 1인 경우는 합이 0이 되고 캐리(괄호 안의 값)가 1이 되는 것을 알 수 있다.

4	0100	−4	1100
+3	0011	+(−3)	1011
7	0111	−7	1111
4	0100	−4	1100
−3	1011	+3	0011
1	0001	−1	1001

[그림 10-3] 덧셈과 뺄셈(sign magnitude)

덧셈과 뺄셈을 sign magnitude를 적용한 경우와 two's complement를 적용한 경우에 대해서 각각 수행해 보자.

먼저 signed magnitude 방식은 다음의 두 가지 경우를 살펴볼 수 있다. 두 개의 수의 부호(sign)가 같을 때는 그 결과의 부호는 변하지 않는다. 두 개의 수의 부호가 다를 때는 큰 수의 부호를 따른다. [그림 10-3]의 예제를 보면 쉽게 알 수 있다.

4	0100	−4	1100
+3	0011	+(−3)	1101
7	0111	−7	1 1001
4	0100	−4	1100
−3	1101	+3	0011
1	1 0001	−1	1111

[그림 10-4] Two's complement의 덧셈과 뺄셈

다음은 two's complement의 덧셈과 뺄셈에 대해서 알아 보자. 만약 MSB(Most Significant Bit)로 들어오는 캐리 인(Carry-In)과 MSB에서 나가는 캐리 아웃(Carry-out)의 비트값이 같으면 캐리 아웃을 무시한다. 반대로 MSB로 들어오는 캐리 인과 MSB에서 나가는 캐리 아웃의 비트값이 다른 경우에는 오버플로(overflow)가 발생한 것을 알 수 있다.

예를 들어, −2−3 = −5를 2의 보수를 이용하여 덧셈을 수행하면

$$\begin{array}{rrr} & 110 = & -2 \\ + & 101 = & -3 \\ \hline & 0011 = & 3 \end{array}$$

즉, MSB에 들어오는 캐리는 0이고 MSB에서 나가는 캐리는 1로 두 값이 다른 것을 알 수 있다. 따라서 오버플로가 되어 오류가 발생된 것을 알 수 있다.

다른 예를 들면,

$$\begin{array}{rrr} & 011 = & 3 \\ + & 010 = & 2 \\ \hline & 101 = & -3 \text{ (오류 발생)} \end{array}$$

다음의 경우는 캐리 아웃을 무시할 수 있다.

$$\begin{array}{rrr} & 110 = & -2 \\ + & 111 = & -1 \\ \hline & \multicolumn{2}{l}{1101 \Rightarrow 101 = -3} \end{array}$$

즉, 캐리 인 = 캐리 아웃 = 1로 같기 때문에 캐리 아웃을 무시할 수 있다. 따라서 1101은 101 = −3이 되어 올바른 결과를 만들어 낼 수 있다.

기본 가산기 회로의 설계

Ai	Bi	Sum	Carry
0	0	0	0
0	1	1	0
1	0	1	0
1	1	0	1

Bi \ Ai	0	1
0	0	1
1	1	0

$$Sum = \overline{Ai}\,Bi + Ai\,\overline{Bi}$$
$$= Ai \oplus Bi$$

Bi \ Ai	0	1
0	0	0
1	0	1

$$Carry = Ai\,Bi$$

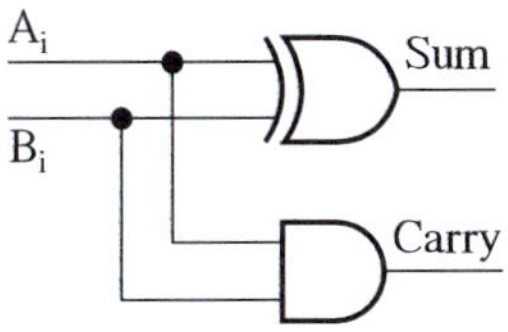

Half—adder Schematic

[그림 10-5] 이진 덧셈 회로

이진수의 가산기를 설계해 보자. 먼저 [그림 10-5]에 있는 한 비트의 덧셈에 사용되는 반가산기에 대해서 살펴보기로 한다.

합은 두 수를 EXOR한 형태와 같으며, 즉 0 + 1 = 1, 1 + 0 = 1, 0 + 0 = 0, 1 + 1 = 0이 된다. 또한 캐리는 두 수에 AND를 취한 것과 같아진다.

즉, 0 AND 0 = 0 AND 1 = 1 AND 0 = 0, 1 AND 1 = 1이 되어 1 + 1을 하게 되면 합이 1이 되고 캐리가 1이 발생하여 그 다음 비트로 넘어가 더해지는 것을 알 수 있다.

$$Sum = \overline{A_i}\ Bi + Ai\ \overline{B_i} = = Ai + Bi$$
$$Carry = Ai\ Bi$$

전가산기는 복수 개의 비트를 가진 두 수를 더할 때 사용한다.

이진수의 LSB(Least Significant Bit)로부터 덧셈을 시작하여 캐리가 발생하면 그 다음 비트로 넘어가기 때문에 입력 포트가 3개(반가산기는 2개)가 되는 것을 알 수 있다.

A	B	CI	S	CO
0	0	0	0	0
0	0	1	1	0
0	1	0	1	0
0	1	1	0	1
1	0	0	1	0
1	0	1	0	1
1	1	0	0	1
1	1	1	1	1

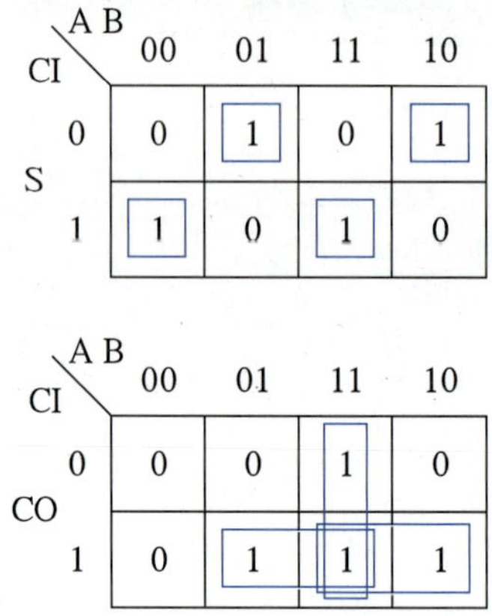

S = CI xor A xor B
CO = B CI + A CI + A B = CI(A + b) + A B

[그림 10-6] 전가산기의 설계

3개의 입력(즉, 두 개의 입력 = A, B 및 캐리 = CI)과 2개의 출력(합 = S 및 캐리 = CO)를 가진 전가산기에 대한 진리표는 [그림 10-6]과 같으며, 카노 맵을 통하여 논리식을 최소화하면 다음과 같은 결과를 얻을 수 있게 된다.

$S = C_I \text{ xor } A \text{ xor } B$

$CO = B\,C_I + A\,C_I + A\,B = C_I(A + B) + A\,B$

리플 캐리 가산기의 설계

[그림 10-7]은 그러한 전가산기를 이용한 32비트 덧셈기를 보여주고 있다.

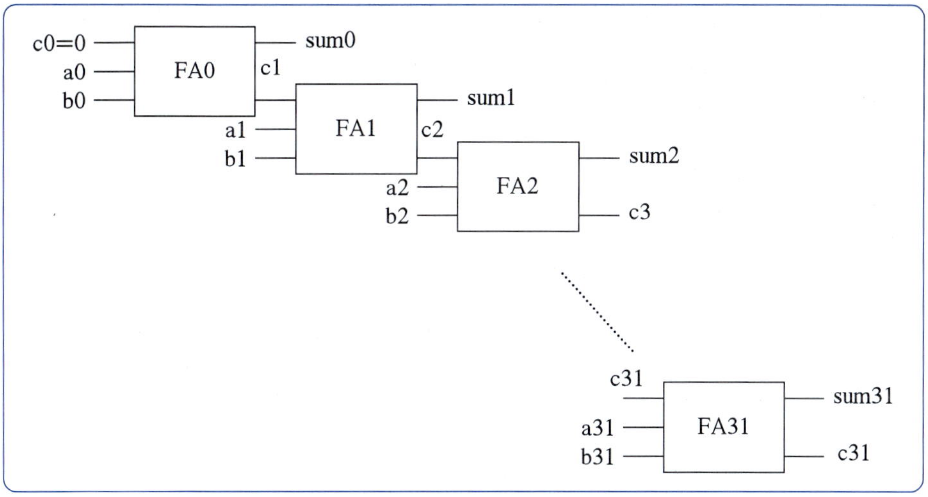

[그림 10-7] 32-비트 리플 캐리 덧셈기

[그림 10-7]에서 보이는 가산기를 리플 캐리(Ripple-Carry) 가산기라고 한다. 캐리가 전달되는 형태는 폭포가 여러 층을 통하여 떨어지는 것을 생각하면 쉽게 이해할 수 있다. 리플 캐리 가산기의 지연시간은 캐리 전달 때문에 입력 비트수 N에 비례하여 늘어나게 된다. 전가산기의 지연시간을 100ps로 하고 32-비트 덧셈을 수행하면 주경로상의 전체 지연시간은 3,200ps이 된다. 이것은 클록 주파수가 $1/(3,200 \times 10^{-12})$Hz = 312MHz이상을 만들 수 없다는 의미가 된다. 따라서 성능을 개선시키기 위해서는 가장 빠른 캐리 전달 경로를 만드는 것이다.

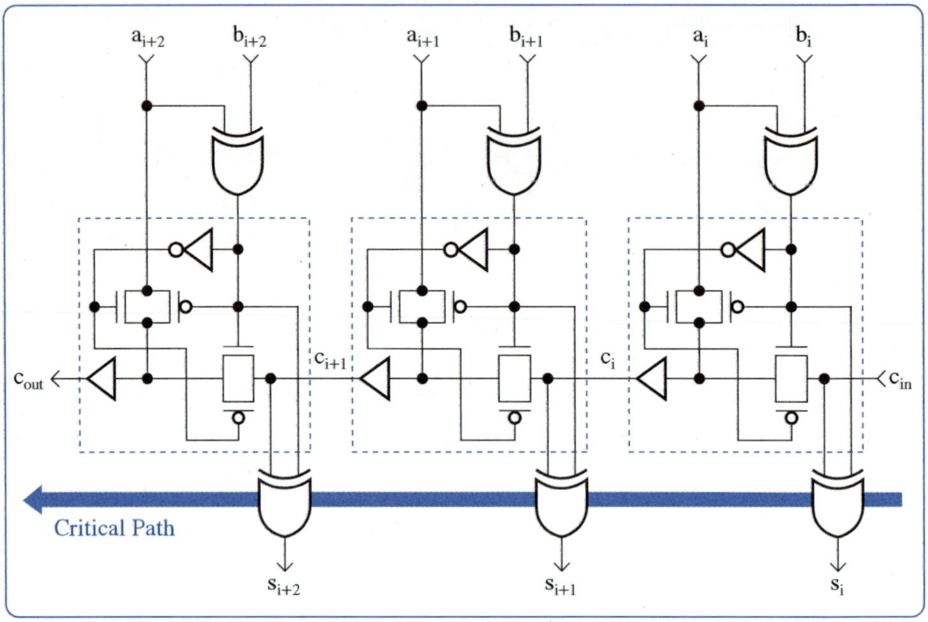

[그림 10-8] 리플 캐리 가산기의 지연시간

N-bit를 가진 리플 캐리 가산기는 N개의 full adder를 사용하여 직렬로 연결함으로써 구현할 수 있다. i-번째 비트 위치에서 전 단계의 덧셈과정에서 넘어온 i번째 캐리 신호와 현재의 2개 입력이 i번째 bit의 합, s_i과 다음 덧셈 단계로 전달되는 캐리, c_{i+1}를 발생시키기 위하여 사용된다. 이러한 방법으로 LSB에서 시작하여 MSB까지 물결(ripple)치는 모양으로 캐리가 전달된다고 하여 리플 캐리 가산기라고 부른다.

입력으로부터 출력까지 신호가 전달되는 경로 중 가장 지연시간이 긴 경로를 'critical path' 라고 부른다. Ripple Carry Adder의 경우에는 a_0 또는 b_0에서 시작하여 마지막 합의 출력 s_n까지의 지연시간을 말한다. [그림 10-8]과 같이 멀티플렉서 기반의 XOR 게이트를 이용하여 구현하면 N+1개의 패스 트랜지스터 지연시간이 소요된다. 그러나 그러한 긴 채널은 신호의 성능을 감쇄시키기 때문에 증폭과정이 필요하게 된다. 실제 설계과정에서는 그러한 critical path의 지연시간을 줄이기 위해서 [그림 10-8]과 같이 멀티플렉서를 이용하여 구현한다.

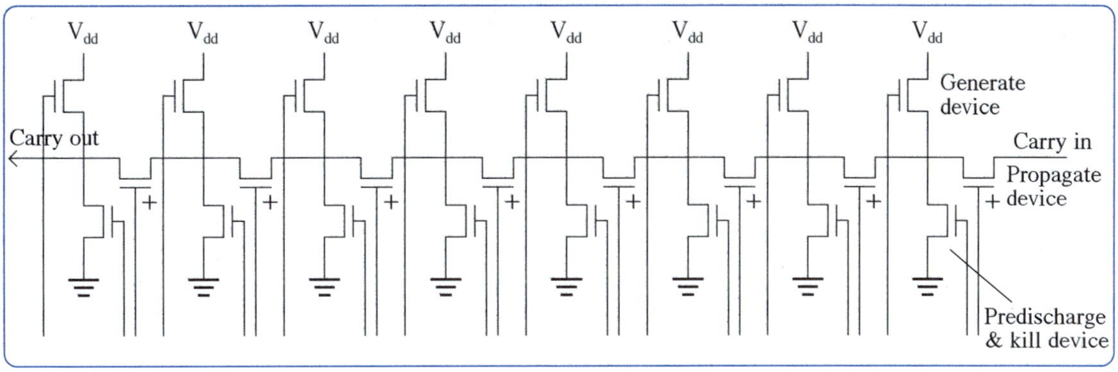

[그림 10-9] Carry Path를 위한 Manchester Carry-Chain

[그림 10-9]의 Manchester Carry Chain은 LSI nMOS 기술을 이용한 pass-transistor 로직을 이용한다. Manchester Carry Chain은 그 구조의 단순함과 pass 트랜지스터 로직의 특성으로 인하여 속도를 개선할 수 있게 된다.

Manchester Carry Chain은 구조의 단순성 때문에 면적이 작고 전력소모도 적다. 그림의 그러한 구조는 RC 지연 특성으로 인하여 적당한 위치에 인버터를 이용하여 신호를 증폭하게 된다.

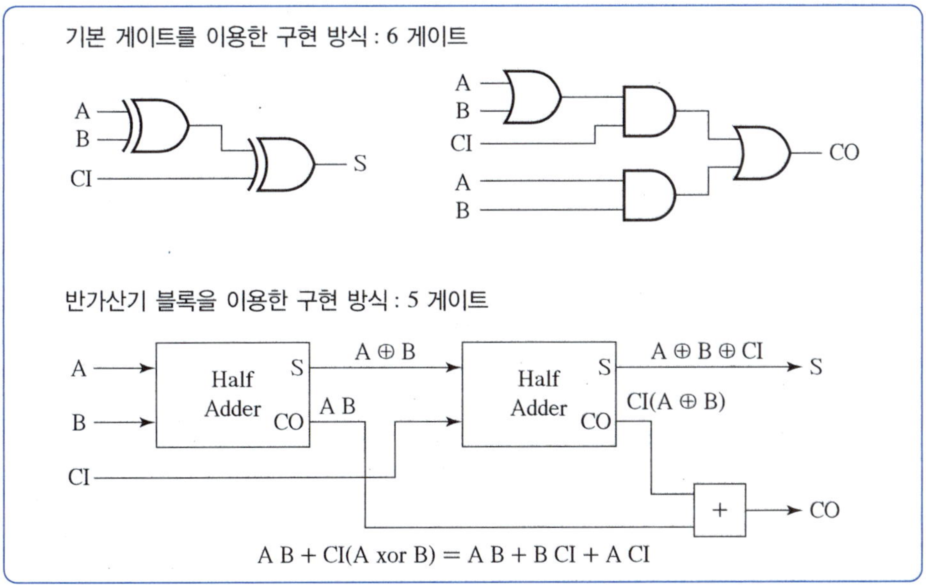

[그림 10-10] 전가산기 회로

전가산기를 구현하는 방법에는 [그림 10-10]과 같이 2가지가 있는데 첫 번째 방식은 기본 게이트만을 이용하여 설계하는 방식으로 이 경우에는 합을 위하여 2개의 게이트와 4개의 게이트를 이용하여 캐리 출력을 만들어 전체 6개의 게이트가 필요한 것을 알 수 있다. 그러나 두 번째 방식을 사용하면 2개의 반가산기(4개의 게이트)와 한 개의 OR 게이트를 이용하여 구현하는 것이 가능하며 이 경우에는 5개의 게이트가 필요하게 된다.

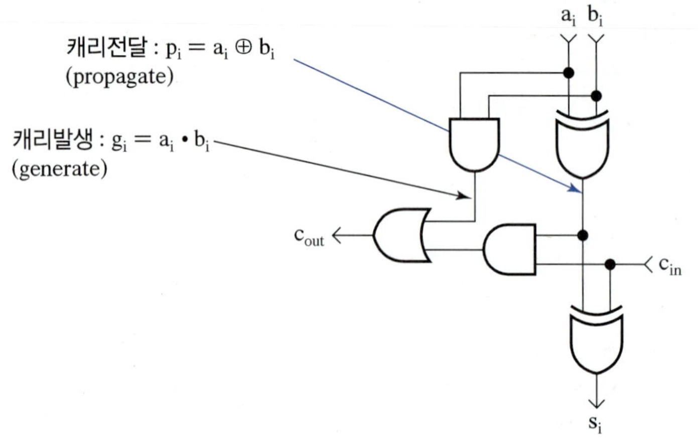

[그림 10-11] 캐리 전달과 캐리 발생

[그림 10-11]에서 a_i, b_i, c_i가 i번째 전가산기 단계의 입력을 표현하며, s_i와 c_{i+1}가 i번째 단계의 합과 캐리 출력을 표현한다. 합을 구하는데는 2개의 XOR 논리 게이트가 필요하며, 캐리의 표현식은 캐리 전달(Carry-Propagate) p_i와 캐리 발생(Carry-Generate) g_i의 항으로 표현된다.

$$C_{i+1} = P_i\,(G_i + C_i)$$

여기서 Carry-Propagate가 1이라는 것은 그 단계의 Carry 출력이 Carry 입력을 전달하는 형태, 즉, 두 값이 동일한 것을 의미한다. 예를 들면, 캐리가 전달되는 경우는 다음의 2가지 경우에 해당되게 된다. 입력 $A_i = 1$, $B_i = 0$ 그리고 $A_i = 0$, $B_i = 1$의 두 가지 경우이다. 이때 $C_i = 0$이면 캐리가 새로 발생되지 않아서 그대로 $C_{i+1} = 0$이 되고, $C_i = 1$이면 캐리가 발생되어서 $C_{i+1} = 1$이 된다. 따라서 $P_i = 1$라는 의미는 $C_{i+1} = C_i$가 되는 것을 알 수 있다.

또한 Carry-Generate가 1이라는 의미는 입력 $A_i = 1$, $B_i = 1$, $C_i = 1$일 경우에 해

당하게 된다. 즉, 새로운 캐리가 발생한 것을 의미하여 그 단계의 캐리 출력이 1이 된다. [그림 10-11]에 있는 회로를 통하여 그 과정을 이해할 수 있다. 그리고 나머지 한 가지 경우인 $A_i = 0$, $B_i = 0$, $C_i = 0$인 경우는 캐리 전달도 아니고 캐리 발생도 아닌 경우에 해당하고 이런 경우를 'carry kill' 이라고 한다.

캐리 발생 경로에 멀티플렉서를 사용하면 속도를 빠르게 할 수 있다. 그 이유는 멀티플렉서가 단일 게이트보다 더 속도가 빠르기 때문이다.

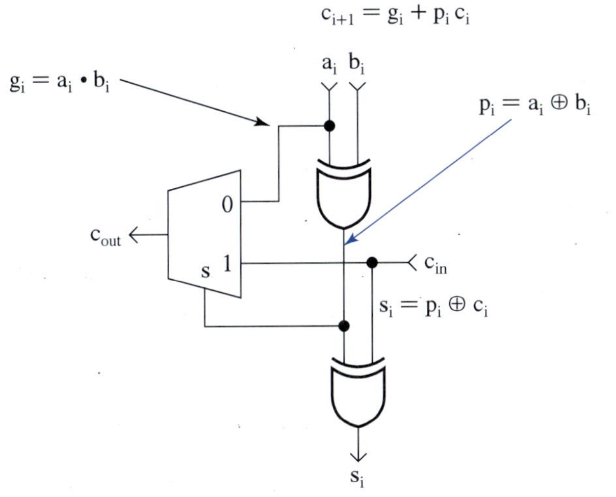

[그림 10-12] 멀티플렉서를 사용한 고속 덧셈

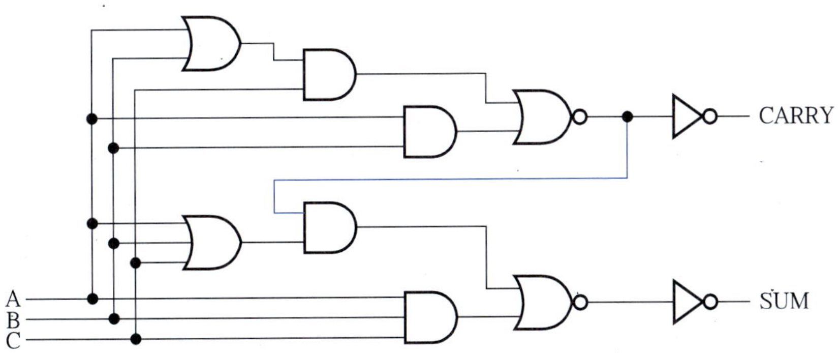

[그림 10-13] Sum 항이 Carry out 항을 재사용하는 경우

[그림 10-13]의 회로를 보면 SUM 항에서 자신의 Carry out 항을 다시 사용할 수 있다.

이런 경우에 구현이 복잡한 XOR gate를 사용하지 않아도 되는 장점이 있다.

$$SUM = ABC_{in} + (A + B + C_{in}) \cdot \overline{C_{out}}$$
$$= ABC_{in} + (A + B + C_{in}) \cdot \overline{(AB + C_{in}(A + B))}$$

[그림 10-14]는 그러한 방법을 이용한 구조의 트랜지스터 수준의 설계를 보이고 있다.

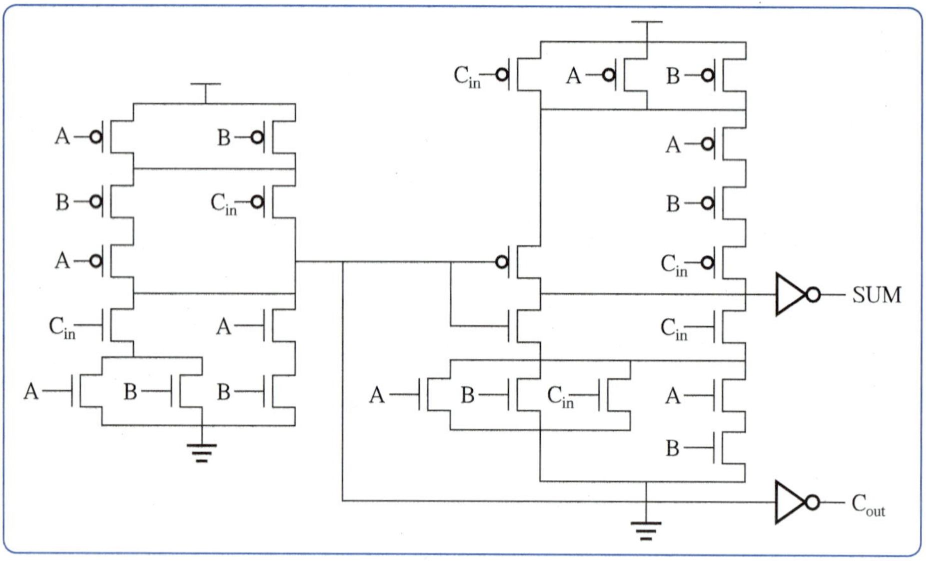

[그림 10-14] 캐리 항을 이용한 가산기의 트랜지스터 수준 설계 회로도

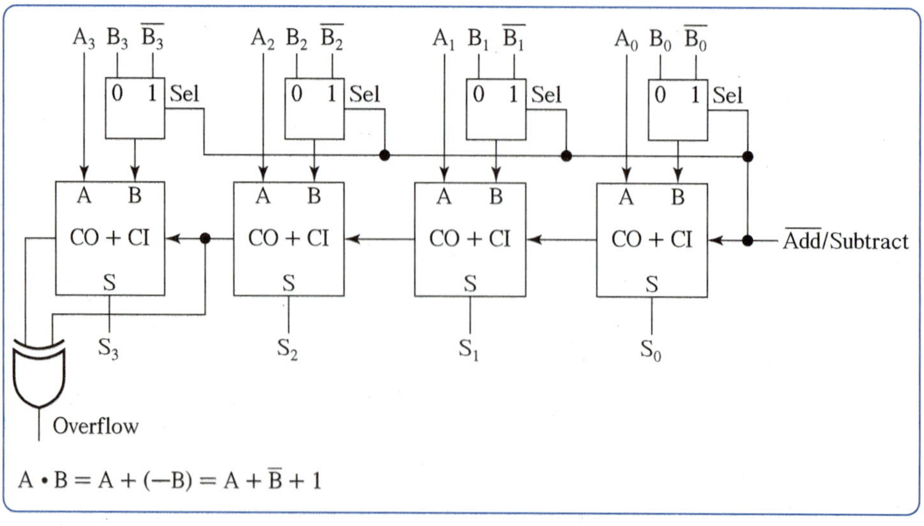

[그림 10-15] 4-bit Adder/Subtractor

[그림 10-15]는 4-bit ripple carry adder/subtractor를 보여주고 있다. 1-bit adder를 cascade로 연결함으로써 n-bit adder를 구성할 수 있다. 여기서 stage i의 C_{out}이 stage i + 1의 C_{in}으로 들어가서 n bit의 SUM 출력을 만든다.

리플 캐리 가산기의 지연시간을 분석해 보자[그림 10-16]. 단일 단계의 캐리 출력은 2개의 게이트 지연을 이용하여 구현될 수 있다. 여기서 @N은 N개의 지연시간을 의미한다. 16비트 덧셈에 대해서 지연시간을 분석해 보면, 16비트의 캐리가 캐리당 2개의 게이트 지연시간이 필요하므로 전체 32개의 게이트 지연시간 후에 최종 캐리가 출력되는 것을 알 수 있다. 합의 경우에는 15번째 비트의 캐리 출력과 16번째 입력의 합을 발생시키는데 한 개의 추가적인 게이트가 필요하게 되기 때문에 전체 $15 \times 2 + 1 = 31$ 게이트 지연시간이 필요하게 된다. 이와 같이 지연시간이 길어지기 때문에 속도가 빠른 가산기가 필요하게 된다.

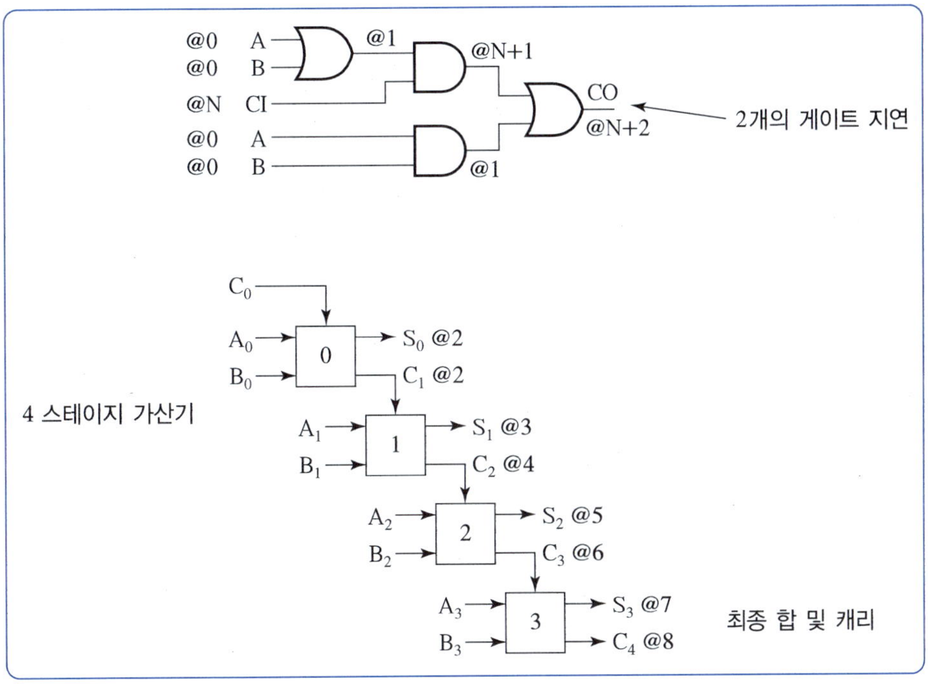

[그림 10-16] 리플 캐리 가산기의 지연시간 계산

캐리 룩 어헤드 가산기의 설계

다음은 캐리 룩 어헤드(Carry lookahead) 가산기에 대해서 알아보기로 한다.

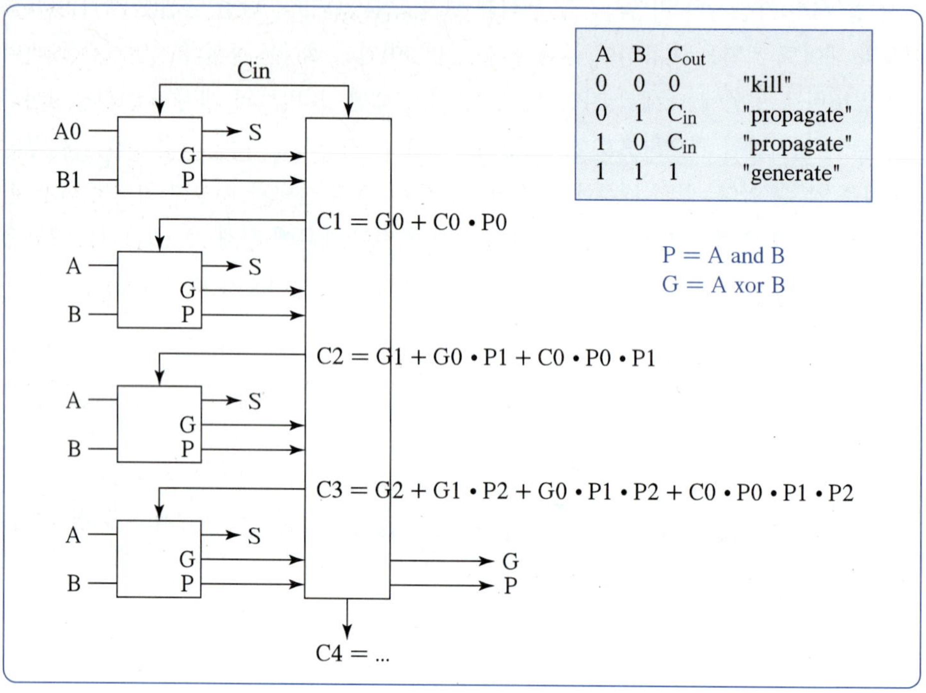

[그림 10-17] 캐리 룩 어헤드 로직

캐리 발생을 멀티-레벨 로직으로 표현하면 다음의 식과 같다.

$C_1 = P_0\,(G_0 + C_0)$

$C_2 = P_1\,(G_1 + C_1)$

$\quad = P_1\,(G_1 + P_0\,(G_0 + C_0))$

$\quad = P_1\,(G_1 + P_0)\,(G_1 + G_0 + C_0)$

$C_3 = P_2\,(G_2 + C_2)$

$\quad = P_2\,(G_2 + P_1\,(G_1 + P_0)\,(G_1 + G_0 + C_0))$

$\quad = P_2\,(G_2 + P_1)\,(G_2 + G_1 + P_0)\,(G_2 + G_1 + G_0 + C_0)$

$C_4 = P_3\,(G_3 + C_3)$

$\quad = P_3\,(G_3 + P_2\,(G_2 + P_1)\,(G_2 + G_1 + P_0)\,(G_2 + G_1 + G_0 + C_0))$

$\quad = P_3\,(G_3 + P_2)\,(G_3 + G_2 + P_1)\,(G_3 + G_2 + G_1 + P_0)\,(G_3 + G_2 + G_1 + G_0 + C_0)$

2-레벨 로직으로 표현하면 다음과 같다.

$C_1 = G_0 + P_0 C_0$

$C_2 = G_1 + P_1 C_1 = G_1 + P_1 G_0 + P_1 P_0 C_0$

$C_3 = G_2 + P_2 C_2 = G_2 + P_2 G_1 + P_2 P_1 G_0 + P_2 P_1 P_0 C_0$

$C_4 = G_3 + P_3 C_3 = G_3 + P_3 G_2 + P_3 P_2 G_1 + P_3 P_2 P_1 G_0 + P_3 P_2 P_1 P_0 C_0$

즉, 2-레벨 로직을 사용하여 2개의 게이트를 통과하면 동시에 모든 비트의 캐리를 구할 수 있게 된다. 그 이유는 첫 번째 캐리 C_0와 입력만 가지고 모든 비트의 캐리를 구할 수 있기 때문이다. 마지막 MSB의 G와 P는 다음 블록으로 넘어가며 다음에 설명할 16비트 가산기에서 그 필요성을 알 수 있다.

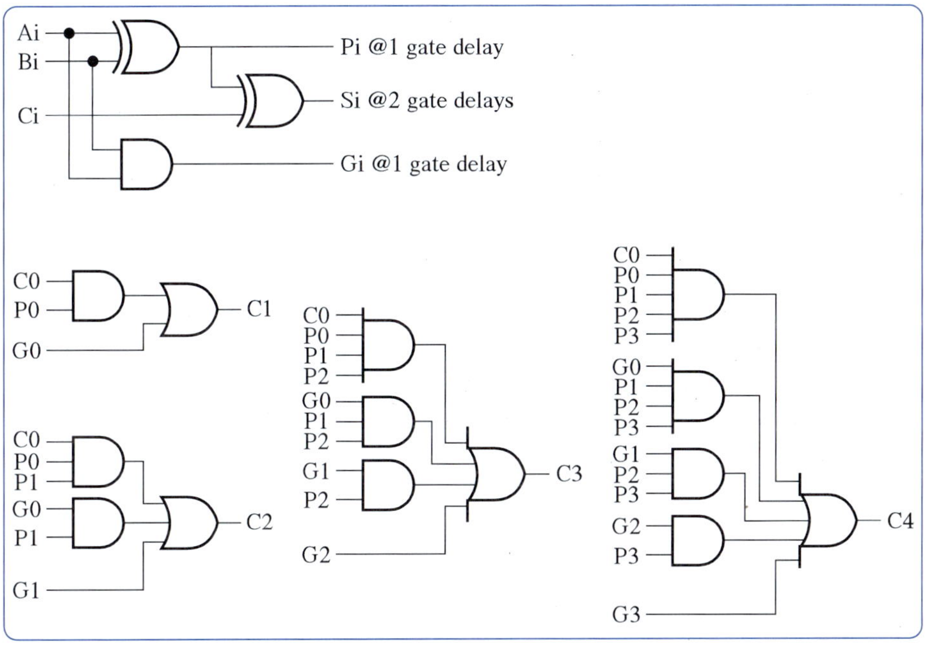

[그림 10-18] 캐리 룩 어헤드 구현

캐리 전달은 1 게이트 지연시간, 캐리 발생은 1 게이트 지연시간, 그리고 합은 2개의 게이트 지연시간을 갖는다. 각 캐리 식은 2-레벨 로직으로 표현하면 2개의 게이트 지연시간을 갖는다, 그러나 두 번째 레벨에 해당하는 OR 게이트의 입력수가 너무 커지면 OR 게이트의 복잡도가 늘어나기 때문에 지연시간이 늘어나게 된다.

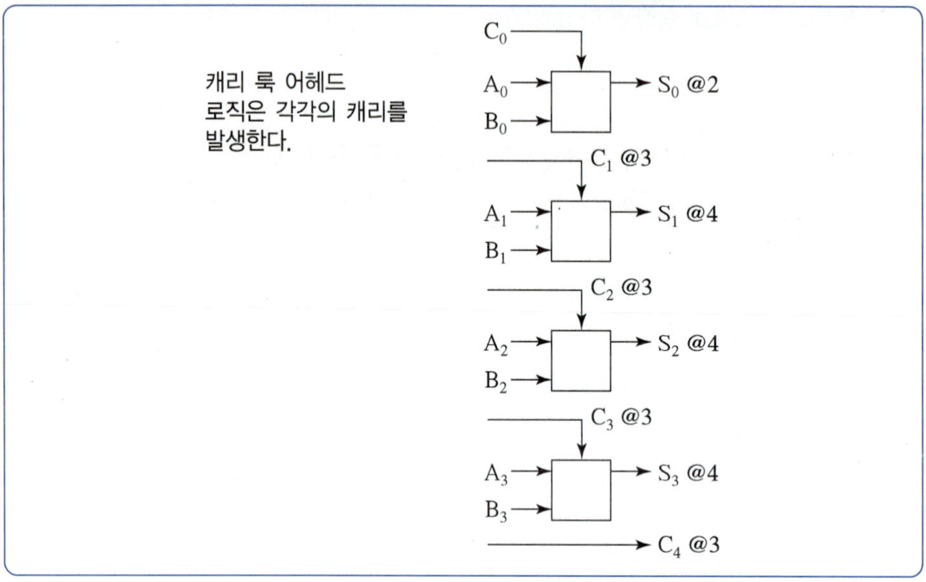

[그림 10-19] 캐리 룩 어헤드 로직

캐리 룩 어헤드 로직이 모든 비트의 캐리를 동시에 발생하고 나면 각각의 캐리가 전가산기의 입력으로 들어가 모든 비트자리에 대한 합을 동시에 구할 수 있기 때문에 계산시간이 리플캐리 가산기에 비해 빠르게 되는 반면 캐리 룩 어헤드 로직이 추가적으로 필요하기 때문에 논리회로의 크기는 커지게 된다. 지연시간을 계산해 보면, i번째 캐리를 구하기 위해서는 P 또는 G를 구하는데 1 게이트 지연시간과 캐리 룩 어헤드 로직을 통과하는데 2 게이트의 지연시간이 필요하기 때문에 전체 3개의 게이트 지연시간이 필요하게 되며 합을 구하기 위해서는 한 개의 EXOR을 통과해야 하므로 전체 4개의 게이트 지연시간을 갖게 된다.

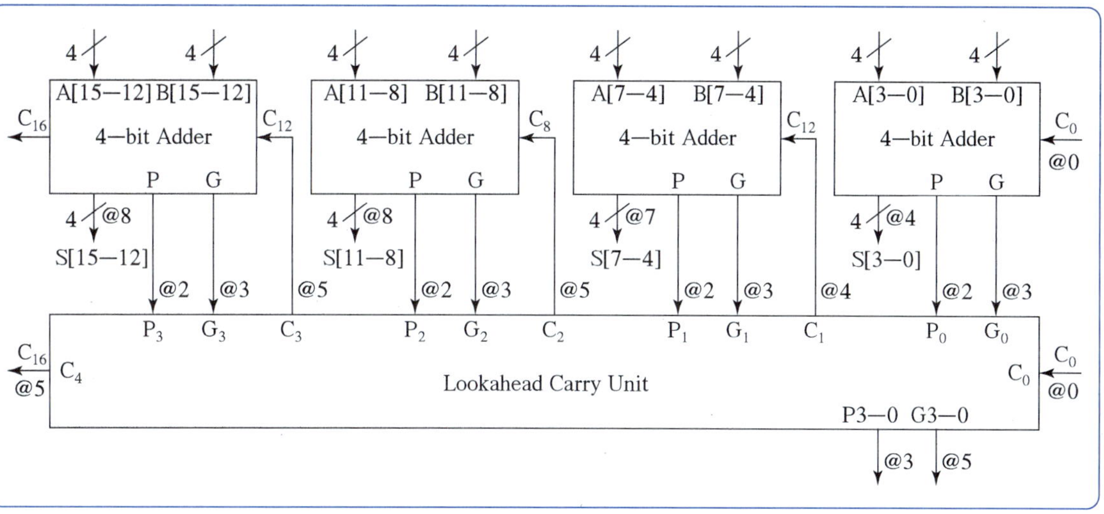

[그림 10-20] 캐리 룩 어헤드 가산기를 2단계로 구성하는 방법

따라서 캐리 룩 어헤드 가산기와 리플 캐리 가산기의 장점을 조합하면 면적과 성능의 트레이드 오프를 제공하는 구조를 만들 수 있게 된다.

다른 방법은 [그림 10-20]과 같이 캐리 룩 어헤드 가산기를 2단계로 구성하는 방법도 있다. 즉, 16비트 덧셈을 할 때 4비트에 대한 캐리 룩 어헤드 가산기 4개를 이용하여 각각의 4비트 덧셈을 수행한 뒤 그 결과를 가지고 다시 2단계 캐리 룩 어헤드 가산을 수행하는 방법을 취하게 되면 앞에서 설명한 캐리 룩 어헤드 로직의 복잡도를 줄여 성능과 면적 사이에서 트레이드 오프를 제공할 수 있게 된다.

이 회로의 지연시간은 다음과 같다. 캐리 룩 어헤드 로직의 지연시간을 계산해 보면, 캐리의 경우 4비트 가산기에서 3비트가 필요하였으며 16비트 캐리 룩 어헤드 로직에서 2비트가 필요하였으므로 전체 5개의 게이트 지연시간을 갖게 된다. 합의 경우는 4비트 가산기에서 4개의 게이트 지연이 필요하였고 다시 16비트 가산기에서 4개의 게이트 지연이 필요하게 되므로 전체 8개의 지연이 필요하게 되는 것을 알 수 있다.

16비트 리플 캐리 가산기는 32개의 게이트 지연을 필요로 하기 때문에 지연시간이 75%가 줄어든 것을 알 수 있다.

여기에서 우리가 고려해야 할 사항은 EXOR와 AND 게이트의 지연시간이 다르다는 점과 지연시간은 fan-in과 fan-out에 따라 달라진다는 점이다.

캐리 스킵 가산기의 설계

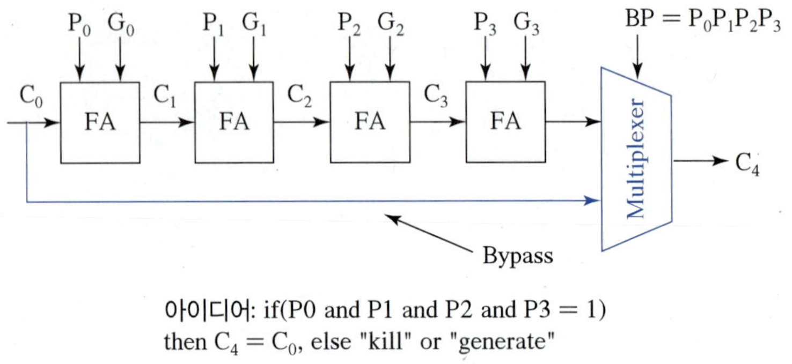

[그림 10-21] 캐리 스킵 가산기(Carry-Skip Adder)

캐리 전달을 위한 C_{in}-to-C_{out}는 최장거리를 나타내며, 이러한 긴 캐리전달의 지연시간을 줄이는 것이 필요하게 된다. 또한 캐리 룩 어헤드 단계에서 $C_{i+1} = P_i\,(G_i + C_i)$을 계산하는 시간이 필요하게 된다. 캐리 스킵 가산기는 그러한 시간을 줄이는(또한 에너지를 줄이는) 목적으로 제안되었다. 예를 들면, [그림 10-21]과 같이 P_0, P_1, P_2, P_3가 모두 1인지를 미리 체크하여 그렇다면 C_1, C_2, C_3의 캐리 계산을 생략하고 bypass하여 $C_4 = C_0$가 되는 경우를 이용하여 캐리 계산을 간소화하는 아이디어를 이용한다. 또한 만약 $P_i\ C_i = 1$이라면 G_i의 값과 관계없이 $C_{i+1} = 1$이 된다. 이런 방법을 이용하면 G_i를 계산하지 않아도 되므로 계산시간과 에너지를 줄일 수 있다.

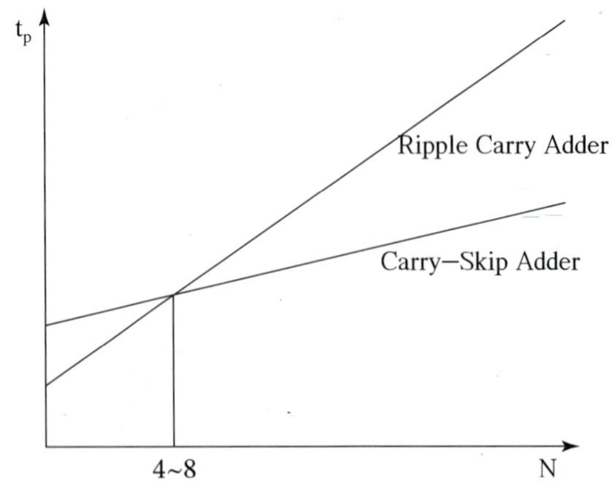

[그림 10-22] 캐리 스킵 가산기와 리플 캐리 가산기의 지연시간 비교

캐리 스킵 가산기와 리플 캐리 가산기의 지연시간을 비교하면 [그림 10-22]와 같다. 비트의 수가 4에서 8 사이인 구간에서 두 개의 가산기의 지연시간은 같아지게 되며 비트의 수가 증가함에 따라 캐리 스킵 가산기와 리플 캐리 가산기의 지연시간 차이가 늘어나는 것을 알 수 있다.

캐리 선택(Carry Select) 가산기의 설계

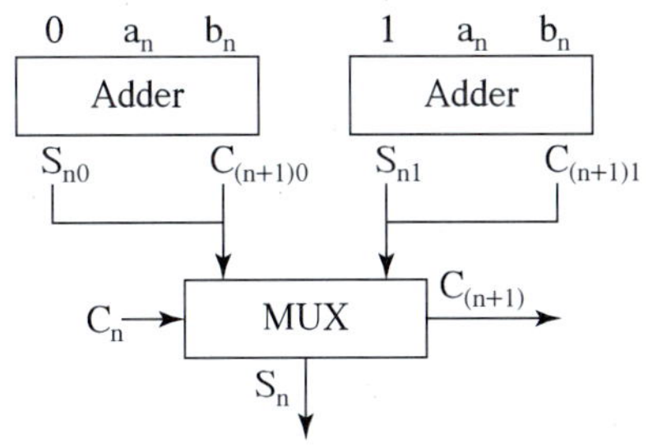

[그림 10-23] 캐리 선택(carry-select) 가산기

캐리 선택 가산기는 각 비트를 계산하는 단계에서 두 개의 가산기 A1과 A2를 이용하여 A1의 입력 캐리 Ci = 0로 가정하고 A2의 입력 캐리 Ci = 1로 가정하여 A1과 A2의 출력 Sum과 Carry를 동시에 병렬 처리로 미리 계산을 하고 향후 실제 Ci = 0이면 A1의 결과를 선택하고 Ci = 1일 때는 A2의 결과를 선택하여 수행시간을 단축시키는 아이디어를 이용하였다. 추가되는 가산기와 멀티플렉서로 인하여 면적은 2배 이상 늘어나게 된다. [그림 10-24]에 8비트와 32비트 캐리 선택 가산기를 보이고 있다.

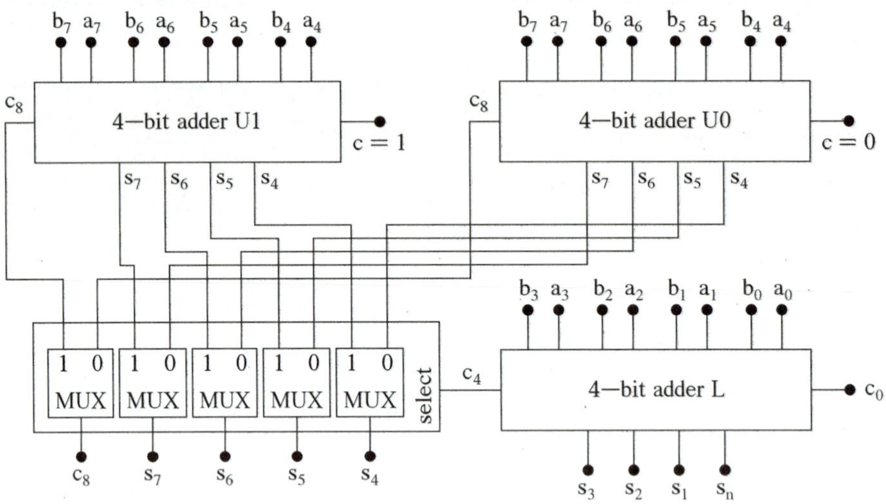

1) 8비트 캐리 선택 가산기

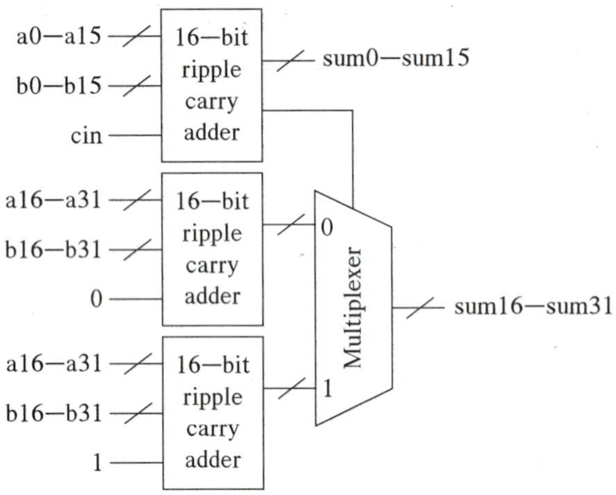

2) 32비트 캐리 선택 가산기

[그림 10-24] 캐리 선택 가산기

캐리 세이브 가산기의 설계

```
   X:    10011          X:    10011
   Y:   +11001          Y:   +11001
   Z:   +01011          Z:   +01011
  ------------         ------------
   C:    11011          S:    00001

          X:    10011
          Y:   +11001
          Z:   +01011
        -------------
          S:    00001
          C:    11011
        -------------
        Sum:   110111
```

[그림 10-25] 캐리 세이브 가산기(Carry Save Adder)

캐리 세이브 가산기의 예는 [그림 10-25]와 같이 캐리와 합을 각각 별도로 구한 다음 그 캐리와 합을 나중에 더하는 방법으로 최종 합을 구하는 아이디어를 사용한다.

이렇게 함으로써 캐리 리플로 인한 지연시간을 줄이고 또한 2개 이상의 수를 동시에 더함으로써 빠른 덧셈을 수행할 수 있게 된다. 곱셈기에서 부분적을 계산할 때 유용하게 사용된다.

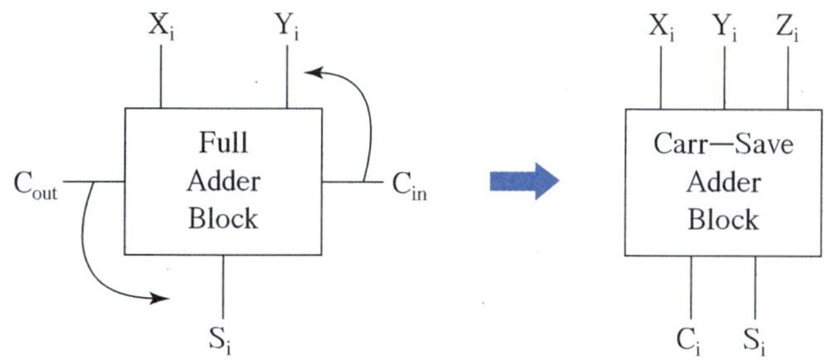

[그림 10-26] 전가산기의 구조를 재사용한 캐리 세이브 가산기 표현

그림과 같이 전가산기의 구조를 재사용하여 캐리 세이브 가산기를 표현할 수 있다. 즉, [그림 10-26]의 우측의 캐리 입력은 상단의 입력으로 표시하며, 좌측의 캐리 출력은 하단의 캐리 출력으로 표현하게 된다. [그림 10-27]에서는 3-2 캐리 세이브 가산기 4개로 구성된 7-3 카운터의 예를 보이고 있으며, [그림 10-28]은 각 워드가 5비트로 구성된 4 워드 캐리 세이브 가산기를 보이고 있다.

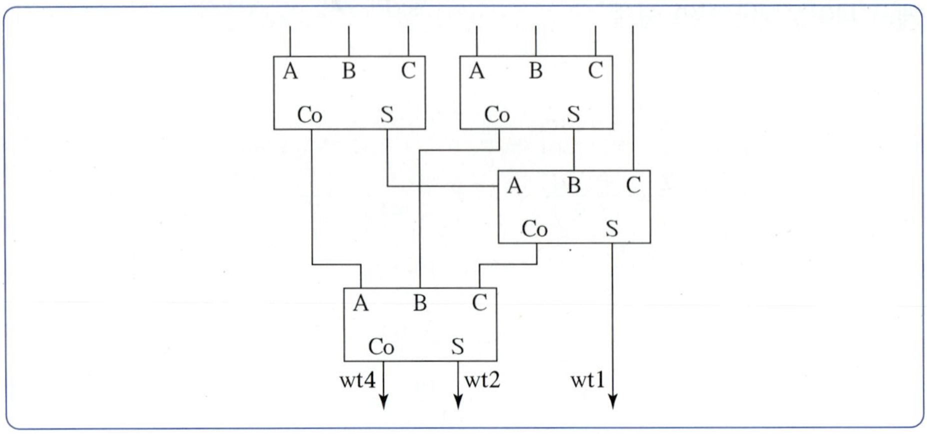

[그림 10-27] 7:3 카운터

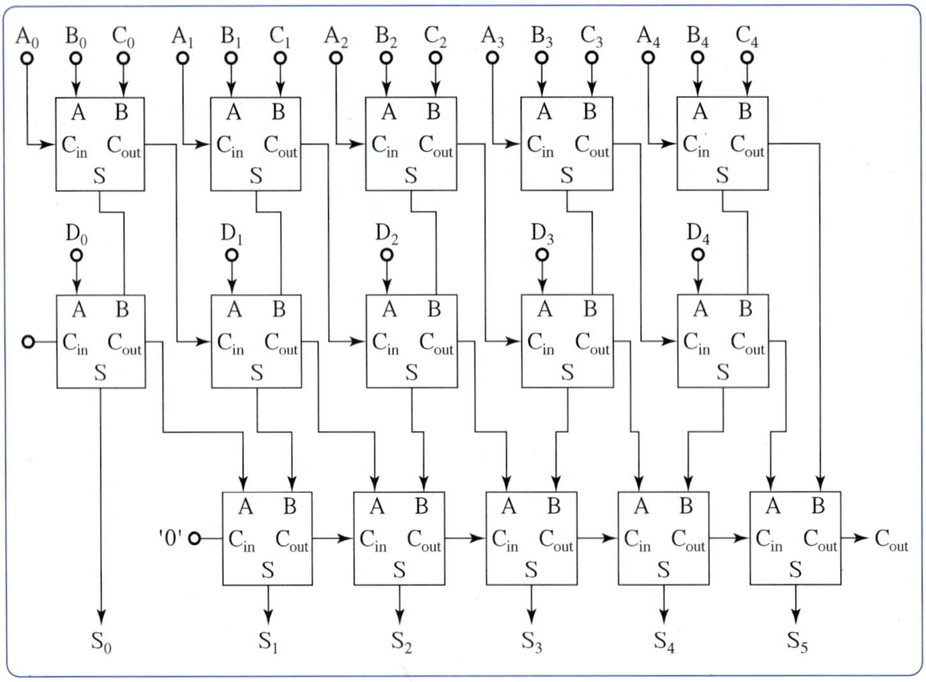

[그림 10-28] 4 워드(word) 5비트 캐리 세이브 가산기의 예

10.3 ALU(Arithmatic Logic Unit) 설계

M = 0, Logical Bitwise operations

S1	S0	Function
0	0	Fi = Ai
0	1	Fi = not Ai
1	0	Fi = Ai xor Bi
1	1	Fi = Ai xnor Bi

M = 1, C0 = 0, Arithmetic Operations

S1	S0	Function
0	0	F = A
0	1	F = not A
1	0	F = A plus B
1	1	F = (not A) plus B

M = 1, C0 = 1, Arithmetic Operations

S1	S0	Function
0	0	F = A plus 1
0	1	F = (not A) plus 1
1	0	F = A plus B plus 1
1	1	F = (not A) plus B plus 1

[그림 10-29] ALU(Arithmetic Logic Unit)

ALU는 컴퓨터 내에서 필요한 마이크로 연산을 수행하는 처리장치이다. 몇몇 프로세서들에서는 ALU가 연산장치(AU)와 논리장치(LU)의 두 부분으로 나뉘어져 있는 경우도 있다. 또, 어떤 프로세서들은 1개 이상의 AU가 장착된 경우도 있는데, 예를 들어 고정 소숫점 연산(Fixed point unit)을 위한 것과 부동 소숫점 연산(Floating Point Unit)을 위한 전용 AU를 별도로 두는 경우이다(PC의 부동 소숫점 연산은 별도로 분리된 칩에 있는 부동 소숫점 처리장치에서 행해지는 경우도 있는데, 이것을 수치연산 보조 프로세서(numeric coprocessor)라고 부른다).

대체로 ALU는 입력과 출력을 위해 프로세서와 메인 메모리, 입출력 장치에 직접 액세스를 하는데, 입력과 출력은 버스라고 부르는 전자적인 통로를 따라 흐르게 된다. 입력은 연산코드(때로 이것을 줄여서 'op code'라고 부른다)를 포함하고 있는 기계 명령어, 하나 또는 그 이상의 연산자 그리고 형식코드로 구성된다. 연산코드는 수행해야 할 연산이 무엇인지를 ALU에게 알려주며, 연산자는 그 연산을 위해 사용된다. [그림 10-29]에 ALU의 예를 보이고 있다.

[그림 10-30]과 [그림 10-31]에 [그림 10-29]를 2-레벨 논리 최소화를 적용한 결과

와 멀티-레벨 논리 최소화를 적용한 결과를 각각 보이고 있다. 멀티-레벨 논리 최소화를 적용한 결과가 게이트의 수가 적은 것을 알 수 있다.

```
.i 6
.o 2
.ilb m s1 s0 ci ai bi
.ob fi co
.p 23
111101   10
110111   10
1-0100   10
1-1110   10
10010-   10
10111-   10
-10001   10
010-01   10
-11011   10
011-11   10
--1000   10
0-1-00   10
--0010   10
0-0-10   10
-0100-   10
001-0-   10
-0001-   10
000-1-   10
-1-1-1   01
--1-01   01
--0-11   01
--110-   01
--011-   01
.e
```

M	S1	S0	Ci	Ai	Bi	Fi	Ci+1
0	0	0	X	0	X	0	X
			X	1	X	1	X
	0	1	X	0	X	1	X
			X	1	X	0	X
	1	0	X	0	0	0	X
			X	0	1	1	X
			X	1	0	1	X
			X	1	1	0	X
	1	1	X	0	0	1	X
			X	0	1	0	X
			X	1	0	0	X
			X	1	1	1	X
1	0	0	0	0	X	0	X
			0	1	X	1	X
	0	1	0	0	X	1	X
			0	1	X	0	X
	1	0	0	0	0	0	0
			0	0	1	1	0
			0	1	0	1	0
			0	1	1	0	1
	1	1	0	0	0	1	0
			0	0	1	0	1
			0	1	0	0	0
			0	1	1	1	0
1	0	0	1	0	X	1	0
			1	1	X	0	1
	0	1	1	0	X	0	1
			1	1	X	1	0
	1	0	1	0	0	1	0
			1	0	1	0	1
			1	1	0	0	1
			1	1	1	1	1
	1	1	1	0	0	0	1
			1	0	1	1	1
			1	1	0	1	0
			1	1	1	0	1

[그림 10-30] 진리표와 2-레벨 논리 최소화(Espresso)를 수행한 결과(게이트 수: 25개)

```
.model alu.espresso
.inputs m s1 s0 ci ai bi
.outputs fi co
.names m ci co [30] [33] [35] fi
110---  1
-1-11-  1
--01-1  1
--00-0  1
.names m ci [30] [33] co
-1-1  1
--11  1
111-  1
.names s0 ai [30]
01  1
10  1
.names m s1 bi [33]
111  1
.names s1 bi [35]
0-  1
-0  1
.end
```

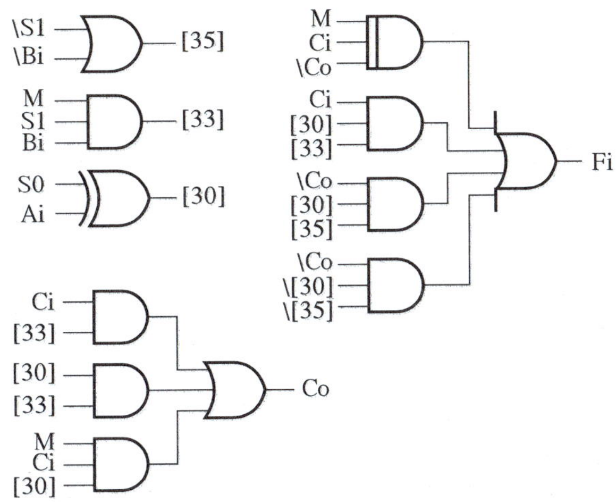

[그림 10-31] 멀티-레벨 논리 최소화를 수행한 결과(게이트 수: 12개)

10.4 곱셈기 설계

```
피승수(multiplicand)          1101   (13)
승수(multiplier)            × 1011   (11)
                           --------
                              1101
부분곱(Partial products)     1101
                            0000
                           1101
                           --------
                          10001111   (143)
```

[그림 10-32] 곱셈의 기본 개념

곱셈기의 가장 기본적인 형태는 두 2진수(피승수×승수)의 곱을 나타내는 것이다. 이러한 승산과정은 먼저 부분곱(partial product)의 계산 단계를 거치고, shift된 부분곱을 합하는 단계로 이루어진다. 부분곱의 계산은 피승수(multiplicand)와 이와 관련된 승수(multiplier) 비트를 논리적으로 AND 시킴으로써 구성한다. 곱셈기의 종류에는 조합 곱셈기, 부스 곱셈기 등의 종류가 있다.

조합 곱셈기(Combinational Multiplier)

				A3	A2	A1	A0
				B3	B2	B1	B0
				A2 B0	A2 B0	A1 B0	A0 B0
			A3 B1	A2 B1	A1 B1	A0 B1	
		A3 B2	A2 B2	A1 B2	A0 B2		
	A3 B3	A2 B3	A1 B3	A0 B3			
S7	S6	S5	S4	S3	S2	S1	S0

[그림 10-33] 4비트 조합 곱셈기(combinational multiplier)

한 개의 비트를 가진 이진 곱셈기는 $0 \times 0 = 0$, $0 \times 1 = 0$, $1 \times 0 = 0$, $1 \times 1 = 1$과 같으며 이것은 논리 AND 게이트의 동작과 일치하는 것을 알 수 있다. 일반적인 이진수의 곱셈은 다음의 식으로 주어진다.

피승수(multiplicand) $Y = (y_{M-1}, y_{M-2}, \cdots, y_1, y_0)$

승수(multiplier) $X = (x_{N-1}, x_{N-2}, \cdots, x_1, x_0)$

$$P = \left(\sum_{j=0}^{M-1} y_j 2^j\right)\left(\sum_{i=0}^{N-1} x_i 2^i\right) = \sum_{i=0}^{N-1} \sum_{j=0}^{M-1} x_i y_j 2^{i+j}$$

[그림 10-33]은 4개의 비트를 가진 두 개의 이진수를 곱하는 과정을 보이고 있다. 그럼 지금부터 그러한 과정을 하드웨어로 구현하는 방법에 대해서 알아보기로 한다. 곱셈과정을 다음 예제를 통하여 이해하도록 한다.

$0010_2 \times 0011_2 = 0110_2$, 즉, $2_{10} \times 3_{10} = 6_{10}$

일단 곱셈의 결과(product)를 저장할 8비트 레지스터가 필요하게 되는데 이 레지스터에 승수에 해당하는 0011을 하위 4비트에 저장하여 초기화한다. 레지스터에 저장된 값이 LSB(즉, 승수)가 1이면 레지스터의 상위 4비트에 첫 번째 비트의 곱셈 결과(부분곱이라고 부름)를 더한다. 그리고 레지스터의 8비트 값을 오른쪽으로 한 비트 자리 이동한다. 이렇게 함으로써 승수의 두 번째 비트가 레지스터에 저장된 값의 LSB와 일치하게 되므로 그 값을 통하여 두 번째 비트를 곱할 수 있게 된다. 또한 상위 4비트도 오른쪽으로 한 비트 이동되어 그 다음 비트의 부분곱에 더할 수 있도록 자리가 조정된다. 이렇게 한 번의 자리 이동으로 두 가지 작업을 수행하게 되므로 효과적인 결과를 만들어 내게 된다.

반복수	단계	피승수(M)	곱셈 결과(P)
0	초기값	0010	0000 0011 (승수)
1	승수의 LSB = 1 → P = P + M	0010	0010 0011
	P를 오른쪽으로 자리 이동	0010	0001 0001
2	승수의 LSB = 1 → P = P + M	0010	0011 0001
	P를 오른쪽으로 자리 이동	0010	0001 1000
3	승수의 LSB = 0 → 덧셈 없음	0010	0001 1000
	P를 오른쪽으로 자리 이동	0010	0000 1100
4	승수의 LSB = 0 → 덧셈 없음	0010	0000 1100
	P를 오른쪽으로 자리 이동	0010	0000 0110

위의 예제는 승수가 양의 부호를 가지는 경우이고, 다음은 승수가 음의 부호를 가지는 2의 보수인 경우의 곱셈 방법에 대해서 알아보기로 한다.

$1010_2 \times 1011_2 = 011110_2$, 즉, $-6_{10} \times (-5_{10}) = 30_{10}$

반복수	단계	피승수(M)	곱셈결과(P)
0	초기값	11010	00000 1011
1	LSB = 1 → P = P + M	11010	11010 1011
	P를 오른쪽으로 자리 이동	11010	11101 0101
2	LSB = 1 → P = P + M	11010	10111 0101
	P를 오른쪽으로 자리 이동	11010	11011 1010
3	LSB = 0 → 덧셈 없음	11010	11011 1010
	P를 오른쪽으로 자리 이동	11010	11101 1101
4	LSB = 1 → P = P − M*	00110	00011 1101
	P를 오른쪽으로 자리 이동	11010	00001 1110

승수의 부호가 양수인 경우와 다른 점은 단계 4에서 M*인 경우는 승수(2의 보수)의 MSB에 해당하기 때문에 더하는 대신 빼준다.

다음은 곱셈의 부분곱을 효과적으로 더하는 방법에 대해서 알아보기로 한다. 캐리의 지연을 줄이기 위해서 [그림 10-34]의 구조와 같이 캐리아웃을 병렬처리하는 방법을 사용하게 된다. 곱셈과정에서 발생되는 부분곱들을 병렬로 계산한다. 캐리 세이브 덧셈기를 사용하여, 이전 비트에서 발생한 캐리 비트를 그 다음 비트로 전파시키는 것이 아니라 다음 단의 부분곱으로 전파시켜 그 단의 부분곱과의 덧셈시 캐리가 더해지도록 한다. 최종 부분곱 단에서는 캐리의 전파를 피할 수 없으며, 이때에는 리플 캐리 덧셈기나 고속 덧셈기를 사용한다.

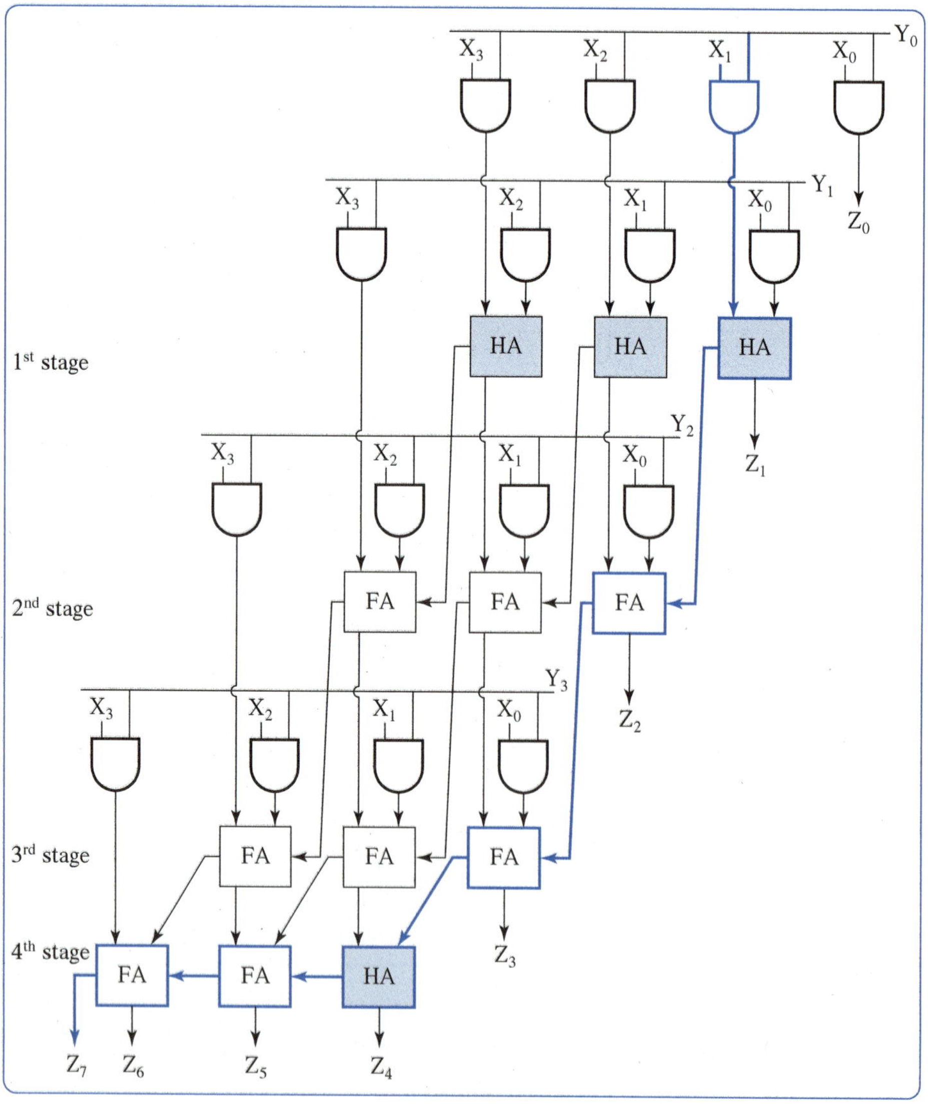

[그림 10-34] 캐리 세이브 덧셈기를 사용한 곱셈기 구조

[그림 10-34]에서 파란선은 가장 긴 경로를 표시하며, 그것이 지연시간이 된다. M 비트 곱하기 N 비트 곱셈기의 지연시간은 $t_{Mlt} = t_{AND} + (N-1)\ t_{carry} + t_{final}$과 같다. 여기서 t_{final}은 최종단의 계산시간으로 어떤 종류의 adder를 사용하느냐에 따라 달라지며 리플 캐리 덧셈기의 경우는 $(M-1)\ t_{carry}$이다.

부스 곱셈기(Booth Multiplier)

승수 X를 피승수 A에 곱하는 경우를 살펴보자. 부스 알고리즘은 승수 X를 한 비트씩 A에 곱하는 방법이 아니라 두 비트씩 묶어서 동시에 고려함으로써 부분곱의 개수를 반으로 줄이는 방법이다. 이에 의해 복잡도가 반감됨은 물론 성능도 개선시키는 효과가 있게 된다.

즉, 다음 표에서 보는 바와 같이 승수의 X_i와 X_{i-1}가 Y_i라는 부호화된 승수로 변환되어 사용되며 표에 각 y_i에 대한 수행 방법이 설명되어 있다.

x_i	x_{i-1}	y_i	수행
0	0	0	Shift
0	1	1	Add + shift
1	0	$\bar{1}$	Subtract + shift
1	1	0	shift

그 부호화된 Y를 A에 곱한 결과와 부호화되기 전 X를 A에 곱한 결과를 구해보면 AY = AX가 되는 것을 알 수 있게 된다.

A		1	0	1	1				−5
X	×	1	1	0	1				−3
Y(recoded multiplier)		$\bar{0}$	1	$\bar{1}$	1				
$P^{(0)}=0$		0	0	0	0				
$y_0=\bar{1} \Rightarrow$ Add −A		0	1	0	1				
		0	1	0	1				
Shift		0	0	1	0	1			
$y_1=1 \Rightarrow$ Add A	+	1	0	1	1				
		1	1	0	1	1			
Shift		1	1	1	0	1	1		
$y_2=\bar{1} \Rightarrow$ Add −A	+	0	1	0	1				
		0	0	1	1	1	1		
Shift		0	0	0	1	1	1	1	
$y_3=0$		0	0	0	1	1	1	1	+15

[그림 10-35] Booth 곱셈 알고리즘을 적용한 예

[그림 10-35]는 부스 알고리즘을 사용하여 곱셈을 수행한 예제를 보이고 있다.

앞에서 부스 알고리즘은 두 개 비트씩 묶어서 한 비트로 부호화한 반면 수정된 부스 알고리즘은 세 개의 비트를 묶어서 두 개의 비트로 부호화하는 점이 다르다. 그렇게 함으로써 부분곱(partial products)의 개수를 부스 알고리즘보다 많이 줄일 수 있게 된다.

A		01	00	01			17
X	×	11	01	11			−9
Y(recoded multiplier)		$0\bar{1}$	10	$0\bar{1}$			
		−A	+2A	−A			
$p^{(0)}=0$		00	00	00			
Add −A	+	10	11	11			
		10	11	11			
2−bit Shift	1	11	10	11	11		
Add 2A	+0	10	00	10			
	0	01	11	01	11		
2−bit Shift		00	01	11	01	11	
Add −A	+	10	11	11			
		11	01	10	01	11	−153

[그림 10-36] 수정된 부스 알고리즘의 수행 예

[그림 10-36]은 수정된 부스 알고리즘을 이용하여 부호화하여 17 곱하기 −9를 수행한 예를 보여주고 있다.

참 / 고 / 문 / 헌

- J. L. Hennessy and D. A. Patterson, Computer Architecture: *A Quantitative Approach, Second Edition*, San Francisco, California, 1990.
- N. H. E. Weste and D. Harris, CMOS VLSI Design, A Circuits and Systems Perspective, Third Edition, Boston: Addison-Wesley, 2005.

연습문제

1. 주어진 7진수를 10진수로 변환하시오.

6650_7

➲ $0 * 7^0 = 0$

$5 * 7^1 = 35$

$6 * 7^2 = 294$

$6 * 7^3 = 2058$

$0 + 35 + 294 + 2058 = 2387$

2. 다음을 10진법으로 표현하는 방법을 설명하시오.

2745.214

➲ $2 \times 10^3 + 7 \times 10^2 + 4 \times 10^1 + 5 \times 10^0 + 2 \times 10^{-1} + 1 \times 10^{-2} + 4 \times 10^{-3}$

3. 다음 이진법을 십진법으로 바꾸는 과정을 보이시오.

1011.101

➲ $= 1 \times 2^3 + 0 \times 2^2 + 1 \times 2^1 + 1 \times 2^0 + 1 \times 2^{-1} + 0 \times 2^{-2} + 1 \times 2^{-3}$

$= 8 + 0 + 2 + 1 + 0.5 + 0 + 0.125$

$= 11.625_{10}$

4. 주어진 두 수를 10진수 변환없이 직접 더하시오.

(a) 01110 + 110011

➲

110011	110011	110011	110011	110011	110011
+ 01110	+ 01110	+ 01110	+ 01110	+ 01110	+ 01110
c 00	c 100	c 1100	c 11100	c 111100	c 1111100
1	01	001	0001	000001	1000001

01110 + 110011 = 1000001

(b) $98A_{12} + 234_{12}$

	98A		98A		98A
+	234	+	234	+	234
c	10	c	110	c	110
	2		02		1002

$98A_{12} + 234_{12} = 1002_{12}$

(c) $ABC_{16} + A78_{16}$

	ABC
+	A78
c	110
	1534

$ABC_{16} + A78_{16} = 110_{16}$

5. 빼는 수의 2의 보수를 취하여 다음 2진수의 뺄셈을 하시오.

101110 − 10001

단계 1 : 010001의 2의 보수를 취한다. 010001 → 101110 + 1 = 101111

단계 2 : 두 수를 더한다.

	101110
+	101111
c	011100
	011101

6. 2의 보수로 표현된 수의 뺄셈을 하시오.

10111 − 00110

1) 직접 계산

	10111
−	00110
	10001

2) 음수로 더하기

00110을 음수표현으로 바꾼다.

00110 → 11001 + 1 = 11010

$$\begin{array}{r} 10111 \\ +\quad 11010 \\ \hline 10001 \end{array}$$

그 후에 더하면

$$\begin{array}{r} 10111 \\ +\quad 11010 \\ \hline 10001 \end{array}$$

7. 주어진 16진수를 2진수로 변환하시오.

(a) 123.45_{16}

➡ 000100100011.01000101_2

$1_{16} \rightarrow 0001_2$

$2_{16} \rightarrow 0010_2$

$3_{16} \rightarrow 0011_2$

$4_{16} \rightarrow 0100_2$

$5_{16} \rightarrow 0101_2$

(b) 1000.50_{16}

➡ 0001000000000000.0101_2

(c) $BAD.CAB_{16}$

➡ $101110101101.110010101011_2$

(d) $DA7.35C_{16}$

➡ $101110101101.110010101011_2$

8. 10진수 $(1234)_{10}$를 2진수와 16진수로 변환하시오. (모든 변환과정을 보이고 16진수 변환시 2진수 변환결과를 이용하지 말고 10진수에서 바로 변환하시오)

1234/2	= 617	+0
617/2	= 308	+1
308/2	= 154	+0
154/2	= 77	+0
77/2	= 38	+1
38/2	= 19	+0
19/2	= 9	+1
9/2	= 4	+1
4/2	= 2	+0
2/2	= 1	+0

2진수 → $(10011010010)_2$

1234/16	= 77	+2
77/16	= 4	+13

16진수 → $(4D2)_{16}$

9. $(A7DE.34)_{16}$를 2진수와 10진수로 변환하시오.

2진수 → 1010 0111 1101 1110 . 0011 0100

10진수 → $10 \times 16^3 + 7 \times 16^2 + 13 \times 16^1 + 14 \times 16^0 + 3 \times 16^{-1} + 4 \times 16^{-2}$

$= 40960 + 1792 + 208 + 14 + 0.1875 + 0.015625$

$= 42974.203125$

10. $(567.234)_8$를 2진수와 10진수로 변환하시오.

2진수 → 101 110 111 . 010 011 100

10진수 → $5 \times 8^2 + 6 \times 8^1 + 7 \times 8^0 + 2 \times 8^{-1} + 3 \times 8^{-2} + 4 \times 8^{-3}$

$= 320 + 48 + 7 + 0.25 + 0.046875 + 0.0078125$

$= 375.3046875$

11. 다음 5개의 비트의 이진수 덧셈을 수행하시오.

01111 + 11011. 마지막에 생기는 캐리는 무시하시오. 이 두 개의 이진수가 다음의 이진수 표현방식을 사용한 경우에 대해서 덧셈 결과를 10진수로 답하시오.

(a) 2의 보수 정수 (b) 1의 보수 정수 (c) 부호 정수

➡
```
  01111
+ 11011
-------
  01010
```

(a) 2's complement, $15 + (-5) = 10$

(b) 1's complement, $15 + (-4) \neq 10$

(c) Signed integers, $15 + (-11) \neq 10$

12. 8비트의 2진수로 각각을 변환하고 2의 보수를 이용한 덧셈을 수행하시오. 오버플로 발생시 오버플로 발생 상태를 설명하시오.

(a) $(54)_{10} + (-76)_{10}$

➡

$(54)_{10}$	0011 0010
$(-76)_{10}$	+ 1011 0100
$(-22)_{10}$	1110 1010

오버플로가 발생하지 않았다.

(b) $(-54)_{10} + (-76)_{10}$

➡

$(-54)_{10}$	1100 1010
$(-76)_{10}$	+ 1011 0100
$(-130)_{10}$	1 0100 1110

오버플로가 발생했다. 두 수는 음수이고 결과도 음수이다.

carry into sign–bit = 0, carry out of sign–bit = 1

13. 다음의 5비트 2의 보수 이진 정수에 대해서 덧셈을 수행하고, 오버플로를 검사하고 덧셈의 결과를 십진수로 답하시오.

(a) 01100 + 01001

(b) 01100 + 10111

➡ (a) 01100 + 01001 = 10101, 즉, $12 + 9 \neq -11$, (오버플로 발생)

(b) 01100 + 10111 = 00011, 즉, $12 + (-9) = 3$, 결과가 정확함.

14. 다음의 5비트 2의 보수 이진 정수에 대해서 뺄셈을 수행하시오. 10111 − 00011.

➡ 10111 − 00011 = 10111 + 11101 = 10100, or −9 −3 = −12.

15. 다음 4-비트 2의 보수 정수를 더하시오. 오버플로가 발생하면 8-비트로 바꾸어서 계산하시오.

(a) 0101 + 1101

(b) 1011 + 1101

(c) 1011 + 1011

➡ (a)

```
  0 1 0 1
+ 1 1 0 1
---------
  0 0 1 0    no overflow, 5 − 3 = 2
```

(b)

```
  1 0 1 1
+ 1 1 0 1
---------
  1 0 0 0    no overflow, −5 − 3 = −8
```

(c)

```
  1 0 1 1
+ 1 0 1 1
---------
  0 1 1 0    overflow,
```

합의 결과 MSB = 0, Carry−out = 1으로 MSB ≠ Carry−out이므로 오버플로가 발생된다.
8비트로 변환하여 더하면 :

```
  1 1 1 1 1 0 1 1
+ 1 1 1 1 1 0 1 1
-----------------
  1 1 1 1 0 1 1 0    no overflow, −5 − 5 = −10
```

16. 다음 4개의 6-비트 이진수에 대해서, 100111, 111000, 111001,000111, 부호화된 정수, 1의 보수, 2의 보수의 10진수를 각각 구하시오.

➡

이진수	10진수		
	부호화된 정수	1의 보수	2의 보수
100111	−7	−24	−25
111000	−24	−7	−8
111001	−25	−6	−7
000111	7	7	7

17. 2개의 2's complement 정수를 더할 때 캐리 시그널이 발생하면 오버플로가 발생한다. 이 진술을 증명하시오.

➲ 어떤 이론 또는 주장은 반대가 되는 예제를 보임으로써 사실이 아님을 증명할 수 있게 된다. 다음의 예제를 보자.

예제 1: $6 + (-4) = 2$의 이진수 덧셈은

```
            0 1 1 0  = 6
        +   1 1 0 0  = −4
 캐리 →   1 0 0 1 0  = 2,
```

캐리가 발생해도 오버플로가 없다.

예제 2: $4 + 5 = 9$의 이진수 덧셈은,

```
                 0 1 0 0  = 4
             +   0 1 0 1  = 5
 캐리가 없다 →   1 0 0 1  = −7, 오버플로
```

정확한 덧셈 결과인 9는 4비트로 표현할 수 없다. 따라서 캐리가 발생하지 않더라도 오버플로가 생기게 된다.

위의 2개의 예제가 문제의 진술이 사실이 아님을 증명하게 된다.

18. 8비트의 2진수로 각각을 변환하고 2의 보수를 이용한 덧셈을 수행하시오. 오버플로 발생시 오버플로 발생 상태를 설명하시오.

(a) $(62)_{10} - (-85)_{10}$

➲

$(62)_{10}$	0011 1110
$(-85)_{10}$	− 1010 1011
	————————
$(147)_{10}$	1001 0011

오버플로가 발생하지 않았다.

(b) $(-62)_{10} - (-85)_{10}$

➲

$(-62)_{10}$	1100 0011
$(-85)_{10}$	− 1010 1011
	————————
$(23)_{10}$	0001 0111

오버플로가 발생하지 않았다.

19. 원래 n-비트 정수의 부호와 크기를 비트의 수가 큰 m-비트 정수로 변환할 때 (m − n) 비트에 0을 추가한다. 변환하기 전과 후의 이진수는 같은 부호를 가지게 된다는 사실을 증명하시오.

부호: 부호확장 규칙에 의해서 확장하기 전과 후의 이진수는 같은 부호를 가지게 된다.
크기: 만약에 n-비트 정수가 양의 값이라면, MSB의 0으로 확장된 부분으로 인하여 크기가 변하지 않는다. 만약 n-비트 정수가 음의 값을 갖는다면 그 수의 값을 알기 위하여 보수를 취한 후 1을 더하게 된다. 마찬가지로 확장된 부분이 모두 0으로 바뀌기 때문에 같은 값을 갖게 된다.

20. 1비트 전가산기는 3개의 입력 비트를 가지고 있다. 데이터 비트인 A와 B, 그리고 캐리 비트 C를 입력으로 하여 합 S와 캐리 출력 CO를 만들어낸다.
(a) 두 가지 출력에 대한 진리표를 보이시오.
(b) 그 두 가지 출력에 대한 정규 형식 SOP를 보이시오.
(c) Karnaugh 맵을 사용하여, 2가지 출력에 대한 최소 SOP를 보이시오.
(d) 2가지 출력을 만들어내는 회로를 합성하시오.

(a) 다음의 진리표에서와 같이 3가지를 더해서 2가지 출력을 낸다.

Inputs			Outputs	
A	B	C	S	CO
0	0	0	0	0
0	0	1	1	0
0	1	0	1	0
0	1	1	0	1
1	0	0	1	0
1	0	1	0	1
1	1	0	0	1
1	1	1	1	1

(b) SOP형태는 다음과 같다.

$$S = \overline{A}\,\overline{B}C + \overline{A}B\overline{C} + A\overline{B}\,\overline{C} + ABC$$
$$CO = \overline{A}BC + A\overline{B}C + AB\overline{C} + ABC$$

(c) 2가지 Karnaugh 맵은 다음과 같다.

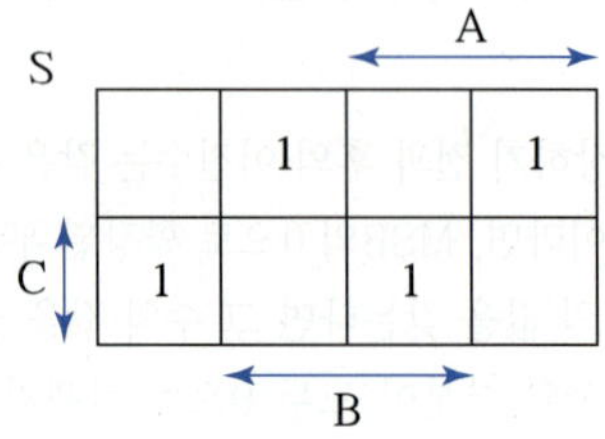

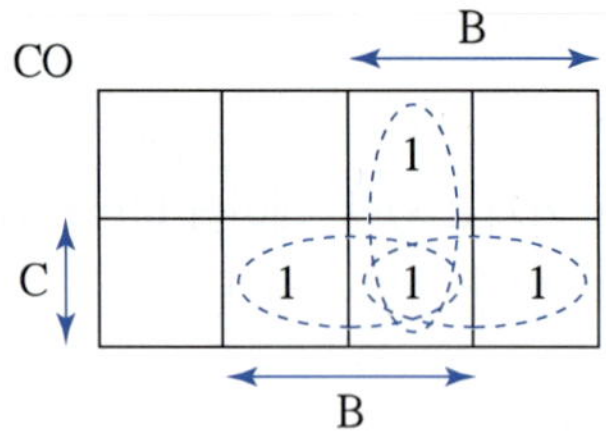

(d) CO는 드모르간의 법칙을 이용하여 인버터가 포함된 NAND 게이트 네트워크로 변환이 가능하다.

$$S = \overline{\overline{S}}$$
$$CO = \overline{\overline{CO}} = \overline{\overline{AB + BC + AC}}$$

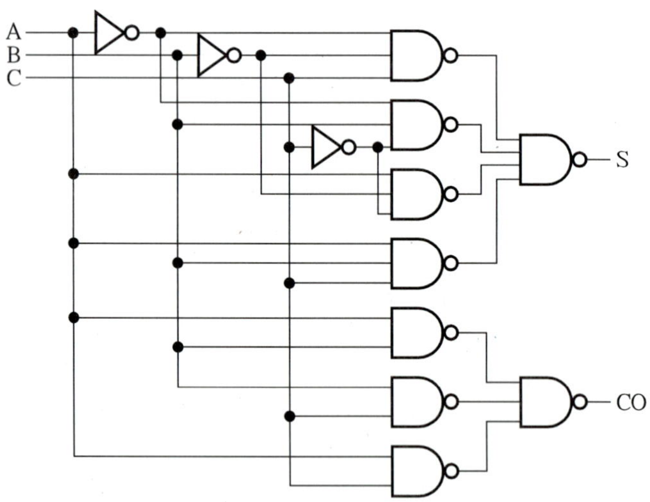

21. 다음 2진수의 곱셈을 하시오.

011011×0011

```
        011011   (27)
 ×        0011   (3)
 ----------------------
       0000000
 +     0011011
 ----------------------
      00011011
 +    00110110
 ----------------------
     001010001
 +   000000000
 ----------------------
     001010001
 +   000000000
 ----------------------
   00001010001   (81)
```

22. 2의 보수 00110와 00101을 곱할 때,

(a) 0이 아닌 부분곱은 몇 개가 생기는가?

(b) 모든 부분곱을 더하시오.

(c) 승수와 피승수를 십진수로 바꾸어 곱셈한 결과를 쓰시오.

(a) 2개

(b)
```
     0 0 1 1 0
   × 0 0 1 0 1
   -----------
     0 0 1 1 0
 + 0 0 1 1 0
 -------------
   0 0 1 1 1 1 0
```

(c) $6 \times 5 = 30$

23. 2개의 4-비트 2의 보수, 1001과 1010를 곱하여 8비트 결과가 되도록 하시오.

2의 보수를 부호화 양의 정수로 바꾸어 곱한다.

두 수가 음수이므로, 두 수를 곱하면 양수가 된다. $(-7 \times -6 = 42)$

24. 다음 2진수의 나눗셈을 하시오.

11011/1001

```
         1
     ┌─────
1001 │11011
     │1001-
     │─────
     │01001

        11
     ┌─────
1001 │11011
     │1001
     │01001
     │  1001-
     │──────
     │00000
```

25. IEEE 754 표준 형태의 다음 32-비트 부동수를 십진수로 표현하시오.

1 10000111 00010001000000000000000

부호: 부호비트가 1이기 때문에 음수이다.

Exponent: 10000111는 135. Unbiased exponent $= 135 - 127 = 8$.

Significand: $1 + 2^{-4} + 2^{-8}$

$$\begin{aligned} \text{Number} &= -(1 + 2^{-4} + 2^{-8}) \times 2^{8} \\ &= -(2^{8} + 2^{4} + 1) \\ &= -(256 + 16 + 1) = -273 \end{aligned}$$

26. 10진수 46.875를 2진 32비트 부동소수점의 형태로 표현하시오.

0	1 89	31
부호	지수	정규화된 가수

1단계 : 10진수를 2진수로 표현한다.
$46_{10} = 101110_2$이고 $.875_{10} = .111_2$이므로 $46.875_{10} = 101110.111_2$

2단계 : $1.xxxx \times 2^n$의 형태로 변환한다.
$101110.111 \rightarrow 1.01110111 \times 2^5$

3단계 : 종합한다.
부호비트 할당
가수부분. 앞의 1은 무시한다.
$1.01110111 \rightarrow 01101110000000000000000$
지수부분
$127 + 5 = 132 \qquad 132_{10} = 100000100_2$

0	100000100	01101110000000000000000

27. 10진수 31.0625를 32비트 부동소수점 형식으로 나타내시오.

$31_{10} = 11111_2$
$.0625_2 = .0001_2$
정규화 : $31.0625_{10} = 11111.0001_2 = 1.011110001 \times 2^4$
지수 : $n + 127 = 131_{10} = 10000011_2$

0	10000011	11110000100000000000000

28. 아래의 요소만 사용하여 다음의 기능을 수행하는 산술 논리회로를 설계하시오.
1비트 전가산기
2-입력 AND/OR/NOR 게이트
4-1 멀티플렉서

M2	M1	M0	기능	F(A,B)
0	0	0	덧셈	A + B
0	0	1	뺄셈	A − B
0	1	X	AND	A AND B
1	0	X	OR	A OR B
1	1	X	XOR	A XOR B

A, B는 2비트 2진수이고 M은 산술 논리회로의 제어입력이다.

➲

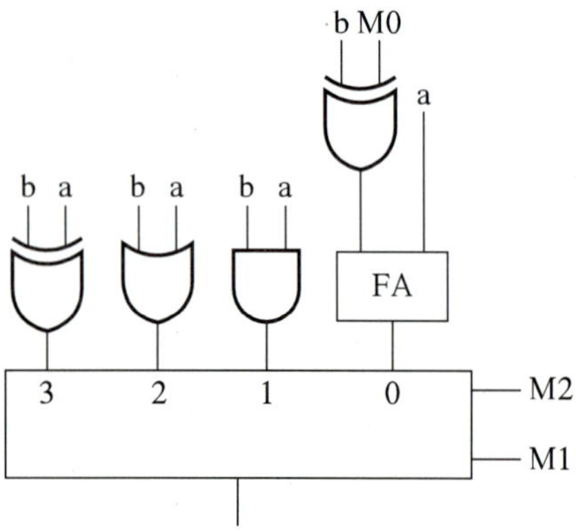

29. 4-비트짜리 2의 보수 두 개를 곱해서 8비트로 표현하시오.

0111×1011

➲ 아래 표는 곱셈 과정을 보이고 있다.

반복횟수	단계	5-비트 피승수	9-비트 결과
0	초기	00111	00000 1011
1	LSB = 1, 피승수를 더한다.		00111 1011
	결과를 오른쪽으로 한 비트 이동한다.		00011 1101
2	LSB = 1 피승수를 더한다.		01010 1101
	결과를 오른쪽으로 한 비트 이동한다		00101 0110
3	LSB = 0		00101 0110
	결과를 오른쪽으로 한 비트 이동한다		00010 1011
4	LSB = 1, 피승수를 뺀다.		11011 1011
	결과를 오른쪽으로 한 비트 이동한다		11101 1101

※ 마지막에서는 더하는 대신 뺀다.

최종 8-비트 결과 = 11011101
부호는 음이 되고, 크기는 00100011 = 35, 따라서 결과는 = −35가 된다.

30. n-bit Multiplication(곱셈)을 수행할 시 n개의 partial product를 만들어 더해야 하기 때문에 계산 시간이 상당히 길어지게 된다. 고속 곱셈기에서 사용하는 방법(아이디어)에 대해서 간략히 기술하시오.

➡ 부스 인코딩을 사용한다.

CHAPTER 11

플립플롭, 레지스터와 클록

CHAPTER

11 플립플롭, 레지스터와 클록

이번 장에서는 순차회로에서 중요한 역할을 하는 플립플롭(F/F), 레지스터(Register)와 클록(Clock)에 대해서 알아보자. 특히 클록 설계는 시스템 성능에 매우 중요한 역할을 담당하기 때문에 주의 깊게 다루어야 한다. 먼저 순차회로가 앞 장에서 배운 조합회로와 어떤 점이 다른지 알아본다. 그 다음 RS 래치의 동작을 이해하고 래치와 F/F의 차이를 이해한다. 또한 JK F/F의 동작 원리를 이해하고 그를 이용한 시프트 레지스터(Shift-register)의 동작을 익힌다. 또한 셋업(Setup)과 홀드 타임(hold time)에 대해서 알아보고 클록이 F/F에 어떤 역할을 하는지 그리고 클록 설계 시 주의할 점을 알아본다. 마지막으로 F/F을 이용한 레지스터, 카운터 등에 대해서 알아본다.

11.1 순차 네트워크(Sequential Network)

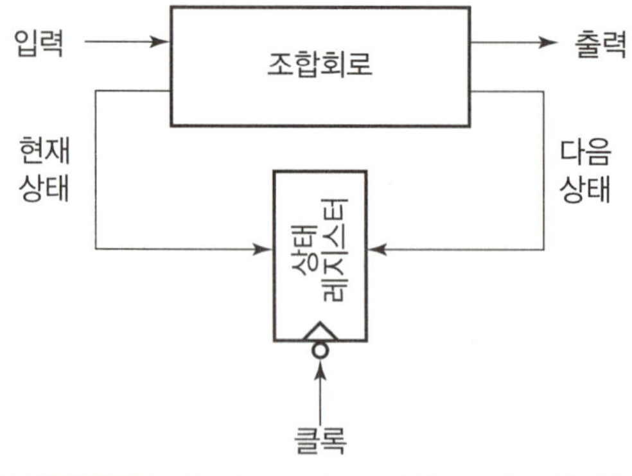

[그림 11-1] 순차 네크워크

조합회로란 출력이 입력에 따라 변하는 회로이므로 출력이 그 다음 입력으로 사용되지 않는 회로를 말한다. 반면 순차회로란 [그림 11-1]에서 보는 바와 같이 출력이 입력에 연결된 피드백 루프(feedback loop)를 이용하여 출력이 현재의 입력과 그전에 만들어진 출력의 함수로 구성되는 회로를 말한다. 따라서 순차회로는 논리 계산 기능을 담당하는 조합회로, 메모리(즉, F/F), 피드백 루프로 구성된다. 그 전 시간에 출력된 신호를 저장하였다가 현재의 입력으로 사용하기 위해서는 피드백 루프에 메모리를 사용하여야 한다. 예를 들면 교통 신호 제어기의 경우, 빨간불 다음에 노란불, 그 다음에 파란불이 들어오도록 하기 위해서 그 전에 어떤 신호가 들어왔는지를 알아야 그 다음 신호를 결정할 수 있게 된다.

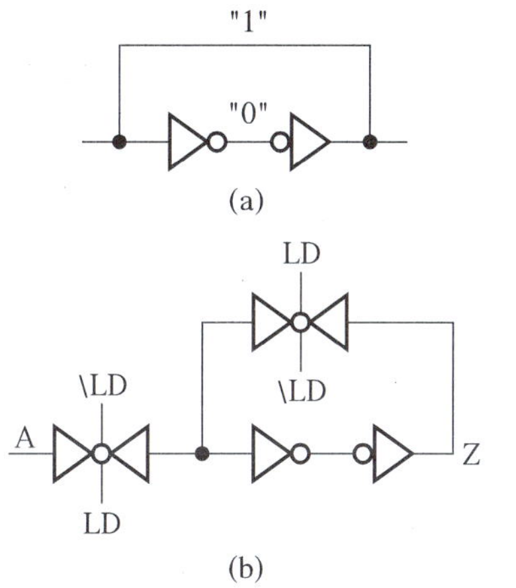

[그림 11-2] 피드백을 가진 간단한 회로

가장 간단한 원시적인 메모리 소자는 정적(static) RAM(Random Access Memory)으로 연속적으로 연결된 게이트를 사용하고 출력값을 저장하기 위하여 피드백 루프를 사용한다. [그림 11-2] (a)에는 가장 간단한 게이트인 인버터 두 개를 사용한 예제를 보이고 있다. 또한 새로운 값을 저장하기 위해서는 피드백 루프를 차단하기 위하여 스위치를 사용하게 된다. [그림 11-2]의 (b)에서 LD=1이면 입력 A는 출력 Z에 전달되지 않아서 현재값을 유지하지만 LD=0이 되면 피드백 루프가 닫히고 입력단의 스위치가 ON되어 입력 A가 Z에 전달되게 된다.

11.2 래치(Latch)

래치와 F/F은 새로운 조건이 주어지기 전까진 현재 상태('0' 또는 '1')를 유지하는 디지털 소자를 말한다. 조건을 주는 방법에 따라 여러 종류로 나누어진다. 먼저 다양한 래치의 종류에 대해서 알아보자.

RS 래치(Latch)

가장 간단한 래치 구조는 [그림 11-3]에서 보이는 RS 래치이다. Static RAM의 구조와 같이 연속된 게이트를 사용하나 인버터 대신 NOR 게이트를 사용하며, 입력에 따라 출력을 1(set) 또는 0(reset)으로 만드는 기능을 가지고 있다. 즉, R = 1, S = 0인 경우는 reset을 출력하고, 그 반대로 R = 0, S = 1인 경우는 set을 출력하게 된다. 또한 R = S = 0인 경우는 전 상태 값을 그대로 유지하게 된다. 그러나 R = S = 1인 경우는 Q = Q'가 되어 이것은 원하지 않는 결과이기 때문에 R = S = 1의 경우는 금지된다.

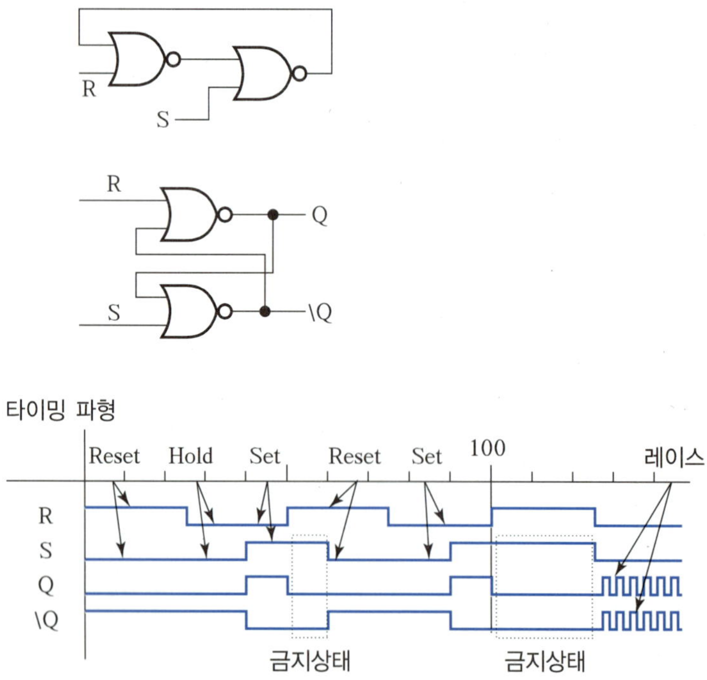

[그림 11-3] RS 래치

또한 주의할 사항은 현재 상태에서 R = S = 1에서 다음 상태가 R = S = 0으로 변환하는 경우는 [그림 11-4]에서 예시하는 바와 같이 레이스(Race)가 발생하게 된다. 레이스란 [그림 11-4]에서 보는 바와 같이 신호가 짧은 주기로 변하는 무한 루프를 발생시키는 것을 말한다.

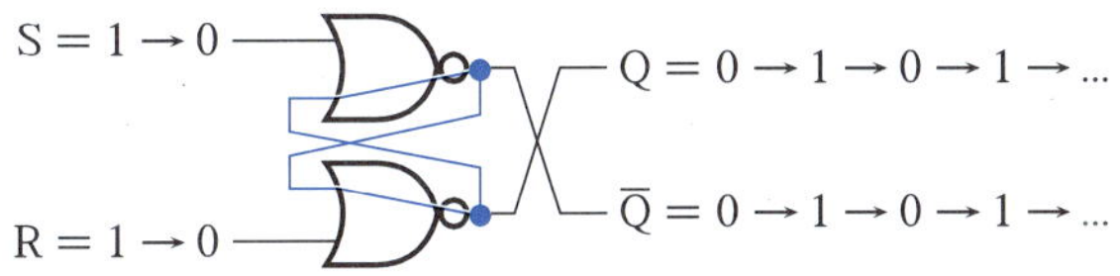

[그림 11-4] 루프의 지연시간을 주기로 발진(진동)한다

S	R	Q
0	0	hold
0	1	0
1	0	1
1	1	unstable

RS 래치의 동작을 표시한 진리표

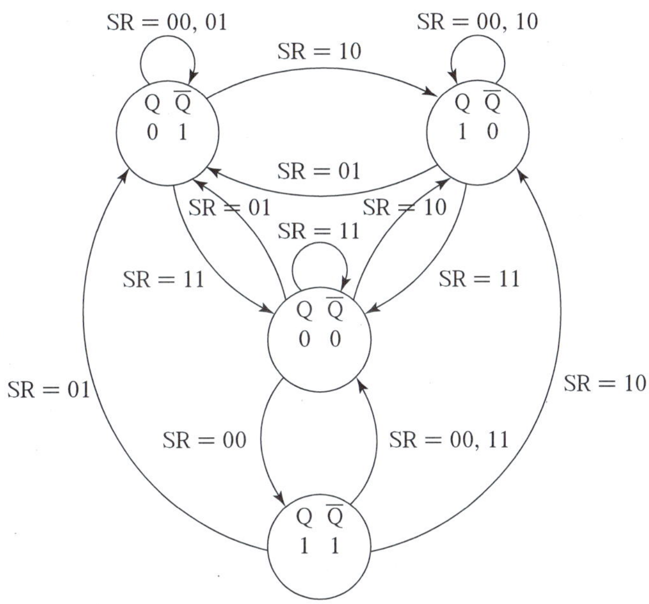

[그림 11-5] RS 래치의 상태 동작

그러한 RS latch의 동작상태는 [그림 11-5], [그림 11-6]과 같은 상태도(state digram)로 표현될 수 있다. 상태도의 노드(node)는 상태를 의미하며, 2개의 노드를 연결하는 에지(edge)는 상태의 전환 과정을 표시하고 에지의 화살표는 그 방향으로 상태가 천이됨을 표시한다.

상태도를 살펴보면, SR은 네 가지(SR = 00 또는 01 또는 10 또는 11) 조합으로 이

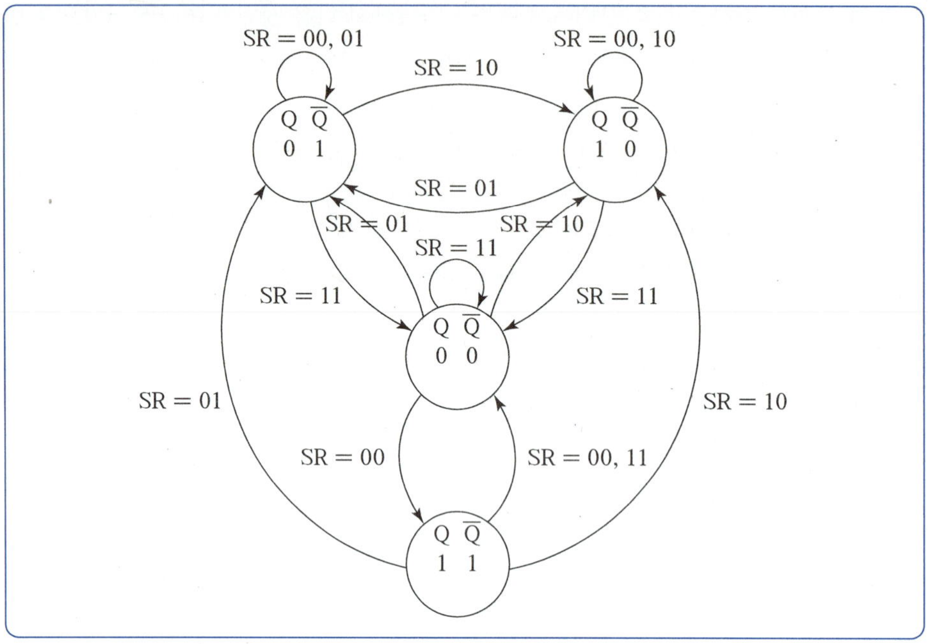

[그림 11-6] 이론적인 RS 래치 상태도

루어지기 때문에 출력이 발생할 수 있는 경우는 네 개의 상태($Q\overline{Q}$ = 01 또는 10 또는 00 또는 11)를 갖는다.

RS 래치의 이론적인 상태도를 보면 [그림 11-6]과 같다. SR = 00인 경우는 현재의 상태가 그 전 상태와 동일하기 때문에 $Q\overline{Q}$는 그 전 상태의 $Q\overline{Q}$와 같은 값을 가지므로 self-loop로 표현된다. SR = 10 또는 01로 되는 경우는 상태 변환이 일어나게 되어 set 또는 reset으로 변환되게 되나, SR = 11인 경우는 $Q\overline{Q}$ = 00이 되어 허용할 수 없는 상태(즉, Q와 $\overline{Q}$는 같은 값이 될 수 없다.)가 된다. 여기서 보면 알 수 있듯이 SR = 11인 상태에서 SR = 00으로 바뀌는 경우, SR = 00인 동안에는 두 개의 상태, 즉 $Q\overline{Q}$ = 00과 $Q\overline{Q}$ = 11 사이에 무한루프가 형성되는 것을 알 수 있다. 따라서 이 경우에는 Race가 발생되게 된다.

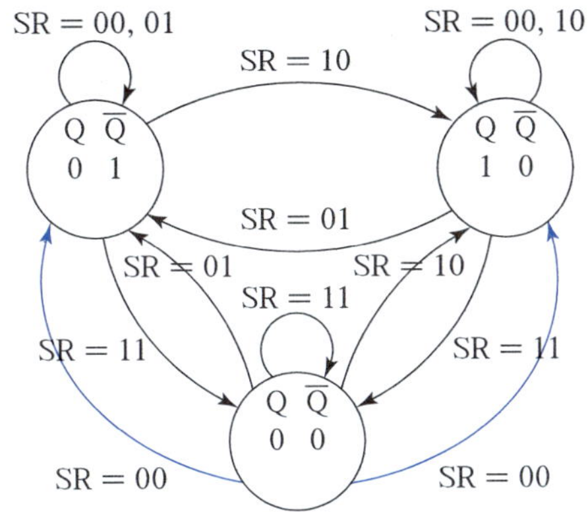

[그림 11-7] 관찰된 RS 래치의 실제 동작

그러나 [그림 11-7]에서 보듯이 실제로는 RS 래치에서 $Q = \overline{Q} = 11$이 되는 경우를 관찰하기 어렵다. 그 이유는 SR = 11인 상태에서 SR = 00으로 SR이 동시에 바뀌는 경우가 실제적으로 지연시간의 차이로 인해서 관찰되기 어렵기 때문이다. 따라서 $Q\overline{Q}$ = 11인 상태를 제거하면 [그림 11-7]과 같이 좀 더 간략화된 상태도를 만들 수 있다.

Level sensitive RS 래치

Level sensitive RS 래치(Gated RS latch라고도 부름)의 회로도는 [그림 11-8]과 같으며, RS 래치의 앞 단에 NOR gate와 enable 신호를 추가한 형태로 enable 신호의 상태 변화(즉, 상위 레벨에서 하위 레벨 또는 하위 레벨에서 상위 레벨)에 따라 이 경우는 하위 레벨인 동안에 입력의 변화를 센싱하여 출력하게 된다.

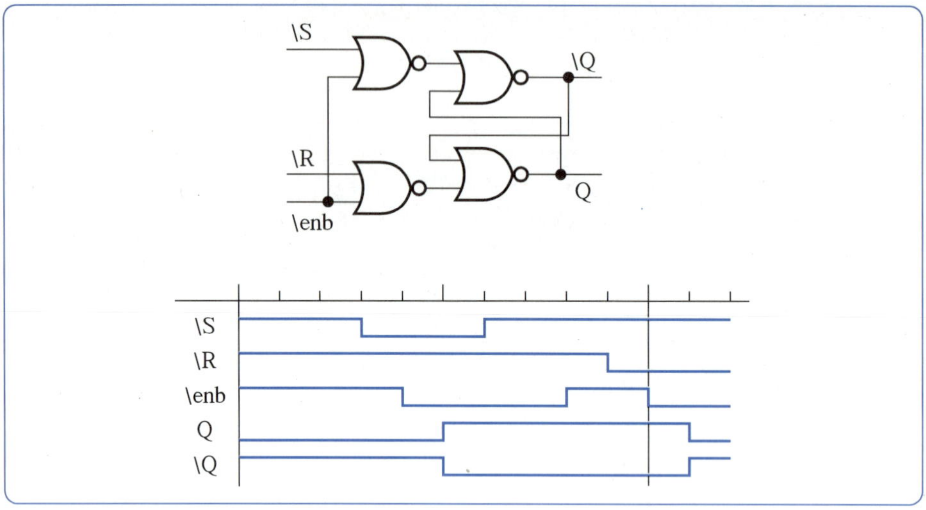

[그림 11-8] Level Sensitive RS Latch의 회로도 및 타이밍도

[그림 11-9]에서 RS 래치의 진리표, 카노 맵, 특성 방정식을 보이고 있다.

Truth Table :
Next State = F(S, R, Current State)

S(t)	R(t)	Q(t)	Q(t+d)	
0	0	0	0	HOLD
0	0	1	1	
0	1	0	0	RESET
0	1	1	0	
1	0	0	1	SET
1	0	1	1	
1	1	0	X	NOT ALLOWED
1	1	1	X	

Derived K-Map :

Q(t) \ SR	00	01	11	10
0	0	0	X	1
1	1	0	X	1

(S: columns 11, 10; R: columns 01, 11)

Characteristic Equation :

$$Q+ = S + \overline{R}\,Q_t$$

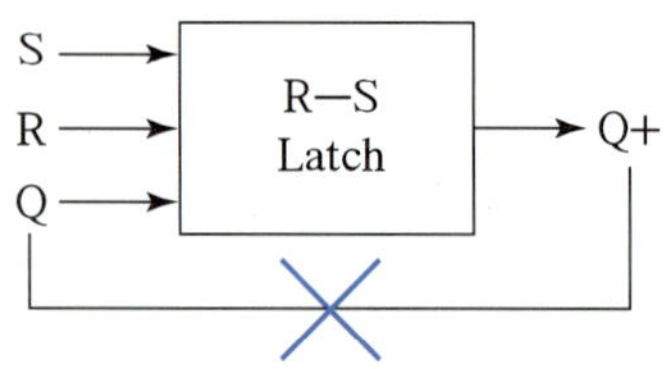

[그림 11-9] RS 래치의 진리표, 카노 맵, 특성 방정식

RS 래치의 진리표를 살펴보면, 입력으로는 S(t), R(t), Q(t)가 있고 d만큼의 지연시간 후에 Q(t+d)가 출력된다.

S(t)R(t)=00인 경우는 현재 상태값과 이전 상태값이 같게 되고(hold라고 한다.), S(t)R(t)=01인 경우는 Q(t)에 관계없이 Reset(Q(t+d)=0)이 되고, S(t)R(t)=10인 경우는 Q(t)에 관계없이 Set(Q(t+d)=1)이 된다. 또한 S(t)R(t)=11인 경우는 Q(t)에 관계없이 허용되지 않는다. 따라서 특성 방정식을 K-map을 이용해 간략화하면 $Q(t+d)=S+\overline{R}Q(t)$로 표현되게 된다.

Level sensitive D 래치

Level-Sensitive D-Latch는 level-sensitive RS-latch의 S와 R 입력을 연결하여 S = D, R = $\overline{D}$가 되도록 한 것이며 [그림 11-10]과 같이 다음의 3개의 입력 신호가 있다.

- CP: Clock Pulse
- D: Set input
- D': Reset input

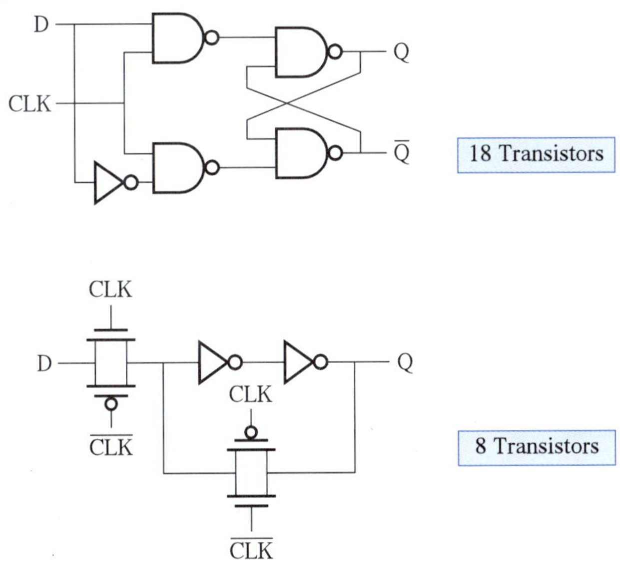

[그림 11-10] Level Sensitive D-Latch의 회로도 및 타이밍도

D-Latch의 2개의 상태는 다음과 같다.

- Set state: D = 1, CP = 1
- Reset state: D = 0, CP = 1

또한 그에 따른 특성 방정식(Characteristic Equation)은 다음과 같이 표기할 수 있다.

$$Q(t+1) = F(Q(t), D(t+1)) = D$$

[그림 11-10]과 같이 NAND 게이트를 이용하여 구현하면 18개의 트랜지스터가 필요한 반면, 트랜스미션 게이트를 이용하여 구현하면 트랜지스터 8개를 사용하여 좀 더 간단한 회로를 구현할 수 있다.

T 래치

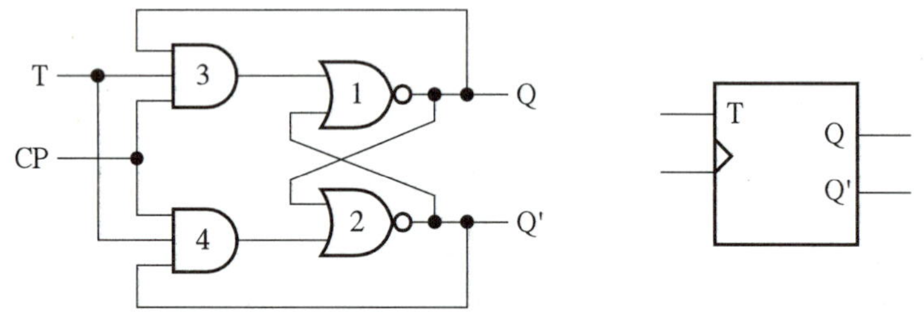

[그림 11-11] T 래치

T 래치는 [그림 11-11]과 같이 다음과 같은 2개의 입력 신호를 가지고 있다.

- CP: Clock Pulse
- T: Toggle input

T 래치는 다음과 같은 2개의 상태 신호를 표현할 수 있다.

- No Change: T = 0, CP = 1
- Complement: T = 1, CP = 1

그에 따른 특성 방정식은 다음과 같다.

$$Q(t+1) = F(Q(t), T(t+1)) = T\overline{Q} + \overline{T}Q$$

JK 래치

[그림 11-12]의 JK 래치는 금지된 상태, 즉 S(t)R(t)=11인 경우를 배제하기 위하여 사용된다. 그렇게 하기 위하여 RS의 앞단에 AND gate를 달고 Feedback loop를 만들어 S(t)R(t)=11 경우가 발생하지 않도록 한다. 그러나 J(t)K(t)=11인 경우에는 toggle이 발생되는 점을 주의해야 한다. JK 래치의 특성 방정식은 Q+=QK+QJ로 표현된다.

J(t)	K(t)	Q(t)	Q(t+d)	
0	0	0	0	HOLD
0	0	1	1	
0	1	0	0	RESET
0	1	1	0	
1	0	0	1	SET
1	0	1	1	
1	1	0	1	TOGGLE
1	1	1	0	

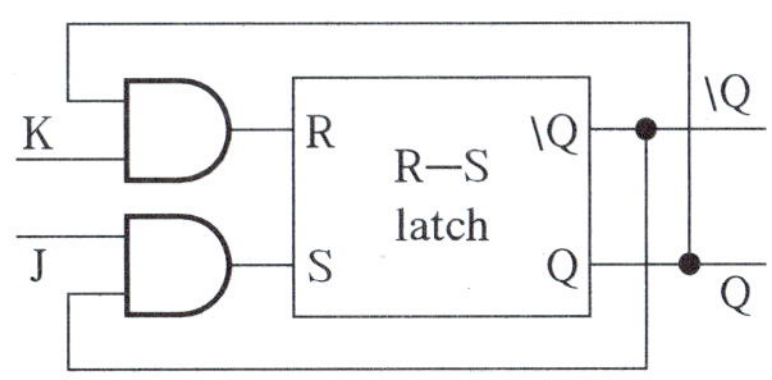

특성 방정식 :

$$Q+ = Q\overline{K} + \overline{Q}J$$

[그림 11-12] JK Latch

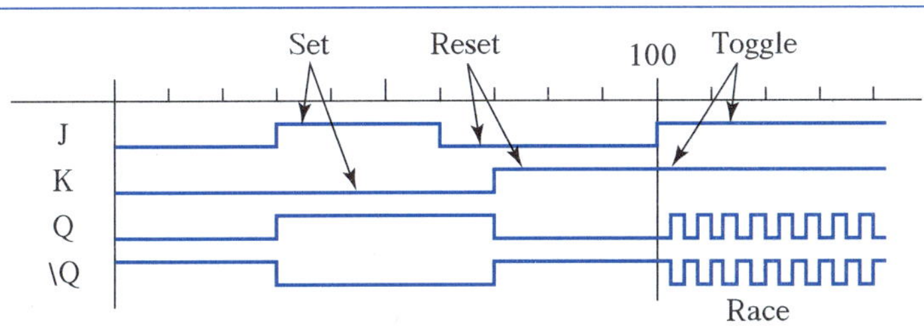

[그림 11-13] JK Latch 레이스 조건

11.3 F/F(Flip-Flop)

래치와 F/F을 비교한다면 level-sensitive한 경우는 래치라고 불리우며 clock이 high일 때 입력을 인식하게 되고, edge-sensitive한 경우는 F/F이라고 부르는데

edge-sensitive F/F의 경우는 positive(clock이 low에서 high로 바뀌는 경우 입력신호를 전달)와 negative(clock이 high에서 low로 바뀌는 경우 입력신호를 전달) F/F의 2가지가 있다. F/F은 복수 개의 래치를 이용하여 만들 수 있다(예: master/slave F/F).

[그림 11-14]에서 보듯이 **7474**는 positive edge-triggered F/F이고, **7476**은 level-sensitive 래치이다.

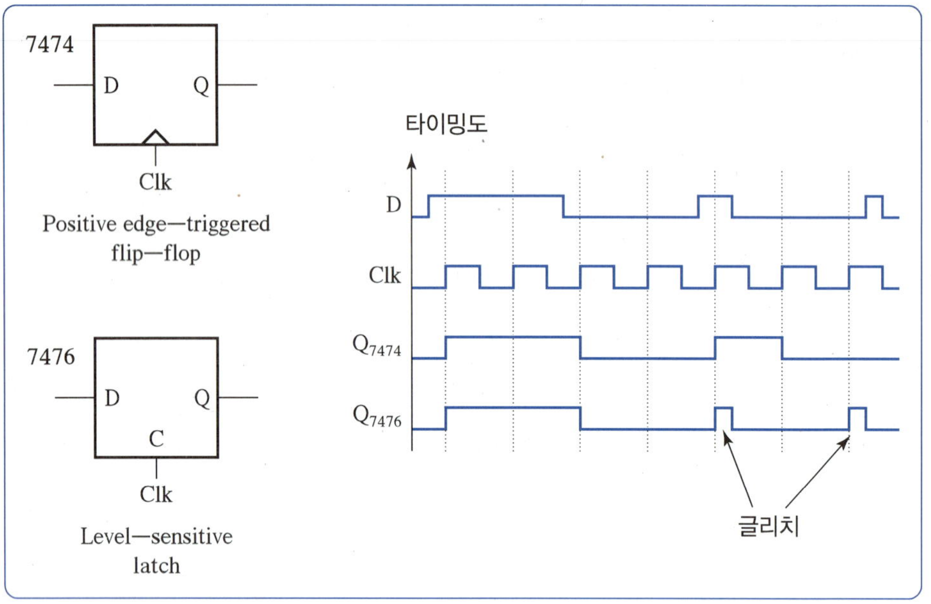

[그림 11-14] 래치와 F/F의 비교

타이밍도를 보면 **7474**는 클록이 low에서 high로 바뀔 때 입력을 받아서 출력으로 전달하게 되기 때문에 글리치와 같은 짧은 펄스 폭의 신호는 전달하지 않는 필터 역할을 할 수 있는 장점을 가지고 있다. 반면, **7476**과 같은 level-sensitive 래치는 클록이 high인 구간 동안에 입력에 따라 반응하기 때문에 [그림 11-14]와 같은 글리치와 같은 신호를 출력으로 내보내게 된다.

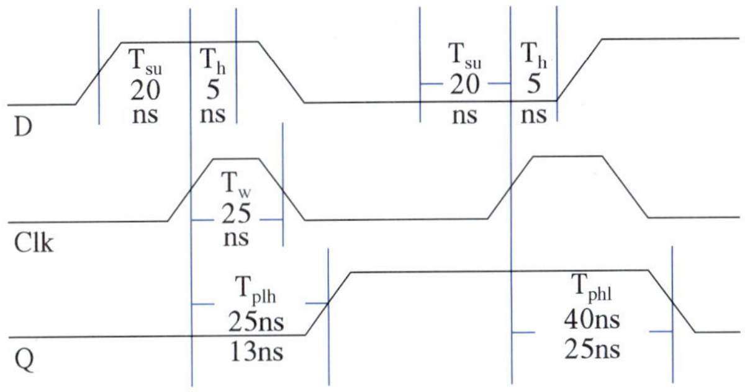

[그림 11-15] F/F의 타이밍도

[그림 11-15]는 74LS74 Positive Edge Triggered D F/F에 대한 타이밍도를 보여주고 있는데 T_{su}는 Setup time을 말하며, T_h는 Hold time, T_w는 최소 클록 폭, T_{plh}, T_{phl}는 D-F/F이 입력신호를 받아 low에서 high로, 또는 high에서 low로 출력 상태가 바뀔 때까지의 전달지연시간(Propagation delays)를 말한다.

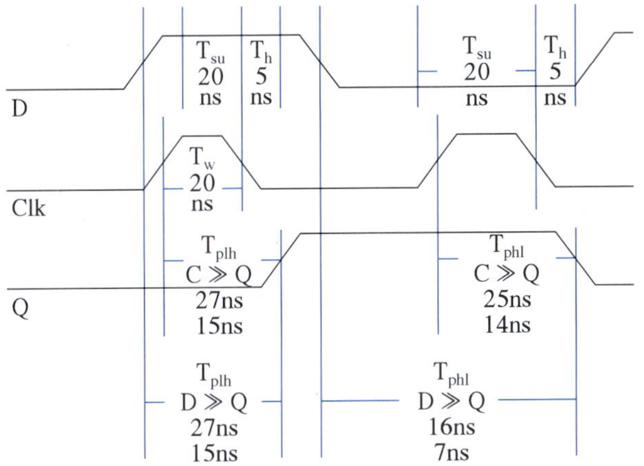

[그림 11-16] 래치의 타이밍도

[그림 11-16]은 74LS76 Transparent D 래치의 타이밍도를 보여주고 있다.

타이밍도에서는 Setup, Hold time, 최소 클록 폭, 전달지연시간(high to low, low to high)을 보여준다.

Master Slave JK F/F

JK 래치는 [그림 11-13]과 같이 J(t)K(t)=11로 변환하는 경우, Race를 만들어 내는데 그것을 제거하기 위해서 사용하는 것에는 [그림 11-17]과 같은 Master/Slave JK F/F이 있다.

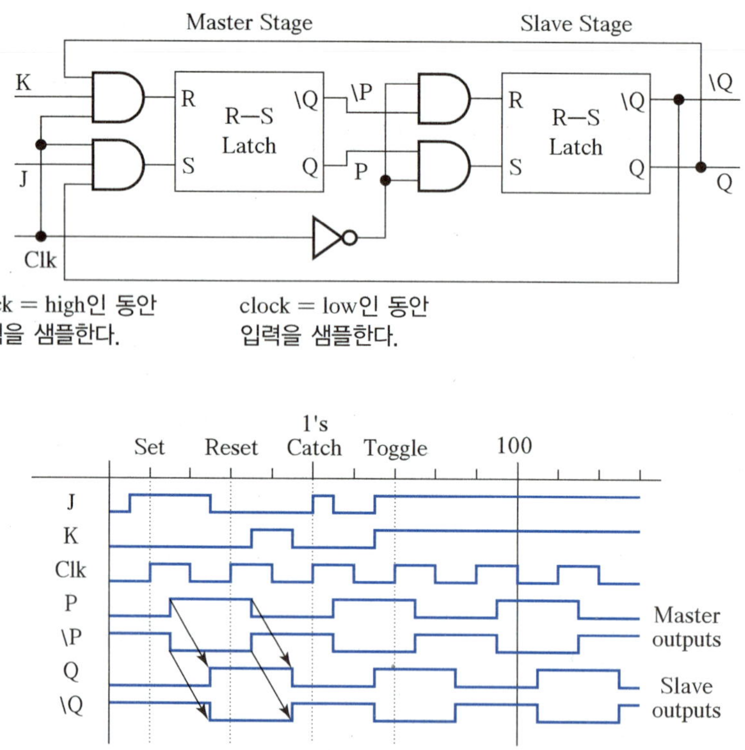

[그림 11-17] Master Slave JK F/F

2개의 JK 래치를 cascade 방식으로 사용한다. Master 단에는 클록의 positive level에서 입력이 샘플되고, slave 단에는 클록의 negative level에서 입력이 샘플되는 특징을 이용하면 race를 제거할 수 있게 된다. 또한 1' s catch problem은 [그림 11-17]의 경우와 같이 글리치에 대해서 0-hazard를 인식하지 않게 되어 안전한 시스템을 만들 수 있게 된다.

Master Slave D F/F

[그림 11-18]은 Master-Slave 기반의 D F/F을 보이고 있으며 2개의 level-sensitive clocked D-latches를 사용한다.

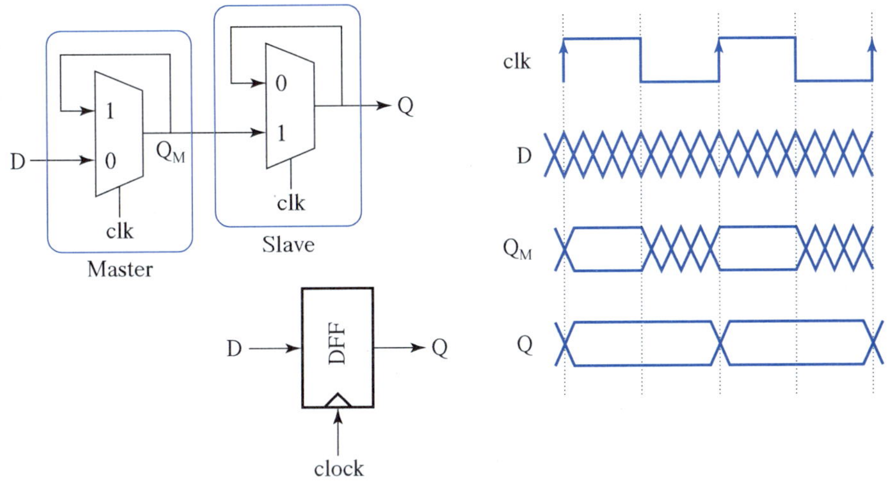

[그림 11-18] Master-Slave 기반의 D Flip-Flop

Master-Slave 기반의 D F/F은 다음과 같은 에지 트리거링 방식으로 동작된다.

- Negative edge-triggered, CK = 1 → 0, Q = D
- Positive edge-triggered, CK = 0 → 1, Q = D

Q에 전달되는 신호는 클록의 상승 에지에서 샘플되는 입력만 전달되게 되는 구조를 가지고 있다.

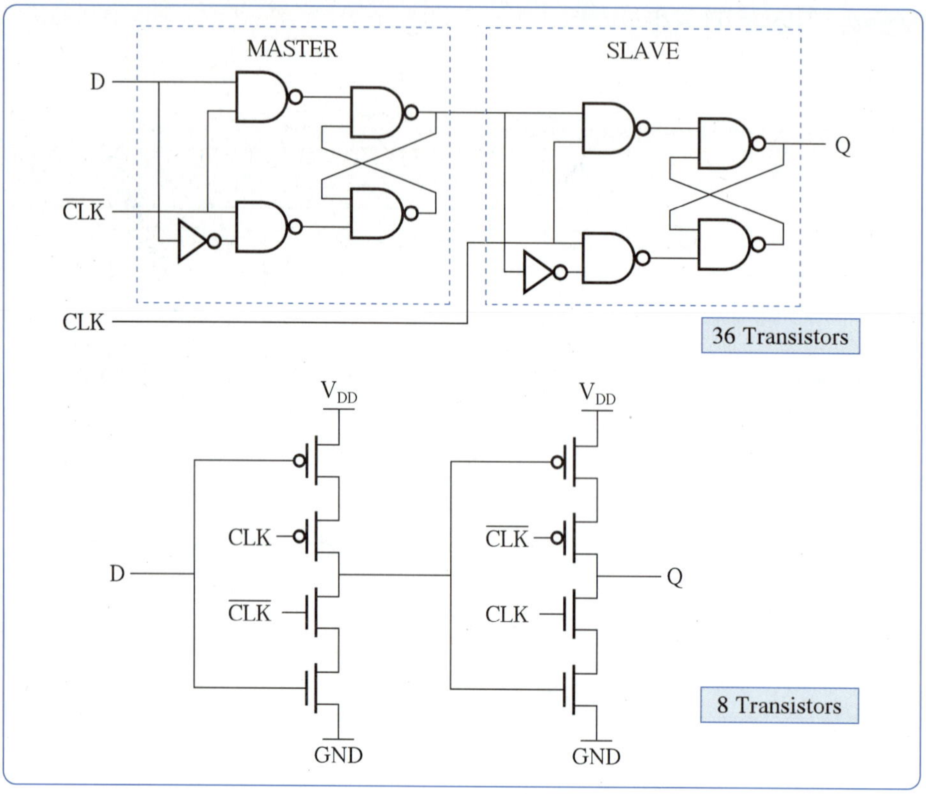

[그림 11-19] Master-Slave Edge-Triggered F/F

[그림 11-19]에서 보듯이 Master-Slave Edge-Triggered F/F을 NAND 게이트를 이용하여 구현하는 경우에는 36개의 트랜지스터가 필요하게 되지만 그림과 같은 구조의 CMOS 트랜지스터를 이용하면 8개의 트랜지스터를 이용하여 간단하게 구현하는 것이 가능하기 때문에 Master-Slave Edge-Triggered F/F을 실제 설계에 많이 활용하는 것을 알 수 있다.

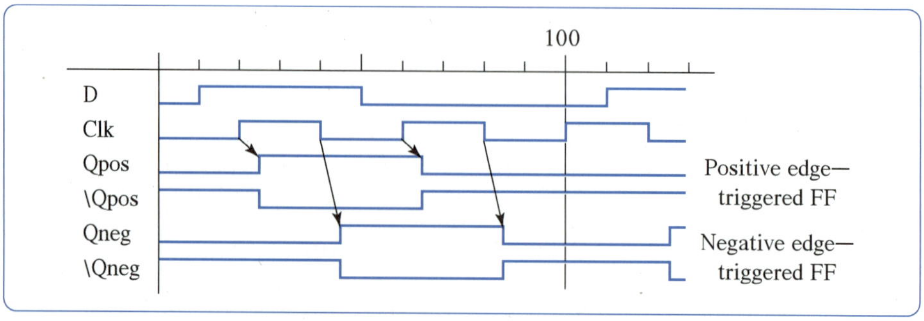

[그림 11-20] Positive vs Negative Edge Triggered Devices

[그림 11-20]은 Positive Edge Triggered 방식과 Negative Edge Triggered 방식의 차이점을 잘 보여주고 있다. Positive Edge Triggered 방식은 클록의 상승 에지 후에 출력이 발생되고, Negative Edge Triggered 방식은 클록의 하강 에지에서 출력이 발생되는 것을 알 수 있다.

11.4 레지스터(Registers)

이번에는 레지스터와 레지스터 파일에 대해서 알아본다. 그리고 다양한 F/F(Flip Flop)을 이용한 카운터의 설계에 대해서 알아보고 또한 시프터에 대해서 알아보기로 한다. F/F은 가장 원시적(primitive)인 순차회로의 메모리 로직이며, 그러한 F/F을 이용한 기억 장치로써 레지스터가 있으며, 시프터 레지스터, 카운터와 같은 복잡도가 다소 높은 컴포넌트가 있다. 간단한 순차회로인 카운터를 예를 들어 어떻게 표현하고 어떻게 설계하는지 알아보고 동기식 및 비동기식의 차이점에 대해서 알아본다.

기본 레지스터(Register)

레지스터는 마이크로 프로세서의 내부에 있는, 산술적/논리적 연산이나 정보 해석, 전송 등을 할 수 있는 일정 길이의 정보를 저장하는 중앙처리장치(CPU) 내의 기억 장치이다. 저장 용량에는 제한되어 있으나 주기억 장치에 비해서 접근 시간이 빠르고, 체계적인 특징이 있다. 컴퓨터에는 산술 및 논리 연산의 결과를 임시로 기억하는 누산기(accumulator), 기억 주소나 장치의 주소를 기억하는 주소 레지스터(address register)를 비롯하여 컴퓨터의 동작을 관리하는 각종 레지스터가 사용된다. F/F이 n개를 이용하는 경우, n-bit 값을 저장할 수 있게 된다. 보통 D-F/F를 사용한다.

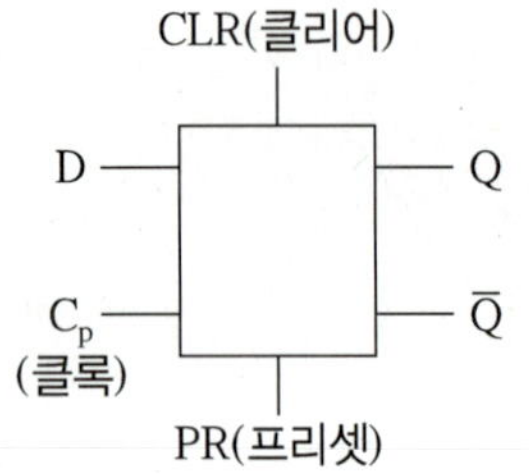

Reset	Load	Action
0	0	Q = old Q
1	0	Q = 0
0	1	Q = D

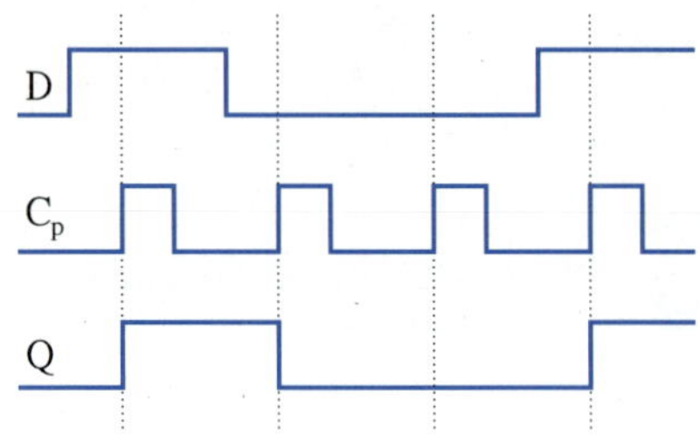

[그림 11-21] D-F/F

[그림 11-21]에는 D-F/F의 상승 에지-트리거링 D-F/F의 기호 및 동작특성을 보인다. D-F/F은 클록의 상승 에지에서 입력 데이터가 출력되는 특징을 가지고 있다.

즉, [그림 11-22]와 같은 컨트롤이 가능한 레지스터를 설계하기 위해서는, reset과 load가 0인 경우는 Q = oldQ가 되며, reset = 1인 경우는 Q = 0, load = 1인 경우, Q = D가 된다.

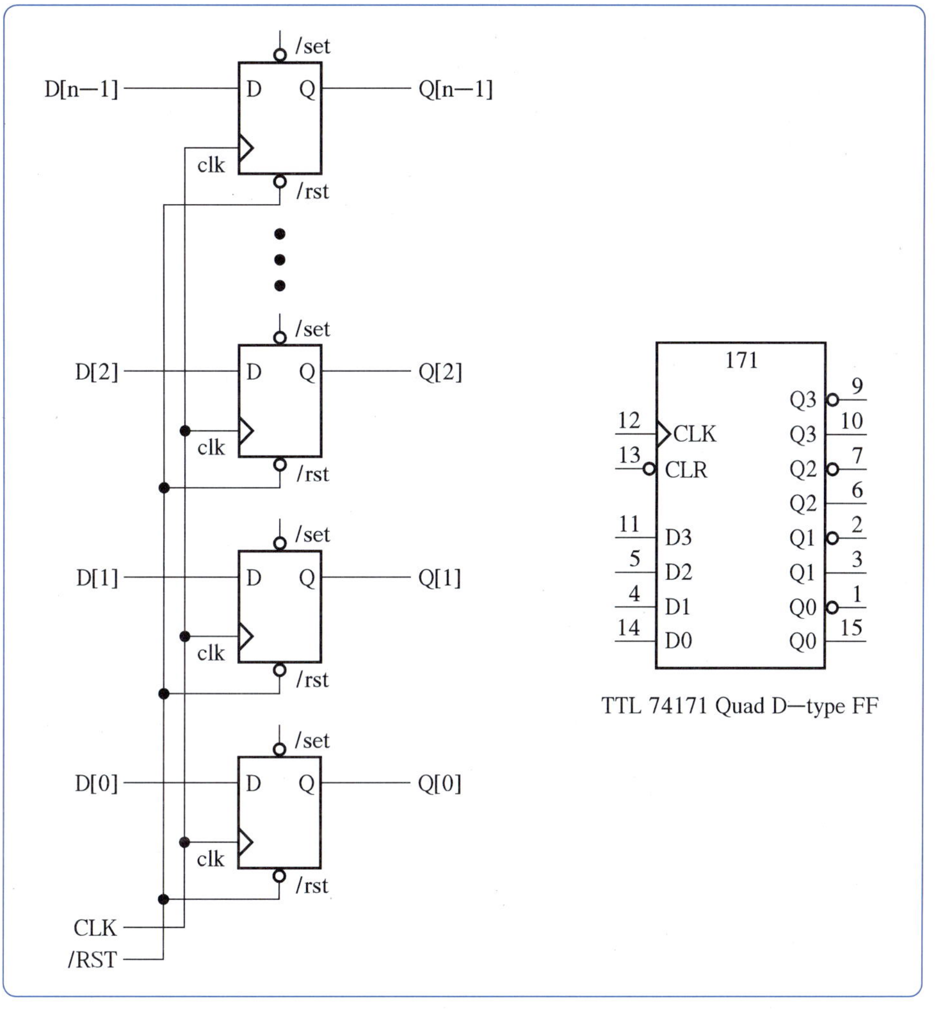

[그림 11-22] 레지스터

레지스터의 동작은 클록 펄스(clock pulse)의 입력에 의해서 이루어진다.

레지스터에 새로운 정보를 입력하는 과정을 Loading이라고 한다. [그림 11-22]와 같이 레지스터의 모든 비트가 동일한 clock pulse에 의해 동시에 실리게 되는 경우를 Parallel load라고 부른다. 레지스터에 loading이 일어나지 않는 경우 이전 상태를 유지하는 방법에는 두 가지가 있다. 하나는 클록 게이팅(clock gating)으로 [그림 11-23]과 같이 F/F의 클록 입력 앞단에 클록과 load enable 시그널을 입력으로하는 2-input OR 게이트를 달아서 Clock의 공급 여부를 결정하도록 하는 방법이 있다. 즉, 상태변화가 없을 경우에는 load enable=0이 되어 클록 입력의 영향을 차단하여 플롭플롭에 항상 1이 입력되도록 하며, 상태 변화가 필요할 때는 load enable=1로 하여 정상적으로 클록이 입력되도록 하는 방식으로 상태 변화가 없을 경우에 불필요한 클록 입력을 차단하여 스위칭 횟수를 줄임으로써 불필요한 전력소모를 제거하는 방식이다.

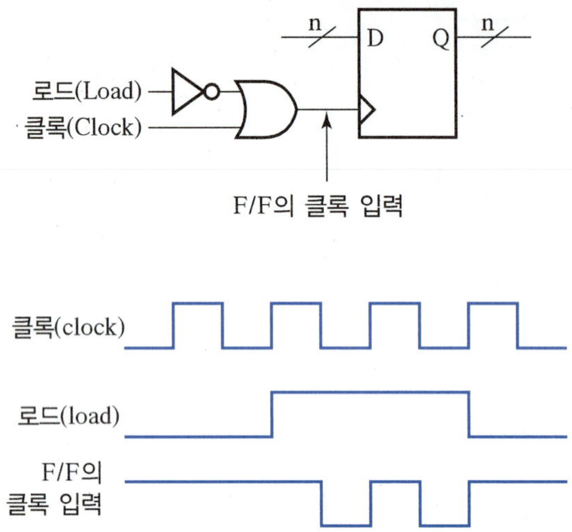

[그림 11-23] 클록 게이팅을 이용하는 방법

즉, [그림 11-23]에서 보는 바와 같이 클록 입력=load'+clock으로 표현되며, 클록이 논리 게이트에 의해 레지스터의 클록 입력부에서 단속되기 때문에 클록 게이팅이라고 부른다. 클록 게이팅은 추가적인 게이트로 인하여 지연시간이 늘어나게 되므로 가능한 클록 게이팅 방법을 사용하지 않도록 한다. 만약 클록 게이팅을 사용할 때는 지연의 영향을 보상하는 적절한 회로를 채택해야 한다. 여기서 클록 신호가 레지스터의 각 F/F에 같은 시간에 도달하여야 하는데 다른 시간에 도달하게 되면 그 지연 시간차를 클록 스큐(clock skew)라고 말한다. 시스템의 성능과 직접적인 관련이 있는 클록 주기는 클록 스큐만큼 늘어나기 때문에 클록 스큐가 적도록 클록 네트워크을 설계해야 한다.

두 번째 방법으로는 [그림 11-24]와 같이 멀티플렉서 등을 이용하여 이전 값이 현재 값으로 피드백 루프를 통해 F/F의 입력에 전달되도록 하는 방법이 사용된다.

즉, F/F의 출력에서부터 입력으로의 피드백(feedback)되는 신호의 연결은 D-F/F의 상태불변을 위하여 필요하며, 이 경우에서는 각 F/F에 클록을 계속적으로 인가한다.

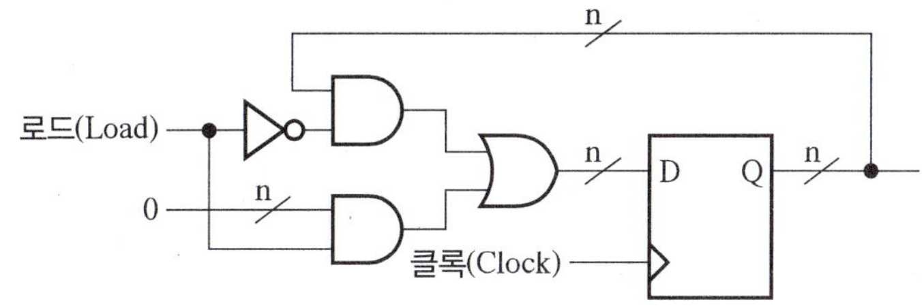

[그림 11-24] 멀티플렉서를 사용하는 방법

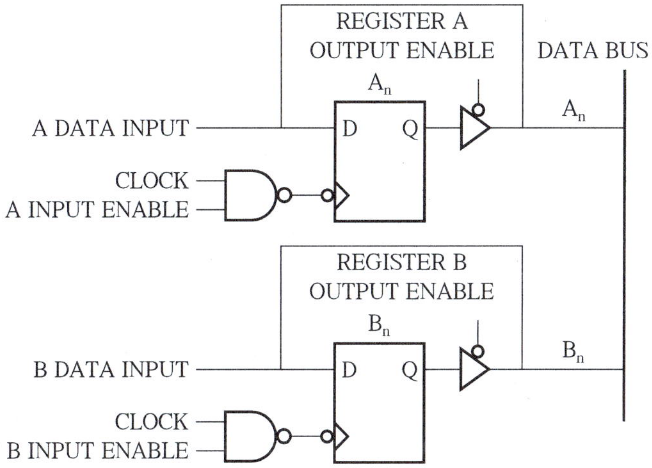

[그림 11-25] 레지스터의 공통 출력 버스 구조

[그림 11-25]는 공통 출력 버스 구조에 두 개의 레지스터를 연결한 형태를 보이고 있다. 공통 버스는 한 개의 신호만 전송이 가능하므로 2개의 출력 중 하나를 선택하기 위한 제어 신호가 필요하게 된다. 이 제어신호는 Tri-state buffer를 이용하여 구현가능하다.

11.5 시프트 레지스터(Shift Register)

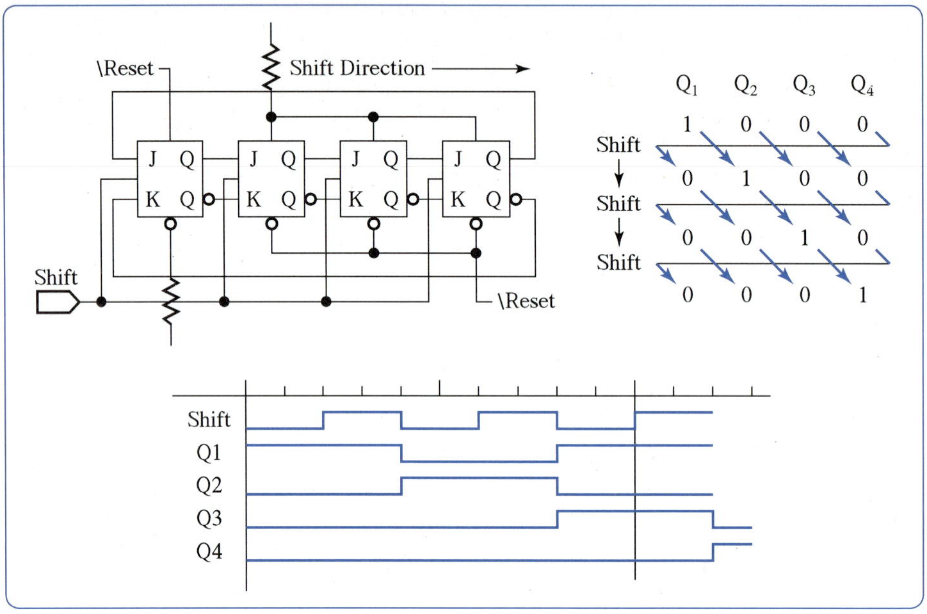

[그림 11-26] 시프트 레지스터(Shift Registers)

시프트 레지스터(shift register)

저장되어 있는 비트 데이터를 한 방향이나 양방향으로 측면 이동시킬 수 있는 기능을 가진 레지스터를 말한다. 여러 개의 F/F을 cascade하여 F/F의 출력이 그 옆에 있는 F/F의 입력으로 연결되도록 하여 구현할 수 있다.

시프트 레지스터 또는 시프터는 비트 이동 연산을 수행하는 회로이며, 이 기능을 이용하여 곱셈, 나눗셈, 데이터의 변형, 편집 등에 이용된다. 비트이동 연산은 레지스터에 기억된 데이터 비트들을 왼쪽이나 오른쪽으로 1비트씩, 또는 n비트씩 차례대로 이동시켜 밀어내기 형태가 되도록 하는 연산을 말한다.

[그림 11-26]의 예를 통해서 시프트 레지스터의 동작 상태를 살펴보자. 만약 초기에 4비트의 데이터 1000이 시프트 레지스터에 축적되어 있다고 하자.이 상태에서 shift 펄스가 1이 되면 가장 오른쪽의 Q4의 출력인 LSB(least significant bit)의 1은 오른쪽으로 나와서 Q1의 입력으로 피드백(feedback) 되고 각각의 비트는 1비트씩 왼쪽 숫자를 받는다. 이때, Q4 = 0이므로 Q1(= MSB = Most Significant Bit)에는 '0' 이 들어

온다. 이것은 우측 시프트(right shift)의 한 예이다.

시프트 레지스터를 이용하면 곱셈 또는 나눗셈을 할 수 있다. 즉, 왼쪽으로 한 번 시프트하면 2로 곱한 결과가 되고, 오른쪽으로 한 번 시프트하면 2로 나눈 결과가 된다. 예를 들면 앞의 예제와 같은 경우, 2진 데이터값이 $(1000)_2$인 경우 오른쪽으로 한 번 시프트하면 $(0100)_2$이 되고, 또 한 번 오른쪽으로 이동하면 $(0010)_2$이 된다. 여기서 2진 데이터값을 10진수로 바꾸어 보면 4비트 $(1000)_2$은 $(8)_{10}$이 되고 $(0100)_2$은 $(4)_{10}$가 된다. 이는 8에서 1비트 오른쪽으로 이동하면 $8 \div 2 = 4$가 되고, 또 한 번 오른쪽으로 이동하면 $4 \div 2 = 2$가 된다는 것을 알 수 있다. 결국 오른쪽으로 1비트씩 이동하면 2로 나눈 셈이 된다. 또 이것을 왼쪽으로 한 비트씩 이동하면 곱셈이 되는 것을 알 수 있다. 이렇게 복잡하고 계산시간이 오래 걸리는 곱셈기를 사용하는 대신 시프트 레지스터를 사용하는 경우 정확도에서는 떨어지지만 어떤 임의의 값을 나누거나 곱할 때 승수 또는 제수를 2의 멱승으로 표시하여 대략화하는 것이 가능하다면 곱셈기 대신 시프트 레지스터를 사용하는 것이 성능, 면적, 전력소모면에서 나은 결과를 얻게 될 것이다.

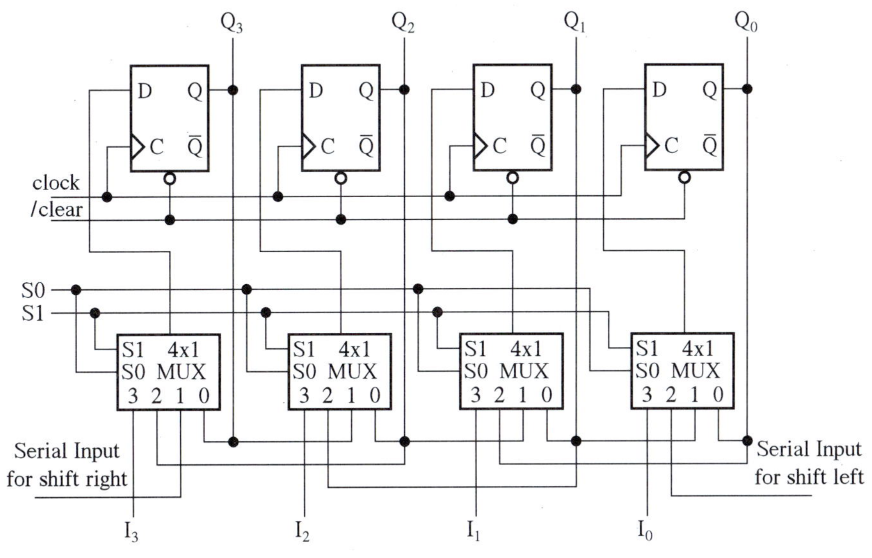

모드 제어 S1	S0	레지스터 동작
0	0	변화없음
0	1	다운 시프트
1	0	업 시프트
1	1	병렬 로드

[그림 11-27] 병렬 로드를 가지고 있는 양방향 시프트 레지스터

시프트 레지스터는 [그림 11-27]과 같이 직렬 입력, 병렬 출력(SIPO)와 병렬 입력, 직렬 출력(PISO) 형태를 포함하여 직렬과 병렬의 입출력 조합을 가지고 있다. 또한 시프트 레지스터의 방향을 다양하게 할 수 있는 양방향성 시프트 레지스터가 있다. 그러한 4가지 조합을 제어하기 위한 2 bit 제어 신호를 사용하면, load, shift-left, shift-right, hold의 네 가지 기능을 구현할 수 있게 된다.

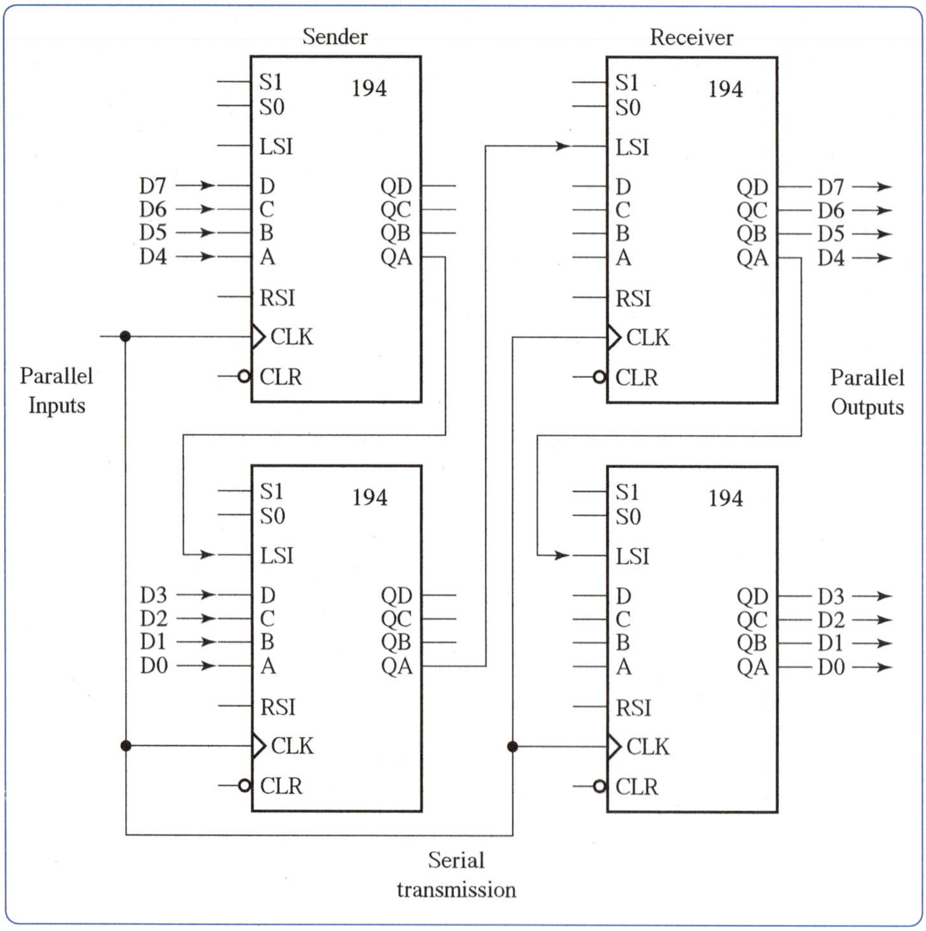

[그림 11-28] 시프트 레지스터의 응용(병렬-직렬 변환)

시프트 레지스터는 [그림 11-28]과 같이 직렬 데이터를 병렬 데이터로 바꾸거나 병렬 데이터를 직렬 데이터로 바꿀 때도 사용될 수 있다.

11.6 카운터(counter)

카운터는 클록을 인가할 때 미리 정해진 상태의 순서를 따라 진행하는 레지스터를 말한다.

카운터는 상태가 변화(Set 혹은 Reset)하는 F/F의 조합으로 구성되며 동기식(synchronous)과 비동기식(asynchronous) 카운터가 있다. 카운터는 연산과정을 순서화하거나 제어하는 과정에서 활용되며 up-counter와 down-counter가 있다. 카운터는 FSM(Finite State Machine)의 degenerate(축소된) 형태이다. 즉, 상태도가 하나의 루프로 구성되며 상태가 바로 출력을 의미하게 된다.

비동기 카운터는 앞에서 살펴본 동기식과는 달리 클록이 한번에 하나씩 연속적으로 변하여, 신호는 물결(ripple) 형태로 카운터를 통해 전송된다.(따라서 ripple 카운터를 비동기식 카운터라고도 한다) F/F의 전파 지연시간이 누적되어 동기식에 비해 지연시간이 길어진다. 클록과 동기되지 않고 출력이 동시에 변화되지 않는다. 각 단계의 클록킹은 이전의 카운터 단계에 의하여 수행되어지며, 긴 카운터 체인(chain)에서는 각 단의 지연시간에 의하여 마지막 단까지 수행하기 위하여 상당히 오랜 시간이 요구된다.

2 나누기 카운터

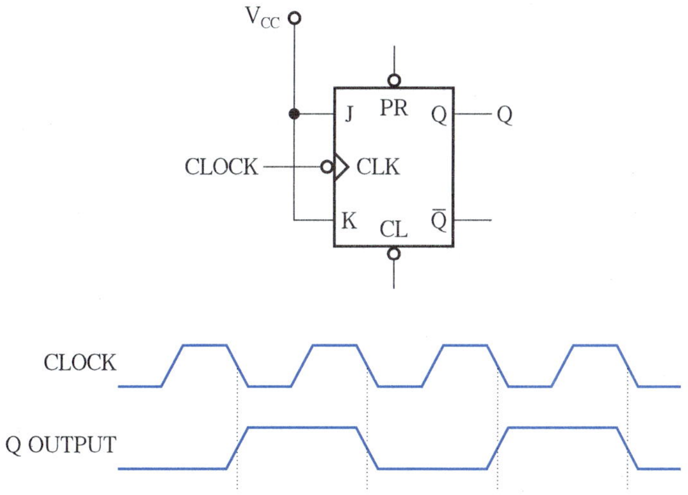

[그림 11-29] 2 나누기 카운터

2 나누기 카운터는 [그림 11-29]와 같다. 클록 주기의 각 다운 에지에서 Q 출력이 바뀌는 것을 볼 수 있으며, 이를 통하여 주파수가 반감된 것을 알 수 있다.

4 나누기 카운터

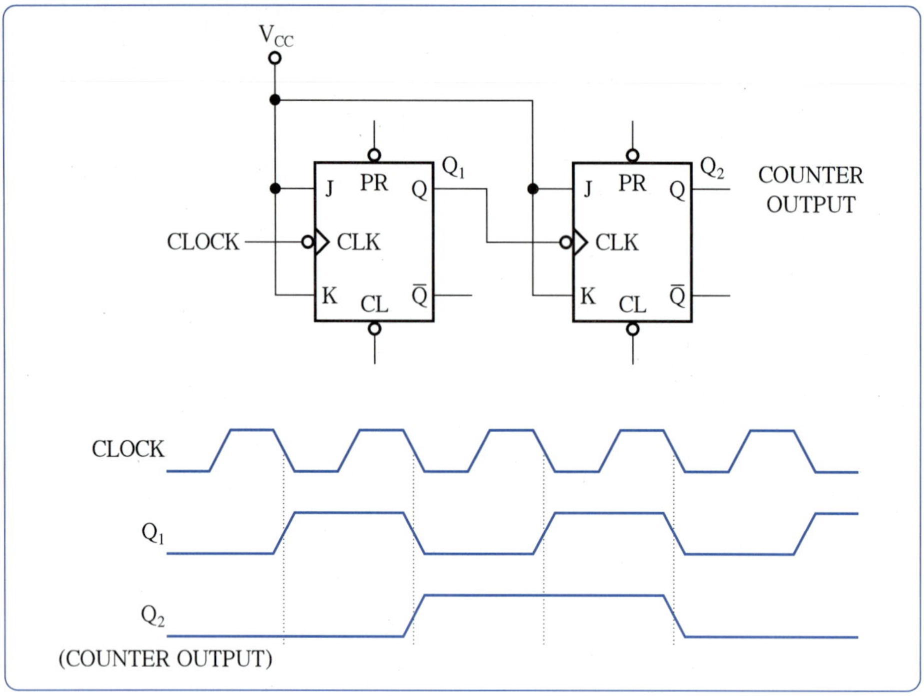

[그림 11-30] 4 나누기 카운터

4 나누기 카운터는 [그림 11-30]과 같이 2개의 F/F을 사용하여 첫 번째 F/F의 출력이 두 번째 F/F의 클록 신호가 되어 두 번째 F/F의 출력은 첫 번째 F/F의 출력의 하강 에지에서 바뀌는 것을 알 수 있다.

8 나누기 카운터

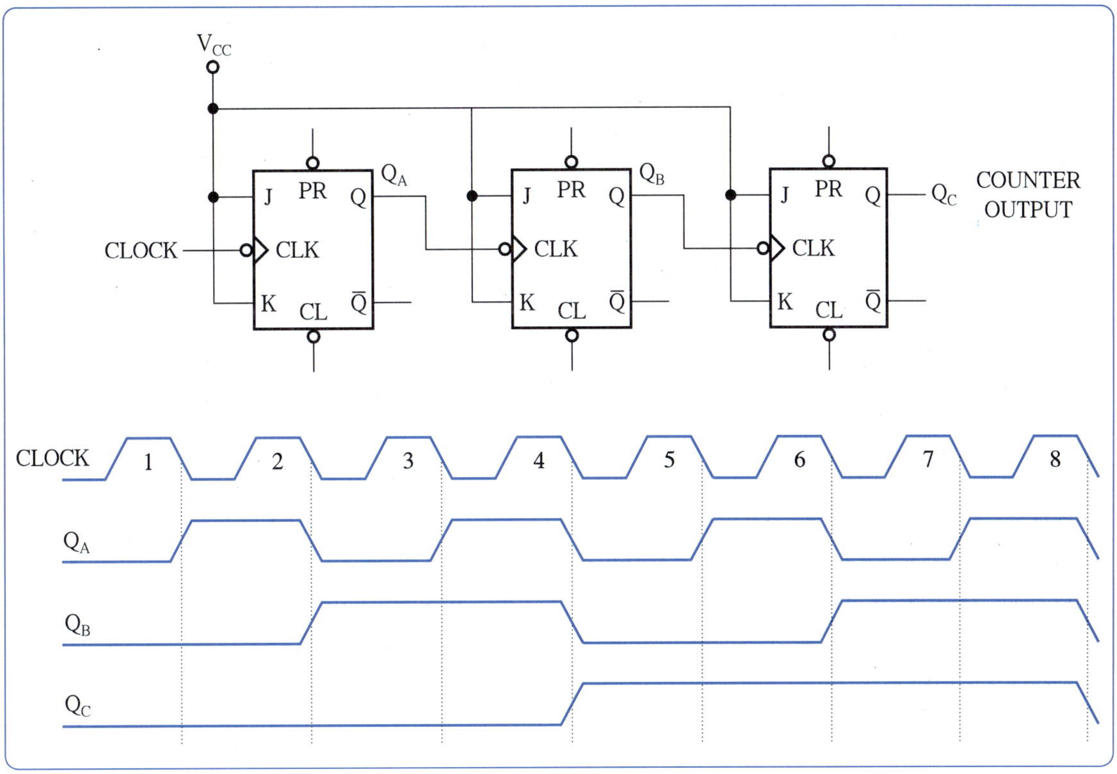

[그림 11-31] 8 나누기 카운터

이런 방법을 이용하여 계속 F/F의 개수를 확장해 나갈 수 있게 된다. [그림 11-31]에서 보듯이 8 나누기 카운터의 경우는 세 번째 F/F의 출력은 클록 주파수의 $\frac{1}{4}$이 된 것을 알 수 있다.

이와 같이 각각의 F/F의 출력이 다음 F/F의 입력으로 인가되는 형태의 카운터를 ripple 카운터라고 한다. Ripple 카운터의 가장 주된 장점은 하드웨어가 단순하다는 것이다. 그러나 신뢰도가 떨어지고 내부지연에 영향을 받는다.

비동기식 카운터

MOD—8 Counter

C	B	A
0	0	0
0	0	1
0	1	0
0	1	1
1	0	0
1	0	1
1	1	0
1	1	1

MOD—6 Counter

C	B	A
0	0	0
0	0	1
0	1	0
0	1	1
1	0	0
1	0	1

[그림 11-32] MOD8 카운터와 MOD6 카운터

비동기(Asynchronous) 카운터를 이용하여 ripple 카운터를 구현해 보자. 연속된 2개의 F/F에 대해서 앞 단의 F/F의 출력값이 그 다음 단의 F/F을 trigger할 수 있는 신호원으로 작용하도록 설계하는 것을 말한다. 즉, 어떤 일부나 전체의 F/F의 Clock 입력은 clock pulse를 이용하는 것이 아니라 다른 F/F의 출력에서 나오는 신호변화에 의해 trigger된다.

기본 ripple 카운터는 2^n의 MOD로만 동작한다. [그림 11-32]와 같이 2^n 이하의 MOD 수를 산출하기 위해 연속적인 카운터의 중간 부분으로부터 000으로 피드백 루프를 만들어 주면 가능하게 된다.

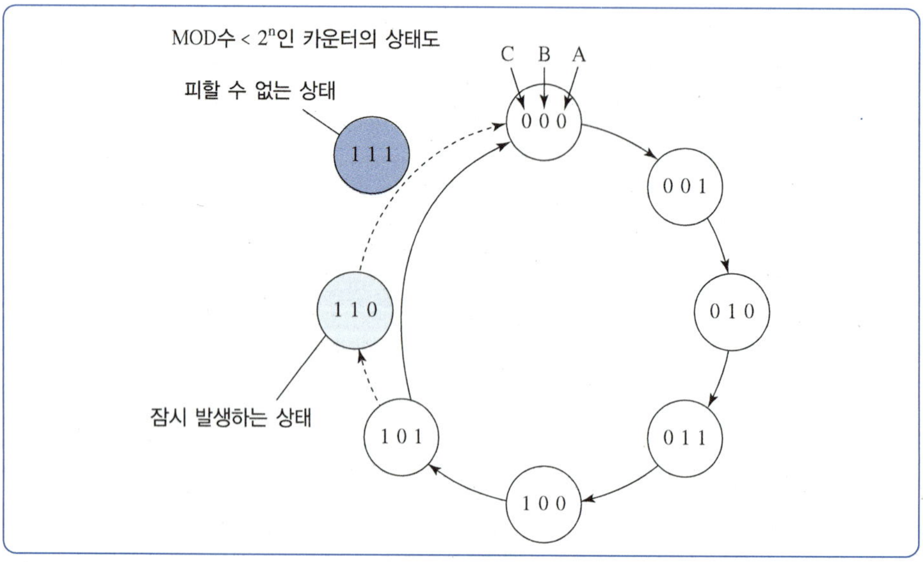

[그림 11-33] MOD 수 < 2n인 카운터의 상태도

그러한 MOD 수 < 2^n인 카운터의 상태도를 [그림 11-33]에 나타내었다.

일반적인 설계 절차는 임의의 수 X의 MOD 수를 갖는 MOD-X 카운터를 구성하려면 다음의 단계를 수행한다.

1) $2^n \geq X$와 같은 F/F의 최소개수를 결정하고, F/F이 비동기 카운터가 되도록 연결한다. 만약에 $2^n = X$라면 절차 2와 3은 필요 없다.
2) 모든 비동기 Clear 입력에 NAND gate의 출력을 연결한다.
3) F/F이 카운터 X에서 HIGH 상태가 되도록 한다. 그 후에 이러한 F/F의 출력을 NAND 게이트의 입력에 연결한다.

동기식 카운터

동기식(Synchronous) 카운터는 비동기식 카운터보다 구조가 복잡하지만 클록 펄스가 모든 F/F에 동시에 인가되어 출력이 동기적 방식으로 변화되는 장점을 갖고 있다.

리플 카운터와 같이 한번에 하나씩이 아니고 동시에 모든 F/F을 trigger시킨다.

카운터의 비트 수가 증가해도 비동기식과 같이 지연시간의 누적이 없다. 따라서 같은

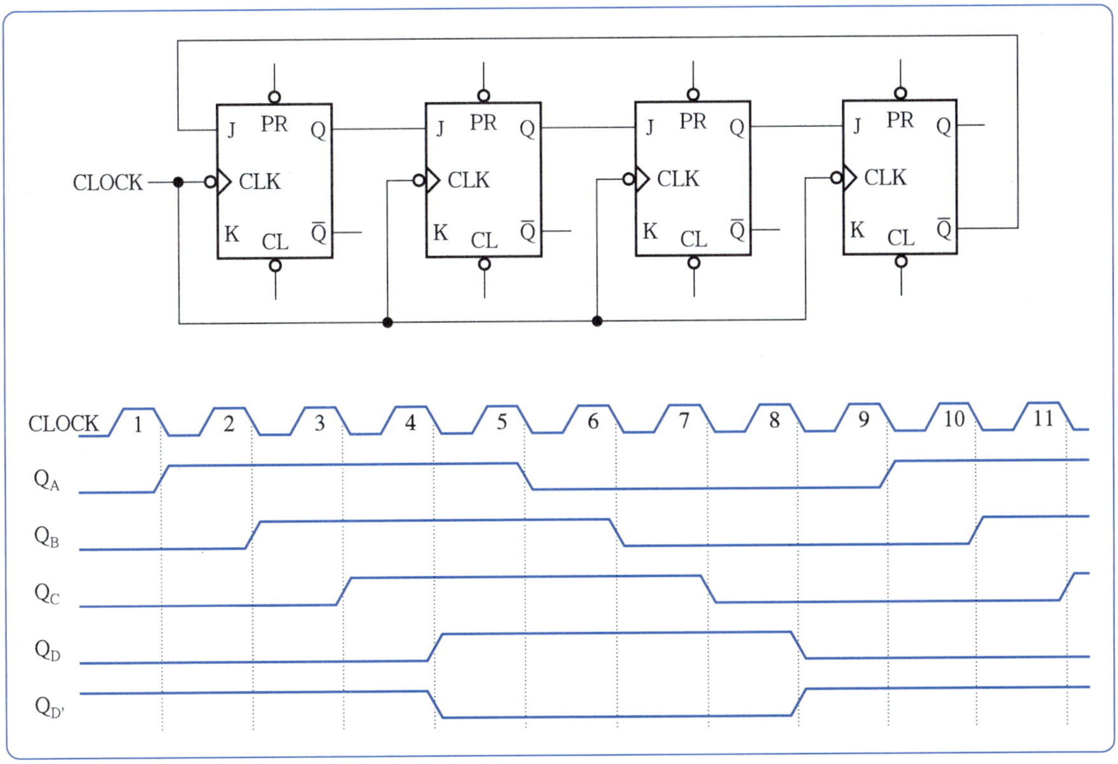

[그림 11-34] 존슨 카운터

수의 F/F을 가지는 비동기 카운터보다 더 높은 입력 주파수에서 동작한다. 동기식 카운터에는 Johnson 카운터, Ring 카운터 등이 있다.

[그림 11-34]는 동기식 카운터인 존슨 카운터의 블록 다이어그램 및 타이밍도를 보여 주고 있다. 그림에서 보듯이 클록 신호가 모든 JK F/F에 동시에 인가되어 데이터가 동시에 전달되는 형태를 가지고 있는 것을 알 수 있다.

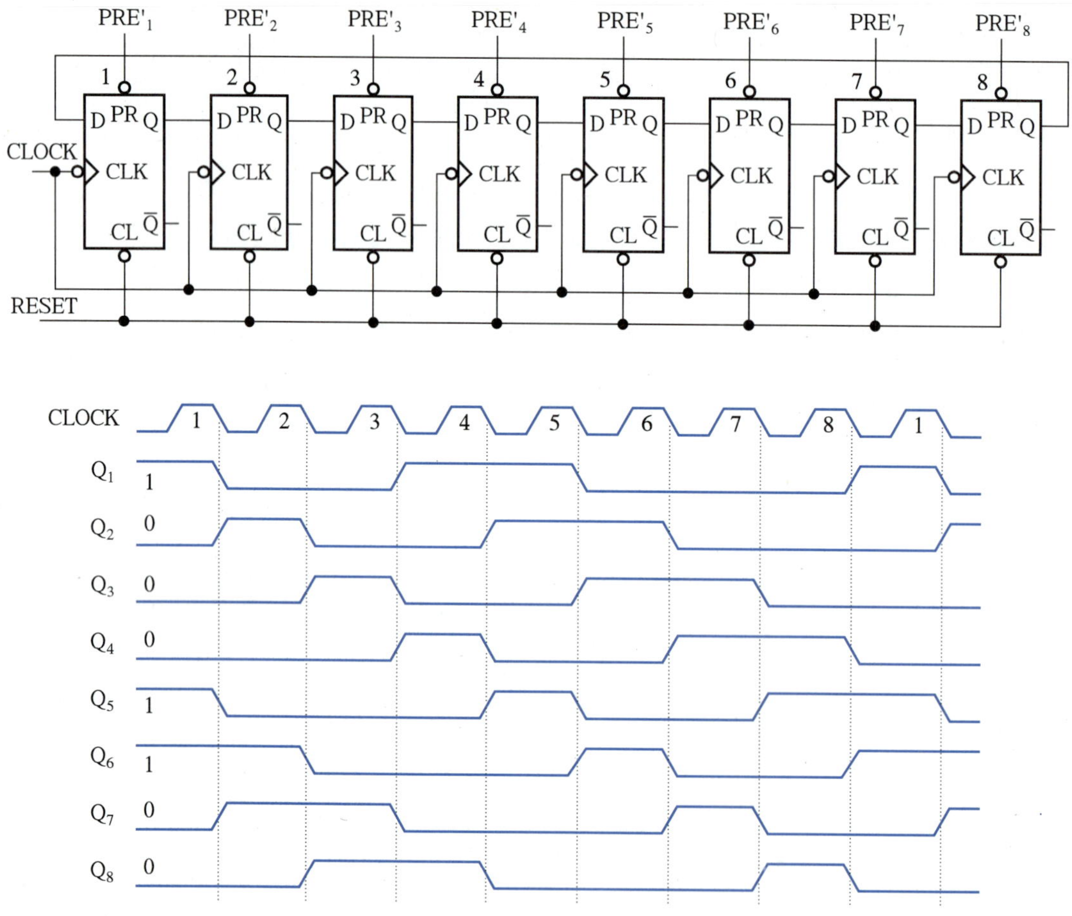

[그림 11-35] 링 카운터

[그림 11-35]는 링 카운터라는 동기식 카운터(Synchronous Counter)를 보여 주고 있다. 마지막 단 F/F의 Q 출력이 첫 번째 F/F의 D 입력으로 연결된 링 형태인 것을 알 수 있다.

Binary up-counter

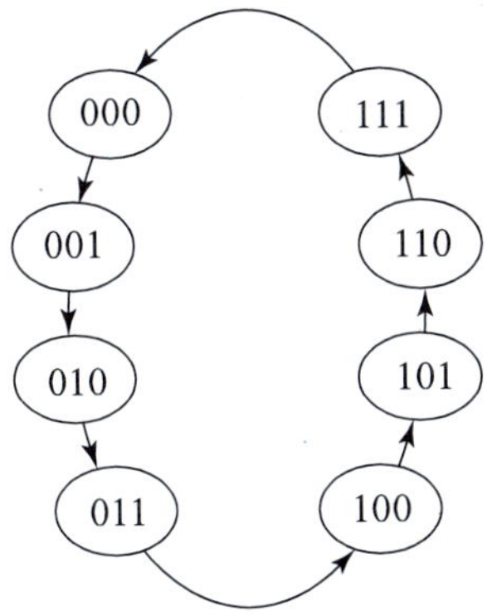

현재 상태			다음 상태			F/F 입력		
C	B	A	C+	B+	A+	TC	TB	TA
0	0	0	0	0	1	0	0	1
0	0	1	0	1	0	0	1	1
0	1	0	0	1	1	0	0	1
0	1	1	1	0	0	1	1	1
1	0	0	1	0	1	0	0	1
1	0	1	1	1	0	0	1	1
1	1	0	1	1	1	0	0	1
1	1	1	0	0	0	1	1	1

[그림 11-36] 3-bit binary up-counter의 설계

3-bit binary up-counter의 설계 과정을 예를 들어 살펴보자.

3-bit binary up-counter는 000부터 시작하여 값이 하나씩 증가하여 111까지의 8개 상태를 가지고 있으며 이러한 상태의 변화를 표시하는데 T F/F을 사용하면 [그림 11-36]과 같이 상태 천이테이블(state transition table)을 이용하여 표현할 수 있다.

F/F 입력표를 보면 TA의 경우는 A의 현재 상태의 값이 다음 상태에서 항상 바뀌는 것을 알 수 있다. 따라서 TA가 항상 1이 되도록 해야 하는 것을 알 수 있다. 마찬가지로 TB, TC가 '1' 이 되는 경우를 on-set으로 하여 카노 맵을 구성하면 [그림 11-37]과 같이 된다.

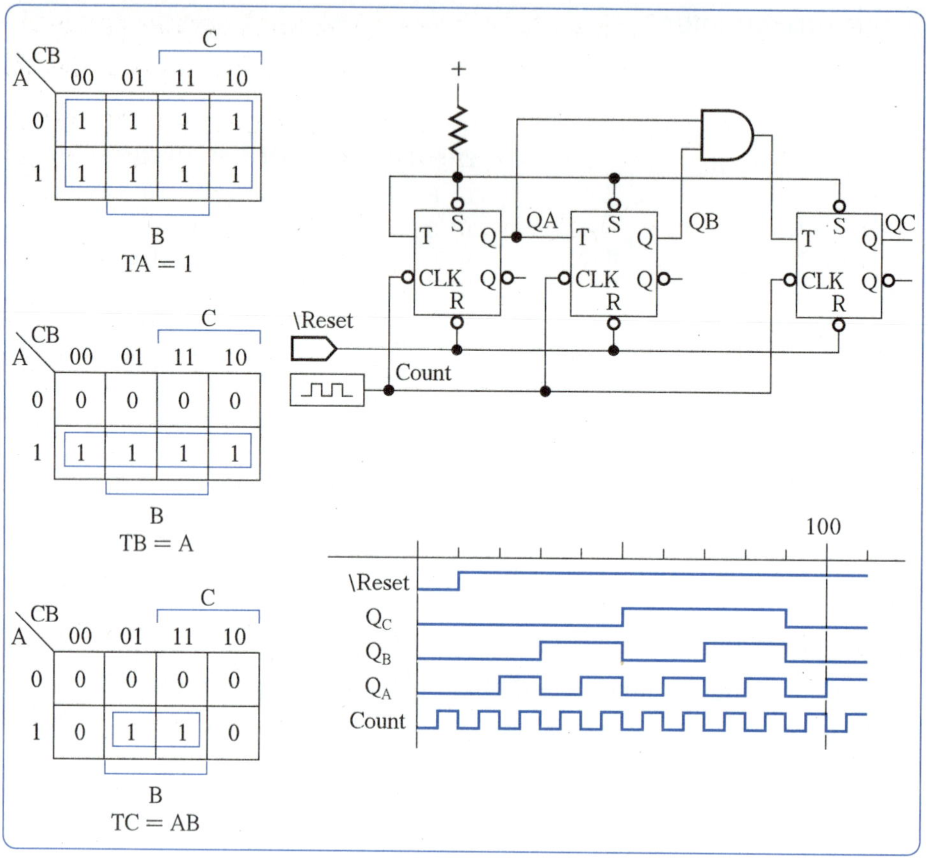

[그림 11-37] 3-bit binary up-counter 결과

따라서 TA=1, TB=A, TC=AB가 되므로 그림과 같은 논리 회로도를 얻을 수 있게 된다. 그에 따른 타이밍도는 [그림 11-37]과 같다.

복잡한 카운터의 설계

[그림 11-38]과 같은 좀더 복잡한 카운터를 설계해 보자.

현재 상태	다음 상태
0 0 0	0 1 0
0 1 0	0 1 1
0 1 1	1 0 1
1 0 1	1 1 0
1 1 0	0 0 0

[그림 11-38] 복잡한 카운터의 상태천이도

카운터의 순서가 000, 010, 011, 101, 110의 형태로 변화하는 카운터를 설계해 보자. 설계하는 순서는 먼저 상태천이표 [그림 11-39]를 만든다.

현재 상태 C B A	다음 상태 $C^+B^+A^+$	
0 0 0	0 1 0	
0 0 1	X X X	← Don't Care
0 1 0	0 1 1	
0 1 1	1 0 1	
1 0 0	X X X	← Don't Care
1 0 1	1 1 0	
1 1 0	0 0 0	
1 1 1	X X X	← Don't Care

[그림 11-39] 복잡한 카운터(don't care의 사용)의 상태천이표

이 경우에 주의할 사항은 3-bit로 되어 있는 모든 값들을 사용하는 것이 아니라 5개의 값만을 사용하므로 나머지 3개의 상태는 돈케어(don't Care) 상태가 되는 것을 알 수 있다. 앞에서 논리 최소화 기법에서 설명하였듯이 돈케어(don't Care)를 사용하면 좀 더 간단한 논리회로를 구성할 수 있게 되므로 상태천이표에 그러한 돈케어(don't Care) 항목도 표함시키는 것이 필요하게 된다([그림 11-40] 참조).

A \ CB	00	01	11	10
0				X
1	X	1	X	1

$C+ = A$

A \ CB	00	01	11	10
0	1	1		X
1	X		X	1

$B+ = \overline{C}\,\overline{A} + CA$

A \ CB	00	01	11	10
0		1		X
1	X	1	X	

$A+ = \overline{C}B$

[그림 11-40] 다음 상태 함수를 위한 카노 맵

Q	Q+	T
0	0	0
0	1	1
1	0	1
1	1	0

현재 상태			토글 입력		
C	B	A	TC	TB	TA
0	0	0	0	1	0
0	0	1	X	X	X
0	1	0	0	0	1
0	1	1	1	1	0
1	0	0	X	X	X
1	0	1	0	1	1
1	1	0	1	1	0
1	1	1	X	X	X

[그림 11-41] T F/F의 여기 표 및 다음 상태 함수표

다음, [그림 11-41]과 같이 상태천이표에 F/F 입력표를 첨가한다. T F/F을 사용하면 [그림 11-42]와 같은 결과를 얻게 된다.

A \ CB	00	01	11	10
0			1	X
1	X	1	X	

$TC = \overline{A}C + A\overline{C}$

A \ CB	00	01	11	10
0	1		1	X
1	X	1	X	1

$TB = A + \overline{B} + C$

A \ CB	00	01	11	10
0		1		X
1	X		X	1

$TA = \overline{A}BC + \overline{B}C$

[그림 11-42] 카운터 입력 함수 결과

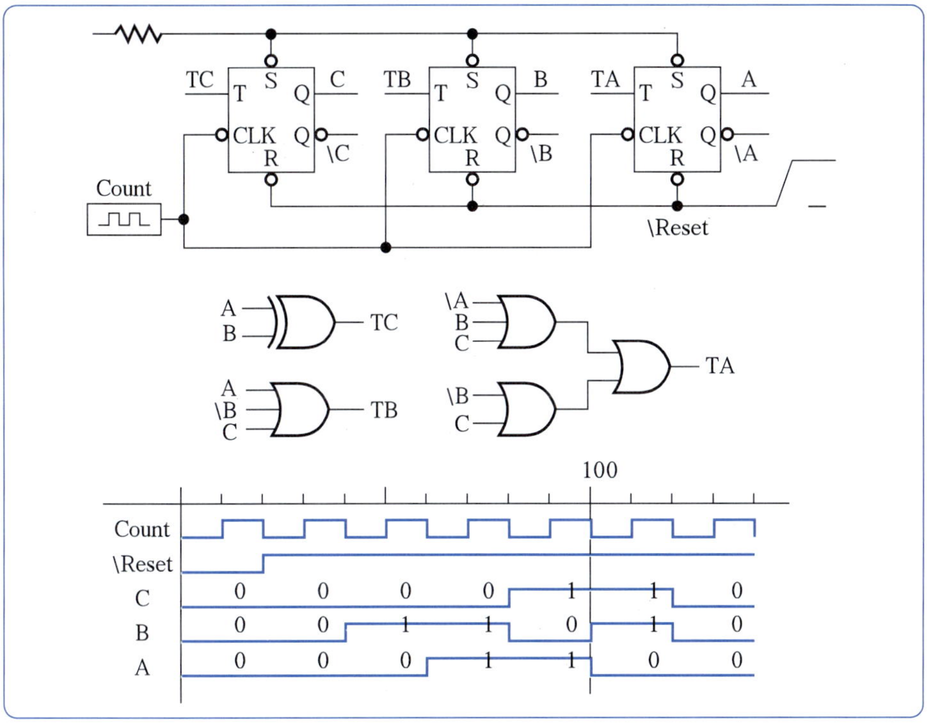

[그림 11-43] 복잡한 카운터의 완성도

그 결과 입력 함수에 5개의 게이트를 포함한 최종 회로도 및 타이밍도는 [그림 11-43]과 같다. 5개의 게이트와 13개의 입력 리터럴로 구성되어 있는 것을 알 수 있다.

앞에서는 T F/F을 사용한 예제를 살펴보았다. 하지만 다른 F/F을 사용하여 설계하는 것도 가능하다. 이진 카운터의 경우에는 T F/F을 사용하는 것이 가장 효율적인 결과를 가지고 오는 것을 알 수 있다. 그러나 이러한 FSM 설계 시 설계의 편리성 및 CAD S/W를 통한 자동화의 경우에는 D F/F을 사용하는 것이 보통이다.

F/F 종류에 따른 카운터 비교

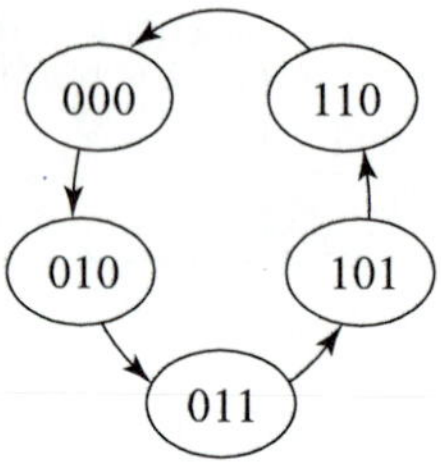

Q	Q+	R	S
0	0	X	0
0	1	0	1
1	0	1	0
1	1	0	X

$$Q+ = S + R\overline{Q}$$

현재 상태			다음 상태			다시 매핑된 다음 상태					
C	B	A	C^+	B^+	A^+	RC	SC	RB	SB	RA	SA
0	0	0	0	1	0	X	0	0	1	X	0
0	0	1	X	X	X	X	X	X	X	X	X
0	1	0	0	1	1	X	0	0	X	0	1
0	1	1	1	0	1	0	1	1	0	0	X
1	0	0	X	X	X	X	X	X	X	X	X
1	0	1	1	1	0	0	X	0	1	1	0
1	1	0	0	0	0	1	0	1	0	X	0
1	1	1	X	X	X	X	X	X	X	X	X

[그림 11-44] RS F/F을 사용한 카운터 설계 예

이번에는 5개의 상태(즉, 000, 010, 011, 101, 110, 000의 순으로 변화함)를 가지고 있는 경우를 설계해 보기로 하자. 먼저 RS F/F를 이용해서 설계해 보자. RS의 여기표(Exitation Table) 및 이에 따른 상태천이표는 [그림 11-44]와 같다. 이 경우에도 3개의 비트의 천이를 제어하기 위하여 3개의 F/F이 필요한 것을 알 수 있다.

A \ CB	00	01	11	10
0	X	X	1	X
1	X	0	X	0

$RC = \overline{A}$

A \ CB	00	01	11	10
0	0	0	0	X
1	X	1	X	X

$SC = A$

A \ CB	00	01	11	10
0	0	0	1	X
1	X	1	X	0

$RB = AB + BC$

A \ CB	00	01	11	10
0	1	X	0	X
1	X	0	X	1

$SB = \overline{B}$

A \ CB	00	01	11	10
0	X	0	X	X
1	X	0	X	1

$RA = C$

A \ CB	00	01	11	10
0	0	1	0	X
1	X	X	X	0

$SA = B\overline{C}$

[그림 11-45] 카노 맵을 이용한 최소식 표현

RS F/F의 R과 S에 해당하는 함수는 [그림 11-45]와 같이 카노 맵을 이용하여 최소식으로 표현하는 것이 가능하게 된다.

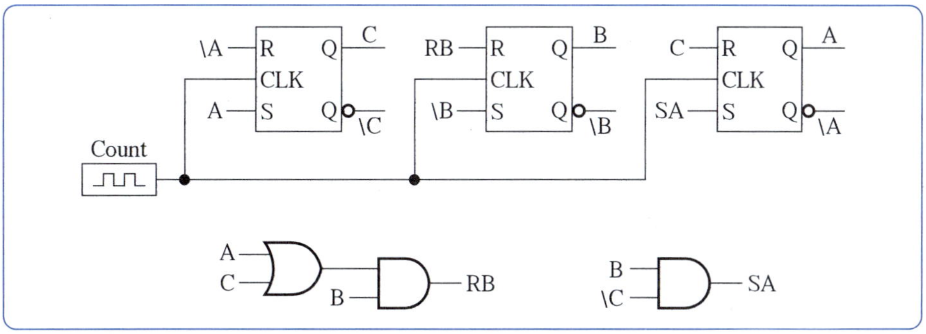

[그림 11-46] RS F/F을 이용한 결과

최종 결과를 보면 RS F/F을 이용한 결과, 3개의 게이트만으로 표현이 가능한 간소화된 F/F 입력 함수를 만들어 낼 수 있게 되며 입력 리터럴의 개수는 11개이고 인터콘넥션의 수가 늘어난 것을 알 수 있다.

그러면 다음에는 JK F/F과 D F/F을 사용하는 경우에는 몇 개의 게이트를 사용하는지 각각 살펴보기로 하자.

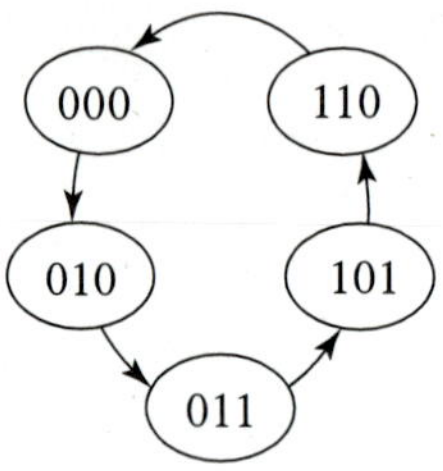

Q	Q+	J	K
0	0	0	X
0	1	1	X
1	0	X	1
1	1	X	0

$Q+ = S + R\overline{Q}$

현재 상태			다음 상태			다시 매핑된 다음 상태					
C	B	A	C^+	B^+	A^+	JC	KC	JB	KB	JA	KA
0	0	0	0	1	0	0	X	1	X	0	X
0	0	1	X	X	X	X	X	X	X	X	X
0	1	0	0	1	1	0	X	X	0	1	X
0	1	1	1	0	1	1	X	X	1	X	0
1	0	0	X	X	X	X	X	X	X	X	X
1	0	1	1	1	0	X	0	1	X	X	1
1	1	0	0	0	0	X	1	X	1	0	X
1	1	1	X	X	X	X	X	X	X	X	X

[그림 11-47] JK F/F을 이용한 경우

A \ CB	00	01	11	10
0			X	X
1	X	1	X	X

$JC = A$

A \ CB	00	01	11	10
0	X	X	1	X
1	X	X	X	

$KC = \overline{A}$

A \ CB	00	01	11	10
0	1	X	X	X
1	X	X	X	1

$JB = 1$

A \ CB	00	01	11	10
0	X		1	X
1	X	1	X	X

$KB = A + C$

A \ CB	00	01	11	10
0		1		X
1	X	X	X	X

$JA = B\overline{C}$

A \ CB	00	01	11	10
0	X	X	X	X
1	X		X	1

$KA = C$

[그림 11-48] JK F/F의 논리 최소화

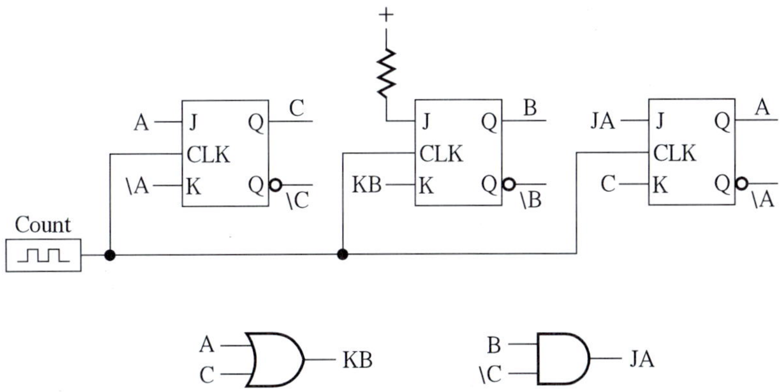

[그림 11-49] JK F/F을 사용하여 설계한 결과

JK F/F을 사용하여 설계한 결과를 보면 [그림 11-48], [그림 11-49]에서 보는 바와 같이 2개의 게이트와 10개의 입력 리터럴이 필요하다는 것을 알 수 있다.

$$DC = A$$
$$DB = \overline{A}\overline{C} + \overline{B}$$
$$DA = B\overline{C}$$

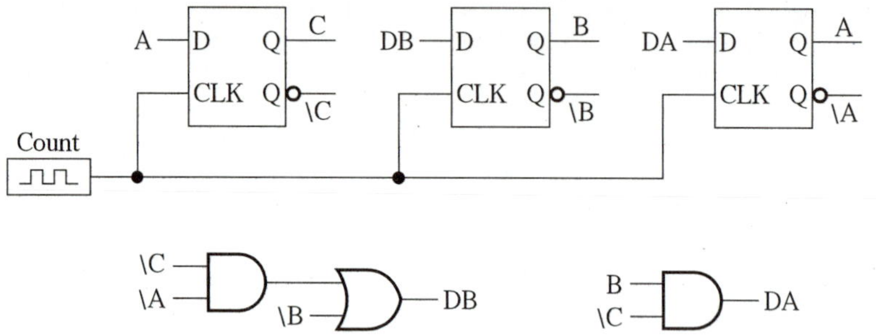

[그림 11-50] D F/F을 사용한 결과

D F/F을 사용한 결과를 보면, [그림 11-50]과 같이 3개의 게이트와 8개의 입력 리터럴이 필요하게 된다는 것을 알 수 있다.

이러한 설계과정을 통해서 우리는 다음과 같은 결론을 내릴 수 있게 된다.

T F/F는 대부분 간단한(모든 상태를 가지고 있는) 이진 카운터의 경우에 적당하다. 그러나 앞의 예제의 경우에는 가장 많은 게이트 수와 리터럴 수가 필요한 결과를 가지고 오게 되었다.

RS F/F을 사용할 이유가 없게 된다. JK F/F이 항상 우수한 결과를 가지고 온다. JK F/F은 게이트 수가 중요한 논리회로의 경우 최선의 선택이다. D F/F은 설계 과정이 가장 간단하고, 가장 적은 리터럴 수를 갖는 회로를 구성하며, D F/F 자체가 트랜지스터를 가장 적게 사용하는 간단한 구조이기 때문에 면적과 리터럴 수를 중요시하는 회로의 경우에는 D F/F이 최선의 선택이 되는 것을 알 수 있다.

11.7 시프트 레지스터(Shifter Register)와 클록

시프트 레지스터는 데이터 저장 기능뿐 아니라 데이터를 각각의 저장소자 사이에서 시프트할 수 있다. [그림 11-51]의 타이밍도를 보면 알 수 있듯이 시프트 펄스가 발생할 때마다 데이터가 왼쪽에서 오른쪽으로 이동하게 된다.

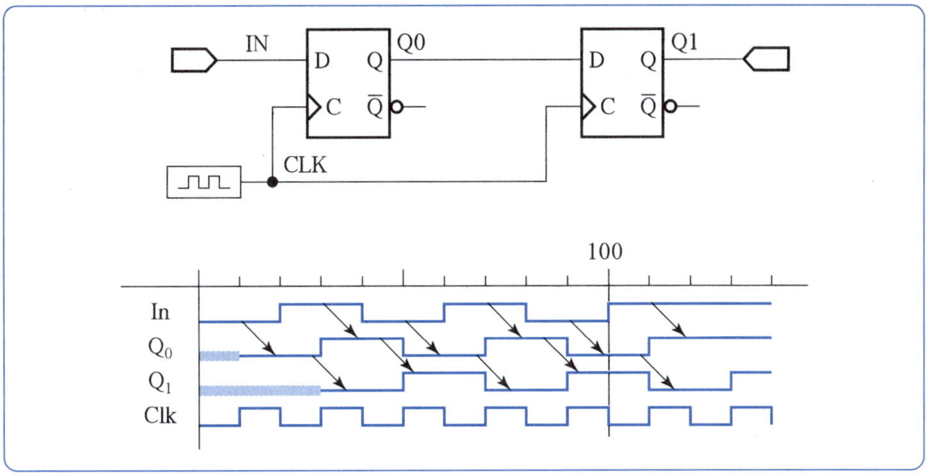

[그림 11-51] Cascaded F/F과 Setup/Hold/전달지연시간

시프트 레지스터는 그러한 F/F을 cascade하여 사용하며 positive edge-triggered F/F을 사용하면 [그림 11-51]과 같이 데이터가 시프트되는 형태의 파형이 나오는 것을 알 수 있다.

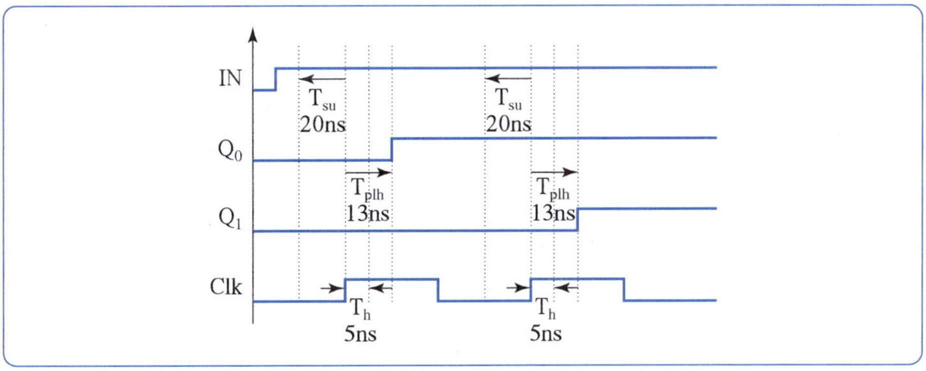

[그림 11-52] Cascaded F/F의 작동 원리

[그림 11-52]와 같이 이러한 타이밍 제약조건을 통해서 cascade 플립플롭이 정상동작을 하는 것을 알 수 있다. 즉, 전달 지연시간이 hold time보다 크고, 클록 폭 제약조건이 set-up time보다 크게 해야 한다.

클록은 주기가 일정한 주기로 반복하는 신호를 말하며 1GHz 클록은 1billion pulses per second을 말한다. 주기(T)는 1 cycle의 길이를 말하고, 주파수(frequency)는 1/T가 된다. 예를 들면, 200Mhz 클록의 주기는 $1/(200 \times 10^6) = 5 \times 10^{-9} = 5$ nsec가 된다.

클록의 값이 변함에 따라 클록은 edge-sensitive 또는 level-sensitive로 분류되어 입력신호를 전달하게 된다. Edge-sensitive 클록이란 상승 에지(0에서 1로 상승), 하강 에지(1에서 0로 하강) 때 입력신호를 전달하게 되며, level-sensitive의 경우에는 클록이 상위 수준(즉, 1), 하위 수준(즉, 0)인 구간 내에서 입력의 신호를 전달하게 된다.

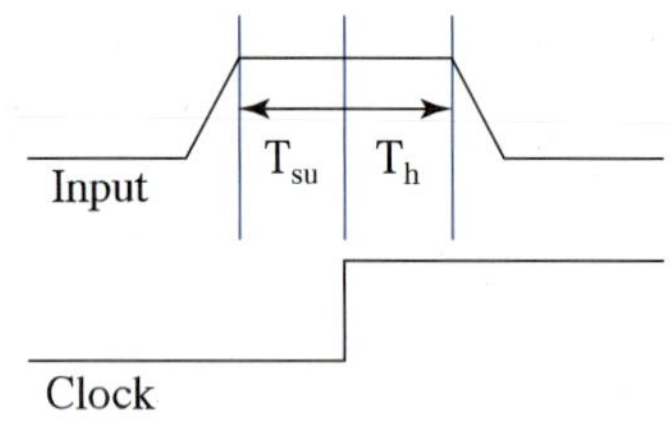

[그림 11-53] 클록킹에서 사용하는 용어 정의

[그림 11-53]은 클록킹의 개념을 보이고 있다. Setup time이란 클록이 인가되기 전 입력신호가 안정화되기까지의 시간을 말한다. 또한 hold-time은 클록이 인가된 후 입력이 안정적으로 유지되는 구간을 말한다. 따라서 클록은 set-up time과 hold-time을 고려한 타이밍 윈도우를 가지게 되고 입력을 인식하기 위하여 입력이 안정된 구간에서 클록신호의 event(0에서 1 또는 1에서 0으로 변환)가 발생되도록 설계되어야 한다.

클록 스큐를 줄이는 것도 중요하다. LS F/F의 전형적인 전달지연시간은 13ns이다. 스큐로 인하여 클록 지연시간이 늘어나게 되면 전체적인 시스템의 성능이 떨어지게 된다. 따라서 클록 스큐를 줄이기 위한 설계 방법에는 다음과 같다.

- 데이터 플로우의 진행방향으로 클록 신호를 분배한다.
- 다중 위상 클록 시스템인 경우 두 개의 컴포넌트 사이에 클록을 전송하는 와이어의 길이를 짧게 한다.

동기회로에서 클록은 전력소모의 상당한 부분을 차지하게 된다. 아래 전력 소모를 P라고 하면 클록' 의 경우는 α(스위칭 동작) = 1이며, 클록은 모든 래치와 F/F에 공급되며, 그러한 래치 및 F/F이 전체 칩에 넓게 분산되어 있어서 라우팅 길이가 길어지기 때문에 C가 커지게 된다.

$$P = \sum \alpha f_c C V_{dd}^2$$

또한 클록 전력에는 두 가지를 함께 생각한다. 클록 네트워크 자체에서 소모되는 것과 클록에 연결된 블록에서 소모되는 것이다.

그러므로 칩 전체를 동기 클록을 사용하는 것보다는 [그림 11-54]와 같이 비동기 통신 채널에 연결된 여러 개의 동기 클록을 사용하는 것이 효율적이다. 이러한 방법을 GALS(Globally Asynchronous and Locally Synchronous)라고 부른다.

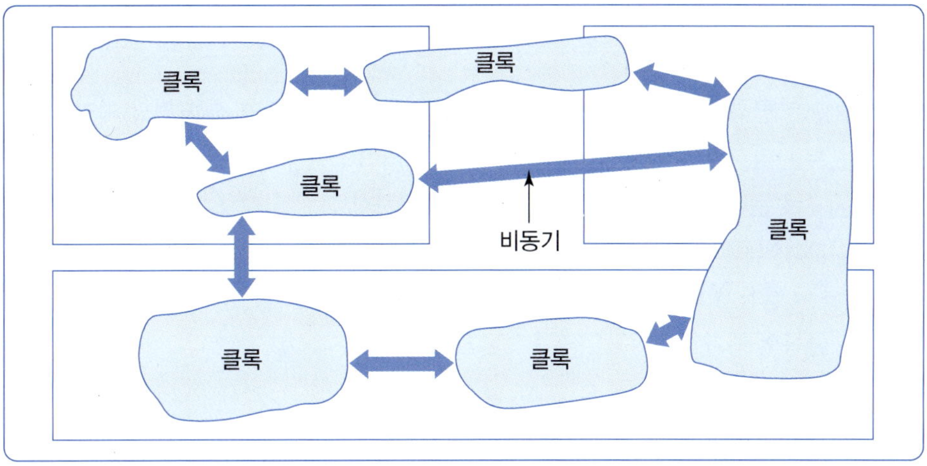

[그림 11-54] GALS(Globally Asynchronous and Locally Synchronous)

칩의 동작 속도가 빨라지면 클록 분산을 효율적으로 하여 클록 스큐를 줄이도록 해야 한다. 클록 스큐(Clock Skew)란 클록이 게이트들(예를 들면 F/F D1과 F/F D2)에 전달될 때 동시에 전달되어야 하는 경우에 지연시간의 차이 때문에 F/F D1에 도달하는 시간과 F/F D2에 도달하는 시간의 차이가 다를 때 발생하는 지연시간의 차이를 말한다.

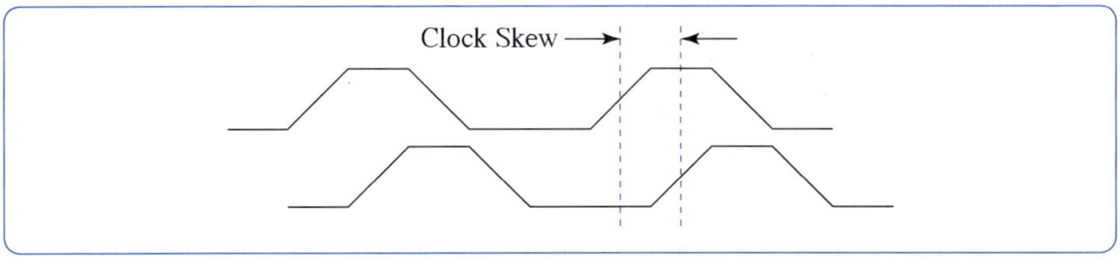

[그림 11-55] 클록 스큐(F/F D1에 도달한 클록과 F/F D2에 도달한 클록의 도착시간이 다름. 그 차이를 클록 스큐라고 함.)

클록 스큐는 다음 식을 만족하여야 한다.

$T_{GATE}(min) + T_{RC}(min) - T_{HOLD}(max) > T_{skew}$

또한 클록의 주기는 다음 식으로 표현된다.

$T_{GATE}(max) + T_{RC}(max) + T_{SETUP}(max) + T_{skew} < t$

여기서,

- T_{GATE} = 클록 입력으로부터 논리 게이트의 데이터 출력까지 신호 전달 지연
- T_{RC} = 논리 게이트 사이를 연결하는 메탈 선의 RC 영향에 따른 신호 전달 지연
- T_{HOLD} = 논리 게이트를 위한 hold time 요구사항
- T_{SETUP} = 논리 게이트를 위한 setup time 요구사항
- T_{skew} = 클록 시그널 사이의 최대 스큐
- t = 클록의 주기

[그림 11-56]의 오른쪽 그림에서 2.0nsec인 A point가 Ti_min이고 2.5nsec인 B point가 Ti_max일 경우 T_{skew}의 값이 0.5nsec임을 알 수 있다. 스큐가 설계 허용치를 벗어날 경우 레이스(race) 문제를 유발한다. 스큐를 줄이는 것이 동작 및 성능을 결정한다.

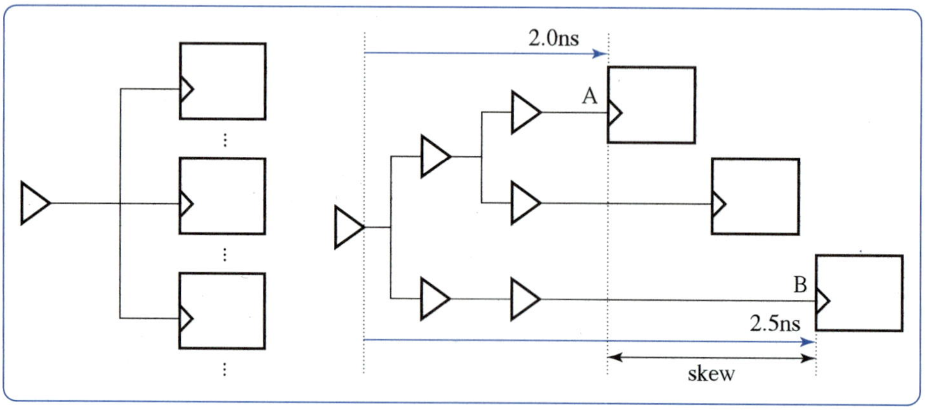

[그림 11-56] 스큐가 발생하는 경우

참 / 고 / 문 / 헌

- Stephen Brown and Zvonko G. Vranesic, Fudamentals of Digital Logic with VHDL Design, McGraw Hill, July 1, 2008.
- John F. Wakerly, Digital Design: Principles and Practices Package , Prentice Hall, August 6, 2005.
- Randy H. Katz and Gaetano Borriello , Contemporary Logic Design, Prentice Hall, December 25, 2004.

연 습 문 제

1. 버블 추가 방법과 드모르간의 법칙을 이용하여 다음 clocked NOR 래치를 clocked NAND 래치로 변환하시오.

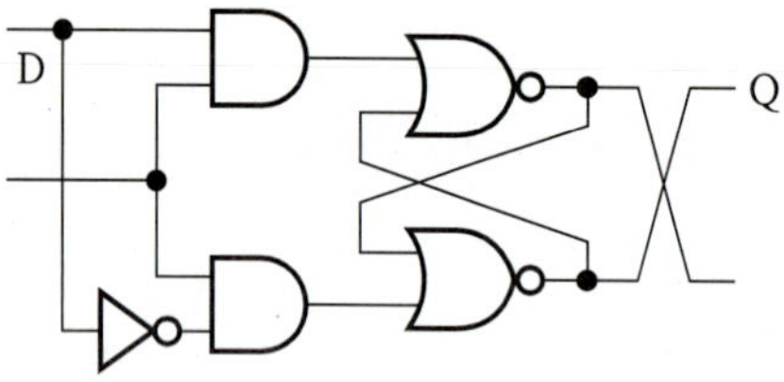

➡

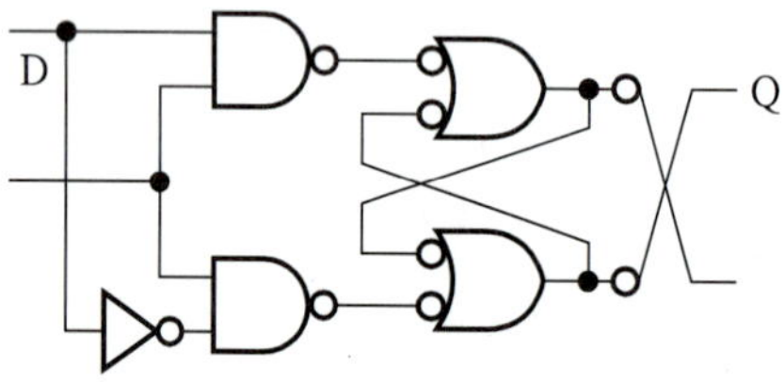

2. 다른 모든 플립플롭의 기능에 대응할 수 있으므로 응용 범위가 넓고 집적회로화되어 가장 널리 사용되는 플립플롭은?

1) RS 플립플롭 2) JK 플립플롭

3) D 플립플롭 4) T 플립플롭

➡ 3

3. 플립플롭과 래치(latch)의 차이점을 올바르게 설명한 것은?

1) 플립플롭은 입력이 0일 때, 래치는 입력이 1일 때 toggle된다.

2) 플립플롭은 clock에 동기되나 래치는 clock에 동기되지 않는다.

3) 플립플롭은 negative edge, 래치는 positive edge에서 동작이 일어난다.

4) 플립플롭은 clock의 edge 부분에서, 래치는 clock의 high나 low 부분에서 동작이 일어난다.

➡ 4

4. 플립플롭의 상태 변환을 동기적(synchronous)으로 동작시킬 때 인가되는 신호는?

1) 선택(select input)　　2) 제어신호(control signal)

3) 클록 펄스(clock pulse)　　4) 인터럽트(interrupt)

➲ 3

5. 플립플롭의 출력이 변화하지 않는 경우에는 클록이 필요하지 않게 된다. 이럴 경우에 전력 소모를 줄이기 위해서 사용되는 기술을 무엇이라고 하는가?

➲ 클록 게이팅(clock gating)

6. 아래의 그림에 나와 있는 T flip-flop을 사용한 순차회로의 상태표와 상태 다이어그램을 유도하시오. 회로성능의 기능에 대해서도 설명하시오.

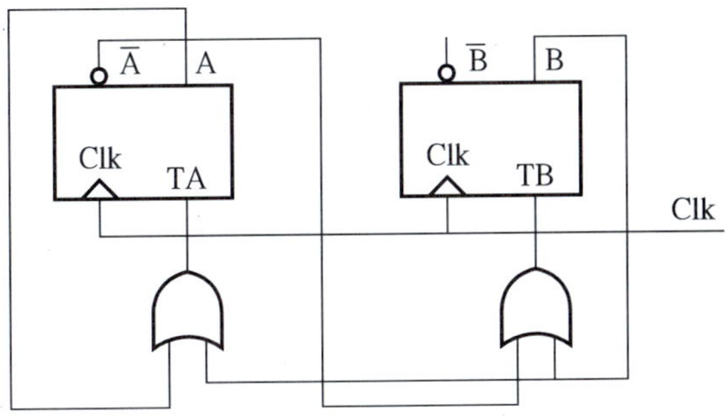

➲ TA와 TB에 대한 로직 방정식을 쓰면 다음과 같다.

$TA = A + B$

$TB = \overline{A} + B$

위 방정식을 이용하면 변화 표는 다음과 같다.

현재 상태		Flip-flop 입력		다음 상태	
A	B	TA	TB	A(next)	B(next)
0	0	0	1	0	1
0	1	1	1	1	0
1	0	1	0	0	0
1	1	1	1	0	0

위 표에서 각각 TA, TB가 1이면 각각 A와 B의 다음 상태는 바뀌게 되고, TA, TB가 0이면 각각 A와 B가 현 상태를 유지하게 된다. T flip—flop을 위한 상태 방정식을 이용하여 위 표를 다음과 같이 쓸 수 있다.

$$Q(next) = \overline{T}Q + T\overline{Q}$$

다음 상태 방정식은 다음과 같이 된다.

$$\begin{aligned} A(next) &= \overline{TA}A + TA\overline{A} \\ &= \overline{(A+B)}A + (A+B)\overline{A} \\ &= \overline{A}\overline{B}A + A\overline{A} + \overline{A}B \\ &= 0 + 0 + \overline{A}B \\ &= \overline{A}B \end{aligned}$$

$$\begin{aligned} B(next) &= \overline{TB}B + TB\overline{B} \\ &= \overline{(\overline{A}+B)}B + (\overline{A}+B)\overline{B} \\ &= A\overline{B}B + \overline{A}\overline{B} + B\overline{B} \\ &= 0 + \overline{A}\overline{B} + 0 \\ &= \overline{A}\overline{B} \end{aligned}$$

현재 상태와 다음 상태 관계를 상태 다이어그램으로 그리면 다음과 같다.

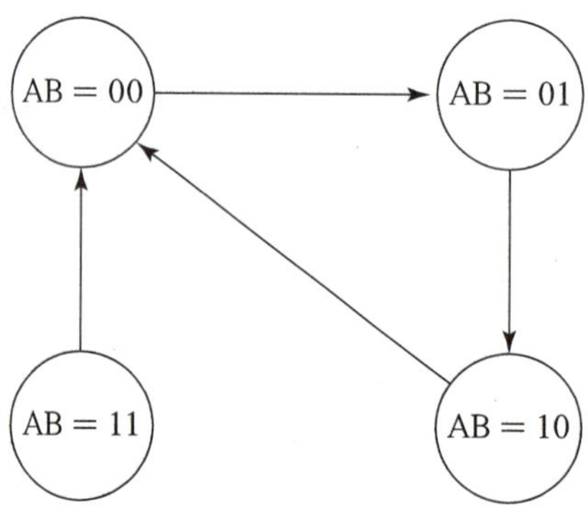

이것은 modulo-3 카운터이다.

7. 아래의 그림에 나와 있는 JK flip-flop을 이용한 순차 회로의 상태표와 상태 다이어그램을 유도하시오.

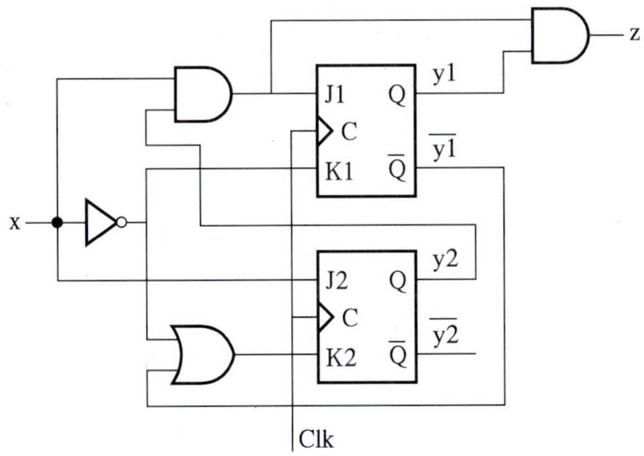

여기(excitation) 방정식은 다음과 같다.

$J1 = xy_2$

$K1 = \bar{x}$

$J2 = x$

$K2 = \bar{x} + \overline{y_1}$

출력은 다음과 같다.

$Z = xy_1y_2$

현재 상태		입력	FF1 입력		FF2 입력		다음 상태		출력
Y_1	Y_2	x	J1	K2	J2	K2	Y1(next)	Y2(next)	Z
0	0	0	0	1	0	1	0	0	0
0	0	1	0	0	1	1	0	1	0
0	1	0	0	1	0	1	0	0	0
0	1	1	1	0	1	1	1	0	0
1	0	0	0	1	0	1	0	0	0
1	0	1	0	0	1	0	1	1	0
1	1	0	0	1	0	1	0	0	0
1	1	1	1	0	1	0	1	1	1

상태 방정식을 이용하여 다음의 표를 만들 수 있다.

$$\begin{aligned} y1(next) &= J1\overline{y1} + \overline{K1}y1 \\ &= xy2\overline{y1} + \overline{(\overline{x})}y1 \\ &= xy2\overline{y1} + xy1 \end{aligned}$$

$$\begin{aligned} y2(next) &= J2\overline{y2} + \overline{K2}y2 \\ &= x\overline{y2} + \overline{(\overline{x} + \overline{y1})}y2 \\ &= x\overline{y2} + xy1y2 \end{aligned}$$

현재 상태 y1y2	다음 상태/출력 y1(next)y2(next)/z	
	x = 0	x = 1
00	00/0	01/0
01	00/0	10/0
10	00/0	11/0
11	00/0	11/1

상태 다이어그램은 다음과 같다.

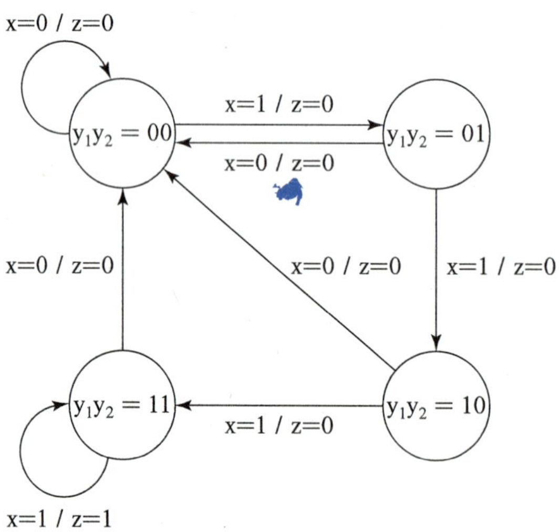

8. 다음의 그림은 NOR 게이트로 구성된 gated D-latch이다.

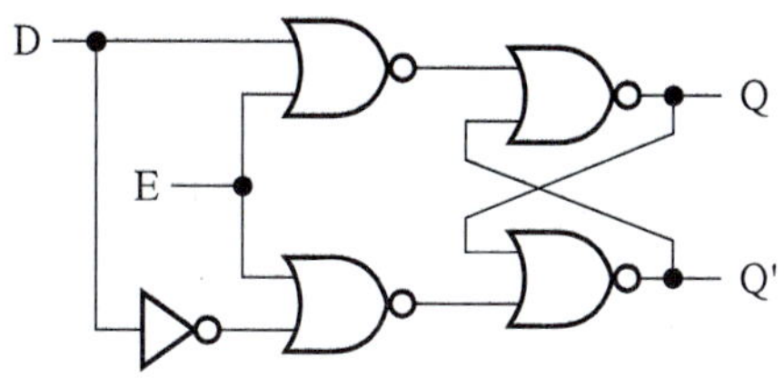

D와 E의 타이밍 다이어그램은 아래와 같다. Q와 Q'의 타이밍 다이어그램을 그리시오.

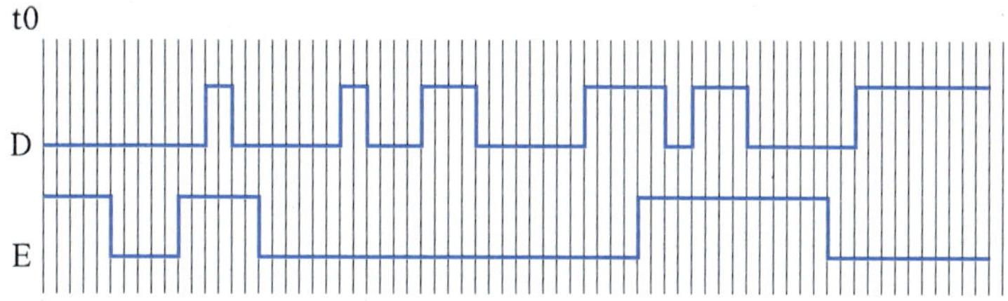

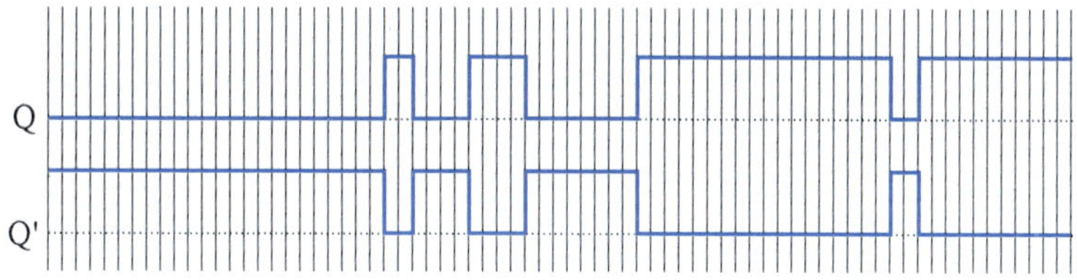

9. 다음의 그림은 positive-edge trigger된 D flip-flop을 의미한다. 클록 입력은 t=0ns에서 t=10ns까지는 low(0)이고, t=10ns에 high(1)이 된다. 또한, t=20ns에서는 다시 low(0)으로 돌아간다. 그런데, flip-flop 설계자는 이러한 D에서 Q로 전이되는 clock transition이 성립하기 위해 입력이 t=9ns 이전까지 도착해야하며 t=12ns까지 유지되어야한다고 명시하였다. D flip-flop의 setup과 hold time은 어떻게 되는가?

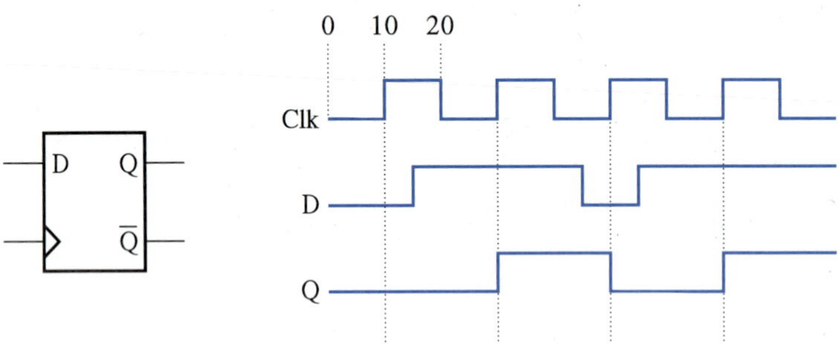

참고: timing diagram에서 지연은 없는 것으로 가정한다.

➡ $T_{setup} = 1ns$, $T_{hold} = 2ns$

10. 다음의 회로는 NAND 게이트를 이용해서 무엇을 구현하였는가?

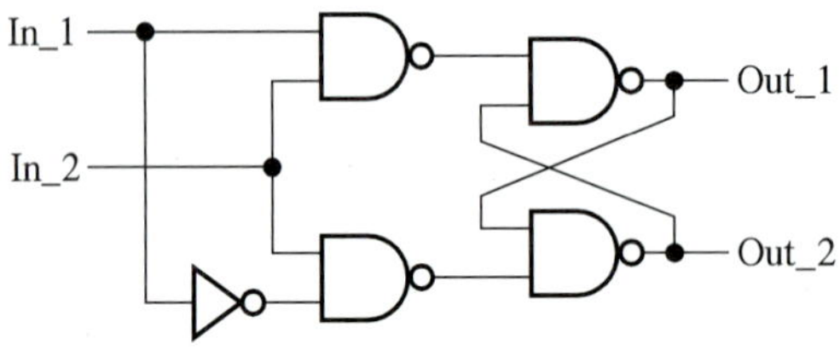

➡ Gated D latch

11. T flip-flop을 JK flip-flop으로 변환하고자 한다.

(a) JK flip-flop의 J와 K로 이루어진 수식을 T flip-flop의 입력으로 변환하기 위해 여기표 (excitation table)를 완성하시오.

Current State	Input		Next State	Flip-flop Input
Q	J	K	Q(n)	T
0	0	0	0	0
0	0	1	0	0
0	1	0	1	1
0	1	1	1	1
1	0	0	1	0
1	0	1	0	1
1	1	0	1	0
1	1	1	0	1

(b) K-Map method를 이용하여 T에 관한 함수로 작성하시오.

Q \ JK	00	01	11	10
0	0	0	1	1
1	0	1	1	0

T = Q'J + QK

(c) 구해진 답을 다음의 logic diagram에 그려 넣으시오.

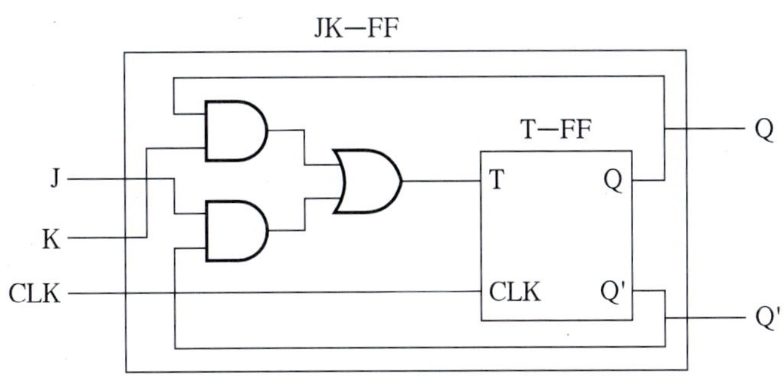

12. 다음의 테이블을 참고하여 D flip flops를 이용한 3-bit up/pseudo-random 이진 카운터를 설계하시오.

M	Mode
0	Binary up (0,1,2,3,4,5,6,7,0,1,2,3...)
1	Binary pseudo—random (1,4,5,7,3,0,2,6,1,4,5,7...)

(a) 이 회로의 state diagram을 그리시오.

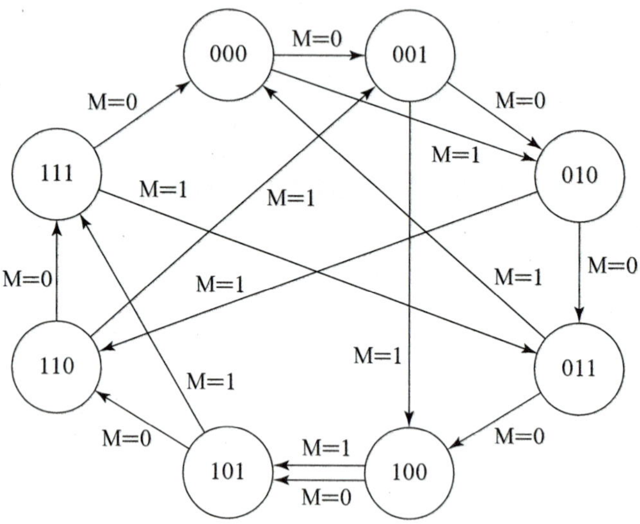

(b) 입력과 현재 상태에 기초하여 다음 상태표를 작성하시오.

입력	현재 상태			다음 상태		
M	Q2	Q1	Q0	Q2(n)	Q1(n)	Q0(n)
0	0	0	0	0	0	1
0	0	0	1	0	1	0
0	0	1	0	0	1	1
0	0	1	1	1	0	0
0	1	0	0	1	0	1
0	1	0	1	1	1	0
0	1	1	0	1	1	1
0	1	1	1	0	0	0
1	0	0	0	0	1	0
1	0	0	1	1	0	0
1	0	1	0	1	1	0
1	0	1	1	0	0	0
1	1	0	0	1	0	1
1	1	0	1	1	1	1
1	1	1	0	0	0	1
1	1	1	1	0	1	1

(c) D Flip-flop을 사용하여 위의 설계를 구현하고자 할 때 입력(D2, D1, D0)에 관한 수식을 작성하시오.

MQ2 \ Q1Q0				
	0	0	1	0
	1	1	0	1
	1	1	0	0
	0	1	0	1

$\rightarrow D2 = Q2\overline{Q1} + \bar{n}Q2\overline{Q0} + M\overline{Q1}Q0 + \bar{n}\overline{Q2}Q1Q0 + n\overline{Q2}Q1\overline{Q0}$

MQ2 \ Q1Q0

0	1	0	1
0	1	0	1
0	1	1	0
1	0	0	1

$\rightarrow D1 = \overline{MQ1}Q0 + \overline{M}Q1\overline{Q0} + MQ2Q0 + M\overline{Q2}\,\overline{Q0}$

MQ2 \ Q1Q0

1	0	0	1
1	0	0	1
1	1	1	1
0	0	0	0

$\rightarrow D0 = MQ2 + \overline{MQ0}$

(d) 위 시스템에 대한 상태도를 그리시오. 유닛의 시작은 외부 신호인 START가 1일 때이며 출력신호인 DONE이 1을 출력하면 시스템이 종료된다고 가정하자.

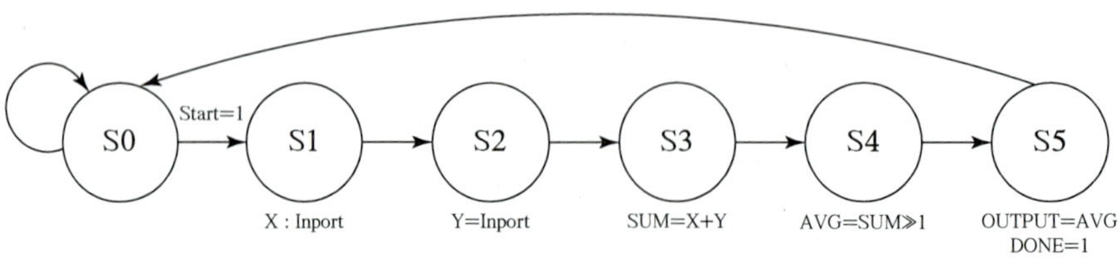

13. 클록 회로가 1-bit 직렬 데이터 입력과 32-bit의 병렬 출력을 가지고 있다. 출력은 과거 32 입력으로 구성된다. 회로도를 그리시오.

그 함수는 32—bit shift register를 이용하여 설계할 수 있으며, 32개의 D F/F를 사용한다. 회로를 초기화하기 위해서 clear 입력이 사용된다.

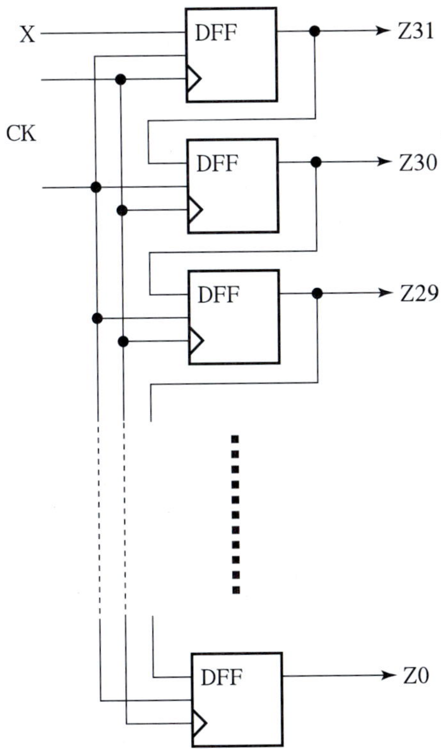

14. 다음 회로는 클록 게이팅 회로이다. 동작을 설명하고 사용하는 이유에 대해서 설명하시오.

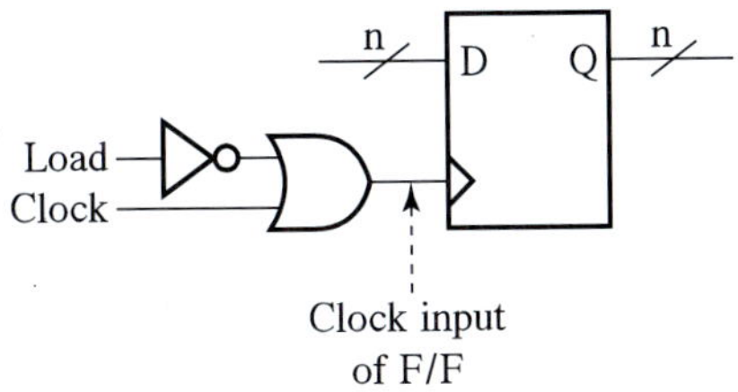

F/F의 클록 입력 앞단에 클록과 load enable 시그널을 입력으로하는 2−input OR 게이트를 달아서 Clock의 공급 여부를 결정하도록 하는 방법이 있다. 즉, 상태변화가 없을 경우에는 load enable = 0이 되어 클록 입력의 영향을 차단하여 플롭플롭에 항상 1이 입력되도록 하며, 상태 변화가 필요할 때는 load enable = 1로 하여 정상적으로 클록이 입력되도록 하는 방식으로 상태 변화가 없을 경우에 불필요한 클록 입력을 차단하여 스위칭 횟수를 줄임으로써 불필요한 전력소모를 제거하는 방식이다.

15. 다음은 Modulo-8 카운터의 FSM이다. D F/F을 이용한 순차회로를 구현하시오.

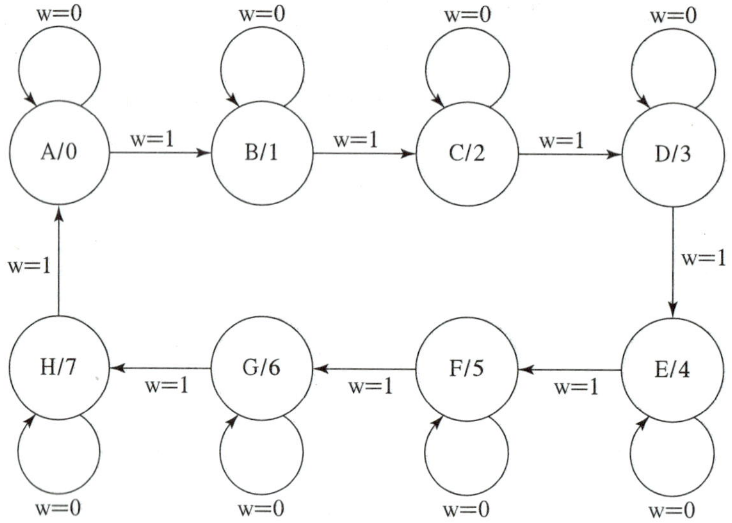

1) 상태표

Present state	Next state		Output
	w=0	w=1	
A	A	B	0
B	B	C	1
C	C	D	2
D	D	E	3
E	E	F	4
F	F	G	5
G	G	H	6
H	H	A	7

2) 상태 할당

	Present state $y_2y_1y_0$	Next state w=0 $Y_2Y_1Y_0$	Next state w=1 $Y_2Y_1Y_0$	Count $z_2z_1z_0$
A	000	000	001	000
B	001	001	010	001
C	010	010	011	010
D	011	011	100	011
E	100	100	101	100
F	101	101	110	101
G	110	110	111	110
H	111	111	000	111

3) D F/F을 사용한 카노 맵

wy_2 \ y_1y_0	00	01	11	10
00	0	1	1	0
01	0	1	1	0
11	1	0	0	1
10	1	0	0	1

$Y_0 = \overline{w}y_0 + w\overline{y}_0$

wy_2 \ y_1y_0	00	01	11	10
00	0	0	1	1
01	0	0	1	1
11	0	1	0	1
10	0	1	0	1

$Y_1 = \overline{w}y_1 + y_1\overline{y}_0 + wy_0\overline{y}_1$

wy_2 \ y_1y_0	00	01	11	10
00	0	0	0	0
01	1	1	1	1
11	1	1	0	1
10	0	0	1	0

$Y_2 = \overline{w}y_2 + \overline{y}_0y_2 + \overline{y}_1y_2 + wy_0y_1\overline{y}_2$

4) 최종 회로도

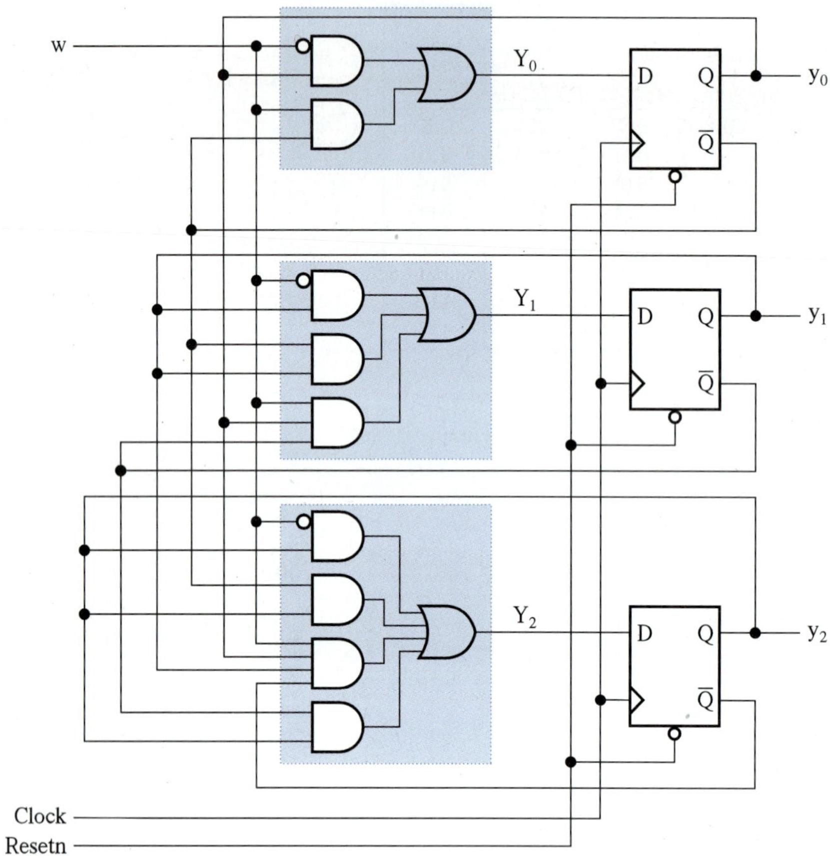

CHAPTER 12

유한상태 머신(Finite State Machine)

CHAPTER

12 유한상태 머신(Finite State Machine)

이 장에서는 동작순서를 결정하는 순서(또는 순차) 논리회로(sequential logic)인 유한상태 머신(FSM: Finite State Machine)을 소개한다. 자판기 설계를 예를 들어 전체 FSM 설계 과정을 이해하고, FSM을 구현하는 두 가지 방법, 즉 Moore 머신과 Mealy 머신의 차이점을 알아본다. 그리고 FSM의 두 가지 예 — 1. 스트링 패턴 인식기(String Pattern Recognizer) 2. 교통 신호 제어기 — 를 통하여 FSM의 응용 분야를 살펴본다. 또한 상태 최소화 및 부호화 알고리즘에 대해서 알아보기로 한다.

12.1 FSM의 구조 및 동작원리

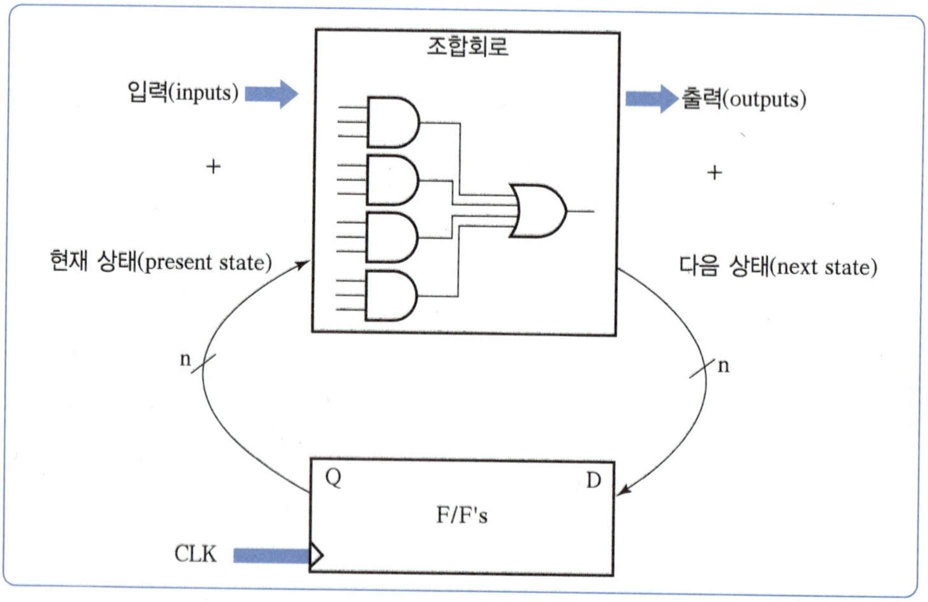

[그림 12-1] FSM(Finite State Machine)

유한상태 머신(FSM, Finite State Machine)은 디지털 조합회로의 동작순서를 결정하는 제어신호를 발생하는 순차 논리회로(sequential logic)이다. FSM의 구성요소를 살펴보면 [그림 12-1]에서 보는 바와 같이 조합논리회로와 레지스터로 구성된다.

조합논리회로의 입력은 외부 입력과 레지스터 출력이 있고, 조합논리회로의 외부 출력과 레지스터 입력이 연결된다. 레지스터가 갖는 값이 상태(State)를 의미하며 유한한 개수를 갖는다. 레지스터의 출력은 현재 상태(Current State), 레지스터의 입력은 다음 상태(Next State)가 된다. 따라서 다음 상태와 외부 출력은 현재 상태와 외부 입력에 의해서 결정된다.

즉, FSM은 입력, 상태, 출력으로 구성되며, FSM을 그래픽으로 표현하기 위하여 labeled directed graph, G = (N, E)를 사용한다. 여기서 N은 노드(node, 또는 vertex라고 함)의 셋을 말하며 E는 에지(edge, 또는 arc라고 함)의 셋을 말한다. 노드는 상태(state)를 표시하며 상태 이름은 FSM의 레지스터 값과 일대일 대응된다.

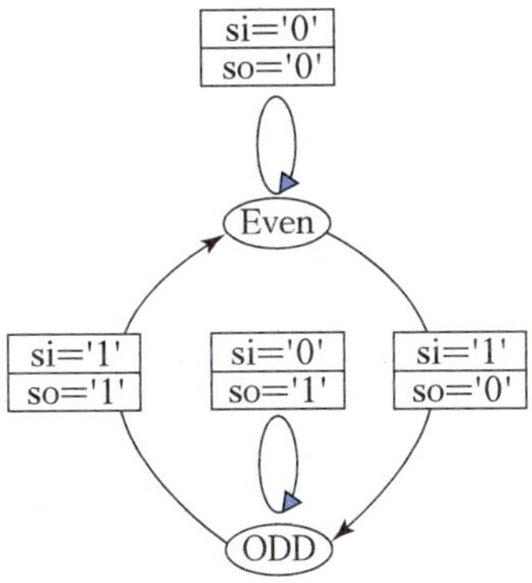

현재 상태	입력	다음 상태	출력
Even	0	Even	0
Even	1	Odd	0
Odd	0	Odd	1
Odd	1	Even	1

심볼화된 상태 천이표

현재 상태	입력	다음 상태	출력
0	0	0	0
0	1	1	0
1	0	1	1
1	1	0	1

부호화된 상태천이표

[그림 12-2] FSM의 예: Odd Parity Checker

예를 들면 [그림 12-2]의 Odd Parity Checker는 입력 비트 형식이 홀수 개의 1을 가지면 출력을 1로 한다. 이 상태도에서 타원으로 표시한 even과 odd가 상태에 해당된다. 상태 중의 하나는 반드시 초기(또는 시작) 상태로 지정되어야 한다(예를 들면, [그림 12-2]의 even에 해당함). 시작 상태는 FSM의 레지스터가 reset 되었을 때 갖는 값에 해당되는 상태가 된다.

상태를 연결하는 에지의 화살표는 현재 상태에서 다음 상태로의 상태의 천이(Transition)를 의미한다. 즉, 상태의 천이란 FSM의 레지스터 입력 값이 클록에 동기되어 저장되면서 출력값으로 나타나는 동작을 의미한다. 상태 천이가 발생하려면 입력 조건이 만족되어야 한다.

[그림 12-2]의 Odd parity checker를 보면 각 클록 상승에지마다 입력 단자 si에 입력되는 신호를 감지하여 연속된 '1'의 개수가 짝수이면 '0'을, 홀수이면 '1'을 출력 단자 so에 출력하는 회로이다. 각 상태의 입력 조건에 따라 출력이 결정된다.

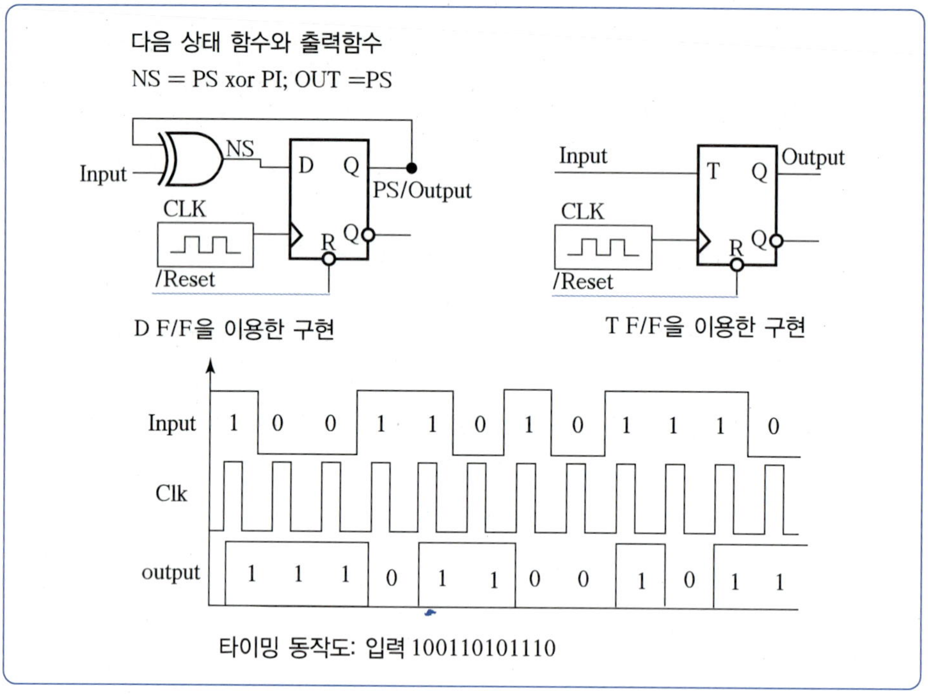

[그림 12-3] Odd Parity Checker 설계

[그림 12-3]에서와 같이 Odd parity checker를 설계할 때 D F/F을 사용한 경우, F/F 입력함수(즉, 다음 상태 함수)는 NS = PS xor PI, 출력함수 OUT = PS가 되고, T F/F을 사용한 경우는 다음 상태 로직을 사용하지 않으며, [그림 12-3]과 같이 간단히 구성되는 것을 알 수 있다. 즉, 구현하려는 시스템의 FSM의 복잡도 및 크기는 어떤 F/F을 사용하는가에 따라 달라지는 것을 알 수 있다.

12.2 자판기의 FSM 설계

FSM을 설계하는 절차를 단계별로 요약하면 다음과 같다.

① 기술요구사양서(Specification)의 시스템 동작과정을 이해한다.

② FSM도를 이용하여 추상적인 표현을 얻는다.

③ 중복된 상태를 제거하여 상태 최소화 과정을 수행한다.

④ 이진수를 이용하여 각 상태를 부호화한다.

⑤ FSM 상태 레지스터를 구현하기 위하여 F/F 종류를 선택한다.

⑥ 다음 상태 함수 및 출력함수를 결정하여 FSM을 완성한다.

자판기(vending machine) 설계를 예제로 하여 각 단계별 수행절차를 알아보자.

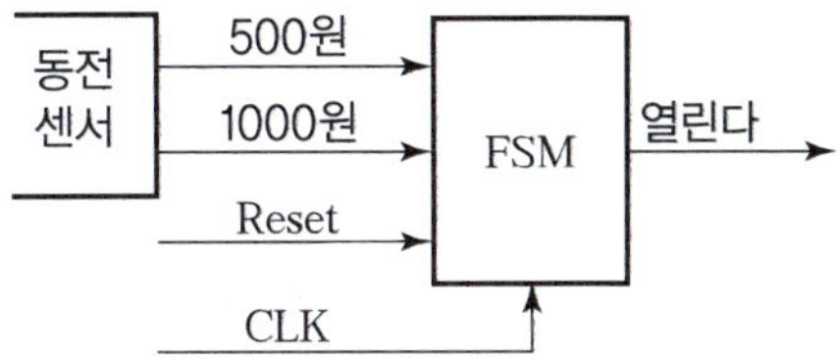

[그림 12-4] 단계 1: Vending Machine FSM 이해

예를 들어, 1500원을 넣으면 음료수가 나오는 자판기(Vending Machine) FSM 을 설계해 보자. FSM의 입력은 1000원짜리 지폐와 500원짜리 동전을 인식하며, 입력의 합이 1500원이 되면 출력이 '열린다' 가 된다. 거스름돈은 나오지는 않는 것으로 가정한다. 먼저 문제를 이해하기 위하여 [그림 12-4]와 같이 도식화한 블록도를 그린다.

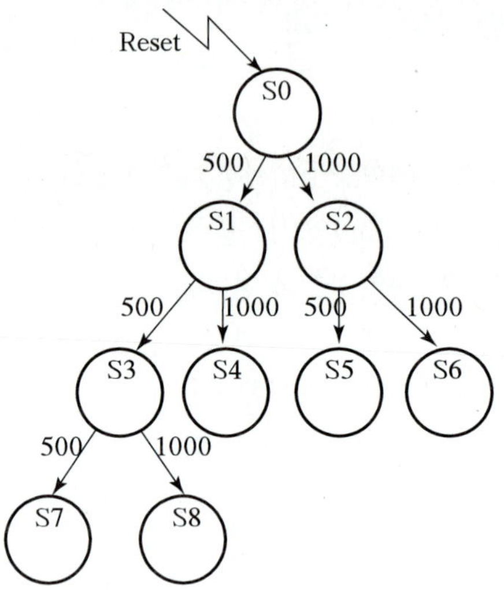

[그림 12-5] 단계 2: 트리 구조의 그래프를 이용하여 표현

두 번째 단계로 좀 더 적당한 표현을 위해서 [그림 12-5]와 같은 트리 구조의 그래프를 이용하여 표현해 보자. 1500원짜리 음료수가 나오게 하기 위한 방법은 다음과 같다.

- 3개의 500원 동전
- 2개의 500원 동전과 1장의 1000원 지폐
- 1개의 500원 동전과 1장의 1000원 지폐
- 1장의 1000원 지폐와 1개의 500원 동전
- 2장의 1000원 지폐

이러한 과정을 상태도로 표현하면 [그림 12-5]와 같다. 입력은 1000원, 500원, reset이고 출력은 열림이 된다.

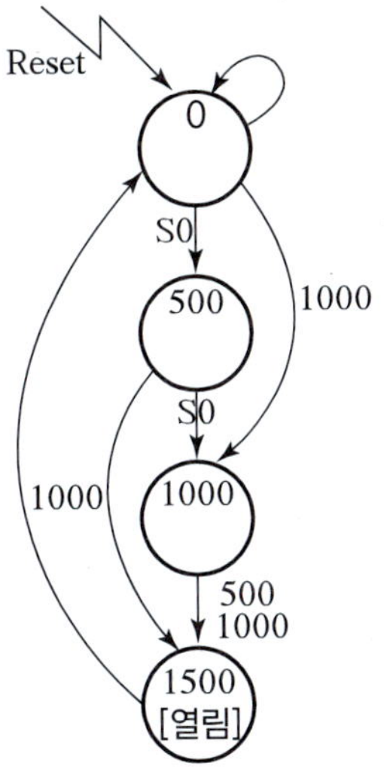

현재 상태	입력 1000	입력 500	다음 상태	출력 (열림)
0	0	0	0	0
	0	1	500	0
	1	0	1000	0
	1	1	×	×
500	0	0	500	0
	0	1	1000	0
	1	0	1500	0
	1	1	×	×
1000	0	0	1000	0
	0	1	1500	0
	1	0	1500	0
	1	1	×	×
1500	×	×	1500	1

상태표

[그림 12-6] 단계 3: 상태 최소화

세 번째는 상태 최소화를 수행한다. 상태의 수가 최소화된 상태도는 [그림 12-6]과 같다. 그 다음 상태도로부터 상태표를 구성한다. 상태표는 현재의 상태, 입력, 다음 상태, 출력의 순서로 된 열을 가지고 있으며, 각 행은 입력에 따른 상태의 천이와 출력을 보이고 있다. 입력이 500원과 1000원을 동시에 인식할 수 없기 때문에 그 경우는 'X' 로 표시되었다.

또한 현재 상태가 1500원이라면 입력과 무관하게 출력이 '열림' 으로 되기 때문에 이 경우에도 'X' 로 표시된 것을 알 수 있다.

현재 상태		입력		다음 상태		출력
Q_1	Q_0	A=100	B=500	D_1	D_0	(열림)
0	0	0	0	0	0	0
		0	1	0	1	0
		1	0	1	0	0
		1	1	×	×	×
0	1	0	0	0	1	0
		0	1	1	0	0
		1	0	1	1	0
		1	1	×	×	×
1	0	0	0	1	0	0
		0	1	1	1	0
		1	0	1	1	0
		1	1	×	×	×
1	1	0	0	1	1	1
		0	1	1	1	1
		1	0	1	1	1
		1	1	×	×	×

[그림 12-7] 단계 4: 상태 인코딩

네 번째로 상태표를 통하여 구현하려는 기능에 해당하는 논리회로를 구성하기 위해서는 각 상태를 표현하는 문자를 이진수로 변환하여야 한다. 이 과정을 상태 부호화(state encoding)라고 부른다. 상태 부호화 과정의 완성된 결과는 [그림 12-7]과 같다. 즉, 네 개의 상태(0원, 500원, 1000원, 1500원)를 이진수로 표현하기 위하여 최소한 2개의 비트가 필요하게 된다. 따라서 0원이 00으로, 500원을 01으로 1000원을 10으로 1500원을 11로 부호화하였다.

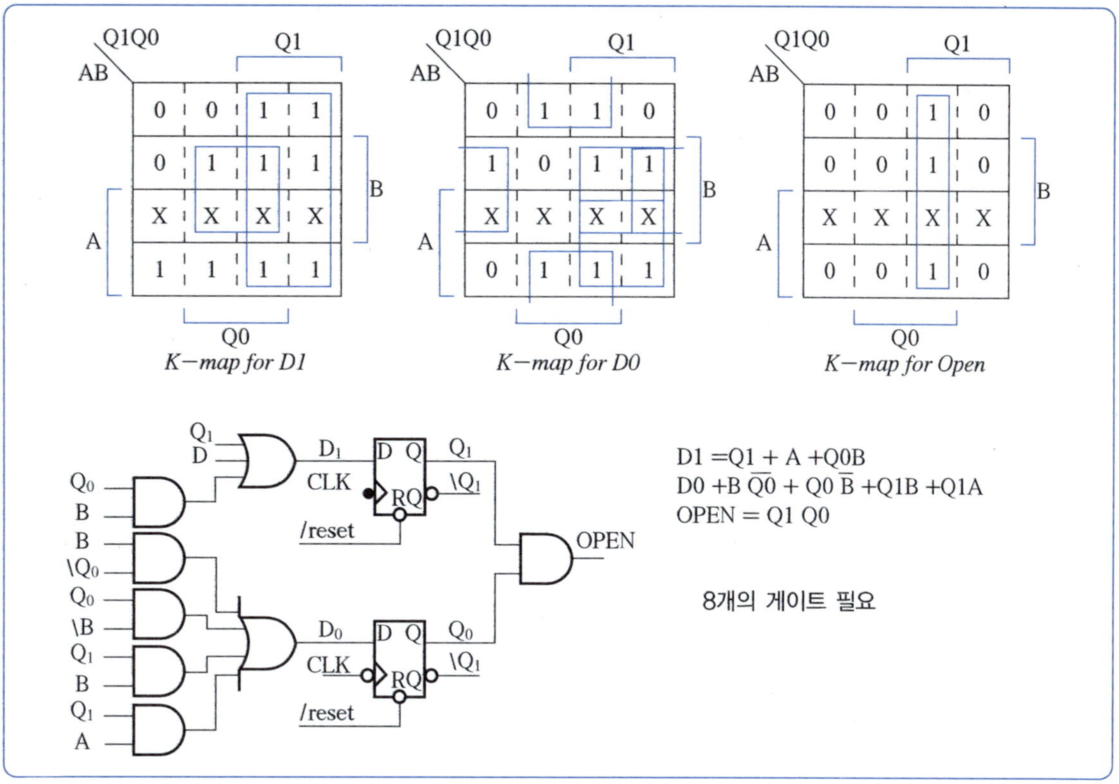

[그림 12-8] 단계 5: F/F 선택

다섯 번째로 상태 부호화가 완성된 상태표에 다음 상태를 구하기 위하여 F/F을 선택한다. 이 경우에 D F/F이 가장 사용하기 간단하다. 상태표에 따라 D F/F의 입력으로 사용되는 함수는 D1 = Q1 + D + Q0 B

D0 = B Q0 + Q0 B + Q1 B + Q1 A

OPEN = Q1 Q0

과 같이 구해진다. 그러한 D F/F의 입력 및 출력 함수에 대한 논리회로를 포함한 최종 시스템의 회로도는 [그림 12-8]과 같은 것을 알 수 있다.

12.3 Moore 머신과 Mealy 머신

FSM을 구현하는 방법에는 2가지 방법이 있다. 하나는 Moore 머신이고 다른 하나는 Mealy 머신이다. [그림 12-9]에 두 가지 머신의 블록도를 보이고 있다. Moore Machine은 출력이 현재 상태의 함수로 표시된다.

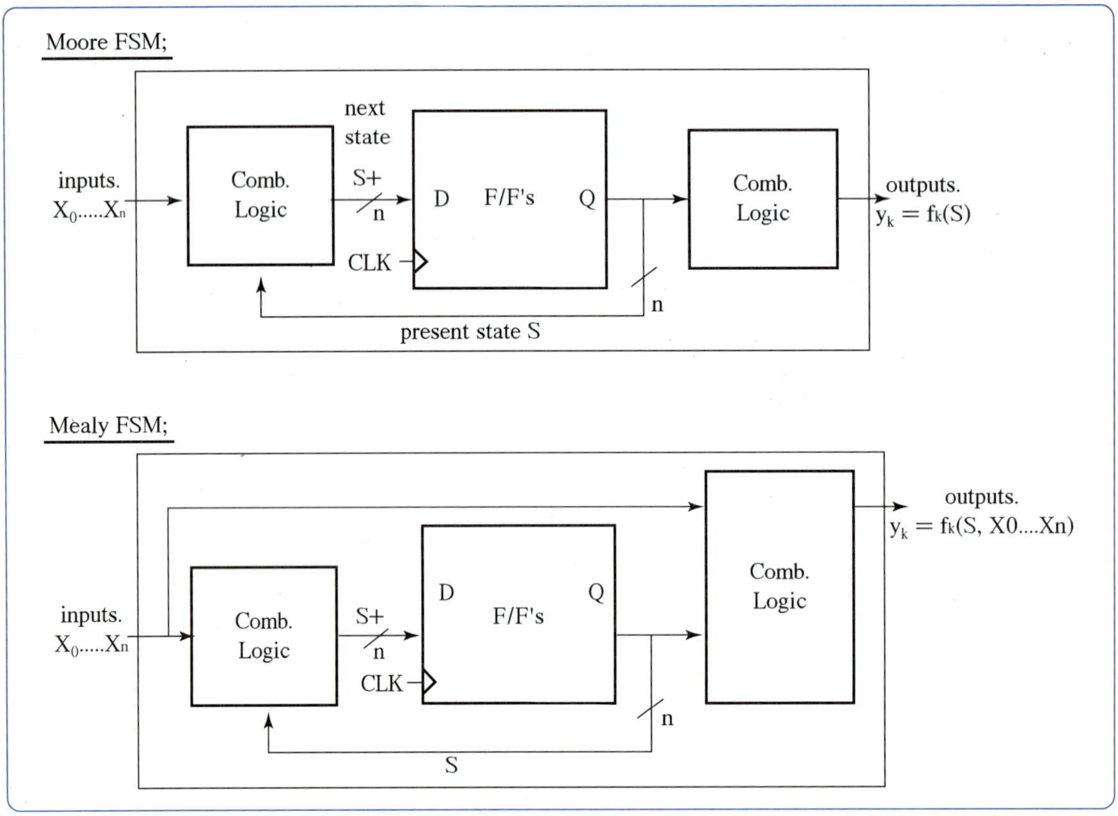

[그림 12-9] Moore 머신과 Mealy 머신의 설계도

출력은 상태 변화에 따라 동기적으로 변환하게 된다. 즉,

$Y_{Moore} = F(S)$ 여기서 Y : 출력, S : 상태

반면, Mealy Machine은 출력이 현재 상태와 입력의 함수로 표시되고 입력의 변화가

바로 출력의 변화의 원인이 된다.

$Y_{Mealy} = F(S, X_0, \cdots, x_n)$ 여기서 X : 입력, Y : 출력, S : 상태

두 가지 FSM의 이름이 비슷하여 혼동되는 경우에는 다음의 방법을 생각해 보자. 'Moore' 라는 단어에 2개의 'o' 가 'Only Output' 이라고 외우면 구별하기 쉽다. 즉, Moore 머신의 경우, 출력은 단지 상태에 따라 결정이 된다는 의미이다.

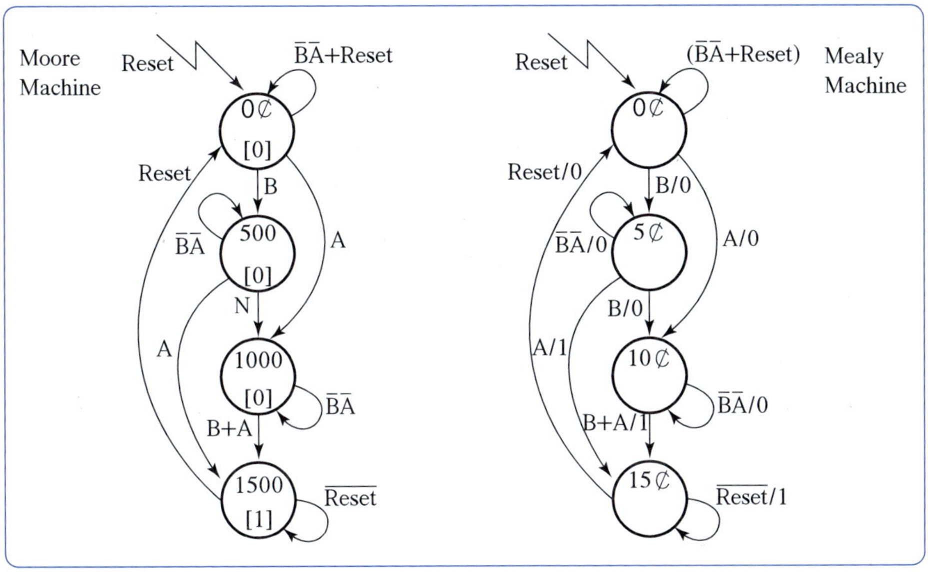

[그림 12-10] Moore와 Mealy 머신의 예

자판기의 Moore 머신과 Mealy 머신을 상태도를 이용하여 표현하면 [그림 12-10]과 같게 된다. Moore 머신의 경우에는 출력이 현재 상태의 결과에 따라 만들어지는 것을 표현하기 위하여 각 상태에 출력값을 포함시켜 표현한 것이고 Mealy 머신인 경우는 출력이 상태와 입력의 변화에 따라 변하는 것을 표현하기 위하여 상태의 천이를 표현하는 화살표 상에 입력값에 따른 출력값을 표현한 것이다.

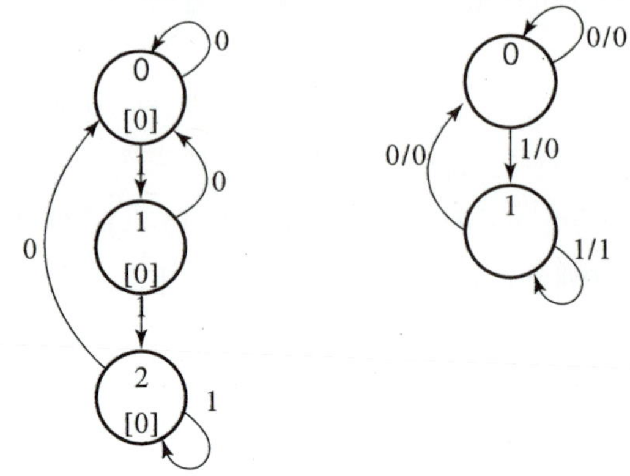

[그림 12-11] Meary 머신과 Moore 머신의 상태수 비교

Mealy 머신은 Moore 머신에 비해 상태의 개수를 적게 사용하여 표현하는 것이 가능하게 된다. 예를 들면, [그림 12-11]의 두 가지는 같은 동작을 하는 것인데 Meraly 머신은 2개의 상태로 표현이 가능한 반면, Moore 머신은 3개의 상태로 표현이 가능한 것을 알 수 있게 된다.

FSM의 논리 회로도가 주어졌을 때 그 동작 상태를 역으로 추정하는 방식을 회로 분석 또는 Reverse Engineering이라고 한다. Reverse Engneering의 한 가지 방법은 입력의 조합을 통해서 상태천이표를 추정하는 방법이 있으며, 다른 방법은 회로를 분석하여 천이 동작을 추론해 내는 방법이 있다. 여기서는 자세한 내용은 생략하기로 한다.

12.4 스트링 패턴 인식기

지금까지 알아본 FSM을 이용하여 유한 스트링 패턴 인식기(Finite String Pattern Recognizer)를 설계해 보기로 하자.

스트링 패턴 인식의 간단한 예를 알아보자. 입력 X와 출력 Z를 가지고 있으며 입력으로 연속적으로 들어오는 유한 개의 스트링 가운데 '010' 의 서브스트링이 들어올 때 마다 '1' 로 출력하는 스트링 패턴 인식기를 설계한다.(그러나 '100' 이 들어오지 않을 경우로 제한한다.)

먼저 첫 번째 단계로 문제를 이해하기 위하여 간단한 입력/출력 동작 두 가지를 살펴본다.

① X: 00101010010⋯
   Z: 00010101000⋯

② X: 11011010010⋯
   Z: 00000001000⋯

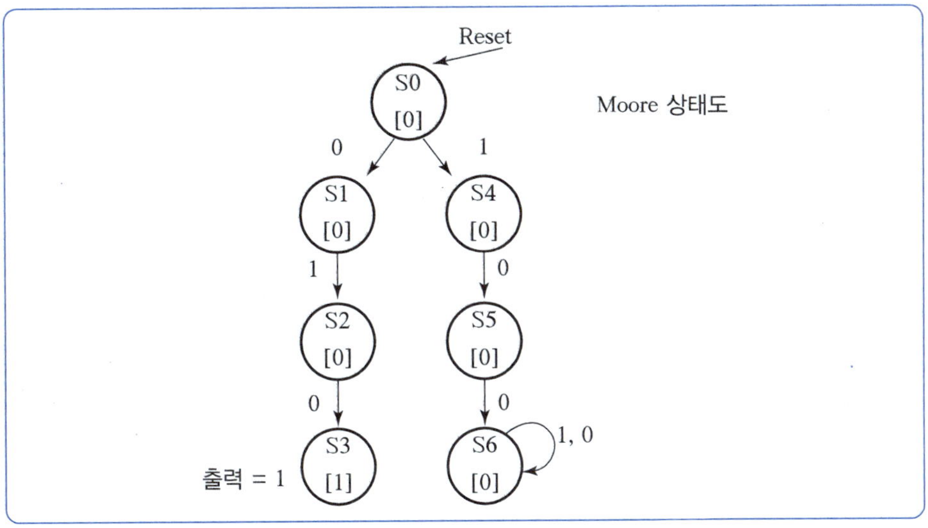

[그림 12-12] 스트링 패턴 인식기의 상태도

따라서 이 경우에 '010'과 '100'의 두 가지 서브스트링을 인식하여야 하는 것을 알 수 있다. '010'이 들어오면 출력이 '1'이 되지만 '100'이 들어오고 나면 입력에 관계없이 출력이 항상 '0'으로 되는 것을 알 수 있다. 따라서 후자의 경우에는 같은 상태를 무한히 반복하는 형태(self-loop)로 표현할 수 있다. 이러한 과정을 Moore 머신을 이용한 상태도를 [그림 12-12]에 나타내었다. 왼쪽 패스는 '010'의 입력 시퀀스를 표현하여 S3 상태에서 '1'을 출력하는 과정을 나타낸 것이고 오른쪽 패스는 '100'을 입력하여 S6 상태에서 무한 루프를 수행하면서 입력과 관계없이 '0'을 출력하는 과정을 표현하고 있다.

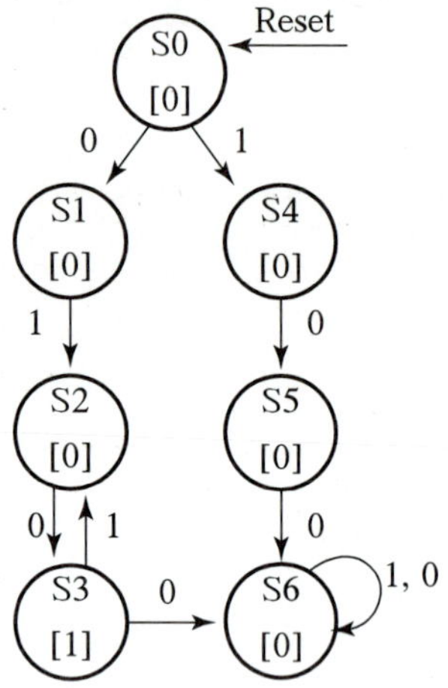

[그림 12-13] 스티링 패턴 인식기의 상태도(계속)

[그림 12-13]처럼 처음에 들어온 '010'을 인식한 후에 S3 상태에서 '0'이 들어오면 '100'이 되어 S6으로 천이된 후 무한 루프로 계속적으로 '0'을 출력하게 된다. 반면에 '1'이 들어오면 S2 상태로 천이하여 그 다음 입력이 '0'이 되면 다시 S3 상태로 천이되어 '1'을 출력하게 되는 것을 알 수 있다.

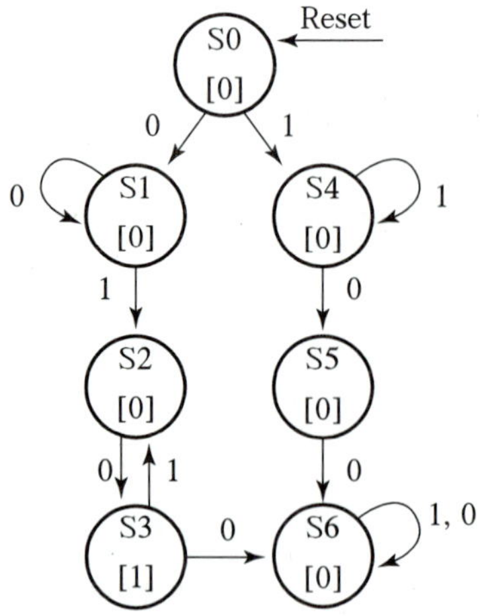

[그림 12-14] 스티링 패턴 인식기의 상태도(계속)

나머지 상태 노드의 입력에 따른 천이 동작을 [그림 12-14]에서 살펴보면 먼저 S1의 경우 입력이 '0' 이 들어오면 '1' 이 들어올 때까지 계속적으로 S1의 상태로 되돌아가서 '0' 을 출력하면 되기 때문에 self-loop를 사용하면 된다. 마찬가지로 S4의 경우에도 입력이 '1' 이 들어오면 '0' 이 들어올 때까지 계속적으로 S1의 상태로 되돌아가서 '0' 을 출력하면 되기 때문에 self-loop를 사용하면 된다.

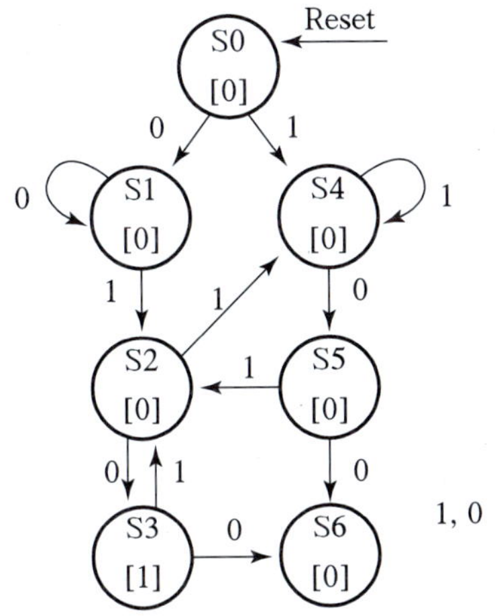

[그림 12-15] 스트링 패턴 인식기의 상태 천이 완성도

[그림 12-15]에서는 나머지 S2와 S5의 천이 동작 상태를 마무리짓는다. S2의 경우, 입력이 '0' 인 경우는 이미 살펴본 바와 같이 S3으로 천이되어 '010' 이 되어 S3에서 '1' 을 출력하게 되지만 S2의 입력이 '1' 인 경우에는 '100' 시퀀스의 prefix가 되기 때문에 S4로 천이되어야 한다. 마찬가지로 S5에서 다음 입력이 '0' 인 경우는 S6으로 천이되어 S6까지 '100' 이 관찰되어 '0' 을 출력하게 되지만, 다음 입력이 '1' 인 경우에는 지금까지 입력 패턴이 '01' 이 되어 '010' 의 prefix가 되어 그 다음 입력이 '0' 이 되는 경우 '010' 이 되어 '1' 을 출력해야 하기 때문에 S3 상태로 천이되어야 하는 것을 알 수 있다.

이렇게 함으로써 각 상태 노드에서 다음 입력이 '0' 또는 '1' 인가에 따라서 2가지의 상태 천이가 모두 완성되어 최종 상태도가 완성된 것을 알 수 있다.

이러한 과정을 다시 요약 복습해 보면,

- 문제를 이해하기 위하여 샘플 입력에 따른 출력을 만들어 본다.
- 인식이 되는 특정한 패턴에 대한 상태 순서에 대한 상태도를 만든다.
- 나머지 빠져 있는 상태 천이를 완성한다. 이때 prefix 개념을 사용하여 가능한 기존의 상태를 재활용한다.
- 문제에 따른 기능 동작을 검증하기 위하여 입출력 동작을 다시 점검한다.

12.5 교통신호 제어기 설계

복잡한 고속도로가 조용한 시골길과 교차하는 교차로에 교통신호 제어기를 설치한다. 시골길에서 고속도로에 들어서려고 하는 차량이 있는 경우를 센서로 인식하여 고속도로 신호등이 초록색에서 노란색, 그리고 빨간색으로 바뀌게 되고, 이에 따라 시골길의 신호등은 초록색으로 바뀌게 하려고 한다. 그러나 시간 간격을 제한하여 어떤 시간 구간에서만 이러한 과정을 허용하려고 한다. 아무리 시골길의 차량이 기다린다 하더라고 어떤 시간 구간 동안에는 고속도로 신호등이 초록색으로 유지되도록 한다. 이 경우, ST(Set Time Interval) 제어 신호에 따라 짧은 구간(TS), 긴 구간(TL)의 두 가지 시간 구간을 사용한다. TS는 노란 신호의 시간 구간을 표현하고, TL은 초록 신호의 구간을 표현하는데 사용된다.

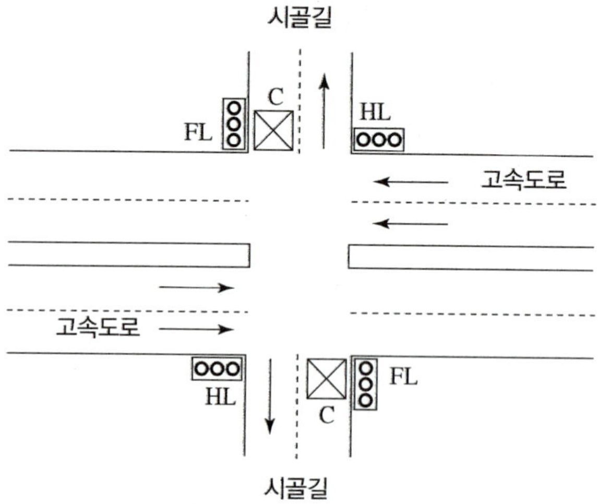

[그림 12-16] 교통 신호 제어기

교통 신호 제어기를 앞에서 설명한 방법으로 FSM을 구현해 보자. [그림 12-16]과 같은 그림의 시골길과 고속도로의 교차로를 도식화하면 다음과 같은 입력/출력 신호가 필요하게 된다.

입력신호:
- reset: FSM의 초기 상태
- C: 시골길의 차량 인식
- TS: 짧은 시간 구간 경과
- TL: 긴 시간 구간 경과

출력신호:
- HG, HY, HR: 초록/노랑/빨강 고속도로 신호등 동작
- FG, FY, FR: 초록/노랑/빨강 시골길 신호등 동작
- ST: 짧은 시간 구간, 긴 시간 구간의 시작 타이밍

다음의 네 가지 상태가 필요한 것을 알 수 있다.
- S0: 고속도로 신호등 초록색(시골길 신호등 빨간색)
- S1: 고속도로 신호등 노란색(시골길 신호등 빨간색)
- S2: 시골길 신호등 초록색(고속도로 신호등 빨간색)
- S3: 시골길 신호등 노란색(고속도로 신호등 빨간색)

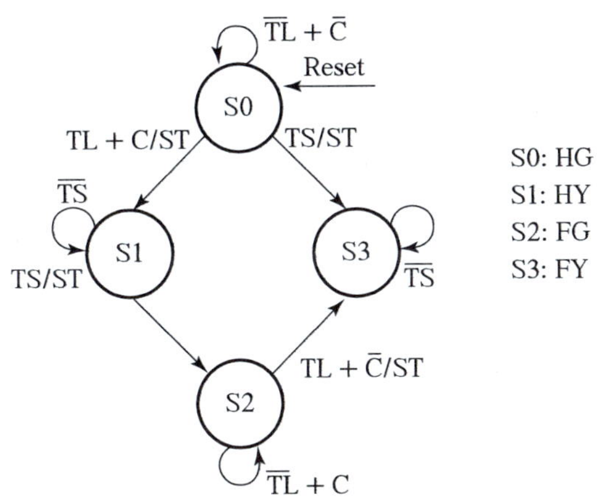

[그림 12-17] 교통신호 제어기의 상태 다이어그램

따라서 [그림 12-17]과 같은 상태도를 mealy 머신을 이용하여 적절히 표현할 수 있다. 이러한 방법으로 상태의 경로, 출력이 되는 조건 등을 표현하는 것이 수월하며, 한 가지의 상태로 각 출력 상황을 표현하는 것이 가능해진다. 이와 같이 FSM은 복잡한 문제를 이해하고 설계하는데 용이하게 이용된다.

12.6 FSM 상태 최소화

이 절에서는 아래와 같은 순차회로의 설계 단계 중 세 번째에 해당하는, 상태 최소화 알고리즘 두 가지(Row matching 방법, implicit Chart 방법)에 대해서 알아본다.

- 문제 이해
- 문제 정형화
- 상태수 최소화
- 상태 인코딩
- 상태 레지스터를 구현하기 위한 플립플롭의 선택
- FSM의 구현

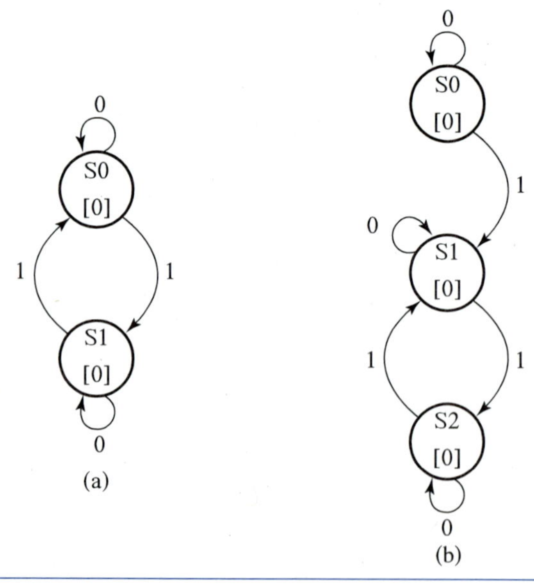

[그림 12-18] 상태 최소화의 동기

상태의 개수를 줄여야 하는 이유에 대해서 알아보자.

앞에 설명한 바와 같이 순차회로를 설계할 때 일단 FSM을 구성하게 되는데 이 단계에서는 상태의 개수를 줄이는 것은 염두에 두지 않고 FSM을 구성한 후 그 다음에 상태 개수를 줄이게 된다. 이때 줄이기 전과 줄인 후의 FSM은 동일한 동작상태를 가져야 한다. 즉, 같은 동작 상태라는 의미는 두 개의 FSM이 모든 입력에 대해서 동일한 출력 동작을 보이면 된다.

한 가지 예를 보면, [그림 12-18]과 같이 두 개의 Odd Parity Checker는 같은 동작을 보이고 있다. (a)는 세 개의 상태를 가지고 있으며 상태 축소 후에는 (b)와 같이 2개의 상태로 축소될 수 있다. 이와 같이 두 개의 FSM들은 같은 상태 동작을 보이고 있으나 상태 수가 다르고 상태 전환의 형태가 다르기 때문에 각각의 FSM은 논리회로 설계 구현 후 플립플롭의 수와 기타 부가적인 함수의 게이트 수가 다르게 된다. 따라서 칩의 면적 및 성능을 개선하기 위해서는 상태 수의 감축이 필수적이라고 할 수 있다.

다시 말하면 FSM은 가능한 상태 개수가 적도록 설계해야 한다. 그러나 상태 부호화 단계에서 상태의 개수가 3인 경우와 4인 경우를 예를 들면 이 두 개의 FSM은 같은 플립플롭 수(이 경우에는 2개)가 필요한 것을 알 수 있다. 3개의 상태 수를 가지고 있는 FSM이 4개의 상태 수를 가지고 있는 FSM보다 Next State Function에서 필요로 하는 로직을 더 적은 수의 게이트로 구현할 수 있다. 그 이유는 2 bit로 부호화되는 4개의 상태 중 하나를 Don't-care 항으로 사용하면 논리 최소화 기법을 이용하여 더 적은 수의 게이트를 이용 Next State Function이 설계될 수 있다는 장점을 가지기 때문이다.

이제 상태 축소기법에 대해서 알아보기로 한다. 상태 축소기법에서 사용하는 기초적인 방법은 동일한 동작 상태(즉, 두 개의 상태 노드에 들어오는 모든 입력에 대해서 동일한 출력 동작)를 가지고 있는 상태 노드들을 찾아서 결합시킴으로써 상태의 수를 줄이는 방법을 사용한다. 두 개의 상태 노드가 동일하다는 의미는 모든 입력 조합에 대해서 동일한 상태로 동작이 천이 또는 전환되는 것을 의미한다.

그림의 Odd Parity Checker를 보면 두 개의 상태 S0과 S2는 동일한 것을 알 수 있다. 그 이유는 두 개의 상태 모두 0을 출력하고 있으며, 입력이 '1' 일 때는 S1로 상태 천이가 발생하며, 입력이 '0' 일 때는 self-loop로 자신의 상태를 되풀이하게 되는 형태를 띠고 있기 때문이다.

체계적인 상태 축소 알고리즘은 다음의 5단계로 이루어진다.

1) 상태 천이표를 작성한다.
2) 동일한 출력 동작을 가지고 있는 상태들을 찾아낸다.
3) 2단계에서 찾아낸 상태들 중 동일한 다음 상태로 천이되는 한 쌍의 상태 노드가 있다면 그 두 개의 상태는 동일한 것을 알 수 있다.
4) 그 두 개의 상태 노드는 같은 이름을 가지는 하나의 상태로 묶여지게 된다. 이에 따라 FSM의 형태가 변환하게 된다.
5) 더 이상 상태를 묶을 수 없을 때까지(동일한 상태 쌍이 존재하지 않을 때까지) 3, 4 항목을 되풀이한다.

위에 기술한 알고리즘을 사용하여 상태를 축소하는 한 가지 FSM 예를 들어보자. 입력는 한 비트 'X' 이고 출력은 한 비트 'Z' 이다. 입력은 한번에 4개씩 받아서, 그 4개의 입력이 '1010' 또는 '0110' 로 관찰될 때마다 출력을 '1' 로 내보내는 FSM을 설계해 보자.

처음 생각할 수 있는 방법은 [그림 12-19]와 같이 2진 트리를 이용하여 FSM을 구성하는 것이다. 네 개의 2진수를 인식하는데 필요한 2진트리의 레벨 수는 네 개가 필요하게 된다. 따라서 root node 1개, 그 밑에는 2개의 상태, 그리고 그 다음 레벨에는 4개의 상태가 필요하게 되어 결국 (1+2+4+8)개의 상태 수를 필요로 하게 된다.

그리고 각 노드에서 천이되는 수는 (2+4+8+16)개가 된다.

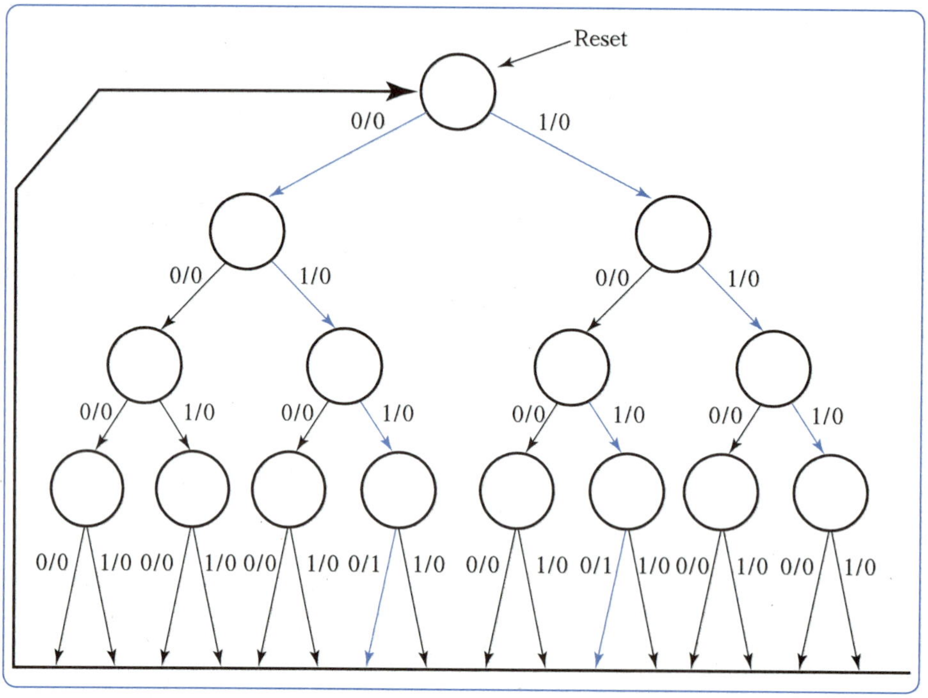

[그림 12-19] 2진 트리를 이용한 FSM 구성

[그림 12-19]는 Mealy machine으로 구성된 FSM이다. 따라서 이 그림에서 알 수 있는 것은 파란색으로 표시된 경로가 입력 '0110' 과 '1010' 을 인식하기 위한 경로가 된다. 트리의 가장 아래 수준에 있는 'leaf' 노드에서 4개의 입력의 인식이 완료되고 그 두 가지 입력 스트링에 대해서 그 출력이 '1' 로 표시된 것을 알 수 있다. 또한 그 'leaf' 노드 모두는 'root' 노드에 연결되어 그 다음에 입력되는 4개의 입력 스트링을 인식할 수 있게 된다.

상태 최소화 기법: 행 매칭(Row Matching) 방법

〈표 12-1〉 초기 상태 천이표

입력	현재 상태	다음 상태 X=0	다음 상태 X=1	출력 X=0	출력 X=1
Reset	S_0	S_1	S_2	0	0
0	S_1	S_3	S_4	0	0
1	S_2	S_5	S_6	0	0
00	S_3	S_7	S_8	0	0
01	S_4	S_9	S_{10}	0	0
10	S_5	S_{11}	S_{12}	0	0
11	S_6	S_{13}	S_{14}	0	0
000	S_7	S_0	S_0	0	0
001	S_8	S_0	S_0	0	0
010	S_9	S_0	S_0	0	0
011	S_{10}	S_0	S_0	1	0
100	S_{11}	S_0	S_0	0	0
101	S_{12}	S_0	S_0	1	0
110	S_{13}	S_0	S_0	0	0
111	S_{14}	S_0	S_0	0	0

행 매칭(Row Matching)이라는 알고리즘에 대해서 알아본다. [그림 12-19]의 FSM에 대한 상태 천이표를 만들면 〈표 12-1〉과 같이 된다. 〈표 12-1〉에서 보면 알 수 있듯이 현재 상태에 대해서 다음 상태가 입력 X=0과 X=1에 대해서 각각 표시되어 있으며, 출력도 다음 상태에 들어오는 입력 X=0과 X=1에 대해서 각각 표시되어 있다. 즉, 현재까지의 입력 스트링이 011이고 다음 상태의 입력이 '0'이면 '1'이 출력되게 된다.

〈표 12-2〉 상태 천이표(S10 = S12)

입력	현재 상태	다음 상태 X=0	다음 상태 X=1	출력 X=0	출력 X=1
Reset	S_0	S_1	S_2	0	0
0	S_1	S_3	S_4	0	0
1	S_2	S_5	S_6	0	0
00	S_3	S_7	S_8	0	0
01	S_4	S_9	S_{10}	0	0
10	S_5	S_{11}	S_{12}	0	0
11	S_6	S_{13}	S_{14}	0	0
000	S_7	S_0	S_0	0	0
001	S_8	S_0	S_0	0	0
010	S_9	S_0	S_0	0	0
011	S_{10}	S_0	S_0	1	0
100	S_{11}	S_0	S_0	0	0
101	S_{12}	S_0	S_0	1	0
110	S_{13}	S_0	S_0	0	0
111	S_{14}	S_0	S_0	0	0

여기서 〈표 12-2〉의 박스 처리된 부분을 보면 두 개의 현재 상태 S10과 S12는 같은 다음 상태로 천이됨을 알 수 있고 그 출력도 같은 입력에 대해서 같은 출력값으로 출력됨을 알 수 있다. 따라서 두 개의 상태 S10과 S12는 동일하며 하나로 묶여질 수 있게 된다. 그 결과가 〈표 12-3〉에 나와 있다. 두 개의 상태 S10과 S12가 하나로 묶여진 결과를 S10'으로 표기하였다.

〈표 12-3〉 상태 천이표(S10' = S10 = S12)

입력	현재 상태	다음 상태 X=0	다음 상태 X=1	출력 X=0	출력 X=1
Reset	S_0	S_1	S_2	0	0
0	S_1	S_3	S_4	0	0
1	S_2	S_5	S_6	0	0
00	S_3	S_7	S_8	0	0
01	S_4	S_9	S_{10}	0	0
10	S_5	S_{11}	S_{12}	0	0
11	S_6	S_{13}	S_{14}	0	0
000	S_7	S_0	S_0	0	0
001	S_8	S_0	S_0	0	0
010	S_9	S_0	S_0	0	0
011 or 101	S'_{10}	S_0	S_0	1	0
100	S_{11}	S_0	S_0	0	0
110	S_{13}	S_0	S_0	0	0
111	S_{14}	S_0	S_0	0	0

두 개의 상태 S10과 S12가 하나로 묶여진 결과 S10'으로 표기됨에 따라 기존의 S10과 S12는 모두 S10'로 상태명이 바뀐 것을 알 수 있다.

〈표 12-4〉 상태 천이표(S7 = S8 = S9 = S11 = S13 = S14)

입력	현재 상태	다음 상태 X=0	다음 상태 X=1	출력 X=0	출력 X=1
Reset	S_0	S_1	S_2	0	0
0	S_1	S_3	S_4	0	0
1	S_2	S_5	S_6	0	0
00	S_3	S_7	S_8	0	0
01	S_4	S_9	S_{10}	0	0
10	S_5	S_{11}	S_{12}	0	0
11	S_6	S_{13}	S_{14}	0	0
000	S_7	S_0	S_0	0	0
001	S_8	S_0	S_0	0	0
010	S_9	S_0	S_0	0	0
011 or 101	S'_{10}	S_0	S_0	1	0
100	S_{11}	S_0	S_0	0	0
110	S_{13}	S_0	S_0	0	0
111	S_{14}	S_0	S_0	0	0

그 다음 〈표 12-4〉를 보게 되면, 마찬가지로 S7, S8, S9, S11, S13, S14도 모두 같은 다음 상태로 천이됨을 알 수 있으며, 모든 입력에 대해서 동일한 출력을 가지고 있음을 알 수 있다. 따라서 이 모든 상태는 동일한 상태로 간주되며 하나의 상태로의 변환이 가능하게 된다.

〈표 12-5〉 상태 천이표(S7' = S7 = S8 = S9 = S11 = S13 = S14)

입력	현재상태	다음상태 X=0	다음상태 X=1	출력 X=0	출력 X=1
Reset	S_0	S_1	S_2	0	0
0	S_1	S_3	S_4	0	0
1	S_2	S_5	S_6	0	0
00	S_3	S_7	S_8	0	0
01	S_4	S_9	S_{10}	0	0
10	S_5	S_{11}	S_{12}	0	0
11	S_6	S_{13}	S_{14}	0	0
not (011 or 101)	S_7	S_0	S_0	0	0
011 or 101	S'_{10}	S_0	S_0	1	0

그 결과를 〈표 12-5〉에 나타내었다.

〈표 12-6〉 상태 천이표(S3 = S6)

입력	현재 상태	다음 상태 X=0	다음 상태 X=1	출력 X=0	출력 X=1
Reset	S_0	S_1	S_2	0	0
0	S_1	S_3	S_4	0	0
1	S_2	S_5	S_6	0	0
00	S_3	S_7	S_8	0	0
01	S_4	S_9	S_{10}	0	0
10	S_5	S_{11}	S_{12}	0	0
11	S_6	S_{13}	S_{14}	0	0
not (011 or 101)	S_7	S_0	S_0	0	0
011 or 101	S'_{10}	S_0	S_0	1	0

앞의 결과에 따라 같은 방식으로 〈표 12-6〉을 보면 S3과 S6의 두 개의 상태가 동일하게 된 것을 알 수 있다.

입력	현재 상태	다음 상태 X=0	다음 상태 X=1	출력 X=0	출력 X=1
Reset	S0	S1	S1	0	0
0	S1	$\overline{S3}$	$\overline{S4}$	0	0
1	S2	$\overline{S4}$	$\overline{S3}$	0	0
00 or 11	$\overline{S3}$	$\overline{S7}$	$\overline{S7}$	0	0
01 or 10	$\overline{S4}$	$\overline{S7}$	$\overline{S10}$	0	0
not (011 or 101)	$\overline{S7}$	S0	S0	0	0
011 or 101	$\overline{S10}$	S0	S0	1	0

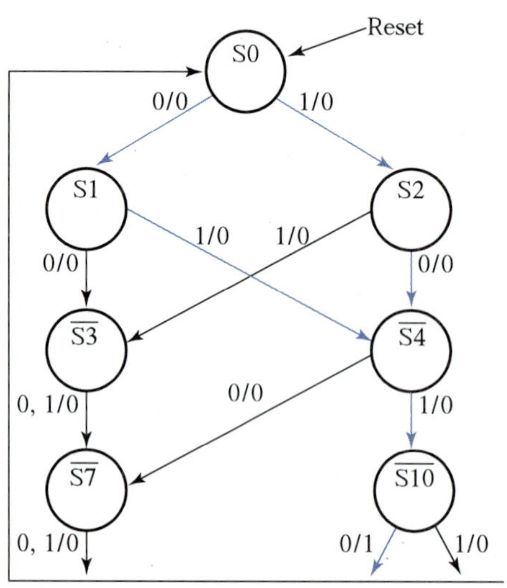

[그림 12-20] 최종 축소된 FSM

이와 같은 방식으로 동일한 상태가 없을 때까지 이 과정을 반복적으로 되풀이한 결과 [그림 12-20]과 같은 최종 상태 천이표를 만들 수 있다. 최종표에는 기존에 하나의 상태로 묶여진 상태들은 모두 상태명이 변경되었으므로 이에 따라 기존의 묶여지기 전에 사용했던 상태명들은 모두 변경되어야 한다. 그 상태도는 [그림 12-20]과 같다. 이 과정을 통해 15개의 상태가 7개로 축소되었고 상태명 변경에 따라 상태의 천이도 변경됨을 알 수 있게 된다.

현재 상태	다음 상태 X=0	X=1	출력
S_0	S_0	S_1	0
S_1	S_1	S_2	1
S_2	S_2	S_1	0

[그림 12-21] 행 매칭 방법의 문제점(odd parity checker의 예)

행 매칭(row matching) 방식은 구현하기 쉽고 이해하기 쉽게 되었으나, 어떤 경우에는 최소 개의 상태수를 상태 천이표를 만들 수 없는 경우가 있다. 예를 들면 앞에서 예시하였던 odd parity checker의 상태표는 [그림 12-21]과 같은데 앞에서 사용한 상태 동일성 검사(state equivalence check)를 사용하는 경우 S0과 S2가 같은 상태로 묶여질 수 없다. 그러나 자세히 들여다보면 S0과 S2는 동일한 상태임을 알 수 있다. 그 이유는 다음과 같다. 먼저 S0 = S2라고 가정하고 하나의 상태, 즉, S0'로 상태명을 변경하여 상태표를 수정하면 S0 = S2라는 가정이 진실로 판명됨을 알 수 있다. 따라서 행 매칭 방법의 단점을 극복할 수 있는 방법이 필요하게 된다.

관련항 차트(Implicant Chart)를 이용한 상태 최소화

〈표 12-7〉 관련항 차트(Implicant chart)를 이용한 상태 최소화

입력	현재 상태	다음 상태 X=0	X=1	출력 X=0	X=1
Reset	S_0	S_1	S_2	0	0
0	S_1	S_3	S_4	0	0
1	S_2	S_5	S_6	0	0
00	S_3	S_0	S_0	0	0
01	S_4	S_0	S_0	1	0
10	S_5	S_0	S_0	0	0
11	S_6	S_0	S_0	1	0

그럼 다음의 예를 통해서 관련항 차트를 이용한 상태 축소기법에 대해서 알아보기로 한다. 한 비트 입력 X와 한 비트 출력 Z를 가지는 FSM, 010 또는 110이 입력 스트링 중에서 발견되면 '1'을 출력한다. 그 FSM의 상태 천이표는 〈표 12-7〉과 같다.

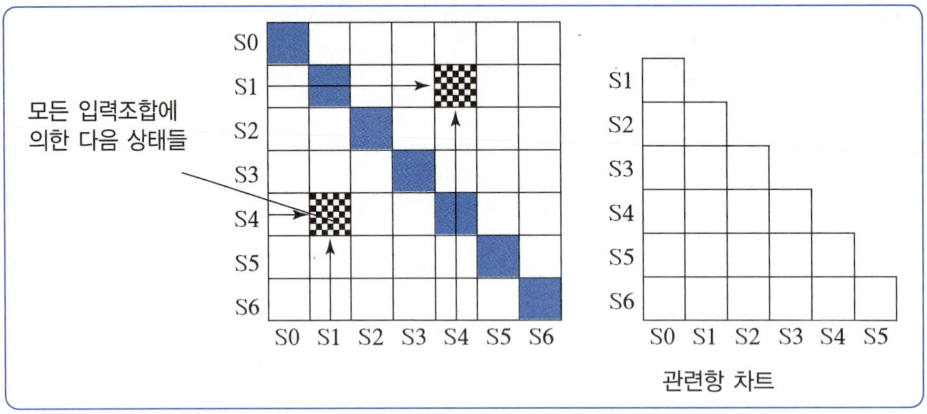

[그림 12-22] 관련항 차트(Implication Chart) 방법

관련항 차트 방법이란 다음과 같다. 앞의 예제는 S0부터 S6까지 7개의 상태를 가진 FSM이며, 모든 상태 쌍에 대해서 상태의 동일성을 검사하게 된다. 그렇게 하기 위하여 삼각형 모양의 메트릭스를 구성한다. 즉, 열은 S0~S5, 행은 S1~S6을 사용하고 대각선에 있는 엔트리를 포함하여 오른쪽 삼각형 형태를 제거하면 [그림 12-22]와 같은 삼각형 형태의 메트릭스를 통해서 모든 상태 쌍에 대해서 검사할 수 있게 된다. 엔트리 내에는 열과 행에 해당하는 상태의 입력 값에 따른 다음 상태를 적는다.

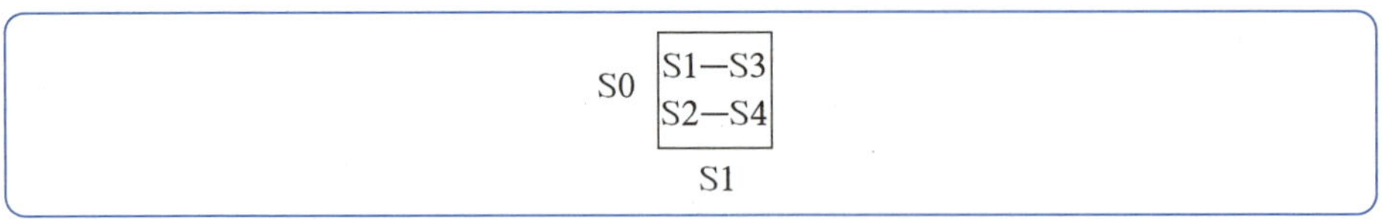

[그림 12-23] 관련항 차트 방법의 각 엔트리 표기법

즉, 엔트리 Xij는 열 Si와 행 Sj가 만나는 지점의 엔트리를 말하며, 엔트리 내의 표기되는 값은 다음과 같다. 입력값에 대한 다음 상태를 출력이 같고, 다음 상태가 같다면 Si와 Sj는 동일한 상태가 된다. 따라서 Xij는 Si와 Sj의 다음 상태를 적는다. 만약 입력 값에 따른 다음 상태가 동일하다면 Si와 Sj는 동일한 상태가 되는 것이다. 반면, Si와 Sj의 출력 값이 다르다면 Si는 Sj와 동일하지 않으므로 엔트리에서 지워지게 된다.

예를 들면, [그림 12-23]에서 S0은 입력이 '0' 일 때 S1로 천이되고 입력이 '1' 일 때 S2로 천이된다. 마찬가지로 S1은 입력이 '0' 일 때 S3으로 천이되고 입력이 '1' 일 때 S4로 천이된다.

따라서 엔트리 X<0,1>은 입력이 '0' 일 때의 S0과 S1의 다음 상태인 S1과 S3을 입력하고 입력이 '1' 일 때의 S0과 S1의 다음 상태인 S2와 S4를 입력한다. 만약 입력이 '0' 일 때 S1 = S3, 입력이 '1' 일 때 S2 = S4라고 가정하면 S0 = S1이 되는 것을 알 수 있다.

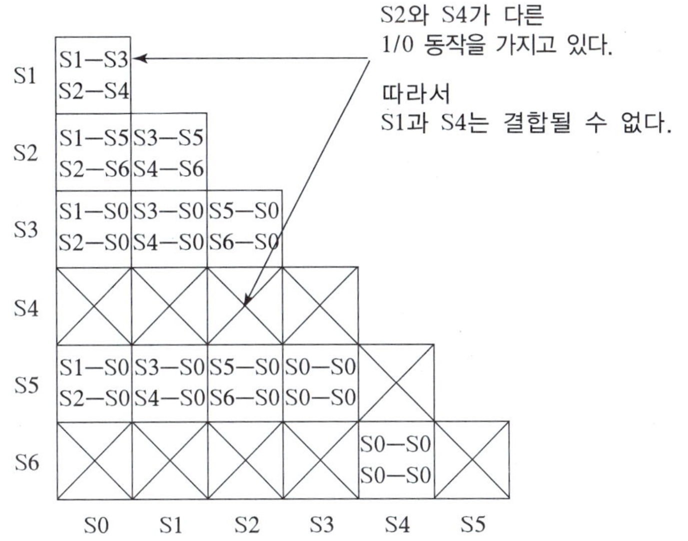

[그림 12-24] 관련항 차트 방법(계속)

그런 방식으로 관련항 차트를 구성한 결과는 [그림 12-24]에 나타나 있다. 여기서 살펴보면 S4와 S6은 X = 0인 경우 다른 상태와 출력 값이 상이하기 때문에 동일 상태가 될 수 없으므로 고려대상에서 제거되었다. 또한 그 결과로 S2와 S4는 같은 상태가 될 수 없으며 X<0,1>의 S2 − S4 항은 서로 같은 상태가 될 수 없으므로 S0은 S1과 동일한 상태가 아니라는 것을 쉽게 알 수 있다.

S3과 S5가 동일
S4와 S6이 동일
이것은 S1과 S2가 동일하다는
것을 의미함

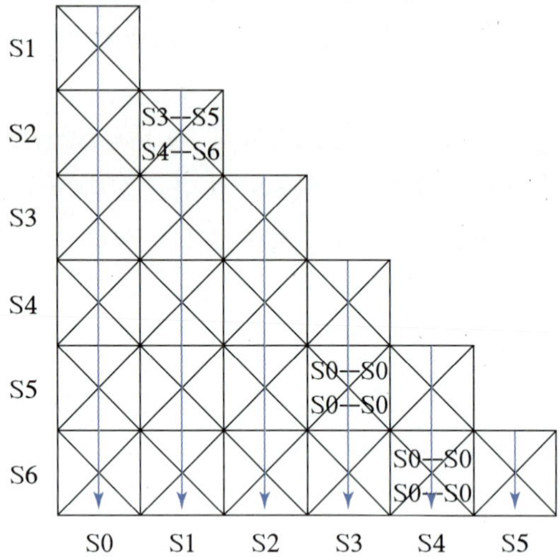

(a)

축소된 상태 천이표

입력	현재 상태	다음 상태 X=0	다음 상태 X=1	출력 X=0	출력 X=1
Reset	S_0	S'_1	S'_1	0	0
0 or 1	S'_1	S'_3	S'_4	0	0
00 or 10	S'_3	S_0	S_0	0	0
01 or 11	S'_4	S_0	S_0	1	0

(b)

[그림 12-25] 관련항 차트 방법(계속)

그런 방식으로 관련항 차트에서 'X' 마크를 한 결과가 [그림 12-25] (b)에 나타나 있다. 따라서 S3과 S5가 동일하고, S4와 S6이 동일하며, 그 결과 S1과 S2가 동일한 것을 알 수 있다. 따라서 S3과 S5를 S3'로 치환하고, S4와 S6을 S4'로 치환한 결과가 [그림 12-25] (b)이다.

다른 예제를 [그림 12-26]과 [그림 12-27]에서 보이고 있다.

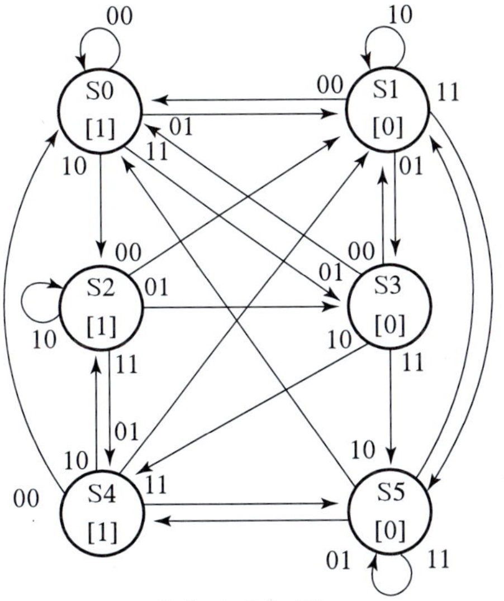

상태 다이어그램

현재 상태	다음 상태				출력
	00	01	01	01	
S_0	S_0	S_1	S_2	S_3	1
S_1	S_0	S_3	S_1	S_5	0
S_2	S_1	S_3	S_2	S_4	1
S_3	S_1	S_0	S_4	S_5	1
S_4	S_0	S_1	S_2	S_5	0
S_5	S_1	S_4	S_0	S_5	1

심볼릭 상태 다이어그램

[그림 12-26] 복수의 입력 상태 다이어그램 예제

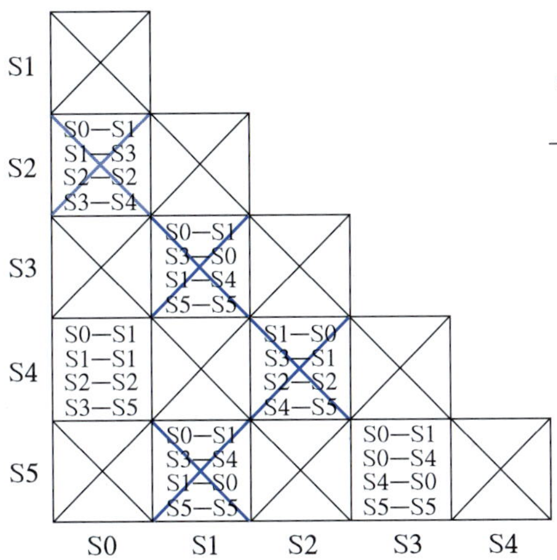

관련항 차트

현재 상태	다음 상태				출력
	00	01	01	01	
S_0	$\overline{S_0}$	S_1	S_2	$\overline{S_3}$	1
S_1	$\overline{S_0}$	$\overline{S_3}$	S_1	$\overline{S_3}$	0
S_2	S_1	S_3	S_2	S_0	1
S'_3	S_1	S_0	$\overline{S_0}$	$\overline{S_3}$	0

최소화된 상태표

[그림 12-27] 관련항 차트 방법(계속)

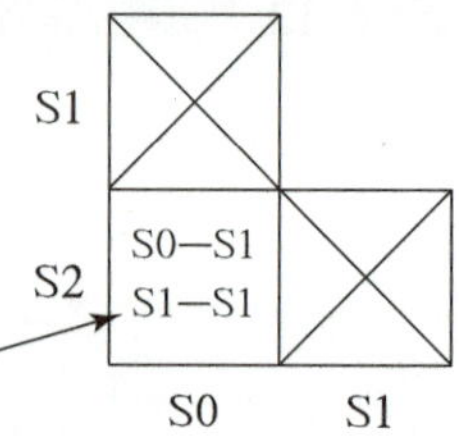

[그림 12-28] Odd parity checker

Odd parity checker에 대해서 풀어보면 [그림 12-28]과 같이 S0이 S2와 동일한 상태인 것을 알 수 있게 된다.

따라서 지금까지 알아본 알고리즘을 정리하면 다음과 같다.

1) 관련항 차트(implication chart)를 만든다. 그 차트의 엔트리 안에는 한 번에 두 개씩 상태의 조합을 포함시킨다.
2) 두 개의 스테이트 Si, Sj가 출력이 다르면 'X'로 마크한다. 아니면 모든 입력 조합에 따른 상태 짝을 적는다.
3) 상하 좌우로 시작하여 차트를 진행해 나간다. 만약 Si, Sj가 다음 상태 짝, Sm, Sn을 포함하고, Sm, Sn에 해당하는 엔트리에 이미 'X'로 마크되어 있으면 Si, Sj는 'X'가 된다.
4) 'X'로 마크되어 더 이상의 엔트리가 존재하지 않을 때까지 위의 단계 3을 계속 진행한다.
5) 각 남아있는(즉, 'X'로 마크되어 있지 않은) 엔트리에 해당하는 Si, Sj는 'X'가 된다.

12.7 FSM 상태 할당

이 장에서는 아래의 순차회로 설계 과정 중 네 번째에 해당하는 상태 할당(또는 상태 인코딩) 알고리즘(휴리스틱 매뉴얼 할당, one-hot 인코딩)에 대해서 알아본다.

- 문제 이해
- 문제 정형화
- 상태수 최소화
- 상태 인코딩

- 상태 레지스터를 구현하기 위한 플립플롭의 선택
- FSM의 구현

상태 할당의 복잡도

다음 [그림 12-29]에 있는 '0110' 또는 '1010' 패턴 검출기 FSM의 두 가지 상태 할당의 결과를 비교해 보면 전자의 경우에는 3개의 래치와 13개의 게이트를 사용하였고, 후자의 경우에는 3개의 래치와 5개의 게이트를 사용하여 구현하여 후자의 경우가 좀더 효율적인 설계 결과를 만들어 낸 것을 알 수 있다.

- A(000), B(000), C(010)D(011), E(100), F(101), G(111)

* $z = \overline{x}y_1y_2y_3$
* $y_1 = x\overline{y_1}y_3 + \overline{x}\overline{y_1}y_2 + y_1\overline{y_2}\overline{y_3}$
* $y_2 = \overline{x}\overline{y_1}y_2y_3 + \overline{x}\overline{y_2}y_3 + x\overline{y_1}\overline{y_3}$
* $y_3 = \overline{x}\overline{y_2}\overline{y_3} + x\overline{y_1}\overline{y_2} + x\overline{y_1}\overline{y_3}$
* 3 latches, 13 gates

- A(000), B(000), C(010)D(011), E(111), F(100), G(101)

* $z = \overline{x}y_1y_2y_3$ $y_2 = \overline{y_3}$ $y_3 = y_2$
* $y_1 = \overline{x}y_1y_2 + x\overline{y_1}\overline{y_2} + xy_1y_2y_3$
* 3 latches, 5 gates

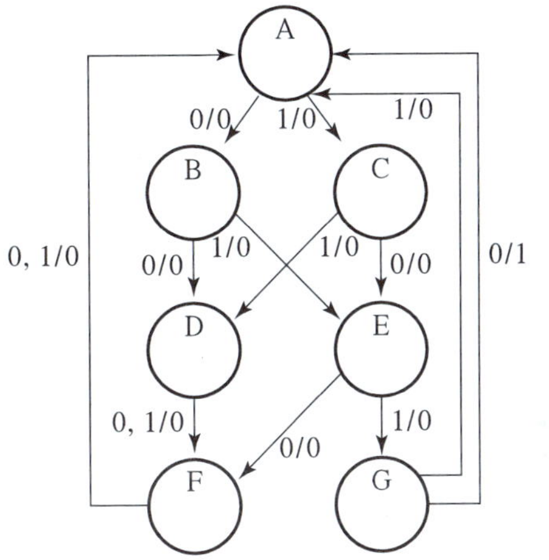

[그림 12-29] 두 가지 상태 할당의 비교

HG	HY	FG	FY
00	01	10	11
00	01	11	10
00	10	01	11
00	10	11	01
00	11	01	10
00	11	10	01
01	00	10	11
01	00	11	10
01	10	00	11
01	10	11	00
01	11	00	10
01	11	10	00

HG	HY	FG	FY
10	00	01	11
10	00	11	01
10	01	00	11
10	01	11	00
10	11	00	01
10	11	01	00
11	00	01	10
11	00	10	01
11	01	00	10
11	01	10	00
11	10	00	01
11	10	01	00

입력			현재 상태	다음 상태	출력		
CL	TL	TS	Q_1 Q_0	P_1 P_0	ST	H_1 H_0	F_1 F_0
0	×	×	HG	HG	0	00	10
×	0	×	HG	HG	0	00	10
1	1	×	HG	HG	1	00	10
×	×	0	HY	HY	0	01	10
×	×	1	HY	HY	1	01	10
1	0	×	FG	FG	0	10	00
0	×	×	FG	FG	1	10	00
×	1	×	FG	FG	1	10	00
×	×	0	FY	FY	0	10	01
×	×	1	FY	FY	1	10	01

[그림 12-30] 교통제어기의 상태 할당

다시 말하면, 심볼릭 상태명을 이진수로 부호화하는 방식에 따라 논리회로 구현의 결과가 다르게 나타나는 것을 알 수 있다. 상태 부호화는 상태의 수에 따라 지수적으로 증가하게 되기 때문에 최소화 면적을 만들어내는 상태 부호를 알아내는 문제의 해를 찾는 것은 NP-Complete 문제의 범주에 속하는 것을 알 수 있게 된다. 예를 들면 [그림 12-30]과 같이 앞에서 설계한 교통신호 제어기에서 사용한 네 가지 신호 HG, HY, FG, FY에 대한 상태부호할당에는 24가지 경우가 있는 것을 알 수 있다. 왜냐하면 그러한 4개의 상태를 가진 FSM에 상태 할당하는 방법은 처음 상태에 4가지 경우를 할당하고 그 다음 상태에는 나머지 3가지 경우를 할당하고, 이런 방법으로 할당하게 되면 4! = 24가지의 상태 부호화 방법이 가능하게 된다. 그 중에 비용이 가장 적은 상태 할당을 찾는 문제가 된다.

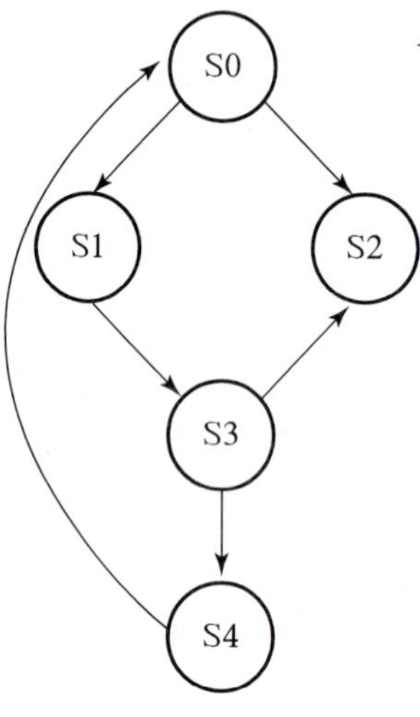

State Name	할당 Q2	Q1	Q0
S_0	0	0	0
S_1	1	0	1
S_2	1	1	1
S_3	0	1	0
S_4	0	1	1

할당

State Name	할당 Q2	Q1	Q0
S_0	0	0	0
S_1	0	0	1
S_2	0	1	0
S_3	0	1	1
S_4	1	1	1

할당

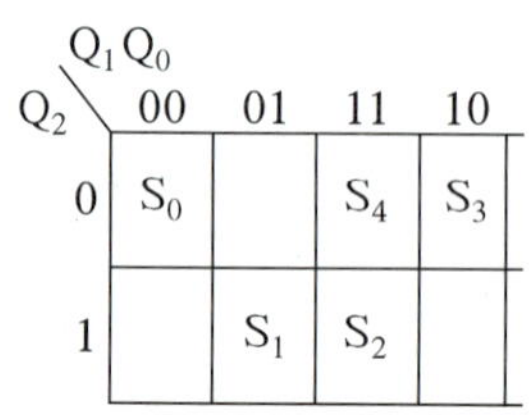

상태맵

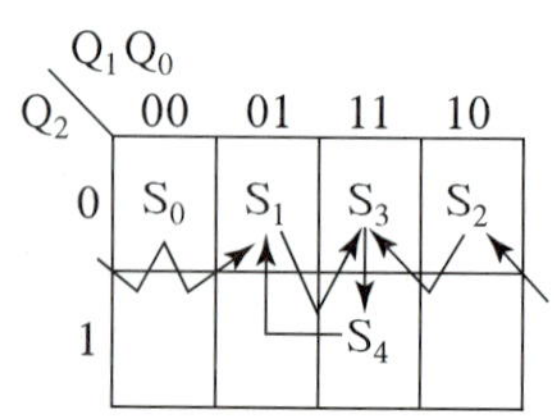

상태맵

[그림 12-31] 상태 할당의 휴리스틱 방법

따라서 그러한 NP-complete에 속하는 문제의 해를 찾기 위해서는 정확한 최적해를 구하는데 상당한 시간을 소모하기보다는 설계기간을 줄이기 위하여 최적해는 아니지만 근사 최적해를 구하는 데 만족하는 '휴리스틱(heuristic)' 알고리즘을 사용하게 된다.

그러한 휴리스틱 방법을 이용한 상태 할당 방법에 대해서 알아보기로 한다([그림 12-31] 참조).

상태 맵 방식을 활용하는 방식은 K-Map을 이용하여 논리 최소화하는 방식과 유사한 방식을 사용한다. 즉, 상태 X가 상태 y로 천이되면 두 개의 상태부호를 비슷하게(비트의 차이가 적게) 할당한다. 예를 들면, 그림과 같은 예제에서 상태의 천이가 S0에서 S1로 되어 있기 때문에 왼쪽의 상태할당에서는 S0를 '000' 으로 할당하고, S1을 '101' 로 할당한 것을 알 수 있다. 이 경우 비트의 차이가 2가 되며 K-map을 보면 2개의 상태가 인접된 박스에 위치하지 않는 결과를 알 수 있게 된다. 반면 오른쪽 그림에서 처럼 S0을 '000' 으로 할당하고, S1을 '001' 로 할당하여 비트의 차이가 1이 되도록 할당하면 K-map에서 보는 바와 같이 2개의 상태가 인접된 박스에 위치하는 결과를 알 수 있게 된다.

Transition	첫 번째 할당 비트 변화수	두 번째 할당 비트 변화수
S0 to S1:	2	1
S0 to S2:	3	1
S1 to S3:	3	1
S2 to S3:	2	1
S3 to S4:	1	1
S4 to S1:	2	1
	13	13

[그림 12-32] 최소 비트 거리 판단

모든 상태 천이에 대해서 비트의 차이의 합을 계산해 본 결과가 [그림 12-32]에 나타나 있다. 첫 번째 할당의 경우, 비트 차이가 13개, 그리고 두 번째 할당의 경우, 비트 차이가 7이 되어 두 번째의 경우가 더욱 좋은 상태 할당의 결과를 만들어내는 것을 알 수 있다. 교통신호 제어기의 경우를 보면 HG = 00, HY = 01, FG = 11, FY = 10의 상태 할당 경우가 가장 적은 최소의 비트 차이를 만들어 내지만 이것이 최상의 상태 할당은 아니다. 그 이유는 비트 차이를 최소화하는 방법의 상태 할당은 휴리스틱한 방법이기 때문에 최적(즉, 최소 면적, 최대 성능, 또는 최소 전력소모)의 상태 할당 결과를 보장할 수 없기 때문이다.

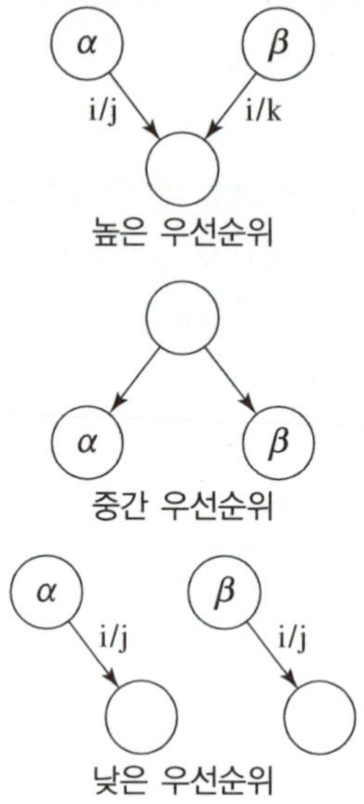

[그림 12-33] 상태 천이, I/O 동작에 기반을 둔 상태 할당

상태 할당의 개선된 방법

좀 더 최적에 접근하기 위해서 다른 휴리스틱을 관찰하여 찾아보기로 하자. 어떤 상태를 먼저 부호화하는가에 따른 상태 부호화 순서 및 우선순위에 따라 상태 부호화의 결과가 달라지는 것을 알 수 있다. [그림 12-33]과 같이 실험 결과 다음과 같은 우선순위를 정하게 된다.

- 최고 우선순위 : 다음 상태가 같은 2개의 상태
- 중간 우선순위: 이전 상태가 같은 2개의 상태
- 최소 우선순위 : 같은 출력을 같은 다음 상태로 천이되는 2개의 상태

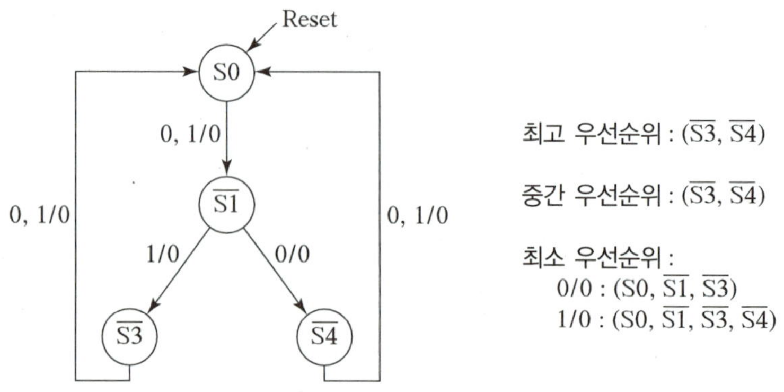

[그림 12-34] 예: 3-비트 시퀀스 검출기

이러한 휴리스틱을 적용하여 [그림 12-34]에서 보이는 3-bit 시퀀스 검출기를 설계해 보자.

이 경우를 보면, 최고 우선순위는 ($\overline{S3}$, $\overline{S4}$), 중간 우선순위는 ($\overline{S3}$, $\overline{S4}$), 최저 우선순위는

0/0: (S0, $\overline{S1}$, $\overline{S3}$)

1/0: (S0, $\overline{S1}$, $\overline{S3}$, $\overline{S4}$)가 되는 것을 알 수 있다.

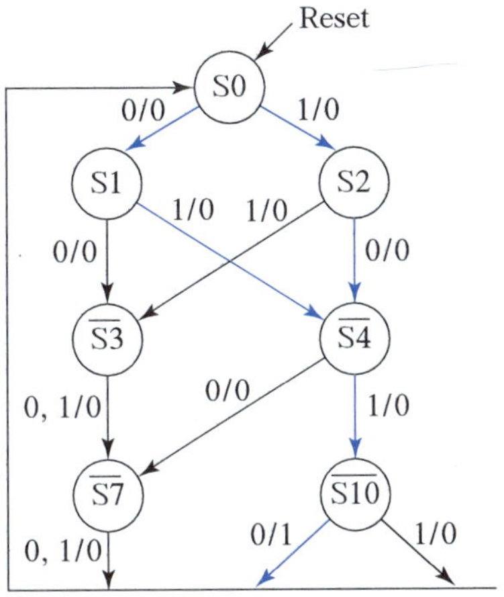

최고 우선순위 : ($\overline{S3}$, $\overline{S4}$), ($\overline{S7}$, $\overline{S10}$)

중간 우선순위 :
(S1, S2), 2x($\overline{S3}$, $\overline{S4}$), ($\overline{S7}$, $\overline{S10}$)

최소 우선순위 :
0/0 : (S0, S1, S2, $\overline{S3}$, $\overline{S4}$, $\overline{S7}$)
1/0 : (S0, S1, S2, $\overline{S3}$, $\overline{S4}$, $\overline{S7}$)

[그림 12-35] 예: 4-비트 스트링 인식기(String Recognizer)

[그림 12-35]에 4-비트 스트링 인식기에 대한 우선순위를 보이고 있다.

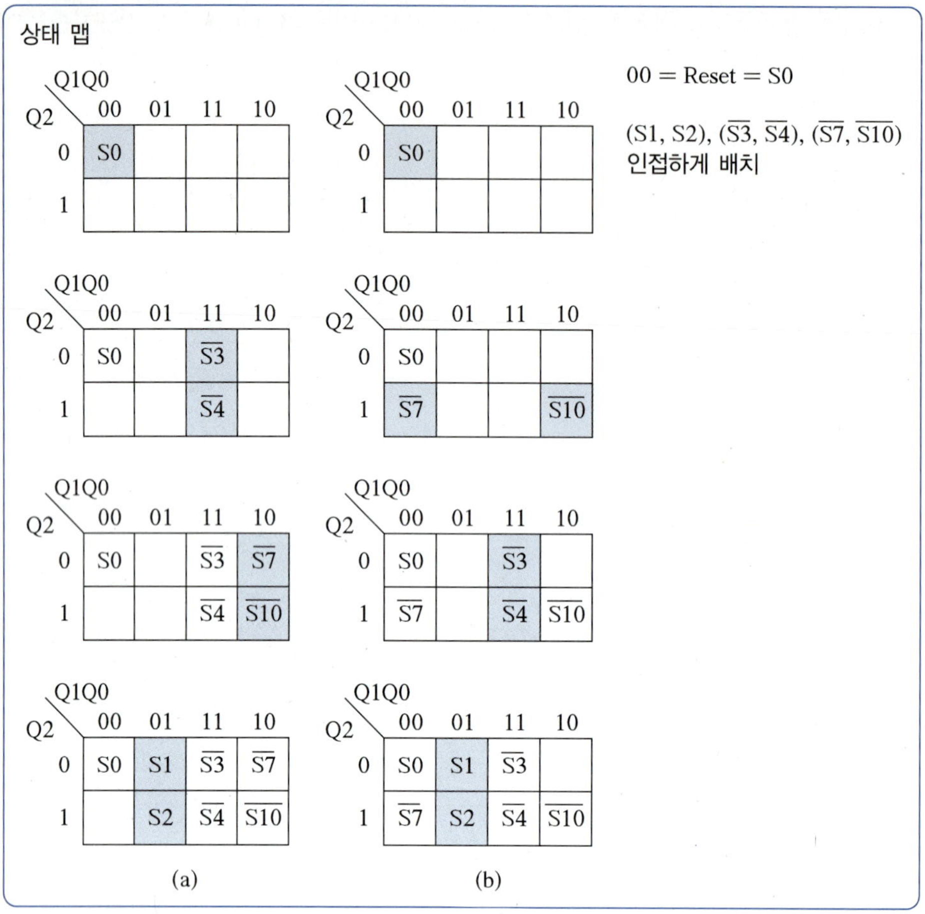

[그림 12-36] 예제: 상태 할당

이러한 우선순위에 따라 [그림 12-36]과 같이 (S1, S2), ($\overline{S3}$, $\overline{S4}$), ($\overline{S7}$, $\overline{S10}$)를 인접한 박스에(즉, 비트의 차이가 '1' 이 되도록) 부호를 할당하게 된다.

현재 상태	다음 상태 X=0	다음 상태 X=1
(S_0) 000	001	101
(S_1) 001	011	111
(S_2) 101	111	011
(S'_3) 011	010	010
(S'_4) 111	010	110
(S'_7) 010	000	000
(S'_{10}) 110	000	000

Q_0X \ Q_2Q_1	00	01	11	10
00	0	0	0	X
01	1	0	0	X
11	1	0	1	0
10	0	0	0	1

P_2

Q_0X \ Q_2Q_1	00	01	11	10
00	0	0	0	X
01	0	0	0	X
11	1	1	1	1
10	1	1	1	1

P_1

Q_0X \ Q_2Q_1	00	01	11	10
00	1	0	0	X
01	1	0	0	X
11	1	0	0	1
10	1	0	0	1

P_0

현재 상태	다음 상태 X=0	다음 상태 X=1
(S_0) 000	001	010
(S_1) 001	011	100
(S_2) 010	100	011
(S'_3) 011	101	101
(S'_4) 100	101	110
(S'_7) 101	000	000
(S'_{10}) 110	000	000

Q_0X \ Q_2Q_1	00	01	11	10
00	0	1	0	1
01	0	0	0	1
11	1	1	X	0
10	0	1	X	0

P_2

Q_0X \ Q_2Q_1	00	01	11	10
00	0	0	0	0
01	1	1	0	1
11	0	0	X	0
10	1	0	X	0

P_1

Q_0X \ Q_2Q_1	00	01	11	10
00	1	0	0	1
01	0	1	0	0
11	0	1	X	0
10	1	1	X	0

P_0

[그림 12-37] 다음 상태 맵의 인접성에 대한 효과

이러한 부호화 결과는 결국 [그림 12-37]과 같이 다음 상태 맵에서 논리최소화를 위한 인접성에 영향을 주게 된다. 첫 번째 부호화의 경우가 두 번째 부호화의 경우에 비해 주관련항(프라임 임플리컨트)의 수가 적도록 논리 최소화된 것을 알 수 있다.

원 핫 인코딩을 이용한 상태 할당

```
HG = 0001
HY = 0010
FG = 0100
FY = 1000

.i 7
.o 9
.ilb c tl ts q3 q2 q1 q0
.ob p3 p2 p1 p0 st h1 h0 f1 f0
.p 10
0--  0001  0001  00010
-0-  0001  0001  00010
11-  0001  0010  10010
--0  0010  0010  00110
--1  0010  0100  10110
10-  0100  0100  01000
0--  0100  1000  11000
-1-  0100  1000  11000
--0  0010  1000  01001
--1  0010  0001  11001
.e

Espresso Inputs

.i 7
.o 9
.ilb c tl ts q3 q2 q1 q0
.ob p3 p2 p1 p0 st h1 h0 f1 f0
.p 8
10-0100  010001000
11-0001  001010010
-0-0001  000100010
0--0001  000100010
0--0100  100011000
-1-0100  100011000
--00010  101001111
--10010  010111111
.e

Espresso Outputs
```

[그림 12-38] 원 핫 인코딩(One Hot Encodings)

[그림 12-38]과 같은 원 핫 부호화 방식은 그러한 인접성을 최대화하기 위한 방법으로 각 부호의 비트 차이가 1이 되도록 그레이 코딩(Gray Coding) 방식을 이용한 것이다. 예를 들면 다음과 같이 부호화한다.

HG = 0001

HY = 0010

FG = 0100

FY = 1000

즉 상태의 수와 부호화에 필요한 비트 수가 동일하도록 부호화하는 방식이다.

F/F의 종류에 따른 상태할당

F/F의 종류에 따라서도 그 결과가 달라지게 되는데 주로 JK F/F의 경우는 게이트의

수는 줄어드는 반면, 연결선의 수는 늘어나게 된다. 반면 D F/F은 구현이 간단하며, 연결선의 수가 적다.

부호화된 상태천이표

Present State	Next State I=0	Next State I=1	Output I=0	Output I=1
000 (S_0)	011 (S_1)	010 (S_2)	0	0
011 (S_1)	101 ($\bar{S}_3$)	111 ($\bar{S}_4$)	0	0
010 (S_2)	111 ($\bar{S}_4$)	101 ($\bar{S}_3$)	0	0
101 ($\bar{S}_3$)	100	100 ($\bar{S}_7$)	0	0
111 ($\bar{S}_4$)	($\bar{S}_7$)	110	0	0
100 ($\bar{S}_7$)	100	($\bar{S}_{10}$)	0	0
110 ($\bar{S}_{10}$)	($\bar{S}_7$)	000	1	0

다음 상태 맵

Present State	Next State I=0	Next State I=1
000	011	010
001	XXX	XXX
010	111	101
011	101	111
100	000	000
101	100	100
110	000	000
111	100	110

[그림 12-39] 4-비트 시퀀서 검출기 예

예를 들어, 4 비트 시퀀스 검출기를 D F/F과 JK F/F을 이용한 경우에 대한 상태 부호화의 결과를 알아보기로 하자. 이에 따른 상태 천이표 및 부호화된 다음 상태 맵은 [그림 12-39]와 같다.

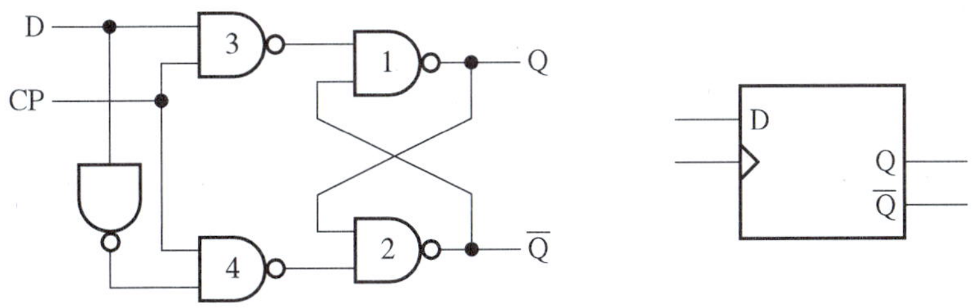

- 2개의 입력 :
  - CP : Clock Pulse
  - D : Set 입력
    D' : Reset 입력

2개의 상태 :
- Set 상태 : D=1, CP=1
- Reset 상태 : D=0, CP=1

특성화 방정식 :
$Q(t+1) = F(Q(t), D(t+1)) = D$

[그림 12-40] D Flip-Flop

Q_2Q_1 \ Q_0I	00	01	11	10
00	0	0	X	X
01	1	1	1	1
11	0	0	1	1
10	0	0	1	1

Q_2+

$D_{Q2+} = \overline{Q2} \cdot Q1 + Q0$

$D_{Q1+} = Q1 \cdot Q0 \cdot I + \overline{Q2} \cdot \overline{Q0} \cdot \overline{I} + Q2 \cdot Q1$

$D_{Q0+} = \overline{Q2} \cdot Q1 + \overline{Q2} \cdot \overline{I}$

Q_2Q_1 \ Q_0I	00	01	11	10
00	1	1	X	X
01	1	0	1	0
11	0	0	1	0
10	0	0	0	0

Q_1+

결과 : 6개의 항과 15개의 리터럴

Q_2Q_1 \ Q_0I	00	01	11	10
00	1	0	X	X
01	1	1	1	1
11	0	0	0	0
10	0	0	0	0

Q_0+

[그림 12-41] D F/F을 이용한 구현

D F/F을 이용하여 구현하면 [그림 12-41]와 같이 6개의 주관련항과 15개의 리터럴이 필요한 결과가 나온 것을 알 수 있다.

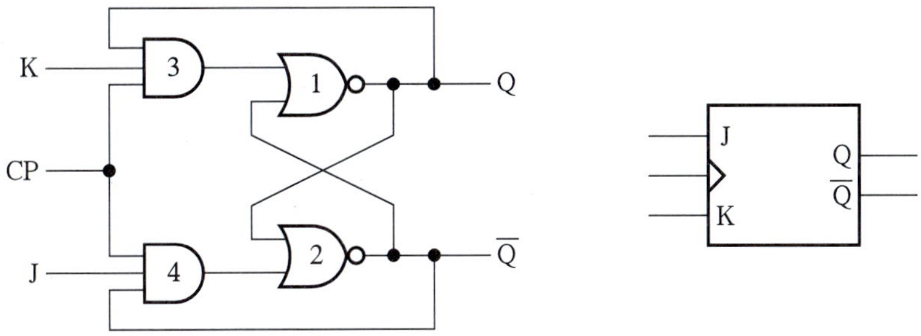

- 3개의 입력 :
  - CP : Clock Pulse
  - J : Set 입력
  - K : Reset 입력
- 4개의 상태 :
  - Set state : J=1, K=0, CP=1
  - Reset state : J=0, K=1, CP=1
  - No change : J=0, K=0, CP=1
  - Complement : J=1, K=1, CP=1

[그림 12-42] JK Flip-Flop

- 특성화 방정식 :

$$Q(t+1) = F(Q(t), J(t+1), K(t+1))$$
$$= J\overline{Q} + \overline{K}Q$$

- 특성화 테이블 :

J	K	Q	Q(t+1)
0	0	0	0
0	0	1	1
0	1	0	0
0	1	1	0
1	0	0	1
1	0	1	1
1	1	0	1
1	1	1	0

[그림 12-43] JK Flip-Flop(계속)

	다음 상태		F/F 다음 상태			
			J	K	J	K
현재 상태	I=0	I=1	I=0	I=0	I=1	I=1
000	011	010	011	XXX	010	XXX
001	XXX	XXX	XXX	XXX	XXX	XXX
010	111	101	1X1	X0X	1X1	X1X
011	101	111	1XX	X10	1XX	X00
100	000	000	X00	1XX	X00	1XX
101	100	100	X0X	0X1	X0X	0X1
110	000	000	XX0	11X	XX0	11X
111	100	110	XXX	011	XXX	001

[그림 12-44] JK F/F을 이용한 구현

JK F/F을 사용하는 경우의 상태 천이표는 [그림 12-44]와 같다.

$J_{Q2+} = Q1$

$K_{Q2+} = \overline{Q0}$

$J_{Q1+} = \overline{Q2}$

$K_{Q1+} = \overline{Q0} \cdot I + Q0 \cdot \overline{I} + Q2 \cdot \overline{Q0}$

$J_{Q0+} = \overline{Q2} \cdot Q1 + \overline{Q2} \cdot \overline{I}$

$K_{Q0+} = Q2$

결과 : 9개의 항과 14개의 리터럴

Q_2Q_1 \ Q_0I	00	01	11	10
00	0	0	X	X
01	1	1	1	1
11	X	X	X	X
10	X	X	X	X

J_{Q_2+}

Q_2Q_1 \ Q_0I	00	01	11	10
00	X	X	X	X
01	X	X	X	X
11	1	1	0	0
10	1	1	0	0

K_{Q_2+}

Q_2Q_1 \ Q_0I	00	01	11	10
00	1	1	X	X
01	X	X	X	X
11	X	X	X	X
10	0	0	0	0

J_{Q_1+}

Q_2Q_1 \ Q_0I	00	01	11	10
00	X	X	X	X
01	0	1	0	1
11	1	1	0	1
10	X	X	X	X

K_{Q_1+}

Q_2Q_1 \ Q_0I	00	01	11	10
00	1	0	X	X
01	1	1	X	X
11	0	0	X	X
10	0	0	X	X

J_{Q_0+}

Q_2Q_1 \ Q_0I	00	01	11	10
00	X	X	X	X
01	X	X	0	0
11	X	X	1	1
10	X	X	1	1

K_{Q_0+}

[그림 12-45] JK F/F 구현

JK F/F을 사용한 경우, [그림 12-45]와 같이 9개의 주관련항과 14개의 리터럴이 필요한 것을 알 수 있게 된다. 이 경우를 보면 D F/F이 좀더 효율적인 결과를 만들어 낸 것을 알 수 있게 된다.

참 / 고 / 문 / 헌

- G. H. Mealy, "A Method for Synthesizing Sequential Circuits," *Bell Systems Tech. J.*, vol. 34, pp. 1045~1079, September 1955.
- E. F. Moore, "Gedanken-Experiments on Sequential Machines," *Annals of Mathematical Studies*, no. 34, pp. 129~153 ,1956, Princeton Univ. Press, NJ.
- Wagner, F., "Modeling Software with Finite State Machines: A Practical Approach", Auerbach Publications, 2006.
- Timothy Kam, *Synthesis of Finite State Machines: Functional Optimization*. Kluwer Academic Publishers, Boston, 1997.

연습문제

1. FSM 설계 과정 순서에 대해서 맞게 표기한 것은?

(1) 상태 할당　　(2) 상태수 최소화

(3) 상태 레지스터를 위한 F/F 종류 선택　　(4) FSM 구현

1) 2-3-1-4　　2) 2-1-3-4　　3) 1-2-3-4　　4) 1-3-2-4

➲ 2

2. 다음은 특정 비트열에서 주어진 패턴을 판별해내는 인식기를 위한 상태도이다. 110이라는 입력 스트림을 발견하였을 경우에 인식기는 1을 출력한다. 입력은 x로, 출력은 z로 나타낸다. 다음의 질문에 답하시오.

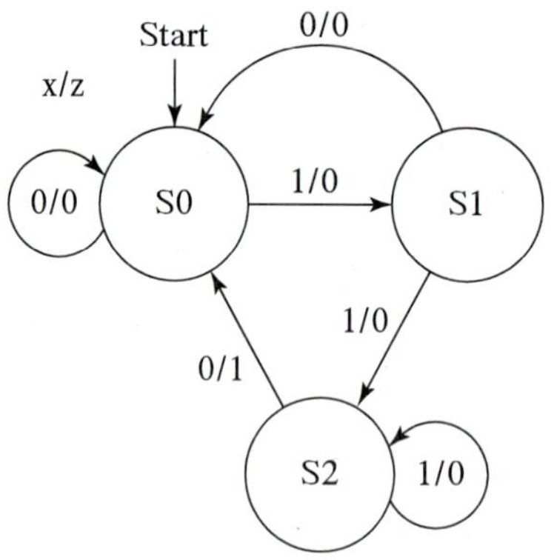

(a) 다음 상태와 출력표를 그리시오.

➲

현재 상태	다음 상태/출력	
	x=0	x=1
S0	S0/0	S1/0
S1	S0/0	S2/0
S2	S0/1	S2/0

(b) 다음과 같은 입력 스트림에 대한 출력 스트림을 표에 써 넣으시오.

x	1	1	0	0	1	1	0	1	0	1	1	0
z												

시간 ⟶

➲

x	1	1	0	0	1	1	0	1	0	1	1	0
z	0	0	1	0	0	0	1	0	0	0	0	1

시간 ⟶

3. 다음의 테이블은 FSM을 위한 상태표이다. 다음 질문에 답하시오.

현재 상태	다음 상태/출력	
	X=0	X=1
S1	S4/1	S3/1
S2	S1/1	S3/0
S3	S3/0	S2/1
S4	S1/1	S5/0
S5	S5/0	S2/1

(a) 상태 최소화를 적용한 새로운 테이블을 작성하시오.

➲

S2	XX			
S3	XX	XX		
S4	XX		XX	
S5	XX	XX		XX
	S1	S2	S3	S4

현재 상태	다음 상태/출력	
	X=0	X=1
S1	S24/1	S35/1
S24	S1/1	S35/0
S35	S35/0	S24/1

(b) 위의 상태표를 구현하기 위한 최소 플립플롭의 수를 구하고자 한다.

1) 상태 감소 전의 최소 플립플롭 수는?

2) 상태 감소 이후의 최소 플립플롭 수는?

➲ 1) 3개 2) 2개

4. 아래 상태표와 같이 3개의 상태를 가지고 있는 순차회로에 대해서 상태도를 그리시오. 상태는 A, B, C이고 입력 X, 출력은 Z이다. 그 테이블에는 '다음 상태/Z'를 포함하고 있다. 초기 상태를 A라고 할 때, 입력 순서 X = 0010110101(왼쪽부터 오른쪽 순서로 읽는다)에 대한 다음 상태(next state)를 표현하시오.

현재 상태	다음 상태, 출력(Z)	
	입력, X=0	입력, X=1
A	B/0	C/1
B	C/1	B/0
C	A/0	A/1

➲ 상태도는 다음과 같다.

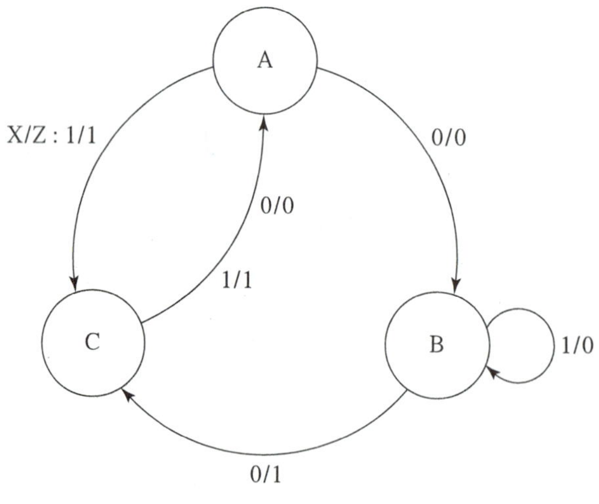

다음 상태 순서와 출력 순서는 아래와 같다.

현재 상태 →	A	B	C	A	B	B	B	C	A	B
입력 X →	0	0	1	0	1	1	0	1	0	1
다음 상태 →	B	C	A	B	B	B	C	A	B	B
출력 Z →	0	1	1	0	0	0	1	1	0	0

5. 아래 그림의 상태도는 4개의 상태를 갖는 순차회로이다. 상태 A, B, C, D, 입력 = X, 출력 = Z.

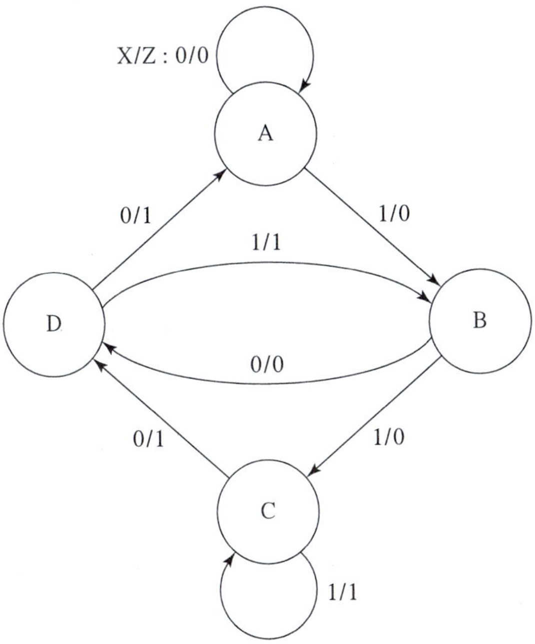

(a) 상태표를 만드시오.

(b) 출력이 Y1와 Y2인 2개의 D FF의 상태 할당은 다음과 같다. A: Y1, Y2 = 00, B: Y1, Y2 = 01, C: Y1, Y2 = 11, D: Y1, Y2 = 10. 상태 할당에 따른 상태표를 그리시오.

(c) 진리표를 만드시오.

(d) 다음 상태: Y1* and Y2*. Z = Y1, Y1* = Y2, Y2* = X가 되는 것을 보이고 순차회로를 합성하시오.

(a) 상태표는 다음과 같다.

현재 상태	다음 상태/출력(Z)	
	입력, X=0	입력, X=1
A	A/0	B/0
B	D/0	C/0
C	D/1	C/1
D	A/1	B/1

(b) 상태 할당의 결과는 다음과 같다.

현재 상태 : Y1, Y2	다음 상태 Y1*Y2*/출력(Z)	
	입력, X=0	입력, X=1
A : 00	00/0	01/0
B : 01	10/0	11/0
C : 11	10/1	11/1
D : 10	00/1	01/1

(c) 진리표는 다음과 같다.

조합회로 입력			조합회로 출력		
X	Y1	Y2	Z	Y1*	Y2*
0	0	0	0	0	0
0	0	1	0	1	0
0	1	0	1	0	0
0	1	1	1	1	0
1	0	0	0	0	1
1	0	1	0	1	1
1	1	0	1	0	1
1	1	1	1	1	1

(d) 출력 함수와 다음 상태 함수는 다음과 같다.

Z = Y1

Y1* = Y2

Y2* = X

이에 대한 회로는 아래 그림과 같은 2-비트 시프트 레지스터(shift register)인 것을 알 수 있다.

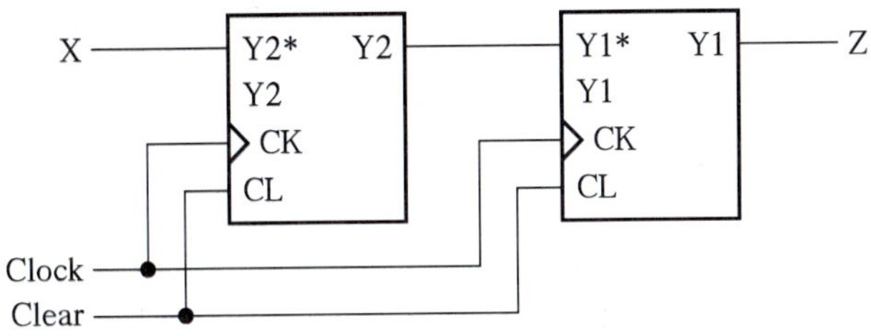

6. 다음은 4개의 상태로 구성된 Moore FSM을 나타낸다. 상태 부호화된 테이블을 참고하여 D 플립플롭으로 구성된 순차회로를 구현하시오.

현재 상태	다음 상태/출력		
	X=0	X=1	Y
S0	S2	S1	0
S1	S2	S3	0
S2	S3	S1	0
S3	S3	S3	1

부호화	
S0	00
S1	01
S2	10
S3	11

(a) 다음 상태와 출력에 대한 여기식(excitation equation)을 작성하시오.

부호화 표를 참고하여 각 S0, S1, S2, S3 상태를 비트로 변환하는 것만으로는 이 문제를 해결할 수 없다. 즉, 이 문제에서는 플립플롭을 위한 입력과 출력을 함께 고려해야만 한다. 따라서 플립플롭의 입출력으로 각각 D1, D0, Q1, Q0으로 지정하고 이전의 테이블을 재작성하도록 하자.

현재 상태			다음 상태				출력
x	Q1	Q0	Q1(next)	Q0(next)	D1	D0	Y
0	0	0	1	0	1	0	0
0	0	1	1	0	1	0	0
0	1	0	1	1	1	1	0
0	1	1	1	1	1	1	1
1	0	0	0	1	0	1	0
1	0	1	1	1	1	1	0
1	1	0	0	1	0	1	0
1	1	1	1	1	1	1	1

이제 두 개의 입력 D1, D0에 대한 플립플롭의 진리표를 구해보자.

X \ Q1Q0

1	1	1	1
0	1	1	0

→ $D1 = \overline{x} + Q0$

X \ Q1Q0

0	0	1	1
1	1	1	1

→ $D0 = x + Q1$

X \ Q1Q0

0	0	1	0
0	0	1	0

→ $Y = Q1Q0$

(b) 순차회로를 그리시오.

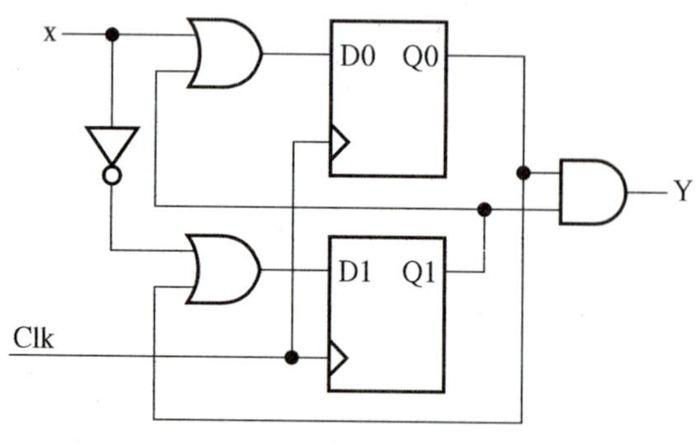

7. 다음 회로는 Mealy FSM인가, Moore FSM인가?

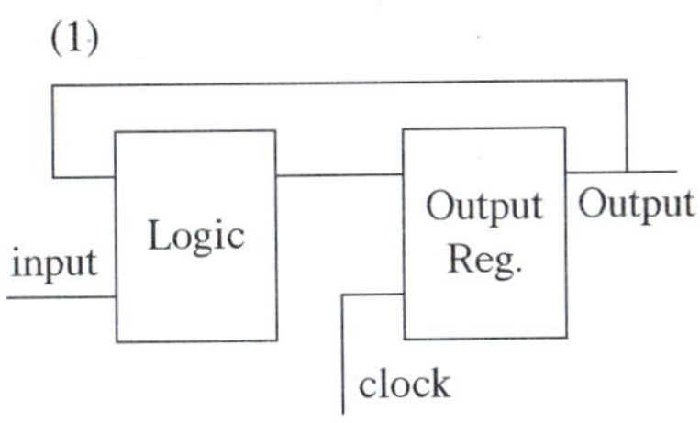

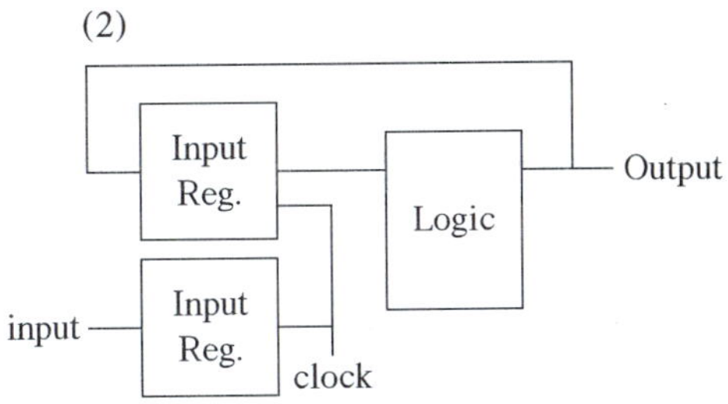

Moore 머신은 출력이 입력에 의존적이 아니다. 출력 값이 입력 0과 1에 대해서 똑같다. Mealy 머신은 현재 상태에 대해서, A, B, C, 출력이 입력 0과 1에 대해서 달라진다. 따라서 (1)은 Mealy FSM이고 (2)는 Moore FSM이다.

8. 다음 그림은 FSM의 회로도이다.

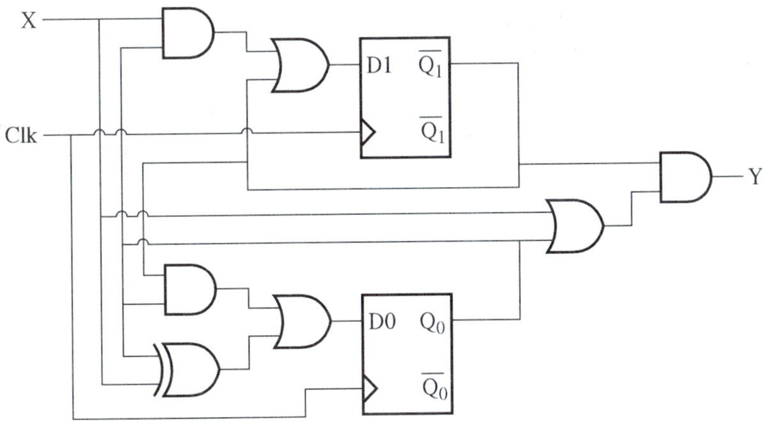

(a) 다음 상태와 출력 식을 쓰시오.

$Q_1(\text{next}) = xQ_0 + Q_1$

$Q_0(\text{next}) = Q_0Q_1 + (Q_0 \oplus x) \rightarrow Q_0Q_1 + Q_0\bar{x} + \overline{Q_0}x$

$Y = (Q1)(Q_0 + x)$

(b) 다음 상태/출력표를 작성하시오.

현재 상태	다음 상태/출력값	
Q_1Q_0	x=0 $Q_1(n)Q_0(n)/y$	x=1 $Q_1(n)Q_0(n)/y$
00	00/0	01/0
01	01/0	10/0
10	10/0	11/1
11	11/1	11/1

(c) 상태도를 그리고 상태변환을 명확히 하시오.

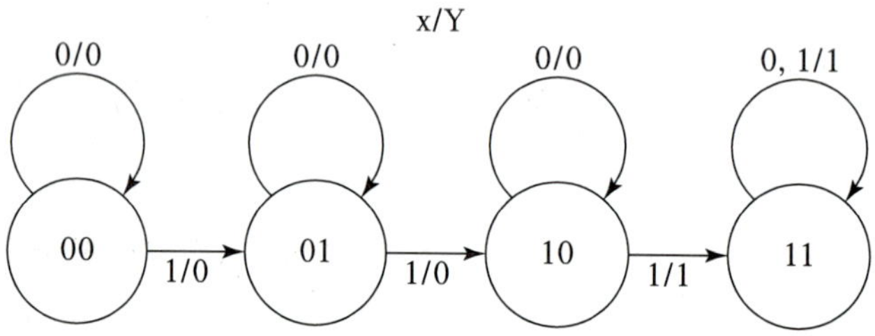

(d) 이 FSM의 기능을 서술하시오.

이 FSM은 연속된 비트를 읽어들인다. 각 클록 사이클에서 x의 값을 체크한다. FSM이 연속으로 3번 1을 읽어들이면 Y = 1이 되고 x의 값을 체크하는 것을 정지시킨다.

9. 4 bit Up/Down 카운터를 사용하여 modulo-12 업 카운터를 디자인하시오.
※ 단, 카운터는 E = 1일 때 enable 되고 D = 0일 때 카운트가 올라간다.

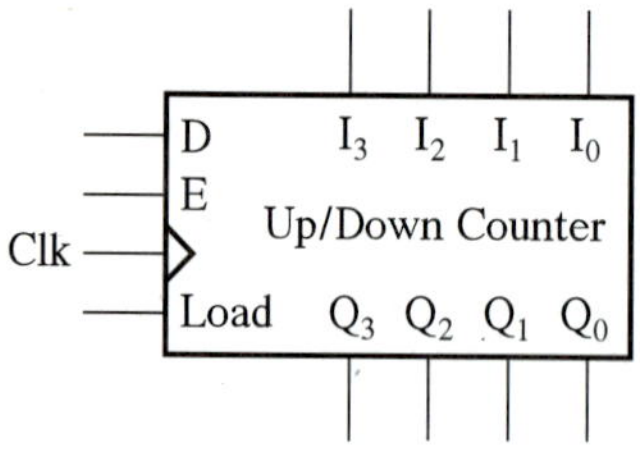

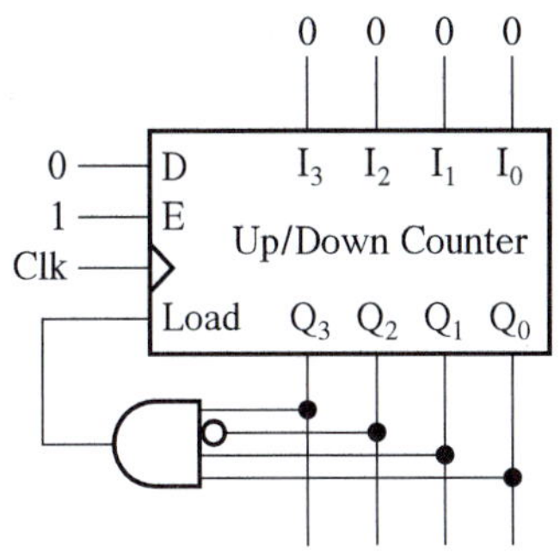

10. 입력 스트림 중 111 패턴을 인식할 수 있는 Moore 순차회로를 설계하시오. 만일 입력패턴이 1110이면 출력은 1이 되고, 나머지 입력에 대해서는 0이 된다.

(a) 상태도를 그리시오.

(b) 다음 상태와 출력표를 그려라.

(c) D-FF과 AND/OR 게이트를 사용하여 회로를 설계하시오.

(d) 회로의 schematic을 그리시오.

(a) 상태도

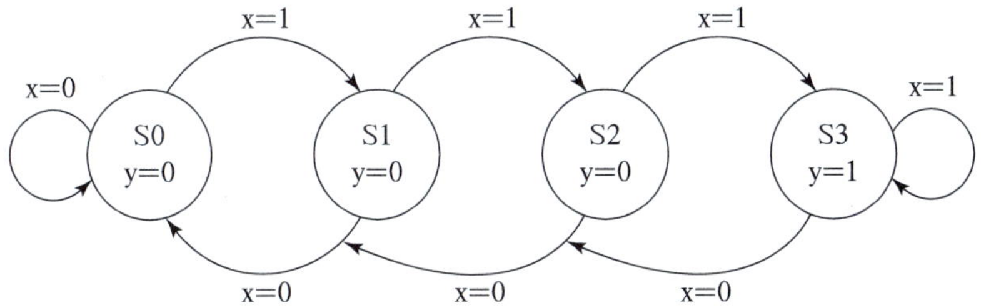

(b) 다음 상태와 출력표

현재 상태		입력	다음 상태		출력	플립플롭	
Q1	Q0	x	Q1	Q0	y	D1	D0
0	0	0	0	0	0	0	0
0	0	1	0	1	0	0	1
0	1	0	0	0	0	0	0
0	1	1	1	0	0	1	0
1	0	0	0	0	0	0	0
1	0	1	1	1	0	1	1
1	1	0	0	0	1	0	0
1	1	1	1	1	1	1	1

(c) 함수

X \ Q1Q0				
	0	0	0	0
	0	1	1	1

→ D1 = (Q1 + Q0)x

X \ Q1Q0				
	0	0	0	0
	0	0	1	1

→ D0 = $(Q1 + \overline{Q0})x$

→ y = Q1Q0

(d) 회로도

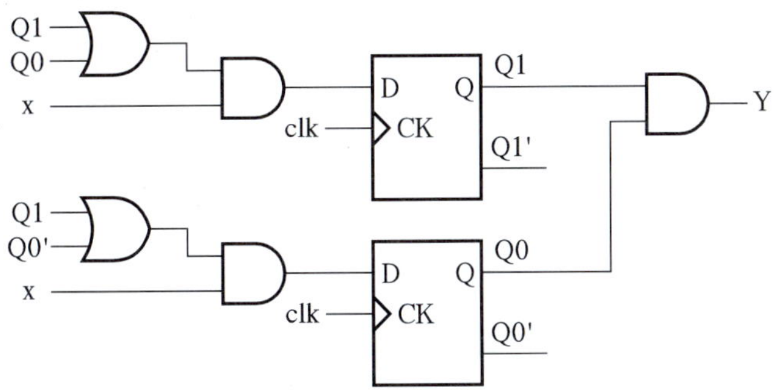

11. 8-bit adder는 다음의 그림 1과 같은 순차회로로 구현되었다. 이 때 시프트 레지스터는 한 클록에 1 bit씩 시프트된다. 예를 들면 덧셈은 A0과 B0으로부터 시작되고 한 사이클이 지날 때마다 점점 상위 비트 위치로 올라가면서 덧셈이 계산된다. 만약 현재 특정 위치에서 캐리가 발생한다면 다음 상위 비트 계산할 때로 넘겨져 사용되어진다. 그림을 참고하여 Adder FSM을 구현하고자 한다. FSM을 구현하기 위한 상태도는 그림 2에 나타나있다. 이 때, S0은 carry-in 상태를 의미하며 초기 상태에서는 0이다.

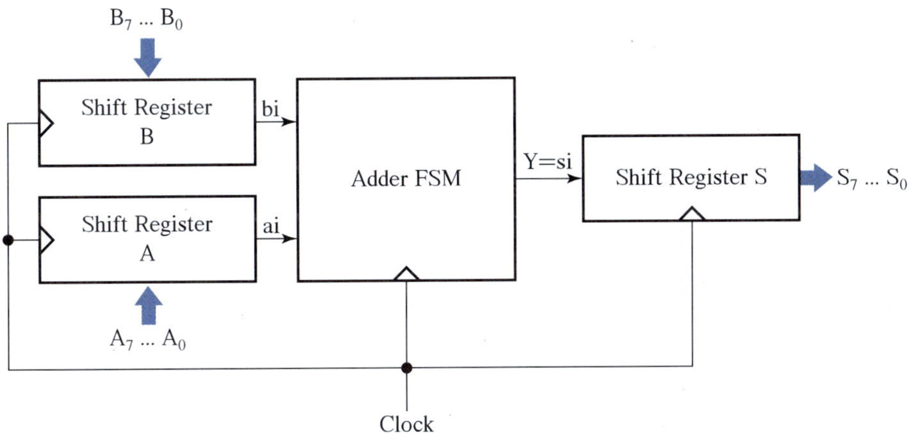

[그림 1] Serial Adder의 블록도

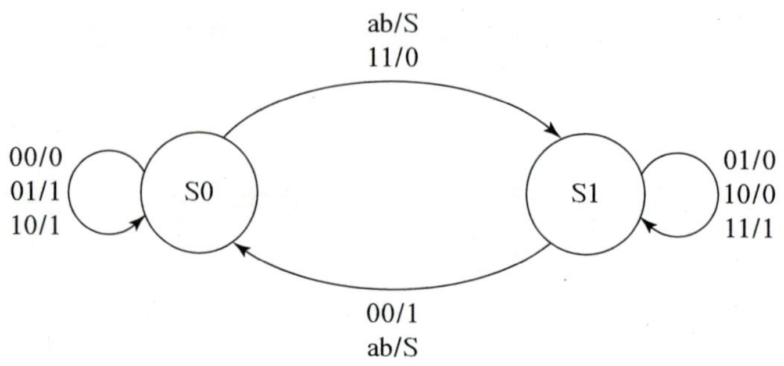

[그림 2] Serial Adder의 블록도

위의 내용을 참고하여 상태표을 그리고, 실제 bit를 상태에 적용한 뒤, FSM 로직을 구현하시오.

(a) 상태표

현재 상태	다음 상태/출력			
	ab			
	00	01	10	11
S1	S0/0	S0/1	S0/1	S1/0
S2	S0/1	S1/0	S1/0	S1/1

(b) 실제 비트를 상태에 적용

현재 상태	다음 상태/출력			
	ab			
	00	01	10	11
0	0/0	0/1	0/1	1/0
1	0/1	1/0	1/0	1/1

(c) FSM 로직을 구현

Q \ ab				
	0	0	1	0
	0	1	1	1

→ Q(next) = ab + Qa + Qb

Q(next) = ab + Q(a + b)

Q \ ab				
	0	1	0	1
	1	0	1	0

→ $Y = Q\bar{a}b + Qab + \bar{Q}\bar{a}b + \bar{Q}a\bar{b}$

$Y = Q(a \odot b) + \bar{Q}(a \oplus b)$

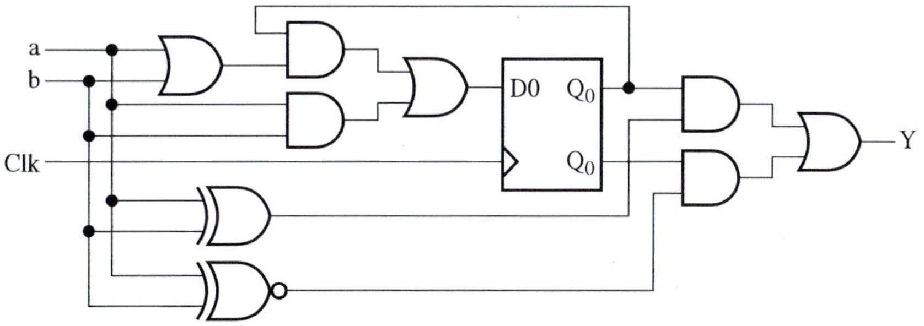

12. 다음 연속회로의 상태표와 상태도를 그리시오.

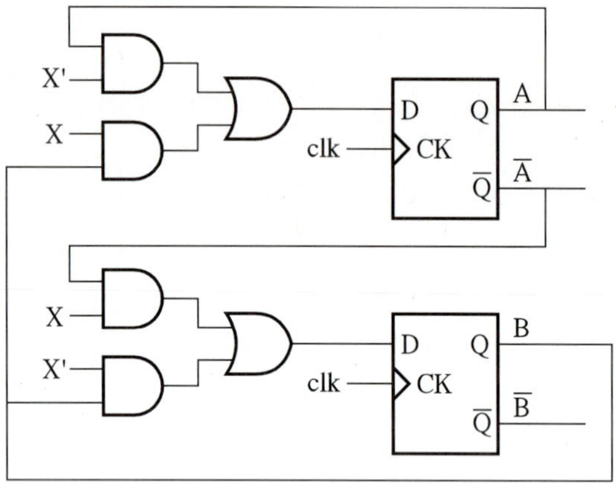

1) 상태표

현재 상태		입력	다음 상태	
A	B	X	A_n	B_n
0	0	0	0	0
0	0	1	0	1
0	1	0	0	1
0	1	1	1	1
1	0	0	1	0
1	0	1	0	0
1	1	0	1	1
1	1	1	1	0

2) 상태도

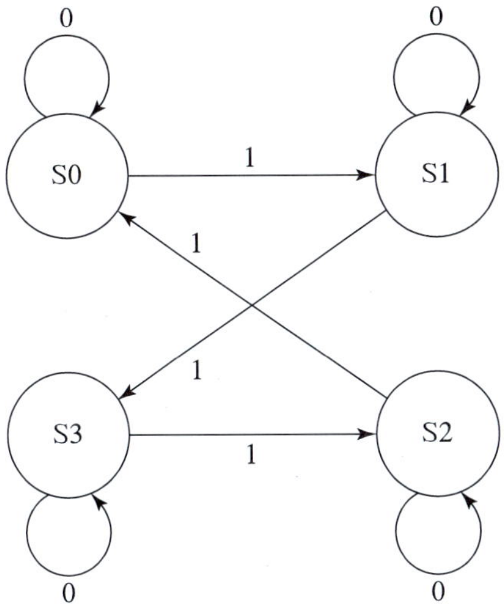

13. 다음은 입력 X와 출력 Z를 가진 회로이다.

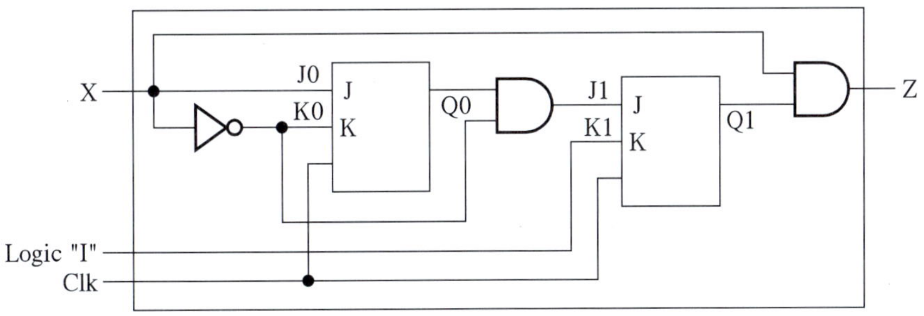

(a) 다음 상태와 출력수식을 도출하시오.

$J1 = Q0\overline{X}$

$K1 = 1$

$J0 = X$

$K0 = \overline{X}$

$Z = Q0Y$

(b) 다음 JK flip-flop의 테이블을 완성하시오.

J	K	Q(next)
0	0	Q
0	1	0
1	0	1
1	1	Q'

(c) 다음의 상태표를 완성하시오.

현재 상태		입력	플립플롭 입력				다음 상태		출력
Q1	Q0	x	J1	K1	J0	K0	Q1(n)	Q0(n)	Z
0	0	0	0	1	0	1	0	0	0
0	0	1	0	1	1	0	0	1	0
0	1	0	1	1	0	1	1	0	0
0	1	1	0	1	1	0	0	1	0
1	0	0	0	1	0	1	0	0	0
1	0	1	0	1	1	0	0	1	1
1	1	0	1	1	0	1	0	0	0
1	1	1	0	1	1	0	0	1	1

(d) 상태표에 해당하는 FSM 다이어그램을 그리시오. 이때 입력과 출력을 상태 전이 화살표로 표시하시오.

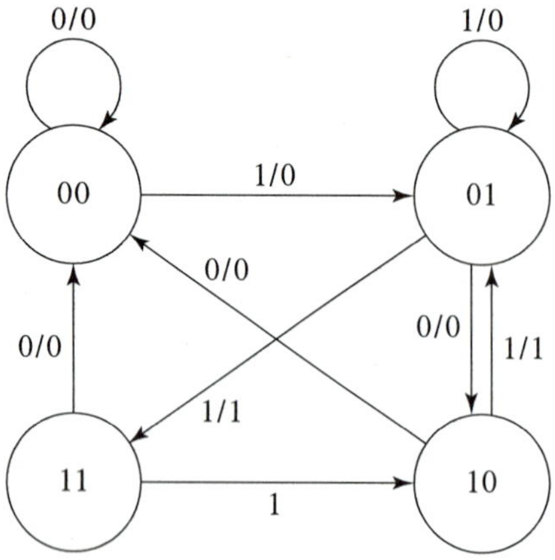

(e) 이 회로는 패턴 인식기이다. 회로가 '00(Q1Q0)'에서 시작한다고 가정하면, 이 회로가 인식하는 비트 패턴을 무엇인가?

'1 0 1'

14. (a) Implication table 방법을 사용하여, 다음 순차회로의 상태 수를 최소화하시오.

현재 상태	다음 상태/출력(Z)	
	입력, X=0	입력, X=1
A	A/0	E/1
B	E/1	C/0
C	A/1	D/1
D	F/0	G/1
E	B/1	C/0
F	F/0	E/1
G	A/1	D/1

(b) 최소화된 상태표를 그리시오.

(c) 최소화하기 전 회로와 후의 회로에서 각각 필요로 하는 최소의 F/F의 수는 몇 개인가?

(a) implication table은 다음과 같다.

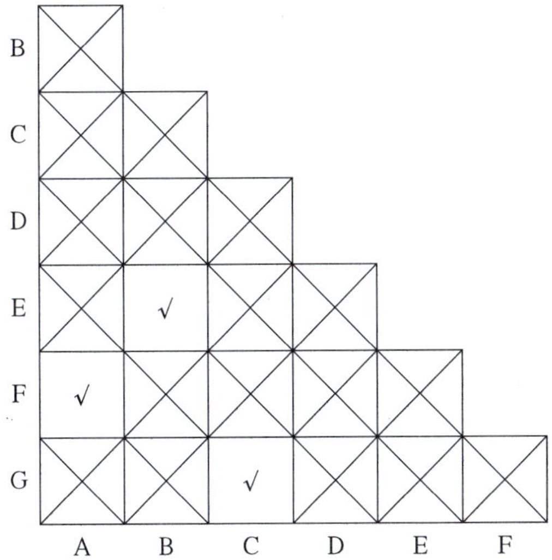

동일 상태쌍은 다음과 같다. A = F, B = E, and C = G.

(b) 축소된 상태표는 다음과 같다.

현재 상태	다음 상태/출력(Z)	
	입력, X=0	입력, X=1
S0 = {A, F}	S0/0	S1/1
S1 = {B, E}	S1/1	S2/0
S2 = {C, G}	S0/1	S3/1
S3 = {D}	S0/0	S2/1

(c) 최소 F/F 수는

최소화 전: $\text{Nff} = \lceil \log_2 7 \rceil = 3$

최소화 후: $\text{Nff} = \lceil \log_2 4 \rceil = 2$

15. 네 개의 상태 A, B, C, D를 가지고 있고, X가 입력, 출력이 Z인 상태도를 그리시오 . 아래 표는 '다음 상태/Z'를 표시하고 있다. 출력 변수 Z에 대한 출력 함수는 무엇인가?

현재 상태	입력, X	
	0	1
A	D/1	B/0
B	D/1	C/0
C	D/1	A/0
D	B/1	C/0

➲ 상태도는 아래에 보이고 있다.

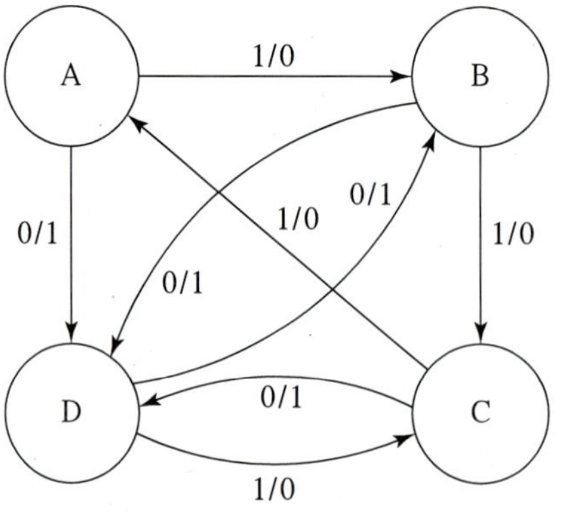

출력 함수는 다음과 같다. $Z = \overline{X}$

16. 상태표가 아래와 같이 주어졌을 때, 입력 X = 010101로 들어올 때 상태 A에서 출발하여 출력과 상태 순서를 찾으시오. 표는 '다음 상태/출력 = Z'를 보이고 있다.

Present state	Input, X	
	0	1
A	D/0	B/0
B	C/0	B/0
C	B/0	C/0
D	B/0	C/1

➲ 상태와 출력 순서는 다음과 같다.

입력 순서, X	→ 0 1 0 1 0 1
현재 상태	→ A D C B B C
다음 상태	→ D C B B C C
출력, Z	→ 0 1 0 0 0 0

17. 다음 두 개의 FSM, M1과 M2 중 어떤 것이 Moore이고 어떤 것이 Mealy 형태인지 알아내시오.

M1:

현재 상태	다음 상태, 출력	
	입력	
	0	1
A	B, 0	C, 0
B	C, 1	D, 1
C	A, 0	C, 0
D	A, 1	C, 1

M2:

현재 상태	다음 상태, 출력	
	입력	
	0	1
A	A, 0	B, 1
B	D, 1	A, 0
C	B, 0	D, 1
D	A, 0	C, 0

M1이 Moore 머신이다. 출력이 입력에 의존적이 아니기 때문이다. 출력 값이 입력 0과 1에 대해서 똑같다. M2는 Mealy 머신이다. 현재 상태에 대해서, A, B, C, 출력이 입력 0과 1에 대해서 달라진다.

18. 다음 implication 테이블을 이용하여, 다음 FSM의 상태 최소화를 수행하시오.

현재 상태	다음 상태, 출력	
	입력	
	0	1
A	B, 0	C, 0
B	B, 0	D, 0
C	B, 0	C, 0
D	E, 1	C, 0
E	B, 0	D, 0

최소화된 FSM이 상태 A에서 출발하여, 100100101011의 입력에 대해서 출력 순서가 올바른지 검증하시오. 이런 검증을 통하여 원래의 FSM과 최소화된 FSM이 같은지 검증하시오. 입력이 010인 경우에 1을 출력하는 'sequence detector' 인 것을 보이시오.

다음과 같이 최소화된다.

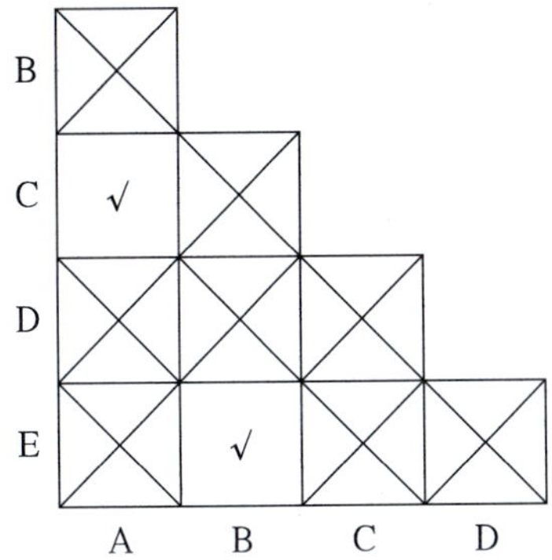

축소된 상태표는 아래와 같다. 상태명을 S0, S1, S2로 변경하였다.

현재 상태	다음 상태, 출력	
	입력	
	0	1
S0 = {A, C}	S1, 0	S0, 0
S1 = {B, E}	S1, 0	S2, 0
S2 = {D}	S1, 1	S0, 0

축소된 머신의 초기 상태는 S0이다.

머신		초기 상태	Sequence, left to right
	입력		1 0 0 1 0 0 1 0 1 0 1 1
원래 머신	다음 상태	A	C B B D E B D E D E D C
	출력		0 0 0 0 1 0 0 1 0 1 0 0
축소된 머신	다음 상태	S0	S0 S1 S1 S2 S1 S1 S2 S1 S2 S1 S2 S0
	출력		0 0 0 0 1 0 0 1 0 1 0 0

두 개의 머신은 동일하다. 좀 더 정확한 검증은 좀 더 긴 입력을 가지고 검증하는 것이 필요하다.

19. 동기 순차회로가 두 개의 상태 A와 B를 가지고 있다. 한 개의 입력 X와 한 개의 출력 Z 상태 A에 있을 때의 출력은 1이며, 상태 B에 있을 때의 출력은 0이다. 입력 1이 들어오면 상태가 바뀌고, 0이 입력되면 현 상태가 그대로 유지된다. 상태도를 그리고 상태표를 만드시오.

(a) D filp-flop과 최소의 회로를 이용하여, 상태 할당을 A = 0, B = 1로 했을 때의 회로를 합성하시오.

(b) D filp-flop과 최소의 회로를 이용하여, 상태 할당을 A = 1, B = 0으로 했을 때의 회로를 합성하시오.

(a) 상태도는 다음과 같다.

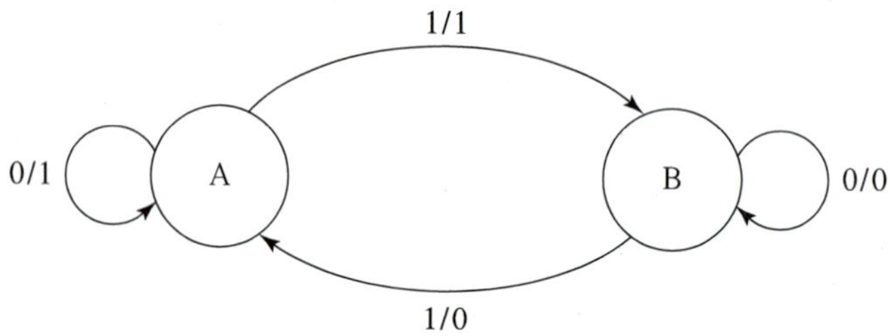

상태표는 다음과 같다.

현재 상태	다음 상태, 출력(Z)	
	입력, X	
	0	1
A	A, 1	B, 1
B	B, 0	A, 0

(b) 상태 변수를 Y로 하면 A: Y = 0, B: Y = 1가 된다. 상태표는 아래와 같다.

현재 상태, Y	다음 상태(Y*), 출력(Z)	
	입력, X	
	0	1
A : Y = 0	0, 1	1, 1
B : Y = 1	1, 0	0, 0

진리표는 다음과 같다. Y는 현재 상태이며, Y*는 다음 상태이다.

조합회로 입력		조합회로 출력	
X	Y	Z	Y*
0	0	1	0
0	1	0	1
1	0	1	1
1	1	0	0

다음 상태와 출력 함수는 다음과 같다.

$Y^* = X \oplus Y,\ Z = \overline{Y}$

(c) 상태변수를 Y로 하면 A: Y = 1, B: Y = 0 상태표는 다음과 같다.

현재 상태, Y	다음 상태(Y*), 출력(Z)	
	입력, X	
	0	1
A : Y = 1	1, 1	0, 1
B : Y = 0	0, 0	1, 0

진리표는 다음과 같으며, Y는 현재 상태, Y*는 다음 상태이다.

조합회로 입력		조합회로 출력	
X	Y	Z	Y*
0	0	0	0
0	1	1	1
1	0	0	1
1	1	1	0

다음 상태와 출력 함수는 다음과 같다.

$Y^* = X \oplus Y,\ Z = Y$

20. 아래 FSM을 최소화하시오.

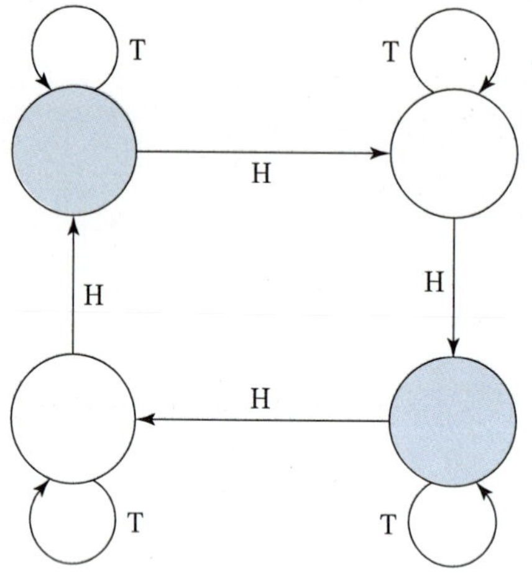

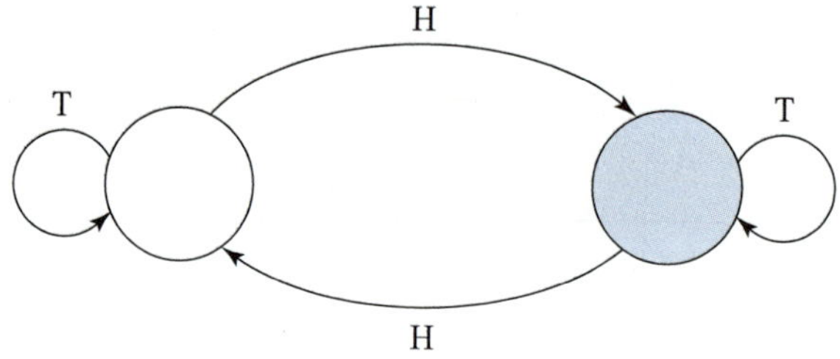

21. 아래의 상태표에 나와 있는 상태의 수를 줄이고, 감소된 상태에 대한 표를 만드시오.

현재 상태	다음 상태		출력	
	X=0	X=1	X=0	X=1
A	F	B	0	0
B	D	C	0	0
C	F	E	0	0
D	G	A	1	0
E	D	C	0	0
F	F	B	1	1
G	G	H	0	1
H	G	A	1	0

모든 입력에 대해서 동일한 출력을 가지면서 동일한 상태로 변하는 두 상태는 동등하다. FSM을 최소화하기 위해 서로 동등한 상태끼리 동등한 클래스로 그룹화시킨다.
첫 번째 단계에서는 모든 입력에 대해서 출력이 같은 상태끼리 그룹을 결성한다. 이 단계는 위의 표에서 출력 값을 살펴봄으로써 쉽게 구할 수 있다. 출력값은 다음과 같다.

	A	B	C	D	E	F	G	H
X = 0	0	0	0	1	0	1	0	1
X = 1	0	0	0	0	0	1	1	0

네 가지의 출력 형태가 나타난다 : 00, 01, 10, 11. 그러므로 같은 출력을 갖는 상태끼리 묶어서 그룹을 만든다. 그룹을 만든 후 모든 입력에 대해서 동일한 변화를 갖는 상태끼리 다시 그룹화를 한다. 다음 상태는 다음과 같다.

	$G_0 = \{A, B, C, E\}$	$G_1 = \{G\}$	$G_2 = \{D, H\}$	$G_3 = \{F\}$
X = 0	$G_3G_2G_3G_2$	G_1	G_1G_1	G_3
X = 1	$G_0G_0G_0G_0$	G_2	G_0G_0	G_0

위의 표에서와 같이 G2(D와 H)는 모든 입력에 대해 같은 변화를 가지므로 동등하다는 것을 알 수 있다. G1과 G3은 하나의 상태 밖에 없으므로 당연히 동등하다. 그러나 G0은 입력이 0인 경우 A와 C의 변화는 G3으로 변하고 B와 E의 변화는 G2로 변하므로 서로 다르다. 그러므로 우리는 G0을 다시 두 개의 그룹으로 나누어야 한다. 다음 상태는 다음과 같다.

	$G_0 = \{A, C\}$	$G_1 = \{B, E\}$	$G_2 = \{G\}$	$G_3 = \{D, H\}$	$G_4 = \{F\}$
X = 0	G_4G_4	G_3G_3	G_2	G_2G_2	G_4
X = 1	G_1G_1	G_0G_0	G_3	G_0G_0	G_1

이제 위의 상태는 모두 동등하다. 그러므로 원래의 FSM에서 동등한 상태끼리 모은 새로운 상태의 FSM으로 다시 만들 수 있다. 새로운 FSM의 상태 s0, s1, s2, s3, s4는 각각 G0, G1, G2, G3, G4와 같다.

현재 상태	다음 상태		출력	
	X=0	X=1	X=0	X=1
s0	s4	s1	0	0
s1	s3	s0	0	0
s2	s2	s3	0	1
s3	s2	s0	1	0
s4	s4	s1	1	1

위 문제를 해결하는 또 다른 방법은 다음과 같이 함축 표(implication table)를 이용하여 상태 최소화를 하는 방법이다. 본래의 FSM에서 각각의 상태들이 짝을 이루도록 표를 만든다. 그 후 모든 입력에 대해 동일한 출력을 갖지 않는 칸에는 x표를 표시한다.

	A	B	C	D	E	F	G
B							
C							
D	X	X	X				
E				X			
F	X	X	X	X	X		
G	X	X	X	X	X	X	
H	X	X	X		X	X	X

x표가 표시되지 않은 상태쌍이 동등한지 알아보기 위하여 x표가 표시되지 않은 상태쌍들을 찾는다. x표가 되지 않은 상태쌍에 괄호와 함께 다음 상태를 적는다.

	A	B	C	D	E	F	G
B	<D, F> <B, C>						
C	<B, E>	<D, F> <C, E>					
D	X	X	X				
E	<D, F> <B, C>		<D, F>	X			
F	X	X	X	X	X		
G	X	X	X	X	X	X	
H	X	X	X		X	X	X

괄호에 적힌 다음 상태쌍의 다음 상태가 서로 같은지 확인하여 x표를 표시할지 안 할지를 결정하게 된다. 만약 같지 않다면 더 이상 두 상태는 동등하지 않으므로 x표시를 한다. 위의 과정을 지나고 나면 함축 표는 다음과 같이 된다.

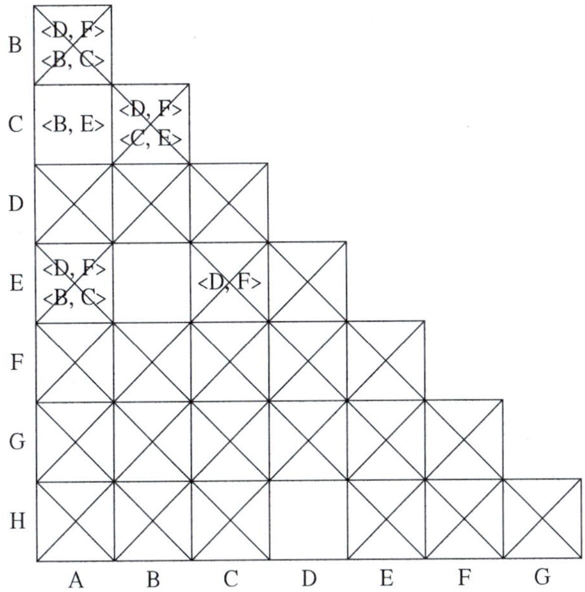

이 과정에서 하나라도 x표가 생기면 더 이상 x표가 생기지 않을 때까지 위 과정을 다시 반복한다. 더 이상 x표가 안 생긴다면 그때의 함축 표가 본래 FSM의 최종 결과가 된다.

이제 A와 C, B와 E, D와 H가 서로 동등하다는 것을 알 수 있다. 이를 그룹화하면 다음과 같다.

G0 = {A,C}

G1 = {B,E}

G2 = {G}

G3 = {D,H}

G4 = {F}

앞에서 구한 상태 최소화 방법에 의한 결과와 이번에 구한 상태 최소화 방법의 결과는 동일하다. 두 방법은 동일한 상태 최소화 결과를 도출하게 된다. 최소화된 FSM의 다음 상태/출력표는 다음과 같다.

현재 상태	다음 상태		출력	
	X=0	X=1	X=0	X=1
s0	s4	s1	0	0
s1	s3	s0	0	0
s2	s2	s3	0	1
s3	s2	s0	1	0
s4	s4	s1	1	1

22. 하나의 입력 x와 하나의 출력 z를 가지고, 입력 신호가 100이 입력되는 것을 검출하는 연속 동기 회로를 설계하시오. 예를 들면 다음과 같다.

x = 001001000010010 이면 z = 000100100001001 이다.

(1) Mealy 상태 다이어그램을 그리시오.

(2) 다음 상태와 출력표를 만드시오.

(3) 상태를 최소화하고, 상태 감소표와 상태 다이어그램을 그리시오.

(4) D flip-flop을 이용하여 회로를 구현하시오.

(1)

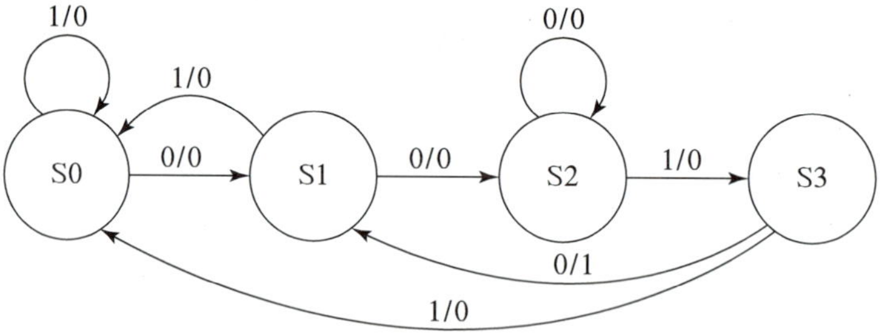

(2) 상태 인코딩 : S0 = 00, S1 = 01, S2 = 10, S3 = 11

현재 상태		입력	다음 상태		출력	FF1	FF0
Q1	Q0	x	Q1(n)	Q0(n)	Z	D1	D0
0	0	0	0	1	0	0	1
0	0	1	0	0	0	0	0
0	1	0	1	0	0	1	0
0	1	1	0	0	0	0	0
1	0	0	1	0	0	1	0
1	0	1	1	1	0	1	1
1	1	0	0	1	1	0	1
1	1	1	0	0	0	0	0

(3)

S1	S1=S2		
S2	S0=S3 S1=S2	S0=S3	
S3			
	S0	S1	S2

(4) D 입력은 앞의 표에 나와 있다.

- D1 상태

Q1 \ Q0x	00	01	11	10
0				1
1	1	1		

- D2 상태

Q1 \ Q0x	00	01	11	10
0	1			
1		1		1

- Z 상태

Q1 \ Q0x	00	01	11	10
0				
1				1

23. 간단하게 동전으로 작동하는 사탕 판매기에 제어기를 설계해야 한다. 사탕의 가격은 20센트이고, 기계에는 5센트 동전과 10센트 동전을 사용할 수 있다. 20센트 이상의 입력이 있을 때는 잔돈을 거슬러줘야 한다. 한 번의 구매에 25센트 이상의 금액을 넣을 수 없다. 그러므로 최대 잔돈은 5센트짜리 동전 하나이다.
사탕 판매기의 블록 다이어그램은 다음과 같다.

이것은 5센트, 10센트 2종류의 동전을 입력으로 갖는다. 그리고 사탕, 잔돈의 두 출력을 갖는다. 사탕은 사탕을 내어주는 명령이고 잔돈은 잔돈을 거슬러 주는 명령이다.
동시에 2개의 동전을 넣을 수 없기 때문에 5센트 입력과 10센트 입력은 동시에 1이 될 수 없다.

(1) Mealy 상태 다이어그램을 그리시오.

(2) D flip-flop을 이용하여 설계한 것을 합성하시오.

(1) 상태 다이어그램 입출력 표시 방법 : 5C, 10C / 사탕, 잔돈

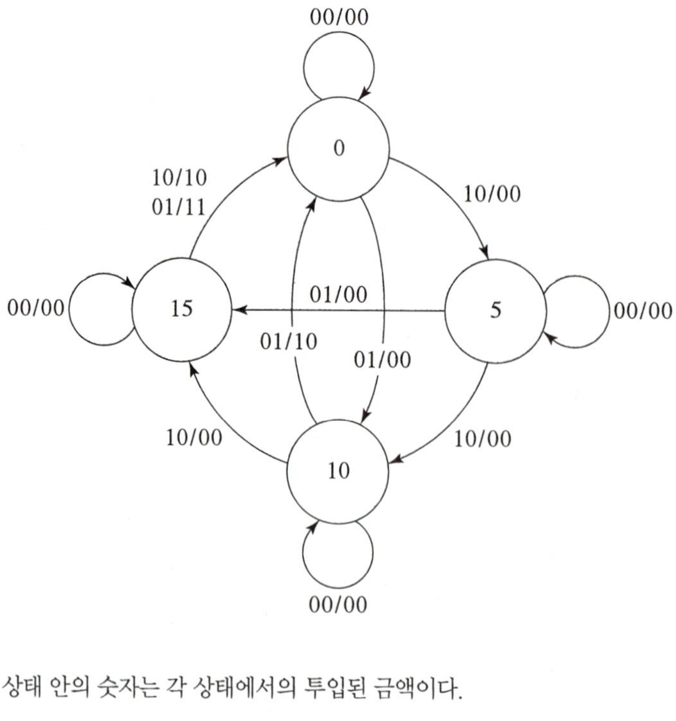

상태 안의 숫자는 각 상태에서의 투입된 금액이다.

(2) S0 = 00, S5 = 01, S10 = 10, S15 = 11

현재 상태		입력		다음 상태		출력		FF 입력	
Q1	Q0	5C	10C	Q1(n)	Q0(N)	사탕	잔돈	D1	D0
0	0	0	0	0	0	0	0	0	0
0	0	0	1	1	0	0	0	1	0
0	0	1	0	0	1	0	0	0	1
0	0	1	1	x	x	x	x	x	x
0	1	0	0	0	1	0	0	0	1
0	1	0	1	1	1	0	0	1	1
0	1	1	0	1	0	0	0	1	0
0	1	1	1	x	x	x	x	x	x
1	0	0	0	1	0	0	0	1	0
1	0	0	1	0	0	1	0	0	0
1	0	1	0	1	1	0	0	1	1
1	0	1	1	x	x	x	x	x	x
1	1	0	0	0	0	0	0	0	0
1	1	0	1	0	0	1	1	0	0
1	1	1	0	0	0	1	0	0	0
1	1	1	1	x	x	x	x	x	x

– 사탕 상태

Q1Q0 \ 5C10C	00	01	11	10
00			x	
01			x	
11		1	x	1
10		1	x	

– 잔돈 상태

Q1Q0 \ 5C10C	00	01	11	10
00			x	
01			x	
11		1	x	
10			x	

– D1 상태

Q1Q0 \ 5C10C	00	01	11	10
00		1	x	
01		1	x	1
11			x	
10	1		x	1

– D2 상태

Q1Q0 \ 5C10C	00	01	11	10
00			x	1
01	1	1	x	
11			x	
10			x	1

24. '시간 : 분분 : 초초'의 형태를 가지는 디지털 시계를 아래의 구성 요소를 사용하여 설계하시오. '시간'은 시간(00~23)을, '분분'은 분(00~59)을, '초초'는 초(00~59)를 각각 2개의 디지털로 보여준다.

(1) 세븐 세그먼트 LED 디스플레이

(2) 세븐 세그먼트 디코더

(3) enable 신호를 가지는 4비트 이진 카운터

(4) 1 Hz 주파수 생성기

(1) 세븐 세그먼트 LED 디스플레이는 아래와 같은 7개의 LED(light-emitting 다이오드)를 가진다.

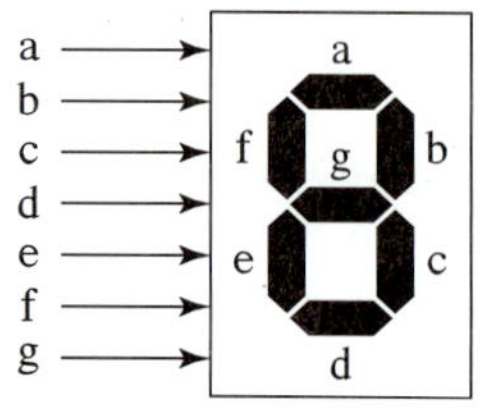

a, b, c, d, e, f, g는 입력으로 1이 되면 해당 LED를 점등하게 된다. 이 방법으로 디지털 숫자를 만들 수 있다.

(2) 세븐 세그먼트 디코더는 세븐 세그먼트 디스플레이(a, b, c, d, e, f, g) 입력 신호를 위한 출력과 4비트 이진 숫자의 입력을 갖는 디코더이다. 이 블록 다이어그램은 아래와 같다.

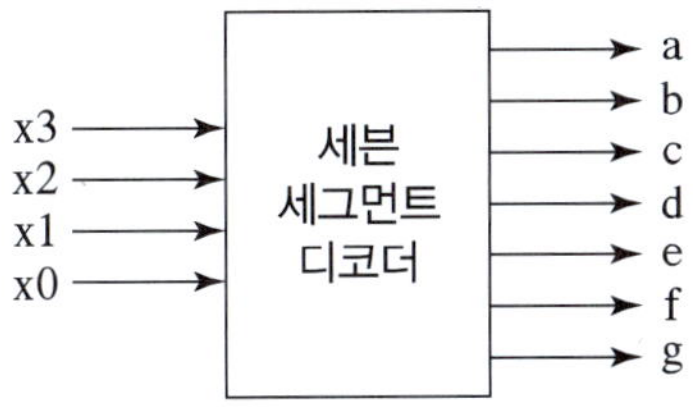

아래와 같이 각 구성요소를 연결한다.

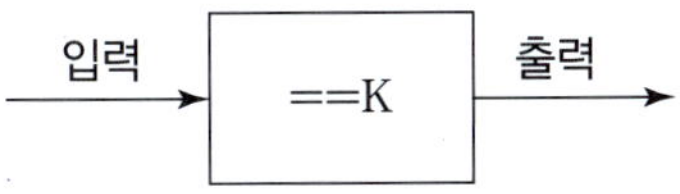

: K 값과 비교기

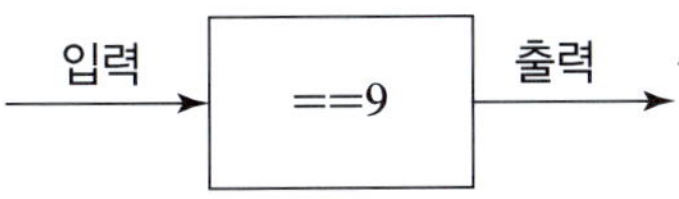

의 구현 예는

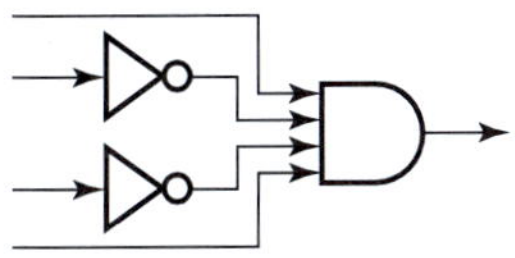
과 같다.

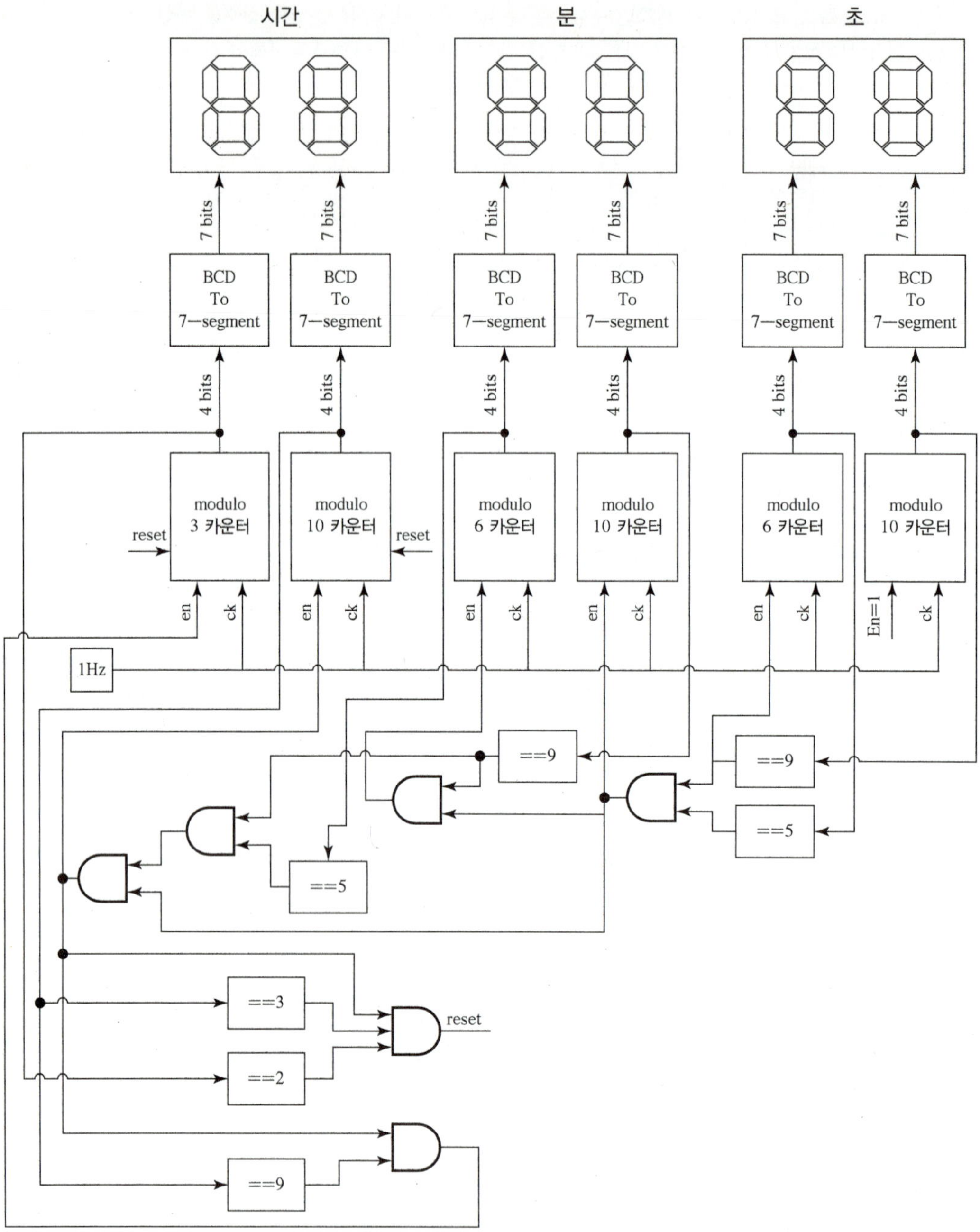
시간
분
초
7 bits
BCD To 7−segment
4 bits
modulo 3 카운터
modulo 10 카운터
modulo 6 카운터
modulo 10 카운터
modulo 6 카운터
modulo 10 카운터
reset
en
ck
En=1
1Hz
==9
==5
==3
==2
==9
reset

25. 함축표(Implication table)를 이용하여 다음의 상태표의 상태 수를 최소화하시오.

현재 상태	다음 상태/출력	
	X=0	X=1
A	C/1	B/1
B	C/1	E/0
C	B/1	E/0
D	D/0	B/1
E	E/0	A/1

현재 상태	다음 상태/출력	
	X=0	X=1
A	F/1	F/1
F	F/1	E/0
B	B/0	F/1
E	E/0	A/1

26. 다음의 순차회로를 보고, 회로의 상태도와 상태표를 유추하시오.

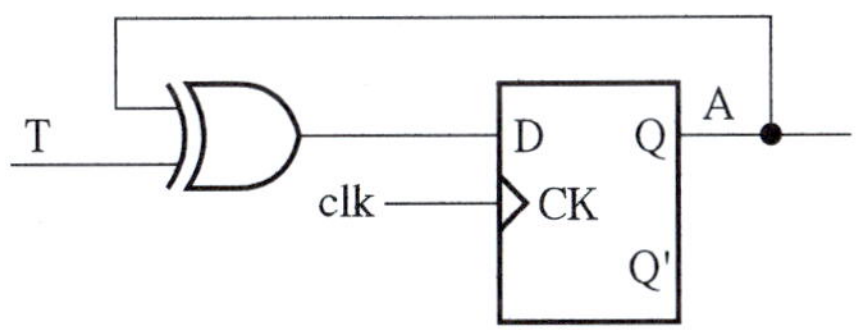

상태도는 다음과 같다.

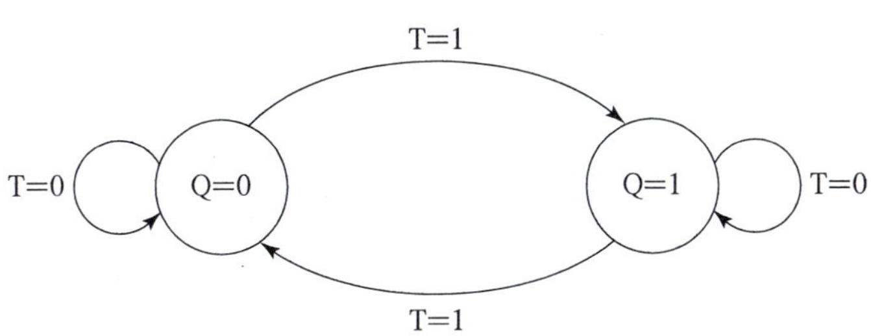

상태표는 다음과 같다.

현재 상태	다음 상태	
Q	Q_{out}	
	T=0	T=1
0	0	1
	1	0

27. 주어진 상태표에서 함축표(implication table)를 사용하여 최소 상태를 갖는 상태표로 재작성하시오.

현재 상태	다음 상태/출력		출력
	X=0	X=1	
A	B	C	0
B	A	C	0
C	D	C	0
D	D	E	1
E	A	F	0
F	B	G	0
G	A	E	0

(a) 상태표

현재 상태	다음 상태		출력
	X=0	X=1	
S0	S0	S1	0
S1	S2	S1	0
S2	S2	S3	1
S3	S0	S3	0

(b) FSM 다이어그램

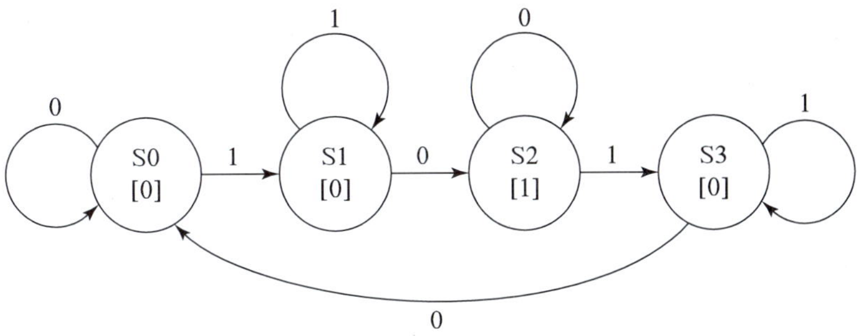

(c) 이 회로는 Moore인가, Mealy인가?

Moore이다. 그 이유는 출력이 현재 상태(preset state)에 의해서만 결정되기 때문(입력은 영향을 미치지 않음)이다.

(d) 위에서 구현한 state 테이블을 보고 답하시오.

– 상태감소 하기 전 플립플롭의 최소 숫자는?

– 상태감소 한 후에 플립플롭의 최소 숫자는?

1. $2^2 < 7$ states $\leq 2^3$ ∴ 3개의 플립플롭 (Q2Q1Q0)

2. $2^1 < 7$ states $\leq 2^2$ ∴ 2개의 플립플롭 (Q1Q0)

28. 다음의 회로는 4개의 상태를 갖는 Mealy FSM이다. 이 때, 회로가 2개의 외부 입력 X와 Y, 그리고 한 개의 출력 Z를 갖는다고 할 때 다음 질문에 답하시오.

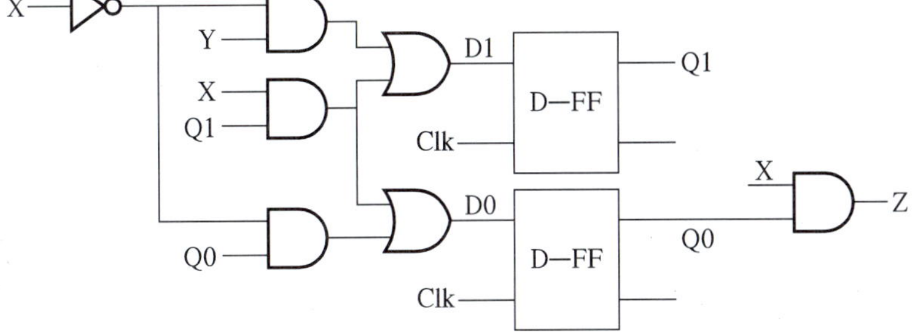

(a) 위 회로에 대한 다음 상태 D_1, D_2와 출력 Z 수식을 작성하시오.

$D1 = \overline{X}Y + XQ1$
$D0 = \overline{X}Q0 + XQ1$
$Z = XQ0$

b) D F/F을 이용하여 위의 회로에 대한 특성표를 작성하시오.

D	Q	Q(next)
0	0	0
0	1	0
1	0	1
1	1	1

(c) 상태표를 그리시오.

Current State		Input		Flip—flop Input		Next State		Output
Q1	Q0	X	Y	D1	D0	Q1(n)	Q0(n)	Z
0	0	0	0	0	0	0	0	0
0	0	0	1	1	0	1	0	0
0	0	1	0	0	0	0	0	0
0	0	1	1	0	0	0	0	0
0	1	0	0	0	1	0	1	0
0	1	0	1	1	1	1	1	0
0	1	1	0	0	0	0	0	1
0	1	1	1	0	0	0	0	1
1	0	0	0	0	0	0	0	0
1	0	0	1	1	0	1	0	0
1	0	1	0	1	1	1	1	0
1	0	1	1	1	1	1	1	0
1	1	0	.0	0	1	0	1	0
1	1	0	1	1	1	1	1	0
1	1	1	0	1	1	1	1	1
1	1	1	1	1	1	1	1	1

(d) 주어진 회로의 FSM 다이어그램을 그리시오.

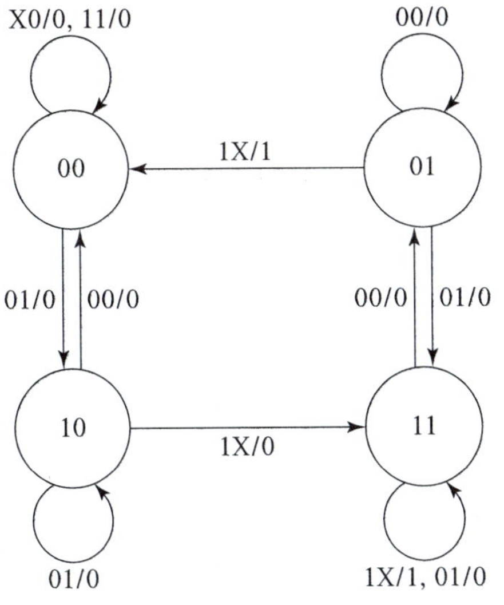

29. 입력 x의 스트림 패턴이 110일 때에만 출력이 1이 되고 나머지 입력에 대해서는 0이 되는 Mealy 머신의 순차회로 FSM을 그리시오.

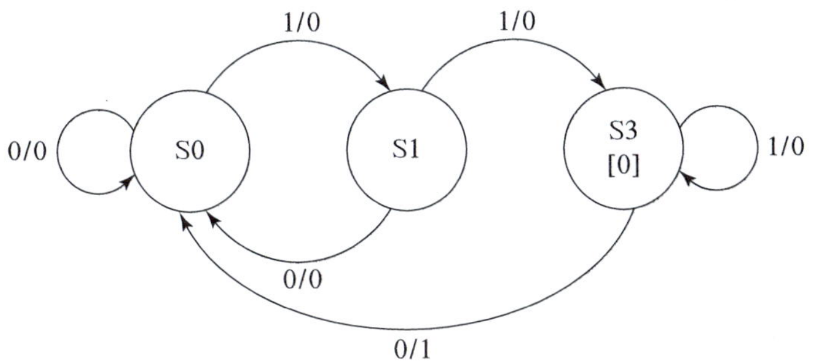

30. 위의 회로를 Moore 순차회로 FSM으로 다시 그리시오.

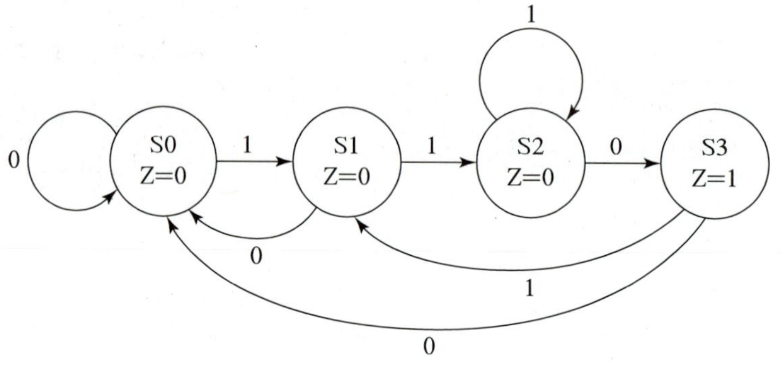

31. 다음의 FSM을 고려해보자.

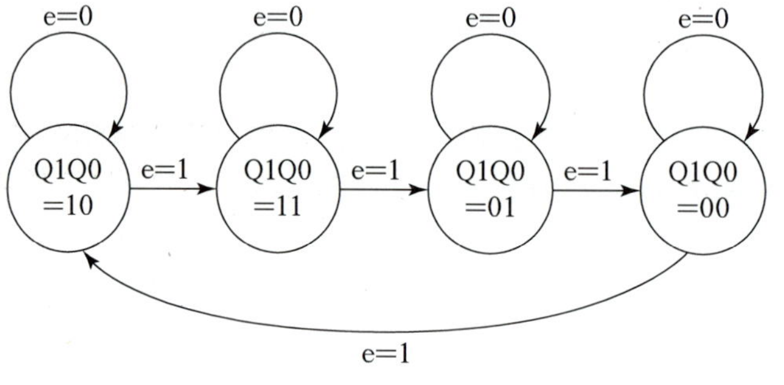

위의 FSM을 JK F/F을 이용하여 다음의 질문에 답하시오.

(a) 여기표(excitation table)를 그리시오.

Q	Q(next)	J	K
0	0	0	X
0	1	1	X
1	0	X	1
1	1	X	0

(b) 상태표를 그리시오.

현재 상태		입력	다음 상태		플립플롭 입력			
Q1	Q0	e	Q1(n)	Q0(n)	J1	K1	J0	K0
0	0	0	0	0	0	0	0	0
0	0	1	1	0	1	X	0	X
0	1	0	0	1	0	X	X	0
0	1	1	0	0	0	X	X	1
1	0	0	1	0	X	0	0	X
1	0	1	1	1	X	0	1	X
1	1	0	1	1	X	0	X	0
1	1	1	0	1	X	1	X	0

(c) F/F 입력식을 작성하시오.

Q1Q0 \ e		
	0	1
	0	0
	X	X
	X	X

→ $J1 = e\overline{Q0}$

Q1Q0 \ e		
	0	0
	X	X
	X	X
	0	1

→ $J0 = eQ1$

Q1Q0 \ e		
	X	X
	X	X
	0	1
	0	0

→ $K1 = eQ0$

Q1Q0 \ e		
	X	X
	X	X
	0	1
	0	0

→ $K0 = e\overline{Q1}$

32. 교통신호 제어기를 3개의 상태를 가진 Moore 머신으로 설계한다.

(1) R: 빨간 신호등이 켜짐

(2) Y: 노란(또는 오렌지) 신호등이 켜짐

(3) G: 초록 신호등이 켜짐

이 회로는 2개의 입력을 가지고 있다.

(1) A: 0으로 남아 있다가 매 60초마다 1로 바뀜

(2) B: 0으로 남아 있다가 매 5초마다 1로 바뀜

상태 R과 G가 A에 영향을 준다. 입력 A = 1은 R부터 G로 상태가 바뀌고, G에서 Y로 바뀐다. A = 0과 임의의 B에 대해서, 상태 R과 G는 바뀌지 않는다. 상태 Y는 B에만 영향을 준다. 입력 B = 1은 Y에서 R로 상태를 바꾼다. 임의의 A와 B = 0에 대해서 상태 Y는 바뀌지 않는다.

(a) 상태도를 그리시오.

(b) 상태표를 그리시오.

(c) 회로가 2개의 상태변수 Q0과 Q1을 필요로 하며, 상태할당 R: Q0, Q1 = 00; Y: Q0, Q1 = 11 그리고 G: Q0, Q1 = 01. 상태표에 상태할당을 표시하고 입력 A와 B, 그리고 현재 상태변수 Q0과 Q1에 대한 2개의 다음 상태 Q0*와 Q1*에 관한 진리표를 만드시오.

(d) Karnaugh 맵을 사용하여 Q0*와 Q1*에 대한 최소 불리언 함수를 구하시오. 최소화된 함수의 리터럴의 개수는 몇 개인가?

(a) 교통신호 제어기의 상태도는 다음과 같다.

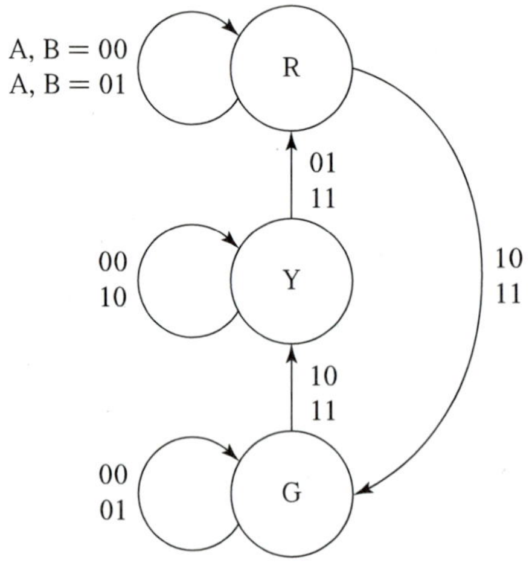

(b) 상태표는 다음과 같다.

현재 상태	다음 상태			
	A, B = 00	A, B = 01	A, B = 10	A, B = 11
R	R	R	G	G
Y	Y	R	Y	R
G	G	G	Y	Y

(c) 상태할당 후의 상태표는 다음과 같다.

현재 상태 Q0, Q1	다음 상태, Q0*, Q1*			
	A, B = 00	A, B = 01	A, B = 10	A, B = 11
R : 00	00	00	01	01
Y : 11	11	00	11	00
G : 01	01	01	11	11

진리표는 다음과 같다.

조합회로 입력				조합회로 출력	
A	B	Q0	Q1	Q0*	Q1*
0	0	0	0	0	0
0	0	0	1	0	1
0	0	1	0	Φ	Φ
0	0	1	1	1	1
0	1	0	0	0	0
0	1	0	1	0	1
0	1	1	0	Φ	Φ
0	1	1	1	0	0
1	0	0	0	0	1
1	0	0	1	1	1
1	0	1	0	Φ	Φ
1	0	1	1	1	1
1	1	0	0	0	1
1	1	0	1	1	1
1	1	1	0	Φ	Φ
1	1	1	1	0	0

(d) Q0*와 Q1*에 대한 Karnaugh 맵은 아래와 같다.

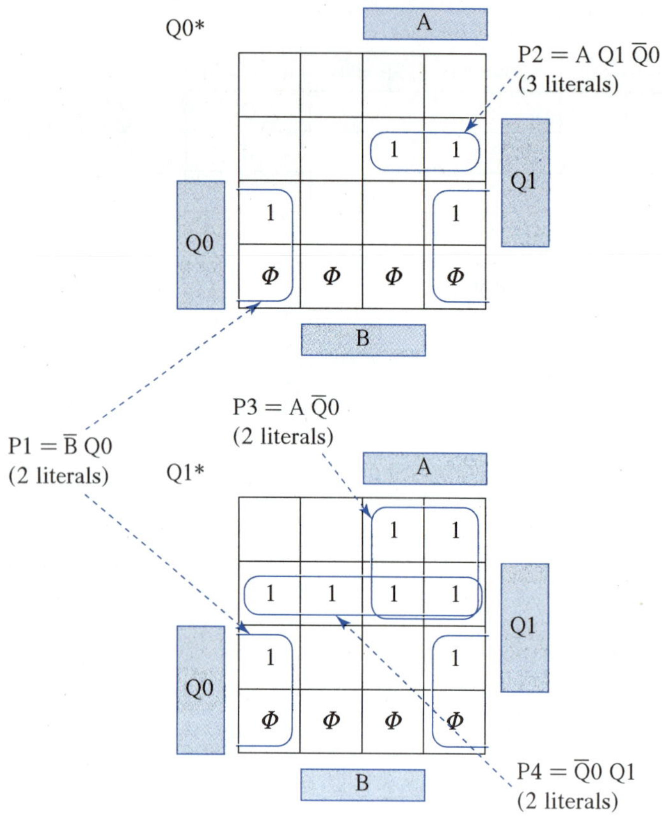

조합회로의 출력은 다음과 같다.

Q0* = P1 + P2 = $\overline{B}$ Q0 + A Q1 Q0
Q1* = P1 + P3 + P4 = $\overline{B}$ Q0 + A $\overline{Q}0$ + $\overline{Q}0$ Q1

리터럴의 수는 9개이다.

33. 입력비트로부터 특정 패턴을 인식할 수 있는 인식기를 설계하고자 한다. 인식기는 입력으로 '11' 혹은 '00'을 받았을 때에만 출력이 1이 된다고 가정할 때 Moore FSM 형태로 인식기를 설계하시오. 이 때 입력은 x이고 출력은 z이다.

(a) 상태도를 그리시오.

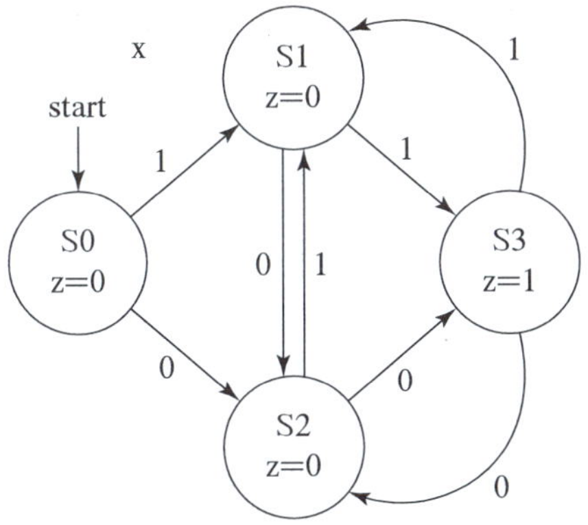

(b) 상태표를 작성하시오.

현재 상태	다음 상태		출력
	x=0	x=1	z
S0	S2	S1	0
S1	S2	S3	0
S2	S3	S1	0
S3	S2	S1	1

현재 상태	다음 상태		출력
	x=0	x=1	z
00	10	01	0
01	10	11	0
10	11	01	0
11	10	01	1

(c) 만일 필요하다면 상태 최소화를 수행하시오.

불필요

(d) D F/F을 사용하여 다음 상태와 출력 수식을 작성하시오.

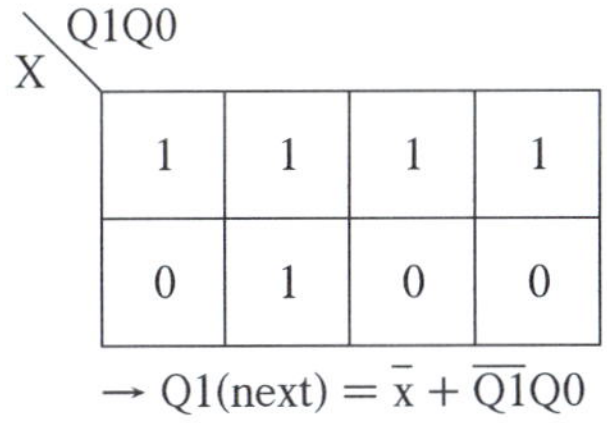

→ Q1(next) = $\overline{x} + \overline{Q1}Q0$

X \ Q1Q0				
	0	0	0	1
	1	1	1	1

→ $Q0(next) = x + Q1\overline{Q0}$

X \ Q1Q0				
	0	0	1	0
	0	0	1	0

→ $z = Q1\overline{Q0}$

(e) 논리회로도를 그리시오.

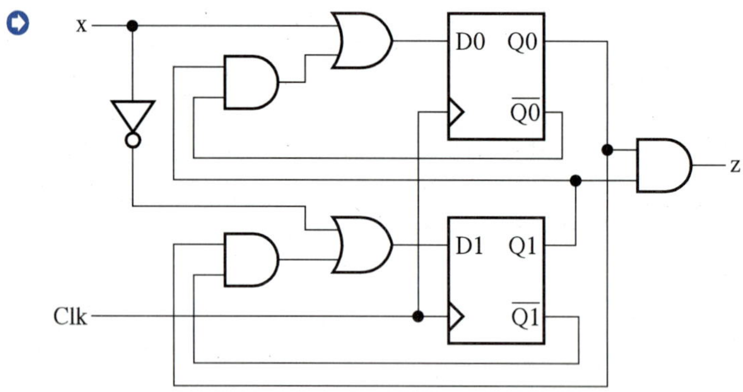

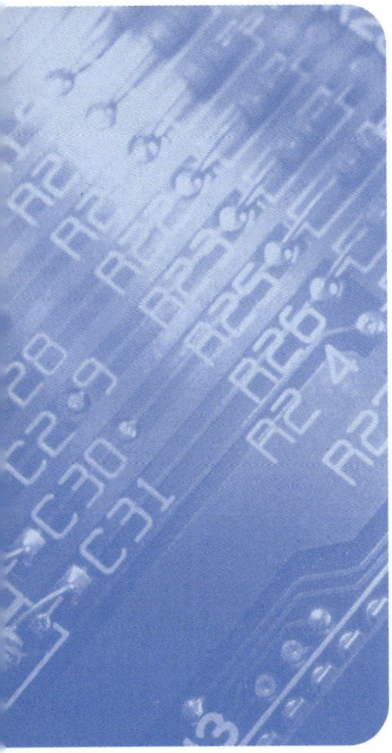

부 록

부록 1. Modelsim_6.2g_webpack_설치매뉴얼

부록 2. HDL 실습 예제

부록 3. 문제기반학습(Problem-Based Learning) 소개

부록 1 Modelsim_6.2g_webpack_설치매뉴얼

먼저 ModelsimXE 버전의 라이센스를 Xilinx로부터 받기 위해서는 Xilinx 홈페이지의 계정을 만들고 Modelsim을 설치해야 한다. 따라서 Xilinx의 계정을 생성하는 방법을 먼저 설명하고, 그 다음에 ModelsimXE에 대해서 설명하도록 한다.

1 Xilinx 계정 만들기

1) Xilinx의 계정을 만들기 위해, www.xilinx.com 홈페이지를 방문한다.
Xilinx 홈페이지에서 우측 상단의 'sign in to access account' 를 선택한다.

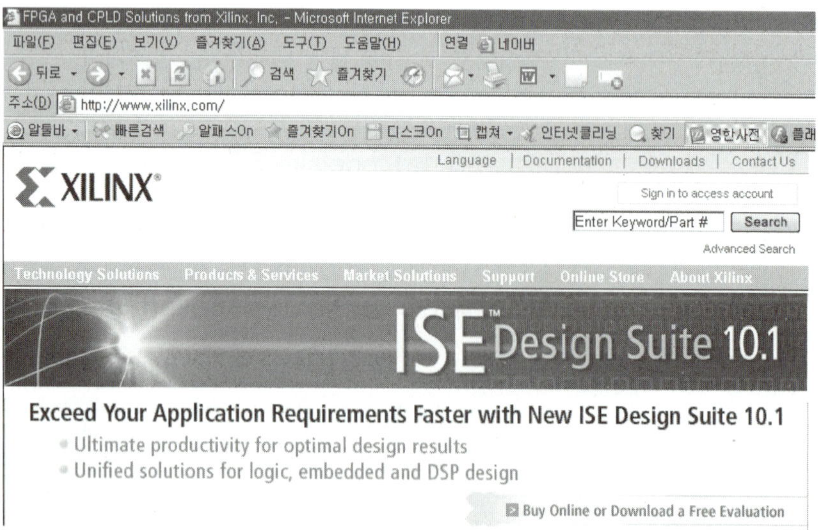

2) 아래 그림과 같은 홈페이지 화면에서 우측 하단의 'Create Account' 를 선택한다.

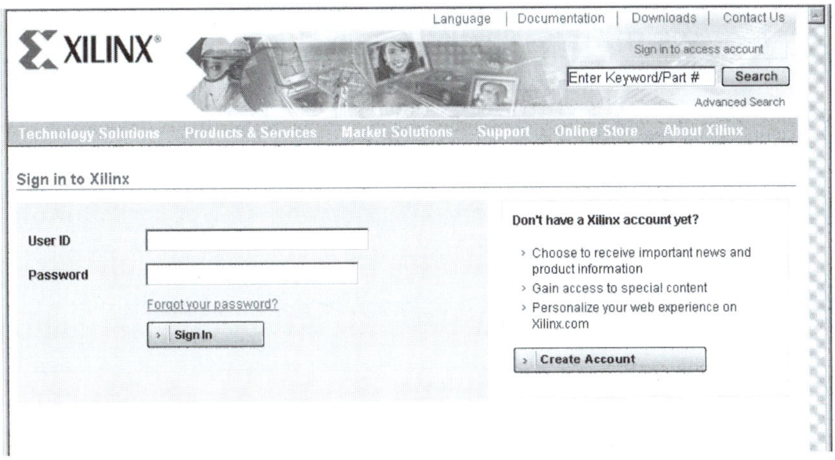

3) 아래 그림과 같은 웹페이지 화면에서 ID와 이메일 주소 등의 정보를 입력한다. 메일 주소를 통해 라이센스 파일을 받기 때문에, 이메일 주소를 잘 확인한다. 정보의 입력이 끝났으면, 'Create Account' 를 선택한다.

4) 계정이 만들어졌으면, 위의 그림에서 'Sign In' 을 선택해 로그인 테스트를 해본다.

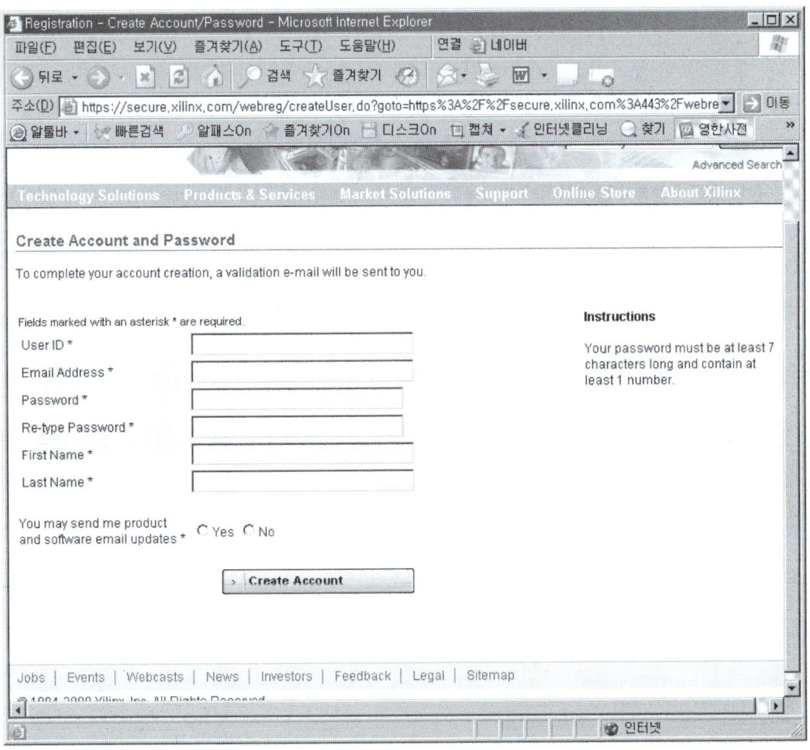

2 ModelsimXE 설치하기

ModelsimXE는 Modelsim의 Xilinx Edition으로서 Xlinx 웹페이지에서 다운로드가 가능하다. Xilinx 웹페이지(www.xilinx.com)에서 'Support-Downloads-Modelsim Xilinx Edition' 을 선택하여 아래 파일을 다운로드한다.

다운로드한 파일(설치파일) : mxe_3_6.2g.zip (파일용량 201 MByte)

1) 압축해제하기

압축해제 후 파일 용량 : 206 Mbyte

2) setup.exe를 실행한다. 아래 그림과 같이 설치 준비를 하게 된다.

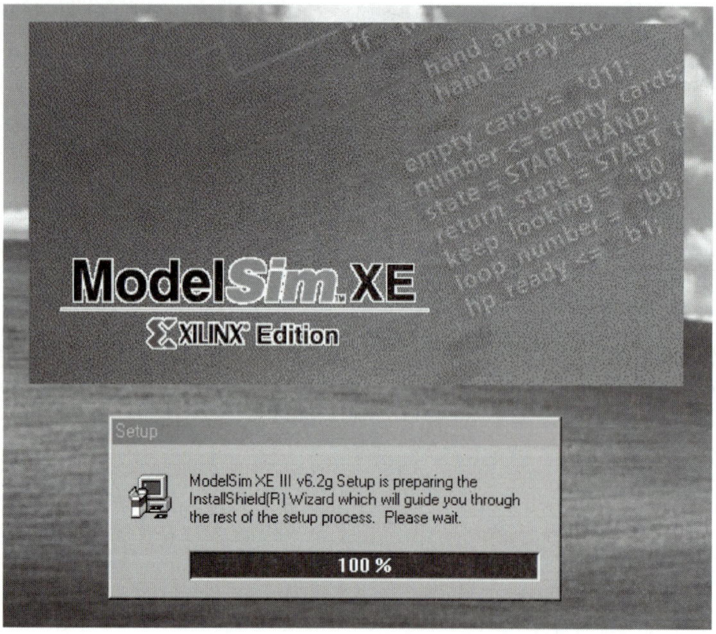

3) 아래와 같은 창에서 MXE Ⅲ Starter-Limited Version of MXE Ⅲ (free)를 선택한 후, Next 버튼을 클릭한다.

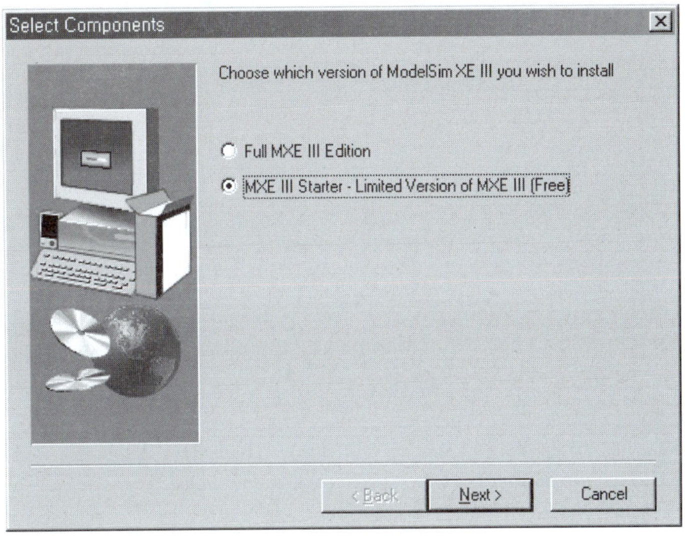

4) 아래 그림의 창에서 Next 버튼을 클릭한다.

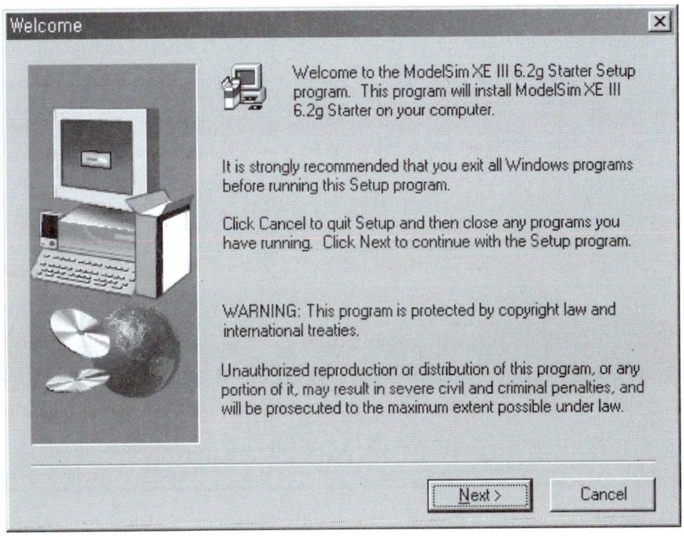

5) 아래 그림에서 Yes 버튼을 클릭한다.

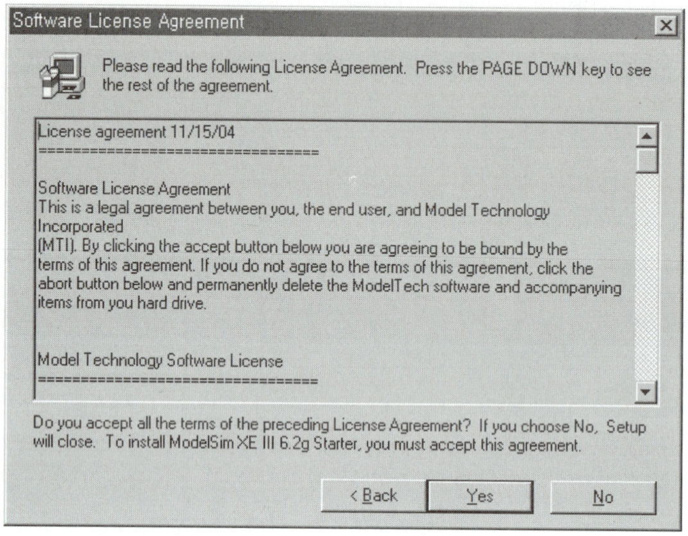

6) 아래 그림에서 설치될 폴더를 선택한 후 Next 버튼을 클릭한다.

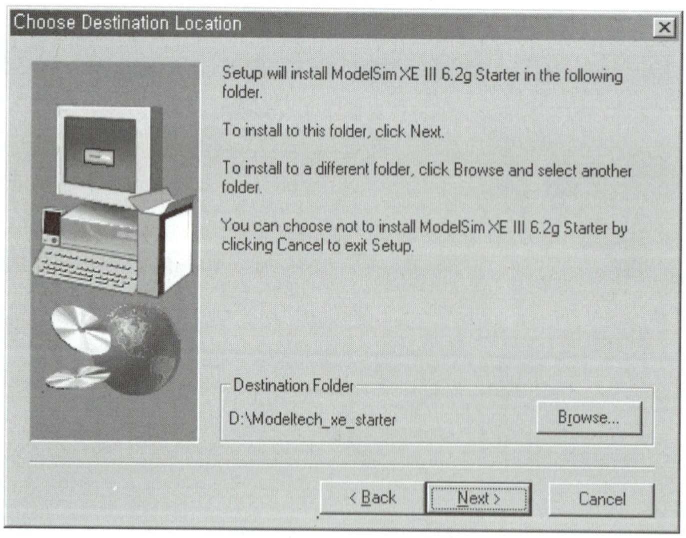

7) 아래 그림과 같은 창에서 대부분의 하드웨어 설계에 VHDL을 사용할 것이므로, FullVHDL을 선택한 후, Next 버튼을 클릭한다.

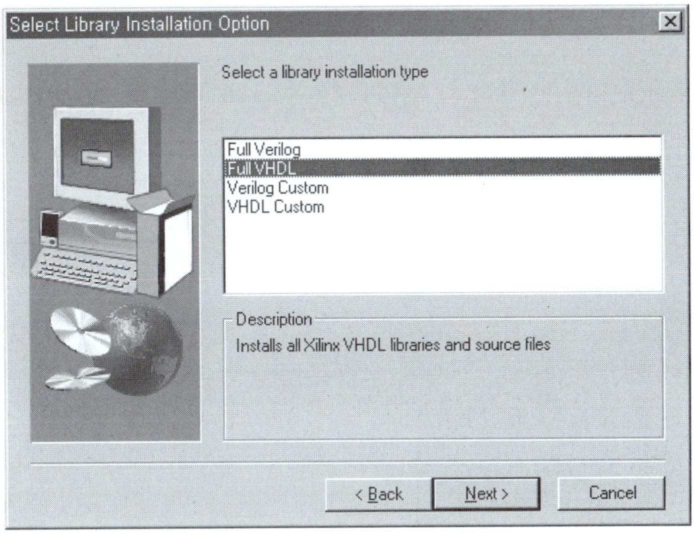

8) 아래 그림에서 Next 버튼을 클릭한다.

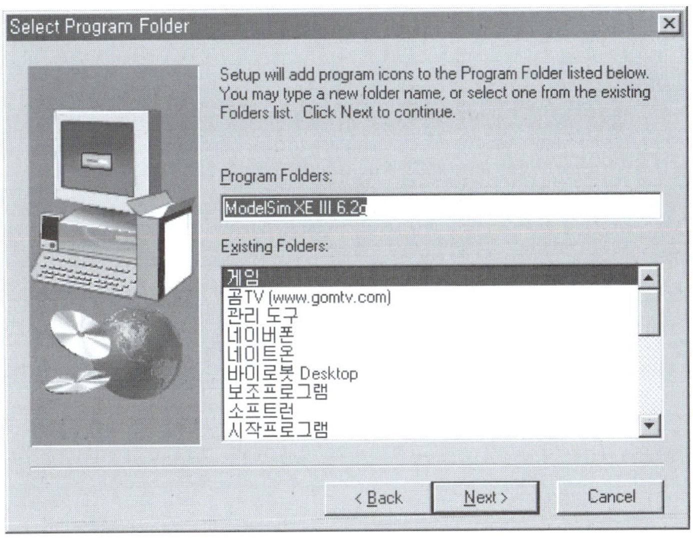

9) 다음 그림과 같은 창이 열리고, 설치가 진행된다.

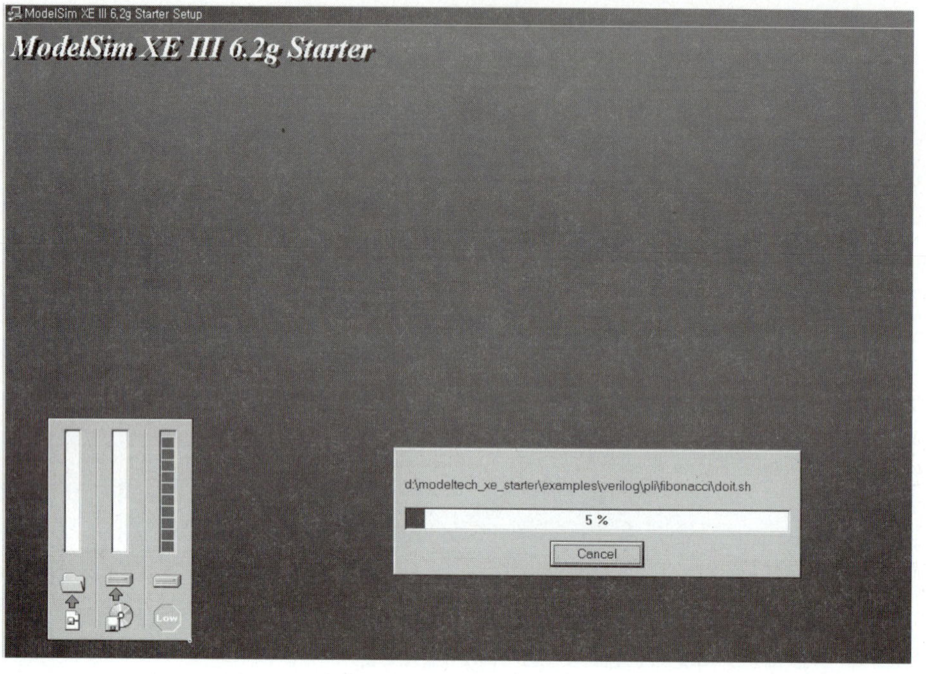

10) 다음과 같은 창에서 '예'를 선택한다.

11) 다음과 같은 창에서 'Finish' 를 선택한다.

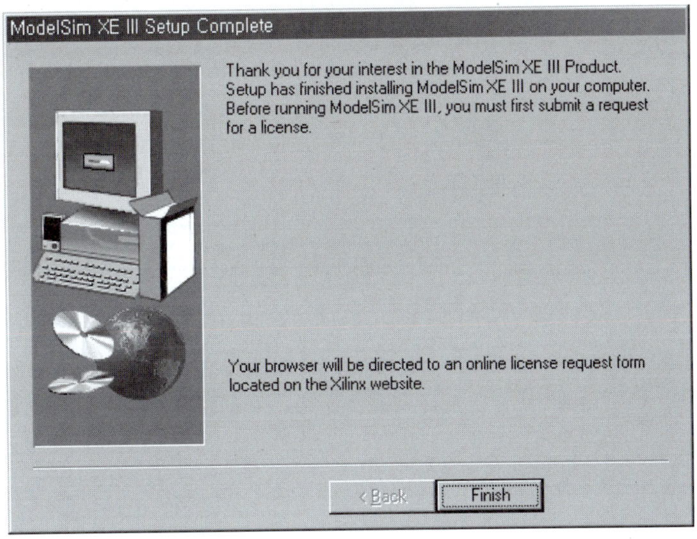

위의 과정을 통해 프로그램 설치가 완료되었다. 이제 설치된 Modelsim의 라이센스를 받아 연결시켜 주어야 한다. 그 과정은 다음과 같다.

12) 아래 그림과 같이 라이센스를 위해 Xilinx 홈페이지로 자동으로 연결된다.
아래 그림에서 'Continue' 를 선택한다.

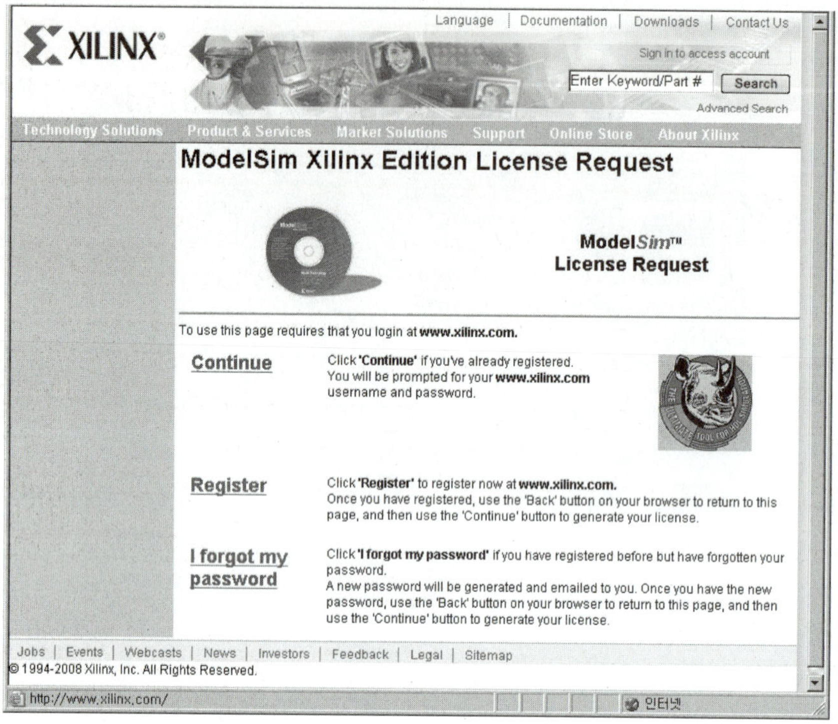

13) Xilinx 웹 계정을 사용하여 로그인을 한다.

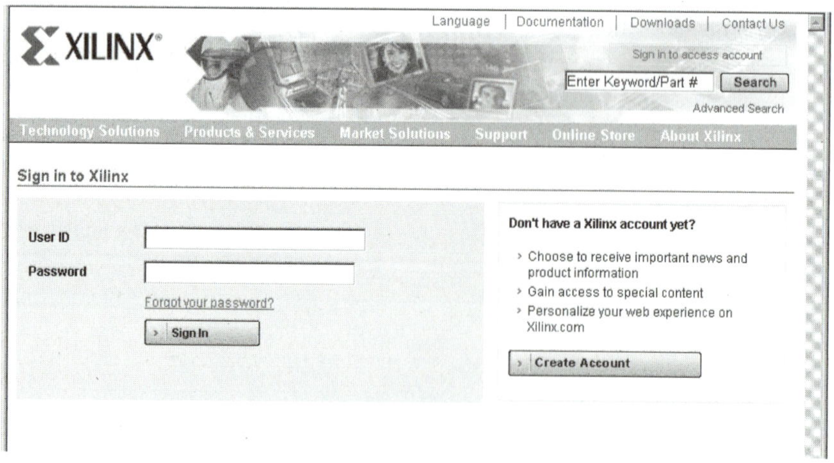

14) 다음 그림과 같은 창에서 필요한 정보를 입력하고, 'Submit' 버튼을 클릭한다. 여기서 제일 중요한 정보는 이메일 주소이다. 이는 modelsim의 라이센스 파일인

license.dat 파일을 이메일을 통해 받기 때문이다. License.dat 파일은 각 컴퓨터마다 다르다. 각 컴퓨터의 고유한 특성을 이용하기 위해, 모델심의 경우 하드 디스크의 시리얼 넘버를 사용하게 된다. 아래 그림에서 보면, 'HOSTID 숫자, Disk SerialNumber' 라고 되어 있는데 이것이 이를 의미한다. 따라서 라이센스 파일은 현재 라이센스를 요청한 컴퓨터에만 유효하다. 다른 컴퓨터에서 모델심을 설치하고자 한다면, 라이센스 요청을 다시 해야 한다.

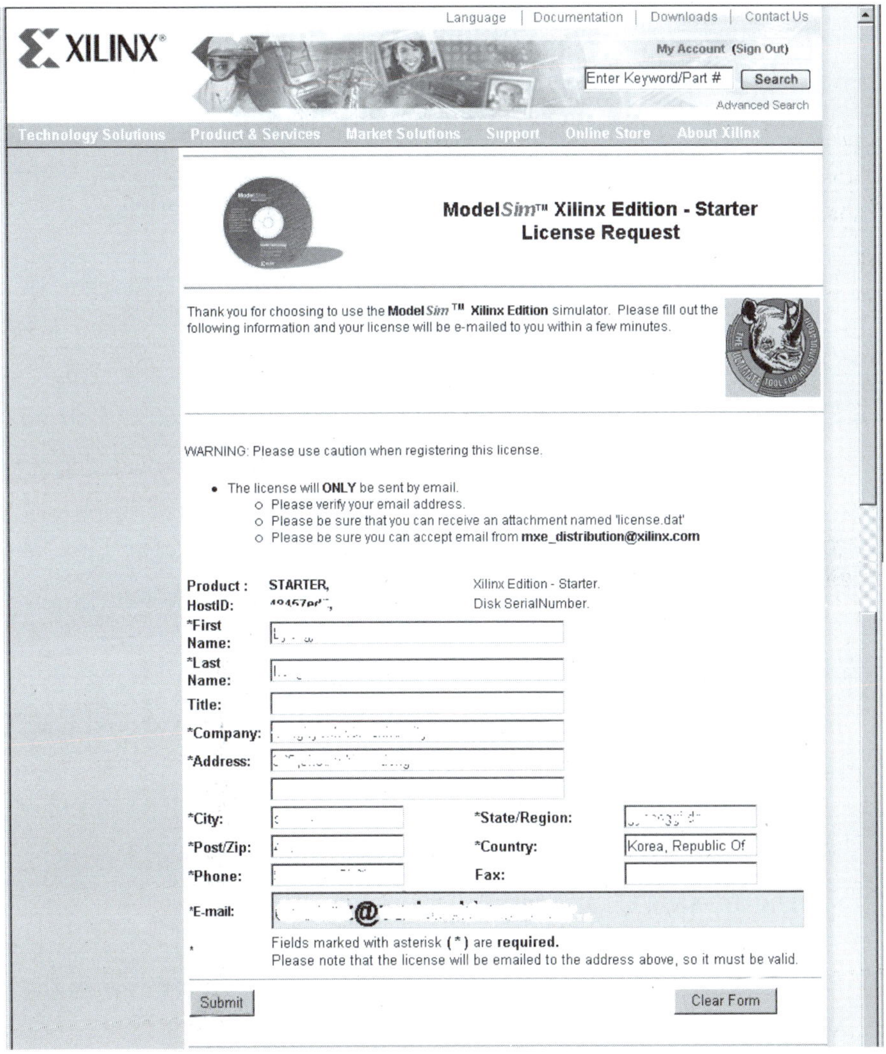

위의 과정이 끝났으면, 이메일을 통해 다음과 같은 license.dat 파일이 도착할 것이다.

이메일 제목 : "등록시 이름, Here is your ModelSim XE STARTER License"
이메일 송신처 : mxe_distribution@xilinx.com
첨 부 파 일 : license.dat
이메일 내용 :

Congratulations on your licensing of an MXE product.
You are only a few steps away from leveraging the benefits of HDL Simulation in your design flows.

To license the ModelSim XE product, please follow these steps:

1) Save the attached file to your hard drive, noting its location.

2) Run the "Licensing Wizard" program from within the ModelSim XE program group.

3) Using the Licensing Wizard, specify the location of the saved license file.

4) Optionally, allow the Licensing Wizard to Modify your FlexLM environment variable and reboot your machine to complete the license installation process.

In order to authorize properly, the license.dat saved file should have in it a single line that begins with "FEATURE".

If you need help getting a license, contact Xilinx Customer Service by sending an email to mxe_license@xilinx.com

For technical assistance getting started with MXE, please review the MXE Tech Tip at:
http://www.support.xilinx.com/xlnx/xil_tt_home.jsp

15) 첨부받은 license.dat 파일을 하드디스크에 저장한다.

16) Modelsim의 라이센스 관리툴인 Licensing Wizard를 아래 그림과 같이 실행한다.

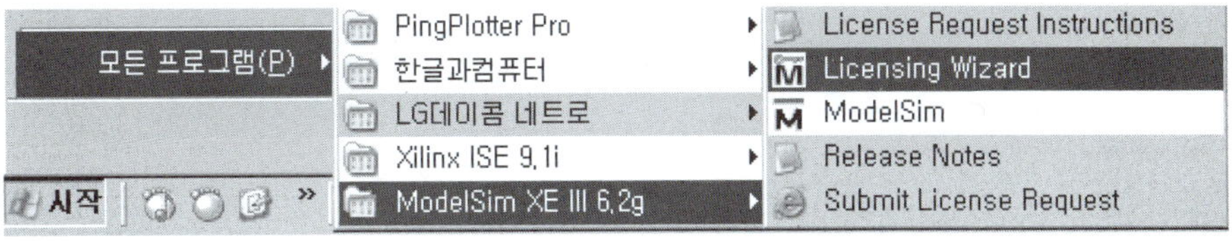

17) Licensing Wizard 를 실행하면, 다음과 같은 창이 화면에 표시된다.
'Continue' 를 선택한다.

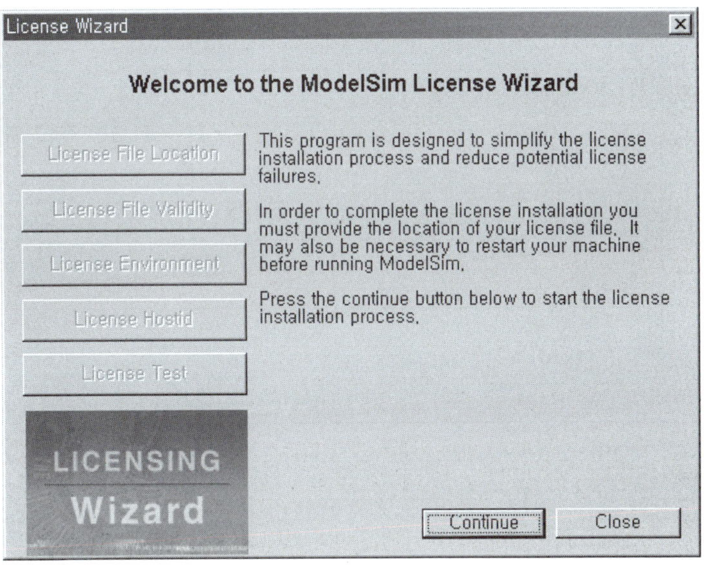

18) 아래 창에서 위에서 저장한 license.dat 파일이 있는 위치를 선택한다.
'OK' 를 선택한다.

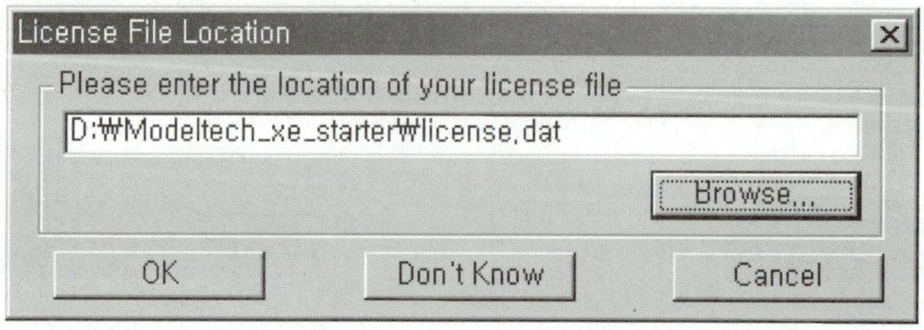

19) 아래 그림과 같은 창에서 'Yes'를 선택한다.

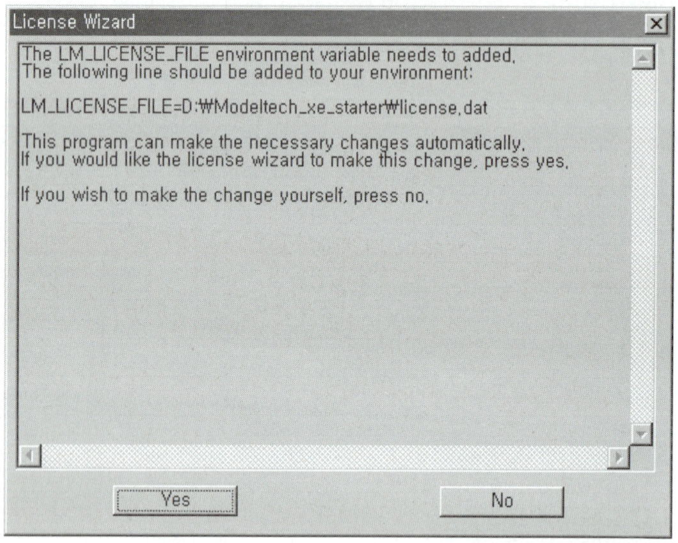

20) 아래 그림과 같은 창에서 '확인'을 선택한다.

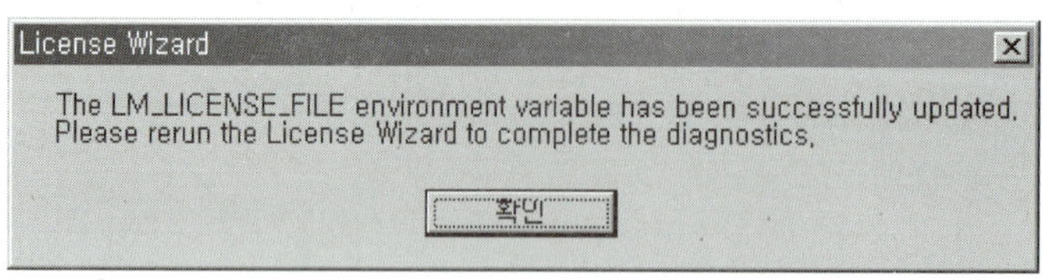

21) 아래 그림과 같이 시작메뉴에서 Modelsim을 선택하거나, 바탕화면의 

아이콘을 선택해 Modelsim을 실행한다.

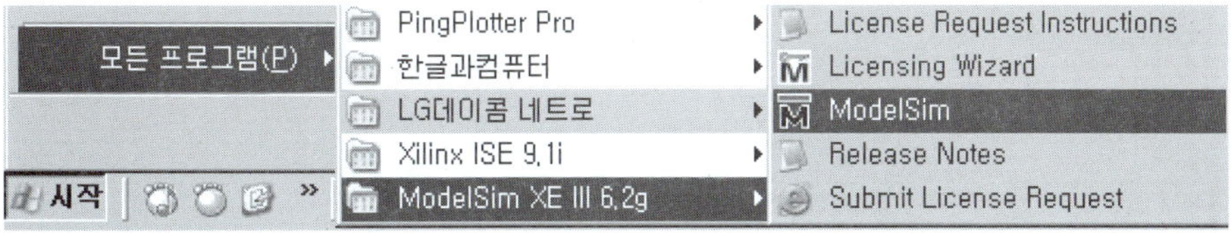

만약 Modelsim을 실행했을 때, 다음 그림과 같은 메시지가 나온다면 받은 라이센스 파일이 문제가 있거나, Modelsim에 라이센스를 연결해 주는 과정에서 잘못된 것이다.

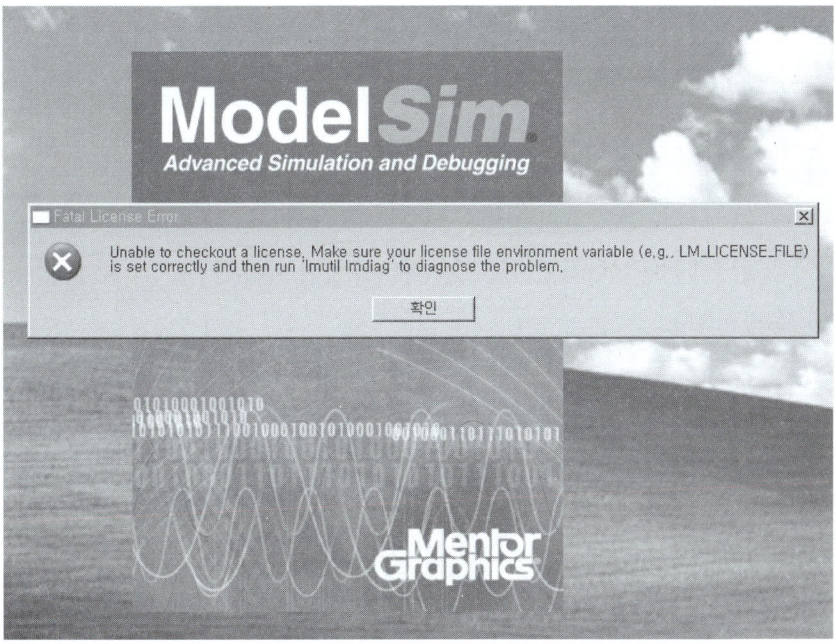

정상적으로 Modelsim이 설치가 되고, 라이센스도 연결이 되었다면, Modelsim을 실행했을 때, 아래와 같은 화면이 된다.

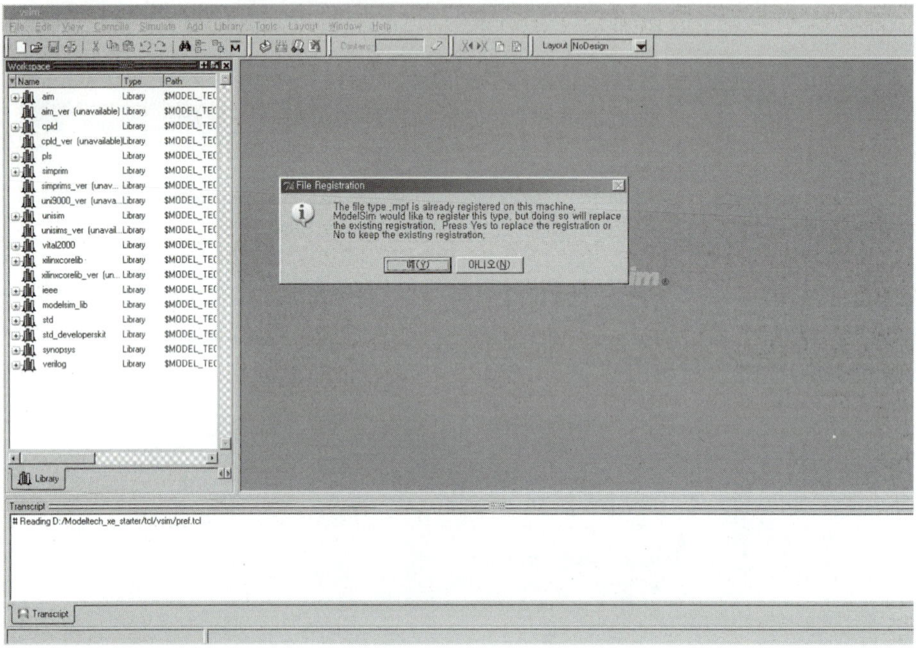

22) 위의 그림에서 File Registration 창을 확대해 보면 아래 그림과 같다. 아래 창에서 '예' 를 선택한다.

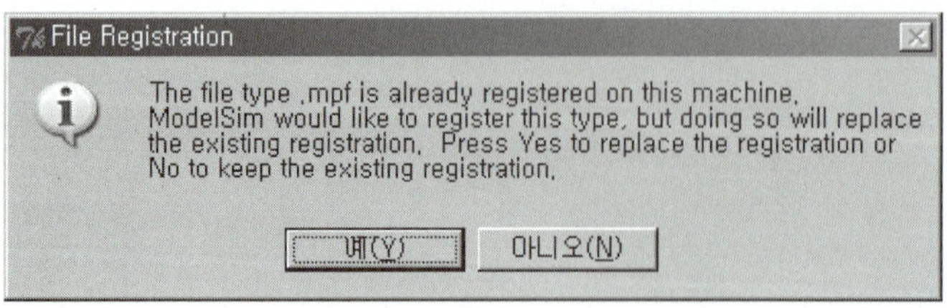

23) 아래 그림에서 좌측 하단의 'Don't show this dialog again' 에 체크한 후, 우측 하단의 'Close' 버튼을 클릭한다.

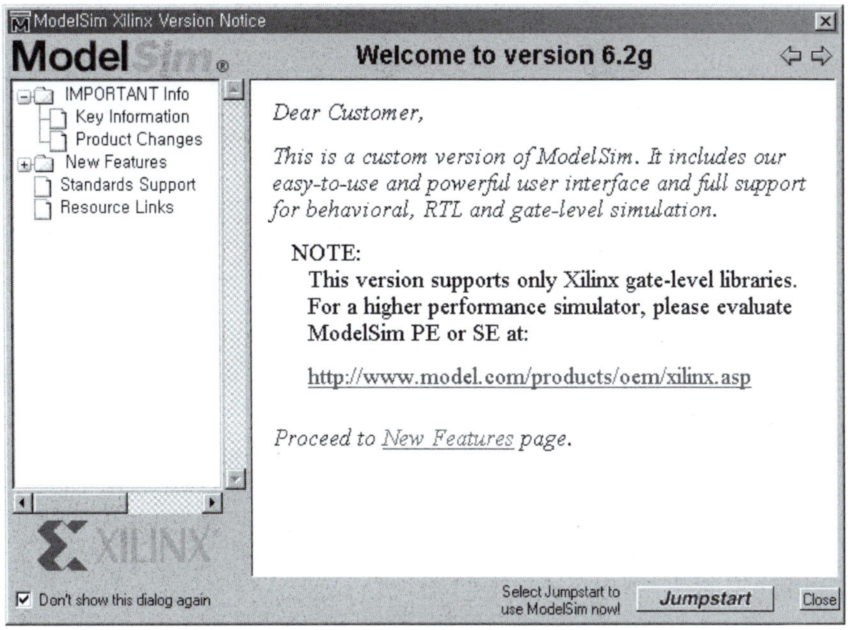

위의 과정을 통해 Modelsim 설치 및 라이센스 연결이 모두 끝났고, 정상적으로 Modelsim을 사용할 수 있다.

부록 2

HDL 실습 예제

1 조합논리회로

8×3 인코더

1) 동작

인코더(encoder)는 2^n의 입력신호를 받아 n개의 출력신호를 생성하는 논리회로이다. 인코더는 2^n의 입력신호 중 오직 하나의 신호만 활성화('1') 되고 이에 해당하는 n비트 이진부호를 출력한다.

인코더의 한 예로서 8×3 인코더(입력: 8비트, 출력: 3비트)의 동작을 이해하고 이를 VHDL로 설계해본다. 다음 표는 8×3 인코더의 진리표이다. 하나의 이진출력코드에 대해 입력 중에 하나의 비트만 '1' 인 것을 확인할 수 있다.

입력								출력		
D (7)	D (6)	D (5)	D (4)	D (3)	D (2)	D (1)	D (0)	X (2)	X (1)	X (0)
0	0	0	0	0	0	0	1	0	0	0
0	0	0	0	0	0	1	0	0	0	1
0	0	0	0	0	1	0	0	0	1	0
0	0	0	0	1	0	0	0	0	1	1
0	0	0	1	0	0	0	0	1	0	0
0	0	1	0	0	0	0	0	1	0	1
0	1	0	0	0	0	0	0	1	1	0
1	0	0	0	0	0	0	0	1	1	1

〈 8×3 인코더 진리표 〉

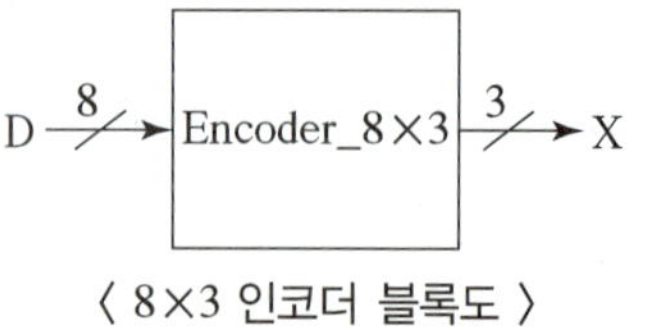

〈 8×3 인코더 블록도 〉

2) 설계

encoder_8x3.vhd

```
library ieee;
use ieee.std_logic_1164.all;

entity encoder_8x3 is
    port(D : in std_logic_vector(7 downto 0);
         X : out std_logic_vector(2 downto 0));
end encoder_8x3;

architecture behave of encoder_8x3 is
begin

    process(D)
    begin
        case D is
            when "00000001" => x <= "000";
            when "00000010" => x <= "001";
            when "00000100" => x <= "010";
            when "00001000" => x <= "011";
            when "00010000" => x <= "100";
            when "00100000" => x <= "101";
            when "01000000" => x <= "110";
            when "10000000" => x <= "111";
            when others => x <= "000";
        end case;

    end process;

end behave;
```

tb_encoder8x3.vhd

```
library ieee;
use ieee.std_logic_1164.all;

entity tb_encoder8x3 is
end tb_encoder8x3;

architecture tb of tb_encoder8x3 is

component encoder_8x3
    port(D : in std_logic_vector(7 downto 0);
         X : out std_logic_vector(2 downto 0));
end component;

signal S_D : std_logic_vector(7 downto 0);
signal S_X : std_logic_vector(2 downto 0);

begin

u0 : encoder_8x3
        port map( D => S_D,
                  X => S_X
                  );
process
begin
        S_D<="00000001"; wait for 20 ns;
        S_D<="00000010"; wait for 20 ns;
        S_D<="00000100"; wait for 20 ns;
        S_D<="00001000"; wait for 20 ns;
        S_D<="00010000"; wait for 20 ns;
        S_D<="00100000"; wait for 20 ns;
        S_D<="01000000"; wait for 20 ns;
    S_D<="10000000"; wait;
end process;

end tb;
```

3) 설계 결과

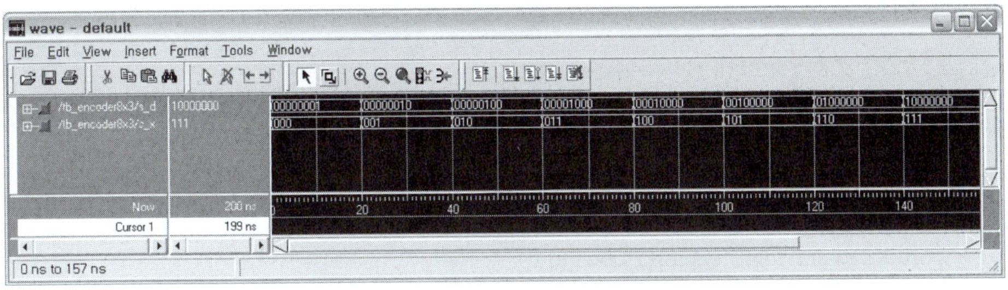

3×8 디코더

1) 동작

디코더(decoder)는 인코더의 역기능을 수행하는 논리회로이다. 디코더는 n비트 입력 신호를 받아 2^n 출력신호를 생성한다. 즉, 인코더를 통해 2진 부호화된 정보가 디코더를 통해 원래 신호로 복원된다.

디코더의 한 예로서 3×8 디코더(입력: 3비트, 출력: 8비트)의 동작을 이해하고 이를 VHDL로 설계해본다. 다음 표는 3×8 디코더의 진리표이다. 하나의 이진출력코드 입력에 대해 하나의 비트만 '1'인 출력 신호를 생성하는 것을 확인할 수 있다.

입력			출력							
X (2)	X (1)	X (0)	D (7)	D (6)	D (5)	D (4)	D (3)	D (2)	D (1)	D (0)
0	0	0	0	0	0	0	0	0	0	1
0	0	1	0	0	0	0	0	0	1	0
0	1	0	0	0	0	0	0	1	0	0
0	1	1	0	0	0	0	1	0	0	0
1	0	0	0	0	0	1	0	0	0	0
1	0	1	0	0	1	0	0	0	0	0
1	1	0	0	1	0	0	0	0	0	0
1	1	1	1	0	0	0	0	0	0	0

〈 3×8 디코더 진리표 〉

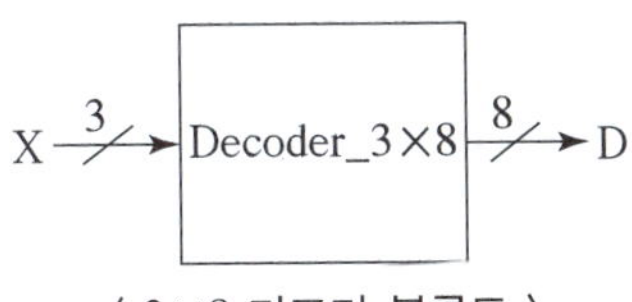

〈 3×8 디코더 블록도 〉

2) 설계

decoder_3x8.vhd

```
library ieee;
use ieee.std_logic_1164.all;

entity decoder_3x8 is
    port(X : in std_logic_vector(2 downto 0);
         D : out std_logic_vector(7 downto 0));
end decoder_3x8;

architecture behave of decoder_3x8 is
begin

    process(X)
    begin

        case X is
            when "000" => D <= "00000001";
            when "001" => D <= "00000010";
            when "010" => D <= "00000100";
            when "011" => D <= "00001000";
            when "100" => D <= "00010000";
            when "101" => D <= "00100000";
            when "110" => D <= "01000000";
            when "111" => D <= "10000000";
            when others => D <= "00000000";
        end case;

    end process;

end behave;
```

tb_decoder3x8.vhd

```
library ieee;
use ieee.std_logic_1164.all;

entity tb_decoder3x8 is
end tb_decoder3x8;

architecture tb of tb_decoder3x8 is

component decoder_3x8
    port(X : in std_logic_vector(2 downto 0);
         D : out std_logic_vector(7 downto 0));
end component;

signal S_X : std_logic_vector(2 downto 0);
signal S_D : std_logic_vector(7 downto 0);

begin

u0 : decoder_3x8
        port map( X => S_X,
                  D => S_D
                  );
process
begin
        S_X<="000"; wait for 20 ns;
        S_X<="001"; wait for 20 ns;
        S_X<="010"; wait for 20 ns;
        S_X<="011"; wait for 20 ns;
        S_X<="100"; wait for 20 ns;
        S_X<="101"; wait for 20 ns;
        S_X<="110"; wait for 20 ns;
        S_X<="111"; wait;

end process;

end tb;
```

3) 설계 결과

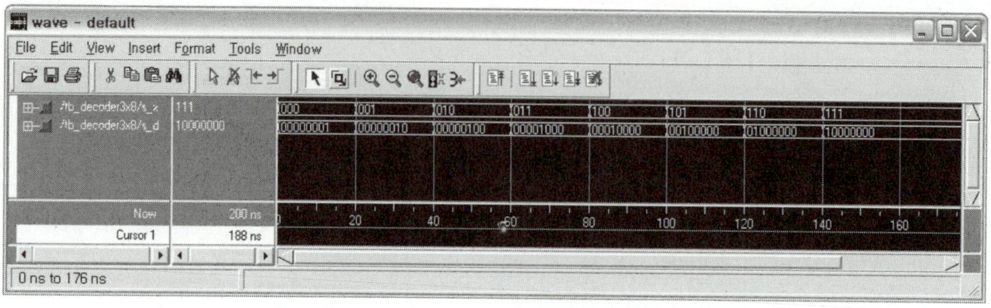

시프터

1) 동작

시프터(shifter)는 입력 데이터를 제어 신호에 따라 왼쪽 또는 오른쪽으로 이동시키는 동작을 수행하는 논리회로이다. 여기에서는 1비트 시프터를 설계하도록 한다. 시프터의 출력 신호(Y, 5비트)는 입력 데이터(A, 5비트)를 제어신호(SEL, 2비트) 신호에 따라 왼쪽으로 1비트 시프트시키거나 오른쪽으로 1비트 시프트시켜 생성된다. 시프트가 되면서 빈자리(최상위비트 또는 최하위비트)는 '0' 이 된다. 이러한 동작을 진리표로 나타내면 아래의 표와 같다.

입력			출력
A	SEL		Y
A	0	0	A
A	0	1	A를 오른쪽으로 1비트 이동
A	1	0	A를 왼쪽으로 1비트 이동
A	others		A

〈 시프터 진리표 〉

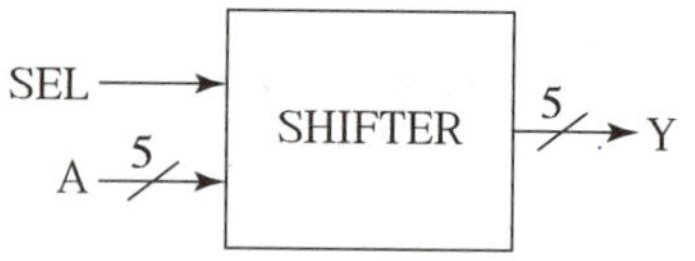

〈 시프터 블록도 〉

2) 설계

shifter.vhd

```
library ieee;
use ieee.std_logic_1164.all;

entity shifter is
        port(SEL : in std_logic_vector(1 downto 0);
             A : in std_logic_vector(4 downto 0);
             Y : out std_logic_vector(4 downto 0));
end shifter;

architecture behave of shifter is
begin

    process(SEL,A)
    begin
        case SEL is
            when "00" => Y <= A;
            when "01" => Y <= '0' & A( 4 downto 1);
            when "10" => Y <= A( 3 downto 0) & '0';
            when others => Y <= A;
        end case;
    end process;

end behave;
```

tb_shifter.vhd

```
library ieee;
use ieee.std_logic_1164.all;

entity tb_shifter is
end tb_shifter;

architecture tb of tb_shifter is

component shifter
        port(SEL : in std_logic_vector(1 downto 0);
```

```
                A : in std_logic_vector(4 downto 0);
                Y : out std_logic_vector(4 downto 0));
end component;

signal S_SEL : std_logic_vector(1 downto 0);
signal S_A : std_logic_vector(4 downto 0);
signal S_Y : std_logic_vector(4 downto 0);

begin

U0 : shifter
        port map( SEL => S_SEL,
                  A => S_A,
                  Y => S_Y
                  );

S_A<="11001";
S_SEL<="00", "01" after 10 ns, "10" after 20 ns;
end tb;
```

3) 설계 결과

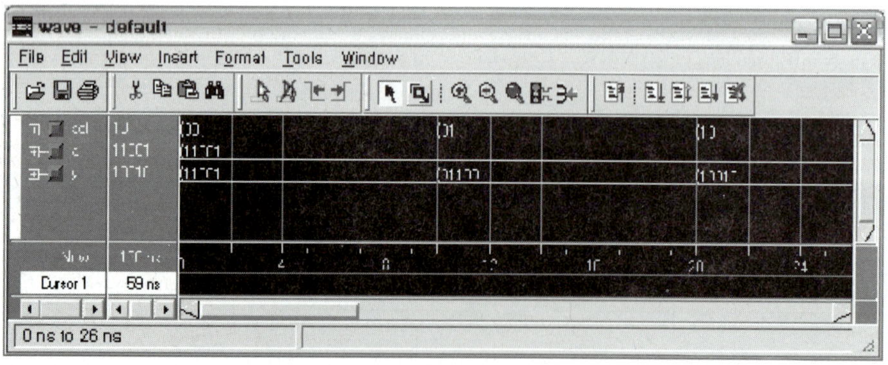

위의 그림은 설계된 시프터의 시뮬레이션 결과이다. 위 파형그림에서 입력 데이터는 '11001' 이다. 이 데이터가 SEL이 '01' 이 되면서 오른쪽으로 1비트 시프트되어 '01100' 의 결과가 출력되었으며, SEL이 '10' 이 되면서 왼쪽으로 1비트 시프트되어 '10010' 의 결과가 된 것을 확인할 수 있다.

2 순차논리회로

4비트 이진 업카운터

1) 동작

카운터는 입력되는 펄스를 세는 동작을 수행한다. 여기서 말하는 펄스는 플립플롭을 사용할 경우 일반적으로 입력 클록을 세는 것을 말한다. 즉 매 클록마다 값을 1씩 증가하거나 1씩 감소한다. 여기에서는 매 클록마다 그 값이 1씩 증가하는 업 카운터를 설계하도록 한다. 본 회로의 입력으로는 클록(CLK)과 Low-Active 리셋(RST) 신호가 있다. RST 신호가 '0' 이 되면 카운터의 값(CNT_OUT, 4비트)은 모두 '0' 으로 초기화되고, RST 신호가 '1' 이 되면 CNT_OUT은 매 클록마다 1씩 증가되어 출력된다.

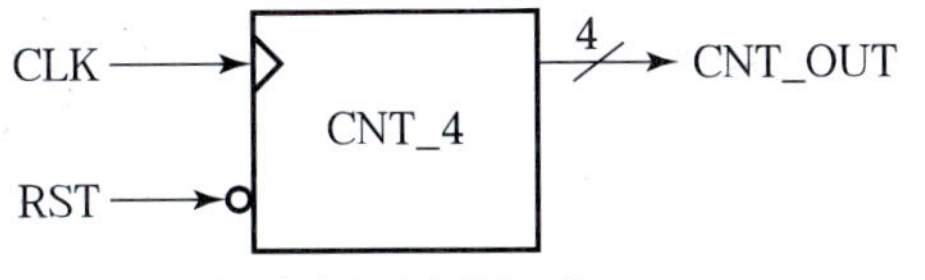

〈 업카운터 블록도 〉

2) 설계

cnt_4.vhd

```
library IEEE;
use ieee.std_logic_1164.all;
use ieee.std_logic_unsigned.all;

entity cnt_4 is
		port( clk: in std_logic;
			rst : in std_logic;
			cnt_out : buffer std_logic_vector(3 downto 0)
		);
end cnt_4;

architecture behave of cnt_4 is
begin
```

```
process(clk,rst)
begin

if(rst='0') then
     cnt_out<=(others=>'0');
elsif(clk'event and clk='1') then
     cnt_out<=cnt_out+1;
end if;

end process;

end behave;
```

tb_cnt_4.vhd

```
library ieee;
use ieee.std_logic_1164.all;
use ieee.STD_LOGIC_UNSIGNED.all; --for std_logic_vector unsigned arith
entity tb_cnt_4 is
end tb_cnt_4;

architecture tb of tb_cnt_4 is

component cnt_4
          port( clk: in std_logic;
                rst : in std_logic;
                cnt_out : buffer std_logic_vector(3 downto 0)
          );
end component;

signal clk: std_logic:='0';
signal rst : std_logic;
signal cnt_out : std_logic_vector(3 downto 0);

begin

u0_cnt_4 : cnt_4
         port map( clk=>clk,
                   rst=>rst,
```

```
            cnt_out=>cnt_out
            );

clk<=not clk after 5 ns;

process
begin
    rst<='0';
    wait for 15 ns;
    rst<='1';
    wait;
end process;


end tb;
```

3) 설계 결과

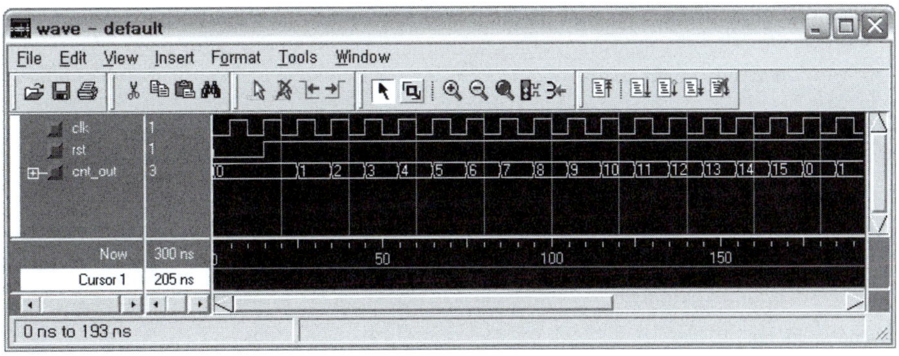

로드 기능을 가지는 4비트 업다운 카운터

1) 동작

본 회로는 이전 회로(4비트 이진 업 카운터)를 응용해 부가적인 기능들을 추가한 회로이다. 이 회로에서는 두 가지 기능이 추가되었다. 하나는 새로운 데이터를 입력으로 받아 이 값을 기준으로 새롭게 셀 수 있도록 한 것이며, 다른 하나는 제어 신호를 사용하여 업 카운트 또는 다운 카운트를 제어할 수 있도록 한 것이다. DATA_IN 신호는 카운터의 새롭게 시작하는 값을 의미하며 LOAD 신호가 '1' 이 되었을 때 업데이트한다. DOWN 신호는 업-다운을 제어하기 위한 신호로 사용된다. DOWN 신호가 '1' 이면 다운 카운터 동작을 수행하고, '0' 이면 업 카운터 동작을 수행한다.

〈 로드 기능을 가지는 업다운 카운터 블록도 〉

2) 설계

updn_cnt_4.vhd

```
library IEEE;
use ieee.std_logic_1164.all;
use ieee.std_logic_unsigned.all;

entity updn_cnt_4 is
        port( clk: in std_logic;
             rst : in std_logic;
             down : in std_logic;
             load : in std_logic;
             data_in : in std_logic_vector(3 downto 0);
             cnt_out : buffer std_logic_vector(3 downto 0)
        );
end updn_cnt_4;

architecture behave of updn_cnt_4 is
begin

process(clk,rst)
begin

   if(rst='0') then
       cnt_out<=(others=>'0');
```

```
    elsif(clk'event and clk='1') then

        if(load='1') then
            cnt_out<=data_in;
        elsif(down='1') then
            cnt_out<=cnt_out-1;
        else
            cnt_out<=cnt_out+1;
        end if;

    end if;

end process;

end behave;
```

tb_updn_cnt_4.vhd

```
library ieee;
use ieee.std_logic_1164.all;
use ieee.STD_LOGIC_UNSIGNED.all;

entity tb_updn_cnt_4 is
end tb_updn_cnt_4;

architecture tb of tb_updn_cnt_4 is
component updn_cnt_4
        port( clk: in std_logic;
              rst : in std_logic;
              down : in std_logic;
              load : in std_logic;
              data_in : in std_logic_vector(3 downto 0);
              cnt_out : buffer std_logic_vector(3 downto 0)
        );
end component;
signal clk: std_logic:='0';
signal rst,down,load : std_logic;
signal data_in : std_logic_vector(3 downto 0);
```

```
signal cnt_out : std_logic_vector(3 downto 0);

begin

u0_updn_cnt_4 : updn_cnt_4
        port map( clk => clk, rst => rst, down => down, load=> load,
                  data_in => data_in, cnt_out => cnt_out
        );
clk<=not clk after 5 ns;

process
begin
rst<='0'; wait for 30 ns; rst<='1'; wait;
end process;

process
begin
-- up count test(from 0)
down<='0'; load<='0'; data_in<=(others=>'0');
-- load test
wait for 100 ns; load<='1'; data_in<="1000"; wait for 10 ns; load<='0';
-- up conut test(from data_in)
wait for 70 ns;
-- down count test
down<='1';
wait;
end process;
end tb;
```

3) 설계 결과

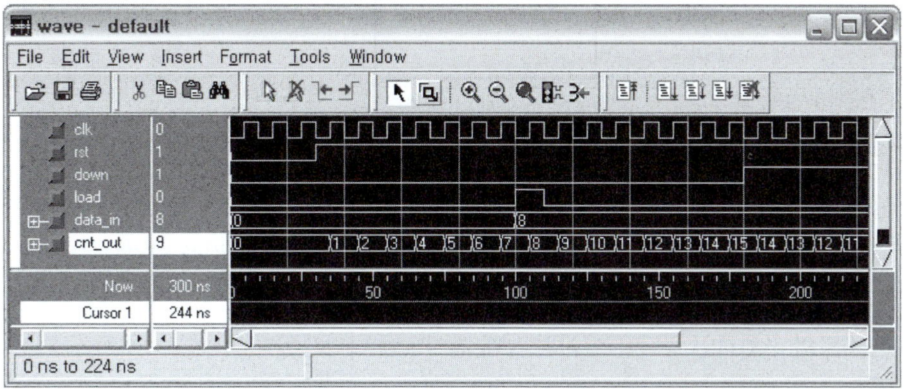

위의 그림은 로드 기능을 가지는 업다운 카운터 회로의 시뮬레이션 결과 파형이다. 카운터값(CNT_OUT)은 처음에 리셋 신호가 '0' 이 되어 0 이 되며, 리셋 신호가 '1' 이 되면서 매 클록마다 1씩 증가(DOWN='0')한다. LOAD='1'이 되면서 새로운 데이터(DATA_IN) 값인 8을 입력으로 받아 카운터 값을 업데이트한다. 그 후 이 값부터 시작하여 다시 1씩 카운터 값이 증가한다. 계속 업 카운터 동작을 수행하다가 DOWN 신호가 '1' 이 되면서 카운터 값은 1씩 감소하면서 다운 카운터 동작을 수행한다.

3 상태 머신(FSM)

'10' 시퀀스 디텍터

1) 동작

상태 머신은 순차적인 여러 상태를 통해서 일련의 동작을 수행하는데 사용된다.

상태 머신의 한 예로서 시퀀스 디텍터를 설계한다. 시퀀스 디텍터는 매 클록의 상승에지에서 입력 받은 입력 비트열 중에서 '10' 이라는 비트열을 찾았을 경우에 비트열을 찾았다는 detect 신호에 '1' 을 출력하는 회로이다. 본 회로의 블록도는 아래와 같다.

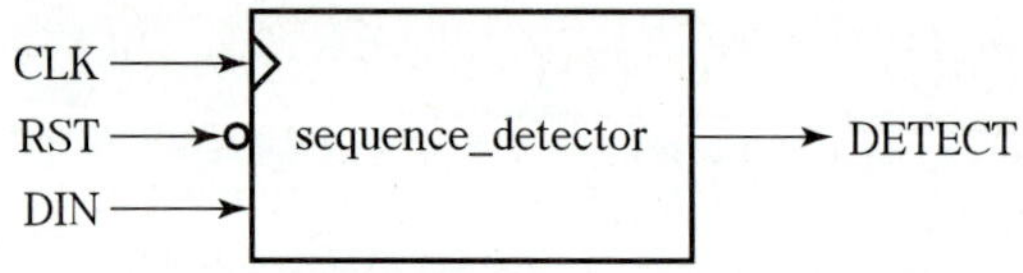

〈 시퀀스 디텍터 블록도 〉

입력 신호로 클록(CLK)와 비동기 Low-Active 리셋(RST) 신호, 그리고 비트스트림 입력 신호인 DIN이 있다. 출력 신호로는 '10' 비트열을 찾았다는 것을 알려주는 detect 신호가 있다.

본 회로의 구체적인 동작은 아래의 상태 천이도에 나타나있다.

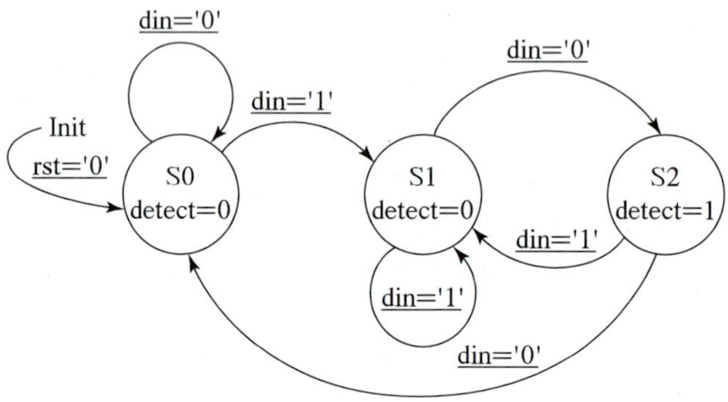

〈 시퀀스 디텍터 상태 천이도 〉

상태 'S0' 은 초기 상태로서 리셋(rst) 신호가 '0' 인 경우에 상태 'S0' 에서 회로의 동작을 시작한다. 본 회로에서는 두 개의 입력 비트열이 순차적으로 '1' , '0' 이 되어야 한다. 따라서 두 개 중 하나의 데이터가 맞은 상태를 'S1' 이라고 하고 두 개 모두 맞은 상태를 'S2' 라고 정한다.

리셋 신호가 '1' 이 된 다음 입력 신호가 '1' , '0' 순으로 순차적으로 들어오면 'S0' 에서 'S1' 로 'S1' 에서 'S2' 로 상태가 천이되고 상태가 'S2' 가 되었을 때 detect 신호가 '1' 이 된다.

2) 설계

본 회로 설계에 대한 코드는 아래와 같다.

sequence_detector.vhd

```
library IEEE;
use ieee.std_logic_1164.all;
use ieee.std_logic_unsigned.all;

entity sequence_detector is
        port( clk : in std_logic;
              rst : in std_logic;
              din : in std_logic;
              detect : out std_logic
        );
end sequence_detector;

architecture behave of sequence_detector is

type STATE_TYPE is (S0,S1, S2);
signal state : STATE_TYPE;

begin

state_machine: process (clk,rst)

begin
if(rst='0') then
    state<=S0;
elsif (clk'event and clk='1')then
    case state is
        when S0 => -- 초기 상태
            if din='1' then
                state <= S1;
            elsif din='0' then
                state <= S0;
            end if;
        when S1 => -- 하나 맞았을 때
            if din='0' then
                state <= S2;
            elsif din='1' then
                state <= state;
            end if;
```

```
        when S2 => -- 두 개 맞았을 때
            if din='1' then
                state <= S1;
            elsif din='0' then
                state <= S0;
            end if;
        when others =>

            state<=S0;

    end case;

end if;

end process;


detect <= '1' when (state = S2) else '0';


end behave;
```

tb_sequence_detector.vhd

```
library ieee;
use ieee.std_logic_1164.all;
use ieee.STD_LOGIC_UNSIGNED.all;
entity tb_sequence_detector is
end tb_sequence_detector;

architecture tb of tb_sequence_detector is

component sequence_detector is
        port( clk : in std_logic;
            rst : in std_logic;
            din : in std_logic;
            detect : out std_logic
        );
```

```
end component;

signal clk: std_logic:='0';
signal rst: std_logic;
signal din : std_logic;
signal detect : std_logic;

begin

u0 : sequence_detector
        port map( clk=> clk,
                  rst=> rst,
                  din=> din,
                  detect=> detect
        );


clk<=not clk after 5 ns;

process
begin
rst<='0';
wait for 15 ns;
rst<='1';
wait;
end process;

process
begin
din<='0';
wait for 27 ns;

din<='1';
wait for 10 ns;

din<='0';
wait for 10 ns;

din<='1';
```

```
wait for 10 ns;

din<='1';
wait for 10 ns;

din<='0';
wait for 10 ns;

din<='0';
wait;

end process;

end tb;
```

3) 설계 결과

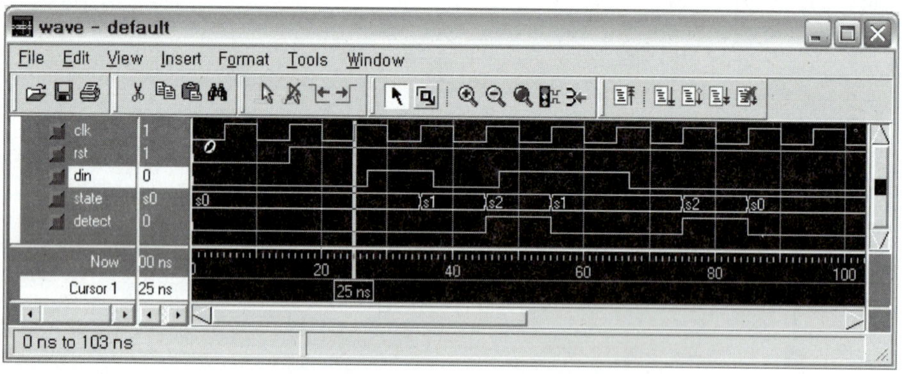

위 결과 파형에서 25ns에 들어온 데이터를 입력 시퀀스의 처음으로 본다면 입력 시퀀스와 이에 따라 출력되는 출력 시퀀스는 아래와 같다.

입력 시퀀스 – 0101100
출력 시퀀스 – 0010010

입력 시퀀스가 '10' 이 될 때마다(밑줄 쳐진 부분) 출력 시퀀스가 '1' 이 되는 것은 확인할 수 있다.

4 응용회로

짝수 패리티 발생기

1) 동작

패리티 발생기는 오류 검출 코드로 가장 간단하게 사용되는 패리티(parity) 비트를 생성하는 회로이다. 즉 송신단에서 전송하려고 하는 데이터에 패리티 비트를 붙여서 전송하면 수신단에서 전송받은 데이터의 오류를 검출할 수 있다. 패리티 비트에는 짝수 패리티와 홀수 패리티가 있는데, 전송하려고 하는 데이터의 '1'의 개수를 짝수 개가 되도록 하는 비트가 짝수 패리티 비트가 된다. 여기에서는 전송하려고 하는 데이터를 4비트라고 가정하고 짝수 패리티 발생기를 설계한다.

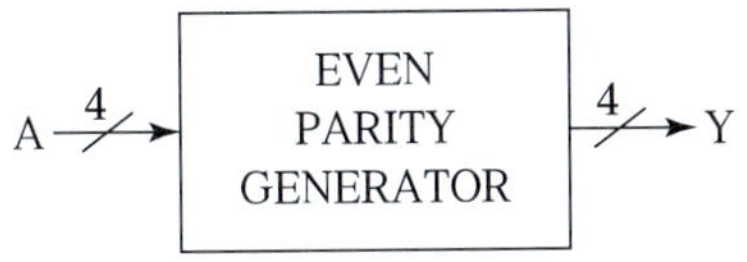

〈 짝수 패리티 발생기 블록도 〉

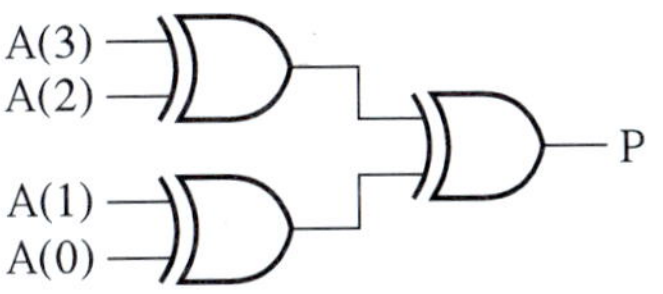

〈 짝수 패리티 발생기 내부 회로도 〉

4비트 짝수 패리티 발생기는 3개의 XOR 게이트로 구성되어 있다는 것에 착안하면 쉽게 설계할 수 있다.

2) 설계

even_parity_generator.vhd

```
library ieee;
use ieee.std_logic_1164.all;

entity even_parity_generator is
        port(A : in std_logic_vector(3 downto 0);
             P : out std_logic);
end even_parity_generator;

architecture behave of even_parity_generator is
```

```
begin

    P<=(A(3) xor A(2)) xor (A(1) xor A(0));

end behave;
```

tb_even_parity_generator.vhd

```
library ieee;
use ieee.std_logic_1164.all;
use ieee.std_logic_unsigned.all;


entity tb_even_parity_generator is
end tb_even_parity_generator;

architecture tb of tb_even_parity_generator is

component even_parity_generator
        port(A : in std_logic_vector(3 downto 0);
             P : out std_logic);
end component;

signal S_A : std_logic_vector(3 downto 0):="0000";
signal S_P : std_logic;

begin


U0 : even_parity_generator
      port map( A => S_A,
                P => S_P
                );


S_A<=S_A+1 after 10 ns;


end tb;
```

3) 설계 결과

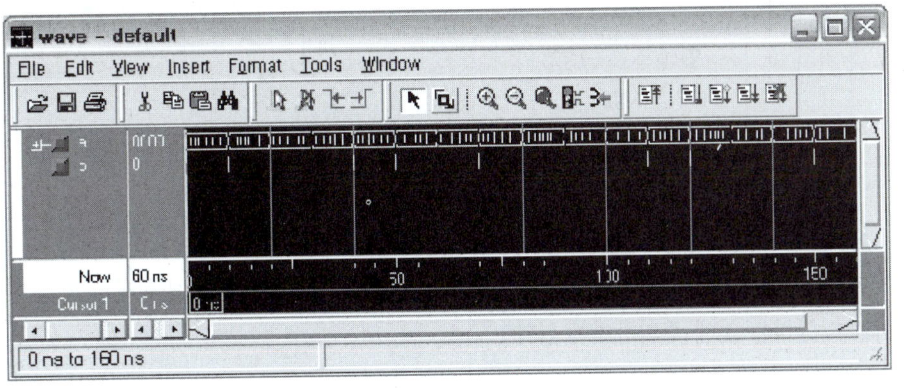

위의 그림은 4비트 입력 데이터에 대한 짝수 패리티 발생회로의 결과 파형이다. 위 그림에서 입력(A)가 '0001' 인 경우에 '1' 의 개수가 홀수 개이므로 패리티 비트(P)를 '1' 로 하면 입력 데이터와 패리티 비트를 합쳤을 때의 '1' 의 개수가 짝수 개가 된다. 이와 같은 원리로 입력이 '0101' 인 경우에는 '1' 의 개수가 짝수 개이므로 패리티 비트는 '0' 이 되어야 한다. 위의 그림에서 올바른 패리티 비트가 생성되는 것을 확인할 수 있다.

산술논리 연산장치

1) 동작

산술논리 연산장치(ALU: Arithmetic Logic Unit)는 프로세서에서 산술연산(덧셈, 뺄셈 등)과 논리연산(OR, AND 등)을 담당하는 프로세서의 가장 핵심 장치이다.

본 설계에서는 덧셈, 뺄셈, AND 연산, OR 연산을 수행하는 간단한 ALU를 설계한다.

본 회로에서는 명령어(OP, 2비트)를 입력받아 이에 따라 입력되는 두 데이터(IN_1, IN_2 각 각 4비트)를 연산하여 그 결과(RESULT)를 출력한다. 명령어에 따른 ALU의 동작을 표로 나타내면 다음과 같다.

OP		연산
0	0	덧셈
0	0	뺄셈(IN_1—IN2)
1	1	AND
1	1	OR

〈 ALU의 OP 코드 〉

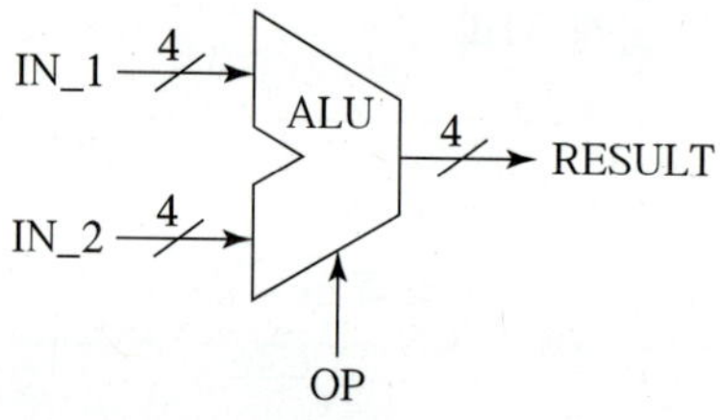

〈 ALU 블록도 〉

본 회로는 설계의 간소화를 위해서 부호나 덧셈시의 오버플로에 대해서는 따로 고려하지 않았다는 것에 주의하여야 한다.

2) 설계

alu.vhd

```
library ieee;
use ieee.std_logic_1164.all;
use ieee.std_logic_unsigned.all;

entity alu is
        port(OP       : in std_logic_vector(1 downto 0);
             IN_1     : in std_logic_vector(3 downto 0);
             IN_2     : in std_logic_vector(3 downto 0);
             RESULT : out std_logic_vector(3 downto 0));
end alu;

architecture behave of alu is
begin

process(OP,IN_1,IN_2)
begin

   case OP is
        when "00" => -- add
            RESULT <= IN_1 + IN_2;
        when "01" => -- sub
            RESULT <= IN_1 - IN_2;
        when "10" => -- and
            RESULT <= IN_1 and IN_2;
```

```
            when "11" => -- or
                RESULT <= IN_1 or IN_2;
            when others =>
                RESULT <= "XXXX";
        end case;

end process;

end behave;
```

tb_alu.vhd

```
library ieee;
use ieee.std_logic_1164.all;

entity tb_alu is
end tb_alu;

architecture tb of tb_alu is

component alu
        port(OP      : in std_logic_vector(1 downto 0);
             IN_1    : in std_logic_vector(3 downto 0);
             IN_2    : in std_logic_vector(3 downto 0);
             RESULT : out std_logic_vector(3 downto 0));
end component;

signal S_OP : std_logic_vector(1 downto 0);
signal S_IN_1 : std_logic_vector(3 downto 0);
signal S_IN_2 : std_logic_vector(3 downto 0);
signal S_RESULT : std_logic_vector(3 downto 0);

begin

U0 : alu
       port map( OP => S_OP,
                 IN_1 => S_IN_1,
                 IN_2 => S_IN_2,
                 RESULT => S_RESULT
```

```
            );


S_OP<="00","01" after 10 ns, "10" after 20 ns, "11" after 30 ns;
S_IN_1<="0110";
S_IN_2<="0010";


end tb;
```

3) 설계 결과

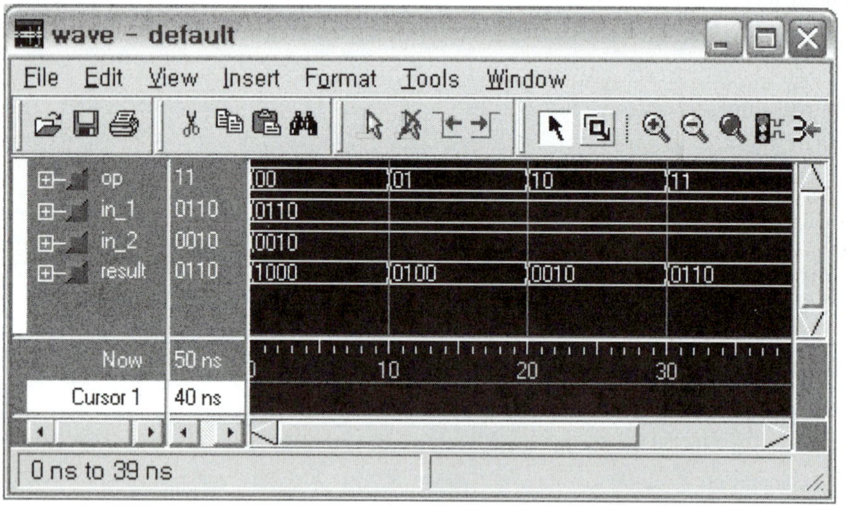

위의 그림은 설계한 ALU의 동작을 시뮬레이션한 결과 파형이다. 위의 그림에서 두 개의 입력 데이터를 각 각 '0110', '0010' 으로 고정한 상태에서 명령어(OP)가 '00' 인 상태에서는 덧셈 연산을 하여 그 결과가 '1000' 이 된 것을 확인할 수 있으며, 명령어가 '01' 인 경우에는 뺄셈 연산을 하여 '0100' 이 된 것을 확인할 수 있다. 나머지 AND 연산과 OR 연산도 올바른 예상 결과가 출력된 것을 확인할 수 있다.

부록 3 문제기반학습(Problem-Based Learning) 소개

1 문제기반학습(Problem-Based Learning:PBL)의 개념

문제기반학습은 실제적인 문제를 중심으로 수업상황을 구조화하는 교육적 접근이다. 문제기반학습은 학습자들이 소그룹 학습에 능동적으로 참여하여 협력적이고 자기 주도적으로 문제를 해결하고, 이를 통해 문제해결능력과 비판적 사고력을 기르도록 하는 교수 · 학습 형태로서 '문제에 대한 이해와 문제 해결을 위해 이루어지는 활동과정에서 산출되는 학습' 으로 정의할 수 있다.

문제기반학습은 전통적인 교육환경이 지닌 문제점, 즉 수동적 학습자, 탈상황적 지식, 학교지식의 사회적 비적용성 등을 해결하기 위한 대안으로 출발하였으며, 또한 정보화시대에 요구되는 지식통합능력의 고양을 위한 방안으로서 제시되었다.

대부분의 교육자들은 문제해결이 학습 및 사고에 매우 의미 있고 중요한 것이라는 사실에 동의한다. 왜냐하면 문제해결의 과정은 이미 배운 원리를 응용하여 자신이 직면하는 문제들에 대한 해결 방안을 발견하고, 이전에 배운 규칙을 새로운 상황에 적용하여 새로운 것을 배워가는 과정이기 때문이다. 이 과정에서 학습자는 실제적이고 자신과 관련이 있는 주제 혹은 과제를 분석하고 그 해결 방안을 탐구하는 적극적이고 능동적인 학습활동을 하게 되며 이러한 활동을 통해 자신에게 의미 있는 지식과 기능 및 사고체계를 획득하게 된다.

2 문제기반학습의 특징 및 목적

문제기반학습의 특징

- 실제 사례를 중심으로 형성된 문제를 통해 수업을 진행한다.
- 학생중심의 학습으로, 학생들이 학습목표를 스스로 도출한다.
- 수업방법은 토의와 학생간의 협동적 작업으로 이루어진다.
- 충분한 시간을 가지고 자발적, 능동적으로 학습한다.
- 교수자는 조력자로서 학습 촉진과 학습 안내자 역할을 한다.
- 문제는 학습요점 조직 능력과 문제해결기술 발전을 위한 수단이 된다.
- 자기주도적 학습을 통해 새로운 정보를 습득한다.
- 전체 학습과정을 통해 통합된 지식을 습득한다.

문제기반학습의 목적

- 현실상황에서 실제로 사용가능한 지식의 기반을 습득한다.
- 과학적이고 분석적인 추론 능력을 함양한다.
- 지식을 통합할 수 있는 능력을 고취시킨다.
- 자율적 학습 능력을 배양한다.
- 협동적 학습을 통해 협동(co-work) 능력과 의사소통기술을 함양한다.

3 '문제'의 성격과 문제해결과정

문제의 성격 : 문제기반학습에서 다루는 '문제'는 어떤 성격을 지니고 있는가?

1) 비구조화된 문제

'비구조화된 문제'란 문제해결에 어떤 개념 · 규칙 · 원리들이 필요한지, 그것들을 어떻게 조직할 것인지, 어떤 해결 방안이 가장 좋은지에 대해 다양한 해답과 불확실성이 존재하는 문제들을 지칭한다. 또한 학습자의 수준과 학습정도에 따라 도출되는 결론이나 해결안의 수준 및 질 등이 다르게 결정될 수 있는 문제이다.

2) 현실성을 바탕으로 한 문제

문제기반학습에서의 '문제'는 소위 학교라는 상황에서만 통하는 인위적이고 비실용적인 문제가 아니라 현실성을 바탕으로 하고 있는 문제이어야 한다.

3) 학습자와 관련 있는 문제

학습자 자신에게 꼭 필요하고 실질적인 도움을 주는 문제로, 학습자의 내적 동기유발이 가능하여야 한다. 이런 경우에만 학습자가 문제 상황에 대해 주인의식을 가지고 주체적으로 학습의 전과정을 관리할 수 있다.

4) 학습자의 역할과 결과가 명확히 제시되는 문제

문제기반학습은 특성상 교육과정이 미리 구체적으로 결정되어 제시되거나 진행되는 것이 아니므로 학습자의 역할과 결과물에 대한 확실한 방향이 제시되는 문제이어야 한다.

문제해결과정

복잡하고 비구조화된 문제를 중심으로 수업이 진행되므로 구체적인 문제해결도구가 있으면 그 문제해결 과정을 보다 용이하게 할 수 있다.

문제기반학습에서 문제해결의 과정은 주어진 문제에 대한 가설/해결안(ideas), 알고 있는 사실들, 더 알아야 할 사항, 실천계획의 4단계로 이루어진다. 이상의 4단계는 학습자들이 학습을 진행함에 따라 수정, 변화하게 되며, 흔히 이 과정을 적어도 2번 정도 되풀이하여 최종 결론에 도달하게 된다.

4 문제해결의 도구

과제수행계획서

문제기반학습에서 학습자들의 학습진행을 도와주는 문제해결의 도구로 가장 많이 활용되고 있는 것은 '과제수행계획서' 이다. 학습자들은 과제수행계획서의 양식에 따라 함께 논의하고 학습을 진행해 나가면서 문제를 해결하는 과정을 경험하게 된다.

과제수행계획서는 다음과 같은 4가지 요소들로 구성되어 있다.

① 가설/해결안(ideas): 이 문제를 해결할 수 있는 방법은 무엇인가?

② 알고 있는 사실(facts): 이 문제의 해결에 도움이 될 사실 가운데 이미 알고 있는 것

③ 더 알아야 할 사항(learning issues): 이 문제를 해결하기 위해 좀 더 알아야 할 사항

④ 실천계획(learning plans): 이 문제를 해결하기 위해 취해야 하는 구체적인 실천계획은?

마인드 맵

마인드 맵은 시각적인 표현을 통한 총체적이고 유연한 사고력을 제고하고, 지적 사고력 활동 향상에 기여할 목적으로 사용된다. 다음의 네 가지 구성요소를 가지고 있다.

① 주제어 제시: 주제어를 제시할 때 그림으로 표현할 수 있다.

② 주가지 그리기: 주제어에 대한 핵심단어 기재

③ 부가지 그리기: 핵심단어로부터 연상할 수 있는 핵심 단어 첨가

④ 체계화: 주가지에서 나온 단어와 부가지가 가진 단어를 합쳐 간단한 문장 완성

브레인스토밍

브레인스토밍이란 특정 주제에 대해서 두뇌에서 폭풍이 몰아치듯이, 연상되는 아이디어를 밖으로 내놓는 기술을 말한다. 일상적인 사고 기법이 아니라 거침없이 자유롭게 하도록 격려하여 좀 더 다양하고 우수한 아이디어를얻는 방법으로, 비판, 평가를 절대 금하고 자유분방한 분위기 속에서 진행하며, 질 보다는 많은 양의 아이디어를 도출함을 목적으로 한다. 따라서, 다른 사람의 아이디어를 토대로 더욱 발전하여 예상치 못한 창의적인 아이디어를 얻을 수 있다. 또한 모든 개인이 아이디어를 도출함으로써 참여의지를 높일 수 있는 장점을 가지고 있다.

5 성공적인 PBL을 위한 태도

비판적 사고

① 추상적 사고력(abstract thinking): 많은 세세한 사실들로부터 그 뒤에 숨겨진 주요 아이디어를 찾아내는 것.

② 창조적 사고력(creative thinking) : 발견한 일반적 아이디어를 활용해 더 나은 아이디어, 새로운 가능성 찾기.

③ 체계적 사고력(systematic thinking) : 2단계에서 얻은 결과를 좁혀가면서 무엇이 가장 유력한 해결책이 될 수 있는지 비판적으로 판단함.

④ 정확한 의사 전달(precise communication): 내려진 결론을 다른 사람에게 정확하게 전달함.

공감적 경청

① 내용 반복 및 재정리(상대방이 말한 의미를 자신의 말로 요약)

② 감정파악(자신의 말로 상대방의 감정 표현, 상대방 말의 이면에 있는 몸짓이나 어조 파악)

6 대학들의 활용 사례

1) Havard, Michigan State: 교과과정 내 PBL 포함

2) McMaster, Newcastle: 강의 없이 PBL만으로 수업진행

3) Ohio: MBA 과정에 활용

4) Imperial College: 기계공학과에 적용

5) 성균관대학교: 〈VISION 2010+〉에 따른 핵심적 신 교수법으로 확산

7 강의 진행서

강의 진행서(또는 계획서)에 포함되는 내용은 다음과 같다.

1) 개요(과목의 특징과 학습의 필요성)
2) 수업 목표(학습자가 달성해야 할 사항)
3) 수업방법(PBL이 적용된 이유 및 필요성, 기대효과)
4) 수강 요건(학습자의 선수학습능력요건)
5) PBL 수업 구성(PBL 문제명)
6) 운영절차(문제제시, 자기주도 학습, 문제 해결 발표, 학습 평가)
7) 평가(구체적인 평가 기준)

예 본인 및 동료 평가 항목(아래 각 항목에 대해서 "매우그렇다(5점), 그렇다(4점), 보통(3점), 그렇지 않다(2점), 매우 그렇지 않다(1점)"로 본인 및 같은 조의 다른 조원을 평가함.

- 출석 및 시간을 잘 지켰다.
- 학습결과물을 충실히 제출하였다.
- 그룹의 조직 운영 및 의견수렴과정에 긍정적으로 기여하였다.
- 또 다른 기회가 있다면 같은 조에서 활동을 하고 싶다.

찾 아 보 기

저 자 약 력

조준동

현재 성균관대 정보통신공학부 교수로 재직 중이며,
“모바일 시스템 온 칩 설계 및 자동화 연구실”의 지도교수이다.
성균관대학교 학사(1980.2), Polytechnic Univ. 석사(1989.8),
Northwestern Univ. 박사학위(1993.6)를 취득하였다.
1993년에는 IEEE/ACM Design Automation Conference에서
최고논문상을 수상하였고, 삼성 반도체 통신(주)에서
반도체 연구소 연구원 및 IBM T.J. Watson 연구소 연구원을 역임하였다.
1996년부터 IEEE 상임 회원으로 봉사하고 있다.
저서로는 “Low Power Digital Core Design” 등이 다수가 있다.

알기 쉬운 **디지털 논리회로 설계**

조준동 지음

초판인쇄 : 2010. 8. 30
초판발행 : 2010. 9. 10
발 행 인 : 김 승 기
발 행 처 : 생능출판사
신고번호 : 제 406-2004-000002호
신고일자 : 2005. 1. 21
ISBN : 978-89-7050-669-2

413-756
경기도 파주시 교하읍 문발리 507-12 파주출판도시
대표전화 : (031)955-0761, FAX : (031)955-0768
홈페이지 : http://www.booksr.co.kr

* 파본 및 잘못된 책은 바꾸어 드립니다.

정가 28,000원